Gottfried Haefele · Wolfgang Oed (†) · Ludwig Sabel

HausErneuerung

Gottfried Haefele · Wolfgang Oed (†) · Ludwig Sabel

HausErneuerung

Instandsetzen • Modernisieren • Energiesparen • Umbauen
Ökologische Baupraxis
Mit Anleitung zur Selbsthilfe

ökobuch

Die Arbeitsanleitungen und Anwendungsempfehlungen in diesem Buch wurden nach bestem Wissen zusammengestellt. Für die praktische Umsetzung lassen sich daraus jedoch keine Haftungsansprüche gegenüber Autoren oder Verlag ableiten.

Bibliografische Information der Deutschen Nationalbibliothek
Die Deutsche Nationalbibliothek verzeichnet diese Publikation in der Deutschen Nationalbibliografie; detaillierte bibliografische Daten sind im Internet über http://dnb.d-nb.de abrufbar.

ISBN 978-3-947021-39-0

19. aktualisierte Auflage 2025

Königstr. 43, 26180 Rastede
www.oekobuch.de
Kontaktadresse nach EU-Produktsicherheitsverordnung:
verlag@oekobuch.de

Printed in the European Union

FSC www.fsc.org 100% Paper from well-managed forests FSC® C014521

Titelfotos:
Wolfgang Oed (oben links),
shutterstock_hanohiki (oben rechts)
Gottfried Haefele, Haefele Architekten BDA (Mitte),
Kurt Baisch, Baisch + Fritz Freie Architekten BDA (unten)
Zeichnungen:
Markus Haug, Metzingen / Bärbel Gamper, Tübingen / Ingo Peikert, Tübingen

Inhalt

Vorwort 7

1 Grundfragen

1.1 Der Altbau 8
1.2 Hausbau und Ökologie 8
1.3 Altbau-Typen 9
1.4 Selbst planen – selbst bauen 13
1.5 Staatliche Förderung der Altbaumodernisierung 16

2 Entwurf, Planung, Baudurchführung

2.1 Entwurf und Planung 17
2.1.1 Bauwünsche und Planungsziele 17
2.1.2 Baurecht 17
2.1.3 Bestandsaufnahme 20
2.1.4 Entwurf und Baubeschreibung 20
2.1.5 Kostenschätzung nach Brutto-Rauminhalt 21
2.1.6 Antrag auf Baugenehmigung / Kenntnisgabeverfahren ... 22
2.1.7 Ausführungsplanung und Vorbereitung der Vergabe 24
2.1.8 Kostenschätzung nach Bauteilen oder Gewerken 25
2.2 Baudurchführung 25
2.2.1 Bauvertrag 25
2.2.2 Bauleitung 26
2.2.3 Versicherungen 27
2.2.4 Gewährleistung 27
2.2.5 Bauzeiten- und Zahlungsplan 28

3 Raumklima

3.1 Sonnenlicht 29
3.2 Behaglichkeit 30
3.3 Luftqualität 31
3.4 Elektroklima 33

4 Energieeffizienz

4.1 Modernisierungsziele 35
4.2 Gebäudehülle 41
4.3 Anlagentechnik 43
4.4 Kosten und Wirtschaftlichkeit 45
4.5 Gesetzliche Bestimmungen 45
4.6 Staatliche Fördermittel 48
4.7 Vorgehensweise bei Planung und Umsetzung 49

5 Baustoffe

5.1 Gesundheits- und Umweltverträglichkeit von Baustoffen 52
5.2 Wandbaustoffe 53
5.2.1 Natürliche Steine 53
5.2.2 Künstliche Steine 56
5.2.3 Mauer- und Putzmörtel 58
5.3 Bauen mit Holz 59
5.3.1 Der Baustoff Holz 59
5.3.2 Holzschutz 63
5.4 Dämmstoffe für den Wärme- und Trittschallschutz 67
5.4.1 Naturnahe Dämmstoffe 67
5.4.2 Mineralische Dämmstoffe 70
5.4.3 Dämmstoffe aus Hartschaum 71

6 Erdberührte Bauteile

6.1 Zusammenhänge 73
6.2 Fundamente und Fundamentmauerwerk 73
6.2.1 Fundamentmauerwerk ausbessern 74
6.2.2 Fundament verbreitern 75
6.2.3 Fundament tieferlegen 76
6.3 Keller- und Sockelmauerwerk 77
6.3.1 Instandsetzung und einfache Entfeuchtung 78
6.3.2 Trockenlegung 79
6.3.3 Abriss und Neuerstellung 81
6.4 Kellergewölbe 82
6.5 Böden gegen Erdreich 83

7 Außenwand und Fassade

7.1 Mauerwerk 84
7.2 Fachwerk-Außenwände 86
7.2.1 Reparaturen am Holzwerk 88

7.2.2 Reparaturen an der Ausfachung ... 91
7.3 Wärmedämmung der Außenwände ... 94
7.3.1 Außen- oder Innendämmung? ... 95
7.3.2 Außendämmung ... 96
7.3.3 Innendämmung mit Putz oder Platten ... 98
7.4 Fassadenflächen ... 100
7.5 Gerüst aufstellen ... 104

8 Dächer

8.1 Überblick ... 105
8.2 Dachtragwerk ... 107
8.3 Dacheindeckung, Dachentwässerung, Kaminkopf ... 109
8.4 Dachausbau ... 113
8.4.1 Treppen ... 114
8.4.2 Dachfenster ... 117
8.4.3 Dachaufbau ... 118
8.5 Flachdach ... 124

9 Geschossdecken

9.1 Zusammenhänge ... 129
9.2 Holzbalkendecken ... 131
9.2.1 Bauarten alter Holzbalkendecken ... 131
9.2.2 Reparaturen an Deckenbalken ... 133
9.2.3 Modernisierungs-Maßnahmen ... 133
9.3 Massivdecken ... 141
9.4 Deckenbekleidungen ... 142

10 Fußböden und Treppen

10.1 Holzdielenböden ... 144
10.2 Zwischenböden und Estriche ... 146
10.3 Bodenbeläge ... 149
10.4 Holztreppen ... 153

11 Innenwände und Zimmertüren

11.1 Wandabriss und Wanddurchbrüche ... 156
11.2 Trennwände einbauen ... 158
11.3 Zimmertüren und Innenverglasung ... 160
11.4 Wandputz und Wandverkleidungen ... 161

12 Fenster und Außentüren

12.1 Zusammenhänge ... 165
12.2 Fenster erhalten und erneuern ... 166
12.2.1 Wärmetechnische Verbesserungen ... 166
12.2.2 Dämmwert des Fensters verbessern ... 170
12.3 Neues Fenster einbauen ... 171
12.4 Fensterläden und -bänke ... 174
12.5 Neue Fenster- und Türöffnungen herstellen ... 176
12.6 Wintergärten ... 176

13 Badeinbau und Baderneuerung

13.1 Größe und Ausstattung ... 178
13.2 Wandoberflächen ... 179
13.3 Badabdichtung und -entwässerung ... 181
13.4 Künstliche Lüftung innenliegender Bäder ... 182
13.5 Baderneuerung ... 182

14 Lüftungstechnik

14.1 Aufgaben der Wohnungslüftung ... 184
14.2 Fensterlüftung ... 185
14.3 Abluftanlagen ... 186
14.4 Lüftungsanlagen mit Wärmerückgewinnung ... 187
14.5 Planung von Lüftungsanlagen ... 188

15 Heizungstechnik

15.1 Grundsätzliche Überlegungen ... 189
15.2 Die Wahl des Wärmerzeugers ... 192
15.3 Wärmeerzeuger im Vergleich ... 193
15.3.1 Einzelofen- und Kachelofenheizung ... 194
15.3.2 Die Zentralheizung ... 196
15.3.3 Brennwertkessel für Gas und Heizöl ... 197
15.3.4 Holz-Pelletkessel ... 197
15.3.5 Wärmepumpenheizung ... 198
15.3.6 Elektroheizung ... 200
15.3.7 Anschluss an ein Wärmenetz ... 200
15.3.8 Wärme-Kraft-Kopplung ... 200
15.3.9 Hybridheizung ... 201
15.4 Wärmeverteilung und Wärmeabgabe ... 202
15.4.1 Warmwasserheizung ... 202
15.4.2 Fußboden- und Wandheizung ... 202

15.4.3 Warmluftheizung 203
15.5 Warmwasserbereitung 203
15.6 Schornsteine 205

16 Sanitärinstallation

16.1 Wasserversorgung 207
16.2 Regenwassernutzung 208
16.3 Abwasserentsorgung 209

17 Elektroinstallation

17.1 Elektrische Anlagen im Haus 211
17.2 Baubiologische Elektroinstallationen 213
17.3 Photovoltaik 214
17.4 Blitzschutz 217

18 Oberflächenbehandlung

18.1 Anstriche für Innenflächen 219
18.1.1 Wände und Decken 219
18.1.2 Boden und Treppenbeläge 219
18.1.3 Sonstige Flächen (innen) 220
18.2 Anstriche für Außenflächen 221
18.2.1 Verputzte Wandflächen 221
18.2.2 Sichtmauerwerk (außen) 221
18.2.3 Fenster und Türen 222
18.2.4 Holzflächen (außen) 223
18.2.5 Metallflächen (außen) 223
18.3 Anstrichmittel 223

19 Schadstoffe in der Raumluft

19.1 Ausdünstungen und Stäube 231
19.2 Schimmel 234

Anhang Kostenübersicht 236

Stichwortverzeichnis 251

23

Vorwort

Wer a Geld hot
und isch saudomm,
kauft a alts Haus
und bauts om.

Wahr an dieser schwäbischen Weisheit ist sicher die Erfahrung vieler Menschen, dass beim Um- und Ausbau alter Häuser schon zu viel Arbeit, Zeit und Geld falsch investiert wurde und wird.

Wahr aber ist auch die Tatsache, dass ein enormes Kapital an wirtschaftlichen, kulturellen und ökologischen Werten in alten Häusern steckt. Diese Werte zu entdecken und zu aktivieren, dazu soll die vorliegende Anleitung anregen.

Heute, in einer Zeit verminderten Wirtschaftswachstums und angesichts unübersehbarer und tiefgreifender Schäden an unseren Ökosystemen ist die Forderung nach gesundheitsverträglichen Baustoffen und ökologischen Bautechniken fast schon die Regel im Wohnungsbau, und die Erhaltung und Erneuerung bestehender Bausubstanz ist sicher die zentrale Bauaufgabe der kommenden Jahre.

Altbauten – seien es die Fachwerkhäuser des Mittelalters oder die Mehrfamilienhäuser aus der Jahrhundertwende um 1900, ob denkmalgeschützt oder auch nur „nicht mehr zeitgemäß" – haben alle ihre typischen Probleme. Auch die Eigenheime in den ehemaligen „Neubaugebieten" aus den Jahren 1950 bis 1970 entsprechen meist nicht mehr den heutigen Wünschen in bezug auf Sanitärausstattung, Grundrisszuschnitt, Raumgröße und rationelle Energienutzung. Dass dies typische Probleme der Althauserneuerung sind, zeigt sich in unserer Alltagsarbeit als Architekten auch durch die immer wiederkehrenden Fragen der Bauwilligen. Wir haben deshalb versucht, unsere Antworten auf diese Fragen für Selbstbauende verständlich und überschaubar darzustellen.

Nebenbei: Besonderes Kopfzerbrechen hat uns die Frage bereitet, ob man/frau Architekt und Architektin oder Handwerker und Handwerkerin schreiben kann, soll, darf oder muss. Wir sehen's nicht so eng und meinen in jedem Fall immer auch die oder den andere/n.

Anmerkungen zur 19. Auflage 2025

Beim Verfassen der 1. Auflage des Buches 1988 haben wir nicht geahnt, dass das Werk über einen so langen Zeitraum eine interessierte Leserschaft finden würde. So erfreulich dies ist, fordert es aber auch für Autoren und Verlag, den Buchinhalt stetig und verantwortungsvoll auf seine Aktualität hin zu überprüfen.

Goethe hatte es gut, denn er brauchte seinen Faust nur einmal zu erschaffen. In der Welt des Bauens ist das etwas anders. Zwar wird das Rad der Architekten und der Techniker nicht alle Jahre neu erfunden, aber manches ändert sich im Laufe der Jahre doch, wird ergänzt, geändert oder fortgeschrieben.

So wie wir bereits 1995 (5. Auflage), 2003 (8. Auflage) und 2019 (17. Auflage) damals anstehende Änderungen und Ergänzungen eingearbeitet haben, gab es jetzt für die 19. Auflage wieder etliche Neuerungen.

Die Kapitel Energieeffizienz (Kap. 4) und Heiztechnik (Kap. 15) wurden größtenteils neu geschrieben. Das novellierte Gebäudeenergiegesetz 2024 führt zu grundlegend veränderten Anforderungen beim Bauen und beim Modernisieren. Das betrifft vor allem die bessere Wärmedämmqualität der Gebäudehülle, die Umstellung der Heiztechnik auf erneuerbare Energieträger, sowie die staatlichen Förderprogamme für professionelle Energieberatung und bauliche Maßnahmen. Mit diesen Änderungen verfolgt die Bundesregierung das Ziel, die klimaschädigenden Emissionen von Gebäuden schrittweise zu mindern. Die Änderungen sind ein wesentlicher Beitrag, um das von der Bundesregierung beschlossene Ziel der Klimaneutralität bis zum Jahr 2045 zu erreichen. Die Erderwärmung mit gravierenden Folgen für den ganzen Planeten werden immer deutlicher. Eine ökologische Transformation wird immer dringlicher, wenn die Erde auch für unsere Enkel und folgende Generationen lebenswert bleiben soll!

Den Leserinnen und Lesern wünschen wir mit diesem Buch viel Freude, Erkenntnis und Effizienz beim Instandsetzen, Modernisieren und Umgestalten alter Bausubstanz. Wenn Sie Anregungen oder Kritik äußern wollen: Für gute Ideen sind wir immer zu haben.

Im März 2025
Ludwig Sabel und Gottfried Haefele

1 Grundfragen

1.1 Der Altbau

Ein altes Haus zu modernisieren oder umzubauen kann eine spannende und lohnende Sache sein. Das Wohnen in einem gut renovierten Altbau ist häufig angenehmer und reizvoller als in einem lieblos errichteten Neubau. In vielen alten Häusern ist zu spüren, dass sie ihrem Zweck schon lange gedient haben und ihren Bewohnern ein wohnliches und gemütliches Zuhause waren. Ähnliches gilt für die Umgebung alter Häuser. So vermitteln historisch gewachsene Ortsteile immer auch ein Gefühl von Tradition und Geborgenheit.

Wer ein nach alter Handwerkskunst errichtetes Gebäude bewohnt, kann weitgehend sicher sein, dass die verwendeten Grundbaustoffe Naturstein, Holz, Lehm, Ziegel, gesundheitlich unbedenklich sind – sofern sie nicht nachträglich mit den Errungenschaften moderner Technik „veredelt" wurden.

Die Erhaltung, Erneuerung und Nutzung alter Bausubstanz hat darüber hinaus eine ganze Reihe „materieller" Vorteile: Altbaugebiete liegen meist in der Nähe der Stadt- oder Dorfzentren, so dass viele Wege zu Fuß oder mit dem Fahrrad zurückgelegt werden können. Ein Altbau samt Grundstück ist in der Regel preiswerter als ein entsprechender Neubau. Ein altes Haus kann oft sofort nach dem Erwerb bezogen und dann schrittweise verbessert werden. Die Wiederverwertung alter Bausubstanz entspricht den ökologischen Forderungen nach Nutzung vorhandener Werte und sparsamem Umgang mit Energie und Rohstoffen. Werden die eigenen Anforderungen an einen „zeitgemäßen Komfort" auf die echten Bedürfnisse reduziert und ist die Bausubstanz gut erhalten, wird der Aufwand für Erneuerungsmaßnahmen oft auch nicht groß sein.

Es gibt jedoch Fälle, in denen Planung und Durchführung von Erneuerungsarbeiten am Altbau aufwendig und schwierig sind, insbesondere, wenn die Bausubstanz in einem schlechten Zustand ist oder wenn umfangreiche Baumaßnahmen im bewohnten Haus erfolgen müssen. Manche Probleme alter Häuser lassen sich nur mit großem Aufwand oder gar nicht beheben. Häuser in den dicht bebauten Dorf- und Stadtkernen erhalten häufig wenig Licht und Sonne, ein Hauptgrund für staatlich geförderte Sanierungsprogramme. Wenn die tragende Bausubstanz des Hauses wesentliche Mängel aufweist, wie z.B. Schäden im Fundamentbereich, nasse, ausgelaugte Grundmauern oder morsche Holzbalken, können die Sanierungskosten leicht eine unvertretbare Höhe erreichen. Werden solche Mängel gar erst während der Bauzeit erkannt, gerät das Vorhaben zum berühmten Fass ohne Boden. Wer ein denkmalgeschütztes Gebäude besitzt, sollte außerdem damit rechnen, dass sich manche planerischen Absichten möglicherweise nicht problemlos mit den Zielen einer kulturhistorischen Erhaltung und Gestaltung vereinbaren lassen. Leider stehen staatliche Finanzierungshilfen für Baudenkmale nur in geringem Umfang zur Verfügung.

1.2 Hausbau und Ökologie

Beim Erwerb und Umbau eines alten Hauses sind neben zahlreichen Aspekten auch ökologische Belange zu berücksichtigen. Dabei geht es nicht nur darum, der eigenen Gesundheit zuträgliche Materialien und Bauweisen auszuwählen, sondern auch die Umweltverträglichkeit und den Klimaschutz beim Bauen und Wohnen zu berücksichtigen. Einen ökologisch verantwortungsvollen Umgang mit unserem Planeten sind wir kommenden Generationen schuldig.

In der Praxis lässt sich ökologisches Bauen durch folgende Stichworte grob umreißen: Energie-, rohstoff-, flächen- und kostensparendes Bauen und Wohnen mit schadstofffreien bzw. -armen Materialien und einer Kreislaufwirtschaft, durch die der Erde und der Natur nur das entnommen wird, was nachwächst. Besonders wichtig ist eine rasche Begrenzung der Erderwärmung („Klimawandel") durch energieeffiziente Bauweisen und die Umstellung der Wärmeerzeugung auf regenerative Energieträger!

Beim gesundheitsverträglichen Bauen geht es im Wesentlichen um den Einsatz möglichst schadstofffreier und naturnaher Baustoffe sowie um eine Berücksichtigung natürlicher und künstlicher Strahlungen und Felder. So geben einige industriell hergestellte Baustoffe z.B. schädliche Gase ab. Sie sollen daher nicht mit der Raumluft in Verbindung stehen. Das gilt für manche

Kunststoffprodukte ebenso wie für einige Blähkorkprodukte.

Die „Baubiologie" beschäftigt sich intensiv mit solchen Fragen der Wohngesundheit und hat durch ihre Arbeit in Vereinen und Verbänden sowie durch gezielte Öffentlichkeitsarbeit zu einer allgemeinen Schärfung des Bewusstseins in dieser Richtung beigetragen. Sie hat aber leider auch erhebliche Missverständnisse ausgelöst. Einige Aussagen aus baubiologischen Kreisen sind mit bauphysikalischem Grundwissen nicht vereinbar. So ist beispielsweise die Behauptung falsch, eine (in bestimmten Fällen notwendige) Dampfbremse würde das Raumklima negativ beeinflussen und sei deshalb unangebracht. Allerdings kann das Weglassen zu erheblichen Feuchteschäden und zur Zerstörung von Bauteilen führen.

Einerseits beschäftigen sich viele Untersuchungen und Mutmaßungen von Baubiologen mit schwer erfassbaren Erscheinungen wie Auswirkungen des „Strahlungsklimas" und der „Erdstrahlen" auf die menschliche Gesundheit, was viele Menschen mit einem zweifelnden „kann sein" zur Kenntnis nehmen. Andererseits erscheint es da fast unverantwortlich, dass sich der Anspruch der Baubiologie dann oft im individuellen Wohlergehen („Für mich nur das Beste") erschöpft und sie bei allem Sinn für feinstoffliche Wirkungen beispielsweise die drastischen Auswirkungen des Energieverbrauchs durch mangelnde Wärmedämmung unserer Häuser nur ungenügend beachtet.

Zur Begrenzung der Erderwärmung und der Heizkosten sind Maßnahmen zur Minderung des Energieverbrauchs für Heizung und Warmwasser beim Altbau besonders wichtig. Ein Haus, das in den 1950er Jahren errichtet wurde, hat jährlich einen Heizenergieverbrauch von etwa 250–300 kWh pro Quadratmeter Wohnfläche. Das ist etwa drei- bis fünfmal (!) so viel wie ein Neubau, der nach dem Jahr 2000 errichtet wurde. Manche Altbauten liegen gar noch darüber. Ein niedriger Energieverbrauch und eine Umstellung auf erneuerbare Energieträger ist zur Minderung der CO_2-Emissionen und für den Klimaschutz dringend geboten.

Die Verringerung des Energiebedarfes gelingt vor allem durch eine gute Wärmedämmung der Gebäudehülle, durch eine energiesparende Gebäudelüftung und eine Wärmeerzeugung aus Wasserkraft, Sonnenstrahlung und Wind. Um die technisch und wirtschaftlich sinnvollsten Verbesserungsmaßnahmen für ein Gebäude zu ermitteln und eine erste Kostenübersicht zu erhalten, ist vor jeder Altbausanierung eine fundierte Energieberatung sehr zu empfehlen (vgl. Kap. 4.7)!

Ökologisches Bauen umfasst darüber hinaus die Umweltwirkungen über den gesamten Lebenszyklus eines Gebäudes, von der Rohstoffgewinnung bis zur Entsorgung. Die Gesellschaft für nachhaltiges Bauen (DGNB) hat dafür Kriterien, ein Bewertungsverfahren und Gütesiegel unterschiedlicher Qualitätsstufen entwickelt. Wichtige Aspekte sind: geringe Treibhausgas- und andere Emissionen bei Herstellung, Nutzung und Entsorgung des Gebäudes, schonender Umgang mit Ressourcen, Erhalt einer lebenswerten Umwelt, Sicherung der Qualität und des Wertes des Gebäudes, ein hoher sozialer Nutzen. Ökologische, ökonomische und soziale Aspekte werden gleichberechtigt berücksichtigt.

1.3 Altbau-Typen

Den Altbau als solchen gibt es nicht. Das ländliche Bauernhaus unterscheidet sich in vielerlei Hinsicht vom städtischen Mietshaus der Gründerzeit oder vom vorstädtischen Einfamilienhaus der 1950er und 1960er Jahre. Entsprechend vielfältig sind die Erneuerungsmaßnahmen. Nachfolgend werden drei typische Arten von Altbauten beschrieben, die einen großen Teil des Gebäudebestandes repräsentieren. Diese Darstellung soll die Beurteilung alter Häuser erleichtern und verallgemeinerbare Hinweise für Sanierungsmaßnahmen geben.

Das Eigenheim der 1950er Jahre

Die jüngsten modernisierungsbedürftigen Altbauten sind die Eigenheime der 50er, 60er und 70er Jahre. Als freistehende Einfamilien- oder Reihenhäuser liegen sie in der Regel in den Neubaugebieten der „Wiederaufbauzeit". Sie wurden fast ausschließlich in Massivbauweise mit gemauerten Wänden und betonierten Decken errichtet. Ein typischer Nachteil besteht aus heutiger Sicht in der kleinteiligen Grundrissgestaltung. Durch Entfernen oder Umsetzen einzelner Wände können diese Häuser großzügiger gestaltet werden.

Ein weiterer typischer Nachteil dieser Häuser ist der hohe Heizenergieverbrauch. Zur Zeit ihrer Errichtung waren Umwelt- und Energiefragen noch kein öffentliches Thema und wärmedämmende Maßnahmen zur Energieeinsparung praktisch unbekannt.

Die Bausubstanz solcher Häuser weist im allgemeinen keine gravierenden Mängel auf. Feuchtigkeitsprobleme (z.B. mit Schimmelbildung) auf der Innenseite der Außenwände, insbesondere im Bereich der Gebäudeecken, Fenster und Decken, sind häufig auf neue, dichtschließende Fenster und ungenügende Lüftung zurückzuführen und verschwinden beim Anbringen einer Wärmedämmung. Erneuerungsbedürftig sind zumeist auch die Heizungsanlage, die Elektroinstallation, die Wasserleitungen und die Sanitärräume.

Das städtische Wohnhaus

Ein zweiter Haustyp ist das städtische, mehrgeschossige Wohnhaus aus der Zeit zwischen etwa 1850 und 1940. Die meisten dieser Gebäude wurden im Rahmen städtebaulicher Sanierungsmaßnahmen zwischenzeitlich mo-

Ökologische Prinzipien beim Bauen

- Anpassung an die örtlichen Gegebenheiten
- Nutzung des natürlichen Energie- und Materialangebots
- Kreislaufbildung
- Vielfalt, Vernetzung, Selbsterneuerung
- Dichte und Größe nach menschlichem Maß
- Offenhalten von Entwicklungsmöglichkeiten im Bauprozess

Typische Schäden an Bauteilen

1. Außenwände

- Risse und undichte Fugen, durch die Wasser dringen kann
- Risse in tragenden Teilen
- Rostende Stahlträger, Risse oder Betonabplatzungen vorwiegend bei Loggien und Balkonen
- Betonabplatzungen an Sichtbetonflächen und rostende Stahleinlagen
- Feuchte Kellerwände bei fehlender Abdichtung nach außen
- Aufsteigende Feuchtigkeit durch fehlende Horizontalabdichtung der Wände
- Wärmeschutz der Außenwände zum Teil nicht den heutigen Anforderungen entsprechend
- Kondensatprobleme innen durch in die Außenwand einbindende Bauteile und an Gebäudeecken
- Wärmebrücken durch zu dünne Fensterbrüstungen

2. Innenwände

- Zu dünne Innenwände aus Bauplatten bzw. dünne, tragende Holz- oder Stahlfachwerkwände mit Ziegelausmauerung
- Mangelhafter Schall- und Wärmeschutz durch dünne Wohnungstrennwände
- Mangelhafter Brandschutz durch dünne Treppenhauswände
- Schadhafter Wandputz mit Ablösung größerer Putzflächen

3. Außenwandbekleidungen

- Gerissener oder hohlliegender Wandputz, Abplatzungen im Sockelbereich durch Feuchtigkeit
- Beschädigte, gerissene und abplatzende Stuckteile
- Schadhafte Blei- und Zinkabdeckungen von vorstehenden Teilen
- Ausgewaschene, aussandende Fugen von Ziegel-Sichtmauerwerk
- Schadhafte vorgehängte Plattenbekleidungen mit unzureichender Unterkonstruktion, Verankerung und Wärmedämmung
- Schlechte Wärmedämm-Putzsysteme mit Ablösungen und Rissbildung

4. Fenster und Außentüren

- Undichte, verzogene Holzfensterrahmen und Wandanschlüsse
- Verfaulte Holzteile an Fensterflügeln und Fenster-Blendrahmen
- Schadhafte Fensterbeschläge und Schließteile
- Schadhafte Rollläden und Klappläden, Fensterbankabdeckungen
- Einfachverglasung mit unzureichendem Wärme- und Schallschutz
- Undichte, verzogene Außentüren mit defekten Beschlägen/Schloss
- Ungedämmte Metallfensterrahmen mit Kondensatproblemen innen
- Unzureichend entwickelte Isolierverglasungen mit geringer Dauerhaftigkeit
- Versprödete, in den Haftungsflanken gelöste, dauerelastische Fugenabdichtungen mit eindringender Feuchtigkeit

5. Dach

- Unterdimensionierte Dachstühle mit gelösten Holzverbindungen
- Schädlingsbefall durch Hausbock an freiliegenden Holzteilen
- Morsche Dachgesimse unter auskragenden Dachüberständen außen
- Schadhafte Dachdeckung, fehlende Unterspannbahn unter der Deckung
- Fehlende oder ungenügende Wärmedämmung der Decken im Dachraum und der Dachflächen gegen die Außenluft
- Baufällige Kaminköpfe über Dach, Versottung der Kaminzüge
- Schadhafte Dachaufbauten wie Gauben, Ziergiebel ohne Dämmung

Tabelle 1.1
Typische Schadenspunkte an Einzelbauteilen.
Quelle: Bauministerium NRW

- Unbrauchbarer Verputz unter schrägen Dachflächen
- Schadhafte Dachrinnen, Fallrohre und Dachanschlüsse

6. Geschossdecken

- Unterdimensionierte, durchgebogene Holzbalkendecken
- Abgefaulte Holzbalkenköpfe am Auflager im Mauerwerk
- Gering dimensionierte Stahlträger/ Betondecken oder Stahlbetondecken
- Abplatzungen bei Betondecken, vorwiegend im Kellerbereich
- Schadhafter Spalierlatten-Deckenputz mit größeren Ablösungen
- Schwammbefall am Holz der Decken bei eindringender Feuchtigkeit
- Durchrostende Stahlträger der Kappendecken im Keller
- Zum Teil Wärmebrücken an auskragenden Betonplatten (Balkonen) mit Kondensatanfall
- Auffrierende Fliesen- und Plattenbeläge auf Balkonen und Loggien

7. Fußböden, Innentüren

- Durchgetretene Holzdielen mit großer Fugenbreite
- Schadhafte Holzfußleisten
- Schadhafte Verbundestriche auf Massivdecken mit Rissen oder Löchern
- Schadhafte Fliesen-, Platten- und Linoleum- bzw. Teppichbeläge
- Mangelhafter Trittschallschutz durch Verbundestriche
- Durchfeuchtetes, schadhaftes Ziegelpflaster des Kellerbodens
- Verzogene, undichte Füllungstüren mit defekten Beschlägen/Schloss

8. Geschosstreppen

- Durchgetretene, an der Vorderkante abgenutzte Holztreppenstufen
- Angefaulte Treppenteile nach eingedrungener Feuchtigkeit
- Schadhafte und fehlende Teile von Holztreppengeländern
- Befall der Holzteile durch tierische oder pflanzliche Schädlinge
- Mangelhafter Brandschutz durch fehlenden unterseitigen Verputz bei Holztreppen
- Mangelhafter Brand- und Schallschutz durch verglaste Wohnungseingänge
- Schadhafte Platten- und Kunststeinbeläge auf Massivtreppenstufen
- Zu große Stababstände horizontaler Stahltreppengeländer

9. Sanitärinstallation

- Unbrauchbare oder schadhafte Wasser- und Entwässerungsleitungen
- Verstopfte Abwasser-Grundleitungen im Kellerboden
- Unterdimensionierter Wasser- und Kanalanschluss
- Unbrauchbare oder erneuerungsbedürftige Einrichtungsgegenstände für Bad, WC und Küche
- Fehlende Warmwasserbereitung für Badezimmer

10. Heizung

- Einzelofenheizung an zahlreichen Kaminzügen für Kohle, Öl und Gas
- Unterdimensionierte Hausanschlüsse für Gas
- Überdimensionierte, gemauerte Kaminzüge mit Versottungsgefahr
- Zentralheizungen mit erneuerungsbedürftigen Wärmeerzeugern und Heizflächen
- Heiz-Rohrleitungen überdimensioniert für Schwerkraftheizung
- Fehlende neuzeitliche Regeleinrichtungen für die Heizanlagen

11. Elektroinstallation

- Unbrauchbare oder erneuerungsbedürftige Elektroleitungen, Dosen, Schalter und Brennstellen
- Unbrauchbare oder erneuerungsbedürftige Absicherungen, Verteilungen und Unterverteilungen
- Unterdimensionierter Elektro-Hausanschluss

dernisiert oder umgebaut. Ursprünglich wurden Stadthäuser meist in Massivbauweise oder als Fachwerkhaus errichtet, sie haben meist Holzbalkendecken und oftmals eine dekorative Fassade, z.B. mit Sichtfachwerk, Natur- oder Backsteinornamenten. Das steile Dach war ursprünglich nicht ausgebaut. Frühere Modernisierungen und der Umbau solcher Häuser erfolgten häufig in Zusammenhang mit der Umwandlung zu Eigentumswohnungen.

Wo solche Häuser noch in ihrer ursprünglichen Form vorkommen, weisen sie häufig städtebauliche Mängel auf, also solche, welche die unmittelbare Umgebung des Hauses betreffen und die auf die dichte Bebauung zurückzuführen sind: schlechte Besonnung und Belichtung, Verkehrs- oder Gewerbeimissionen, Einsehbarkeit, unzureichende Freiflächen. Diese Probleme lassen sich durch Privatinitiative kaum oder gar nicht beheben. Sie können eigentlich nur im Zuge einer öffentlichen städtebaulichen Sanierung angegangen werden.

Die *Bausubstanz* der Häuser kann in sehr unterschiedlichem Zustand sein. Häufige Mängel sind: feuchtes Keller- und Sockelmauerwerk in Verbindung mit Mauerwerksausblühungen, verfaulte Holzbalken am Übergang zwischen Mauerwerk und Holzwerk, schadhafte Dacheindeckung, schadhafte Fenster und Verwitterungserscheinungen an den Fassadenelementen.

Zuschnitt und Größe der Wohnungen entsprechen oft nicht den heutigen Vorstellungen. Die Räume sind zu groß, zu hoch oder zu klein. Sie sind in ihrer möglichen Funktion einander nicht richtig zuzuordnen, ein Nachteil, der bei gefangenen Räumen besonders deutlich wird. Manche solcher Wohnungen sind noch in einen Dienstbotenbereich und den Bereich der Hauptwohnung unterteilt. Da gibt es dann zwar eine große Küche, aber nur ein kleines oder gar kein Badezimmer. Solche Mängel lassen sich oft nur durch eine neue Grundrissgestaltung beheben. Umbaumaßnahmen mit Veränderungen von Wänden und die Verlagerung oder Schaffung von Sanitärräumen werden schnell zu einer kostspieligen Angelegenheit, so dass es sich lohnt, über die sinnvolle und wirtschaftliche Neuaufteilung ausgiebig nachzudenken und verschiedene Entwürfe durchzuspielen. Auch die Haustechnik und die Innenausstattung der Häuser sind häufig erneuerungsbedürftig. Alte Geschossdecken und dünne Innenwände, die einzelne Wohnungen voneinander trennen, sind in der Regel schall- und wärmetechnisch verbesserungsbedürftig. Bleiben Reparatur- und Änderungsmaßnahmen auf das Wesentliche beschränkt, bieten solche Häuser die Chance, kostengünstig an eine eigene Wohnung in innenstadtnaher Lage zu kommen.

Das Bauernhaus

Ein dritter Haustyp ist das Bauernhaus, bei dem Wohn- und Scheunenteil nebeneinander unter einem Dach liegen. Die Wohnung befindet sich im ersten Stock über dem gemauerten Sockelgeschoss, das Abstellräume, Stall und Gewölbekeller umfasst. Der hohe Dachraum dient als Getreidespeicher und Abstellraum. Raumgrößen, Geschosshöhen und Fenstergrößen sind vergleichsweise gering. Die Wohnebene wurde als Fachwerk errichtet, die Scheune besteht meist ganz aus Holz. Raumform und Tragstruktur der Scheune sind geprägt von dem hohen Tennenraum mit Toreinfahrt und dem seitlichen Heu- und Strohlager.

Die Modernisierung eines alten Bauernhauses ist in vielen Fällen mit einem größeren Aufwand verbunden als die eines Stadthauses oder eines Hauses aus den 1950er Jahren. Die Bausubstanz und die haustechnische Ausstattung solcher Häuser sind durchweg einfacher und in schlechterem Zustand. Risse in den Außenwänden können ihre Ursache in Verschiebungen des Kellergewölbes oder nicht ausreichend tiefen Fundamenten haben. Im Mauerwerk aufsteigende Feuchtigkeit, oft in Verbindung mit Salzausblühungen, führt zur Zerstörung des Mauermörtels und der darüber liegenden Konstruktionshölzer, die zudem oft zu schwach dimensioniert und von Holzschädlingen befallen sind.

Bei Fachwerkhäusern können die Ausfachungen aus Feldsteinen, Lehmgeflecht oder Ziegelsteinen so instabil geworden sein, dass ein teilweiser oder vollständiger Austausch unumgänglich ist. Häufig sind die Fugen zwischen Holzwerk und Ausfachung so undicht, dass Schlagregen die Wand durchnässt und der Wind durchs Haus zieht. Der schwach dimensionierte Dachstuhl lässt einen Austausch der einfachen, wenig regendichten Dachziegel gegen eine schwere und dichtere Dacheindeckung häufig nur in Verbindung mit einer Verstärkung des Holztragwerks zu, abgesehen von solchen Balken, die wegen Schädlingsbefall ohnehin ausgetauscht werden müssen. Wegen der guten Durchlüftung ist das hölzerne Tragwerk der Scheune häufig besser erhalten als das des Wohnhauses.

Um die tragenden Konstruktionen des Wohnhauses zu verstärken, kann es erforderlich sein, zwischen dem gemauerten Sockelgeschoss und dem aufgehenden Fachwerk einen Betongurt einzubauen und einzelne Fachwerkbalken durch neue zu ersetzen. Das Ausräumen sämtlicher Gefache und gar zusätzlich das Ausrichten eines schiefen Fachwerkes wird nur in wenigen Fällen wirklich notwendig sein und ist wegen der hohen Kosten wohl auch nur in Ausnahmefällen gerechtfertigt.

Der Umfang vorhandener Installationen ist in alten Bauernhäusern in der Regel sehr gering, oft gibt es nicht einmal Bad und WC, häufig noch keinen Anschluss an den inzwischen vorhandenen öffentlichen Abwasserkanal. Da kann es notwendig sein, erst einmal Grundleitungen im Haus zu verlegen und den Anschluss zum Kanal herzustellen oder eine neue Hauskläranlage zu bauen.

Für die Haustechnik, den Innenausbau und sonstige Umbau- und Modernisierungsmaßnahmen gelten darüber hinaus die beim Stadthaus und beim Eigenheim der 50er Jahre angesprochenen Aspekte.

Bauernhäuser bieten meist viel Platz für einen Ausbau. Bei der Ausbauplanung ist auf ein gestalterisch gutes Einfügen neuer Fenster und Dachgaupen großer Wert zu legen, weil sonst das Erscheinungsbild des Hauses erheblich beeinträchtigt werden kann. Ein großer Scheunenraum lässt sich möglicherweise zur zweiten Haushälfte umbauen. Wenig sinnvoll ist dagegen im allgemeinen der Ausbau ehemaliger Stall- und Kellerräume zu Wohnzwecken. Eine dauerhafte Lösung der Feuchtigkeitsprobleme ist hier zumeist nur durch einen Teilabriss mit anschließendem Neubau zu erreichen.

Sicherlich tauchen nicht alle hier genannten Probleme gleichzeitig bei einem Haus auf. Wer sich nicht auf Abenteuer einlassen will, sollte die angesprochenen Fragen und Probleme vor dem Erwerb eines alten Bauernhauses prüfen und in erste konzeptionelle und finanzielle Überlegungen einbeziehen.

1.4 Selbst planen – selbst bauen

Je nach Fähigkeit und verfügbarer Zeit können bei der Altbauerneuerung zahlreiche Handwerkerarbeiten (Bauleistungen) selbst ausgeführt werden. Das gilt auch für einzelne planerische Leistungen, soweit sie überwiegend bautechnischer oder organisatorischer Art sind. Gestalterisch wichtige Fragen sollten jedoch besser gemeinsam mit einem Architekten gelöst werden. Bei jeder Arbeitsteilung sollten Verantwortlichkeit und Haftung für Fehler klar abgegrenzt werden. Grundsätzlich gilt: Wer bei der Planung spart, baut teurer.

Zu den Aufgaben des Architekten gehört im wesentlichen der Entwurf und die Planung eines Bauvorhabens, das Einholen von Handwerkerangeboten und das Überwachen der ordnungsgemäßen Durchführung. Die Vergütung dafür ist einheitlich geregelt und ermittelt sich nach der „Honorarordnung für Architekten und Ingenieure (HOAI)". Bei Modernisierung und Umbau normaler Wohnhäuser beträgt das Honorar (für Planung, Bauleitung und Abrechnung) etwa 18 bis 25% der Baukosten.

In Absprache mit einem aufgeschlossenen Architekten ist es gegebenenfalls durchaus möglich, auch bei bestimmten Verwaltungs- und Organisationstätigkeiten mitzuwirken, bei der Vorbereitung der Auftragsvergabe an die Baufirmen oder bei der Terminüberwachung. Sind zeichnerische Fähigkeiten vorhanden, ist die Mitarbeit bei der Anfertigung von Bestandsplänen denkbar. Der Wert einer solchen Mitarbeit liegt vor allem auch in der persönlichen Einarbeitung, der Identifikation mit dem Haus und der Vorbereitung auf die kommenden Arbeiten. Bei kleinen Bauvorhaben ist es im allgemeinen zulässig, das Baugesuch selbst anzufertigen und einzureichen. Die Bauleitung darf jedoch nur von einer Fachkraft durchgeführt werden. Das ist gewöhnlich der Architekt, es kann aber auch ein Statiker, Maurer- oder Zimmermeister sein.

Mehr als beim Planen lässt sich durch Selbstbau Geld sparen – oder richtiger gesagt, das Eigenkapital erhöhen. Wer selbst baut, kann außerdem leichter einmal neue Wege durch das Ausprobieren unüblicher Bautechniken einschlagen.

Wie viel durch Eigenleistungen erwirtschaftet (eingespart) werden kann, hängt im Wesentlichen von den eigenen handwerklichen und organisatorischen Fähigkeiten und von der verfügbaren Zeit ab. Typische Arbeiten, die sich für Eigenleistungen eignen, sind zum Beispiel: einfache Rückbauarbeiten, Wärmedämmung und Bekleidung der Dachflächen oder Außenwände von innen, Verlegung von Boden- und Wandfliesen, Malerarbeiten, Herstellung der Außenanlagen. Bei realistischer Betrachtung sind von dem erwirtschafteten Betrag die Kosten für eine eventuell verlängerte Mietzeit in der alten Wohnung abzuziehen. Deshalb ist es empfehlenswert, Eigenleistungen möglichst zeitlich kompakt zu gestalten, also während eines angesammelten Urlaubs und mit möglichst vielen Helfern!

Wer vorhat, viel Eigenleistung zu erbringen, sollte nach Möglichkeit solche Bauweisen und Konstruktionen wählen, die für den Selbstbau gut geeignet sind. Nichttragende, gemauerte Innenwände sind unter Umständen auch nicht schwieriger herzustellen als Leichtbauwände in Ständerbauweise. Wer sich das Anbringen eines Innenputzes nicht zutraut, kann Wände und Decken – sofern sie weitgehend eben sind – mit Gipskarton-Platten verkleiden. Auch eine Holzschalung ist zur Wand- und Deckenbekleidung gut geeignet. Diese Art der „Trockenbauweise" bietet sich besonders in Verbindung mit dem Verlegen von Wärmedämmstoffen an. „Schwimmende" Zwischenböden können nicht nur als Estrich hergestellt werden, der an Ort und Stelle gegossen wird; für den Selbstbau besser geeignet sind sicherlich sogenannte Trockenestriche aus Gipsfaser-, Gipskarton- oder Zementspanplatten.

Genehmigungspflichtige Abbrucharbeiten dürfen nach dem Gesetz nicht in Eigenleistung ausgeführt werden!

Und so lässt sich der Wert der geplanten Selbstarbeit überschlägig ermitteln: Pro Stunde Eigenarbeit können je nach Erfahrung und Geschicklichkeit 30–40 € pro Stunde erwirtschaftet werden. Hier eine Beispielrechnung: 8 Wochen Urlaub mit 8 Stunden täglich an 5 Tagen pro Woche ergibt 320 Stunden. Weitere 8 Wochen Arbeitseinsatz nach Feierabend und samstags mit 20 Std./Woche ergeben 160 Stunden Eigenarbeit. Bei einem Stundensatz von 35 € errechnet sich daraus ein Wert von 480 Std. x 35 €/h = 16.800 €.

Bauleistung	Das kann oder darf in der Regel			Hinweise		
	fast jeder	ein begabter Laie	nur der Handwerker	Genehmigung o. Abnahme	Architekt einschalten	Erhöhte Unfallgefahr
Abbruch						
• Tragende Wände, Treppen			×	(×)	×	×
• Nichttragende Wände		×			(×)	×
• Deckenkonstruktionen (tragend)		×	(×)	×	×	
Durchbrüche, Öffnungen						
• Tragende Innenwände			×	(×)	×	×
• Decken		(×)	×	(×)	×	×
• Nichttragende Wände		(×)	×			
Entfernen, Ausbauen						
• Fenster, Türen	×					
• Heizung, Sanitär-Installation	(×)	×		(×)		
• Elektro-Installation		(×)	×	×	(×)	×
• Fußboden		×			(×)	(×)
• Wand- und Deckenbekleidung	×				(×)	(×)
• Bodenplatte (auf Erdreich)		×		(×)	×	(×)
Maurerarbeiten						
• Erdarbeiten	×				×	(×)
• Tragende u. nichttragende Wände		×		(×)	(×)	(×)
• Betondecken u. -böden		×		(×)	(×)	×
• Wände unterfangen		(×)	×	×	×	×
• Hohlkörperdecken verlegen		×		(×)	×	(×)
• Treppen bauen		×		(×)	(×)	
• Mauerwerk ausbessern		×				
Feuchtigkeitsschutz						
• Erdarbeiten	×				×	(×)
• Isolierputz		×				
• Drainage		×			×	(×)
• Innenwände, Böden		(×)	×		×	
Installationen						
• Sanitär, Wasser, Abwasser		(×)	×		×	
• Gasversorgung			×	×	(×)	
• Heizung und Lüftung		(×)	×	(×)	(×)	
• Elektro-Installation		(×)	×	×	(×)	×

(×) Die Klammer symbolisiert eine Einschränkung; die Aussage gilt unter Umständen nur bedingt, im Einzelfall wird eine genaue Prüfung empfohlen.

Tabelle 1.2
Welche Bauleistungen sind für's Selbermachen geeignet?

Bauleistung	**Das kann /darf in der Regel**			**Hinweise**		
	fast jeder	ein begabter Laie	nur der Handwerker	Genehmigung o. Abnahme	Architekt einschalten	Erhöhte Unfallgefahr
Oberflächen						
• Außenputz, -anstrich		×				(×)
• Innenputz, Wandfliesen		×				(×)
• Innenanstrich, Tapezieren	×					
• Türen, Fenster		×				
• Abgehängte Decken		×				(×)
• Holzböden erneuern		×				
Zimmerarbeiten						
• Holzbalken reparieren, austauschen		(×)	×	(×)	(×)	(×)
• Holztreppe reparieren, austauschen		(×)	×	(×)	(×)	
• Fachwerk wieder ausrichten			×	×	×	×
• Dachaufbauten		(×)	×	×	×	×
Sonstige Arbeiten						
• Fenster und Türen instandsetzen		(×)	×		(×)	
• Dielenboden, Parkett erneuern		×				
• Rolläden, Klappläden,						
• Markisen einbauen		(×)	×			
• Schlosserarbeiten		(×)	×		(×)	
• Dacheindeckung erneuern		(×)	×	(×)	(×)	×
• Bodenfliesen, Teppich verlegen	×					
• Wärmedämmung Kellerdecke	×					
• Wärmedämmung Dachboden		×				
• Wärmed.: Wände u. Dach innen		×			(×)	
• Wärmedämmung Fassaden		(×)		(×)	×	×
• Wasser- o. Kompostbehälter aufstell.		×				
• Brunnen bohren			×	×	×	(×)
Gerüstbau						
• bis 2 m Höhe		×				
• 2 bis 7 m Höhe			×			×
• über 7 m Höhe			×	×		×
Außenanlagen						
• Erdarbeiten	×					
• Garten, Pflanzung	×					
• Wege, Treppen, Terrassenbelag		(×)	×			
• Einfriedungen	×			(×)		
• Wasser- u. Versickerungsflächen		×		×	(×)	
• Pergola, Rankgerüst	×			(×)		

Welche Arbeiten in welchem Umfang für die Eigenarbeit ausgewählt werden, ist terminlich mit den Handwerkerleistungen abzustimmen. Es ist günstig, solche Arbeiten zu wählen, die am Ende der Bauzeit liegen. Dann führen Verzögerungen nicht zu einer Verschiebung von Handwerkerterminen. Wie hoch die Lohnkosten von bestimmten Arbeiten sind, lässt sich aus der Kostenermittlung des Architekten ableiten. So liegt der Anteil der Lohnkosten bei Wärmedämmarbeiten am Dach bei etwa 75%, bei Wand- und Bodenfliesen ebenfalls etwa 75%, bei Malerarbeiten bei etwa 85%.

Bauarbeiten sind unfallträchtig, besonders für unerfahrene Laien. Schon mancher hat sich zu viel zugemutet und seine Bandscheiben geschädigt. Eine Beachtung der wichtigsten Unfallverhütungsvorschriften der Bauberufsgenossenschaft ist sehr zu empfehlen. Für Helfer muss eine Bauhelferversicherung abgeschlossen werden! Empfehlenswert ist darüber hinaus eine Bauherren-Haftpflichtversicherung.

Bauherren-Pflichten (nach der Landesbauordnung Baden-Württemberg):

- Bei genehmigungspflichtigen Bauvorhaben ist der Baubehörde der Baubeginn anzuzeigen. Bei der Baurechtsbehörde und beim Schornsteinfeger sind die Rohbau- und die Schlussabnahme zu beantragen.
- Für die Überwachung der Arbeiten ist ein fachkundiger Bauleiter zu bestellen.
- Mit der Bauausführung sind nur geeignete Unternehmer zu beauftragen, bei Eigenleistungen genügt die Mitwirkung qualifizierter Facharbeiter.

1.5 Staatliche Förderung der Altbaumodernisierung

Eigenleistungen und Einsparungen bei den Baukosten können eine vernünftige Finanzierung nicht ersetzen. Als Faustregel kann davon ausgegangen werden, dass bei mittlerem Einkommen etwa 1/4 bis 1/3 der Bauwerkskosten bzw. Gesamtkosten als Eigenkapital zur Verfügung stehen sollte, z.B. in Form von Sparguthaben, Wertpapieren oder Sachwerten. Der notwendige Fremdkapitalbedarf kann wie beim Neubau aus Bauspardarlehen, Hypothekendarlehen und/oder Personaldarlehen gedeckt werden.

Ein Verfahren zur überschlägigen Abschätzung der Baukosten ist in Kapitel 2.1.5 dargestellt. In der Vergangenheit hat sich gezeigt, dass im Umgang mit unverbindlichen Finanzierungsplänen Vorsicht geboten ist, auch wenn sie von Beratern der Hausbank oder der Bausparkasse ausgearbeitet wurden.

Die Modernisierung von Wohnraum und Maßnahmen zur Minderung der CO_2-Emissionenwerden werden staatlich gefördert. Die Förderprogramme der Bundesregierung werden von der KfW-Förderbank und dem BAFA (Bundesamt für Wirtschaft und Ausfuhrkontrolle) verwaltet. Derzeit werden unter anderem folgende Maßnahmen durch zinsgünstige Darlehen und/oder Zuschüsse gefördert:

Die KfW-Bank (www.kfw.de) fördert

- den Bau oder Erwerb eines Hauses oder einer Wohnung (Kaufpreis, Baukosten),
- das Energieeffiziente Sanieren (Wärmedämmung, Fenster, Heizung, usw.),
- den Einbau von Anlagen zur Nutzung erneuerbarer Energien einschl. Photovoltaik
- den altersgerechten Umbau einer Wohnung oder eines Wohnhauses.

Das BAFA (www.bafa.de) fördert:

- Energiesparberatung (Vor-Ort-Beratung),
- Heizungsoptimierung (Ersatz von Heizungs- und Warmwasser-Pumpen, hydraulischer Abgleich),
- Thermische Solaranlagen (für Warmwasser und Heizungsunterstützung),
- Holzpellet- und Scheitholzkessel,
- Elektrische Wärmepumpen (für Luft- und Erdwärmenutzung),
- Mini-KWK (Kraftwärmekopplung).

Die Förderprogramme sind gestuft und bausteinartig aufgebaut. Je höher die erreichte Energieeinsparung oder CO_2-Minderung ist, um so höher ist die finanzielle Förderung. Von besonderem Interesse sind die BAFA-Energiesparberatung sowie das KfW-Programm Energieeffizient Sanieren (vgl. auch Kap. 4.5).

Neben den Programmen des Bundes gibt es weitere Förderprogramme der Bundesländer, der Energieversorger und anderer Träger. Persönliche Beratung zu den Förderprogrammen gibt es außer bei KfW und BAFA auch bei den Energieberatern der Verbraucherzentralen oder bei der örtlichen Energieagentur. Ein Zusammenstellung nützlicher Web-Adressen findet sich im Anhang 2 (Adressen).

Da die staatlichen Förderprogramme und das Einkommenssteuerrecht immer wieder Änderungen unterliegen, ist es sinnvoll, sich über den jeweils aktuellen Stand zu informieren. Auskunft und Beratung zur Wohnungsbauförderung können bei der für den Bauort zuständigen Stelle des Landkreises oder Bundeslandes eingeholt werden. Im eigenen Interesse sollte jeder Antragsteller daran denken, dass die Finanzierung eines Bauvorhabens in der Regel *vor* dem Baubeginn oder Erwerb *vollständig* gesichert sein muss. Eine Förderung ist häufig ausgeschlossen, wenn

- der Bauherr bereits einen Bauauftrag erteilt hat,
- der Erwerber bereits einen Kaufvertrag abgeschlossen hat,

bevor der Förderantrag bewilligt ist. Es ist also empfehlenswert, sich möglichst frühzeitig zu informieren, welche Förderprogramme in Frage kommen und welche Anforderungen zu beachten sind!

2 Entwurf, Planung, Baudurchführung

2.1 Entwurf und Planung

Eine gründliche Planung ist Grundvoraussetzung für das Gelingen einer Althauserneuerung. Wer schlecht oder unzureichend plant, handelt sich beim Bauen oft viel Ärger, hohe Kosten und unbefriedigende Ergebnisse ein. Planung ist ein komplexer Vorgang, geht es doch darum, nicht nur handwerklich-technische und konstruktive, sondern auch gestalterische, ökologische, wirtschaftliche und rechtliche Gesichtspunkte zu berücksichtigen und aufeinander abzustimmen. Bei kleinen Baumaßnahmen kann die planerische Vorbereitung in Eigenleistung oder in Zusammenarbeit mit einem Handwerker erfolgen. Bei umfangreichen und bei genehmigungspflichtigen Vorhaben empfiehlt es sich grundsätzlich, einen Architekten oder eine Architektin einzuschalten.

2.1.1 Bauwünsche und Planungsziele

Die ersten Planungsschritte bestehen darin, die eigenen Wünsche mit den Möglichkeiten, die das vorhandene Haus bietet, und mit den baurechtlichen und finanziellen Vorgaben in Einklang zu bringen. Die eigenen Wünsche lassen sich z.B. darstellen in Form eines Raumprogramms, eines Zielkatalogs oder auch anhand von Skizzen. Das Raumprogramm ist eine Liste der gewünschten Räume, mit Größenangaben und Erläuterungen zu einzelnen Räumen. Tabelle 2.2 zeigt heute übliche Raumgrößen.

2.1.2 Baurecht

Die für ein Grundstück geltenden Bauvorschriften sind durch das Baugesetzbuch (BauGB, ein Bundesgesetz) in Verbindung mit der Baunutzungsverordnung und durch die Landesbauordnung (LBO, Landesrecht) geregelt. Örtliche Vorschriften, Auflagen des Denkmalschutzes und Förderrichtlinien können dazukommen.

Das Baugesetzbuch überträgt den Gemeinden die Aufgabe, festzulegen, was wo und wie gebaut werden darf. Diese Bestimmungen werden in den Bebauungsplänen festgesetzt (§§ 1, 2, 8 und 9 BauGB). In Bestandsgebieten, für die kein Bebauungsplan existiert, gilt der Grundsatz, dass sich das Vorhaben in die Eigenart der näheren Umgebung einfügt, und dass die Erschließung gesichert sein muss (§ 34 BauGB).

Maßgebend für die Zulässigkeit eines Bauvorhabens sind die Art und das Maß der Grundstücksnutzung. Die zulässige Art der Nutzung wird nach der Baunutzungsverordnung im Bebauungsplan mit zwei Großbuchstaben gekennzeichnet. Danach bedeutet z.B.

WR „Reines Wohngebiet"
WA „Allgemeines Wohngebiet"
MD „Dorfgebiet"
MI „Mischgebiet"

In der Baunutzungsverordnung bzw. im örtlichen Bebauungsplan ist festgelegt, welche Nutzungen außer dem Wohnen zulässig sind oder ausnahmsweise zugelassen werden können.

Das Maß der baulichen Nutzung beschreibt die zulässige Größe eines Baukörpers auf dem jeweiligen Grundstück:

- Die Grundflächenzahl GRZ gibt an, wieviel Quadratmeter des Grundstücks überbaut werden dürfen. GRZ 0,4 z.B. bedeutet, dass 40% der Grundstücksfläche überbaut werden darf.
- Die Geschossflächenzahl GFZ gibt an, wieviel Quadratmeter Geschossfläche (Summe der Flächen der einzelnen Geschosse) je Quadratmeter Grundstücksfläche zulässig sind. GFZ = 0,8 bedeutet, dass die Geschossfläche 80% der Grundstücksfläche betragen darf.
- Bei der zulässigen Zahl der Vollgeschosse ist zu beachten, dass ein ausgebautes Dach- oder ein Hanggeschoss in Abhängigkeit vom Einzelfall als Vollgeschoss gelten kann.

Architektenleistungen in Anlehnung an die Honorarordnung

1. Ermittlung der Grundlagen ca. 3%
- Baubeschreibung
- Klären der Aufgabenstellung
- Aufnahme und Beschreibung der Bausubstanz mit zeichnerischer Darstellung des Ist-Zustands
- Beratung zum gesamten Leistungsbedarf
- Vorprüfung der baurechtlichen Zulässigkeit

2. Vorplanung ca. 7%
- Analyse und Bewertung der Bausubstanz
- Abstimmung der Planungsziele
- Anfertigen von Entwurfsskizzen (Vorentwurf)
- Vorverhandlung über die Genehmigungs-gungsfähigkeit
- Schätzung der voraussichtlichen Baukosten („Kostenschätzung")

3. Entwurfsplanung ca. 11%
- Anfertigen der Entwurfszeichnungen: Grundrisse, Ansichten, Schnitte; in der Regel im Maßstab 1:100
- Festlegen der endgültigen baulichen Lösung
- Abstimmen mit Statiker und anderen Fachingenieuren
- Verhandlungen über die Genehmigungsfähigkeit
- Beschreibung der Bauteile und der Haustechnik („Baubeschreibung")
- Berechnung der voraussichtlichen Baukosten („Kostenberechnung")

4. Genehmigungsplanung ca. 6%
- Anfertigen, Zusammenstellen und Einreichen der Genehmigungsunterlagen in der vorgeschriebenen Form
- Vervollständigen und Anpassen der Planungsunterlagen

5. Ausführungsplanung ca. 25%
- Anfertigen der Bauzeichnungen für die Handwerker, Werkpläne im Maßstab 1:50; Detailpläne im Maßstab 1:20 bis 1:1
- Einarbeiten der Tragwerksplanung und anderer Fachingenieurleistungen

6. Vorbereitung der Vergabe ca. 10%
- Aufstellen der Leistungsverzeichnisse für die einzelnen Gewerke
- Massenermittlung

7. Mitwirkung bei der Vergabe ca. 4%
- Zusammenstellen der Vergabeunterlagen
- Einholen und Auswerten der Angebote
- Verhandeln mit den Bietern
- Zusammenstellen der Kosten nach den Angebotspreisen („Kostenanschlag")
- Vorbereiten der Bauverträge

8. Bauleitung (Objektüberwachung) ca. 31%
- Überwachen und Koordinieren der Bauausführung
- Erstellen eines Zeitplanes
- Vorbereiten von Anträgen und Herbeiführen von behördlichen Abnahmen (Anträge an Versorgungsunternehmen, Abnahmen durch Baurechtsbehörde und Bezirksschornsteinfeger)
- Aufmaß und Abnahmen mit den Unternehmern
- Rechnungsprüfung
- Kostenkontrolle und „Kostenfeststellung"
- Überwachung der Mängelbeseitigung bis zur Abnahme

9. Objektbetreuung (nach Fertigstellung) ca. 3%
- Feststellen von Mängeln und Überwachen der Mängelbeseitigung im Gewährleistungszeitraum
- Zusammenstellen der zeichnerischen, schriftlichen und rechnerischen Unterlagen

Besondere Leistungen (nach Bedarf), z.B.:
- Detaillierte Bestandsaufnahme, Herstellung von Bestandszeichnungen
- Gutachten zur Schadenssanierung
- Prüfen der Umweltverträglichkeit
- Alternativplanungen nach grundsätzlich unterschiedlichen Anforderungen
- Wirtschaftlichkeits- u. Kostenuntersuchungen
- Finanzierungsplanung
- Anfertigen eines Modells
- Planungen für Freianlagen

Die Prozentzahlen geben den Anteil am Gesamtaufwand der Planungsleistung an.
Das Architektenhonorar beträgt bei 100% Planungsleistung je nach Umfang und Schwierigkeitsgrad der Bauaufgabe meist zwischen 15 und 20% der Bausumme. „Besondere Leistungen" sind gesondert zu vergüten.

Tabelle 2.1 Architektenleistungen in Anlehnung an die Honorarordnung für Architekten und Ingenieure HOAI.

Durch Baugrenzen oder Baulinien ist die Lage des Gebäudes auf dem Grundstück bestimmt. Darüber hinaus gibt es viele weitere Einschränkungen, die im zeichnerischen Teil oder im Textteil eines Bebauungsplanes festgelegt sind oder als Maßstab für das „Einfügen" gelten, z.B. hinsichtlich Dachform, Dachneigung, Bepflanzungen. Außerhalb einer Ortslage sind nur bestimmte Bauvorhaben zulässig, z.B. forst- und landwirtschaftliche Betriebe mit den dazugehörigen Wohnungen.

Wer einen An-, Um- oder Ausbau plant, sollte zunächst mit einem Architekten oder einer Architektin bzw. mit der zuständigen Baurechtsbehörde klären, ob das Vorhaben grundsätzlich genehmigungsfähig ist. Unter Umständen ist das Grundstück bereits so intensiv bebaut, dass eine noch so geringe Vergrößerung der Wohn- und/oder Nutzfläche nicht mehr möglich ist.

Die Landesbauordnungen regeln in vielen Paragraphen Einzelheiten des Gebäudes und seiner Teile, z.B.

- Abstandsflächen zwischen Gebäude und Grundstücksgrenzen;
- Abmessungen und Bauarten von Treppen, Treppenräumen, Wohnräumen, Garagen, Toiletten, Bädern;
- Bauarten von Decken, Wänden, Dächern.

Darüber hinaus wird bestimmt, welche Bauvorhaben genehmigungspflichtig sind. Nicht genehmigungsbedürftig sind im allgemeinen nur reine Instandsetzungs- und Unterhaltungsmaßnahmen, z.B. die Erneuerung von Fenstern und Türen sowie Schönheitsreparaturen. Steht ein Gebäude allerdings unter Denkmalschutz, in der Nähe eines denkmalgeschützten Gebäudes oder im Geltungsbereich einer Ortsbausatzung, können auch solche Maßnahmen genehmigungspflichtig sein. Für Einschränkungen, die der Besitz eines denkmalgeschützten Gebäudes mit sich bringt, gewährt der Staat dem Eigentümer einen erheblichen Steuernachlass.

Uneinheitlich ist in den Bundesländern geregelt, welcher Personenkreis als „Planverfasser" anerkannt wird. Normalerweise müssen die Planzeichnungen von einem Architekten gefertigt und unterzeichnet sein. In bestimmten Fällen können sie auch von einem Ingenieur, Bauzeichner, Maurermeister, Zimmermeister und eingeschränkt von jeder Person gefertigt sein, „die für diese Aufgabe nach Sachkunde und Erfahrung geeignet ist". Im Zweifelsfall empfiehlt sich eine Rücksprache bei der zuständigen Baurechtsbehörde.

Wenn die Genehmigungsfähigkeit eines Vorhabens im Vorfeld des Baugenehmigungsverfahrens nicht ausreichend geklärt werden kann, ist ein „Antrag auf Bauvorbescheid" zweckmäßig. Eine solche förmliche Voranfrage ist weniger aufwendig als ein Baugesuch. Der Bauvorbescheid, den die Genehmigungsbehörde erteilt, ist verbindlich, d.h. es entsteht ein Rechtsanspruch gegenüber der Genehmigungsbehörde.
Der Bauvorbescheid ist eine für die spätere Baugenehmigung maßgebende Vorabentscheidung, er gibt jedoch das Vorhaben nicht zur Ausführung frei. Ein Antrag auf Bauvorbescheid ist üblich, wenn von einem vorhandenen Bebauungsplan abgewichen wird oder wenn für das Grundstück kein Bebauungsplan existiert.

Die Entscheidungen der Baubehörden sind gerade bei Vorhaben an bestehenden Gebäuden oft eine Ermessensfrage. Auch wenn die Behörden nein sagen, muss eine Bauidee nicht sofort verworfen werden. Oft kann über Ausnahmen und Befreiungen das gewünschte Ziel erreicht werden. Darüber hinaus besteht auch die Möglichkeit des Widerspruchverfahrens.

Besondere Bedeutung hat in diesem Zusammenhang der „Bestandsschutz". Das Baurecht respektiert den Bestand. Die heute geltenden Vorschriften müssen nicht berücksichtigt werden, solange der Bestand erhalten wird. Wird dagegen ein Teil des Gebäudes verändert oder abgebrochen, so gelten für diesen Teil die heutigen Vorschriften. Soll z.B. ein Haus oder Hausteil, das bisher auf der Grundstücksgrenze stand, abgebrochen und durch ein neues ersetzt werden, so muss beispielsweise ein vorgeschriebener Grenz-

Übliche Raumgrößen bei Neuplanung in m²	übliche Größe	Minimum der früheren DIN 18011	Einheitliche Raumgröße mittel	groß
Wohnraum (ohne Essplatz)	36,0	18,5	16,0	20,0
Wohnraum mit Essplatz			20,0	24,0
Schlafraum (Eltern)	16,0	14,5	16,0	20,0
Kinderzimmer für 2 Kinder	16,0	14,6	16,0	20,0
Zimmer für 1 Kind	10,0	7,1	16,0	20,0
Küche	9,0	9,8	16,0	16,0
Essplatz	9,0	5,9	-	-
Bad mit WC	9,0	4,5	6,5	8,0

Tabelle 2.2: Übliche Raumgrößen zeigen, was heute bei der Errichtung eines Wohnhauses üblich ist. Die nicht mehr gültige DIN 18011 galt für den öffentlich geförderten Wohnungsbau, bei dem die Flächen knapp bemessen sind. Wenn Zimmer einheitliche Größen haben, lassen sie sich flexibel für unterschiedliche Zwecke nutzen.

Mögliche Ziele bei der Modernisierung

- Dachausbau und Innenausbau in Eigenleistung mit gesundheits- und umweltverträglichen Baustoffen
- Südliche Dachhälfte ausbauen (Leichtbauweise, im Selbstbau)
- Fensterläden wiederherstellen
- Wärmedämmung der Gebäudehüllflächen
- Änderung der Raumzuschnitte oder Schaffung neuer Wohnräume
- Ausbau einer Werkstatt im Untergeschoss (Trockenlegung)
- Angestrebte Energieeffizienzklasse (Primär- und Endenergiebedarf)
- Barrierefreie Verbindung nach außen (Zugang, Balkon, Terrasse)
- Erneuerung der Heizungsanlage
- Ergänzungen der Haustechnik, z.B. Regenwassernutzung für WC-Spülung, Waschmaschine, Gartenbewässerung.

Beispiel für einen Zielkatalog

Checkliste:
Planerische Rahmenbedingungen

- Gibt es einen Bebauungsplan?
- Muss der Denkmalschutz berücksichtigt werden?
- Gibt es eine Ortssatzung für die Bebauung?
- Liegt das Grundstück in einem Sanierungsgebiet?
- Hat das Gebäude die vorgeschriebenen Grenzabstände?
- Ist die Erschließung rechtlich gesichert?
- Ist die Ver- und Entsorgung vollständig und ausreichend: Wasser, Abwasser, Gas, elektrischer Strom, Fernwärme?
- Soll Art oder Umfang der Nutzung geändert werden?
- Ist die erforderliche Zahl an Stellplätzen vorhanden?

abstand von mindestens 2,5 m eingehalten werden. Fenster und Türen, die in einer Brandwand liegen, müssen bei einer Veränderung zugemauert oder mit teuren feuerbeständigen Fenstern bzw. Türen ausgestattet werden.

2.1.3 Bestandsaufnahme

Grundlage für eine solide Planung ist die genaue Erfassung des vorhandenen Bestands. Bei einer umfassenden Umbau-, Ausbau- oder Modernisierungsmaßnahme gliedert sich die Bestandsaufnahme in vier Bereiche:

- die Lage des Gebäudes auf dem Grundstück und seine Erschließung (Anbindung an öffentliche Straße),
- die Anschlüsse an das öffentliche Ver- und Entsorgungsnetz,
- das Gebäude und seine Räume mit allen wichtigen Abmessungen („maßliche Bestandsaufnahme"),
- der Zustand der Bausubstanz („technische Bestandsaufnahme").

Eine Zeichnung des Grundstücks (Maßstab 1:500) kann bei kommunalen oder staatlichen Vermessungsämtern beschafft oder von einem privaten Vermessungsbüro angefertigt werden. Im Lageplan werden dargestellt: die Grundstücksgrenzen, die baulichen Anlagen, Nachbarbebauungen, Straßen, Wege, Zufahrten, Stellplätze usw.. In einer größeren Darstellung (Maßstab 1:200 oder 1:100) lassen sich auch weitere Dinge eintragen, z.B. Höhenlinien, vorhandener Bewuchs, Kanalschächte, Anschlussleitungen, Terrassen, Dachüberstände.

Unter Umständen ist es erforderlich, neue Anschlussleitungen herzustellen. Auskünfte über die Abwasserentsorgung können beim Tiefbauamt eingeholt werden. Wo und wie tief liegt der Straßenkanal? Wo kann angeschlossen werden? Gibt es ein Mischsystem oder ein Trennsystem? Beim Mischsystem wird das Schmutz- und das Regenwasser in einen einzigen Kanal geleitet, beim Trennsystem gibt es zwei parallel verlaufende Kanäle, einen für Schmutz- und einen für Regenwasser. Die Anschlussbedingungen für Trinkwasser, Strom, Gas und Fernwärme können bei den örtlichen Versorgungsunternehmen erfragt werden. Für Telefon- und Fernsehkabel ist meist die Deutsche Telekom AG zuständig, neuerdings auch lokale und regionale Kabel- und Glasfaseranbieter.

Die zeichnerische Darstellung des Gebäudes umfasst die Grundrisse sämtlicher Geschosse, alle Ansichten und mindestens einen Querschnitt. Solche Bauaufnahmen werden in der Regel vom Architekten gefertigt, bei stark gegliederten oder schiefwinkligen Gebäuden auch vom Vermessungsingenieur. Bei stark gegliederten Fassaden kann eine fotogrametrische Aufnahme sinnvoll sein. Mit Hilfe einer thermographischen Aufnahme kann z.B. Fachwerk unter Putz erkennbar gemacht werden.

In eine Kopie der nun vorliegenden Bestandspläne werden alle wesentlichen Baumaterialien und alle erkennbaren Schäden eingetragen. Für eine Erfassung der energetischen Schwachstellen der Gebäudehülle und der Heizungsanlage ist eine gesonderte Bestandsaufnahme durch einen Energieberater erforderlich. Einzelheiten dazu sind in Kapitel 4.1 und 4.6 beschrieben.

2.1.4 Entwurf und Baubeschreibung

Wenn die Bestandspläne vorliegen und wenn die baurechtlichen Rahmenbedingungen sowie die Planungsziele geklärt sind, können erste versuchsweise Grundriss-Skizzen erstellt werden. Die spannenden Fragen: Lässt sich das Raumprogramm unterbringen?

Wieviel muss verändert werden? Welche alternativen Lösungsmöglichkeiten gibt es? Welche ist die beste? Diese erste Phase des Planens nennt der Architekt „Vorentwurf". Beim Vorentwurf sind noch viele Fragen offen. Jetzt klärt sich, ob und in welcher Form die Wünsche und Erwartungen verwirklicht werden können, was sie kosten und ob sie genehmigungsfähig sind. Die Genehmigungsfähigkeit kann, wie bereits erwähnt, durch Vorgespräche und durch einen Antrag auf Bauvorbescheid geklärt werden.

Mit den Vorentwurfsskizzen werden die wichtigsten Weichen für den Zuschnitt und die Qualität einer Wohnung gestellt. Einige maßgebliche Gesichtspunkte und Prinzipien sind z.B.:

- Besonnung und Belichtung: Himmelsrichtung und Sonnenbahnen berücksichtigen; auf Verschattung durch benachbarte Gebäude und große Bäume achten; Wohn- und Aufenthaltsräume vorzugsweise nach Süden oder Südwesten orientieren, Schlafräume nach Osten.
- Bezug zur Umgebung: Wohnzimmer mit Blick in die Ferne oder in den Garten orientieren, die Küche mit Blick zum Eingang oder zum Kinderspielbereich, Schlaf- und Arbeitszimmer im ruhigen Gebäudeteil unterbringen.
- Haustechnik und Kosten: Räume mit Installationen nebeneinander bzw. untereinander anordnen, keine oder möglichst wenig Eingriffe in tragende Bauteile vorsehen.
- Wärmehierarchie: unbeheizte oder wenig beheizte Räume (z.B. Garage, Abstellraum, Treppe, Diele) auf die Gebäudenordseite legen, als thermischer Puffer zwischen beheizten Räumen und dem Außenbereich.

Hat sich aus der Vielfalt der Möglichkeiten eine Lösung herauskristallisiert, so kann der Entwurf ausgearbeitet werden.

Dazu gehört:

- die exakte zeichnerische Darstellung, in der Regel im Maßstab 1:100, mit allen Grundrissen, Ansichten und Schnitten;
- die Baubeschreibung, in der die geplanten Materialien und haustechnischen Einrichtungen festgelegt werden (damit wird zugleich der geplante Komfort bzw. Standard bestimmt);
- die Kostenschätzung, gemäß dem nachfolgend beschriebenen Verfahren.

2.1.5 Kostenschätzung nach Brutto-Rauminhalt

Auf der Grundlage des Vorentwurfs können die zu erwartenden Baukosten von einem erfahrenen Architekten ermittelt werden. Eine solche Kostenschätzung ist ein grober Anhaltspunkt für die Finanzierbarkeit des Vorhabens. Die Genauigkeitstoleranz liegt bei ±20%. Bei der Altbauerneuerung ist es für die Entwurfs-, Kosten- und Finanzierungsplanung sinnvoll, zwischen Instandsetzung, Modernisierung und Um-, An- oder Ausbau zu unterscheiden.

Instandsetzung bedeutet die Behebung baulicher Mängel, die infolge von Alterung und Abnutzung entstanden sind. Instandsetzungsmaßnahmen verhindern den weiteren Verfall des Gebäudes. Die Kosten einer Instandsetzung werden vom Zustand der Bausubstanz bzw. von Art und Umfang der Mängel bestimmt. Als Mittelwert gilt ein Betrag von 120–180 €/m³ umbauter Raum. Umfangreiche Instandsetzungsmaßnahmen, z.B. die Trockenlegung von Kellermauerwerk oder die vollständige Erneuerung eines Dachstuhls sind gesondert zu berechnen.

Die Nutzungsdauer (Lebensdauer) der einzelnen Bauteile ist sehr unterschiedlich. Einen Überblick über die Nutzungsdauer

Welche Baumaßnahmen müssen genehmigt oder angezeigt werden?

Genehmigungsfrei sind:

- Reine Instandsetzungs- oder Unterhaltungsarbeiten
- Schönheitsreparaturen (auch an Außenfassaden)
- Neueindeckung des Daches (sofern Farb- u. Materialcharakter nicht verändert werden)
- Erneuerung von Fenstern und Türen in nichttragenden Wänden
- Abbruch von Terrassen- und Stützmauern bis 1 m Höhe
- Entfernen von nichttragenden Wänden
- Ausbau von Keller- und Dachräumen für nur vorübergehenden Aufenthalt, z.B. für Hobbyräume
- Änderung der Beheizung (sofern eine festgelegte Heizleistung nicht überschritten wird)
- Erneuerung der Versorgungsleitungen (Strom, Gas, Wasser, usw.; hier macht jedoch das zuständige Versorgungsunternehmen eine Bauabnahme)

Genehmigungspflichtig oder anzeigepflichtig sind:

- Renovierung der Fassade, wenn Farbe oder Gestaltung wesentlich verändert werden
- Änderung der Dachneigung
- Dachausbau (Dachgauben, Dachterrassen, Veränderung der Dachfenster)
- Durchbrüche durch tragende Wände (neue Fenster- und Türöffnungen)
- Abfangung tragender Wände
- Anbauten (Windfänge, Balkone, usw.)
- Abbruch größerer Gebäudeteile
- Veränderung der Nutzung (z.B. gewerbliche Nutzung von Wohnräumen)
- Ausbau von Dach oder Keller für nicht nur vorübergehenden Aufenthalt
- Einbau von Heizräumen
- Einrichtung von Öllagerstätten (teilweise besteht nur eine Meldepflicht bei kleineren Öltanks)
- Veränderungen an der Abwasseranlage

Tabelle 2.3
Welche Baumaßnahmen müssen genehmigt werden und welche Maßnahmen sind nach dem Kenntnisgabeverfahren nur anzeigepflichtig?

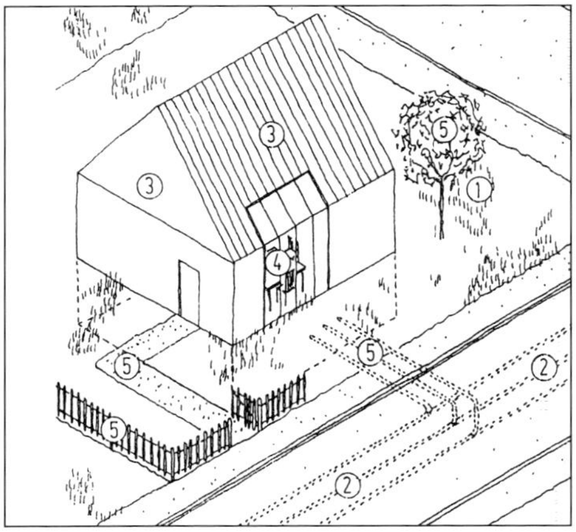

2.1
Kostengliederung nach DIN 276.

1 Grundstück (Kostengruppe 100)
2 Erschließung (KG 200)
3 Bauwerk / Baukonstruktion (KG 300)
4 Bauwerk / Technische Anlagen (KG 400)
5 Außenanlagen (KG 500)
6 Ausstattung und Kunstwerke (KG 600)
7 Baunebenkosten (KG 700)

verschiedener Bauteile von Wohnhäusern bei durchschnittlicher Abnutzung gibt Tabelle 2.4. Diese Übersicht kann jedoch eine Untersuchung der Bauteile im konkreten Einzelfall nicht ersetzen. Es empfiehlt sich, Instandsetzungsarbeiten, die das Wohnen erheblich beeinträchtigen, als Maßnahmenbündel oder im Zusammenhang mit Modernisierungsarbeiten durchzuführen.

Als **Modernisierung** werden bauliche Maßnahmen bezeichnet, die den Gebrauchswert von Wohnungen und Gebäuden erhöhen und die Wohnverhältnisse auf Dauer verbessern. Insbesondere sind dies Maßnahmen, die den Zuschnitt der Wohnungen, die Belichtung und Belüftung, den Wärme- und Schallschutz, die Energie- und Wasserversorgung, die Entwässerung, die sanitären Einrichtungen, die Beheizung und die Funktionsabläufe betreffen. Als Mittelwert gilt ein Betrag von 260–310 €/m³ umbauter Raum.

An-, Um- und Ausbauten sind Maßnahmen, durch die neuer Wohnraum hergestellt wird, z.B. durch Aufstocken, Erweiterungsbauten, Dachausbau.

Als Mittelwert für Aus- und Umbaukosten gilt ein Betrag von 360 €/m³, für Anbauten von 490 €/m³ umbauter Raum.

Die genannten Beträge können in konjunkturschwachen Regionen bis zu etwa 20% niedriger, in wirtschaftlich starken Regionen um diesen Prozentsatz höher liegen. Darüber hinaus sind die Werte zeitlichen Schwankungen und anderen Einflussfaktoren unterworfen.

Desweiteren nimmt der Austattungsstandard einen ganz wesentlichen Einfluss auf die Baukosten. Bei einfachem Standard können die genannten Mittelwerte mit einem Faktor zwischen 0,8 und 0,9 multipliziert werden, bei gehobenem Standard mit einem Faktor zwischen 1,1 und 1,3. Nach oben sind natürlich keine Grenzen gesetzt.

Als „einfacher Standard" wird eine bescheidene Ausstattung mit geringen Qualitätsanforderungen an Materialien, Schall- und Wärmeschutz, Haltbarkeit und „repräsentatives" Aussehen verstanden. Beachtet werden sollte, dass der Arbeitsaufwand einer Maßnahme für die Kosten meist bestimmender ist als die Materialqualitäten; außerdem erfordert kostengünstiges Bauen einen höheren Planungsaufwand.

Unter „gehobenem Standard" werden Lösungen verstanden, die sich durch hohen Komfort und luxuriöse Ausstattung auszeichnen. Lösungen dieser Art sind in diesem Buch nur dargestellt, wenn sie ökologisch begründet sind.

Welche anderen Kosten neben den „Kosten des Bauwerks" (Kostengruppen 300 und 400) noch anfallen, zeigen Tabelle 2.6 und Abb. 2.1. Erst die Summe all dieser Beträge ergibt die Gesamtkosten einer Baumaßnahme. Gerade die „Baunebenkosten" (Kostengruppe 700) werden häufig unterschätzt.

Welcher Betrag durch Eigenleistung erarbeitet werden kann, lässt sich im Entwurfsstadium besser über die zur Verfügung stehende Zeit ermitteln als über die einzelnen Bauleistungen (vgl. Kap. 1.4).

2.1.6 Antrag auf Baugenehmigung/ im Kenntnisgabeverfahren

Auf der Grundlage des Vorentwurfs werden die Entwurfszeichnungen und eine Baubeschreibung erstellt. Diese Unterlagen wiederum sind Grundlage für das Baugesuch, das nach den jeweils gültigen Landesvorschriften gefertigt und bei der zuständigen Baurechtsbehörde – in der Regel bei der Stadt- oder Gemeindeverwaltung – eingereicht wird. Die nachfolgenden Angaben gelten für Baden-Württemberg, sind aber in anderen Bundesländern ähnlich.

Zu den Unterlagen für den Bauantrag gehören im Allgemeinen:

- der Lageplan, bestehend aus einem zeichnerischen Teil im Maßstab 1:500 und einem Textteil,
- die Entwurfszeichnungen im Maßstab 1:100, mit Darstellung der abzubrechenden Bauteile (gelb) und der Neubauteile (rot),
- der Bauantrag mit Baubeschreibung (als vorgeschriebenes Formblatt),
- ggf. bautechnische Bestätigung über den Standsicherheitsnachweis („Statik"),
- ggf. der Nachweis gemäß Gebäudeenergiegesetz,
- ggf. auch ein Statistik-Erfassungsbogen.

Die Bearbeitung des Bauantrags dauert bei den Behörden meist 2 bis 3 Monate. Wichtiger Bestandteil des Verfahrens ist die Benachrichtigung der Angrenzer und der betroffenen Fachbehörden durch die Baurechtsbehörde. Die Gebühr für die Baugenehmigung beträgt in Baden-Württemberg 0,5% der Baukostengruppen 300 und 400 (siehe Tabelle 2.6). Wenn das Baugesuch genehmigt ist und alle anderen erforderlichen Unterlagen vollständig vorliegen, erteilt das Baurechtsamt die „Baufreigabe". Die Bauarbeiten dürfen beginnen. Eine Baugenehmigung erlischt, wenn innerhalb von 3 Jahren nicht mit der Bauausführung begonnen oder wenn sie 2 Jahre unterbrochen worden ist; sie kann jedoch auf schriftlichen Antrag verlängert werden.

Erneuerungszyklen von Bauteilen		
nach 5 bis 15 Jahren	**nach 15 bis 30 Jahren**	**nach 30 bis 50 Jahren**
- Tapeten und Anstriche innen - Textile Fußbodenoberbeläge - Elektro-Warmwasserbereiter - Außenanstriche an Fassade, Fenstern u. Außentüren - Dacheindeckungen bei Flachdächern	- Dachrinnen und Fallrohre aus Zinkblech - Dachanschlüsse aus Zinkblech - Plattenbekleidungen außen - Abdichtungen von Außenbauteilen mit Fugenmassen - Außenverglasungen - Kunststoffbeläge innen - Heizkessel u. -thermen - Stahl-Heizradiatoren - Elektronische Regeleinrichtungen - Die Bauteile der 1. Erneuerungs gruppe zum 2. Mal	- Dacheindeckungen und Dachanschlüsse - Kaminköpfe über Dach - Fenster und Außentüren - Außenwandputz u. -bekleidungen - Teile des Wand- und Deckenputzes innen - Fliesen- u. Plattenbodenbeläge innen - Sanitärleitungsnetz für Bäder und Küchen - Ausstattung von Bädern und Küchen - Elektroinstallationsnetz mit Dosen und Schaltern - Die Bauteile der 1. und 2. Erneuerungsgruppe zum 3. bzw. 2. Mal

Tabelle 2.4 Instandsetzungsrhythmen.

Kostenrichtwerte		Richtwert €/m³ Bruttorauminhalt	Kosten d. Kostengruppe 300 u. 400
Instandsetzung			
einfacher Standard	400 m³	130 €/m³	52.700 €
mittlerer Standard	400 m³	170 €/m³	66.100 €
gehobener Standard	400 m³	200 €/m³	79.400 €
Modernisierung			
einfacher Standard	400 m³	260 €/m³	105.500 €
mittlerer Standard	400 m³	300 €/m³	118.800 €
gehobener Standard	400 m³	330 €/m³	132.100 €
Umbau und Ausbau			
einfacher Standard	400 m³	400 €/m³	158.200 €
mittlerer Standard	400 m³	430 €/m³	171.500 €
gehobener Standard	400 m³	460 €/m³	184.800 €
Erweiterung			
einfacher Standard	400 m³	460 €/m³	166.000 €
mittlerer Standard	400 m³	490 €/m³	197.600 €
gehobener Standard	400 m³	530 €/m³	210.900 €

Tabelle 2.5
Beispiel für eine Kostenschätzung nach m³ umbautem Raum für die Kostengruppe 300 und 400 (reine Baukosten; Kosten des Bauwerks nach DIN 276), für a) Instandsetzung, b) Modernisierung, c) Umbau oder Ausbau sowie d) Erweiterung.

Neben dem normalen *Baugenehmigungsverfahren* gibt es für einfache Vorhaben das *Vereinfachte Baugenehmigungsverfahren*, in Baden-Württemberg zusätzlich noch das *Kenntnisgabeverfahren*. Im Kenntnisgabeverfahren entfällt die Baugenehmigung und somit auch die Baugenehmigungsgebühr. Der Bauherr kann 3 Wochen nach Ablieferung der vollständigen Unterlagen mit seinem Bau beginnen, wobei er natürlich alle Festsetzungen des Bebauungsplans und die Vorschriften des Bauordnungsrechts einhalten muss. Das Kenntnisgabeverfahren gilt nur für Wohngebäude bis zur Hochhausgrenze und nur für Grundstücke, für die ein qualifizierter Bebauungsplan besteht und die an Straße und Kanal angeschlossen sind. Zu beachten ist, dass es beim Kenntnisgabeverfahren keine Ausnahmen oder Befreiungen gibt. Sind Ausnahmen oder Befreiungen notwendig, so ist das wesentlich länger dauernde Baugenehmigungsverfahren anzuwenden. Auskünfte erteilen die Bauämter bzw. Baurechtsämter der jeweiligen Kommune.

2.1.7 Ausführungsplanung und Vorbereitung der Vergabe

Die Ausführungszeichnungen werden im Maßstab 1:50, Detailzeichnungen im Maßstab 1:20 bis 1:1 gefertigt. Nach diesen Plänen arbeiten die Handwerker. Auch der Selbstbauer sollte nach solchen Plänen arbeiten, denn die Maße und baulichen Zusammenhänge sind auf dem Papier leichter zu überschauen. Die Pläne im Maßstab 1:50 werden aus den Entwurfsplänen (1:100)

Quelle: Shutterstock_Pickadook

entwickelt, sie sollen sämtliche Maße enthalten. Die Aussagegenauigkeit der Detailpläne entspricht den Bauteilzeichnungen in diesem Buch (Kap. 6–14). Bei den Detailplänen geht es insbesondere um eine Darstellung der einzelnen Bauteilschichten und der Anschlüsse, z.B. Fassade/Dach, Fassade/Fenster, Balkongeländer, Haustüre.

Das Leistungsverzeichnis beschreibt für jedes Gewerk alle vorkommenden Arbeiten nach Art und Umfang. Es wird ebenso wie die Ausführungspläne Grundlage für die Bauverträge. Das Leistungsverzeichnis dient außerdem dazu, für die Arbeiten, die nicht selbst ausgeführt werden, von verschiedenen Firmen Angebote einzuholen.

In den Leistungsverzeichnissen sollen alle Leistungen, die von Handwerkern durchzuführen sind, eindeutig und vollständig beschrieben werden, um spätere Nachforderungen, d.h. ungeplante Mehrkosten, zu vermeiden.

Das Einholen von Angeboten wird als Ausschreibung bezeichnet. Rechtliche Grundlage für die Leistungsverzeichnisse, Ausschreibungsverfahren und Bauverträge ist in der Regel die VOB (Verdingungsordnung für Bauleistungen). Sie ist jedoch nur wirksam, wenn sie im Bauvertrag vereinbart wird, sonst gelten die Bestimmungen des BGB (Bürgerliches Gesetzbuch).

Die VOB gliedert sich in drei Teile:

- Teil A: Allgemeine Bestimmungen für die Vergabe von Bauleistungen,
- Teil B: Allgemeine Vertragsbedingungen für die Ausführung von Bauleistungen,
- Teil C: Allgemeine Technische Vorschriften für Bauleistungen.

Teil B und C ergänzen das Werksvertragsrecht des BGB durch besondere, auf die Bedingungen des Bauens abgestellte Regelungen. Es empfiehlt sich, die Teile B und C immer zu vereinbaren. Teil A wird in der Regel nur bei Ausschreibungsverfahren der öffentlichen Hand angewendet.

2.1.8 Kostenberechnung nach Bauteilen oder Gewerken

Die Kostenschätzung nach umbautem Raum (Kap. 2.1.5) ist ein schnelles, aber relativ grobes Verfahren auf der Ebene der Vorplanung. Eine genauere Kostenaussage erfolgt bei der nächsten Planungsstufe der Entwurfsplanung. Die genauesten Kostenangaben gibt es, wenn im Anschluss an die Ausführungsplanung die Leistungsverzeichnisse erstellt sind und die Angebote für sämtliche Gewerke vorliegen.

Es kommt jedoch häufig vor, dass eine genaue bzw. differenzierte Kostenaussage schon vor der oder ohne Durchführung des relativ aufwendigen Ausschreibungsverfahrens gewünscht wird, z.B. um die Kosten für solche Arbeiten zu ermitteln, die in Eigenleistung ausgeführt werden. Dann bietet sich eine Kostenberechnung nach Bauteilen und Gewerken an. Die dazu erforderlichen Kostendaten sind für einige häufig vorkommende Arbeiten im Anhang zu finden. Eine Untersuchung der Baukosten nach Bauteilen und/oder Gewerken ist besonders geeignet, um die Kosten zwischen alternativen Konstruktions- und Ausführungsarten zu vergleichen, oder wenn es darum geht, eine Abstimmung zwischen wünschenswerten Einzelmaßnahmen und finanziellen Möglichkeiten zu erreichen.

2.2 Baudurchführung

2.2.1 Bauvertrag

Für alle Arbeiten, die nicht in Eigenleistung ausgeführt werden, sollten schriftliche Bauverträge auf der Grundlage von Planzeichnungen und Angeboten (Leistungsverzeichnissen mit Preisangaben) abgeschlossen werden. Damit nichts Wichtiges übersehen wird, empfiehlt sich die Verwendung von Formverträgen nach VOB Teil B und C, die als Formulare im Buchhandel erhältlich sind. Darin wird u.a. vereinbart:

- die Vertragssumme mit/ohne Mehrwertsteuer,
- die Vertragsart: Einheitspreis-, Stundenlohn- oder Pauschalpreisvertrag,
- die Vertragsgrundlage: Pläne vom ..., das Angebot des Handwerkers vom ...,
- die Ausführungsfrist,
- die Gewährleistungsfrist.

Bei der Hauserneuerung wird häufig ein Stundenlohnvertrag vereinbart, besonders wenn es sich um schwer kalkulierbare Arbeiten handelt. Die Preise für Material und Lohn werden getrennt vereinbart, rapportiert (in täglichen Aufzeichnungen festgehalten) und abgerechnet.

Bei Aus- und Erweiterungsarbeiten ist ebenso wie für Neubauten der Einheitspreisvertrag üblich. Hier wird ein Preis je Leistungseinheit, der sogenannte Einheitspreis vereinbart, z.B. ca. 100 €/m² Dämmstoff ... liefern und einbauen: 27 €/m². Abgerechnet wird die tatsächlich eingebaute Menge, die durch ein gemeinsames Aufmaß an der Baustelle ermittelt wird, hier z.B. 95 m² x 27 €/m² = 2.565 €.

Beim Pauschalpreisvertrag wird eine größere Einheit, z.B. das Einrichten eines Bades

Aufgaben und Verantwortung des Bauleiters

(1) Der Bauleiter hat die ordnungsgemäße, den allgemein anerkannten Regeln der Technik und den Einzelzeichnungen, Einzelberechnungen und Anweisungen des Planverfassers oder, soweit diese nicht notwendig sind, den genehmigten Bauvorlagen entsprechende Ausführung des Bauvorhabens zu überwachen; er hat die dafür erforderlichen Weisungen zu erteilen. Verstöße, denen nicht abgeholfen wird, hat er der Baurechtsbehörde unverzüglich mitzuteilen. Er hat im Rahmen dieser Aufgabe auf den sicheren bautechnischen Betrieb der Baustelle, insbesondere auf das gefahrlose Ineinandergreifen der Arbeiten der Unternehmer zu achten. Die Verantwortlichkeit der Unternehmer bleibt unberührt.

Auszug aus
§47 Landesbauordnung Baden-Württemberg

2.2 Aufgaben und Verantwortung des Bauleiters.

oder die Herstellung einer neuen Heizungsanlage komplett mit allen Nebenarbeiten angeboten und abgerechnet. Pauschalpreisverträge sind die schnellste und bequemste Art der Abrechnung, die Rechnungssumme ist allerdings oft vergleichsweise höher als bei einer Abrechnung nach Einheitspreisen oder nach Stundenlohn.

2.2.2 Bauleitung

Für verfahrenspflichtige Bauvorhaben verlangen die Behörden grundsätzlich die Benennung eines verantwortlichen Bauleiters, meist eines Architekten. Unter Umständen kann auch ein erfahrener Maurermeister oder Zimmermann diese Aufgabe übernehmen. Die Aufgaben und Verantwortlichkeiten sind in den Bauordnungen der Länder geregelt (vgl. Abb. 2.2). Dazu gehören:

- Überwachen der Materialien und Bauteile,
- Regeln und Überwachen der Arbeitsdurchführung,
- Überwachen der Sicherheit am Bau,
- Einhaltung der Baugenehmigung.

Um die Sicherheit zu überwachen, muss der verantwortliche Bauleiter die Sicherheitsbestimmungen und Unfallverhütungsvorschriften der Bauberufsgenossenschaft und die Gerüstordnung nicht nur kennen, sondern auch durchsetzen. Bauleiter sollten gegen Personenschaden versichert sein. Die weit verbreitete Praxis der Gefälligkeitsunterschrift ist ein unverantwortliches und nicht zumutbares Risiko für den Bauleiter!

Die Baurechtsbehörde überprüft während der Bauzeit die Einhaltung der genehmigten Pläne und der Vorschriften. Die Bauberufgenossenschaft kontrolliert die Einhaltung der Sicherheitsvorschriften und die ordnungsgemäße Anmeldung der gewerblichen und nicht gewerblichen Arbeitskräfte. Den Beginn der Arbeiten und die Fertigstellung bestimmter Arbeiten hat der Bauherr den Baurechtsbehörden mit den dazu ausgehändigten Vordrucken mitzuteilen.

Zu den Aufgaben des Bauleiters gegenüber der Baufamilie gehört auch die Mitwirkung bei der Abnahme von Bauleistungen. Die Abnahme ist juristisch die Entgegennahme der vertragsgerecht erbrachten Leistung. Wenn eine Leistung wesentliche Mängel aufweist, sollte die Abnahme bis zur Mängelbeseitigung ausdrücklich und beweiskräftig verweigert werden. Auf Wunsch eines Vertragspartners muss die Abnahme förmlich vorgenommen werden (bei VOB-Vertrag), von der Abnahme wird dann eine Niederschrift angefertigt und von beiden Vertragspartnern unterschrieben. Mit dem Datum der Abnahme beginnt die Gewährleistungsfrist.

Wird keine förmliche Abnahme durchgeführt, so gilt die Leistung nach VOB als abgenommen:

- 12 Werktage nach schriftlicher Mitteilung über die Fertigstellung der Leistung oder 12 Werktage nach Zugang der Schlussrechnung,
- 6 Werktage nach Inbenutzungsnahme der Leistung.

Sicherheits- und Gesundheitsschutz auf Baustellen

Auf Baustellen geschehen überproportional viele Arbeitsunfälle. Die Gefährdung ist hier mehr als doppelt so hoch wie in anderen Bereichen der gewerblichen Wirtschaft. Hier setzt die Baustellenverordnung von 1998 an, die insbesondere mit den neuen Instrumenten des Sicherheits- und Gesundheitsschutzkoordinators (SiGeKo) sowie des Sicherheits- und Gesundheitsschutzplans eine Verbesserung der Sicherheit auf Baustellen erreichen will. Kurze und fundierte Informationen zur Baustellenverordnung und zu den

Pflichten des Bauherrn enthält die Broschüre „Bestellung eines geeigneten Koordinators nach RAB 30 – Eine Hilfe für den Bauherrn", die bei der Bundesanstalt für Arbeitsschutz und Arbeitsmedizin kostenlos erhältlich ist.

2.2.3 Versicherungen

Bauen ist immer mit besonderen Risiken verbunden, besonders wenn fachlich Unerfahrene auf der Baustelle arbeiten. Zur wirtschaftlichen Absicherung der durch Personen- oder Sachschäden bestehenden Risiken gibt es Versicherungen, die teils freiwillig und teils gesetzlich vorgeschrieben sind.

Unfallversicherung

Für die Ausführung von Eigenleistungen und Nachbarschaftshilfe am Bau ist eine Unfallversicherung gesetzlich vorgeschrieben. Alle Personen, die in ihrer Freizeit an einem Bauvorhaben nichtgewerblich mitarbeiten, müssen von der Baufamilie bei der örtlichen Bauberufsgenossenschaft oder beim Unfallversicherungsverband der Gemeinde versichert werden. Mitarbeitende Bauherren und Baudamen können sich gegen einen gesonderten Betrag mitversichern. Entprechende Anmeldeformulare werden meist mit der Baugenehmigung zugestellt.

Berufshaftpflichtversicherung

Die Baufamilie sollte darauf bestehen, dass der beauftragte Architekt bzw. Bauleiter eine Versicherung abgeschlossen hat, die die Folgen von Unachtsamkeit bei der Ausübung der beruflichen Tätigkeiten abdeckt. Eine gesetzliche Versicherungspflicht gibt es in diesem Bereich nicht. Im Architektenvertrag sollte jedoch der Nachweis über eine solche Versicherung vereinbart werden. Der Versicherungsschutz des Architekten und des Bauleiters umfasst dann Personen- und Sachschäden. Die übliche Deckungssumme beträgt 4–5 Mio. € für Personenschäden und 500.000 - 1.000.000 € für Sachschäden. Schäden, die durch falsch ermittelte Kosten entstehen, können nicht versichert werden.

Gebäudeversicherung

Während Gebäude früher gesetzlich gegen Brand- und Elementarschäden (Blitz, Sturm, Hagel, Hochwasser) versichert waren, ist eine solche Versicherung heute freiwillig. Der jährliche Versicherungsbetrag ergibt sich aus dem Einschätzungsbescheid. Bei Umbaumaßnahmen kann der Versicherungsschutz vorübergehend erlöschen, wenn Bauteile, die normalerweise dem Schutz des Gebäudes dienen, entfernt werden. Wenn z.B. das Dach abgedeckt ist, besteht kein Versicherungsschutz mehr bei Sturm- und Wasserschäden. Eine Bauwesenversicherung würde hier nur dann helfen, wenn der Schaden durch ungewöhnliche Witterungsverhältnisse entsteht, mit denen aufgrund der Jahreszeit und der örtlichen Verhältnisse normalerweise nicht gerechnet werden muss.

Bauleistungsversicherung

Durch eine freiwillige Bauleistungsversicherung (früher „Bauwesenversicherung") kann das Risiko abgedeckt werden, dass in der Bauphase Schäden und Verluste eintreten, die zu einer unvorhergesehenen Zerstörung oder Beseitigung von Bauleistungen oder Baumaterial führen, unabhängig davon, wer diese Schäden verursacht. Zu den versicherten Risiken gehören je nach vereinbarten Vertragsbedingungen: Einwirkung höherer Gewalt (Erdbeben, Erdrutsch, Hochwasser, ungewöhnliche Witterungseinflüsse) und Diebstahl von eingebauten Materialien und Bauteilen, mutwillige und vorsätzliche Zerstörung durch Unbekannte, Fahrlässigkeit oder Böswilligkeit der Erfüllungsgehilfen. Diese sehr umfangreiche Risikoversicherung kann auch in Kombination mit einer Bauherren-Haftpflichtversicherung abgeschlossen werden. Noch nicht eingebaute Materialien und Schäden, die durch normale Witterungseinflüsse, mit denen gerechnet werden muss, entstehen, sind nicht versichert. Die Bauleistungsversicherung endet zu einem vereinbarten Termin oder mit der Bezugsfertigstellung des Gebäudes.

2.2.4 Gewährleistung

Jeder Unternehmer haftet gesetzlich für die Mängelfreiheit der von ihm erbrachten Leistungen auch noch nach Fertigstellung der Leistung. Nach BGB beträgt die Gewährleistungsfrist 5 Jahre, bei Abschluss eines VOB-Vertrages beträgt sie 4 Jahre. Die Gewährleistungsfrist beginnt mit der Abnahme (vgl. Kap. 2.2.2). Kommt ein Auftragnehmer der schriftlichen Aufforderung zur Mängelbeseitigung in einer vom Auftraggeber gesetzten, angemessenen Frist nicht nach, so kann der Auftraggeber die Mängel auf Kosten des Auftragnehmers beseitigen lassen. Ist die Beseitigung unmöglich oder würde sie einen unverhältnismäßig hohen Aufwand erfordern, so kann der Auftraggeber eine Minderung (Geldleistung) verlangen. Um die Durchsetzung von Gewährleistungsansprüchen zu sichern, kann der Auftraggeber einen sogenannten Sicherheits-Einbehalt oder die Vorlage einer Bankbürgschaft bis zum Ende der Gewährleistungsfrist im Bauvertrag vereinbaren, in der Regel in Höhe von 5% des Rechnungsbetrages. Von der Gewährleistung ausgeschlossen sind Mängel, die dem Auftraggeber bei der Abnahme bekannt waren und nicht beanstandet wurden. Ist ein Architekt mit der Planung und Bauleitung beauftragt, so sollte ihm auch die Überwachung der Mängelbeseitigung während der Gewährleistungsfrist übertragen werden.

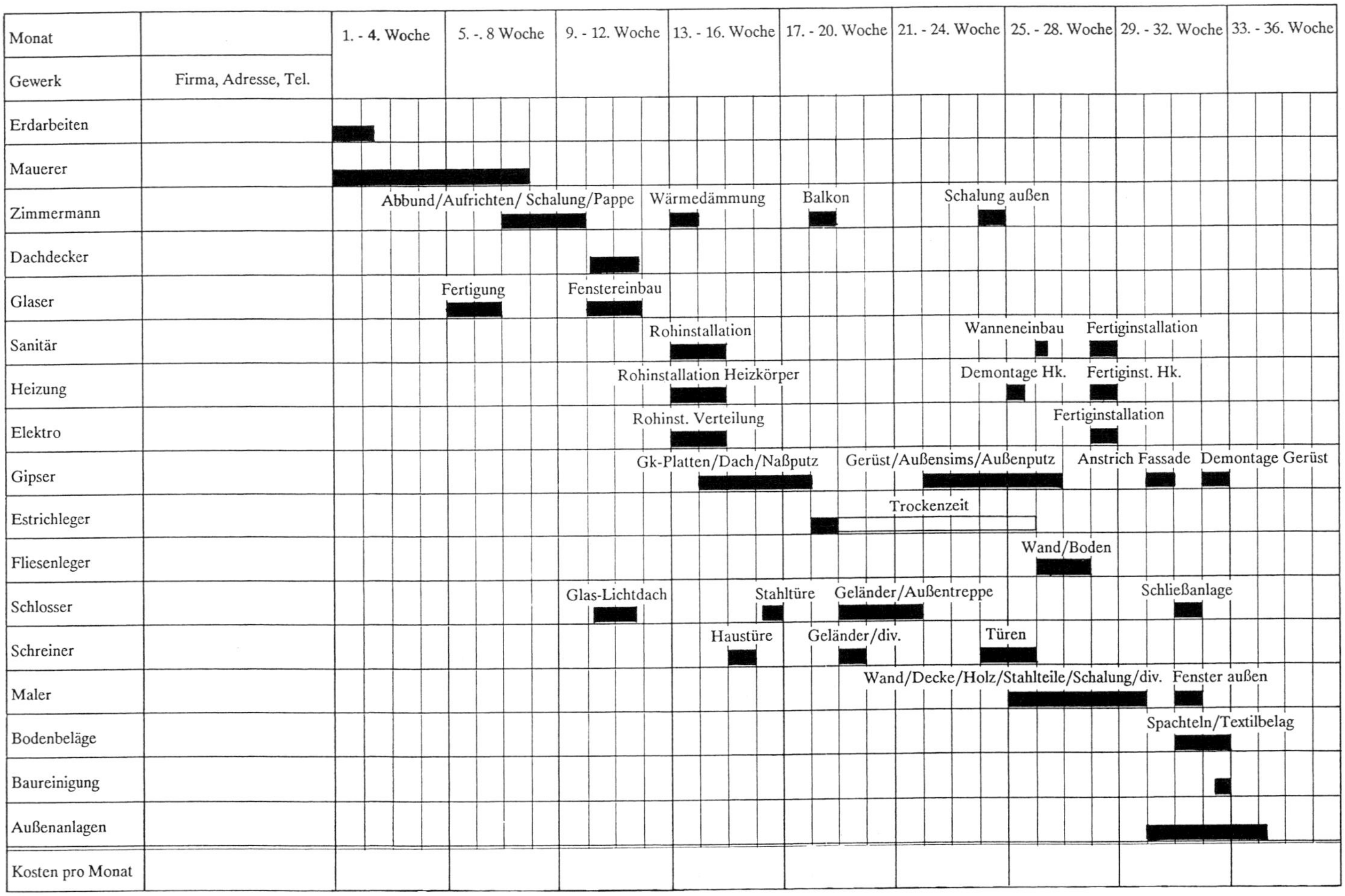

2.3: Bauzeiten- und Zahlungsplan.

2.2.5 Bauzeiten- und Zahlungsplan

Die Hauptabschnitte der Bauausführung sind: Demontagen, Abbrucharbeiten, Rohbauarbeiten, Rohinstallationen, Ausbauarbeiten, Fertiginstallationen.

Ein Termin- und Ablaufplan ist eine wertvolle Arbeitshilfe für die Koordinierung der Arbeiten bei der Althauserneuerung. Vor der Bauausführung sollte festgelegt sein, welcher Handwerker in welchem Zeitraum womit beschäftigt ist. Die einzelnen Ausführungsfristen werden in einem Balkenterminplan eingetragen und in den Bauverträgen vereinbart. In den Ablaufplan können auch die Kosten und Zahlungsverpflichtungen eingetragen werden, um die finanziellen Mittel rechtzeitig bereitzustellen.

Wer z.B. nur eine neue Heizung einbauen will, muss mit etwa 7 Gewerken rechnen: Maurer (für Kaminbau/Kaminsanierung), Flaschner, Dachdecker, Gerüstbau, Heizungsbau, Elektriker, Gipser (Stukkateur), Maler. Beim Ausbau eines Dachgeschosses kommen alle Gewerke vor, die auch beim Neubau anfallen.

3 Raumklima

Ein gutes Raumklima ist eine der grundlegenden Voraussetzungen für das Wohlbefinden und die Gesundheit der Bewohner. Nun bedeutet Gesundheit (nach Festlegung durch die Weltgesundheitsorganisation) mehr als nur das Freisein von Krankheit. Gesundheit schließt das körperliche, geistige, seelische und soziale Wohlbefinden mit ein und kann von Person zu Person durchaus unterschiedlich erlebt werden. Bei der Planung und Modernisierung eines alten Hauses gilt es deshalb, die verschiedenen, unmittelbar und deutlich wahrnehmbaren Umweltbedingungen (Besonnung, Belichtung, Raumtemperatur, Luftfeuchte, Schall usw.) ebenso zu berücksichtigen wie solche, die sich eher langfristig oder zunächst unmerklich auswirken (z.B. Spurengifte in der Raumluft, Elektrosmog, Erdstrahlen).

3.1 Sonnenlicht

Eine ausreichende Besonnung und die natürliche Belichtung der Aufenthaltsräume einer Wohnung sind von grundlegender Bedeutung für das Wohlbefinden. Die gesetzlich geforderten Mindestabstände zwischen Gebäuden, Mindestfenstergrößen und Vorschriften über die Ausbildung von Fenstern für Aufenthaltsräume in Untergeschossen dienen dazu, gesunde und menschenwürdige Wohnverhältnisse zu gewährleisten.

Das Sonnenlicht ist Voraussetzung für alles Leben auf der Erde. Es steuert durch den Tag-Nacht-Rhythmus und durch den jahreszeitlichen Rhythmus die biologischen Prozesse im menschlichen Organismus. Das sichtbare Licht ist nur ein kleiner Ausschnitt aus dem Strahlenspektrum der Sonne. Die langwellige Infrarot-Strahlung empfinden wir als Wärme, die kurzwellige Ultraviolett-Strahlung wirkt desinfizierend und ist z.B. für die Bildung des Vitamin D im Körper notwendig. Andererseits ist zuviel Sonnenstrahlung unangenehm oder sogar schädlich. Ein Haus sollte so geplant sein, dass die Räume im Winter möglichst gut besonnt sind und dass das Haus im Sommer gegen ein Übermaß an Sonnenstrahlung schützt.

Um günstige Lichtverhältnisse im Haus zu schaffen, ist es wichtig, den tages- und jahreszeitlichen Verlauf der Sonne zu kennen. Im ungünstigsten Fall, am kürzesten Tag des Jahres, zur Wintersonnenwende am 21. Dezember, geht die Sonne morgens gegen 8:30 Uhr etwa im Südosten auf (bei ca. 50° nördl. Breite), erreicht um die Mittagszeit genau im Süden einen Höhenwinkel von etwa 17° und geht gegen 16:15 Uhr etwa im Südwesten unter. Alle Hindernisse in der Umgebung, welche die von der Sonnenbahn aufgespannte Ebene (Abb. 3.1) durchdringen, schränken die Besonnung und Belichtung ein, z.B. Bäume, benachbarte Gebäude, Berge.

Am längsten Tag des Jahres, zur Sommersonnenwende am 21. Juni, geht die Sonne gegen 4:20 Uhr etwa im Nordosten auf, erreicht zur Mittagszeit einen Höhenwinkel von 63° und geht abends gegen 20:30 Uhr etwa im Nordwesten unter. Daraus lassen sich folgende Entwurfsregeln ableiten:

- Berücksichtigung der Himmelsrichtung bei der Festlegung der Raumnutzung, z.B. Küche und Schlafzimmer nach Südosten, Wohnzimmer nach Südwesten, untergeordnete Räume nach Norden.
- Große Fenster nach Süden, kleine Fenster nach Norden.
- Schattierung der Süd- und Westverglasungen, z.B. durch Gebäudeteile (Balkone, Dachvorsprünge, Geschossvorsprünge), Bepflanzung (große Laubbäume), bewegliche Teile (Läden, Markisen, usw.) (vgl. Abb. 3.2).

Die Landesbauordnungen fordern für Aufenthaltsräume eine Mindestfensterfläche von 10% der Grundfläche des Raumes. Bei alten Gebäuden mit kleinen Fenstern in dicht bebauten Gebieten sind die Besonnungs- und Belichtungsverhältnisse häufig leider nicht optimal und die eben genannten Anforderungen nicht erfüllt – ein mögliches Handlungsfeld bei umfangreicheren Sanierungen. Das übliche Fensterglas ist für UV-Licht un-

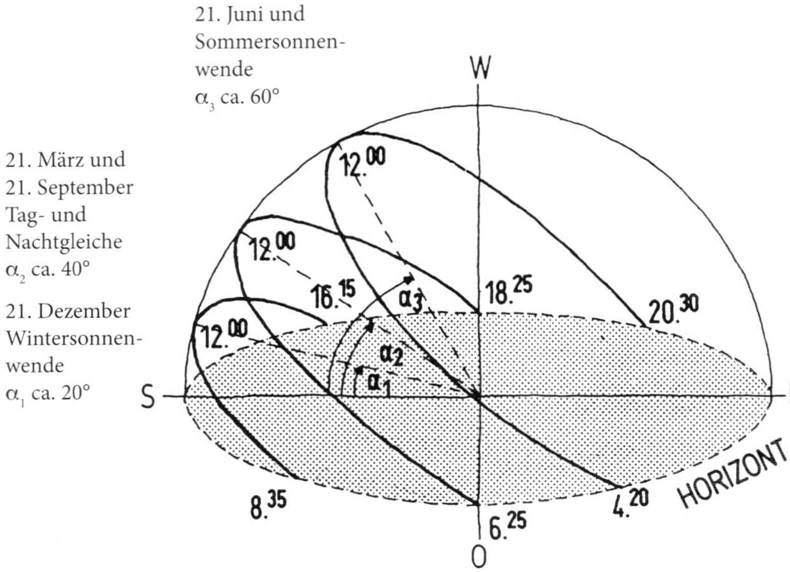

3.1 Sonnenbahnen im Tages- und Jahresverlauf (51,5° nördl. Breite).

3.2
Durch Dachvorsprünge und Balkone kann an der Südseite erreicht werden, dass die Fenster im Sommer verschattet sind, während das Sonnenlicht im Winter weit in die Räume fällt.

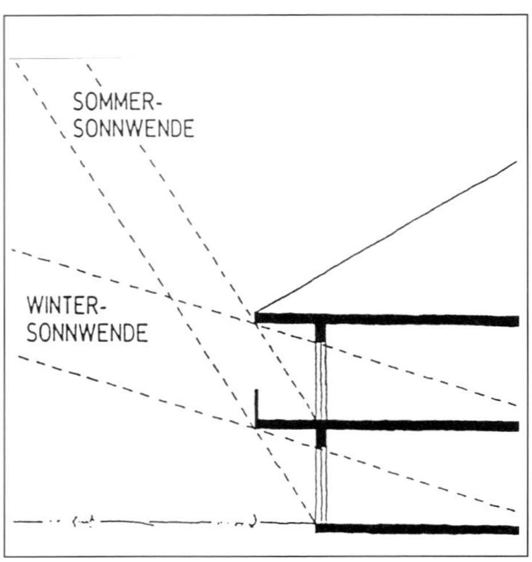

Tabelle 3.1
Günstige Klimata für verschiedene Wohnräume.
Quelle: F.D. Balkowski in „Gesund Bauen und Wohnen." Köln 1984

Raumtemperatur und -feuchte		
Raum	Lufttemperatur in °C	Relative Luftfeuchte
Wohnen	19 - 23	40 - 60%
Schlafen	16 - 19	50 - 70%
Küche, Hausarbeit	18 - 20	50 - 70%
Bad, Dusche	20 - 23	50 - 70%
WC	15 - 19	40 - 50%
Flur, Diele	18 - 19	40 - 60%
Treppenräume ungeheizt	10 - 15	60%
Treppenräume geheizt	16 - 18	50%

durchlässig. Für besondere Zwecke (Sonnenbaden, Therapie) gibt es jedoch UV-durchlässiges Quarzglas (Uviolglas). Wegen des hohen Preises findet es im Wohnungsbau keine Verwendung.

3.2 Behaglichkeit

Unter dem Begriff „Behaglichkeit" werden hier die unmittelbar wahrnehmbaren Klimabedingungen in einem Raum verstanden: Raumtemperatur, Luftfeuchte und Luftbewegung.

Was vom Menschen als Raumtemperatur wahrgenommen wird, setzt sich zusammen aus der Lufttemperatur und der Temperatur der Umfassungsflächen (Wände, Boden, Decke). Die Raumtemperatur wird dann als angenehm empfunden, wenn der menschliche Körper durch Wärmestrahlung und Konvektion gerade soviel Wärme an die Umgebung abgeben kann, wie er je nach Tätigkeit produziert; darüber hinaus sollte die Temperatur der raumumschließenden Flächen möglichst nicht mehr als 3 K (Kelvin bzw. Grad Celsius) von der Lufttemperatur abweichen.

In Wohnräumen wird eine Lufttemperatur von 20°C und eine Temperatur der Umschließungsflächen von 17 bis 18°C in der Regel als behaglich empfunden. Im Altbau ohne nachträgliche Wärmedämmung liegen die Oberflächentemperaturen der äußeren Umfassungsflächen meist noch merklich unter 17°C, so dass als Ausgleich deutlich höhere Lufttemperaturen für ein behagliches Raumklima erforderlich sind. Allzu niedrige Oberflächentemperaturen (infolge schlechter Wärmedämmung) führen selbst bei hohen Lufttemperaturen dazu, dass der Mensch das Raumklima als unbehaglich empfindet oder gar friert. Darüber hinaus entstehen an kalten Wandoberflächen fallende Luftströme, die als Zug empfunden werden. Aus diesem

Grunde bergen Schlafstätten an kalten Außenwänden ein erhöhtes Risiko für Erkältungen und rheumatische Erkrankungen.

Eine ausreichende Oberflächentemperatur (mindestens 17°C) lässt sich entweder durch die Wärmestrahlung einer Heizquelle oder – sinnvoller – durch Verbessern der Wärmedämmung der Umschließungsbauteile erreichen. Insofern trägt die Wärmedämmung der Außenbauteile nicht nur zur Energieeinsparung, sondern auch zur Verbesserung des Raumklimas bei.

Bei Fußböden, die mit nackten Füßen betreten werden oder auf denen sich Kleinkinder aufhalten, ist darüber hinaus die Wärmeableitung von Bedeutung. Fußwarm sind solche Beläge, die einen hohen Wärmedurchlasswiderstand und einen niedrigen Wärmeeindringkoeffizienten haben: z.B. Teppich, Kork, Holz, Linoleum.

Der zweite wichtige Einflussfaktor für die Behaglichkeit ist die relative Luftfeuchtigkeit. Je nach Tätigkeit bzw. Raumfunktion wird eine relative Luftfeuchte zwischen 40 und 70% als angenehm empfunden.

Zu trockene Luft führt zu erhöhter Staubaufwirbelung (Keime!) und damit zur Reizung der Atemwege. Zu feuchte Luft behindert die Feuchtigkeitsabgabe des Menschen bei der Atmung und wird als unangenehm schwül empfunden. Übermäßig hohe Raumluftfeuchtigkeit kann darüber hinaus durch Kondensation an kalten Bauteilen zu Feuchteschäden (z.B. Stockflecken, Schimmel) führen. Schimmel kann wachsen, wenn an der Bauteil-Oberfläche 80% relative Luftfeuchte herrscht. Bei 20°C Raumtemperatur entspricht das einer Raumluftfeuchte von 60 bis 70 %!

Zu trockene Raumluft während der Heizperiode ist im Allgemeinen auf Undichtheiten in der Gebäudehülle oder auf übermäßiges Lüften (Dauerlüftung) zurückzuführen. Die Ursache für zu hohe Luftfeuchtigkeit ist eine erhöhte Wasserdampfproduktion, z.B. durch Kochen, Duschen, Wäschetrocknen, Zimmerpflanzen etc., bei nicht ausreichender Lüftung.

3.3 Luftqualität

Beim Atmen wird Sauerstoff aufgenommen, Kohlendioxid, Wasserdampf und Stickstoff werden abgegeben. Auch durch die Ausdünstungen der Haut trägt der Mensch zur Verschlechterung der Luftqualität bei. Darüber hinaus wird die Luft durch Ausdünstungen aus Haushaltschemikalien, aus Einrichtungsgegenständen und durch Staub belastet. Auch früher verwendete Baustoffe können die Raumluft durch Ausdünstungen verunreinigen, z.B. durch Holzschutzmittel oder Formaldehyd aus Spanplatten. In manchen Regionen Deutschlands kann radioaktives Radongas aus dem Untergrund in die Raumluft gelangen und Lungenkrebs verursachen; Hausstaub, Schimmelpilze, Blütenpollen, Metalle, Tierhaare können Allergien auslösen. Mehr zum Thema „Schadstoffe in der Raumluft“ in Kap. 19.1.
Verbrauchte und verunreinigte Raumluft muss deshalb regelmäßig durch Frischluft erneuert werden. Dies kann durch regelmäßige Stoßlüftung (alle 2 bis 3 Stunden für 5 Minuten die Fenster öffnen) erreicht werden. Besser und bequemer erledigt das eine Lüftungsanlage, die auf den erforderlichen Luftaustausch (0,5- bis 0,8-facher Luftwechsel pro Stunde) eingestellt wird. Ein dosierter Luftwechsel sorgt dafür, dass ausreichend und nicht mehr als nötig Luft ausgetauscht wird.

Ein überhöhter Luftwechsel durch undichte Fenster und Türen – ein 2- bis 5-facher Luftwechsel pro Stunde ist bei älteren Fenstern ohne Falzdichtung keine Seltenheit – sorgt zwar für frische Luft im Raum, muss jedoch mit erhöhtem Heizenergieverbrauch und trockener Raumluft bezahlt werden. Lüftungsanlagen sind bei Neubauten heute allgemeiner Standard. Mehr dazu in Kap. 14.

In manchen Regionen kann Radioaktivität im Untergrund oder die Verwendung von schwach radioaktiven Baumaterialien zu einer erhöhten Radongas-Konzentration in der Raumluft führen. Radongas entsteht durch den Zerfall von in Gesteinen vorkommendem Uran und Thorium; das Gas steigt aus dem Untergrund auf bzw. wird von Baustoffen abgegeben und gelangt über Undichtigkeiten in der Bodenplatte bzw. im Kellerboden ins Haus. Wieviel radioaktives Radongas in die Raumluft gelangt, hängt also von den geologischen Verhältnissen des Baugrunds, von der Dichtigkeit des Kellerbodens und von der Radioaktivität der Wand- und Deckenbaustoffe ab. Eine erhöhte Radonbelastung ist in Gebieten mit Granit oder tertiären Vulkaniten im Untergrund anzutreffen. Ein Radonkarte Deutschland gibt es auf der Webseite des Bundesamt für Strahlenschutz (bfs.de). Bei den Baustoffen kann Radon aus vulkanischen Gesteinen (z.B. Bims, Tuff, Ba-

3.3
Wodurch und wieviel Wasserdampf entsteht täglich in einem 4-Personen-Haushalt.

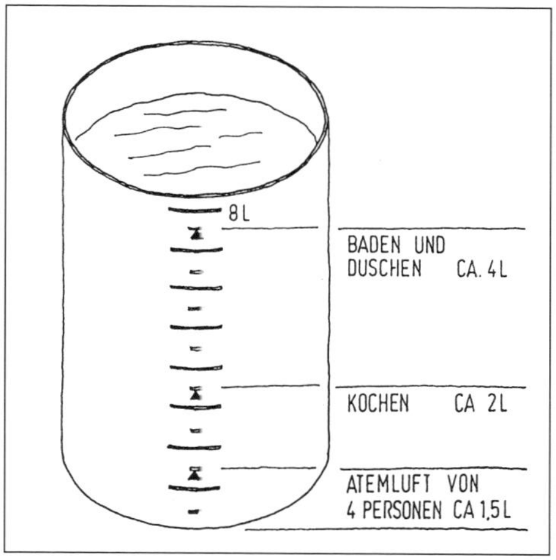

salt) oder aus Betonsteinen abgegeben werden, die Zuschläge aus Schlacke oder Flugasche enthalten. Der ebenfalls kritische Chemiegips wird heute nicht mehr für Bauprodukte verwendet. Bei ausreichender Lüftung sind, von seltenen Ausnahmen abgesehen, keine nennenswerten Gesundheitsbelastungen zu erwarten. Wer es genau wissen will, lässt eine Messung durchführen.

Wandatmung

Im Zusammenhang mit der Wärmedämmung von Außenwänden und dem Einbau von Dampfbremsen wird häufig die Forderung nach „atmungsfähigen Wänden" erhoben, um ein gesundes Raumklima zu erhalten. Dieser Begriff ist irreführend, denn Wände können nicht atmen, und es darf auch kein nennenswerter Luftaustausch durch sie hindurch stattfinden, soll das Haus seinen Zweck als schützende Hülle erfüllen. Alle Flächen der Gebäudehülle müssen vielmehr, egal ob massiv oder im Leichtbau erstellt, unbedingt luftdicht ausgeführt werden. Zwar kann Wasserdampf in geringen Mengen durch die meisten Bauteile (außer z.B. Metall oder Glas) diffundieren, diese Menge ist jedoch so gering, dass sie für den Feuchtegehalt der Raumluft praktisch nicht von Bedeutung ist. Die im Haus entstehende Feuchtigkeit (durch Menschen und Pflanzen sowie durch Wassergebrauch in Küche und Bad) muss daher in jedem Fall zu über 95% durch Lüften abgeführt werden.

Raumklimatisch bedeutsam ist allerdings die sogenannte „Sorptionsfähigkeit" der raumumschließenden Bauteiloberflächen und der Oberflächen von Einrichtungsgegenständen. Die ist wohl gemeint, wenn der Volksmund von „Wandatmung" spricht. Alle offenporigen Materialien können Feuchtigkeit und Gerüche aufnehmen, speichern und auch wieder abgeben. Diese klimaausgleichende, puffernde Wirkung ist im Haus sehr erwünscht: bei starker Belastung, z.B. durch Kochen oder Duschen, werden Feuchtigkeit und Gerüche aus der Luft aufgenommen und später beim Lüften wieder abgegeben. Materialien mit guten Sorptionseigenschaften sind Holz, Lehm, Kalk- und Gipsputz, Ziegel und Textilien – sofern die Oberfläche nicht mit einem dichten Anstrich versiegelt wird. Dampfbremsen in Außenbauteilen wirken keineswegs nachteilig auf das Raumklima, wenn sie nur unter einer genügend sorptionsfähigen inneren Wandbekleidung liegen.

Grenzwerte / Empfehlungen für elektrische und magnetische Felder	Elektrisches Feld	Magnetisches Feld
MPR II-Empfehlungen für Bildschirme in 50 cm Abstand	25 V/m	0,25 µT
Empfehlung von König / Folkerts [1]	50 V/m	1 µT
Empfehlung der Baubiologie [1]	1 - 10 V/m	0,02 - 0,01 µT
Empfehlung Katalyse [1]	20 V/m (nachts 10 V/m)	0,4 µT (nachts 0,2 µT)
Durchschnittswert in Wohnungen (starke Abweichungen möglich)	5 - 40 V/m	0,01 - 0,3 µT
[1] Für Wohnräume, insbesondere im Schlafbereich.		

Tabelle 3.2
Vergleichende Übersicht über Grenzwerte und Empfehlungen für 50 Hz-Felder.
Quelle: nach Katalyse: „Elektrosmog." 1994

Tabelle 3.3
Vergleichende Übersicht über Grenzwerte für Hochfrequenzstrahlung.
Quelle: nach Katalyse: „Elektrosmog." 1994

Länderspezifische Grenzwerte für elektromagnetische Strahlung					
		Leistungsflussdichte in mW/cm²			
Land	Maximale Expositionsdauer pro Tag	30-300 MHz, Rundfunk- u. Fernsehsender, B-Netz	460 MHz C-Netz	900 MHz D-Netz	2 - 300 GHz Radar, Mikrowelle
Australien (1985)	24 h	0,2	0,2	0,2	0,2
Deutschland, n. DIN/VDE (1991) u. IRPA/INIRC (1988)	24 h	0,2	0,23	0,45	1
Bei beruflicher Exposition	6 h	1	1,15	2,25	5
Frankreich	24 h	1	1	1	1
Schweden (1976)	8 h	5	1	1	1
USA, ANSI (1991)	24 h	0,2	0,3	0,6	1,3 - 10
Die Werte beziehen sich auf öffentliche Dauerexposition bzw. berufliche Exposition. Spitzenwerte dürfen z.T. erheblich höher liegen.					

Wohngifte

In Gebäuden, die zwischen 1950 und 1990 errichtet oder renoviert wurden, wurden häufig Produkte eingebaut, die gesundheitsgefährdende Schadstoffe an die Raumluft abgeben. Besonders gravierend waren in der Vergangenheit

Formaldehyd-Ausdünstungen aus Spanplatten sowie Ausdünstungen aus Holzschutzmitteln. Was zu tun ist, wenn der Verdacht besteht, dass solche Gifte in der Raumluft vorhanden sind, ist in Kap. 19 beschrieben.

Nach einigen diesbezüglichen Skandalen in der Vergangenheit haben Gesetzgeber, Prüfanstalten und Baustoffindustrie positiv reagiert. Nicht nur in Wohnungen, auch in Schulen, Kindergärten und an Arbeitsplätzen gelten heute strengere Richtlinien zur Gewährleistung von mehr Wohnungsgesundheit und Umweltverträglichkeit der Baustoffe, bis hin zu ihrer Recycling-Fähigkeit. Trotzdem sollten insbesondere die Produkte, die im fertigen Haus die Raumoberflächen bilden, mit Bedacht ausgewählt werden. So ist einem Laminat-Plastik-Produkt „Eiche-Design-quietschend", das irgendwo auf der Welt unter irgendwelchen Umständen produziert wurde, ein natürliches Material wie Holzparkett, Linoleum usw. im Zweifel immer vorzuziehen. Seit 1980 dürfen in Innenräumen nur noch Spanplatten und Holzwerkstoffplatten der Emissionsklasse E1 verwendet werden (Formaldehydgehalt < 80 mg/kg Material). Der Holzschutzmittelwirkstoff Pentachlorphenol (PCP) darf seit 1989 nicht mehr verwendet werden, er ist danach durch andere Wirkstoffe ersetzt worden, die weniger spektakulär, aber auch nicht ungiftig sind. Neben diesen erwiesenermaßen schädlichen Produkten, die in älteren und alten Häusern immer noch angetroffen werden, gibt es zahlreiche andere Baustoffe, die im Verdacht stehen, die Atem- bzw. Raumluft, allein oder im Zusammenwirken mit anderen Stoffen, zu belasten.

Die Gesundheits- und Umweltverträglichkeit der einzelnen Baustoffe wird in Kap. 5 ausführlich behandelt und zieht sich als roter Faden durch alle nachfolgenden Kapitel.

3.4 Elektroklima

Durch die Anwendung von elektrischem Strom und durch die Sendeanlagen für Rundfunk und Telekommunikation ist der Mensch in zunehmendem Maße künstlich erzeugten Feldern und Strahlungen ausgesetzt, die sich möglicherweise in einem stärkeren Ausmaß auf das Wohlbefinden und die Gesundheit des Menschen auswirken, als es nach dem heute allgemein anerkannten Stand von Wissenschaft und Forschung angenommen wird.

Vieles deutet darauf hin, dass die elektromagnetische Strahlung, die nicht nur von Hochspannungsleitungen und Transformatorstationen in der Nähe des Hauses, sondern auch von Stromleitungen im Haus und von den Rundfunk- und Fernmelde-Sendern ausgeht, die natürlichen bioelektrischen und elektrochemischen Prozesse im menschlichen Organismus stören und so zu gesundheitlichen Schäden führen kann. Besonders empfänglich für bestimmte elektromagnetische Schwingungen sind das Nervensystem, das Gehirn und die Körperzellen.

Im Themenheft „Elektrosmog" des Bund für Umwelt und Naturschutz eV nennt der Arzt Dr. Braun-von Gladiß („Krankheit durch Elektrosmog", vgl. Literaturverzeichnis) eine Reihe von Symptomen, die durch Felder und Strahlung (mit-) verursacht werden können: Schlafstörungen, Konzentrations- und Leistungsschwäche, Kopfschmerzen, Unruhezustände, Denkblockaden, Schwindelgefühle, das Gefühl „unter Spannung zu stehen", Ohrenpfeifen, Hörsturz, Hormonstörungen, Gereiztheit, Depressivität, erhöhte Blutfettwerte (auch bei gesunder Ernährung), Herzinfarkt, Knochenmarksschwäche (mit verminderter Zahl weißer Blutkörperchen), Krebs und vieles andere.

Obwohl es viele Indizien für einen Zusammenhang zwischen elektromagnetischer Strahlung und Wohngesundheit gibt, wird bis heute ein Forschungsbedarf über die Auswirkungen der Felder und der Niederfrequenzstrahlung aus dem häuslichen Stromnetz von staatlicher Seite in Deutschland nicht anerkannt.

Für die Wahl eines Wohnstandortes sollten zur Sicherheit folgende Mindestentfernungen eingehalten werden (nach Werner Hengstenberg: Unser Haus und Elektrosmog. in: Elektrosmog. Themenheft des BUND, Landesverband Baden-Württemberg, Stuttgart 1994):

- zu Hochspannungsleitungen 200 m
- zu Transformatorgebäuden 100 m
- zu elektrifizierten Bahnstrecken 1000 m

Die Forderung von Abständen zu elektrifizierten Bahnstrecken steht im Konflikt zu anderen ökologischen Zielen, z.B. zur Forderung nach einer guten Anbindung der Wohngebiete an das öffentliche Verkehrsnetz.

Bei einer Erneuerung der häuslichen Elektroinstallation sollten alle Räume, die dem längeren Aufenthalt dienen, vor schädlichen Einwirkungen aus der Elektroinstallation geschützt werden. Das gilt besonders für Schlafplätze. Während in einem normalen Haus magnetische Feldstärken von 100 - 800 nT (Nano-Tesla) gemessen werden, kann durch eine „baubiologische" Elektroinstallation die Feldstärke auf weniger als 20 nT reduziert werden. Ausführungsempfehlungen dazu werden in Kap. 17.2 gegeben. Besonders im Schlafzimmer gibt es einige einfache Maßnahmen, um zumindest dort Elektrosmog zu reduzieren und das menschliche Wohlbefinden im Schlaf zu verbessern: vor dem Einschlafen Fernseher aus (nicht nur in Standby schalten), Handys, Elektrowecker und andere Netzgeräte möglichst weit vom Kopfumfeld entfernen, Schlafzimmer ggf. mit Netzfreischalter spannungsfrei schalten.

4 Energieeffizienz

Das Haus soll im Winter warm sein, damit wir uns wohl fühlen und gesund bleiben. Andererseits sollen die Heizkosten überschaubar bleiben und die Umweltbelastung auf ein klimaverträgliches Maß begrenzt werden. Deshalb sind bei jedem älteren Gebäude folgende Fragen von Interesse:

- Wie hoch ist der Energieverbrauch für die Beheizung? Wie gut oder wie schlecht ist der energetische Zustand des Gebäudes?
- Welches sind die energetischen Schwachstellen des Gebäudes und der Heizanlage? Durch welche Bauteile entweicht wieviel Energie?
- Wie groß sind der Kohlendioxidausstoß und andere Treibhausgas-Emissionen? Mit welchen baulichen oder heizungstechnischen Verbesserungen lassen sich die Emissionen am besten mindern?
- Welche Verbesserungsmöglichkeiten gibt es?
- Welche lassen sich im Rahmen anderer notwendiger oder wünschenswerter Baumaßnahmen miterledigen? Gibt es sinnvolle Alternativen?
- Was kosten diese Maßnahmen? Welche bewirken die größten Einsparungen bei den Heizkosten und bei den CO_2-Emissionen?
- Welche sind mit dem verfügbaren Budget und den Finanzierungsmöglichkeiten des Hausbesitzers realisierbar?

Ergänzend zu diesen planerischen Gesichtspunkten sind für die Umsetzung Antworten auf weitere Fragen wichtig:

- Welche gesetzlichen Bestimmungen sind zu beachten?
- Welche passenden staatlichen Förderprogramme gibt es?
- Was ist von einer guten Energieberatung zu erwarten?
- Was ist die beste Vorgehensweise?

Das sind die Themen, die auf den folgenden Seiten behandelt werden.

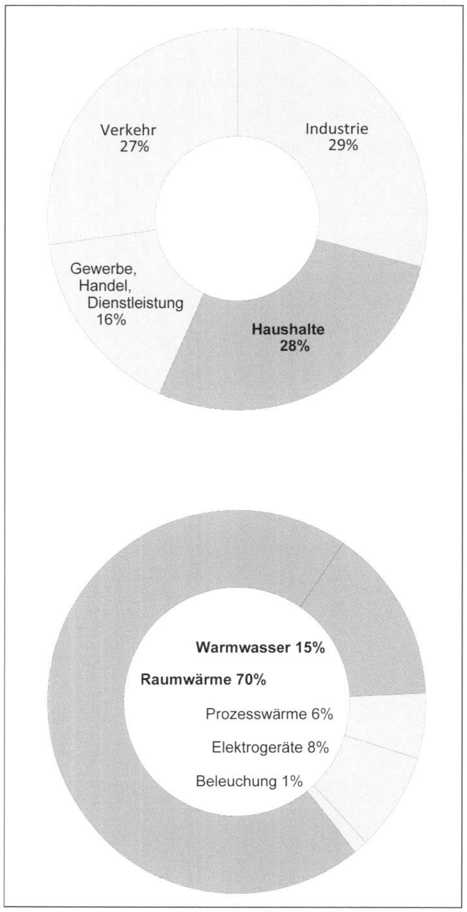

4.1
Anteiliger Energieverbrauch in Deutschland und in Wohngebäuden (2020).
28 % des Energieverbrauchs entfällt auf die privaten Haushalte. Davon entfällt 85 % auf die Beheizung der Räume und Erwärmung des Brauchwarmwassers.
Quellen: Umweltbundesamt und Statistisches Bundesamt

4.1 Modernisierungsziele

Die energetische Gebäudemodernisierung trägt nicht nur dazu bei, den Energieverbrauch und die Energiekosten zu senken. Ein wesentlicher Vorteil ist auch die Steigerung des Wohnkomforts. Denn gut gedämmte Wände und Böden sind wärmer und schaffen ein behaglicheres Raumklima! Eine Verbesserung der Luftdichtheit und eine hochwertige Verglasung mindern unangenehmen Luftzug. Eine umfassende energiebewusste Modernisierung steigert den Wert des Hauses obendrein nachhaltig.

Auf die privaten Haushalte entfällt etwa 40% des Energieverbrauchs in Deutschland, etwa zwei Drittel davon wird für die Gebäudeheizung und die Warmwasserbereitung aufgewendet. Während Neubauten heute nach den Vorgaben des Gebäudeenergiegesetzes (GEG) als Niedrigenergiehäuser gebaut werden, trägt die Beheizung alter, schlecht gedämmter Gebäude durch ihren großen Energieverbrauch erheblich zur Klimaschädigung bei. Gebäude, die vor der ersten Wärmeschutzverordnung 1977 errichtet und energetisch nicht verbessert wurden, haben in der Regel einen drei- bis fünfmal so großen Heizenergieverbrauch wie ein Neubau nach GEG-Standard. Durch eine umfassende energetische Modernisierung, d.h. durch verbesserten Wärmeschutz, Verbesserung der Luftdichtheit, eine effiziente Heiztechnik mit erneuerbarer Energie, können der Energieverbrauch und die Emission von Treibhausgasen um 40 bis 80% gesenkt werden! Das Einsparpotential im Altbau ist also beträchtlich. Für die Praxis ist im Einzelfall zu untersuchen, welche Maßnahmen sinnvoll, angebracht und realisierbar sind.

Zur Beurteilung der energetischen Qualität eines Gebäudes dient der Jahresenergieverbrauch oder der Jahresenergiebedarf je Quadratmeter Wohnfläche. Während ein Einfamilienhaus-Neubau heute einen spezifischen Jahresheizenergiebedarf von etwa 60 kWh/m² hat, liegt der Wert bei Altbauten vielfach noch bei 250 bis 350 kWh/m². Das entspricht einem Verbrauch von 6 gegenüber 25–35 Liter Heizöl oder Kubikmeter Erdgas pro m² Wohnfläche. Für eine überschlägige Umrechnung gilt: 10 kWh = 1 Liter Heizöl = 1 m³ Erdgas.

Um einen Altbau, für den noch kein Energieausweis vorliegt, einordnen zu können, empfiehlt es sich für eine erste Einschätzung, aus den Heizkostenabrechnungen den Energieverbrauch des Hauses oder der Wohnung für die letzten drei Jahre zu ermitteln. Mit der Größe der Wohnfläche ermittelt sich der Kennwert „Spezifischer Energieverbrauch" pro Quadratmeter Wohnfläche.

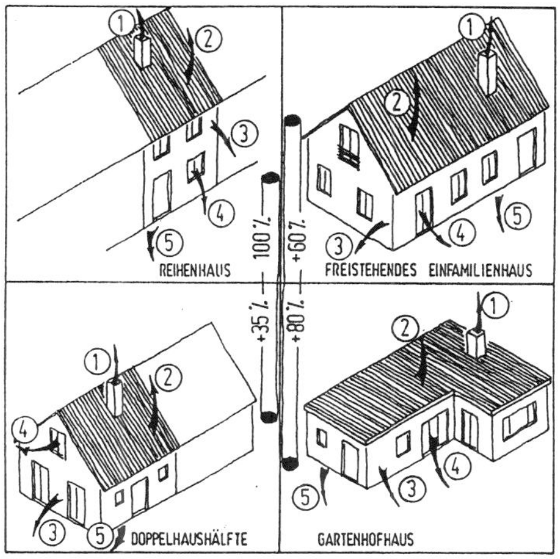

	Reihenhaus	Freistehendes Einfam.-Haus	Doppelhaushälfte	Gartenhofhaus
1 Schornstein	32%	32%	32%	32%
2 Dach	15%	16%	11%	20%
3 Außenwand	15%	18%	24%	12%
4 Fenster	31%	28%	27%	26%
5 Keller	7%	6%	6%	10%

4.2
Typische Verteilung der Wärmeverluste bei Häusern Baujahr 1970.
Die Verluste sind im Wesentlichen abhängig von:
- der Gebäudeform und -größe sowie dem Verhältnis Hüllfläche zu Rauminhalt
- der Dämmqualität der Hüllflächen
- der Ausrichtung (Himmelsrichtung Fenster)
- der Heiz- und Lüftungstechnik
- dem Heiz- und Lüftungsverhalten der Bewohner.

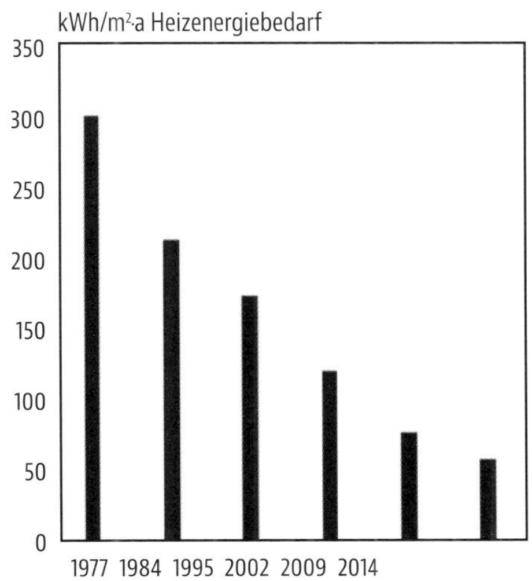

4.3
Der für Neubauten zulässige jährliche Heizenergiebedarf ist im Zeitraum 1977 bis 2014 von 300 auf 60 kWh/m² gesunken. Das entspricht einer Minderung von 80%! Für Bestandsbauten sind ähnliche Verbrauchswerte erreichbar. Die gesetzlichen Anforderungen sind jedoch geringer.

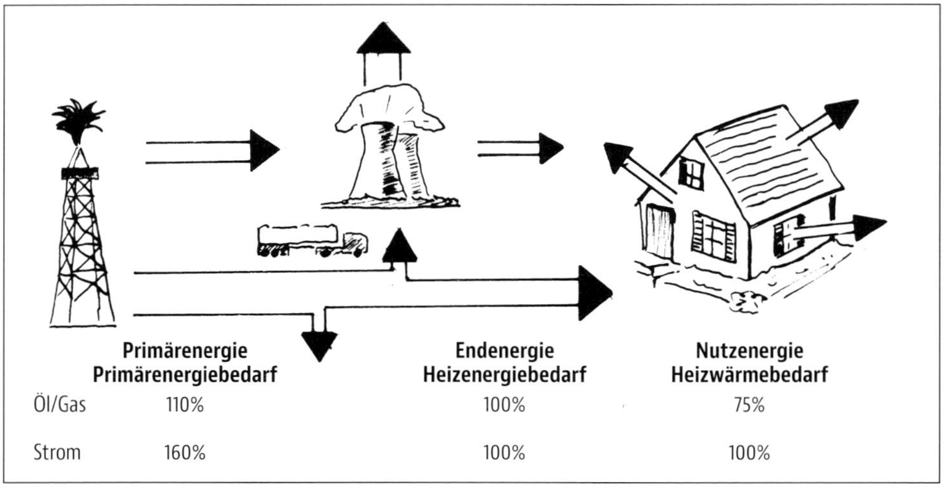

4.4: Die Begriffe Primärenergie – Endenergie – Nutzenergie.

Tabelle 4.1
Primärenergiefaktoren
Der Primärenergiefaktor gibt das Verhältnis von Primärenergieaufwand zu Endenergiebedarf an.

Energieträger	**Primärenergie-faktor f_p**
Fossile Brennstoffe	
Heizöl EL	1,1
Erdgas H	1,1
Flüssiggas	1,1
Biogene Brennstoffe	
Biogas	1,1
Bioöl	1,1
Holz	0,2
Strom	
netzbezogen	1,8
gebäudenah erzeugt (aus Photovoltaik oder Windkraft)	0,0
Verdrängungsstrommix für KWK	2,8
Wärme	
Erdwärme, Geothermie, Solarthermie, Umgebungswärme	0,0
Wärme aus KWK, gebäudeintegriert oder gebäudenah	Berechnung nach DIN V 18599-9

Tabelle 4.2
Faustregel für den Heizenergiebedarf je m² Bauteilfläche bei Außenwänden und Dächern.

U-Wert × 10 = Verbrauch in Liter Heizöl je m² Bauteilfläche und Jahr oder m³ Erdgas je m² Bauteilfläche und Jahr	
Beispiele	Heizöl- bzw. Erdgas-Verbrauch
Außenwand 24 cm dick, aus schwerem Mauerstein, U = 1,8 W/(m²·K)	18 l /(m²·a) 18 m³/(m²·a)
Außenwand 17,5 cm dick, aus schwerem Mauerstein mit 15 cm Wärmedämmung, U = 0,24 W/(m²·K)	2,4 l/(m²·a) 2,4 m³/(m²·a)

Hier ein Rechenbeispiel:
Ölverbrauch der letzten 3 Jahre: 8190 Liter
Ölverbrauch pro Jahr im Mittel: 2730 Liter
Umrechnung in kWh:
2730 · 10 = 27300 kWh
Wohnfläche: 130 m²
Spezifischer Energieverbrauch: 210 kWh/m²
Effizienzklasse gemäß Energieausweis: G

Für den Umwelt- und Klimaschutz ist es darüber hinaus von großer Bedeutung, welcher Energieträger (Brennstoff) eingesetzt wird. Anstelle des Endenergiebedarfs sind der *Primärenergieeinsatz* und die *Treibhausgas-Emissionen (CO_2-Äquivalent)* als Bewertungsmaßstab dafür besser geeignet. Für die Bereitstellung von elektrischem Strom aus dem öffentlichen Netz musste früher, wegen der Herstellungs- und Transportverluste in konventionellen Kraftwerken, etwa 2,7-mal soviel nicht erneuerbare Primärenergie eingesetzt werden als bei Heizöl oder Erdgas. Durch den gestiegenen Anteil von Strom aus erneuerbaren Quellen im Netz wird der Primärenergiefaktor seit 2016 „nur" noch mit 1,8 angegeben. Holzpellets liefern dagegen 100 % Endenergie bei nur 20 % (fossilem) Primärenergieeinsatz, weil Holz ein nachwachsender Rohstoff ist. Beide Werte, der für die Heizkosten maßgebliche Endenergiebedarf und der für den Klimaschutz maßgebliche Primärenergiebedarf, sind die zentralen Kennwerte für die Einstufung der Energieeffizienzklasse (Energieausweis) und bei der Sanierung für die Höhe der staatlichen Förderung.

Was ist nun der Unterschied zwischen Energie*verbrauch* und Energie*bedarf*? Der Verbrauch ist eine gemessene Größe, die sich anhand der Lieferung/Rechnung für den Brennstoff oder Heizstrom leicht ermitteln lässt, üblicherweise als Mittelwert der letzten drei Jahre. Der Energiebedarf dagegen ist ein rechnerisch ermittelter Wert, der durch bauphysikalische Berechnungen aus den Gebäudemerkmalen wie Wärmedämmvermögen der Gebäudehülle, der Gebäudegröße, der Bauart, Größe und Himmelsrichtung der Fenster und der Art der Beheizung ermittelt wird. Die umfangreiche Berechnung unter Berücksichtigung aller bautechnischen Merkmale ermöglicht es, Schwachstellen beim Wärmeschutz einzelner Bauteile und bei der Gebäudetechnik zu erkennen und daraus Verbesserungsvorschläge abzuleiten, auch mit Aussagen zu deren Wirtschaftlichkeit. Angaben zum Energie*bedarf* machen obendrein unterschiedliche Gebäude vergleichbar, weil die Einflüsse des Bewohnerverhaltens, z.B. überdurchschnittliches Heizen und Lüften, oder nicht beheizte Räume, ausgeschlossen werden.

Grundsätzlich lassen sich die Ziele einer energetischen Modernisierung so zusammenfassen:

1. Minimieren der Energieverluste durch Wärmedämmmaßnahmen, Verbesserung der Luftdichtheit der Gebäudehülle und eine effiziente Heizanlage.
2. Maximieren der Energiegewinne, z.B. durch größere Südverglasung.
3. Einsatz erneuerbarer Energieträger, z.B. Holzpellets, Erdwärme und Sonnenenergie (thermische Sonnenkollektoren oder Photovoltaik), grüner Strom aus Wind- und Wasserkraft, Abwärme usw.

Das Gebäudeenergiegesetz (GEG) verlangt eine Umsetzung dieser energetischen Modernisierungsziele. Immer dann, wenn wesentliche Änderungen oder Modernisierungsmaßnahmen an Teilen der wärmeübertragenden

Der U-Wert als Beschreibung der Dämmqualität

Die Dämmqualität eines Bauteils, z.B. einer Wand- oder Dachfläche, wird durch den U-Wert beschrieben. „U" ist das bauphysikalische Formelzeichen für den Wärmedurchgangskoeffizient. Ein Bauteil mit einem hohen U-Wert hat einen großen Wärmedurchgang, also einen schlechten Dämmwert, umgekehrt hat ein Bauteil mit niedrigem U-Wert eine hohe Dämmqualität. Die Einheit ist Watt pro Quadratmeter und pro Kelvin [W/(m²·K)]. Der U-Wert beschreibt den Wärmestrom durch eine 1 m² große Bauteilfläche, wenn der Temperaturunterschied zwischen Raumseite und Außenseite 1 Kelvin (entspricht 1°C) beträgt. Anhand der Bauteilflächen und deren U-Werte lässt sich der Wärmebedarf eines Raumes oder eines Gebäudes bestimmen und daraus die Größe der Heizkörper oder die erforderliche Leistung des Heizkessels berechnen.

Anschaulich wird der U-Wert, wenn er durch die Dicke einer Dämmstoffplatte ausgedrückt wird. Die Faustformel dafür lautet: $d = \lambda / U$. Das Formelzeichen λ (kleines lambda) steht dabei für die Wärmeleitfähigkeit des Dämmstoffes (bzw. des Materials), unabhängig von seiner Dicke.

Für die Praxis werden Dämmstoffe in Wärmeleitfähigkeitsgruppen (WLG) eingeteilt.

Ein Dämmstoff mit $\lambda = 0{,}045$ W/(m·K) trägt die Bezeichnung WLG 045. Zwei Beispiele zeigen, wie bei gewünschtem U-Wert die Dämmstoffdicke vom λ-Wert des Materials abhängt:

Es soll ein U-Wert von 0,3 W/(m²·K) erreicht werden. Wie dick muss die Dämmplatte sein? Für einen Dämmstoff der WLG 045 (z.B. Zellulosefasern) ergibt sich eine Dicke von $d = 0{,}045 / 0{,}3 = 0{,}15$ m = 15 cm.

Für einen etwas „besseren" Dämmstoff der WLG 035 (z.B. Mineralwolle) ergibt sich eine Dicke von $d = 0{,}035 / 0{,}3 = 0{,}117$ m = 11,7 cm.

Soll umgekehrt der U-Wert eines vorhandenen oder geplanten (einschichtigen) Bauteils ermittelt werden, so lautet die Formel: $U = \lambda / d$. Dabei wird der λ-Wert eines Baustoffs aus den Angaben des Herstellers oder einer Tabelle aus DIN 4108 Teil 4 entnommen.

Ein Beispiel: Außenwand aus Bimsmauerwerk mit d = 24 cm und $\lambda = 0{,}5$ W/(m·K) (Tabellenwert):

$U = 0{,}50 / 0{,}24 = 2{,}1$ W/(m²·K).

Das entspricht einer Dämmplattendicke (WLG 035) von

$d = 0{,}035 / 2{,}1 = 0{,}017$ m = 1,7 cm.

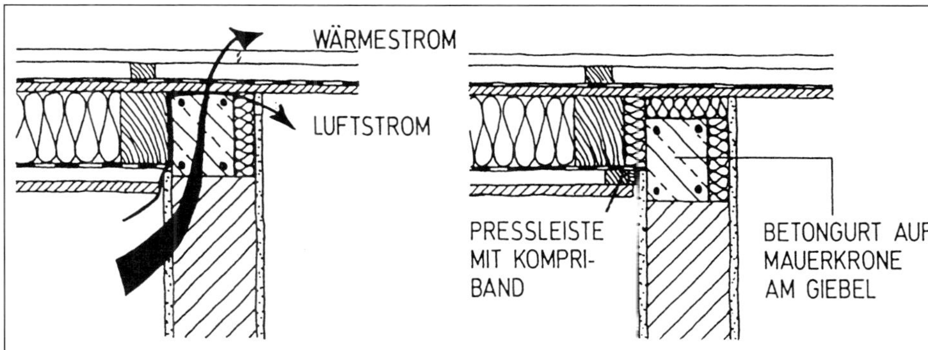

4.5
Typische Wärmebrücke und Undichtigkeit am Übergang von Giebelwand und Dachfläche.

Stoff	Wärmeleitfähigkeit λ in W/(m·K)	Erforderliche Dicke d in cm
Polyurethan-Platten	0,020 – 0,035	6 – 11
MineralwolleAußenwanddämmstoff	0,035 – 0,040	11 – 13
Zellulose-Dämmstoff	0,040 – 0,045	13 – 14
Holz	0,13	41
Porenbeton-Mauerwerk	0,12 – 0,28	38 – 89
Leichtziegel-Mauerwerk	0,16 – 0,45	51 – 142
Ziegel-Mauerwerk	0,50 – 0,96	158 – 304
Kalksandstein-Mauerwerk	0,50 – 1,30	158 – 411
Stahlbeton	2,10	664

Tabelle 4.3
Wärmeleitfähigkeit einiger Baustoffe im Vergleich. Je größer die Wärmeleitfähigkeit eines Materials ist, um so größer muss seine Dicke sein, um einen bestimmten Dämmwert zu erreichen. Um die Wirkung einer 14 cm dicken Dämmplatte zu erreichen, müsste Holz 40 cm dick sein, Leichtmauerwerk sogar 90 bis 140 cm. Vollziegel und Beton leiten die Wärme besonders gut und benötigen deshalb für Umfassungsflächen eine zusätzliche Wärmedämmung.

4.6
Blowerdoor-Messung. Bei einer Differenzdruckmessung wird in die Haustüröffnung ein dichtes Gewebe gespannt. Ein Ventilator erzeugt einen geringen Über- oder Unterdruck. Die Menge der geförderten Luft zeigt an, wie luftdicht das Gebäude ist.

Tabelle 4.4: Checkliste energetische Bestandsaufnahme.

Checkliste Energetische Bestandsaufnahme
1. Bisherigen durchschnittlichen Jahresenergieverbrauch und beheizte Wohnfläche ermitteln, daraus Energieverbrauch je Quadratmeter Wohnfläche berechnen.
2. Welche Bauteile gehören zu den wärmeübertragenden Umfassungsflächen? Bauteilflächen im Untergeschoss, im Erdgeschoss, im Dachgeschoss ermitteln.
3. Aus welchen Schichten bestehen diese Bauteile, mit Angabe der Schichtdicken?
4. Gibt es Wärmebrücken, z.B. Balkon, Rollladenkästen, durchgehende Steinfensterbänke?
5. Gibt es offensichtliche Undichheiten, z.B. an Fenstern, Rollladen, Haustür, Briefkasten, Dachfläche, Kellerdecke?
6. Was sind die Merkmale des Heizkessels? Brennstoff, Baujahr, Bauart?
7. Regelung: Gibt es einen Außenthermostat oder ein Raumthermostat?
8. Wie erfolgt die Warmwasserbereitung?
9. Art und Merkmale des Verteilsystems: Sind die Leitungen gedämmt? Wie wird die Heizungspumpe geregelt?
10. Welche Bauteile oder Anlagenteile müssen altersbedingt in absehbarer Zeit saniert oder ersetzt werden?

Gebäudehülle oder der Heizanlage durchgeführt werden, z.B. bei einer Erneuerung des Außenputzes oder der Dachdeckung, verlangt das GEG, dass das zu erneuernde Bauteil einen zeitgemäßen Wärmeschutz erhält. Es schreibt dann einen maximal zulässigen U-Wert vor, den das sanierte Bauteil einhalten oder unterschreiten muss. Wer mehr tut als das, was das Gesetz fordert, erhält großzügige finanzielle Unterstützung durch die Bundesförderung für effiziente Gebäude (BEG) oder durch Steuervorteile. Tabelle 4.6 gibt einen groben Überblick über die einzuhaltenden U-Werte und die daraus errechneten Dämmstoffdicken, wenn einzelne Teil des Hauses nach Vorschrift oder mit finanzieller Förderung gedämmt werden.

Werden alle Teile der Gebäudehülle im Zuge einer energetischen Modernisierung entsprechend den Förderprogrammen konsequent gedämmt, kann auch ein Altbau die guten und sogar bessere Dämmwerte erreichen als ein Standard-Neubau. Allerdings sollte im Einzelfall sorgfältig erwogen werden, ob die nötigen Maßnahmen bautechnisch mit vernünftigem Aufwand umsetzbar sind, welche staatlichen Fördermittel es gibt, ob die finanziellen Mittel für so ein Vorhaben ausreichen und wie der Aufwand im Licht einer Kosten-Nutzen-Analyse zu bewerten ist. Für die Zielformulierung ist beim Altbau Augenmaß gefragt: Eine denkmalgeschützte Sichtfachwerkfassade verträgt beispielsweise zwar ohne weiteres eine innenseitige Wärmedämmung, bauphysikalisch sind dabei aber individuelle Besonderheiten zu beachten. Auch kann im Einzelfall der baukulturelle Gebäudewert rangmäßig möglicherweise deutlich vor dem Energieeinsparwert zu sehen sein.

Bei umfangreichen Maßnahmen sind eine professionelle Energieberatung und die Unterstützung durch einen Architekten nötig. Wenn Fördermittel beantragt werden, muss ein zertifizierter Energieberater hinzugezogen werden. Mehr dazu in Kap. 4.6. und 4.7.

Grundlage für die Festlegung von Verbesserungsmaßnahmen ist eine Bestandsaufnahme zum Aufspüren der energetischen Schwachstellen („Energiediagnose“). Anhand der verfügbaren alten Planunterlagen und durch eine Begehung des Hauses wird eine Beschreibung der Bauteile und der Heizungsanlage erstellt. Der zweite Schritt ist eine Bewertung dieser Teile. Im dritten Schritt werden dann die Verbesserungsmaßnahmen festgelegt. Für die *energetische Bestandsaufnahme* kann es in Einzelfällen notwendig sein, Bauteile zu öffen, z.B. um den vorhandenen Aufbau und die Dämmdicke einer Dachschräge zu ermitteln.

Tabelle 4.5
Mindestanforderungen an die Dämmqualität bei Änderung oder Herstellung von Bauteilen der thermischen Gebäudehülle, für eine Auswahl typischer Bauteile.
Für die Ertüchtigung vorhandener Fenster und für Baudenkmale gelten niedrigere Anforderungen. Mehr dazu in Kap. 12.2.1. Maßgebend sind die angegebenen U-Werte (Wärmedurchgangskoeffizienten) als Obergrenze für die Wärmedurchlässigkeit eines Bauteils. In der Zeile darunter sind zur Veranschaulichung die dafür erforderlichen Dämmstoffdicken angegeben. Der obere (niedrigere) Wert gilt für Dämmstoffe mit besonders guter Dämmeingenschaft (Wärmeleitfähigkeitsgruppe WLG 025), z.B. Polyurethan-Hartschaum. Der untere (höhere) Wert gilt für Dämmstoffe mit weniger guter Dämmeigenschaft (WLG 045), z.B. Holzfaserdämmplatten. Die erforderliche Dicke für den häufig verwendeten Polystyrol-Hartschaum („Styropor“, WLG 035) und für Mineralfaserdämmung liegt etwa in der Mitte. Zur Berechnung der tatsächlich erforderlichen Dicke wird auch der Dämmwert des vorhandenen Bauteils berücksichtigt.

Anforderungen an die Wärmedämmung der Gebäudehülle – Beispielhafte Auswahl

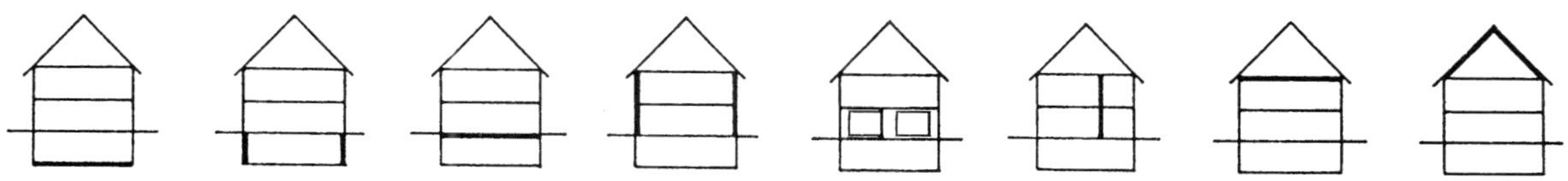

Bauteil	Kellerboden (Kellerräume ausgebaut)	Kellerwände (Kellerräume ausgebaut)	Kellerdecke	Außenwände	Fenster	Wand gegen ungeheizte Räume	Oberste Geschossdecke (Dach nicht ausgebaut)	Schrägdach (Dachraum ausgebaut)
a) für Änderungen an bestehenden Gebäuden, gemäß Gebäudeenergiegesetz (GEG)								
U-Wert in W/(m²·K)								
Dicke für WLG 025	0,50	0,30	0,30	0,24)	1,30	0,30	0,24	0,24
Dicke für WLG 045	5 - 9 cm	8 - 15 cm	8 - 15 cm	10 - 19 cm	– / –	8 - 15 cm	10 - 19 cm	10 - 19 cm
b) für Neubauten, Richtwerte gemäß GEG-Referenzgebäude								
U-Wert in W/(m²·K)								
Dicke für WLG 025	0,35	0,35	0,35	0,28	1,30	0,35	0,20	0,20
Dicke für WLG 045	7 cm / 13 cm	7 cm / 13 cm	7 cm / 13 cm	9 cm / 16 cm	– / –	7 cm / 13 cm	13 cm / 23 cm	13 cm / 23 cm
c) für Altbauten, Anforderungen für Verbesserungen gemäß Förderprogramm „BEG Einzelmaßnahmen“								
U-Wert in W/(m²·K)								
Dicke für WLG 025	0,25	0,25	0,25	0,20	0,95	0,25	0,14	0,14
Dicke für WLG 045	10 - 18 cm	10 - 18 cm	10 - 18 cm	13 - 23 cm	– / –	10 - 18 cm	18 - 32 cm	18 - 32 cm

Mit einer *Druckdifferenzmessung* (Blower-door-Messung) wird die Luftdichtheit von Gebäuden ermittelt. Eine erste einfache Messung dient als Grobdiagnose für die Dichtheit des Gebäudes und erlaubt das Auffinden von undichten Stellen (Leckage-Ortung). Für den öffentlich-rechtlichen Nachweis gemäß GEG ist eine aufwändigere Messung nach DIN-Vorschrift nötig. Mehr dazu in Kap. 14 Lüftungstechnik.

Eine *Gebäudethermographie* von außen kann Wärmebrücken sichtbar machen und bei der U-Wert-Bestimmung nützlich sein. Mit einer Innen-Thermographie lassen sich die Stellen sichtbar machen, an denen bei Unterdruck im Gebäude kalte Luft von außen eindringt. Thermographie-Untersuchungen werden im Winterhalbjahr durchgeführt, möglichst an kalten Tagen in den frühen Morgenstunden, bevor das Tageslicht die Gebäudeoberflächen erwärmt.
Bei der Auswahl von Verbesserungsmaßnahmen empfiehlt es sich, vorrangig die wirtschaftlichsten Maßnahmen mit kurzer Amortisationszeit zu ergreifen. Im folgenden Abschnitt werden daher zunächst Tipps zum richtigen Heiz- und Lüftungsverhalten gegeben, die nichts oder wenig kosten. In Kap. 4.2 und 4.3 folgt dann ein Überblick über energetische Verbesserungsmaßnahmen an den einzelnen Bauteilen des Hauses und an der Anlagentechnik. In Kap. 6 bis 17 werden die baulichen und anlagetechnischen Modernisierungsmaßnahmen detailliert beschrieben.

Energiebewusstes Heizen und Lüften

Durch angepasstes Nutzerverhalten kann oft bereits eine erhebliche Energieeinsparung erreicht werden. Dies erfordert teilweise jedoch die Bereitschaft zum Umdenken und eine Änderung von Gewohnheiten.

- Vor Beginn jeder Heizperiode die Heizkörper entlüften. Luft im Heizkörper (an Gluckergeräuschen erkennbar) verschlechtert deren Wärmeabgabe.
- Den Wasserdruck im Heizsystem während der Heizperiode regelmäßig prüfen und bei Bedarf Wasser nachfüllen. Jedoch: Häufiger Nachfüllbedarf deutet auf Undichtheiten im Rohrnetz hin.
- Thermometer aufhängen und Raumlufttemperatur kontrollieren: Temperaturen über 20°C sind normalerweise nicht nötig. Mit jedem Grad weniger sinkt der Energieverbrauch etwa um 6%. Schlafzimmer und Räume, die nur dem vorübergehenden Aufenthalt dienen (z.B. Diele, Vorräume, WC), erfordern im Allgemeinen keine eigene Beheizung.
- Stoßlüftung ist besser als Dauerlüftung. Mehrmals am Tag für 5 bis 10 Minuten kräftig lüften, so dass die gesamte Raumluft ausgetauscht wird, die Wände und Möbel aber nicht auskühlen. Gegenüber Dauerlüftung durch gekippte Fenster lässt sich auf diese Art eine Menge Heizenergie einsparen.
- Schlafräume besonders gut durchlüften, damit die über Nacht angesammelte Feuchtigkeit entweichen kann. Im Allgemeinen genügt 30 Minuten Lüften. Bei längerem Lüften wird auch angrenzenden Räumen unnötig Wärme entzogen. Nachts genügt im Winter ein Lüftungsspalt von 1 cm. Ähnliches gilt für Feuchträume wie Bäder, Küchen, Toiletten. Auch hier sollte nach der Benutzung kurz und kräftig gelüftet werden: nach dem Baden oder Duschen maximal 30 Minuten, nach dem Kochen und nach der Toilettenbenützung maximal 10 Minuten.
- Wenig benutzte Räume nur mäßig beheizen und in geringem Maß lüften. Die Türen zu diesen Räumen geschlossen halten. Werden nicht beheizte Räume durch warme Luft aus Nachbarräumen temperiert, können unter Umständen Feuchtigkeitsprobleme mit Schimmelpilzbildung die Folge sein.
- Rollläden dicht schließen. Die stehende Luftschicht zwischen Fenster und dicht schließendem Rollladen bewirkt eine zusätzliche Wärmedämmung, ähnlich wie bei einem Kastenfenster.
- Während der Heizperiode Kellerfenster und Dachluken schließen. Dadurch wird ein verstärktes Auskühlen der angrenzenden beheizten Räume vermieden.
- Raumthermostate und Thermostatventile an Heizkörpern auch beim Anheizen nur auf die gewünschte Raumtemperatur einstellen. Bei höherer Einstellung geht das Aufheizen auch nicht schneller, führt aber schnell zu übermäßiger Raumtemperatur, wenn nicht rechtzeitig zurückgestellt wird.
- Duschen statt Baden. Ein Wannenbad benötigt 140 Liter warmes Wasser. Beim Duschen fließen 20 Liter pro Minute aus der Leitung, mit Durchlaufmengenbegrenzer noch weniger.
- Nicht bei laufendem Warmwasser Geschirr spülen oder Wäsche waschen.
- Elektrische Einzelboiler auf möglichst niedrige Temperatur einstellen. Noch besser: Nur bei Bedarf einschalten. Elektrisch erzeugte Wärme benötigt etwa 13% mehr Primärenergie als solche aus Heizöl oder Erdgas.
- Keine elektrischen Heizstrahler verwenden.
- Umwälzpumpe der Heizung im (Sommer-) Urlaub abschalten, sofern es sich noch um eine ungeregelte Pumpe handelt.
- Heizanlage optimieren lassen. Dabei sollte geprüft werden: Ist die Temperatur für das Warmwasser nicht zu hoch eingestellt. Ist die Pumpeneinstellung auf der kleinstmöglichen Stufe? Ist die Vorlauftemperatur so niedrig wie möglich eingestellt? Ist die Temperaturabsenkung für die Nacht korrekt programmiert? Stimmt der Wasserdruck im Heizsystem?

- Wartungsvertrag für die Heizanlage mit einer Fachfirma schließen. Einmal im Jahr vor Beginn der Heizperiode sollten der Heizkessel geprüft und der Wärmetauscher bei Bedarf gereinigt werden. Diese Ausgabe lohnt sich.

4.2 Gebäudehülle

Immer dann, wenn an der wärmeschützenden Umfassungsflächen oder an der Heizanlage altersbedingt Erneuerungsmaßnahmen durchgeführt werden müssen, ist es sinnvoll und gesetzlich vorgeschrieben, dass Maßnahmen zur Minderung des Energieverbrauchs oder zur Nutzung erneuerbarer Energie ausgeführt werden. Einzelheiten dazu siehe Kap. 4.5 Gesetzliche Bestimmungen.

Zur wärmeübertragenden Gebäudehülle gehören alle Bauteilflächen, welche die beheizten Räume von unbeheizten Räumen oder von der Außenluft trennen. Insbesondere sind das die Außenwände, die Fenster, das Dach, die Wände und Decken zwischen beheizbaren und nicht beheizbaren Räumen. Wände und Decken zwischen beheizbaren Räumen gehören nicht dazu; hier ist also keine Wärmedämmung erforderlich. Wärmedämm-Maßnahmen sollen möglichst vor einer Verbesserung der Heizanlage durchgeführt werden.

Die meisten Maßnahmen lassen sich so gestalten, dass deren Kosten sich in 10 bis 20 Jahren durch eingesparte Energiekosten amortisieren. Mit öffentlicher Förderung können die Kosten für eine energetisch höherwertige Ausführung finanziert werden, was besonders längerfristig zur Dämpfung der Energiekosten beiträgt und für den Klimaschutz wichtig ist. Mehr dazu in Kap. 4.4 Kosten und Wirtschaftlichkeit.

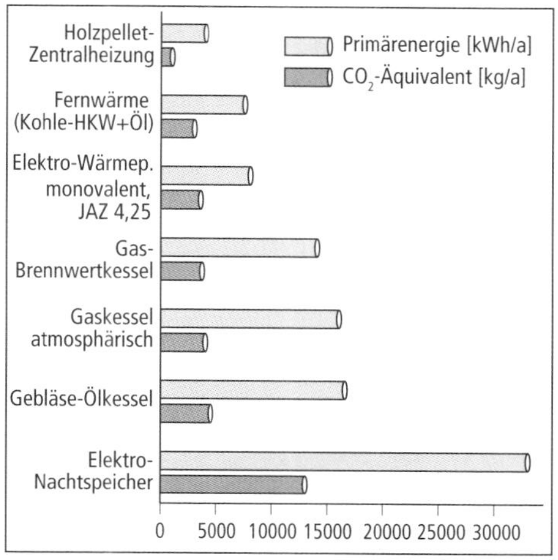

4.7
Primärenergieeinsatz und Treibhausgasemissionen verschiedener Heizsysteme.
Beim Vergleich verschiedener Heizsystem ist die Pelletsheizung hinsichtlich Klima- und Umweltschutz am vorteilhaftesten, die Elektroheizung am schädlichsten. Die angegebenen Zahlenwerte beziehen sich auf einen 4-Personenhaushalt in einem energetisch modernisierten Gebäude mit einer Wohnfläche von 140 m².

Tabelle 4.6
Die Tabelle zeigt beispielhaft die Wärmedurchlässigkeit (U-Werte) für verschiedene Materialien in unterschiedlicher Dicke und wie sich das auf die Heizkosten auswirkt.
Die angegebenen Heizkosten beziehen sich auf 1 m² Außenwand (ohne Fenster) für einen Zeitraum von 20 Jahren. Für die Berechnung wurde ein Heizölpreis von 0,90 €/l (inkl. Mwst.; Stand 2023), eine Energiepreissteigerung von 7 % jährlich und eine mittlere Klimaregion in Deutschland zugrunde gelegt.

Beschreibung der Außenwand in (): Rohdichte in kg/dm³	Schichtdicke in cm	U-Wert in W/(m²·K)	Heizkosten in 20 J. €/m²
Sandstein (2,6)	11,5	3,9	1.400
	24	3,6	1.300
	36,5	2,7	970
Vollziegel (2,0) oder Lehm	11,5	3,0	1.100
	24	2,2	740
	36,5	1,7	610
	50	1,4	490
Hochlochziegel (1,4) oder Kalksand-Lochsteine (1,2) oder Hüttensteine (1,4)	11,5	2,5	890
	24	1,6	580
	36,5	1,2	430
Stahlbeton	11,5	3,8	1.300
	15	3,6	1.300
	20	3,3	1.200
Bimsbeton-Vollsteine (0,5) mit Leichtmauermörtel	11,5	0,91	320
	24	0,49	180
	30	0,40	140
	36,5	0,33	120
Strohlehm	11,5	2,0	730
	24	1,3	460
	36,5	0,91	320
	50	0,70	250
Gasbeton-Blocksteine (0,5)	11,5	1,1	380
	24	0,58	200
	30	0,48	180
Dämmstoff einschl. Putzträger aus 2 x 1,5 cm Holzwolle-Leichtbauplatte	8	0,62	220
	12	0,38	140
	16	0,28	100
Mauerwerk mit U = 1,6 W/(m²·K) (z.B. 24 cm Hochlochziegel) in Verbindung mit einer Dämmschicht der angegebenen Schichtdicke	2,5	0,80	290
	5	0,53	180
	10	0,32	120
	15	0,23	80
	20	0,18	60

Erdberührte Bauteile

Außenwände und Böden von beheizten Räumen im Untergeschoss und im nicht unterkellerten Erdgeschoss lassen sich im Allgemeinen nur von der Raumseite her dämmen (Innendämmung, Kap. 6.3 und 7.3.3). Räume im Untergeschoss, die früher zu Wohnzwekken ausgebaut wurden, sind meist nur wenig oder gar nicht gedämmt. Wenn Grabearbeiten auf der Außenseite von Kelleraußenwände durchgeführt werden, z.B. zur Abdichtung der Wand gegen Feuchtigkeit, kann auf der Außenseite mit feuchtigkeitsunempfindlichen Platten gedämmt werden.

Eine nachträgliche Dämmung des Bodens ist meist schwierig und teuer. Soll der Boden gedämmt werden, ist zu klären, ob das Treppenhaus im Keller außerhalb des beheizten Volumens liegen kann. Dann muss auch eine wärmegedämmte Wand zwischen Treppenraum und beheiztem Erdgeschoss vorhanden sein oder hergestellt werden. Mehr dazu in Kap. 6.3 und 6.5.

Kellerdecke

Eine Dämmung der Decke in nicht beheizten Kellerräumen ist meist eine der wirtschaftlichsten Maßnahmen, die sich schnell bezahlt macht (Kap. 9.2.3). In Abstellräumen genügen oft die preiswerten Kellerdämmplatten, die nicht verputzt oder verkleidet werden müssen. Die Dämmung der Kellerdecke ist gut zum Selbermachen geeignet. Bevor die Dämmplatten angebracht werden, sollten alle Deckendurchdringungen luftdicht geschlossen werden, z.B. die Übergänge an den nach oben führenden Wasser- und Heizleitungen sowie am Kamin. In niedrigen Räumen ist eine möglichst geringe Dämmschichtdikke gefragt, hier bieten sich PUR-Dämmplatten mit einer besonders guten Dämmqualität (WLG 025) an. An Kellergewölben ist eine Dämmung nicht sinnvoll bzw. kaum möglich. Hier sollte stattdessen möglichst der Boden über dem Gewölbe gedämmt werden, ähnlich wie bei Böden gegen Erdreich. Mehr dazu in Kap. 9.2 und 9.4.

Außenwände

Der Zeitpunkt für die Verbesserung des Wärmeschutzes an Außenwänden ist gekommen, wenn altersbedingt der Außenputz erneuert werden muss. Eine Dämmung auf der Außenseite der Wand ist einer Dämmung auf der Raumseite vorzuziehen (Kap. 7.3). Die häufigste Ausführungsart ist das Wärmedämmverbundsystem, bei dem feste Dämmplatten auf den vorhandenen Altputz aufgebracht und verputzt werden. Häufig dient der neue Außenputz auch als Luftdichtheitsschicht, daher ist der Anschluss an die Fensterrahmen mit einem dichtenden Anschlussprofil herzustellen. Auch der Sockel unterhalb des Erdgeschossbodens (Kellermauerwerk) sollte ein Stück weit gedämmt werden. Ist das Mauerwerk im Sockelbereich feucht, muss es vorher trockengelegt werden (Kap. 6.3.2). Bei Sichtfachwerk außen, das auf der Raumseite gedämmt werden soll, ist eine bauphysikalische Beratung mit Prüfung des vorgesehenen Wandaufbaus notwendig!

Häufig muss der Dachüberstand vergrößert werden, damit das Dach die aufzubringenden Dämmplatten überdeckt. In solchen Fällen ist es besonders sinnvoll, die Außenwanddämmung gemeinsam mit oder nach einer Dachdämmung herzustellen. Neue Fenster werden am besten bündig mit dem alten Außenputz eingebaut, damit die Dämmplatten wärmebrückenfrei an den Fensterrahmen anschließen können. Im Gefolge der Außenwanddämmung fallen weitere Arbeiten an wie z.B. Vergrößerung der Fensterbänke, Versetzen der Regenrohre, Einbindung der Dämmung in das Gelände, Anschlüsse an Balkon- und Treppengeländer und an die Kelleraußentreppe. Wegen der Gerüstkosten und der technischen Zusammenhänge ist es günstig, wenn die Arbeiten an Dach, Fenstern und Fassaden gemeinsam durchgeführt werden. Mehr dazu in Kap. 7.3.

Fenster, Außentüren, Rollläden

Fenster haben vergleichsweise hohe U-Werte, sie sind energetische Schwachstellen in der Gebäudehülle. Das Ersetzen intakter Fenster, die eine Zweifach-Verglasung haben, ist jedoch nicht immer die effektivste Methode, mit den zur Verfügung stehenden Finanzen möglichst viel Energie einzusparen. Bei der Frage, ob es sinnvoll ist, die Fenster zu ersetzen, sind folgende Aspekte von Interesse:

- Werden auch die solaren Wärmegewinne berücksichtigt, so schneiden Fenster wesentlich besser ab als der U-Wert erwarten lässt (Tabelle 12.2).
- Fenster sind teure Bauteile; die Energieeinsparung durch neue Fenster ist im Hinblick auf ihren Preis häufig geringer als vermutet.
- Wenn die Rahmen noch intakt sind, bieten sich unterschiedliche preiswerte Verbesserungsmaßnahmen an: Falzdichtung nachrüsten, Verglasung austauschen, Vorfenster einbauen. Mehr dazu in Kap. 12.

Wenn neue Fenster eingebaut werden, ist es wichtig, den planerischen Zusammenhang mit einer Dämmung der Außenwand zu beachten – besonders dann, wenn beide Maßnahmen nicht gemeinsam durchgeführt werden! Neue Fenster sollten möglichst mit Falzlüftern oder Außenluftdurchlässen ausgestattet werden. Mehr dazu in Kap. 4.3 Abs. Lüftungstechnik und in Kap. 12.3.

Eine ansonsten intakte Haustüre kann mit einer Falzdichtung und durch eine mechanische Bodendichtung verbessert werden.

Rollladenkästen sind eine typische Schwachstelle. Hier lassen sich mit einfachen Mitteln

Verbesserungen erreichen: im Rollladenkasten Fugen abdichten, Dämmplatten und -keile aus PUR-Hartschaum auf Ober-, Unter- und Raumseite ankleben, Gurtdurchführung ersetzen, Kastendeckel mit Schaumstoffband dichten. Mehr dazu in Kap. 12.4.

Innenwände

Eine Dämmung der Innenwände ist dort erforderlich, wo beheizte an nicht beheizte Räume angrenzen, was häufig in Untergeschossen vorkommt. Auf welcher Wandseite die Dämmung angebracht wird, kann unter praktischen Gesichtspunkten entschieden werden. Ein Heizraum im Keller gehört normalerweise nicht zum beheizten Gebäudevolumen, die Wände müssen also nur dann gedämmt werden, wenn sie an einen beheizten Raum grenzen. Mehr dazu in Kap. 11.

Dächer

Geneigte Dächer von Gebäuden, die vor 1977 errichtet wurden, haben meist nur eine minimale Dämmung und kein Unterdach. Bei beheizten Dachräumen wird beides benötigt. Ist der Dachboden nicht beheizt, reicht es, die oberste Geschossdecke zu dämmen. Ist der nicht beheizte Dachraum schmal und niedrig, kann es sinnvoll sein, doch eher die ganze Dachfläche bis zum First zu dämmen. Eine Dämmung der oberste Geschossdecke ist dann nicht nötig.

Ein Unterdach ist eine wasserführende Schicht unter der Dachdeckung und schützt die hölzernen Dachsparren und die Dämmung vor eindringender Feuchtigkeit. Häufig übernimmt das Unterdach auch die Funktion der Luftdichtheitsebene. Eine Dachdämmung macht sich im Allgemeinen schneller bezahlt als eine Fassadendämmung oder ein Austausch der Fenster. Wird das Dach neu gedeckt, sollte im Hinblick auf eine spätere Fassadendämmung der Dachüberstand vergrößert werden.

Mehr dazu in Kap. 8, insbesondere Kap. 8.4.3 Dachaufbau.

Oberste Geschossdecke

Die Decke über dem obersten beheizten Geschoss ist bei alten Häusern häufig eine Holzbalkendecke. Sofern nicht die Dachfläche oberhalb der Geschossdecke gedämmt wird, muss die oberste Geschossdecke gedämmt werden. Die Dämmung kann auf dem vorhandenen Boden verlegt werden. Der Verlust an Raumhöhe ist geringer, wenn der Bretterboden entfernt und die Gefache zwischen den Balken mit Dämmstoff ausgefüllt werden, z.B. mit Zelluloseflocken oder Mineralwolle. Diese Arbeit eignet sich gut zum Selbermachen. Auch hier ist eine luftdichte Ausbildung einschließlich aller Rohr- und Leitungsdurchführungen wichtig. Mehr dazu in Kap. 9.2 und 9.4.

Gemäß GEG müssen oberste Geschossdecken wärmetechnisch nachgerüstet werden, bei selbstgenutzten Ein- und Zweifamilienhäusern allerdings nur dann, wenn es seit dem 1.2.2002 einen Eigentümerwechsel gab. Denn abweichend von den sonstigen GEG-Anforderungen gibt es hier eine Verbesserungspflicht, wenn keine ausreichende Dämmung vorhanden ist. Eine Nachrüstungspflicht entfällt, wenn die Maßnahmen nicht wirtschaftlich vertretbar sind.

Lüftungswärmeverluste

Durch Undichtigkeiten in den Umfassungsflächen (Gebäudehülle) und durch gezieltes Öffnen von Fenstern und Türen (Lüften) kommt nicht nur frische Luft von außen ins Haus. Gleichzeitig entweichen auch warme Raumluft und die darin enthaltene Wärmeenergie. Undichtigkeiten in der Gebäudehülle gibt es im Altbau an vielen Stellen: an Fenstern, Türen, Dachflächen, Kellerdecken, Fachwerkwänden. Lag bei mäßig gedämmten Gebäuden der Anteil der unkontrollierten Lüftungsverluste noch bei etwa 30% des gesamten Heizenergiebedarfs, so geht heute in einem gut gedämmten Haus mehr Wärme durch die Abluft verloren als durch Wärmeleitung (ungenügende Dämmung). Aus diesem Grund ist es wichtig, neben der Wärmedämmung auch die Luftdichtheit des Gebäudes zu verbessern und für eine bedarfsgerechte Be- und Entlüftung des Gebäudes zu sorgen. Deshalb sind mechanische Lüftungsanlagen, ohne oder mit Wärmerückgewinnung, in Neubauten üblich und finden in Altbauten zunehmende Verbreitung. Mehr dazu in Kap. 14.

4.3 Anlagentechnik

Heizungsanlage

Öl- und Gasheizkessel sind Auslaufmodelle. An ihre Stelle treten Wärmeerzeuger für überwiegend nichtfossile Energieträger, wie elektrische Wärmepumpen, Holzpelletkessel, Fern- und Nahwärme. Auch Heizkessel, die mit Biogas betrieben werden, kleine Blockheizkraftwerke und Brennstoffzellen sind möglich. Der Strom für die Wärmepumpen wird zunehmend aus regenerativen Quellen, wie Wind, Sonnenstrahlung, Wasserkraft, erzeugt. Im Idealfall liefert die hauseigene Photovoltaik-Anlage auf Dach und Fassade einen Teil des benötigten Stroms für die Heizung. Mit Sonnenenergie erzeugter Wasserstoff ist wohl auf absehbare Zeit für das Heizen zu teuer. Die verschiedenen Heizsysteme mit ihren Vor- und Nachteilen werden in Kap. 15 beschrieben.

Das Gebäudeenergiegesetz GEG („Heizungsgesetz“) verlangt die schrittweise Umstellung von Heizanlagen auf die Nutzung von 65% erneuerbarer Energie. Alte Wärmeerzeuger dürfen repariert und weiter betrieben werden. Das kann jedoch schnell zu Kostenfalle werden. Es ist damit zu rechnen, dass Heizöl und Gas mit dem steigenden CO_2-*Preis* im Verhältnis zu Strom immer teurer werden. Für den Einbau einer neuen Heizung gibt es staatliche Fördermittel. Für sehr alte Heizkessel ist ein Austausch gegen einen zeitgemäßen Wärmeerzeuger gesetzlich vorgeschrieben. Mehr dazu in Kap. 4.5.

Bevor eine neue Heizung eingebaut wird ist es sinnvoll, auch über eine Wärmedämmung der Gebäudehülle nachzudenken. Denn die Größe des Wärmeerzeugers, die Größe der Heizflächen und die erforderliche Betriebstemperatur (Vorlauftemperatur) sollen zum Wärmebedarf des Hauses passen. Grundsätzlich ist es vorteilhaft, wenn die Wärmedämmung der thermischen Gebäudehülle verbessert wird, bevor die Heizanlage umgestellt wird. Auch für Verbesserungen an der Gebäudehülle gibt es gesetzliche Mindestanforderungen und staatliche Fördermittel.

Jedes Haus ist anders. Um zu klären, was im konkreten Fall die technisch und wirtschaftlich sinnvollsten Maßnahmen sind,

Beispiel für die Ermittlung energiebedingter Kosten	
Herstellungkosten (Baukosten) für neue Dachdeckung und Wärmedämmung	20.000 €
abzüglich anteilige Instandsetzungskosten (Sowieso-Kosten) 16.000 EUR, bei Restnutzungsdauer 10 von 40 Jahren: 75 % von 16.000 EUR =	– 12.000 €
abzüglich Zuschuss aus staatlichem Förderprogramm, 5 % aus 20.000 EUR =	– 1.000 €
Energiebedingte Herstellungskosten	7.000 €

Tabelle 4.7
Ermittlung der energiebedingten Kosten am Beispiel einer Dämmung für eine 30 Jahre alte Dachdeckung. Um die Wirtschaftlichkeit verschiedener Energiesparmaßnahmen zu vergleichen, werden von den Herstellungskosten die sowieso notwendigen Instandsetzungskosten und die Zuschüsse aus Förderprogrammen abgezogen.

lohnt sich die Erstellung eines "individuellen Sanierungsfahrplans" durch einen zertifizieren Energieberater. Dafür gibt es ebenfalls eine staatliche Förderung. Mehr dazu in Kap. 4.6.

Warmwasserbereitung

Die Warmwasserbereitung erfolgt traditionell in der Regel in Verbindung mit der Zentralheizung. Das Warmwasser wird künftig klimaschützend überwiegend mit Strom, Anschluss an ein Wärmenetz oder mit Brennstoffen aus Biomasse erhitzt. Also zum Beispiel mit der Heizungswärmepumpe, einer separate Warmwasser-Wärmepumpe, einem Heizkessel für biogene Brennstoffe, jeweils in Verbindung mit einem Warmwasserspeicher. Der Energieverbrauch zum Aufheizen des Warmwasserspeichers kann durch eine Solarthermie- oder Photovoltaik-Anlage reduziert werden.

In größeren oder jüngeren Altbauten sorgt häufig eine Zirkulationsleitung dafür, dass das warme Wasser ständig zirkuliert, damit es an der Zapfstelle auch sofort warm zur Verfügung steht. Weil dabei relativ viel Wärme verloren geht sind für abgelegene Zapfstellen dezentrale Durchlauferhitzer oder Kleinspeicher (Boiler) vorteilhaft, weil damit der Energieverlust durch die Zirkulationsleitung entfällt. Mehr dazu in Kap. 15.5.

Lüftungstechnik

Die Gebäudehülle muss luftdicht sein, damit während der Heizperiode die Wärme nicht unkontrolliert durch Fugen und Fensterlüftung entweicht. Gleichzeitig muss für eine gute Raumluftqualität genügend gelüftet werden. Eine mechanische Lüftung sorgt für ein gutes Raumklima und geringe Energieverluste. Vergleiche dazu Kap. 3.3 Luftqualität.

Damit trotz dichter Gebäudehülle ein ausreichender Luftwechsel auch bei geschlossenen Fenstern stattfindet, gibt es verschiedene Techniken. Um für die jeweilige bauliche Situation die richtige Lösung zur finden, erstellt der Planer ein Lüftungskonzept. Es gibt folgende Lüftungstechniken:

- Freie Lüftung über Außenluftdurchlässe oder Lüftungsschächte
- Ventilatorgestützte Lüftung als einfache Abluftanlage
- Ventilatorgestützte Lüftung mit Wärmerückgewinnung

Im Sommer können die Fenster wie gewohnt geöffnet werden, während der Heizperiode auch kurzzeitig als Stoßlüftung.

Viele Menschen haben eine Abneigung gegen eine mechanische Lüftung. Die Vorstellung, für frische Luft muss das Fenster offen sein, ist jedoch nicht mehr zeitgemäß. Die Vorteile sind größer als die vermeintlichen Nachteile. Die Luftströmung ist so langsam, dass sie weder fühlbar noch hörbar ist. Der Stromverbrauch ist in diesem Zusammenhang kleiner als die eingesparte Menge Wärmeenergie. Die klaren Vorteile gegenüber dem üblichen zu wenig oder zu viel lüften sind ein gutes Raumklima und eine Energieeinsparung. Mehr dazu in Kap. 14.

Photovoltaik

Seit die rechtlichen und steuerlichen Rahmenbedingungen sich in den letzten Jahren grundlegend geändert haben, verbreiten sich Solaranlagen zur Stromerzeugung rasant. Die Errichtung einer PV-Anlage ist heute technisch ausgereift, weitgehend standardisiert und für die Mehrzahl der vorhandenen Dächer eine sinnvolle Investition. Wirtschaftlich besonders attraktiv ist es, wenn der erzeugte Strom im Haushalt direkt genutzt wird, für die Haushaltsgeräte, die Wärmepumpenheizung, zum „Betanken“ des E-Autos. Der nicht benötigte Strom wird ins öffentliche Netz eingespeist und vom Netzbetreiber durch das EEG gesetzlich auf 20 Jahre gesichert vergütet.

Neben den Dach- und Wandanlagen gibt es auch sogenannte „Steckersolaranlagen", die einfach an die Steckdose angeschlossen werden können. Die produzierte Strommenge ist gerigner als bei herkömllichen PV-Anlagen, jedoch ist auch eine wesentlich geringere Investition notwendig, um die Sonnenenergie für sich selbst nutzen zu können. Mehr dazu in Kap. 17.3.

4.4 Kosten und Wirtschaftlichkeit

Energetisch nicht sanierte Altbauten werden immer mehr an Wert verlieren. Nichtstun ist wegen der hohen und weiter steigenden Energiepreise meist teurer als energetisch modernisieren. Maßnahmen zur Energieeinsparung machen sich in der Regel in einem Zeitraum von 10 bis 20 Jahren durch niedrigere Energiekosten bezahlt und bieten eine immer wichtiger werdende Unabhängigkeit. Am Ende der Amortisationszeit sinken die Kosten auf die dann verringerten reinen Energiekosten. Mit Blick auf die absehbar steigenden CO_2-Preise für Öl und Gas ist eine energetische Modernisierung vorteilhaft, auch ohne staatliche Fördermitel. Mit staatlichen Fördermitteln werden auch teurere bauliche Maßnahmen attraktiv, die sonst unwirtschaftlich wären.

Besonders wirtschaftlich sind Maßnahmen, die mit notwendigen Instandsetzungen gekoppelt werden. Darüber hinaus sind solche Maßnahmen wirtschaftlich günstig, die in naher Zukunft notwendige Instandsetzungen zeitlich vorwegnehmen. Bei der Betrachtung der Wirtschaftlichkeit von Energiesparmaßnahmen ist es also sinnvoll, heute oder künftig notwendige Instandsetzungskosten von den energetisch bedingten Mehrkosten zu unterscheiden.

Ein noch genaueres und günstigeres Bild ergibt sich, wenn von den Kosten auch die öffentliche Förderung abgezogen wird. Im Hinblick auf den Klimaschutz bietet ein Wirtschaftlichkeitsvergleich die Möglichkeit, diejenigen Maßnahmen auszuwählen, bei denen das Verhältnis von Energieeinsparung zu Maßnahmekosten besonders groß ist. Der für den Wirtschaftlichkeitsvergleich maßgebende Betrag für die energiebedingten Kosten der Maßnahmen ermittelt sich dann so:

Energiebedingte Herstellungskosten = Herstellungskosten *minus* anteilige Instandsetzungskosten *minus* Zuschüsse.

Für die Ermittlung der anteiligen Instandsetzungskosten sind das Alter und die zu erwartende Lebensdauer eines Bauteils maßgebend (Tabelle 2.4).

Um diese komplexen Zusammenhänge richtig zu erfassen und die richtigen Entscheidungen zu treffen, empfiehlt es sich, eine zertifizierte Energieberatung einzuholen. Die Energieberatungen der Verbraucherzentrale können hier erste Schritte abschätzen und einen Weg aufzeigen. Konkrete Zahlen und Sanierungsschritte sind durch einen weitergehenden staatlich geförderten Sanierungsfahrplan zu erhalten. Mehr dazu in Kap. 4.7.

Bei der Planung mehrerer baulicher Maßnahmen ist es sinnvoll, die Zusammenhänge zwischen den einzelnen Gewerken zu bedenken. Zum Beispiel fallen Gerüstkosten nur einmal an, wenn Dachsanierung, Einbau von Sonnenkollektoren und Außenwanddämmung miteinander kombiniert werden. Auch bei der gemeinsamen Ausführung einer Fassadendämmung und einer Fenstererneuerung gibt es kostenmindernde und bautechnische Synergien. Ein weiterer Zusammenhang besteht zwischen der Dämmung der Gebäudehülle und der Erneuerung der Heizung, denn eine deutliche Minderung der Wärmeverluste ermöglicht einen kleineren Wärmeerzeuger. Im Rahmen einer Energieberatung sollten daher nicht nur Einzelmaßnahmen verglichen, sondern auch Maßnahmenpakete untersucht werden.

Bei einer einfachen (statischen) Wirtschaftlichkeitsberechnung werden die Herstellungskosten den eingesparten Energiekosten gegenübergestellt. Die Amortisationszeit ist eine anschauliche Größe für den Vergleich unterschiedlicher Maßnahmen. Bei Herstellungskosten von 11.300 € und einer jährlichen Einsparung an Energiekosten von 700 € beträgt die Amortisationszeit rund 16 Jahre. Nach dieser Zeit haben sich die Herstellungskosten bezahlt gemacht. Danach sind nur noch die dann deutlich niedrigeren Heizkosten zu zahlen. Gleichzeitig sollte aber nicht außer Acht gelassen werden, dass neben der reinen Amortisation ein saniertes Bauteil nicht nur energetisch günstiger, sondern auch substanziell wieder besser vorliegt und damit ein Werterhalt stattfindet.

4.5 Gesetzliche Bestimmungen

Gebäudeenergiegesetz (GEG)

Das GEG gilt für die Errichtung von Neubauten sowie für Bestandsgebäude. Es ist ein Bundesgesetz und hat bundesweit Geltung. Es dient dazu, den Energieverbrauch in beheizten und klimatisierten Gebäuden zu begrenzen, um die Erzeugung klimaschädlicher Treibhausgase schrittweise bis zur "Klimaneutralität" zu mindern und die Versorgung mit Heizenergie zu sichern. Es gilt seit 2020 und ersetzte die bis dahin gültige Energieeinsparverordnung (EnEV) und das Erneuerbare-Energien-Wärmegesetz (EEWärmeG) des Bundes. Das GEG wurde mit Wirkung 1. Jan. 2024 bezüglich der Heiztechnik umfassend novelliert. Umgangssprachlich wird dieser Teil des GEG als „Heizungsgesetz" bezeichnet. Mit dem GEG wird die Dekarbonisierung des Wärmebereichs schrittweise umgesetzt. Beim Einbau neuer Heizungen

wird weitgehend auf den Einsatz Erneuerbarer Energie gesetzt. Das GEG verlangt aber auch, dass die gesetzlichen Anforderungen und Pflichten wirtschaftlich vertretbar sein müssen. Das wird durch eine finanzielle Förderung, durch Übergangsfristen, Ausnahme- und Härtefallregelungen erreicht.
Die nachfolgende Liste gibt einen groben Überblick über die wesentlichen Anforderungen des GEG für bestehende Gebäude. Im konkreten Fall sind natürlich die Einzelheiten des Gesetzes in der jeweils aktuellen Fassung zu beachten.

4.7
Energieausweis. Das Bild ist ein (modifizierter) Auszug aus einem Energiebedarfsausweis. Auf der Skala (rechts oben) zeigen die Pfeile die energetische Qualität des Gebäudes an. Die Buchstaben sind die Effizienzklasse, die Zahlenwerte darunter sind der jährliche Endenergiebedarf in kWh pro Quadratmeter Wohnfläche. Der Pfeil unter der Skala zeigt den Wert für den Primärenergiebedarf an. Der Kasten links informiert über die Nutzung Erneuerbarer Energien. Bildquelle: Bundeswirtschaftsministerium 12.2023.

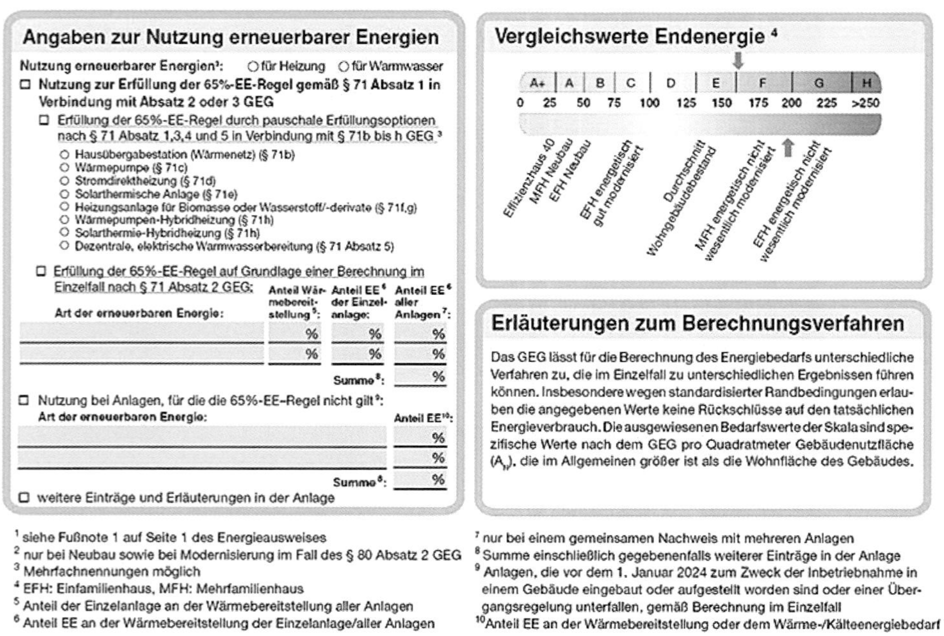
Angaben zur Nutzung erneuerbarer Energien

Nutzung erneuerbarer Energien[1]: ○ für Heizung ○ für Warmwasser

☐ **Nutzung zur Erfüllung der 65%-EE-Regel gemäß § 71 Absatz 1 in Verbindung mit Absatz 2 oder 3 GEG**

☐ Erfüllung der 65%-EE-Regel durch pauschale Erfüllungsoptionen nach § 71 Absatz 1,3,4 und 5 in Verbindung mit § 71b bis h GEG[3]

○ Hausübergabestation (Wärmenetz) (§ 71b)
○ Wärmepumpe (§ 71c)
○ Stromdirektheizung (§ 71d)
○ Solarthermische Anlage (§ 71e)
○ Heizungsanlage für Biomasse oder Wasserstoff/-derivate (§ 71f,g)
○ Wärmepumpen-Hybridheizung (§ 71h)
○ Solarthermie-Hybridheizung (§ 71h)
○ Dezentrale, elektrische Warmwasserbereitung (§ 71 Absatz 5)

☐ Erfüllung der 65%-EE-Regel auf Grundlage einer Berechnung im Einzelfall nach § 71 Absatz 2 GEG:

Art der erneuerbaren Energie:	Anteil Wärmebereitstellung[5]:	Anteil EE[6] der Einzelanlage:	Anteil EE[6] aller Anlagen[7]:
	%	%	%
	%	%	%
		Summe[8]:	%

☐ Nutzung bei Anlagen, für die die 65%-EE-Regel nicht gilt[9]:

Art der erneuerbaren Energie:	Anteil EE[10]:
	%
	%
Summe[8]:	%

☐ weitere Einträge und Erläuterungen in der Anlage

Vergleichswerte Endenergie[4]

A+ | A | B | C | D | E | F | G | H
0 25 50 75 100 125 150 175 200 225 >250

Effizienzhaus 40
MFH Neubau
EFH Neubau
EFH energetisch gut modernisiert
Durchschnitt Wohngebäudebestand
MFH energetisch nicht wesentlich modernisiert
EFH energetisch nicht wesentlich modernisiert

Erläuterungen zum Berechnungsverfahren

Das GEG lässt für die Berechnung des Energiebedarfs unterschiedliche Verfahren zu, die im Einzelfall zu unterschiedlichen Ergebnissen führen können. Insbesondere wegen standardisierter Randbedingungen erlauben die angegebenen Werte keine Rückschlüsse auf den tatsächlichen Energieverbrauch. Die ausgewiesenen Bedarfswerte der Skala sind spezifische Werte nach dem GEG pro Quadratmeter Gebäudenutzfläche (A_N), die im Allgemeinen größer ist als die Wohnfläche des Gebäudes.

[1] siehe Fußnote 1 auf Seite 1 des Energieausweises
[2] nur bei Neubau sowie bei Modernisierung im Fall des § 80 Absatz 2 GEG
[3] Mehrfachnennungen möglich
[4] EFH: Einfamilienhaus, MFH: Mehrfamilienhaus
[5] Anteil der Einzelanlage an der Wärmebereitstellung aller Anlagen
[6] Anteil EE an der Wärmebereitstellung der Einzelanlage/aller Anlagen
[7] nur bei einem gemeinsamen Nachweis mit mehreren Anlagen
[8] Summe einschließlich gegebenenfalls weiterer Einträge in der Anlage
[9] Anlagen, die vor dem 1. Januar 2024 zum Zweck der Inbetriebnahme in einem Gebäude eingebaut oder aufgestellt worden sind oder einer Übergangsregelung unterfallen, gemäß Berechnung im Einzelfall
[10] Anteil EE an der Wärmebereitstellung oder dem Wärme-/Kälteenergiebedarf

1. Wenn Bauteile der wärmeübertragenden Gebäudehülle erneuert, ersetzt oder erstmalig eingebaut werden, sind wärmedämmende Maßnahmen vorzunehmen. Dabei sind bestimmte Obergrenzen für die Wärmedurchlässigkeit (U-Werte) einzuhalten. Das gilt nicht, wenn weniger als 10% der Flächen einer Bauart („der jeweiligen Bauteilgruppe") betroffen ist. Zur „wärmeübertragenden Gebäudehülle" gehören alle Außenflächen von beheizbaren Räumen sowie alle Innenflächen (Wände, Türen, Decken) zwischen beheizbaren und nicht beheizbaren Räumen.
2. Nachrüstpflichten sind zu beachten, auch wenn keine Änderungen beabsichtigt sind.
   - Oberste Geschossdecken zu unbeheizten Räumen oder das darüber liegende Dach müssen gedämmt werden, sofern sie nicht die erforderliche Mindestdämmung haben.
   - Öl- und Gasheizkessel, die vor 1991 eingebaut wurden oder die älter als 30 Jahre sind, müssen bis zu einem bestimmten Stichtag ersetzt werden,wenn es sich nicht um sogenannte Niedertemperatur oder Brennwertkesel handelt, die überwiegend den Standard der Heizungssysteme darstellen, spätenstens aber bis 2044.
   - Ungedämmte und zugängliche Wärmeverteilungsleitungen sowie Warmwasserleitungen müssen nachträglich gedämmt werden.
3. Bei Erweiterungen und Ausbauten (z.B. Dachausbau, Anbau) müssen die Außenbauteile bestimmte Obergrenzen für die Wärmedurchlässigkeit (U-Werte) einhalten. Die Wärmeverluste der Umfassungsflächen dürfen maximal das 1,2-fache eines vergleichbaren Neubaus betragen. Ist die hinzu kommende Nutzfläche größer als 50 m^2, dann sind auch Anforderungen an den sommerlichen Wärmeschutz zu beachten.
4. Bei der Erneuerung von Heizungsanlagen werden Mindestanforderungen an deren Effizienz gestellt. Eine neu eingebaute Heizung muss zu 65 Prozent mit Erneuerbaren Energien betrieben werden („65%-EE-Pflicht"). Alte Öl- und Gasheizungen dürfen noch eine Zeitlang weiter betrieben und auch repariert werden. Mehr dazu in Kap. 15.1.
5. Für Gebäude, die erweitert, verkauft, vermietet oder verpachtet werden, ist ein Energieausweis zu erstellen.
6. Ausnahmen oder Befreiungen sind möglich bei Baudenkmälern oder wenn die Anforderungen eine unzumutbare finanzielle Belastung verursachen.
7. Wenn ein Handwerker Leistungen an den energetisch wirksamen Bauteilen ausführt, muss er nach Fertigstellung dem Bauherrn schriftlich bescheinigen, dass die Vorschriften des GEG eingehalten sind (erweiterte Gewährleistung).

Zu Punkt 2: Für die Decke zwischen dem obersten beheizten Geschoss und dem unbeheizten Dachraum darüber gibt es eine Pflicht zur Verbesserung der Wärmedämmung. Zu dieser Vorschrift gibt es mehrere Sonderregeln und Ausnahmen. Generell ausgenommen sind Eigentümer von Häusern mit maximal zwei Wohnungen, wenn sie schon vor dem 1. Februar 2002 selbst in dem Haus gewohnt haben. Soweit die Decke nicht ausreichende gedämmt und zugänglich ist, ist sie so zu dämmen, dass die Wärmedurchlässigkeit den U-Wert von 0,24 W/(m²·K) nicht überschreitet. Für die Dämmung vorhandener Hohlräume gibt es geringere Anforderungen. Die Pflicht gilt als erfüllt, wenn anstelle der obersten Geschossdecke das darüber liegende Dach entsprechend gedämmt ist. Diese Nachrüstvorschriften gelten nicht, wenn die Kosten höher sind als die Energieeinsparung.

Zu Punkt 5: Anhand des Energieausweises können sich Kauf- oder Mietinteressierte vor ihrer Kauf- oder Mietentscheidung über die energetische Qualität des Hauses, den Energieverbrauch und die Treibhausgasemissionen, informieren. Hauseigentümer müssen sicherstellen, dass sie von ihrem Planer oder Energieberater einen erforderlichen Ausweis erhalten. Bei Verkauf, Vermietung oder Verpachtung genügt meist ein einfacher Energie*verbrauchsausweis*. Er dokumentiert den mittleren Jahresverbrauch der vorangegangenen drei Jahre. In bestimmten Fällen und bei umfangreichen Maßnahmen ist ein Energie*bedarfsausweis* zu erstellen. Er basiert auf einer rechnerischen Bilanz der Energiegewinne und -verluste aufgrund der Bauweise und der Anlagentechnik. Energieausweise werden von Fachleuten mit einer besonderen Qualifizierung erstellt. Bei der Erstellung eines Energie*bedarfsausweises* gibt es bezüglich Beratungsqualität große Unterschiede. Mehr dazu in Kap. 4.7.

Bundesförderung für effiziente Gebäude (BEG), Stand 2024

Effizienzhaus Wohngebäude (BEG-WG)

Gefördert wird eine umfassende Sanierung.

- Dazu gehört die Dämmung der Gebäudehülle und eine darauf abgestimmte Heiz- und Anlagentechnik.
- Die Förderung ist eine Kombination aus einem zurückzahlbaren Kredit und einem Tilgungszuschuss.
- Die Höhe der Förderung ist gestaffelt nach den Effizienzklassen 85, 70, 55, 40.
  Effizienzklasse 85 bedeutet zum Beispiel: Der Primärenergiebedarf ist maximal 85 % des im GEG definierten Referenzgebäudes.
- Eine erhöhte Förderung gibt es, wenn mind. 55 % der Wärme regenerativ erzeugt wird.
  In den meisten Fällen wird das mit einer Wärmepumpe erreicht.
- Für die energetische Fachplanung ist ein zertifizierter Energie-Effizienzexperte notwendig.
- Fachplaner finden: *www.energie-effizienz-experten.de*. Begriffsfolge für die Web-Suche: Bundesförderung, effiziente Sanierung, Wohngebäude.

Einzelmaßnahmen (BEM-EM)

Einzelmaßnahmen werden durch Zuschüsse gefördert:

- Eine energetische Fachplanung mit Baubegleitung wird mit 50 % gefördert.
- Für eine Verbesserung der Gebäudehülle (z.B. Wärmedämmung, Fenstertausch) ist die Grundförderung 15 %.
- Für Heizungstechnik beträgt die Grundförderung 30 %. Für frühzeitige Maßnahmen (Klimageschwindigkeitsbonus) gibt es zusätzlich bis zu 20 %, und Personen mit niedrigem Einkommen erhalten zusätzlich 30 %.
- Für die Höhe der förderfähigen Maßnahmekosten gibt es Obergrenzen.
- Begriffsfolge für die Web-Suche: Bundesförderung Gebäude + Einzelmaßnahmen

Tabelle 4.8: Bundesförderung für effiziente Gebäude (BEG), vereinfachte Übersicht.
Wichtig: Anträge sind für die meisten Verbesserungen grundsätzlich vor Beauftragung der Planungs- oder Bauleistungen zu stellen.

Für alle GEG-Anforderungen gilt der Grundsatz der Verhältnismäßigkeit, d.h. die notwendigen Maßnahmen müssen auch wirtschaftlich vertretbar sein. Ist das nachweislich nicht der Fall, kann ein Antrag auf Befreiung gestellt werden. Sollte eine Ertüchtigung der Bauteile auf den GEG-Standard aus bautechnischen Gründen nicht möglich sein, ist die höchstmögliche Dämmstoffstärke einzubauen. Aus Gründen des Denkmalschutzes kann nach Maßgabe des GEG von den gesetzlichen Anforderungen abgesehen werden, wenn die Einhaltung des GEG unter Wahrung des Denkmalschutzes nicht oder nur mit unverhältnismäßig großem Aufwand möglich ist.

Erneuerbare-Energien-Gesetz

Das Erneuerbare-Energien-Gesetz regelt die bevorzugte Einspeisung von Strom aus Photovoltaik-Anlagen und anderen erneuerbaren Energiequellen. Es garantiert den Erzeugern feste Einspeisevergütungen für einen 20-jährigen Zeitraum. Mit dem EEG verfolgt der Gesetzgeber das Ziel, die Energieversorgung umzubauen und den Anteil der erneuerbaren Energien an der Stromversorgung bis 2050 auf mindestens 80 Prozent zu steigern. Die garantierte Einspeisevergütung macht die Erstellung von PV-Anlagen auf oder an Gebäuden für Hausbesitzer wirtschaftlich attraktiv. Mehr dazu in Kap. 17.3 Photovoltaik.

Gesetze der Bundesländer

Ergänzend zu den Bundesgesetzen haben einige Bundesländer eigene Gesetze erlassen. So gibt es zum Beispiel in Baden-Württemberg zwei Gesetze:

- Bei einem Austausch der Heizanlage besteht gemäß Erneuerbare-Wärme-Gesetz (EWärmeG 2015) in Baden-Württemberg die Pflicht, 15 % der Wärme durch erneuerbare Energien zu erzeugen oder entsprechende Ersatzmaßnahmen einzusetzen. Dazu nennt das Gesetz zahlreiche Erfüllungsoptionen.
- Bei einer grundlegenden Dachsanierung ist gemäß Klimaschutzgesetz Baden-Württemberg seit 2023 der Einbau einer Photovoltaik-Anlage oder einer Solarthermieanlage Pflicht, das gilt für Neubauten und Erweiterungen.

In Nordrhein-Westfalen müssen laut Landesbauordnung Parkplätze mit mehr als 35 Stellplätzen überdacht und mit Photovoltaikanlagen bestückt werden, sofern sie nicht zu Wohngebäuden gehören. Auch Rheinland-Pfalz, Hamburg, Berlin und Niedersachsen haben Vorschriften zur Solarpflicht erlassen.

4.6 Staatliche Fördermittel

Die Bundesförderung effiziente Gebäude (BEG) für Wohngebäude besteht aus zwei Teilprogrammen. Die folgenden Angaben entsprechen dem Stand 2024.

Nach dem Programm *Förderung von Einzelmaßnahmen (BEG-EM)* werden Verbesserungen an Teilen der Gebäudehülle, an der Heizanlage und an anderer Anlagentechnik gefördert. Dazu gehören:

- Nachträgliche Wärmedämmung der Gebäudehülle (z.B. Außenwände, Kellerdecke, Dachflächen), Fenster und Außentüren, der Austausch von Fenstern und Haustüren, der Einbau von außen liegendem Sonnenschutz (z.B. Rollläden, Fensterläden, Außenjalousien), sowie die Ertüchtigung von Fenstern und Fenstertüren
- Heizungstausch zum Umstieg auf Erneuerbare Energieträger. Erfüllungsoptionen sind zum Beispiel: Wärmepumpen, Biomasseheizungen, solarthermische Anlagen, der Anschluss an ein Wärmenetz oder auch Brennstoffzellenheizungen,
- Optimierung an der bestehenden Heizanlage, wie Pumpentausch oder hydraulischer Abgleich
- Einbau von Wohnungslüftungsanlagen mit Wärmerückgewinnung, Einbau digitaler Systeme zur energetischen Betriebs- und Verbrauchsoptimierung

Die Grundförderung beträgt 30%. Ergänzend gibt es Zusatzförderungen (Boni)

- + 30 % für alle Eigentümerinnen und Eigentümer mit einem zu versteuernden Haushaltseinkommen von bis zu 40.000 Euro
- + 20 % Klimageschwindigkeitsbonus für einen frühzeitigen Heizungstausch bis 2028, danach deggresiv abschmelzend
- + 5 % für besonders effiziente Wärmepumpen
- + 2.500 € für besonders staubarme Biomasseanlagen

Der Zuschuss wird auf einen maximalen Betrag sogenannter förderfähiger Kosten pro Wohneinheit und maximal bis zu 70 % Fördersumme vergeben.

Eine Energetische Fachplanung und Baubegleitung wird mit 50% von maximal 5.000 € gefördert.

Nach dem Programm *„Förderung von Wohngebäuden – Sanierung zum Effizienzhausstandard“ (BEG-WG)* wird eine umfassende („systemische“) Gesamtsanierung gefördert. Dazu gehören Maßnahmen an der Gebäudehülle und an der Anlagentechnik. Gefördert wird die Erreichung eines bestimmten Standards, wodurch bei entsprechenden Voraussetzungen auch einzelne Maßnahmen zu einem Effizienzhausstandard führen können. Maßgeblich ist der mittlere U-Wert (Wärmedämmqualität) der gesamten Gebäudehülle sowie der Anteil erneuerbarer Wärmeenergie.

- Die Höhe der Förderung richtet sich nach der energetischen Qualitätsstufe (Effizienzklasse). Der Tilgungszuschuss liegt zwischen 5 % und 20 %.
- Die höchste Förderung gibt es für ein „Effizienzhaus 40“, das nur 40 % der Energie verbraucht, im Vergleich zur einem „Referenzgebäude“.
- Wenn der Wärmebedarf zu mindestens 65 % aus erneuerbaren Energien gedeckt wird, erhöht sich der Tilgungszuschuss um 5 %.
- Für „Nachhaltiges Sanieren“ erhöht sich der Tilgungszuschuss um 5 %. Eine Kombination mit der Erhöhung für erneuerbare Energien ist jedoch nicht möglich.

Für alle Förderungen müssen technische Mindestanforderungen eingehalten und deren Erfüllung nachgewiesen werden. Dazu ist ein zertifizierter Energieberater zu beauftragen. Eine energetische Fachplanung mit Baubegleitung wird mit bis zu 50% der Kosten gefördert. Für die Förderung von Heizungsanlagen kann der Nachweis auch von dem beauftragten Fachbetrieb erbracht werden, wobei hier eine Beratungsleistung nicht gefördert wird. Zertifizierte Energieberater sind zu finden auf www.energie-effizienz-experten.de.

Wahlweise gibt es anstelle der "Bundesförderung für effiziente Gebäude (BEG)" eine steuerliche Förderung. Eigentümer, die ihre Immobilie selber bewohnen, können nach Paragraf 35c des Einkommensteuergesetztes (EStG) ihre Steuerschuld um bis zu 40.000 €

Effizienz-gebäude-Stufe	Tilgungs-zuschuss	Boni (für zusätzliche Merkmale)		
		Klasse EE (Erneuerbare Energie)	Klasse NH (Nachhaltigkeit)	Klasse WPB (Worst Perf. Building)
EH Denkmal	5%	5%	()	-
EH 85	()	()	()	-
EH 70	10%	5%	()	-,)
EH 55	15%	5%	()	-,)
EH 40	20%	5%	()	-,)

Tabelle 4.9
Fördersätze für systemische Sanierungen (vereinfachte Darstellung).

Die Förderung für eine Sanierung zum Effizienzhaus (EH) setzt sich zusammen aus einem Zuschuss (Tilgungszuschuss) und – wenn gewünscht – einem zinsgünstigen Darlehen. Die Höhe des Zuschusses richtet sich nach der geplanten (und realisierten) Effizienzstufe. Einen zusätzlichen Zuschuss gibt es für zusätzliche Qualitätsmerkmale (Boni). Die Klasse EE wird erreicht, wenn erneuerbare Energien einen Anteil von mindestens 65% des erforderlichen Energiebedarfs erbringen. Die Klasse NH wird erreicht, wenn das Gebäude mit dem „Qualitätssiegel Nachhaltiges Gebäude" zertifiziert wurde. Die Klasse WPB (Worst Performing Building) gilt für Gebäude, die zu den energetisch schlechtesten 25 Prozent des deutschen Gebäudebestandes gehören. Es können mehrere Klassen kombiniert werden. Eine Förderung für die Kombination der Klassen EE und NH ist jedoch nicht möglich.

mindern, verteilt auf drei Jahre. Förderfähig sind 20% der Sanierungskosten. Das bedeutet, dass Sanierungskosten, die den Betrag von 200.000 € überschreiten, nicht mehr förderfähig sind. Diese Regeln gelten zunächst bis 2030. Mehr zur staatlichen Förderung beim Heizungstausch in Kap. 15.1.

Für private Photovoltaikanlagen (zur Stromerzeugung) sind die steuerlichen und rechtlichen Regeln in 2023 geändert worden. Die Herstellung und Nutzung solcher Anlagen ist dadurch deutlich einfacher und finanziell attraktiver geworden. Mehr dazu in Kap. 17.3 PV-Anlagen.

Weitere Förderungen gibt es von einigen Bundesländern, Kommunen, Stadtwerken.

Die staatlichen Förderprogramme ändern sich häufig. Die jeweils aktuellen Förderinfos können in Online-Datenbanken abgefragt werden, z.B. auf *www.co2online.de/foerdermittel/* oder auf *www.foerderdata.de.*

Zuständig für die Annahme und Bewilligung der Förderanträge sind zwei Behörden.

- Die Zuschüsse für den Heizungstausch werden bei der KfW beantragt. Die Anträge werden automatisch bearbeitet. Dadurch erfolgen die Förderzusagen innerhalb kurzer Zeit.
- Eine Sanierung zum Effizienzhaus mit einem Bündel zusammenhängender Maßnahmen oder für den Kauf eines energetisch sanierten Hauses wird ebenfalls bei der KfW beantragt.
- Zuschüsse für Einzelmaßnahmen an der Gebäudehülle und an der Anlagentechnik (ohne Heizung) und zur Optimierung einer bestehenden Heizung werden beim BAFA beantragt. Ein Ergänzungskredit wird über die Hausbank beantragt.
- Die Förderung für eine Sanierung zum Effizienzhaus kann mit der Heizungsförderung als Einzelmaßnahme kombiniert werden. Ob das finanziell vorteilhaft ist, hängt von der gewählten Effizienzhaus-Klasse ab.
- Unterstützung für die Antragstellung gibt es von Heizungsbauunternehmen und Energieeffizienz-Experten.

Mehr Details zur Förderung beim Heizungstausch in Kap. 15.1.

4.7 Vorgehensweise bei Planung und Umsetzung

Energieberatung

Günstige Zeitpunkte für energiesparende Maßnahmen sind:

- wenn altersbedingt Erneuerungsmaßnahmen an energetisch wirksamen Bauteilen oder Anlageteilen fällig sind
- nach dem Kauf eines Hauses, wenn umfassende Veränderungen geplant sind
- wenn größere oder kleinere Renovierungen notwendig sind
- wenn der jährliche Heizenergieverbrauch über 150 kWh/m² beheizbarer Wohn- oder Nutzfläche liegt. (Das entspricht etwa 15 Liter Heizöl pro m², oder 1500 Liter Heizöl für eine Wohnung mit 100 m²)

Dann ist auch der richtige Zeitpunkt für eine Energieberatung! Unter Energieberatung versteht man eine Reihe unterschiedlicher Leistungen, angefangen von einem einfachen Beratungsgespräch am Tisch, über eine Hausbegehung bis hin zu ausgearbeiteten Modernisierungsvorschlägen mit umfangreichen Berechnungen zu Energieeinsparung, Baukosten und Wirtschaftlichkeitsvergleichen. Auch die Vorbereitung von Förderanträgen, die Erstellung des Sanierungsfahrplans, die Baubegleitung und das Ausstellen erforderlicher Nachweise gehört zum Leistungsumfang. Dabei geht die Ausarbeitung von Modernisierungsvorschlägen mit Kostenschätzungen eigentlich über eine Energieberatung deutlich hinaus, „energetische Modernisierungsplanung“ würde die Leistung zutreffender beschreiben.

Zur ersten Orientierung bieten die Verbraucherzentralen in zahlreichen Städten eine staatlich geförderte Kurzberatung an. Auch Energie- oder Klimaschutzagenturen bieten eine meist kostenlose Erstberatung an.

Die Berufsbezeichnung „Energieberater“ ist nicht geschützt. Wer staatliche Fördermittel beantragt, braucht einen zugelassenen „Energie-Effizienz-Experten“ für Förderprogramme des Bundes. Sind mehrere Maßnahmen oder eine umfangreiche Sanierung vorgesehen dann ist es empfehlenswert, sich einen Architekten zu suchen, der auch für als Energie-Effizienz-Experten zugelassen ist. Solche zertifizierten Berater sind zum Beispiel auf *www.energie-effizienz-experten.de* und auf *www.effizienzhaus.zukunft-haus.info* zu finden. Auf *www.energie-effizienz-experten.de* kann neben der Postleitzahl in der erweiterten Suche als „Name“ die Berufsbezeichung eingegeben werden. Auf *www.verbraucherzentrale.de* gibt es viele hilfreichen Infos und kompetenten Rat durch telefonische oder online-Beratung. Auf *www.co2online.de* gibt es in der Rubrik *Service > Energiesparchecks* informative Rechentools. Hier können interaktiv Angaben zum eigenen Gebäude eingetragen werden und ein kostenloser und anbieterunabhängiger „Beratungsbericht“ erzeugt werden.

Verschaffen Sie sich bei der Beratersuche einen Eindruck von der Arbeitsweise eines Beraters, indem Sie ihm Fragen stellen und darauf achten, wie klar er sie beantwortet. Die Ausgaben für eine qualifizierte Energieberatung lohnen sich. Eine seriöse Berechnung der wirtschaftlich günstigsten Lösungen erfordert einen größeren Aufwand als Standard-Aussagen. Architekten und Ingenieure beraten nicht nur, sie erstellen auch eine Bauplanung mit detaillierten Leistungsbeschreibungen, holen Handwerker-Angebote ein und betreuen die Maßnahmen während der Bauzeit. Optimierte Maßnahmenvorschläge, realistische Einschätzungen der Baukosten und solide Prognosen der zu erwartenden Energieeinsparungen gibt es nicht zum Schnäppchenpreis. Doch wer sich solide und vertrauenswürdig beraten lässt, wird am Ende mehr sparen als bei einer billigen Beratung. Für die Leistungen gelisteter Energie-Effizienz-Experten gibt es staatliche Zuschüsse.

Eine empfehlenswerte Informationsquelle im Web ist *www.co2online.de,* eine 2003 gegründete gemeinnützige Beratungsgesellschaft mbH mit Sitz in Berlin. Schwerpunkte dieser Klimaschutzorganisation sind kostenlose Information und Beratung zu Strom- und Heizenergiesparen, Modernisieren und Bauen und die dazu passenden Fördermittel. Bekannt ist zum Beispiel der Heizspiegel, der über Energie- und Kostensparpotenziale für den Heizungstausch informiert. Interaktive EnergiesparChecks unterstützen bei Überlegungen zu individuell passenden Modernisierungsmaßnahmen.

Sehr hilfreich und für eine Förderung aus dem Programm BEG „Bundesförderung für effiziente Gebäude“ erforderlich ist ein „individueller Sanierungsfahrplan iSFP“. Individuell bedeutet: Der Experte macht eine Hausbegehung und ermittelt alle wichtigen Angaben über die bestehende Gebäudehülle, die Heizanlage und andere energetisch bedeutsamen Merkmale. Auf dieser Basis erstellt er Verbesserungsvorschläge, mit Angaben

- zur Energieeinsparung
- zu den Baukosten
- zu Fördermitteln
- zur Wirtschaftlichkeit
- zu einer sinnvollen Priorisierung (Reihenfolge), womit die einzelnen Maßnahmen sich auf mehrere Jahre verteilen lassen

Das erleichtert die Entscheidungsfindung erheblich. Alle Angaben und Empfehlungen werden übersichtlich in den Dokumenten „Mein Sanierungsfahrplan“ und „Umsetzungshilfe für meine Maßnahmen“ dargestellt.

Ein iSFP wird üblicherweise in sechs Schritten erstellt:

- Beratungsgespräch vor Ort, Datenaufnahme
- Energetische Bilanzierung des Istzustandes
- Entwicklung von Sanierungsvorschlägen
- Abstimmung der Sanierungsvorschläge mit Auftraggeberin / Auftraggeber
- Ausarbeitung des iSFP
- Übergabe und Erläuterung des iSFP

Wenn auf der Grundlage des iSFP die Entscheidung über die Finanzierung und die gewünschten baulichen Maßnahmen getroffen sind, folgen die Bauplanung und die eigentlichen Baumaßnahmen.

Ablauf einer Modernisierungsplanung

Zu einer systematischen Vorgehensweise gehören folgende Schritte:

1. Kennwert des Energieverbrauchs für das Haus ermitteln (siehe Rechenbeispiel in Kap. 4.1).
2. Wenn der mittlere Jahresverbrauch über 150 kWh (=15 Liter Heizöl oder 15m^3 Gas) pro Quadratmeter Wohnfläche liegt: Energieausweis von einem zertifizierten Energie-Effizienzberater erstellen lassen, mit Bestandsaufnahme des baulichen und des heiztechnischen Zustands und mit Verbesserungsvorschlägen. Dieser berät auch zu einer möglichen Förderung.
3. Bei Bedarf einen individuellen Sanierungsfahrplan iSFP erstellen lassen,

mit Angaben zu Baukosten für einzelne Maßnahmenpakete, eventuell mit Alternativen.

4. Bei umfangreicheren Baumaßnahmen sollte ein Architekt oder Ingenieur hinzugezogen werden.
5. Finanzierungsplanung erstellen, dabei Eigenleistungen, Förderprogramme, eingesparte Energiekosten berücksichtigen.
6. Prüfung, ob ein baurechtliches Verfahren notwendig ist (Bauantrag oder Bauanzeige). Bei Baudenkmalen und örtlichen Gestaltungssatzungen sind Besonderheiten zu beachten.*
7. Angebote bei mehreren Handwerksfirmen einholen, am besten anhand von einheitlichen Leistungsverzeichnissen, die ein Architekt erstellt; Angebote prüfen und vergleichen, Entscheidung über Umfang der Auftragsvergaben, Auswahl der ausführenden Unternehmen.*
8. Staatliche Förderung beantragen, bevor (!) Aufträge für Bauleistungen erteilt werden, ggf. Bewilligung abwarten!
9. Bauzeitenplan erstellen, schriftliche Bauverträge abschließen, Baudurchführung organisieren und überwachen.*
10. Fertige Bauleistungen mit schriftlichem Protokoll abnehmen, wenn nötig, Frist für die Mängelbeseitigung dokumentieren.*
11. Bei neuer Anlagentechnik: Einweisung vom Handwerker, Bescheinigungen gemäß GEG und technische Unterlagen entgegennehmen, Wartungsverträge vereinbaren.
12. Verwendungsnachweis mit Handwerkerrechnungen für die Auszahlung der Fördermittel einreichen.

* Die mit Stern markierten Punkte sind typische Architektenleistungen.

4.9
Beispiel eines Sanierungsfahrplans (Ausschnitt, Quelle: BMWK)
Der linke Block zeigt Angaben zum Ist-Zustand des Hauses, wie Energiekosten heute, Energiekosten zukünftig, CO_2-Emissionen und Energiebedarf. Daneben folgen einzelne Maflnahmenpakete, die schrittweise eine umfassende energetische Sanierung ergeben. Jeweils mit Angaben zu Maßnahmekosten, Anteil für Instanthaltung (Sowieso-Kosten) und Förderung. Ganz rechts die Angaben für den vollsanierten Zustand, wie Energiekosten, CO_2-Emissionen und Energiebedarf.

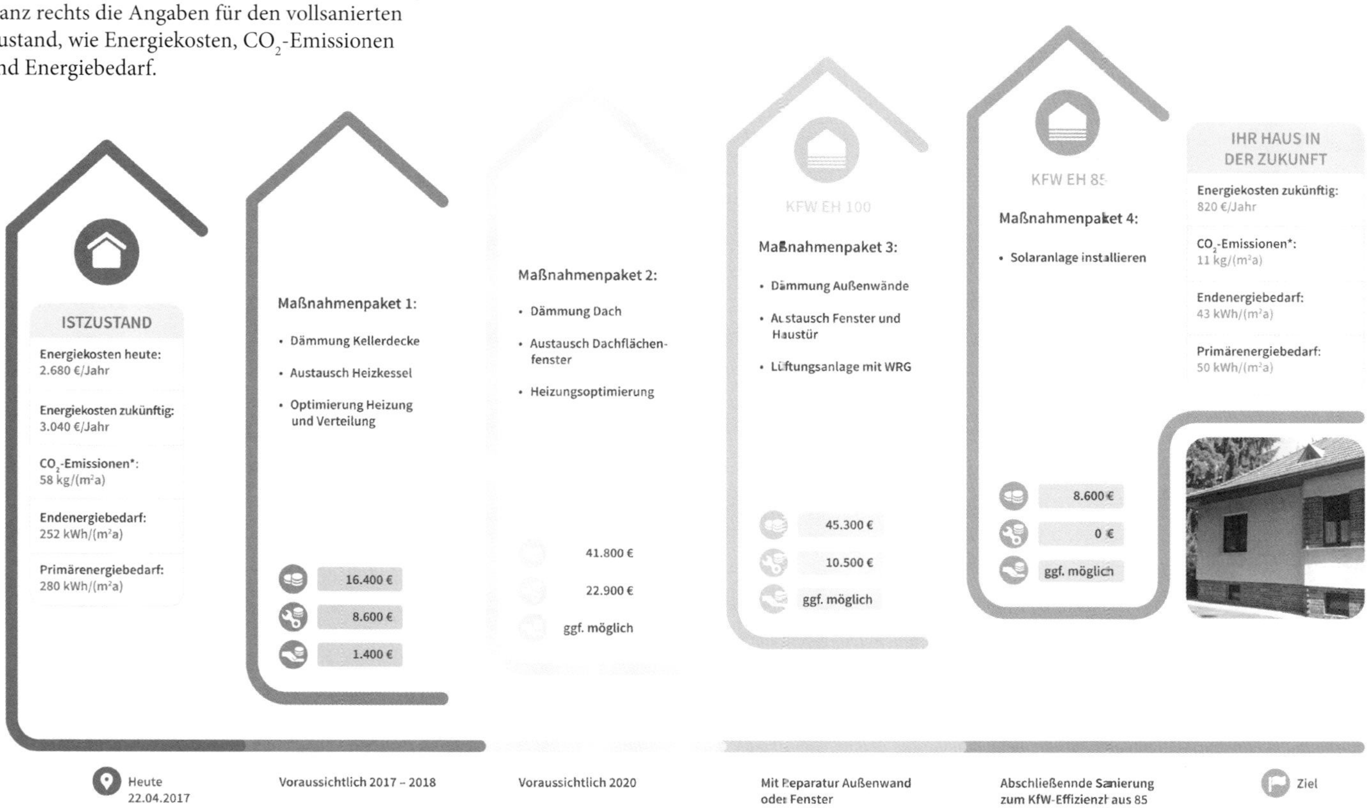

5 Baustoffe

5.1 Gesundheits- und Umweltverträglichkeit von Baustoffen

Baustoffe können in vielfältiger Weise die Umwelt und die menschliche Gesundheit schädigen: bei der Herstellung, bei der Weiterverarbeitung, im eingebauten Zustand und am Ende auch noch bei der Beseitigung.

Als wichtiges Maß für die Bewertung der Schadstoffbelastung bei der Herstellung und Verarbeitung wird neben anderen Faktoren der Energieaufwand für Rohstoffgewinnung, Transport und Produktion der Baustoffe herangezogen. Immerhin beträgt der Energieaufwand zur Herstellung aller Baustoffe für einen Neubau (je nach Bauweise) ein Mehrfaches dessen, was bei gut wärmedämmender Bauweise dort in 10 Jahren verheizt wird.

Bei der Beseitigung von Baustoffen können Boden, Grundwasser und Luft belastet werden, landen doch gerade beim Umbau alter Häuser viele problematische Stoffe als Bauschutt im Container und damit auf den Deponien oder in der Müllverarbeitung. Daher sollten schon bei der Baustoffwahl die Wege und Gefahren der späteren Beseitigung von Baustoffen berücksichtigt werden.

Ganz unmittelbar und tagtäglich kann die Gesundheit der Bewohner durch Schadstoffe belastet werden, die von manchen – auch von sogenannten natürlichen Baustoffen – beim Einbau und im eingebauten Zustand abgegeben werden. Selbst wenn in der Vergangenheit einige Inhaltsstoffe als besonders gesundheits- und umweltbelastend erkannt wurden und ihre Verwendung eingeschränkt oder verboten wurde, so gehen doch von vielen, nach wie vor im Altbau vorzufindenden Materialien schwer kalkulierbare Risiken für Mensch und Umwelt aus, z.B. durch:

- Formaldehyd in Spanplatten, Ortschäumen und Teppich-Rückenbeschichtungen,
- Restmonomere in Kunststoffen wie Polystyrol und PVC,
- Lösungsmittel und andere Inhaltsstoffe in Lacken, Lack-Lasuren und Klebern,
- Wirkstoffe (Biozide) aus Holzschutzmitteln, insbesondere Lindan und Pentachlorphenol (PCP), deren Anwendung erst Ende der 1980er Jahre verboten wurde.
- Asbestfasern in Asbestzementprodukten und in Spritzasbest (wurde etwa im Zeitraum 1950 bis 1995 eingesetzt),
- Benzpyren in manchen Blähkorkprodukten,
- radioaktive Strahlung insbesondere in vulkanischem Gestein und Hochofenschlacke (Schlackenwolle).

Welche Gefahr im Einzelfall von solchen Stoffen ausgeht, lässt sich nicht allgemein sagen und erfordert im Einzelfall eine detailliertere Untersuchung; schließlich ist dabei auch von Bedeutung, wie hoch die Konzentration des Schadstoffes ist, ob das Material mit der Raumluft in Verbindung steht oder nicht, ob es in trockener oder nasser Umgebung verwendet wird und welchen Temperaturunterschieden es ausgesetzt ist.

Metalle und Kunststoffe sollten grundsätzlich nur sparsam eingesetzt werden (Metalle z.B. als Verbindungsmittel, Kunststoffe als Dichtungsmittel und Feuchtigkeitssperren), da ihre Herstellung in der Regel mit hohem Energieeinsatz und beträchtlichen Emissionen verbunden ist; bei vielen Kunststoffen kommen noch die dauernde Abgabe von Schadstoffen an die Raumluft (durch Ausgasen) sowie giftige Emissionen bei ihrer Beseitigung (Verbrennung) hinzu. Das im Bauwesen hauptsächlich als Folie (Dampfbremse, Dichtungsbahn) eingesetzte Polyäthylen (PE) ist ein vergleichsweise umweltverträglicher Stoff; er gibt keine giftigen Spurengase ab und kann schadlos beseitigt oder gegebenenfalls zu Recycling-Kunststoff verarbeitet werden.

Die Anforderungen bei der Baustoffwahl unterscheiden sich bei der Althauserneuerung grundsätzlich nicht von denen beim Neubau, nämlich:

- Materialeinsatz und -aufwand sollen der Bauaufgabe angemessen sein.
- Die Baustoffe sollen mit möglichst niedrigem Energieaufwand schadstoffarm bzw. -frei hergestellt werden.
- Regenerierbare und wiederverwendbare Baustoffe sind zu bevorzugen.
- Durch Einsatz von Materialien, die vor Ort gewonnen oder hergestellt werden, lassen sich aufwendige Transporte vermeiden.
- Erscheinung und Inhaltsstoffe der Materialien sollen nicht negativ auf Wohlbefinden und Gesundheit wirken.

Tabelle 5.1 zeigt den Versuch einer (subjektiven) Wertung; einige gebräuchliche Baustoffe wurden nach Bauteilen geordnet entsprechend ihrer ökologischen Verträglichkeit in 3 Kategorien eingeteilt.

5.2 Wandbaustoffe

5.2.1 Natürliche Steine

Naturstein (Sandstein, Schiefer, Kalkstein usw.) wird heute vorwiegend in Form von geschnittenen und geschliffenen Platten für Mauerwerk, Bodenbeläge und Fenstersimse verwendet. Gebrochene Steine sind zwar wesentlich weniger (energie-) aufwendig in der Herstellung, jedoch wird Bruchsteinmauerwerk wegen der hohen Lohnkosten im Hausbau kaum noch eingesetzt.

Natursteine haben durchweg eine große Rohdichte und die meisten ein entsprechend gutes Wärmespeichervermögen; ihr Wärmedämmvermögen ist dagegen sehr schlecht. Nicht jeder Naturstein ist witterungsbeständig: Kalkstein ist besonders säureempfindlich, viele Sandsteinarten säure- und frostempfindlich. Nicht witterungsbeständiges Natursteinmauerwerk sollte verputzt oder imprägniert werden. Die sehr harten Tiefen- und Erstarrungsgesteine wie z.B. Granit, Basalt, Porphyr, aber auch die vulkanischen Auswurfgesteine wie z.B. Tuff und Bims weisen je nach Herkunftsort zum Teil eine erhöhte natürliche Radioaktivität auf; solche Steine sollten nur dann eingebaut werden, wenn diese Strahlung nicht in Aufenthaltsräume gelangt.

Natursteinplatten werden im Handel mit spaltrauer, geschnittener oder geschliffener Oberfläche in rechteckiger oder polygonaler Form angeboten. Italienischer Marmor gehört zu den preisgünstigen und großformatigen Platten.

Bezüglich der Materialpreise gilt ansonsten: harte Gesteine sind teurer als weiche, große Formate sind teurer als kleine, geschliffene Oberflächen sind teurer als spaltraue, geschnittene Kanten sind teurer als gebrochene.

Lehm ist einer der ältesten und umweltverträglichsten Baustoffe. Der Lehmbau verlor mit der Industrialisierung des Bauwesens an Bedeutung, erlebte aber gegen Ende der vierziger Jahre, als Ziegel und andere Baumaterialien knapp und teuer waren, an einzelnen Orten erneut einen Aufschwung. Ausgelöst durch ein neues Umweltbewusstsein gibt es seit den 1980er Jahren Ansätze zur Wiederbelebung und Weiterentwicklung des Lehmbaus (z.B. an der Gesamthochschule Kassel und an der Universität Grenoble), wobei besonders an der Entwicklung rationeller Arbeitstechniken und einer Verbesserung der Materialeigenschaften gearbeitet wird.

Lehm besteht im Wesentlichen aus Gesteinsschluff und Feinsand, der mit verwitterten, tonigen Bestandteilen durchsetzt ist. Massiver Lehm hat eine hohe Rohdichte und eine hohe Druckfestigkeit. Massive Lehmwände können aus luftgetrockneten Steinen gemauert, aus feuchten „Lehmbroten“ oder Lehmsträngen aufgesetzt oder in Stampflehmtechnik zwischen einer Holzschalung errichtet werden. Durch Beimengung von Stroh, Blähton o.ä. entsteht Leichtlehm mit etwas günstigeren Wärmedämmeigenschaften, der gern zur Ausfachung von Fachwerk-

5.1
Ausgebesserter Naturstein-Sockel mit später eingebauten Fensteröffnungen – ein sichtbar bleibender Vorgang mit kontrastierenden Materialien

	Gesundheits- und Umweltverträglichkeit von Baustoffen im Vergleich		
Bauteile (Beispiele)	**hohe Umweltverträglichkeit**	**mittlere Umweltverträglichkeit**	**geringe Umweltverträglichkeit**
Gründung			
Fundamente	Natursteinmauerwerk	Mauerwerk, Beton	Beton, Stahlbeton
Bauwerkssohle	gewachsener Boden[1]	Kies, Schotter, Lehm, Steinpflaster, Steinplatten[1]	Beton, Stahlbeton
Abdichtung	(keine) [1]	Ölpapier, Polyethylen-Folie [1]	Bitumenbahnen, PVC.Folie
Tragkonstruktion			
Außenwände (wärmedämmend)	Leichtlehm, Holzfachwerk (mit Ausfachung aus Dämmstoff)	Poros. Leichtziegel[2], Gasbeton, Blähtonbetonstein, Brettschichtholz, Holztafeleleme.	Betonsteine, Bimsbetonsteine, Schalsteine, Stahl
Innenwände; Außenwände (mit zusätzlicher Wärmedämmung)	Lehm, Naturstein [2], Holzfachwerk	Kalksandstein, Ziegel [2], Holzfachwerk	Betonsteine, Chemiegips, Stahlbeton
Geschossdecken und Treppen	Rundholz, Schnittholz, Naturstein- u. Ziegel-Gewölbe	Schnittholz, Ziegel[2] (Rippendecke); Gasbeton (Plattendecke)	Stahlbeton
Dach	Rundholz, Knüppel, Schwarten	Schnittholz	Brettschichtholz, Stahlbeton, Ziegel, Gasbeton
Nichttragende Konstruktion			
Wärmedämm- und Füllstoffe	Strohplatten [3], Zelluloseflocken [5], Seegras[3], Holzwolle[3], Korkschrot[3], Flachs, Schlacke[2], Lehm, Sand	Blähkork [4], Kokosfaser, Mineralfaser [5], Schaumglas, Blähperlite, Baumwolle, Wolle	Polystyrol-Hartschaum, Polyurethan-Hartschaum
Dachhaut	Holzschindeln, Stroh, Reet	Dachziegel, Dachbegrünung mit PVC-Wurzelschutzfolie)	Betondachsteine, Blech, Faserzement
Trennwände	(wie Innenwände)	(wie Innenwände)	(wie Innenwände)
Fensterrahmen und Türen	einheimische Kiefer und Fichte	einheimische Kiefer, Fichte, Eiche	exotisches Holz, Kunststoff, Metall
Verglasung	Dreischeiben-Wärmeschutzglas	Zweischeiben-Wärmeschutzglas, Dreischeibenverglasung	Zweischeiben- u. Einfachverglasung
Fensterschutz	winddichter Roll- oder Klappladen aus Holz	winddichter Roll- oder Klappladen	keine oder nicht winddichte Läden
Fassadenbekleidung	Holzschalung, Holzschindeln	Mineralischer Putz, Holzwerkstoffe	Kunstharzputz, hartschaumhalt. Dämmputz, Kunststoff, Metall, Faserzementpl.
Wand- und Deckenbekleidungen (innen)	Kalkschlämme, Holzschalung, Lehmputz	Kalkputz, Gipsputz[2], Holzschalung, Holzwerkstoffe[4], Gipskarton- und Gipsfaserplatten[2], Fliesen	Putze aus Zement oder Chemiegips, nicht emissionsarme Holzwerkstoffe
Estrichplatten	Holzspanplatten[4], Gipsbauplatten[2], Magnesiaestrich, Anhydridestrich[2]	Zementestrich	Gußasphaltestrich
Fußbodenbeläge	Holzdielen, genageltes Parkett, Spannteppiche aus Naturfasern	Fliesen [2][6], Natur- o. Kunststein[2] Parkett [6], Holzpflaster [6], Kork [6], Linoleum [6], Naturfaserteppich [6]	Werkstein, Fertigparkett, Naturfaserteppich m. Kunstrücken, Kunstfaserteppich, PVC
Oberflächenvergütung	mineralische Anstrichmittel, Leimfarben, (Zellulose-, Kasein-), andere Anstrichmittel nur für (bewitterte) maßhaltige Bauteile	lösungsmittelarme Wachse, Öle, Harze [7], Naturharzdispersionsfarben	lösungsmittelreiche Wachse, Öle, Harze; Kunstharzfarben, Reaktionslacke

Tabelle 5.1: Baustoffe im Vergleich.

Erläuterungen

1) sofern kein Grundwasser oder Sickerwasser ansteht
2) sofern nicht radioaktiv
3) sofern baurechtlich zugelassen
4) sofern emissionsarm
5) sofern staubdicht vom Innenraum abgeschlossen
6) sofern nicht geklebt bzw. sofern mit umweltfreundlichem Kleber verlegt
7) sofern naturnah hergestellt oder mit dem amtlichen Umweltzeichen versehen

Hohe Umweltverträglichkeit heißt:
naturnah, traditionelle Bauweise, nach heutigen Anforderungen modifiziert; "sanfte Technologie"; konsequente Berücksichtigung der ökologischen Verträglichkeit; Verarbeitung ist zum Teil zeit- und lohnintensiv; die Arbeitstechniken sind dem Handwerk teilweise nicht geläufig (gut geeignet für experimentierfreudige Selbst bauer) unkonventionelle Gestaltung, ungewohnte Ästhetik, für Altbauten nur bedingt geeignet.

Mittlere Umweltverträglichkeit heißt:
"Biologische Bauweise", ökologische Verträglichkeit im "machbaren" Rahmen; kann von Handwerksfirmen nach den technischen Bauvorschriften ausgeführt werden; ist unter Umständen etwas teurer als die konventionelle Bauweise; für Altbau gut geeignet.

Geringe Umweltverträglichkeit heißt:
"Konventionelle Bauweise"; technisch-industrielle, heute allgemein übliche Bauweise, niedriger Preis; Schnelligkeit und Bequemlichkeit der Verarbeitung werden höher bewertet als ökologische Verträglichkeit, z.T. geringe Anforderungen an handwerkliche Fertigkeiten; die "unbegrenzten Wahlmöglichkeiten" führen oft zu gestalterisch unbefriedigenden, wenig korrespondierenden Lösungen.

5.2 (oben und unten)
Lehm lässt sich als Baustoff für Wand- und Innenraumgestaltung vielseitig verwenden!
z.B. für Lehmwände und Lehmofen .
Photos:
oben: Gernot Minke
unten: Gerd Meurer

konstruktionen eingesetzt wird. Dennoch benötigen auch Leichtlehm-Außenwände im Allgemeinen (außer bei Wandstärken ab 60 cm) eine zusätzliche Wärmedämmung, um den Anforderungen an den Wärmeschutz zu genügen. Bauteile aus Lehm müssen bei und nach dem Einbau sorgfältig und dauerhaft gegen Feuchtigkeit geschützt werden, insbesondere gegen Schlagregen und Spritzwasser. Wegen der Gefahr des Auffrierens von nicht ausreichend trockenen Lehmbauteilen ist die Bauzeit auf das späte Frühjahr und den Sommer beschränkt.

5.3
Ziegelbau des Jugendstils mit Natursteinsockel und kunstvoll bearbeiteter Fensterumrahmung aus Sandstein.

5.2.2 Künstliche Steine

Zur Gruppe der künstlichen Steine gehören einerseits die gebrannten Steine (Ziegel aus gebranntem Lehm) und andererseits die mit den Bindemitteln Zement oder Kalk hergestellten Steine, z.B. Beton, Betonsteine, Kalksandsteine.
Für die Wahl der Steinart entscheidend sind der Einsatzbereich (Kellerwände, tragende oder nichttragende Außen- und Innenwände usw.), die Lieferformen und die Verarbeitungseigenschaften. Die Umweltverträglichkeit wird im Wesentlichen bestimmt durch den Zementgehalt der Steine, durch die Eigenschaften der anderen Zuschläge sowie durch den Energieaufwand und die Umweltbelastung bei ihrer Herstellung (siehe auch Tabelle 5.2). Kelleraußenwände werden aus Kostengründen heute meist aus *Stahlbeton* in einer Dicke von 20 bis 25 cm hergestellt, gemauerte Kellerwände müssen zur Aufnahme des seitlichen Erddrucks in der Regel mindestens 30 cm dick sein.

Durch die gesetzlichen Forderungen nach erhöhtem Wärmeschutz kamen seit den 80er Jahren verstärkt *wärmedämmende Mauersteine* für Außenwände auf den Markt. Die wärmedämmende Wirkung wird durch Luftkammern und Luftporen oder durch den Verbund mit einer Dämmstoffschicht erreicht. Bei der Herstellung von Leichthochlochziegeln (Markennamen z.B. Poroton, Thermopor, Unipor) werden dem Lehm-Ton-Gemisch Polystyrol-Kügelchen und/oder Sägemehl beigegeben, die nach dem Brennvorgang die Luftporen hinterlassen. Porenbetonsteine (Markennamen z.B. Ytong, Hebel) bestehen aus Sand und Zement bzw. aus Sand und Kalk, hier entstehen die Luftporen mit Hilfe eines Treibmittels aus Rohaluminium.

Bei Bimsbeton- und Blähtonsteinen (Markennamen z.B. Gisoton, Bisotherm, Liapor) ist Kalk und/oder Zement das Bindemittel für die porösen Gesteinskörner.

Die Dämmwerte einiger wärmedämmender Steine für Außenwände sind in Tabelle 5.2 aufgeführt. Ein beidseitig verputztes Mauerwerk aus 30 cm dicken Porenbeton-Steinen (Wärmeleitfähigkeit 0,12 W/(m·K)) erreicht heute immerhin einen U-Wert von 0,36 $W/(m^2{\cdot}K)$. Da Steine dieser Art eine geringe Rohdichte haben, ist darauf zu achten, dass ihre Druckfestigkeit und Schalldämmung den baulichen Anforderungen genügen. Bei der Materialbestellung bzw. im Leistungsverzeichnis müssen neben der genauen Bezeichnung des Steins auch seine Wärmeleitfähigkeit und der zu verwendende Mörtel angegeben werden. Steine mit guten Dämmeigenschaften sollten mit Leichtmauermörtel vermauert werden, um die Wärmeleitfähigkeit der Mörtelfuge der des Steins anzupassen. Bei manchen Steinarten wird heute nur noch die Lagerfuge vermörtelt, die Stoßfuge kann dagegen durch passgenaue Fertigung mörtelfrei verzahnt werden.

Mauersteine mit einer höheren Rohdichte, z.B. Loch- oder Vollziegel und Loch- oder Vollkalksandstein werden für tragende und nichttragende Innenwände eingesetzt, oder in Kombination mit einer Wärmedämmschicht auch als Außenwandmauerwerk.

Fassaden mit Sichtmauerwerk werden aus Vormauerziegeln (Klinker) oder aus Vormauerkalksandsteinen hergestellt, die ein geringes Wasseraufnahmevermögen aufweisen und dadurch unempfindlich gegen Schlagregen und Frost sind.

Beton besteht aus einer Mischung von Zement und Zuschlagstoffen wie Sand, Schotter, Splitt – gegebenenfalls mit chemischen Zusätzen, die nach Beigabe von Wasser erhärten. Beim sogenannten Bio-Beton wird das Kies-Sand-Gemisch durch Kalksplitt (in geeigneter Kornzusammensetzung) ersetzt.

Asbestzement (Markenname: Eternit), hergestellt aus Asbestfasern und Zement, gehört ebenfalls zu den künstlichen Steinen. Asbestzementplatten wurden bis in die 1980er Jahre in großem Umfang für Wandverkleidungen und zur Dacheindeckung verwendet, Rohre aus Asbestzement für feuerbeständige Zu- und Abluftkanäle. Die feinen, lungengängigen Asbestfasern sind jedoch krebserregend, weshalb die Produktion und Anwendung von Asbestzement seit 1991 in Deutschland und seit 2003 EU-weit verboten ist. In neuen Faserzementprodukten wurden die Asbestfasern durch Kunstfasern ersetzt. Asbesthaltige Produkte im Bestand dürfen nur mit staubarm arbeitenden Geräten und bestem Atemschutz abgebaut und entsorgt werden (zur Vermeidung von Staubentwicklung mit Wasser besprühen). Für die Beseitigung und Entsorgung großflächiger Asbestverkleidungen sind in jedem Fall Spezialfirmen hinzuzuziehen.

Eine weitergehende Bewertung der ökologischen Verträglichkeit der verschiedenen Steinarten ist schwierig. Einige Aussagen lassen sich wie folgt zusammenfassen:

- Ein gesundes Raumklima wird überwiegend von den in Kap. 3 und 5.1 genannten Faktoren bestimmt. Andere gesundheitliche Beeinträchtigungen durch Baustoffe sind nur in Ausnahmefällen festzustellen.
- Bimsbeton und Natursteine (insbesondere vulkanischen Ursprungs) können eine Erhöhung der Radonkonzentration in der Raumluft verursachen und damit die radioaktive Belastung für den Menschen erhöhen. Auch andere Betonsteine mit Zuschlägen vulkanischen Ursprungs sowie rotschlammhaltige Ziegel und Blähtonsteine können u.U. eine erhöhte Radioaktivität aufweisen.
- Die Herstellung von Kalksand- und Porenbetonsteinen erfordert einen vergleichsweise geringen Energieaufwand und ist mit entsprechend geringer Umweltbelastung verbunden.
- Die Ermittlung der Radioaktivität und des Energieinhalts eines einzelnen Produktes ist in der Praxis nur schwer möglich. Hier ist der Gesetzgeber gefordert, eine amtliche Güteüberwachung einzuführen und die Deklaration durch den Hersteller zu fordern.

Baustoff		Rohdichte kg/m³	Wärmeleitfähigkeit 1) W/(m·K)	Wärmespeicherzahl 2) kJ/(m³·K)	Wärmespeicherfähigkeit	Luftschalldämmfähigkeit	Sorptionsfähigkeit	Umweltverträglichkeit 3)
für wärmedämmende Außenwände (mit Leichtmauermörtel)								
Gasbeton-Blocksteine	von	400	0,12	(420)		–	+	+
nach DIN 4165	bis	800	0,29	840		–	+	+
Bims-Vollsteine mit Schlitzen								
nach DIN 18152	von	500	0,12	(500)		–	+	0
"Heklatherm"	bis	800	0,28	(700)		–	+	0
Leicht-Hochlochziegel nach DIN 105 T2, Typ W, elliptische Lochung, verzahnte Stoßfuge		800	0,15	(600)		–	+	+
Leicht-Hochlochziegel nach								
DIN 105 T2	von	700	0,30	(700)		–	+	+
Typ W	bis	1000	0,39	(800)		–	+	+
für Innenwände (tragend und nichttragend)								
Vollziegel (Backstein)	von	1200	0,50	1100	0	0	+	0
oder Lochziegel	bis	2000	0,96	1840	+	+	+	0
Kalksandstein	von	1000	0,50	880	–	–	–	+
	bis	1800	0,99	1500	0	0	–	+
Leichtbeton-Vollstein	von	500	0,29	(700)	–	–	+	0
(z.B. Bims)	bis	2000	0,99	(2000)	+	+	0	0
Lehm massiv	ca.	1800	0,91	1800	+	0	+	+
Gips (massive	von	600	0,29	(700)	–	–	+	+
Dielen oder Platten)	bis	1200	0,58	(1100)	0	0	+	+
Sandstein, Kalkstein	ca.	2400	2,1	2230	+	+		+
Tuff, Bims	ca.	1600	0,55	1290	0	0		0

+ = gut, 0 = durchschnittlich, – = schlecht

1) Mauerwerk incl. Mörtelfugen, mit Leichtmauermörtel bei wärmedämmenden Außenwänden (je niedriger der Wert, umso besser ist die Wärmedämmfähigkeit)

2) nach König, H.: Wege zum gesunden Bauen.; Werte in Klammern ( ): eigene Schätzung

3) besonders bezüglich des Herstellungsprozesses

Tabelle 5.2: Eigenschaften von Mauerwerk.

Zusammensetzung von Mauermörtel								
	Mörtelgruppe	Druckfestigkeit[3] in N/mm²	Luft- und Wasserkalk		Hydraulischer Kalk	Hochhydraul. Kalk, Putz- u. Mauerbinder	Zement	Sand[1] (Natursand)
			Kalkteig	Kalkhydrat				
1	**I**		1					4
2		-		1				3
3					1			3
4						1		4,5
5	**II**		1,5				1	8
6		> 2,5		2			1	8
7						1		3
8	**IIa**	> 5		1			1	6
9						2	1	8
10	**III**[2]	> 10					1	4

[1] Die Werte des Sandanteils beziehen sich auf den lagerfeuchten Zustand.
[2] Der Zementgehalt darf nicht vermindert werden, wenn Zusätze zur Verbesserung der Verarbeitbarkeit verwendet werden. [3] Mittelwert nach 28 Tagen.

Tabelle 5.3: Zusammensetzung von Mauermörtel (n.DIN 1053T1). Mischungsverhältnis in Raumteilen

Putzmörtel und Anwendung	**Mörtelart und Zusammensetzung**	**Eigenschaften**
Innenputz in Räumen mit üblicher Luftfeuchte einschließlich Küchen und Bäder in Wohnungen, Außenputz bei gering beanspruchten Flächen	**Kalkmörtel (P Ia)** 1 Teil Luft- oder Wasserkalk 3-4 Teile Sand	weich, elastisch, stark saugend, gut wasserdampfdurchlässig, geringe Widerstandsfähigkeit gegen saure Niederschläge, gut umweltverträglich
Außenputz, beanspruchter Innenputz, Putz auf Untergrund aus Beton o. aus Holzwolle-Leichtbauplatten	**Hochhydraul. Kalkmörtel (P IIa)** 1 Teil hochhydr. Kalk (Trasskalk) 3 - 4 Teile Sand **Kalkzementmörtel (P IIb)** 1 Teil Zement, 9-11 Teile Sand[2] 1,5 - 2 Teile Luft- o. Wasserkalk[1]	fest, schwach saugend, wasserdampfdurchlässig, mittlere Widerstandsfähigkeit gegen saure Niederschläge, umweltverträglich
Außenputz auf erdbeberührten Wandflächen und auf Sockelmauerwerk	**Zementmörtel (P III)** 1 Teil Zement 3 - 4 Teile Sand[2]	hart, spröde, nicht saugend (abdichtend), wenig wasserdampfdurchlässig, gute Widerstandsfähigkeit gegen aggressive Umwelteinflüsse, bedingt umweltverträglich

[1] als Kalkhydrat ("Sackkalk") oder als Kalkteig ("Sumpfkalk")
[2] Für die verschiedenen Putzarten sollen die Sandkörnungen der Tabelle 5.5 verwendet werden.

Tabelle 5.4: Zusammensetzung und Anwendung von Putzmörteln (in Anlehnung an DIN 18550).

5.2.3 Mauer- und Putzmörtel

Mörtel werden heute überwiegend als fertige Trockenmischung geliefert und an der Baustelle mit Wasser angemischt. Gerade für kleine Mengen und für den Selbstbau sind die in Säcken angebotenen Werktrockenmörtel bequemer und in der Handhabung sicherer als das Selbstmischen. Diese Mörtel enthalten meist organische Hilfsstoffe (chemische Zusätze) in der Größenordnung bis zu 10% des Trockengewichts. Wer normale Mauer- und Putzmörtel selbst mischen will, muss auf das Mischungsverhältnis und auf die richtige Körnung und Zusammensetzung des Sandes achten. Mischungen und Anwendungsbereiche von Mauermörtel können Tabelle 5.3 entnommen werden. Üblicherweise wird verwendet:

- *Kalkmörtel* für nichttragendes Mauerwerk (Zeile 2: 1 Teil Kalkhydrat, 3 Teile Sand).
- *Kalkzementmörtel* für tragendes Mauerwerk (Zeile 5: 1,5 Teile Kalkteig, 1 Teil Zement, 8 Teile Sand).
- *Zementmörtel* für tragendes Mauerwerk mit höheren Anforderungen an die Druckfestigkeit (Zeile 10).
- Anstelle des Kalkzementmörtels kann für tragendes Mauerwerk auch der etwas umweltfreundlichere *Mörtel aus hochhydraulischem Kalk* (Zeile 7) verwendet werden.
- *Leichtmörtel* für wärmedämmendes Mauerwerk werden ausschließlich aus Werktrockenmörtel hergestellt.

Auch Putzmörtel werden heute als Werktrockenmörtel geliefert und an der Baustelle mit Wasser angerührt. Zu empfehlen sind rein mineralische Kalk-, Zement- oder Naturgipsputze. Oberputze für die Außenanwendung können eingefärbt und durch Zusatzmittel auch wasserabweisend eingestellt werden, so dass ein späteres Streichen nicht erforderlich ist. Außerdem gibt es Kunstharz-, Wärmedämm- und Sanierputze:

Kunstharzputze bestehen im Allgemeinen aus dispergierten Kunstharz-Bindemitteln, mineralischen Füllstoffen und Verdickungs- und Stabilisierungsmitteln. Im Vergleich zu mineralischen Putzen sind sie zwar widerstandsfähiger, aber auch stärker dampfbremsend und umweltbelastender. Sie sollten daher nach Möglichkeit nicht verwendet werden.

Wärmedämmputze enthalten neben Sand und Kunstharz-Bindemitteln wärmedämmende Zuschlagstoffe, z.B. Hartschaumkügelchen oder geblähtes Vulkangestein (Perlite etc.); sie können mehrlagig aufgetragen bis etwa 10 cm Dicke hergestellt werden und erreichen dann die Dämmwirkung einer 3,5 cm dicken Mineralfaserplatte. Wegen der geringen Dämmwirkung können Dämmputze eingeschränkt nur in Ausnahmefällen empfohlen werden und sind in ihrer Wirkung mit wirklichen Dämmstoffen nicht vergleichbar.

Sanierputze werden da eingesetzt, wo die üblichen Putze durch aufsteigende Mauerwerksfeuchtigkeit immer wieder geschädigt werden, z.B. am Sockelmauerwerk innen und/oder außen. Nach Angaben der Hersteller sind sie aufgrund ihrer speziellen Struktur und Zusammensetzung weniger empfindlich gegen Ausblühungen; sie sind gut wasserabweisend und zugleich gut dampfdurchlässig. Ihr Erfolg – eine trockene Putzoberfläche – ist allerdings nur kosmetischer Natur und von begrenzter Dauer, denn die Ursache, die aufsteigende Wandfeuchtigkeit, kann durch einen Sanierputz nicht beseitigt werden. Um die Feuchtigkeitsabgabe des Mauerwerks nicht zu behindern, dürfen Sanierputze nur mit mineralischen Anstrichmitteln versehen werden.
Innenputze siehe Kap. 11.4

5.3 Bauen mit Holz

5.3.1 Der Baustoff Holz

Der Baustoff Holz ist seit Jahrhunderten bewährt, umweltfreundlich und vielseitiger einsetzbar als jeder andere Baustoff. Und die Haltbarkeit von Holz – eine materialgerechte Verarbeitung vorausgesetzt – ist außerordentlich hoch. Die Vorteile des Baustoffes Holz im Einzelnen:

- Der Energieaufwand für die Herstellung von Holzbauteilen ist vergleichsweise niedrig.
- Holz ist fast überall örtlich verfügbar, kann mehrfach verwendet und problemlos in den Naturhaushalt zurückgeführt oder als Brennstoff genutzt werden.
- Holz besitzt hervorragende raumklimatische Eigenschaften, es hat ein günstiges Verhältnis zwischen Wärmeleit- und Wärmespeicherfähigkeit und eine gute Sorptionsfähigkeit, die allerdings nur erhalten bleibt, wenn auf eine Beschichtung mit dampfdichten Anstrichen verzichtet wird.
- Einfache Holzkonstruktionen sind preiswert.
- Holz besitzt eine hohe Tragfähigkeit. Die Druckfestigkeit entspricht der von Stahlbeton, die Biegefestigkeit ist, bezogen auf das Eigengewicht, zehnmal höher als die von Stahl.
- Holzbalkenkonstruktionen haben einen guten Feuerwiderstand. Sie können auch ohne Verkleidung oder Beschichtung feuerhemmend (F30) ausgebildet werden, was bei Stahlkonstruktionen nicht möglich ist. Hartholztreppen erreichen einen höheren Feuerwiderstand als Stahltreppen.
- Holz ist leicht zu bearbeiten und daher für den Selbstbau besonders gut geeignet.

Schäden an alten Holzkonstruktionen sind meist auf einen ungenügenden Feuchtigkeitsschutz zurückzuführen. Beim Konstruieren und Reparieren von Holzbauteilen kommt es darauf an, einige besondere Eigenschaften des Baustoffs Holz zu kennen und zu berücksichtigen:

- Holz, das unter andauernder Feuchtigkeitseinwirkung steht, wird von Pilzen zerstört. Holz, das nur vorübergehend der Feuchtigkeit ausgesetzt ist, fault dagegen nicht. Eine wichtige Regel lautet daher: Holz ist so einzubauen, dass es keiner dauernden Feuchtigkeitseinwirkung ausgesetzt ist und dass eingedrungene Feuchtigkeit rasch austrocknen kann. Eine chemische Behandlung von Bauholz gegen Fäule ist im Innenbereich nicht sinnvoll.
- Holz arbeitet: Beim Austrocknen schwindet es, bei Feuchtigkeitsaufnahme quillt es.

Putzanwendung	Putzlage	Sandkörnung (mm)
Außenwandputz	Spritzbewurf Unterputz Oberputz	0/7 0/5 0/3 bis 0/7 oder gröber
Innenwandputz	Spritzbewurf Unterputz Oberputz	0/3 bis 0/7 0/3 0/1 bis 0/2
Innendeckenputz	Spritzbewurf Oberputz Unterputz	0/5 0/3 0/1 bis 0/2

Tabelle 5.5: Sandkörnungen für Außen- und Innenputze.

5.4
Terrassenbelag aus Holzrosten auf einer Unterlage aus Schotter bzw. Kies.

Neue Holzteile sollten beim Einbau deshalb möglichst trocken sein. Maßhaltige Holzbauteile im Außenbereich (z.B. Fenster) müssen zudem durch einen wasserabweisenden Anstrich geschützt werden.

- Holz kann von holzzerstörenden Insekten befallen werden. Ein vorbeugender Schutz tragender oder nicht zugänglicher Teile soll mit chemischen Mitteln erfolgen, die möglichst ungiftig sein sollten.
- Die Wärmedämmfähigkeit von Holz wird häufig überschätzt. Sie ist zwar siebenmal besser als die eines Vollziegels, jedoch ist die Wirkung eines Dämmstoffes (z.B. Zellulosefasern) andererseits dreimal besser als die von Holz.

Für fast alle Zwecke am Bau gibt es geeignete einheimische Hölzer. Die weichen, schnellwachsenden Nadelhölzer werden überwiegend für tragende Bauteile, für Wandschalungen, Fußböden, Türen und Fenster verwendet, die harten, langsamer wachsenden und wertvolleren Laubhölzer dagegen hauptsächlich für Treppen und Fußböden (vgl. Tabelle 5.6).

Für den stark bewitterten Außenbereich (Gartenanlage, Terrassenboden) kann es sich anbieten, wegen der höheren Widerstandsfähigkeit Tropenholzsorten wie Bangkirai, Teak u.a. in geringem Umfang einzusetzen. Um dem Raubbau in den Herkunftsländern (Indonesien, Brasilien, Westafrika) keinen Vorschub zu leisten, wird empfohlen, ausschließlich Material aus nachhaltig ökologischer Forstwirtschaft, ausgewiesen mit dem weltweit anerkannten FSC-Siegel der internationalen Dachorganisation "Forest Stewardship Council", zu verwenden. Als Bauholz kommt im allgemeinen Schnittholz (Vollholz) mit rechteckigem oder quadratischem Querschnitt zur Anwendung. Ist eine erhöhte Tragfähigkeit, Maßhaltigkeit und Dauerhaftigkeit einzelner Holzprofile erforderlich, bietet der Markt seit einigen Jahren interessante Alternativen zum Schnittholz:

1. *Brettschichtholz (BSH):* Nadelholzbohlen werden technisch auf weniger als 15% Holzfeuchte heruntergetrocknet und visuell sortiert, Fehlstellen werden herausgeschnitten. Je nach erforderlicher Dimension werden die Lamellen zu einem Gesamtprofil verklebt. Brettschichtholz ist formstabil und bekommt kaum Risse.
2. *Duo- und Triobalken:* Herstellung wie BSH, jedoch aus nur zwei oder drei Lamellen.
3. *Konstruktionsvollholz (KVH):* ist ein sortiertes, herzgetrenntes und getrocknetes Vollholz, das gehobelt und gefast in den Handel kommt; zur Herstellung großer Längen können mehrere Hölzer mittels Keilzinkung aneinander gefügt werden.
4. *Furnierschichtholz:* Fichtenschälfurniere werden in Lagen zusammengeklebt. Dabei ist die Furnierrichtung entweder immer gleich oder sie wechselt mit jeder Lage. Die entstehenden Platten werden in Längen bis zu 23 m produziert und sind aufgrund hoher Zug-, Biege- und Druckbelastbarkeit universell für schlanke Balken, Pfette, Sparren und Stützen anzuwenden. Alternativ kann die Plattenware auch für Wand- und Deckenkonstruktionen oder als Wand- und Deckenverkleidungen eingesetzt werden.
5. *Thermoholz:* Die Wärmebehandlung ist eine umweltfreundliche Behandlungsmethode, um eine höhere Widerstandsfähigkeit gegen Holzzersetzungsprozesse zu erreichen. Dabei wird das Schnittholz unter Zusatz von Wasser 25 Stunden lang auf ca. 210°C erhitzt. Thermoholz ist chemisch nicht behandelt. Es behält seine Dauerhaftigkeit auch nach der Bearbeitung durch Sägen, Bohren, Schrauben u.ä.

5.5
Balkonanbau und Außentreppe zum Garten. Bei entsprechender Verarbeitung ist Holz ein fähiger Baustoff auch für den Außenbereich.

Nachteilig sind die verminderte Biege- und Spaltfestigkeit und der dunklere Farbton.

Wichtig für die Bestellung von Schnittholz sind neben Holzart und Abmessungen die Angaben zur Güteklasse, zur Schnittklasse und zum Feuchtigkeitsgehalt.

In Abhängigkeit vom Querschnitt wird unterschieden zwischen Leisten, Brettern, Bohlen, Kanthölzern und Balken (vgl. Tabelle 5.7). Gehobelte Bretter und Bohlen werden in verschiedenen Formen lagermäßig angeboten. Die Zahl der Äste bestimmt im Wesentlichen die Güteklasse. Für tragende Holzteile wird im allgemeinen Schnittholz der Güteklasse II verwendet, bei höheren Anforderungen an die Tragfähigkeit auch Güteklasse I. Bei Brettern und Bohlen kommt in der Regel Holz der Güteklasse A/B bzw. I/II zum Einsatz. Bretter der Güteklasse A bzw. I weisen weniger Aststellen auf, Bretter der Güteklasse C bzw. III dürfen dagegen Durchfalläste haben und ausgeprägt drehwüchsig sein.

Die *Schnittklasse* sagt aus, in welchem Maße beim Zusägen der Hölzer Baumkanten stehen geblieben sind. Im Allgemeinen wird vollkantiges Holz (Schnittklasse A) mit wenig Baumkanten verwendet. Scharfkantiges Holz (Schnittklasse S) darf keine Baumkanten aufweisen, fehlkantiges Holz (Schnittklasse B) zeigt deutliche Baumkanten (Abb. 5.6).

Der *Feuchtigkeitsgehalt* des Holzes ist von Bedeutung, um zu beurteilen, inwieweit noch mit dem Entstehen von Rissen, Fugen und Verdrehungen durch nachträgliches Schwinden gerechnet werden muss. Eine häufig nicht beachtete Regel (DIN 68800) besagt: „Holz ist mit der Feuchte einzubauen, die bei der späteren Nutzung als Mittelwert zu erwarten ist (*Gleichgewichtsfeuchte*, vgl. Tabelle 5.8)". Andererseits dürfen Bauhölzer, z.B. Dachbalken, mit bis zu 30% Holzfeuchte eingebaut werden, wenn sie bald austrocknen können und Beeinträchtigungen für nachfolgende Gewerke nicht zu erwarten sind. Frisch geschnittenes Holz aus abgelagerten, im Winter geschlagenen und deshalb saftarmen Stämmen erreicht durch mehrwöchige Lufttrocknung (je nach Querschnitt, Witterung und Lagerbedingungen) eine Holzfeuchtigkeit von etwa 20%. Geringere Holzfeuchten sind im Allgemeinen nur durch künstliche Trocknung oder durch Lagerung in beheizten Räumen zu erreichen. Bei Messungen der Holzfeuchte an Kanthölzern und Balken mittels elektrischer Geräte ist es wichtig, nicht an der Oberfläche, sondern im inneren Querschnittsbereich zu messen.

Holzart	Farbe		Eigenschaften der Hölzer	Preisverhältnis [1)]	Verwendung						
	Splint	Kern			Konstruktionsholz (Dach, Fachwerk)	Verschalungen innen/außen	Vertäfelungen	Fenster, Innen- und Außentüren	Fußböden	Tragende Teile von Treppen	Treppenstufen, Handläufe
Fichte Tanne	weiß bis rötlich-gelb (ohne Kernfärbung		Im Holzhandel wird nicht zwischen Fichten- und Tannenholz unterschieden. Das ist leicht zu verarbeiten, jedoch wenig widerstandsfähig gegen Witterungseinflüsse, Pilze und Insekten. Fichtenholz kann Harzgallen enthalten.	0,8	✔	✔			✔	✔	
Kiefer	weiß	rötlich	Kiefernholz ist härter als Fichte/Tanne. Der Splint ist bläueanfällig. Recht dauerhaftes Holz, besonders der Kern. Gut zu verarbeiten. Vor einer Oberflächenbe- handlung muß das Holz entharzt werden.	1	✔		✔	✔	✔	✔	
Lärche	gelblich	rötlich braun	Lärchenholz ist härter als Kiefer. Oft sehr Harzreich (schlecht zu beizen), recht dauerhaft. Schlechter zu verarbeiten als Kiefer, da es schwierig zu hobeln ist und leicht splittert.	1	✔			✔	✔		
Eiche	grau	graubraun bis dunkel braun	Schweres Hartholz; Wetter-, Pilz und Insektenbeständigkeit gut. Nur den Kern verwenden. Amerikanische Roteichen wachsen schnell, sind nicht so beständig gegen Umwelteinflüsse und für den Außenbereich wenig geeignet.	3	(✔)			(✔)		✔	✔
Rotbuche	gelblich-rötlicher Ton oder wolkig rotbraun		Das Holz arbeitet sehr stark. Für den Außenbereich wenig geeignet.	1,1			✔		✔	✔	✔
Esche	weiß sehr breit	grau bis oliv wolkig gestreift	Holz arbeitet mäßig, ist sehr elastisch, ähnlich hart und abriebfest wie Eiche, für den Außenbereich nicht geeignet.	1,2			✔		✔	✔	✔

1) 1 = 1.100 €/m^3. Die Preise beziehen sich auf ungehobelte Bohlenware.

Tabelle 5.6
Eigenschaften und Einsatzgebiete ausgewählter einheimischer Hölzer.
Quellen: Schriften der Entwicklungsgemeinschaft Holzbau (EGH) in der Deutschen Gesellschaft für Holzforschung, München. Weissenfeld, P.; König, H.: Holzschutz ohne Gift. Staufen 2001

Bezeichnung	Beschreibung	Bevorzugte Abmessungen
Latte (Leiste)	Schnittholz mit einer Querschnittsfläche bis 32 cm^2 und einer Breite bis 8 cm.	24/48, 30/50, 40/60 (mm)
Brett	Schnittholz von mindestens 8 mm und weniger als 40 mm Dicke und mind. 8 cm Breite	Dicken, ungehobelt: 18, 22, 24, 28, 38 Dicken, gehobelt: 15,5; 19,5; 25,5 Breiten: 115, 150, 180 (mm)
Bohle	Schnittholz von mindestens 40 mm Dicke. Die große Querschnittsseite ist mindestens doppelt so groß wie die kleine.	Dicken, ungehobelt: 44, 50 Dicken, gehobelt: 41,5; 45,5 Breiten: 115, 150, 180 (mm)
Kantholz	Schnittholz von quadratischem oder rechteckigem Querschnitt bis zum Seitenverhältnis von 1:3. Mindestseitenlänge 6 cm.	6/6 8/8 10/10 12/12 14/14 16/16 6/8 8/10 10/12 12/14 14/16 16/18 6/12 8/12 12/16 (cm)
Balken	Kantholz, dessen größere Querschnittseite mindestens 20 cm ist.	10/20 12/20 16/20 20/20 10/22 12/24 18/22 20/24 (cm)

Tabelle 5.7
Bauschnittholz: Bezeichnungen und handelsübliche Abmessungen.

Verleimte Holzplatten jeglicher Art werden als Holzwerkstoffe bezeichnet. Dazu gehören z.B. Sperrhölzer, Spanplatten, Tischlerplatten und Faserplatten (Weichfaser-, MDF- oder Hartfaserplatten). Von besonderem Interesse bei der Althauserneuerung sind die Spanplatten und die OSB-Platten, die in unterschiedlichen Qualitäten für Fußböden und Wandkonstruktionen verwendet werden. Die OSB-Platten (Grobspanplatten) haben gegenüber den altbekannten Spanplatten zunehmend an Bedeutung gewonnen, da sie bei deutlich reduziertem Bindemittelanteil (meist PU-Kleber) deutlich höhere Festigkeit aufweisen. Grundsätzlich darf im Innenbereich nur Plattenmaterial der Emissionsklasse E1 verbaut werden.

Gesundheitsverträglicher (wegen Verzicht auf organische Kleber) und unempfindlicher gegen Feuchtigkeit sind zementgebundene Spanplatten. Diese sind schwer entflammbar (B1) oder sogar unbrennbar (A2) und ohne weitere Zusätze pilzbeständig. Wegen ihres höheren Gewichtes bringen sie gute Dämmwerte gegen Luftschall. Sie sind allerdings merklich teurer als kunstharzverleimte Spanplatten und wegen ihres Gewichtes und ihrer Härte schwerer zu verarbeiten.

Bei Spanplatten werden folgende Verleimqualitäten unterschieden:

- V 20: nicht wetterbeständige Verleimung (Aminoplaste), nur für Innenausbau in trockenen Räumen.
- V 100: begrenzt wetterbeständige Verleimung (Phenolresorcinharze).
- V 100 G: wie vor, jedoch mit Holzschutzmittel gegen Pilzbefall (giftig!), oder zementgebundene Platte.

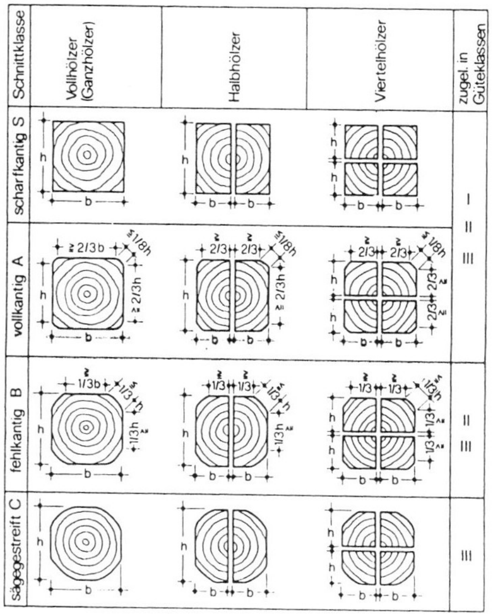

5.6:
Zulässige Baumkanten der Schnitt- und Güteklassen. Quelle: Götz u.a.: Holzbau-Atlas.

5.3.2 Holzschutz

Eingebautes Holz kann durch pflanzliche und tierische Schädlinge (Pilze und Insekten) zerstört werden, wobei die Schäden durch Pilze und Moderfäule häufiger und gewöhnlich auch schwerwiegender sind als Schäden durch Insekten („Holzwurm"). Ein vorbeugender Schutz des Holzes bei Wohngebäuden kann überwiegend durch baulich-konstruktive Maßnahmen erreicht werden. Chemische Holzschutzmittel sind nur in wenigen Fällen wirklich erforderlich. Die Zeiten, in denen bedenkenlos Holzschutzmittel auch in Innenräumen verwendet wurden, sind spätestens seit der Neufassung der DIN 68800 im Jahr 2012 vorbei.

Baulicher Holzschutz hat in der DIN ausdrücklich Vorrang gegenüber chemischem Holzschutz! Ziel eines für Mensch und Umwelt verträglichen und wirtschaftlichen Holzschutzes ist es, mit möglichst wenig Holzschutz- und Anstrichmitteln auszukommen und dabei mindergiftige Produkte zu bevorzugen. Bei Bauteilen, die mit der Innenraumluft in Verbindung stehen, sollte aus gesundheitlichen Gründen kein chemischer Holzschutz angewendet werden. Die DIN 68800 Holzschutz (2012) gilt für tragende und nicht tragende Bauteile. Für tragende Bauteile ist sie baurechtlich vorgeschrieben. Sie besteht aus 4 Teilen:

Teil 1 Allgemeines
Teil 2 Vorbeugende bauliche Maßnahmen im Hochbau
Teil 3 Vorbeugender Schutz von Holz mit Holzschutzmitteln
Teil 4 Bekämpfungs- und Sanierungsmaßnahmen gegen Holz zerstörende Pilze und Insekten

Der erste Schritt zur Planung der erforderlichen Holzschutzmaßnahmen ist die Klärung, welche „Gebrauchsklassen" zu berücksichtigen sind. Im Hochbau kommen hauptsächlich die Gebrauchsklassen (GK) 0, 1 und 3.1 vor. Einzelheiten dazu siehe Tabelle 5.10.

Vorbeugende bauliche Maßnahmen

Holzzerstörende Pilze und Moderfäule können sich nur bei anhaltender Nässe oder relativer Luftfeuchte über 85% entwickeln, weil dann die Holzfeuchte über 20% steigt, bezogen auf das Trockengewicht des Holzes. Durch Einhaltung einfacher Grundregeln kann die Holzfeuchte in unserem Klimabereich in den meisten Fällen unter diesem Wert gehalten werden:

- Rasche Ableitung des Niederschlagswassers.
- Einbau von Sperrschichten gegen kapillare Wasseraufnahme aus angrenzenden Bauteilen.
- Verhinderung von kondensierender Feuchtigkeit (Tauwasser) in Holzkonstruktionen infolge Luftströmung und Wasserdampfdiffusion durch die wärmedämmende Gebäudehülle.

5.7 (oben und unten)
Vorher - Nachher: Dieses instandgesetzte und neu genutzte bäuerliche Anwesen in ländlicher Umgebung bietet jetzt großzügig Raum für zwei Familien.

- Belüftung gefährdeter Bauteile, um zu gewährleisten, dass gelegentlich auftretende Feuchtigkeit wieder austrocknen kann.

Die wichtigsten baulichen Maßnahmen gegen Pilzbefall und Moderfäule an Holzbauteilen sind:

- Die Oberseite bewitterter Balken und Bretter schräg ausbilden.
- Bewitterte Hirnholzflächen mit Brett oder Blech abdecken.
- Tropfkanten ausbilden.
- Dichtungsbahn (Bitumenpappe oder Kunststoffolie) zwischen Sockelmauerwerk und Holzschwelle einbauen.
- Zum Schutz gegen Spritzwasser am Gebäudesockel Abstand zum Gelände halten, bei Holzstützen Metallfuß ausbilden (Abb. 5.8).
- Fassadenverkleidung und Dachdeckung hinterlüften.
- Dämmstoffe untereinander und an angrenzende Bauteile fugenfrei anschließen.
- Schmale kapillar wirksame Fugen an bewitterten Holzbauteilen vermeiden.
- Bei Außenwänden und Dach Luftdichtheit und Dampfdiffusion beachten, ggf. Notwendigkeit einer Dampfbremse rechnerisch prüfen lassen.
- Wand- und Bodenflächen hinter und unter Dusch- und Badewannen fachgerecht abdichten.

Werden diese Regeln nicht beachtet, ist auch chemischer Holzschutz nicht dauerhaft wirksam.

Auch gegen *Insektenbefall* kann durch bauliche Mittel ein vorbeugender Schutz erreicht werden, indem technisch getrocknetes Holz oder besondere Holzarten verwendet werden oder die Zugänglichkeit und die Eiablage für die Insekten erschwert wird.

Die wichtigsten baulichen Maßnahmen gegen Insektenbefall (Holzwurm) sind:

- Verwendung von Konstruktionsvollholz (KVH), Brettschichtholz oder anderen Holzwerkstoffen.
- Verwendung von Holzarten mit natürlicher Dauerhaftigkeit, z.B. Kernholz der Lärche oder Douglasie.
- Dichte Bekleidung von Wand-, Decken- und Dachtragwerken mit Putz, Bauplatten o.ä..
- Hobeln der Hölzer, eventuell zusätzlich Wachsen oder Lackieren der Oberflächen.
- Kontrollierbare Anordnung tragender Holzbalken (zugänglich und sichtbar).

Vorbeugender chemischer Holzschutz

Tragende oder aussteifende Holzbauteile müssen gemäß Tabelle 5.10 gegen Gefährdung durch Insekten oder Pilze geschützt werden. Sofern die baulichen Maßnahmen dazu nicht ausreichen, müssen chemische Holzschutzmittel eingesetzt werden. Es dürfen hierfür nur Holzschutzmittel mit dem amtlichen Prüfzeichen des Instituts für Bautechnik der Bundesanstalt für Materialprüfung verwendet werden. Die Wirksamkeit der amtlich zugelassenen Mittel wird durch ein Kürzel gekennzeichnet (vgl. Tabelle 5.9)

Bei der Anwendung sind die Merkblätter mit den Anwendungsvorschriften der Hersteller zu beachten. Für die Gebrauchsklassen 1 und 2 sind unter gesundheitlichen Gesichtspunkten die amtlich zugelassenen Borsalzpräparate am günstigsten. Solche Produkte dürfen auch in Räumen eingesetzt werden, in denen Lebensmittel gelagert sind.

Zu den Borsalzen gehört auch das altbekannte Borax. Eine 5 bis 10%ige Lösung (in heißem Wasser) ergibt nach baubiologischer Auffassung ein preiswertes Holzschutzmittel (ohne amtliche Zulassung), das auch flammhemmend wirkt, allerdings nicht auswaschbeständig ist. Die Lösung muss einschlägigen Rezepten zufolge mindestens zweimal möglichst heiß aufgetragen werden, um eine genügend große Menge des Mittels möglichst tief ins Holz einzubringen. Sehr trockenes Holz soll vorher angefeuchtet werden. Bei der Verarbeitung von Borsalzen sind Haut und Augen zu schützen und Atemschutzmasken zu verwenden. Da Borsalze wasserlöslich (nicht fixierend) sind, muss das behandelte Holz während der Bauzeit gegen Regen geschützt werden. Werden Borsalzpräparate im Außenbereich benutzt, muss zum Schutz vor Auswaschen der Salze ein Anstrich (z.B. ein Naturharzlack) aufgetragen werden.

Holzschutzmittel sind häufig auch in Holzlasuren und -lacken, z.B. für Fenster- und Fassadenanstriche, enthalten. Von solchen Anstrichmitteln wird abgeraten. Lediglich bei lasierenden oder transparenten Anstrichen auf Hölzern, die vom Bläuepilz befallen werden können, ist ein bläuehemmendes Mittel sinnvoll. Bläuegefährdet ist besonders Kiefernholz.

Bekämpfender Holzschutz

Pilzbefall: Pilzbefall ist immer eine Folge übermäßiger Feuchtigkeit. Bei fachgerechter Konstruktion und normalem Innenraum- oder Außenklima kommt Pilzbefall selten vor. Besonders gefährdet sind Balkenteile, die in Außenwände aus Mauerwerk oder Beton einbinden, z.B. Balkenköpfe. In der Praxis wird zwischen holzverfärbenden und holzzerstörenden Pilzen unterschieden. Während die holzverfärbenden Pilze (z.B. Bläuepilze) zwar das Aussehen des Holzes nachteilig verändern, aber keine Fäulnis verursachen, bauen die holzzerstörenden Pilze die Zellwände ab und vermindern dadurch die Festigkeit des Holzes.

Die drei häufigsten holzzerstörenden Pilzarten, die im Haus vorkommen, sind

- der Echte Hausschwamm,
- der Kellerschwamm (Warzenschwamm)
- der (weiße) Porenschwamm.

Der *Echte Hausschwamm* ist der gefährlichste und zugleich der am schwierigsten zu bekämpfende Pilz in Altbauten. Er ist als einziger pflanzlicher Holzschädling meldepflichtig, kann sich schon bei 18 bis 20% Holzfeuchte entwickeln und dann auch angrenzendes trockenes Holz und Mauerwerk befallen. Bevorzugt siedelt er sich auf Nadelholz an und ist an seinen bis zu 1 cm dicken Strängen und den bis 1 cm dicken weißlich-watteweichen Fruchtkörper-Fladen mit bis zu 1,50 m Durchmesser zu erkennen.

Der *Kellerschwamm* benötigt eine hohe Holzfeuchtigkeit von 50 bis 60%. Er kommt in feuchten Neu- und Altbauten vor. Gefährdet ist alles Holz vom Keller bis zum Dach im Bereich feuchter Mauern (z.B. Balkenköpfe, Mauerlatten) und in schlecht belüfteten Räumen mit starker Wasserdampfentwicklung (Bad, Küche, etc.).

Auch der *Porenschwamm* ist ein Nassfäulepilz, der zu seinem Entstehen eine höhere Holzfeuchtigkeit benötigt (optimale Wachstumsbedingung bei ca. 40%). Er kommt besonders in sehr feuchten Kellern vor, tritt gelegentlich aber auch in Neubauten auf, z.B. an durchfeuchteten Balkenköpfen.

Von Pilz befallenes Holz ist weich und riecht oft übel. Der Umfang des Befalls lässt sich durch Prüfung der Festigkeit mit einem Stecheisen oder mit einem Messer ermitteln.

Bei der Bekämpfung des Pilzes kommt es darauf an, den ursächlichen Baufehler oder Bauschaden festzustellen und zu beheben. Wenn der Umfang des Pilzbefalls gering ist, kann es nach Behebung der Schadensursache genügen, das befallene Holz austrocknen zu lassen, am besten bei guter Durchlüftung, evtl. unterstützt durch einen Heizlüfter. Stark geschädigte Teile, deren Funktionsfähigkeit beeinträchtigt ist, müssen verstärkt oder ausgewechselt werden.

Bei Befall durch den echten Hausschwamm müssen allerdings alle sichtbar

Gleichgewichtsfeuchte von Holz	
Anwendung	relative Holzfeuchte
· Bauholz	12 - 18%
· Fenster, Außentüren	12 - 15%
· Möbel, Innentüren, Parkett in Räumen mit Ofenheizung	10 - 12%
· Möbel, Innentüren, Parkett in Räumen mit Zentralheizung	6 - 10%
· überdachte, offene Bauwerke (keine direkte Bewitterung)	12 - 18%

Tabelle 5.8
Gleichgewichtsfeuchte von Holz.
Quelle: Weissenfeld, P., König, H.: Holzschutz ohne Gift. Staufen 2001

5.8 Ausbildung eines Stützenfußes.

1 In der Stütze verankerte Stahlplatte
2 Ausgeklinkter Pfosten
3 Stützensockel

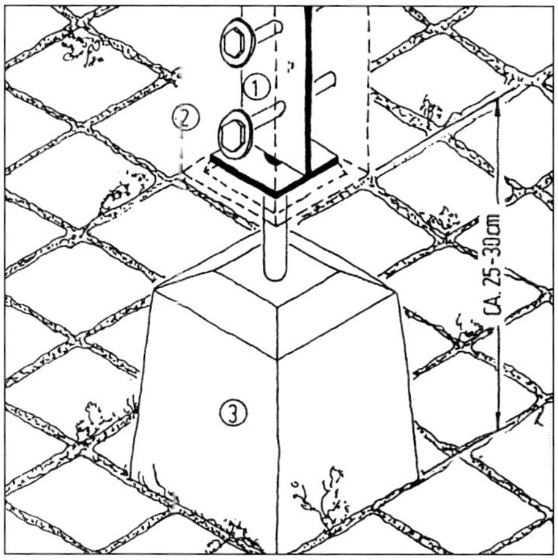

befallenen Teile und die angrenzenden Bauteile im Umkreis von einem Meter unbedingt vollständig entfernt und verbrannt werden. In diesem Fall ist die Einschaltung eines erfahrenen Fachunternehmens bei der Sanierung unbedingt empfehlenswert.

Insektenbefall: Die meisten Holzschädlinge befallen frisches, nicht entrindetes Holz, das am Haus generell nicht verarbeitet werden sollte. Trockenes, eingebautes Holz kann hauptsächlich von den Larven der drei folgenden Insektenarten zerstört werden:

- Der *Hausbock* ist sehr wärmeliebend, weshalb er bevorzugt an warmen Orten zu finden ist (z.B. auf sommerwarmen Dachböden), im Keller und an anderen kühlen Orten hält er sich kaum auf. Er befällt nur Nadelholz. Die Fluglöcher sind oval und haben eine Größe von 5 - 10 mm.
- *Klopfkäfer* befallen vorzugsweise Treppen und Möbel. Seinen Namen hat der Käfer von dem tickenden Geräusch, das die Larven beim Fressen von sich geben. Befallenes Holz sieht wurmstichig aus, die Fluglöcher sind 0,7 bis 2,2 mm groß und kreisrund.
- Der *Braune Splintholzkäfer* (Lyctus) fühlt sich nur in Laubholz wohl. Er befällt bevorzugt eiweißreiches und stärkehaltiges Holz und ist sowohl in Tropenhölzern wie z.B. Limba, aber auch in einheimischen Holzarten wie Eiche zu finden. Befallen werden hauptsächlich Vertäfelungen, Parkett, Türen, Fensterverkleidungen und Möbel. Die Schäden sehen gleich aus wie beim Klopfkäfer.

Der Umfang der Schäden kann durch Abklopfen, Anstechen oder Anbohren des Holzes geprüft werden. Ist nur wenig Holz befallen, wird die betroffene Stelle mit dem Beil weggeschlagen. Der Rest wird mit einer Drahtbürste und/oder mit einem starken Industriestaubsauger gut gereinigt und eventuell noch mit einem chemischen Bekämpfungsmittel behandelt. In ihrer Tragfähigkeit geschwächte Balken werden mit Bohlen verstärkt. Stark befallene Teile müssen ausgebaut, verbrannt und ersetzt werden.

Ein ungiftiges, aber sehr wirksames Verfahren zur Schädlingsbekämpfung, vor allem in Dachstühlen, ist die Heißluftbehandlung. Hierbei wird erhitzte Luft so lange in den nach außen abgedichteten Dachraum

Prüfprädikate für Holzschutzmittel

Iv	gegen Insekten vorbeugend wirksam
P	gegen Pilze vorbeugend wirksam (Fäulnisschutz)
W	auch für Holz, das der Witterung ausgesetzt ist, jedoch weder im ständigen Erdkontakt oder im ständigen Kontakt mit Wasser
E	auch für Holz, das extremer Beanspruchung ausgesetzt ist (im ständigen Erdkontakt oder in ständigem Kontakt mit Wasser sowie bei Schmutzablagerungen in Rissen und Fugen)
B	gegen Verblauung an verarbeitetem Holz

Tabelle 5.9
Kennzeichnung der amtlich zugelassenen Holzschutzmittel. Auszug aus DIN 68800-3; Ausgabe 2012

Tabelle 5.10
Gebrauchsklassen nach DIN 68800, Teil 1 (20012), auszugsweise.

Gebrauchsklasse GK	Allgemeine Gebrauchsbedingungen	Holzfeuchte	Klimabedingungen / Exposition	Gefährdung durch
GK 0	Holz oder Holzprodukt unter Dach, nicht der Bewitterung und keiner Befeuchtung ausgesetzt; die Gefahr von Bauschäden durch Insekten kann ausgeschlossen werden.	trocken (ständig < 20% r.F.)	Mittlere relative Luftfeuchte bis 85%	keine
GK 1	Holz oder Holzprodukt unter Dach, nicht der Bewitterung und keiner Befeuchtung ausgesetzt.			Insekten
GK 2	Holz oder Holzprodukt unter Dach, nicht der Bewitterung ausgesetzt, eine hohe Umgebungsfeuchter kann zu gelegentlicher, aber nicht dauernder Befeuchtung führen.	gelegentlich feucht (>20% r.F.)	Mittlere relative Luftfeuchte über 85% oder zeitweise Befeuchtung durch Kondensation	Insekten und Pilze
GK 3.1	Holz oder Holzprodukt nicht unter Dach, aber ohne ständigen Erd- und/oder Wasserkontakt, Anreicherung von Wasser im Holz, auch räumlich begrenzt, nicht zu erwarten.		Anreicherung von Wasser im Holz, auch räumlich, begrenzt, nicht zu erwarten.	Insekten, Pilze und Auswaschung

geblasen, bis für die Dauer von etwa 60 Minuten auch im Innern von ungünstig liegenden Holzbalken eine Temperatur von mindestens 55°C erreicht wird. Wenn das gelingt, ist danach jeder Insektenbefall abgetötet. Die Heißluftbehandlung ist relativ energie- und arbeitsaufwendig und somit teuer; sie darf nur von konzessionierten Firmen ausgeführt werden. Unter den chemischen Bekämpfungsmitteln sind die amtlich zugelassenen Hydrogenfluorid-Salze wohl noch am wenigsten gefährlich.

Gift im Haus

Was aber tun, wenn im Haus früher giftige Holzschutzmittel verwendet wurden und diese nun die Raumluft belasten? Sofern das Produkt bekannt ist, kann über die „Interessengemeinschaft der Holzschutzmittelgeschädigten e.V." (IhG, Sterndellweg 17, 57250 Netphen bzw. Neckarplatz 49, 84036 Landshut, www.IhGeV.de) die Zusammensetzung erfragt werden. Wenn das Produkt nicht bekannt ist, kann es eventuell durch eine Blutuntersuchung und eine chemische Analyse der Raumluft, des Hausstaubes oder des holzschutzverseuchten Materials ermittelt werden. Analysen werden von privaten Labors, z.T. auch von örtlichen Gesundheitsämtern, Umweltämtern oder chemischen Untersuchungsämtern durchgeführt. Giftige Holzschutzmittel können nur unschädlich gemacht werden, indem die verseuchten Teile entfernt werden (Sondermüll). (vgl. Kap.19)

5.4 Dämmstoffe für den Wärme- und Trittschallschutz

Dämmstoffe werden in Baumärkten überwiegend in Form von Platten und Matten angeboten. Daneben gibt es aber auch Trockenschüttungen wie z.B. Korkschrot oder Perlite und Zelluloseflocken, die sich sehr gut für die Dämmung in Holzbalkendecken und unter Estrichplatten sowie zum Verfüllen schwer zugänglicher Hohlräume eignen. Für die Auswahl des günstigsten Dämmstoffes sind neben der ökologischen Verträglichkeit auch die bautechnischen und bauphysikalischen Erfordernisse des jeweiligen Bauteils zu beachten. Bei größeren Maßnahmen spielt auch der Preis eine nicht unwesentliche Rolle.

Im Bauwesen dürfen nur genormte oder bauaufsichtlich zugelassene Dämmstoffe verwendet werden; sie müssen mindestens normal entflammbar (Baustoffklasse B2) sein; leicht entflammbare Dämmstoffe (B3) dürfen nicht am Bau verarbeitet werden. Die Mineralfaser- und Hartschaumdämmstoffe werden nach ihrem jeweiligen Zweck sogenannten Anwendungsgebieten zugeordnet, die durch ein entsprechendes Kurzzeichen kenntlich gemacht werden (vgl. Tabelle 5.11). Unter Estrichen dürfen für Wärmedämmzwecke nur Platten des Typs WD eingebaut werden. Wird bei hinterlüfteten Konstruktionen der Typ W, WZ oder WL eingebaut, so ist das nachträgliche Aufquellen des Dämmstoffes zu berücksichtigen. Wärmedämmstoffe werden außerdem in Wärmeleitfähigkeitsgruppen, Trittschalldämmstoffe in sogenannte Steifigkeitsgruppen eingestuft. Die Einstufung ist ein Maß für die Wärme- bzw. Schall-Dämmqualität des jeweiligen Produktes. Alle wichtigen Daten müssen vom Hersteller auf dem Beipackzettel angegeben werden. Gut geeignet zur Trittschalldämmung sind Produkte, deren Eigensteifigkeit möglichst gering ist; Materialien zum Wärmeschutz dämmen umso besser, je kleiner ihre Wärmeleitfähigkeit ist.

Die Wärmedämmwirkung der aus baubiologischer Sicht zu bevorzugenden naturnahen Stoffe wie Zellulose, Kork, Kokos u.ä. ist teilweise etwas schlechter als die der künstlichen Dämmstoffe; obendrein sind sie auch z.T. merklich teurer als die Industriedämmstoffe. Es wäre jedoch verfehlt und sicherlich auch kein Beitrag zum Umweltschutz, wenn der höhere Preis durch geringere Dämmschichtdicken ausgeglichen würde.

Die Wahl von Mineralfaserdämmstoffen kann nur dann als Kompromiss zwischen ökologischer Verträglichkeit und Preis akzeptiert werden, wenn die Verarbeitungsrichtlinien (Verarbeitung mit Feinstaubmaske, usw., vgl. Kapitel 5.4.2) insbesondere beim Selbstbau eingehalten werden. Die ökologisch bessere Alternative ist in vielen Fällen die Verwendung von Zellulose-Flocken, bei der jedoch die Eigenleistungsmöglichkeit beschränkt ist (siehe Tabelle 5.12; Kosten von Dämmstoffen siehe Anhang 1).

5.4.1 Naturnahe Dämmstoffe

Kork wird aus der Rinde der Korkeiche gewonnen und ist damit ein natürlicher, aber nur begrenzt verfügbarer Rohstoff. Kork kann sowohl in unbehandelter Form als Granulat (Schüttgut) als auch in Form von expandiertem Schrot oder Backkorkplatten für Dämmzwecke eingesetzt werden. Expandierter Kork (Platten und Schrot) entsteht durch die Behandlung von Korkgranulat mit heißem Wasserdampf (über 300°C) unter hohem Druck; dabei wird der geblähte Schrot durch Austritt natürlicher Harze ohne zusätzliche Bindemittel zu großen Blöcken zusammengebacken und anschließend in Plat-

Kürzel	Anwendungsgebiete
	Decke, Dach
DAD	Außendämmung von Dach oder Decke, vor Bewitterung geschützt, Dämmung unter Deckungen
DAA	Außendämmung von Dach oder Decke, vor Bewitterung geschützt, Dämmung unter Abdichtungen
DUK	Außendämmung des Daches, der Bewitterung ausgesetzt (Umkehrdach)
DZ	Zwischensparrendämmung, zweischaliges Dach, nicht begehbare, aber zugängliche oberste Geschossdecken
DI	Innendämmung der Decke (unterseitig) oder des Daches, Dämmung unter den Sparren/ Tragkonstruktion, abgehängte Decke usw.
DEO	Innendämmung der Decke oder Bodenplatte (oberseitig) unter Estrich ohne Schallschutzanforderungen
	Wand
WAB	Außendämmung der Wand hinter Bekleidung
WAP	Außendämmung der Wand unter Putz
WZ	Dämmung von zweischaligen Wänden, Kerndämmung
WI	Innendämmung der Wand
	Perimeter
PW	Außenliegende Wärmedämmung von Wänden gegen Erdreich (außerhalb der Abdichtung)
PB	Außenliegende Wärmedämmung unter der Bodenplatte gegen Erdreich (außerhalb der Abdichtung)

Differenzierung bestimmter Produkteigenschaften

Kürzel	Beschreibung / Beispiel
dm	mittlere Druckbelastbarkeit / Nicht genutztes Dach mit Abdichtung
dh	hohe Druckbelastbarkeit / Genutzte Dachflächen, Terrassen
ds	sehr hohe Druckbelastbarkeit / Industrieböden, Parkdeck
dx	extrem hohe Druckbelastbarkeit / hoch belastete Industrieböden, Parkdeck

Tabelle 5.11
Bezeichnungen und Anwendungsgebiete von Wärmedämmungen, Auszug aus DIN 4108-10 (2008).

ten geschnitten. Wegen des starken Eigengeruchs sollte expandierter Kork vor dem Einbau einige Tage bis Wochen gut auslüften können. Durch Herstellungsfehler (z.B. durch zu hohe Temperaturen) kann bei der Expansion die krebserzeugende Substanz Benzpyren entstehen, erkennbar an einem besonders starken, üblen Geruch. Daher sollte nur expandierter Kork aus laufend kontrollierter Produktion, der nachweislich kein Benzpyren enthält, eingebaut werden.

Korkplatten sind zur Wärmedämmung von Wänden gut geeignet, Korkschrot zur Wärme- und Schalldämmung von Decken (Wärmeleitfähigkeit 0,045 - 0,055 W/(m·K)). Aus baubiologischer Sicht ist ohne Fremdstoffe expandierter Kork (auch reinexpandiert genannt) bzw. naturbelassener Korkschrot ein sehr empfehlenswerter Dämmstoff. Wegen seiner begrenzten Verfügbarkeit, aufgrund des Transportaufwandes (Anbaugebiete im Mittelmeerraum) und des sich daraus ergebenden hohen Preises kann er jedoch nicht als der ökologische Standarddämmstoff für alle Anwendungen angesehen werden.

Kokosfasern von der Kokospalme werden zu Matten und Platten verfilzt. Sie sind durch Zusatz von Ammoniumsulfat normal entflammbar (Baustoffklasse B2). Kokosfaserplatten eignen sich wegen ihrer Steifigkeit sehr gut für die Trittschalldämmung, die losen Matten sind recht praktisch beim Wärmedämmen von Fugen und zum Stopfen schwer zugänglicher Hohlräume (Wärmeleitfähigkeit 0,045 W/(m·K)). Bei der Verarbeitung kann das Zuschneiden ein wenig mühsam und die Staubentwicklung lästig sein. Einer großflächigen Nutzung als Dämmmaterial stehen die begrenzte Verfügbarkeit von Kokosfasern und der recht hohe Preis entgegen.

Zelluloseflocken werden durch mechanisches Zerkleinern von Altpapier hergestellt (Markenname z.B. Isofloc), wobei die Papierfasern für den Brand- und Fäulnisschutz mit Borsäuresalzen (Borax u.ä.) imprägniert sind. Als Recyclingmaterial ist dieser Schüttdämmstoff eine gute Alternative zu anderen Dämmmaterialien. Das lockere, watte- bis staubartige Material wird in handlichen Säcken geliefert und vorzugsweise zur (nachträglichen) Dämmung von ggf. eigens geschaffenen Hohlräumen eingesetzt. Mit Hilfe eines Einblasgerätes kann das Material auch in schwer zugängliche Hohlräume gepresst werden. Bei fachgerechtem Einbau werden ein guter Wärmedämmwert und eine gute Winddichtigkeit erreicht (amtliche Zulassung auch für Wände und Dächer). Durch das maschinelle Einblasen mit Überdruck wird das Material so verdichtet, dass nachträgliche Setzungen der Dämmschüttung im Hohlraum (Wände, Dachschrägen) weitgehend ausgeschlossen sind. Für Selbstbauer ist dieser Dämmstoff nur bedingt geeignet, das Einblasen muss in jedem Fall ein Fachmann mit entsprechendem Gerät ausführen, Eigenleistung ist möglich beim Herstellen der Hohlräume.

Der Energieaufwand für die Herstellung des Dämmstoffes ist sehr niedrig, die Kosten im Vergleich zu anderen ökologisch verträglichen Dämmstoffen zwar geringer, dennoch im Vergleich zur Dämmung mit Mineralwolle um 20 bis 40% teurer. Inzwischen ist auch ein Plattendämmstoff aus Zellulose im Handel erhältlich, der insbesondere im Innenausbau Anwendung findet. Auch er ist deutlich teurer als vergleichbare Mineralfaserdämmplatten.

Eigenschaften von Dämmstoffen für den Wärme- und Trittschallschutz					
Material	Haupteinsatzbereich Wärme-dämmung	Trittschall-dämmung	notwendige Dicke [1] in cm	Wärmeleit-fähigkeit [2] W/(mK)	Gesundheits- und Umwelt-verträglichkeit
Weiche Dämmstoffe (Matten und Schüttgut)					
* Zellulose (Altpapier) [3]	✓		11	0,045	+
* Korkschrot (gebläht o. ungebläht) [3] [4]	✓		11	0,045	+
Blähton	✓		40	0,160	+
Blähperlite	✓	(✓)	15	0,060	+
Kokosfaser (Rollfilz) [3]	✓		11	0,045 - 0,055	+
* Flachs	✓		11	0,040	+
* Schafwolle	✓		11	0,040	+
* Baumwolle	✓		11	0,040	+
Mineralfaser (Granulat)	✓		10	0,030 - 0,040	o
Mineralfaser, Typ W bzw. WL	✓		10	0,028 - 0,040	o
Feste Dämmstoffe (Plattenware)					
* Schilfrohr (Leichtbauplatte) [3]	✓	(✓)	11	0,045	+
* Blählork [3] [4]	✓	(✓)	11	0,045 - 0,055	+
* Holzfaserplatte (Weichfaser) [3]	✓	✓	14	0,050	+
Holzwolle-Leichtbauplatte	(✓)	(✓)	27	0,093	+
Kokosfaser (Estrichdämmplatte) [3]		✓	11	0,045 - 0,055	+
Mineralfaser, Typ T		✓	10	0,045	o
Mineralfaser, Typ WV	✓		10	0,032 - 0,040	o
Mineralfaser, Typ WD	✓		10	0,040 - 0,050	o
Schaumglas	✓		11	0,045 - 0,060	o
Polystyrol-Hartschaum (EPS)	✓		10	0,025 - 0,040	-
Polyurethan-Hartschaum (PUR)	✓		7	0,020 - 0,035	o
Polystyrol-Extruderschaum (XPS)	✓		10	0,030 - 0,040	-

* Produkte im "baubiologischen" Fachhandel erhältlich
Angaben in ( ): bedingt sinnvoll

[1] Die angegebene Dicke bezieht sich auf eine Dämmschicht mit einem Wärmedurchlaßwert von $1/\Lambda$ = 0,40 W/m²K entsprechend 10 cm Dämmstoff der Gruppe 040.

[2] Die Wärmeleitfähigkeit ist ggf. bei der Materialauswahl bzw. -bestellung anzugeben (Kürzel für die Wärmeleitfähigkeitsgruppe).

[3] Aus Gründen des Brandschutzes dürfen nur Materialien verwendet werden, die mindestens der Baustoffklasse B2 (normal entflammbar) oder B1 (schwer entflammbar) angehören.

[4] Bei Verwendung in Innenräumen sollte der Hersteller garantieren, dass die Korkplatte kein Benzpyren ausdünstet.

Tabelle 5.12
Dämmstoffe für den Wärme- und Trittschallschutz.

Baumwolle besteht zu 90% aus Zellulose, so dass das Material nur für wenige Insekten interessant ist. Die Brandschutzklasse B2 und die nötige Schädlingsresistenz wird durch die Zugabe von 3 bis 4% Borsalz erreicht. Baumwolle wird lose, in Zöpfen und in Bahnen (Dicke 5 bis 18 cm), teilweise filz-kaschiert geliefert. Die Dämmwirkung ist gut (λ_R = 0,040 W/(m·K)), der Preis liegt bei etwa dem Doppelten von Mineralwolle. Langzeiterfahrung bzgl. Haltbarkeit etc. fehlen.

Der Anbau von Baumwolle geschieht in der Regel in Monokulturen unter starker Verwendung von Pflanzenschutzmitteln.

Schafwolle hat dasselbe Dämmvermögen wie Baumwolle, wird in ähnlichen Lieferformen hergestellt und entspricht der Baumwolle auch im Preis. Gegen Schädlingsbefall wird eine vorbeugende Borsalzbehandlung eingesetzt.

Flachs: Dämmstoffe aus Flachs haben einen guten Wärmedämmkoeffizienten (λ = 0,040 W/(m·K)). Auch Flachs wird vorbeugend mit Borsalz behandelt.

Hanf: Seit 1996 ist der Anbau von rauschgiftarmen Hanfsorten in Deutschland wieder erlaubt. Der Dämmstoff wird aus dem Stroh der schnellwachsenden Pflanze hergestellt, wobei die Hanffasern durch einen geringen Zusatz Kunststofffasern miteinander verbunden und versteppt werden. Zusätzlich wird der Thermohanf zur Verbesserung der Brandeigenschaften noch mit Soda behandelt. Da Hanf keine Eiweiße enthält, kann auf eine Behandlung gegen Insektenbefall verzichtet werden. Die Dämmung gibt es als Platten wie als Rollenware. Die Dämmwirkung ist gut (λ_R = 0,040 W/(m·K)). Seit 2010 gibt es das Produkt auch in bioverträglicher Ausführung mit kompostierbaren Stützfasern, die aus Maisstärke hergestellt werden.

Holzfaser: Die Dämmplatten wurden früher oft als Holzweichfaserplatten bzw. poröse Holzfaserplatten bezeichnet. Sie werden aus zerfaserten Resthölzern und Holzabfallspänen hergestellt. Sie können heute ohne die Zugabe von Klebstoffen hergestellt werden. Alternativ dazu wird das im Holz enthaltene Bindemittel Lignin über die Zuführung von Wärme und Druck aktiviert. Um die Festigkeit und die wasserabweisenden Eigenschaften zu erhöhen, werden bei bestimmten Produkten harz- oder bitumenhaltige Zusatzmittel beigemischt. Einsetzen kann man die Platten heute fast überall dort, wo am Gebäude eine Art von Dämmung ausgeführt werden soll. In ihrer weicheren Form besitzen die Dämmplatten eine Wärmeleitfähigkeit von 0,039 - 0,045 (W/(m·K) und können vergleichbar wie Mineralfaserdämmungen sogar als Wärmedämm-Verbundsystem an der Fassade eingesetzt werden. Dämmplatten mit größerer Rohdichte haben eine etwas schlechtere Dämmwirkung (Wärmeleitfähigkeit 0,045 - 0,055 W/(m·K)). Sie eignen sich dann hervorragend für die Herstellung eines festen Unterdachs oder einer Trittschalldämmung, bei Materialstärken von 20 – 80 mm.

Holzwolle-Leichtbauplatten (Markenname z.B. Heraklith) bestehen aus Holzwolle, die durch Zement oder Magnesit gebunden und konserviert ist. Sie werden hauptsächlich als Putzträger in Verbindung mit anderen Wärmedämmstoffen, z.B. für Holzständerwände, verwendet. Wegen der schlechten Dämmeigenschaften (0,093 W/(m·K)) sind die Platten bei den heutigen Dämmstandards nicht als alleiniger Dämmstoff sinnvoll.

Schilfrohr wird zu 2 bis 10 cm dicken Platten gepresst und mit Drähten gebunden. Schilfrohr-Leichtbauplatten haben eine gute Dämmfähigkeit. Sie lassen sich zur Wärme- und Trittschalldämmung auch bei Rundungen verwenden. Die für die Verwendung erforderliche brandschutztechnische Zulassung liegt vor. Schilfrohrplatten können direkt verputzt werden, allerdings muss ein rasches Austrocknen des Putzes (durch richtiges Lüften und einen trockenen Untergrund) gewährleistet sein. Im Vergleich zu anderen ökologisch verträglichen Dämmstoffen ist Schilfrohr recht preiswert.

5.4.2 Mineralische Dämmstoffe

Blähperlite wird in der Altbausanierung vorwiegend als Trockenschüttung zur Wärmedämmung und zum Niveauausgleich unter Estrichen verwendet. Aufgrund seiner Feuerbeständigkeit (Brandschutzklasse A1) wird es auch gerne als Schüttdämmstoff bei der Sanierung von Kaminen eingesetzt. Das Material ist ein bei hohen Temperaturen geblähtes vulkanisches Gestein, das zu 75% aus Siliziumdioxid (SiO_2) besteht und auch in wasserunempfindlicher Form erhältlich ist. Der Energieaufwand bei der Herstellung ist relativ hoch, der Dämmwert verhältnismäßig gut.

Blähton wird aus Jura-Ton hergestellt, dessen natürliche organische Bestandteile nach dem Brennvorgang die Luftporen hinterlassen. Die bei 1200°C geblähten Tonkügelchen sind vielen Blumenfreunden als Substrat für Hydrokulturen bekannt. Blähton ist nicht brennbar und wird als Schüttgut gern zum Niveauausgleich unter Estrichen eingesetzt. Die Wärmedämmfähigkeit ist wesentlich schlechter als die von Perlite.

Mineralfaserdämmstoffe werden in zahlreichen Varianten lose oder als Platten und Matten mit oder ohne Kaschierung (Pappe, PVC, Aluminium) für verschiedene Einsatzgebiete und Beanspruchungen angeboten (Tabelle 5.11). Je nach Rohdichte haben Mineralfasern ein sehr gutes bis gutes Dämmvermögen (Wärmeleitfähigkeit λ = 0,030 - 0,040 W/(m·K)). Der Energieaufwand bei der Herstellung ist recht hoch, und doch wird die für die Herstellung nötige Energie beim Einsatz (z.B. in einer Außenwanddämmung) in weniger als einer Heizperiode wieder eingespart.

Unterschieden wird zwischen Glas- und Steinwolle, als Bindemittel werden teilweise Phenol- und/oder Harnstoffharze zugesetzt. In der MAK-Liste (Maximale Arbeitsplatz Konzentrationen) wurden Mineralfaserprodukte 1994 so eingestuft, als ob sie krebserregend seien. Nach dem Aufkommen des Krebsverdachtes haben die Hersteller die Zusammensetzung der Mineralfasern verändert. Die Fasern lösen sich jetzt schneller im Körper auf, so dass sie nicht mehr als krebserzeugend eingestuft werden. Die neue Generation der Faser lässt sich an einem KI – Wert von mindestens 40 erkennen oder daran, dass sie entsprechend der TRGS 905 als gleich gut biolöslich bewertet werden. Nur so gekennzeichnete Produkte sollen verwendet werden.

Da Mineralwolle aufgrund des günstigen Preises, der guten Verfügbarkeit und der Anwendungsfreundlichkeit bei Selbstbauern äußerst beliebt ist und die höchste Faserbelastung während des Einbaus besteht, sei denen, die auf diese Stoffe nicht verzichten wollen, die Verarbeitungsvorschriften der Hersteller nahe gelegt:

- für gute Durchlüftung sorgen,
- Aufwirbeln von Staub vermeiden,
- auf fester Unterlage schneiden (nicht sägen!),
- bei Abbruch befeuchten,
- Feinstaubmasken P2 benützen.

Unter den Mineralfaserprodukten ist Glaswolle der Dämmstoff mit dem größeren Anteil an feinen Fasern.

Schaumglas wird aus Naturstein, z.B. silikathaltigem Mergel, und/oder Recyclingglas unter hohem Energieeinsatz hergestellt und in Form von Platten angeboten. Schaumglas (Markenname z.B. Foamglas) ist überwiegend geschlossenzellig, sehr formbeständig und mechanisch belastbar, außerdem dampfsperrend, verrottungsbeständig und feuchtigkeitsunempfindlich. Wegen des vergleichsweise sehr hohen Preises wird Schaumglas nur in Sonderfällen eingesetzt, z.B. zur Dämmung von Fundamenten und Fundamentplatten bei starker Feuchteeinwirkung, bei ausgebauten Untergeschossen und bei Umkehrdächern. Die biegesteifen Platten werden durch Sägen zugeschnitten und üblicherweise mit Bitumen verklebt.

Vakuumisolationspanel (VIP): Es handelt sich dabei um ein Wärmedämmprodukt, das durch seinen Vakuumkern bei gleichem Wärmedurchgangskoeffizienten (U-Wert) eine 5 bis 10-fach geringere Dicke aufweist als herkömmliche, am Bau eingesetzte Dämmmaterialien wie Polystyrol, Polyurethan oder Mineralwolle. Die Paneele bestehen aus einem druckstabilen Kern aus verpresstem, mikroporösem Pulver (z.B. Kieselsäure; Materialien auf Kunststoffbasis sind ebenfalls möglich) und einer umhüllenden evakuierten Hochbarrierefolie meist auf Aluminiumbasis. VIP‘s werden seit mehreren Jahren im Baubereich eingesetzt.

Die ersten Produkte erhielten im Juli 2007 ihre allgemeine bauaufsichtliche Zulassung für den Einsatz im Innenbereich (Innendämmung Wand, Decke, Dach, Dämmung auf der Bodenplatte). Zusätzlich wurden Projekte verwirklicht, bei denen VIP‘s auch bei der Dämmung von Fassaden in hinterlüfteten Konstruktionen zum Einsatz kamen. Allgemein handelt es sich bei den VIP‘s um ein noch sehr teures Produkt im Vergleich zu herkömmlichen Dämmstoffen. Ihr Einsatz kann aber überall dort in Erwägung gezogen werden, wo aus konstruktiven und gestalterischen Gründen große Dämmstärken kaum oder gar nicht möglich sind. Ein Beispiel ist der weiterhin stufenfreie Ausgang bei der nachträglichen Dämmung eines Balkons.

Zu beachten ist, dass die Platten vor Ort nicht mehr bearbeitet oder zugeschnitten werden können und auch nicht beschädigt werden dürfen, da sie sonst ihr Vakuum und damit den größten Teil ihrer Dämmwirkung verlieren würden. Der Einsatz der VIP erfordert daher eine detaillierte und absolut maßgenaue Planung der Dämmaufgabe und eine daraus abgeleitete Bestellung der Platten.

5.4.3 Dämmstoffe aus Hartschaum

Polystyrol-Hartschaum (EPS) ist ein aus Erdöl synthetisierter Kunststoff, der durch Polymerisation (Verkettung) von Styrol hergestellt und mit Kohlendioxid aufgeschäumt wird (Markennamen Styropor u.a.). Während Polystyrol (d.h. die polymerisierte Form von Styrol) ungiftig ist, steht das Monomer Styrol im Verdacht, krebserregend und mutagen (erbgutverändernd) zu sein. In Wohnräumen ist jedoch auch bei ungewöhnlich hohen Raumtemperaturen nicht mit gesundheitlichen Beeinträchtigungen durch ausgasende Restmonomere zu rechnen. Die gemessenen Konzentrationen in der Raumluft betragen nach ca. 10 Wochen noch 0,1 bis 0,05% des MAK-Wertes (maximal zulässige Arbeitsplatzkonzentration).

Im Brandfall und wenn das Material – wie üblich – nicht als Sondermüll beseitigt wird, wird jedoch das gefährliche Styrol freigesetzt. Die Herstellung erfordert einen recht hohen Energieaufwand. Wegen der Umweltbelastung bei der Herstellung und Entsorgung sollte Polystyrol möglichst nicht verwendet werden. Die große Verbreitung des Materials ist dem günstigen Preis und der einfachen Handhabung zuzuschreiben.

Extrudierter Polystyrolschaum (XPS) in Plattenform (Markenname z.B. Styrodur, Roofmate) ist geschlossenzellig und daher weniger feuchtigkeitsempfindlich als expandiertes Polystyrol ($\lambda = 0{,}025 - 0{,}040$ W/(m·K)). Extrudierte Polystyrolplatten werden heute gern zur Dämmung von Flachdächern und Kelleraußenwänden eingesetzt, überall dort, wo nicht mit ständiger Feuchtigkeitseinwirkung zu rechnen.

Die früher zum Aufschäumen verwendeten Fluor-Chlor-Kohlenwasserstoffe (FCKW) sind inzwischen weitgehend durch andere, weniger schädliche Mittel ersetzt worden. Beim Einkauf von geschlossenzelligem Polystyrol sollte dennoch auf FCKW-freie Produkte geachtet werden.

Polyurethan-Hartschaum (PU-Schaum) ist ebenfalls ein aus Erdölprodukten durch Polymerisation synthetisierter Kunststoff. Im Brandfall werden sehr giftige Dämpfe abgegeben, u.a. Blausäure, Isocyanate, Kohlenmonoxid. Die Herstellung erfordert einen hohen Energieaufwand. Die Platten sind wesentlich teurer als Polystyrol-Hartschaum, haben aber merklich bessere Dämmeigenschaften ($\lambda_R = 0{,}020 - 0{,}035$ W/(m·K)). Wegen ihrer guten Temperaturbeständigkeit und der guten Dämmfähigkeit werden sie gern zur Flachdachwärmedämmung verwendet, sowie für die Dämmung technischer Anlagen, bei denen wenig Raum für Wärmedämmung zur Verfügung steht.

Wie beim geschlossenzelligen Polystyrol haben die meisten Hersteller das früher zum Aufschäumen verwendete FCKW durch andere Mittel bzw. Verfahren ersetzt. Auch beim Einkauf von Polyurethan sollte auf FCKW-freie Produkte geachtet werden.

Polyurethan-Montageschäume (Ortsschäume) sind zur Befestigung und Abdichtung von Tür- und Fensterrahmen weit verbreitet. Die bei der Verarbeitung entweichenden Gase sind giftig und sollten daher nicht eingeatmet werden. Alternativ können Fugen auch mit Rohseidenstricken oder mit weichen Schaumstoffbändern geschlossen werden.

In der Vergangenheit wurden Dächer teilweise mit einem Ortschaum aus Harnstoff-Formaldehyd (UF-Ortschaum) nachträglich gedämmt. Es gab Fälle, bei denen nach solchen Maßnahmen sehr hohe Formaldehydkonzentrationen in der Raumluft gemessen wurde. UF-Ortschaum wird heute kaum noch verwendet; von seiner Verwendung im Haus ist abzuraten.

6 Erdberührte Bauteile

6.1 Zusammenhänge

Bauteile im Erdbereich werden häufig in ihrer Bedeutung unterschätzt, obwohl Mängel an Fundamenten und Kellerwänden oft auch darüberliegende Bauteile und deren Haltbarkeit beeinträchtigen.

Die häufigsten Schäden im Bereich erdberührter Bauteile sind Folgen von Feuchtigkeitseinwirkung. Erst seit der zweiten Hälfte des 19. Jahrhunderts werden bituminöse Abdichtungen (Feuchtigkeitssperren), Filterschichten und Dränleitungen zum Schutz von Grundmauern und Kellerböden verwendet.

Eine weitere Gruppe von Schäden betrifft die Tragfähigkeit der Fundamente, Gewölbe und Kellerwände. Veränderungen des Baugrundes durch Unterspülungen, Absinken des Grundwasserspiegels oder ungleichmäßige Setzungen von Gebäudeteilen können zu Rissen im Mauerwerk führen und die Standfestigkeit eines Gebäudes gefährden.

Neben den eben genannten Maßnahmen, bei denen es um die Schadensbehebung bzw. Instandsetzung alter Bausubstanz geht, fallen Fundamentarbeiten bei Modernisierungs- und Umbaumaßnahmen an. Sollen z.B. nicht unterkellerte Räume, die bisher untergeordneten Zwecken (als Stall, Abstellkammer, o.ä.) gedient haben, zu Wohnzwecken umgenutzt werden, müssen möglicherweise die lichte Raumhöhe durch Tieferlegen des Bodens und der Fundamente vergrößert sowie Boden- und Wandflächen trockengelegt und wärmegedämmt werden.

Um es gleich zu sagen: Der erforderliche Aufwand solcher Maßnahmen wird von Laien gern unterschätzt. Sind Raumreserven z.B. im Dachgeschoss vorhanden, so sollten feuchte, an das Erdreich grenzende Räume besser nicht zu Wohnzwecken genutzt werden, sondern eher als Lager für Gemüse, Obst usw., als Hausanschluss- und Technikraum, als Öllager, zur Aufstellung des Behälters für eine Komposttoilette oder für einen Regenwassertank.

Alle Eingriffe in tragende oder aussteifende Bauteile bedürfen einer vorherigen Baugenehmigung (vgl. Kap. 2.1.6). Vorsicht bei Abgrabungen neben Gewölben!

6.2 Fundamente und Fundamentmauerwerk

Fundamente haben die Aufgabe, die Gebäudelasten aus dem Mauerwerk auf den Baugrund zu übertragen. Ihre Tiefe und Breite ist abhängig von der Bodenart des Baugrunds und kann nur vom Fachmann festgelegt werden. Die Fundamentsohle muss auf jeden Fall im frostfreien Bereich liegen, im Allgemeinen also zwischen 80 und 120 cm unter der Geländeoberfläche.

Schäden an den Fundamenten sind oft Zeichen für ungleiche Setzungen von Gebäudeteilen und zeigen sich in Form von Rissen im Kellermauerwerk oder im aufgehenden Mauerwerk, bei Fachwerkbauten auch durch Schieflage. Zur Festlegung der richtigen Sanierungsmaßnahme muss zunächst festgestellt werden, ob der Setzungsvorgang noch andauert und wodurch die Setzung verursacht wird.

Ob eine Setzung andauert, lässt sich bei Steinwänden durch eine Reihe von Putzmarken (Batzen aus Gipsmörtel) feststellen, die im Verlauf des Risses aufgebracht werden. Sind die Mörtelbatzen noch nach Monaten rissfrei, so hat im Beobachtungszeitraum keine Setzung mehr stattgefunden. Reißen

6.1
links oben und unten
Schäden durch Setzungen im Fundamentbereich.

oben rechts
Durch Putzmarken (Batzen aus Gipsmörtel) lässt sich feststellen, ob der Setzungsvorgang noch andauert. Foto: Archiv ökobuch

die Putzmarken, so gilt es, die Ursachen für die andauernde Setzung zu erkunden.

Mögliche Ursachen für Risse im Mauerwerk:

- Fundamentmörtel und/oder Steine des Fundamentmauerwerks sind infolge feuchtigkeitsbedingter Alterung verrottet.
- Der Baugrund gibt nach, z.B. weil aufgrund zunehmender Bodenversiegelung der Grundwasserspiegel gesunken ist oder weil das Gebäude an einem Hang steht.
- Die Fundamentsohle liegt nicht in frostfreier Tiefe.
- Die Fundamentsohle wird von Oberflächenwasser unterspült, z.B. weil die Dachrinne defekt ist oder weil eine Hoffläche zum Haus hin geneigt ist.
- Die Belastung hat sich erhöht, z.B. durch Umnutzung, Umbau, Aufstockung oder Ähnliches.

Darüber hinaus gibt es Risse, die nicht durch Setzungen bedingt sind. Es empfiehlt sich daher, zur Ermittlung der Schadensursache und zur Festlegung der Instandsetzungsmaßnahmen in jedem Fall fachlichen Rat einzuholen.

6.2.1 Fundamentmauerwerk ausbessern

Die meisten Schäden an Fundamenten werden durch Feuchtigkeit verursacht, die aus dem Boden eindringt, ins Keller- und Sockelmauerwerk wandert, dort kapillar aufsteigt und verdunstet. Dabei wird der (früher nichthydraulische) wasserlösliche Kalk aus dem Mörtel ausgespült, so dass das Fundamentmauerwerk seine Festigkeit verliert. Es kann auch vorkommen, dass wenig widerstandsfähige Steine in ähnlicher Weise verrotten. Die Instandsetzung der Fundamentmauern erfolgt wie beim Kellermauerwerk (siehe Kap. 6.3). Bei stark zerklüftetem Fundamentmauerwerk kann es notwendig sein, eine Vorsatzschale aus Beton herzustellen. Um sich das Aufgraben des Erdreichs auf der Außenseite zu ersparen, kann eine raumseitige Ausbesserung des Fundamentes z.B. dann sinnvoll sein, wenn der angrenzende Fußboden ohnehin erneuert werden soll.

6.2.2 Fundament verbreitern

Die Verbreiterung des Fundamentes senkt den Druck auf den Baugrund, indem die wirksame Last des Gebäudes auf eine größere Fläche verteilt wird. Diese Maßnahme ist sinnvoll,

- wenn sich die Tragfähigkeit des Baugrunds vermindert hat, z.B. durch Absinken des Grundwasserspiegels oder bei einer Hanglage;
- wenn die Belastung des Gebäudes oder eines Gebäudeteils zunimmt bzw. zugenommen hat, z.B. bei Umnutzung oder Aufstockung.

Zur Verbreiterung wird unter dem vorhandenen Fundament durch Unterfangen ein neues Streifenfundament betoniert oder gemauert. Bei Hanglagen kann es erforderlich sein, das neue Fundament als Stahlbeton-Ringgurt nach Angaben des Statikers auszubilden.

Verbreiterung des Fundamentes:

- Arbeitsraum auf der Innen- oder Außenseite der Wand bis auf die Tiefe der neuen Fundamentsohle herstellen, dabei Boden unter dem vorhandenen Fundament schräg stehenlassen. Der zulässige Böschungswinkel ist von der Bodenart abhängig und wird vom Statiker festgelegt.
- Vorhandenes Fundament abschnittsweise unterfangen (Abb. 6.8): die Wand in Abschnitte von 1 m Länge einteilen. Im ersten, vierten, siebten ... Abschnitt wird der Boden unter dem alten Fundament

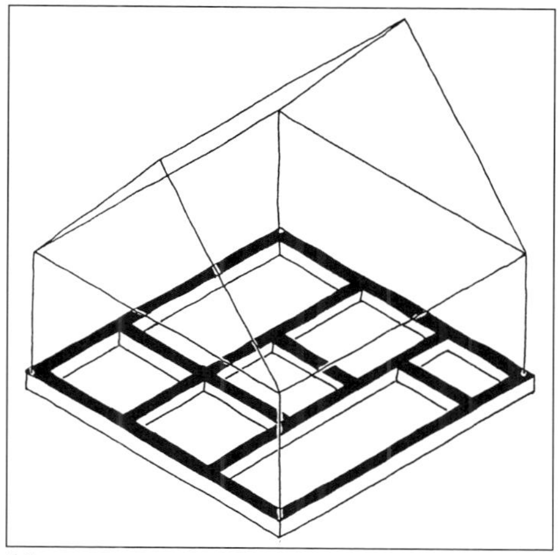
6.2

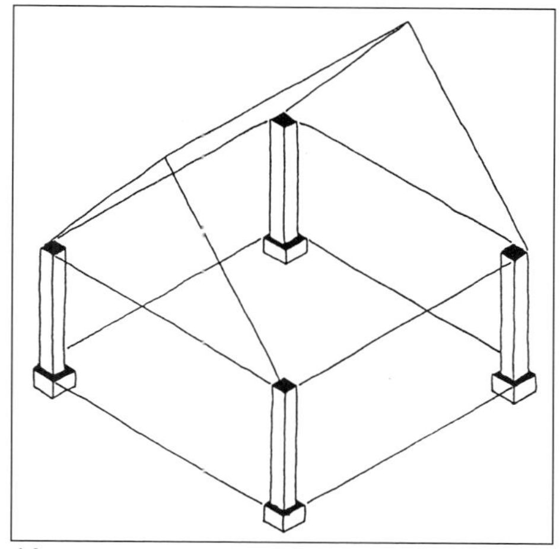
6.3

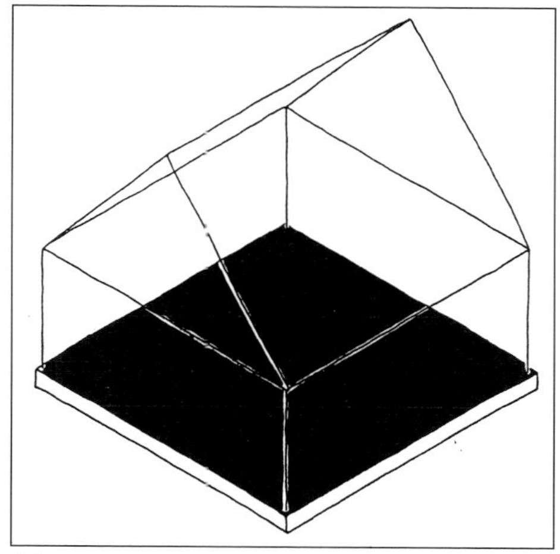
6.4

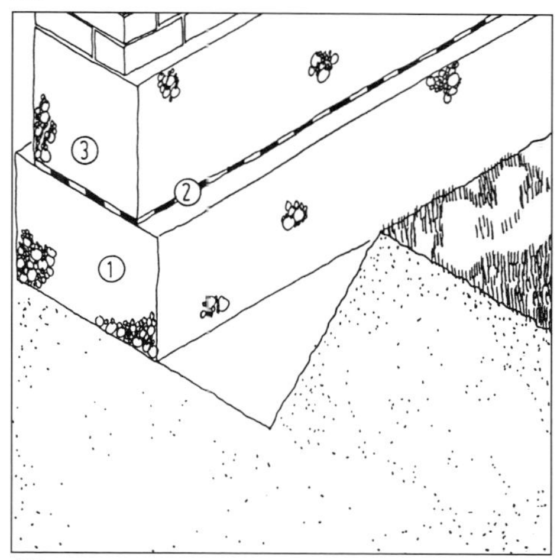

6.5

6.2
Streifenfundament.

6.3
Einzel- oder Punktfundament.

6.4
Plattenfundament oder Bodenplatte.
Größe und Tiefe stets nach Angaben des Statikers

6.5
Verbreiterung eines Fundaments.

1 Neues Fundament, Größe nach Angabe des Statikers
2 Eingelegte Sperrschicht
3 Altes Fundament

entfernt und das neue Fundament hergestellt. Anschließend folgen der zweite, fünfte, achte ... Abschnitt usw.. Es wird also so gearbeitet, dass von der Wand- bzw. Fundamentlänge jeweils max. $^1/_3$ unterfangen wird und $^2/_3$ die Stützfunktion übernehmen. Dabei ist zu beachten, dass der Boden unter der neu herzustellenden Sohle nicht aufgelockert und vor Regen und Frost geschützt wird.

- Zwischen vorhandenem und neuem Fundament eine Bitumenpappe (333er) als waagerechte Feuchtigkeitssperre einlegen und Anschlussfuge dicht mit Mörtel verpressen.
- Arbeitsraum in Lagen verfüllen. Zur Vermeidung von Setzungen des Bodens wird in Schichten verdichtet, oder es wird zum Verfüllen Siebschutt verwendet.

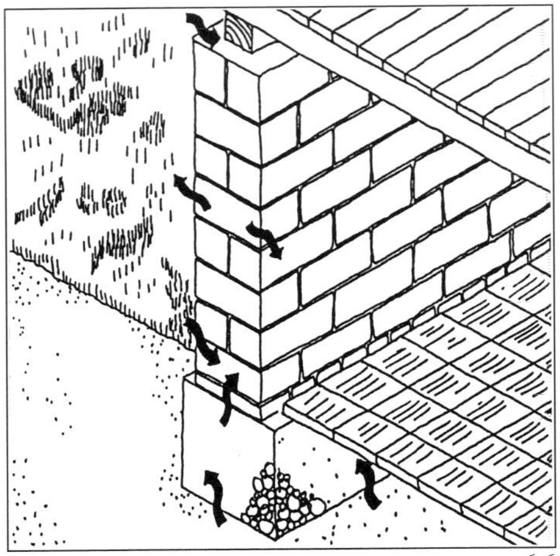

6.6

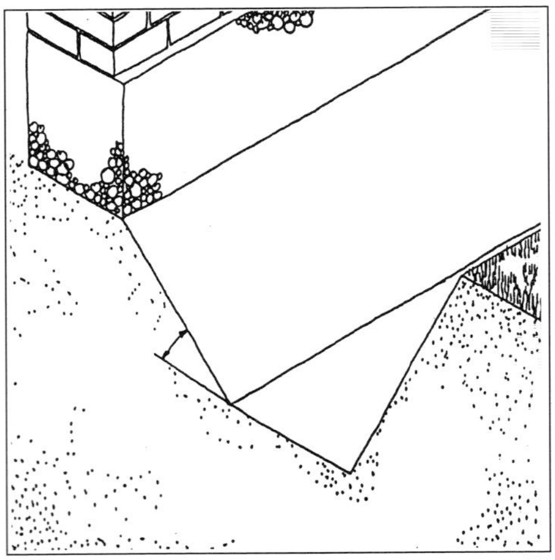

6.7

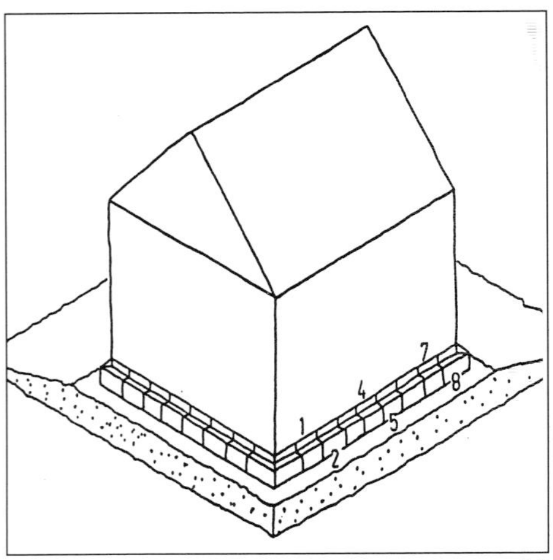

6.8

6.6
Feuchtigkeitsaufnahme und -abgabe bei altem Außenmauerwerk.

6.7
Bei Arbeiten unterhalb der Fundamentsohle sollte der Böschungswinkel des Arbeitsraumes nach den Angaben des Statikers ausgeführt werden.

6.8
Fundament abschnittsweise unterfangen.

6.2.3 Fundament tieferlegen

Das Tieferlegen eines Fundamentes ist sinnvoll,

- wenn die Sohle des vorhandenen Fundamentes nicht in frostfreier Tiefe liegt;
- wenn der Boden des untersten Geschosses (Boden gegen Erdreich) tiefergelegt werden soll;
- wenn das Gelände am Haus tiefergelegt werden soll.

Das neue Fundament wird aus Beton oder aus Mauerwerk durch Unterfangen hergestellt, und zwar abschnittsweise, wie oben beschrieben. Für Fundamentmauerwerk im Frostbereich sind frostbeständige Steine zu verwenden. Im Zusammenhang mit dieser Maßnahme empfiehlt sich auch der Einbau einer senkrechten Filterschicht und/oder einer Dränleitung (vgl. Kap. 6.3), wobei dann von der Außenseite her gearbeitet werden muss.

6.3 Keller- und Sockelmauerwerk

Bei sehr alten Häusern und bei ländlichen Bauten wurden die Kellerwände und das Sockelmauerwerk oft aus behauenen oder unbehauenen Natur- bzw. Feldsteinen errichtet. Bei städtischen Häusern und im norddeutschen Raum mit geringem Natursteinvorkommen wurden Ziegelsteine verwendet, der Mauermörtel mit dem Bindemittel Kalk hergestellt. Seit Anfang des 21. Jahrhunderts werden Kellerwände zunehmend aus Stahlbeton hergestellt, weil dadurch der Erddruck mit geringeren Wandstärken als beim Mauerwerk aufgenommen werden kann. Da bis zum Beginn des 20. Jahrhunderts die heute üblichen Feuchtigkeitssperren noch nicht bekannt waren, konnte Bodenfeuchtigkeit in das Mauerwerk eindringen und im Mauerwerk aufsteigen. Diese Feuchtigkeit verdunstet im Bereich des Sockelmauerwerks ins Freie, im Bereich der Wand wird die Feuchtigkeit in die angrenzenden Räume abgegeben. Deshalb wurden Kellerräume und ebenerdige Räume in der Regel nur für untergeordnete Zwecke, nicht jedoch für Wohnzwecke genutzt. Die Wohnebene lag mindestens 1 m über dem Gelände, auch um tragende Holzteile wie Fachwerkwände und Holzdecken vor Feuchtigkeit zu schützen. Das Austreten von Feuchtigkeit im Bereich des Gebäudesockels und der unteren Wandabschnitte und die damit verbundenen Probleme beim Putz und bei Anstrichen sind also in gewissem Umfang normal.

Übermäßige Feuchtigkeit zu beseitigen, ist allerdings in mehrfacher Hinsicht eine wichtige Maßnahme: Durch Feuchtigkeit kann Mauerwerk nicht nur seine Tragfähigkeit verlieren, feuchte Bauteile schaffen auch ein ungesundes Raumklima und führen während der Heizperiode zu erhöhten Energieverlusten, denn Feuchtigkeit vermindert die wärmedämmende Wirkung von Baustoffen. Schimmelpilze gedeihen an feuchten Wänden, die Pilzsporen können zu Allergieerkrankungen der Atemwege führen. Aufsteigende Feuchtigkeit lässt sich durch starkes Heizen nicht beseitigen, im Gegenteil. Es verstärkt die Verdunstung an den Wandoberflächen und lässt die Feuchtigkeit dadurch nur noch schneller nachströmen, was wiederum die Verwitterung der Oberfläche und den Alterungsvorgang der betroffenen Bauteile verstärkt.

Schäden infolge Feuchtigkeit im Mauerwerk:

- Am Gebäudesockel: sich lösender Anstrich, bröselnder Putz.
- An Holzteilen im Bereich des Sockelmauerwerkes: morsche Schwellen, Pfosten, Balkenköpfe.
- An Mauerwerksoberflächen innen und außen: weißliche, gelbliche oder rötliche Ausblühungen (salzartige Ablagerungen).
- An Stallwänden: Salpeterausblühungen (Kalziumnitrat).
- Am Mauerwerk: lockerer, sandender Fugenmörtel, bröselnde (sandende) Steinoberflächen, lockere Steine, Ausbeulung von Kelleraußenwänden.
- Raumseitig im unteren Bereich der Erdgeschosswände: sich ablösende Anstriche oder Tapeten, Stockflecken und Schimmelpilzbefall, bröselnder Putz.

Feuchtigkeitsschäden können allerdings auch andere Ursachen haben: In bewohnten Räumen wird stets Feuchtigkeit an die Raum-

6.9
Vorher - Nachher:
Unterfangen, sprießen, flicken, austauschen – es war eine Menge Arbeit, bis der Unterbau durch das ehemalige Scheunentor betreten werden konnte.

6.10

6.11

luft abgegeben, die an der Innenseite schlecht wärmedämmender Außenwände und anderer kalter Bauteile wie Gebäudeecken, Deckenanschlüssen oder Fensterstürzen (den typischen Wärmebrücken) kondensiert. Bei vielen Schadensfällen liegt ein Zusammenwirken beider Durchfeuchtungsursachen vor.

Daneben gibt es, wie schon beim Fundament beschrieben, Schäden am Kellermauerwerk, die auf Bewegungen des Baugrundes und/oder zu hohe Gebäudelasten zurückzuführen sind. Sie machen sich in Form von Rissen bemerkbar, die sich auch im darüberliegenden Mauerwerk fortsetzen können.

Mögliche Ursachen für Risse im Kellermauerwerk:

- Mängel am Fundament (vgl. Kap.6.2).
- seitlicher Erddruck, z.B. bei Hanglage, bei nachträglicher Erdanschüttung, bei großflächigen Kellerwänden ohne aussteifende Querwände.
- Kombination dieser Ursachen, meist in Verbindung mit Feuchtigkeitsschäden.

6.10
Durch „stehendes Wasser“ im Sockelbereich zerstörte Schwelle.

6.11
Kiesschüttung als Spritzwasserschutz.

Mögliche Instandsetzungsmaßnahmen:

- Ausbesserung oder Neuherstellung des Fundaments.
- Herstellung einer Betonwand als Vorsatzschale oder Errichten einer Stützmauer an der Außenseite der Kellerwand.
- Herstellung einer gemauerten oder betonierten Vorsatzschale an der Innenseite der Wand.
- Abriss und Neuherstellung der Kellerwand.

Das Herstellen einer Stahlbetonwand wird am besten einem Fachhandwerker überlassen. Für Eigenleistung geeignet sind das Ausheben und Verfüllen des Arbeitsraumes, die Herstellung einer gemauerten Vorsatzschale (Dicke nach Angabe des Statikers) und – bei Bedarf – das Anbringen einer senkrechten Abdichtung sowie das Verlegen einer Dränage.

6.3.1 Instandsetzung und einfache Entfeuchtung

Zum Schutz gegen eindringende Feuchtigkeit werden seit Anfang des 20. Jahrhunderts bei der Errichtung von Kellerwänden senkrechte und waagerechte Sperrschichten aus bituminösen Stoffen eingebaut und im Bedarfsfall eine Ringdränage verlegt. Nun ist der nachträgliche Einbau von Sperrschichten verhältnismäßig aufwendig und teuer, so dass es in vielen Fällen ausreicht,

- vorhandene Schäden zunächst mit einfachen Maßnahmen (siehe unten) zu beheben und eine gründliche Trockenlegung zu einem späteren Zeitpunkt nur bei tatsächlichem Bedarf durchzuführen,
- vermeidbare Feuchtigkeit konsequent vom Gebäude fernzuhalten,

- sich im Übrigen – soweit vertretbar – mit der Feuchtigkeit zu arrangieren.

Einfache Maßnahmen zur Beseitigung von Feuchteschäden:

- Schadhaften Sockelputz abschlagen, Steinoberflächen mit Drahtbürste reinigen und von lockeren Schichten befreien, weichen Fugenmörtel 1,5 bis 3 cm tief auskratzen und mit Trasskalkmörtel neu verfugen, ggf. speziellen Sanierputz (Kap. 5.2.3) aufbringen und/oder den Putz mit rein mineralischen Mitteln (Silicat-, Kalk- und Zementfarben, vgl. Kap. 18) streichen.
- Sockelvorsprünge zur besseren Wasserableitung nach außen abschrägen und ggf. mit Steinplatten (z.B. Biberschwanz-Ziegelplatten) oder Blech abdecken.
- Innenseite der Kelleraußenwände reinigen und neu verfugen (wie beim Sockelmauerwerk), lockere Steine neu vermörteln.

Vermeidbare Feuchtigkeit vom Gebäude fernhalten heißt, das Oberflächenwasser gut ableiten; also:

- schadhafte oder fehlende Dachrinnen, undichte Regenfallrohre oder undichte Regenwasser-Grundleitungen (im Boden) reparieren oder ersetzen,
- befestigte Flächen (Wege, Hof, Einfahrt) und das Gelände mit Gefälle vom Haus weg anlegen.

Sich mit der Feuchtigkeit zu arrangieren heißt:

- geringe optische Mängel im Sockelbereich hinnehmen,
- salzartige Ausblühungen regelmäßig abbürsten,
- dampfdichte Anstriche und Wandfliesen am Sockel und an feuchten Bereichen der Außenwand-Innenflächen entfernen,
- nur feuchtigkeitsunempfindliche und wasserdampfdurchlässige (atmungsfähige) mineralische Anstriche und Sanierputze verwenden; bei feuchten Wänden auf Fliesen, Tapeten oder auf nicht hinterlüftete Holzverschalungen verzichten,
- Kellerräume nur für Zwecke nutzen, die feuchtigkeitsverträglich sind,
- Kellerräume das ganze Jahr über geringfügig lüften.

6.3.2 Trockenlegung

Weil eine Trockenlegung erdberührter Wandflächen vergleichsweise aufwendig und teuer ist, empfiehlt sich das nur,

- wenn der Wasser- bzw. Feuchtigkeitsanfall und die Schäden am Gebäude groß sind, z.B. wenn Grund- oder Hangwasser ansteht,
- bei kulturell wertvollen oder denkmalgeschützten Gebäuden,
- wenn Kellerräume oder nichtunterkellerte Nebenräume zu Wohnzwecken oder zu anderen Trockenräumen umgestaltet werden sollen.

Wirksame Techniken zur Trockenlegung sind:

- Einbau senkrechter Sperrschichten, in der Regel auf der Außenseite der Wand,
- Anbringen von senkrechten Drän- bzw. Filterschichten auf der Außenseite der Wand,
- Verlegen von Dränleitungen mit oder ohne Anschluss an den Abwasserkanal (nach behördlicher Anforderung)
- Einbau waagerechter Sperrschichten in das vorhandene Mauerwerk nach verschiedenen Verfahren.

Soll auch der Boden trockengelegt werden, so ist auf einen fachgerechten Anschluss der Wandabdichtung an die Bodenabdichtung zu achten (vgl. Kap. 6.5).

6.12
Wenn der Sockelvorsprung abgeschrägt wird, kann das Regenwasser besser ablaufen.

1 Putz
2 vorhandener Sockelvorsprung
3 Blech, Stein- oder Ziegelplatten

6.13
Abdichtung eines feuchten Kellers von innen.

1 Bestehendes Mauerwerk
2 Dichtungsbahn
3 Vormauerung 11,5 cm
4 Betonplatte 12 - 15 cm
5 Bestehendes Fundament
6 Sauberkeitsschicht aus Beton 4 - 6 cm
7 Schotter oder grober Kies

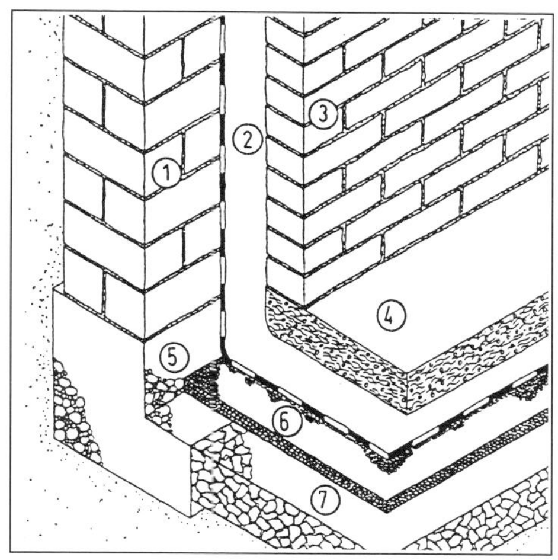

Senkrechte Sperrschichten

Senkrechte Abdichtungen auf Keller- und Fundamentmauerwerk bestehen aus einem wassersperrenden Putz auf der erdberührten Seite – ggf. in Verbindung mit einem Dichtungsanstrich oder einer Dichtungsbahn – und einer senkrechten Schutz- und Filterschicht. Ein richtig zusammengesetzter Zement- oder Trasskalkputz wirkt bereits wasserhemmend, ein bituminöser Dichtungsanstrich oder eine mineralische Dichtungsschlämme (kunstharzvergütete Zementschlämme) verbessert die Wirkung und bewirkt eine Überbrückung kleiner Putzrisse. Dichtungsanstriche sind besonders bei Hanglagen sinnvoll. Bei direkt anstehendem (drückendem) Wasser werden geklebte Dichtungsbahnen auf Bitumen- oder Kunststoffbasis verwendet. Die senkrechte Dränage- bzw. Filterschicht schützt die Abdichtung vor mechanischer Beschädigung und ermöglicht einen raschen Wasserabfluss. Als Dränschicht werden Bitumenwellplatten, Faserzementplatten und Noppenfolien aus Kunststoff verwendet, oder, etwas solider und teurer, Filtersteine aus Beton, die mörtelfrei aufgesetzt werden.

Herstellung senkrechter Kellerwandabdichtungen außen:

- Arbeitsraum bis zur Fundamentsohle ausheben (an der Fundamentsohle etwa 50 cm breit, Böschungswinkel etwa 60° in Abhängigkeit von der Bodenart), Aushubmaterial seitlich lagern.
- Vorsicht bei Abgrabungen neben Kellergewölben! Einsturzgefahr! Das seitliche Erdreich dient als Widerlager (vgl. Kap. 6.4).
- Lockeren Mörtel, Wurzelreste und Humus von der Kellerwand entfernen, Fugen und Steinoberflächen mit hartem Wasserstrahl reinigen.
- Nach etwa zwei Wochen Austrocknungszeit die Schadstellen mit Trasskalkmörtel ausbessern, Fugen auswerfen (Mischungsverhältnis 1 Raumteil Trasskalk und 3 bis 4 Raumteile Sand).
- Nach weiteren 1 bis 2 Tagen Trasskalkputz aufbringen, bei Fundamentvorsprüngen Rundkehle ausbilden, Putz glatt abreiben.
- Zur weiteren Verbesserung: Dichtungsanstriche (z.B. Bitumenemulsion 2 x heiß oder 3 x kalt) oder Dichtungsbahnen (z.B. Bitumenschweißbahn mit Gewebeeinlage, zweilagig) aufbringen.
- Dränschicht lose vor die Wand stellen. Arbeitsraum in mehreren Lagen verfüllen und verdichten (bzw. sich setzen lassen), Traufstreifen anlegen.

Dränleitungen

Häufig wird in Verbindung mit dem Anbringen einer senkrechten Sperrschicht auch eine Dränleitung verlegt. Eine Dränleitung hat die Aufgabe, nach starken Regengüssen oder bei anstehendem Grundwasser das Aufstauen von Wasser oberhalb der Fundamentsohle zu verhindern. Ob eine Dränleitung erforderlich ist, hängt von der Menge und Häufigkeit des Wasseranfalls und von der im Gebäude auftretenden Feuchtigkeitsmenge ab. Auf jeden Fall ist der nachträgliche Einbau wesentlich teurer als der Einbau in Kombination z.B. mit einer senkrechten Abdichtung bei bereits vorhandenem Arbeitsraum.

Die Dränleitung wird in der Regel als Ringleitung um das Gebäude herum verlegt und an eine Sickergrube oder an die Kanalisation angeschlossen. Je nach Niveauunterschied zum öffentlichen Kanal sind ggf. Vorkehrungen gegen einen Rückstau zu treffen. In manchen Fällen ist der Anschluss an die Kanalisation nicht zulässig.

Dränleitungen werden als Tonrohre oder gelochte PVC-Schläuche angeboten, sie haben gewöhnlich einen lichten Durchmesser von 10 cm und werden mit mindestens 1% Gefälle (1 cm pro 1 m Länge) verlegt. Richtungsänderungen dürfen mit Bögen von max. 45° ausgeführt werden. Es empfiehlt sich, an ein oder zwei Stellen ein senkrechtes Rohr zum Spülen der Leitungen einzubauen.

Waagerechte Sperrschichten

Bei Neubauten wird beim Mauern der Kellerwände unter der ersten Steinschicht eine Bitumenpappe verlegt, um das Aufsteigen von Feuchtigkeit zu verhindern. Eine weitere horizontale Sperrschicht aus Bitumenpappe wird in der Außenwand etwa 30 cm oberhalb der Geländekante eingelegt.

Für den nachträglichen Einbau dieser Sperrschichten wurden mehrere Verfahren entwickelt, die aber alle recht aufwendig bzw. teuer sind. Es empfiehlt sich daher, im Einzelfall genau zu prüfen, ob die Anwendung eines der folgenden Verfahren angemessen ist oder ob zunächst die oben beschriebenen Maßnahmen ausreichen (6.3.1 und 6.3.2 a,b). Die Ausführung der folgenden Verfahren – außer dem Erstgenannten – sollte erfahrenen Fachfirmen überlassen werden, die auch eine mindestens fünfjährige Gewährleistung übernehmen.

Maueraustauschverfahren

Das Mauerwerk wird abschnittsweise ausgestemmt (Arbeitsweise ähnlich wie beim Unterfangen, vgl. Kap. 6.2) und ausgemauert, wobei eine Dichtungsbahn eingelegt wird, z.B. eine dicke Bitumenbahn mit Gewebe- oder Metalleinlage. Das Verfahren bietet sich an, wenn stark versalzene Wandteile ohnehin ausgetauscht werden sollen oder wenn ein neues Fundament hergestellt wird. Dieses Verfahren ist vergleichsweise kostengünstig und zum Selbstmachen geeignet. Mit Setzrissen am Gebäude muss jedoch gerechnet werden.

Mauersägeverfahren

Das Mauerwerk wird mit einer Säge aufgetrennt. In die entstandene Fuge wird ein Edelstahlblech eingelegt, oder die Fuge wird mit einem Dichtungsmittel unter Druck ausgefüllt. Auch bei diesem Verfahren muss mit Setzrissen gerechnet werden.

Chromstahlblech-Verfahren

In die Lagerfugen des Mauerwerks werden ca. 1 mm dicke, nichtrostende Edelstahlbleche maschinell eingeschossen. Das Verfahren kann nur bei Mauerwerk mit durchgehenden Lagerfugen angewandt werden.

Injektionsverfahren

Es werden Bohrlöcher hergestellt, in die mit oder ohne Druck eine abdichtende Flüssigkeit, z.B. ein wasserverdünnbares Silicat-Siliconat-Präparat, eingebracht wird. Silan- bzw. Siloxanpräparate sind möglichst zu vermeiden, da sie organische Lösungsmittel enthalten. Dieses Verfahren eignet sich besonders bei saugfähigem Ziegel- und Natursteinmauerwerk, wobei der Durchfeuchtungsgrad nicht über 50% liegen sollte. Unter Umständen ist eine Nachbehandlung erforderlich.

Elektrophysikalische Verfahren

Elektrophysikalische Verfahren sind eher teurer. Über die Wirksamkeit liegen uns keine gesicherten Erkenntnisse vor. Die manchmal verwendeten Entlüftungsröhrchen sind unwirksam.

6.3.3 Abriss und Neuerstellung

Manchmal kann Mauerwerk so schadhaft sein, dass eine Reparatur nicht mehr möglich ist und die Wand abgerissen und ersetzt werden muss. Der Wandaustausch kann in zwei Verfahren ausgeführt werden: entweder es wird abschnittsweise unterfangen, oder es wird abgesprießt und die Wand als ganzes ausgetauscht. Bei Mauerwerk im Erdreich muss auf der Außenseite der Wand ein Arbeitsraum ausgehoben werden.

Abriss und Wiederaufbau tragender Mauern (Baugenehmigung erforderlich) sollte nur unter fachlicher Anleitung ausgeführt werden. Besondere Vorsicht ist geboten, wenn sich in der Nähe der Wand ein Dekkengewölbe oder eine Kappendecke befindet. Unsachgemäße Vorgehensweise kann zum Einsturz führen!
Der Abriss einer Kellerwand kann unter Umständen vermieden werden, wenn eine neue, tragende Wand neben der vorhandenen schadhaften errichtet wird. Auf eine fachgerechte Gründung und Abdichtung sowie auf eine fachgerechte Verbindung mit den angrenzenden Bauteilen ist unbedingt zu achten.

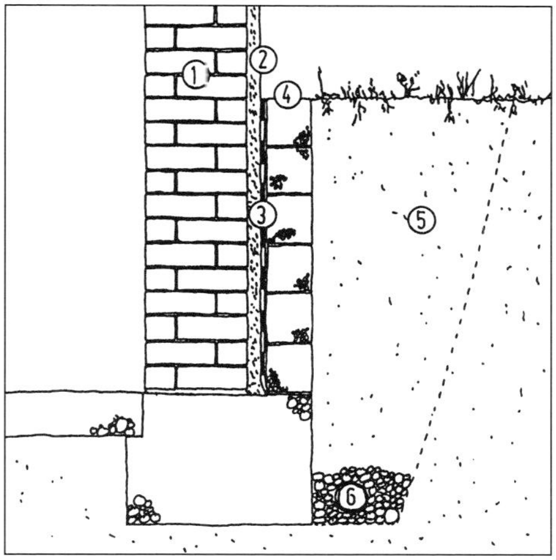

6.14
Sanierung einer feuchten Kelleraußenwand von außen; Lösung A.

1 Vorhandene Kellerwand
2 Zementputz als ebener Untergrund für Dichtungsbahn oder Dichtungsanstrich, 2 cm stark
3 Dichtungsanstrich oder -bahn
4 Filtersteine als Schutz vor mechanischer Beschädigung und als Filterschicht, 10 cm
5 aufgeschütteter Arbeitsraum
6 Dränleitung, zur Abführung des Wassers, in Kies gelegt

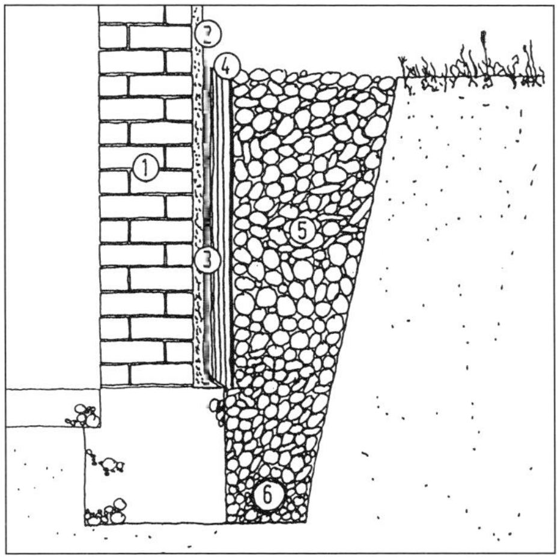

6.15
Sanierung einer feuchten Kelleraußenwand von außen; Lösung B.

1 Vorhandene Kellerwand
2 Zementputz 2 cm
3 Dichtungsanstrich oder -bahn
4 Wellplatten als Schutz vor Beschädigung der Dichtung
5 Filterschicht aus Kies
6 Dränrohr zur Ableitung des Wassers

6.16
Einlegen einer Sperrschicht.

1 Abschnittsweise Ausbrechen von Mauersteinen direkt über dem Fundament.
2 Abschnittsweise Einlegen einer Sperrschicht (Dichtungsbahn) und Wiedereinsetzen der Steine.

6.4 Kellergewölbe

Während bei den ebenen Geschossdecken, wie sie heute üblich sind (Stahlbeton-Plattendecken, Stahlbeton-Rippendecken, Holzbalkendecken) die Belastung durch Biegemomente auf die tragenden Wände geleitet wird, werden beim Gewölbe nur Druckkräfte wirksam, ähnlich wie bei einer senkrecht belasteten Wand.

Bei jedem Gewölbe stellt sich bei einer bestimmten Auflast eine charakteristische Stützlinie ein. Im Idealfall ist das Gewölbe so geformt, dass die Stützlinie in der Mitte des Gewölbes verläuft. Unterhalb des Kämpfers verläuft die Stützlinie bei normal dicken Wänden häufig außerhalb des Mauerwerks, d.h. das Mauerwerk lehnt sich seitlich ans Erdreich an; oder es werden Strebepfeiler als seitliche Widerlager ausgebildet, wie sie z.B. aus dem Kirchenbau bekannt sind. Gemauerte Bögen über Fenster- bzw. Türöffnungen und Kappendecken funktionieren übrigens nach dem gleichen Prinzip. Das Tonnengewölbe ist die einfachste und bei Wohn- und Wirtschaftsgebäude häufigste Gewölbeform. Kreuz-, Kuppel- und Rippengewölbe sind in ihrem Trageverhalten wesentlich schwerer zu erfassen.

Schäden an Gewölben machen sich im Allgemeinen im Scheitel- und Kämpferbereich in Form von Pressfugen mit Steinabsprengungen und durch klaffende Fugen bis hin zu herausfallenden Steinen bemerkbar. Ursache dafür ist eine Verlagerung der Druckzone (z.B. aufgrund einer zu großen Auflast) in Verbindung mit einem Nachgeben der Widerlager (z.B. weil die seitliche Abstützung oder die Auflast auf dem Widerlager nicht ausreicht). Oft wird eine derartige Änderung des Tragverhaltens überlagert vom feuchtigkeitsbedingten Alterungsprozess des Mauerwerks (Kap. 6.3, 7.1) oder von Mängeln am Fundament (Kap. 6.2).

Verformungen des Gewölbes dieser Art lassen sich nicht beseitigen, ein Fortschreiten muss jedoch verhindert werden. Bei Maßnahmen an und in der Umgebung von Gewölben ist es dringend geboten, eine erfahrene Fachperson einzuschalten. Gewarnt sei vor unsachgemäßen Eingriffen, die zum Einsturz des Gewölbes führen können.
So ist es nicht zulässig,

- den Boden seitlich der Gewölbe ohne fachgerechte Abstützung abzugraben,
- das Gewölbe von unten mit Druck abzustützen,
- Öffnungen in Gewölben herzustellen,
- aufgehendes Mauerwerk über den Widerlagern ohne fachgerechte Absprießung zu entfernen.

Für die Sanierung schadhafter Gewölbe kommen z.B. folgende Maßnahmen in Betracht:

- Einbau einer Entlastungsdecke über dem Gewölbe.
- Instandsetzen und ggf. Verstärken der Fundamente.
- Einbau von Stahlankern und Betonringankern.
- Ausbessern des Wand- und Gewölbemauerwerks.

Weil für die Ausführung dieser Maßnahmen besondere Fachkenntnisse erforderlich sind, wird auf eine weitergehende Darstellung verzichtet.

6.5 Böden gegen Erdreich

Bei der Instandsetzung und bei der Neuherstellung von Böden in Aufenthaltsräumen, die ans Erdreich grenzen, ist der Einbau einer waagerechten Feuchtigkeitssperre notwendig. Auf dieser Feuchtigkeitssperre kann dann jeder beliebige Fußbodenaufbau hergestellt werden (vgl. Kap. 10), wobei eine Wärmedämmschicht (15 cm der Wärmeleitgruppe 040) nicht fehlen darf.

Für Aufenthaltsräume wird baurechtlich in der Regel eine Mindesthöhe von 2,30 m vorgeschrieben. Beim Tieferlegen des Bodens, um z.B. die Dicke des neuen Bodenaufbaus auszugleichen oder um die lichte Raumhöhe zu vergrößern, darf das Erdreich nicht tiefer als bis zur Fundamentsohle ausgehoben werden. Anderenfalls muss auch das Fundament tiefergelegt werden (vgl. Kap. 6.2.3).

Der Bodenaufbau richtet sich nach der geplanten Raumnutzung. Für untergeordnete Nebenräume und bei trockenem Baugrund genügt es, einen kapillarbrechenden Unterbau aus einer 15 cm dicken Grobkies- oder Schotterschüttung und einem Mineralbeton- oder Siebschuttbelag herzustellen (abrütteln). Auf diesem Unterbau können Steinplatten (z.B. Naturstein- oder Betonplatten, eine Backsteinflachschicht o.ä.) in Sand oder Zementmörtel verlegt werden. Für beheizte Aufenthaltsräume kann auf einem solchen Unterbau über einer Dichtungsbahn mit Geovliesunterlage auch ein einfacher, wärmegedämmter Dielenfußboden hergestellt werden.

Der heute als Stand der Technik anzusehende Fußbodenaufbau, der für Wohnräume im Erdgeschoss sowie auf nicht ganz trockenem Baugrund empfohlen wird, kommt allerdings nicht ohne Betonbodenplatte und ohne eine fachgerecht verlegte Dichtungsbahn aus. Bei drückendem Wasser muss zusätzlich unter der Bodenplatte eine Dränage eingebaut werden. Besondere Aufmerksamkeit erfordert der dichte Anschluss an die senkrechten und waagerechten Abdichtungen der Kelleraußenwände.

Herstellung eines neuen, erdberührten Fußbodens:

- Fußbodenaufbau festlegen, dabei die erforderliche lichte Raumhöhe und die Lage der Fundamentsohle beachten.
- Vorhandenen Fußboden entfernen, es sei denn, er ist als Unterboden zur Aufnahme der Sperrschicht geeignet.
- Boden in der erforderlichen Tiefe ausheben, Aushubmaterial abfahren (oder auf dem Grundstück verwerten).
- Falls erforderlich: Fundament durch Unterfangen tieferlegen (vgl. Kap. 6.2).
- Filterschicht aus Grobkies einbauen, ggf. mit Geovlies und PE-Folie abdecken.
- Sauberkeits- und Ausgleichsschicht aus Zementbeton oder Mineralbeton herstellen, ggf. abrütteln.
- Kunststoff- oder Bitumenbahn als Abdichtung verlegen, Stöße ggf. verschweißen.
- Betonbodenplatte herstellen.
- Fußboden einbauen (vgl. Kap. 10).

Bei Verwendung von keramischen Fliesen oder Natursteinplatten als Bodenbelag in Wohnräumen kann der Einbau einer Fußbodenheizung durchaus sinnvoll sein. Sie ist aber kein Ersatz für eine gute Wärmedämmung – im Gegenteil. Zur Vermeidung übermäßiger Wärmeverluste nach unten muss die Dämmung unter den Heizschlangen besonders dick ausgeführt werden.

Fußböden für Feuchträume können ohne Abdichtung direkt auf dem Erdreich hergestellt werden, z.B. aus Ziegelpflaster, Natursteinplatten, Splitt, Mineralbeton oder gestampftem Lehm.

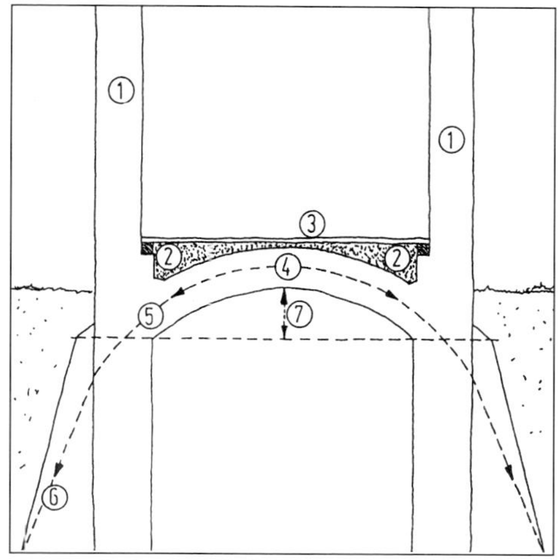

6.17
Die Bezeichnungen beim Tonnengewölbe.

1 Aufgehendes Mauerwerk
2 Gewölbezwickel oder Anker
3 Fußboden
4 Scheitel / Kämpfer
5 Widerlager
6 Stützlinie des Gewölbeschubes
7 Stich

6.18
Eine zum Wohnhaus ausgebaute Scheune – Südseite; Eingang und Terrasse.

7 Außenwand und Fassade

7.1 Mauerwerk

Das Mauerwerk alter Häuser besteht oft aus Ziegel- oder Natursteinen, die mit Kalkmörtel vermauert wurden und als Sichtmauerwerk oder mit Verputz ausgeführt sind.

Die häufigsten Schäden an altem Mauerwerk sind:

- Abblättern der Putzoberfläche und Ausblühungen im Sockelbereich.
- Verwitterte Mörtelfugen und verwitternde Steinoberflächen bei Sichtmauerwerk.
- Schadhafter Putz.
- Feuchtigkeit auf der Innenseite der Außenwände mit Stockflecken, Schimmelbildung, abblätternder Oberfläche.
- Risse im Mauerwerk.

Hauptursache für diese Schäden ist Feuchtigkeit: Regen, aufsteigende Bodenfeuchtigkeit und Luftfeuchtigkeit. Daher müssen die Maßnahmen zur Beseitigung solcher Schäden bei den Ursachen ansetzen. Rein oberflächliche Reparaturen wie Überstreichen oder Kitten sind in der Regel kaum die Mühe wert. Darüber hinaus ist bei fast allen Außenwänden älterer Häuser eine Verbesserung des Wärmeschutzes angebracht, bei Erneuerungsmaßnahmen (z.B. Putzerneuerung) sogar durch das GEG gefordert.

Sockel und Fassaden

Bei altem Sichtmauerwerk aus Natur- oder Backstein sind die Mörtelfugen häufig ausgewaschen, die Steinoberflächen verwittert und oft bröselig geworden. Ursache ist die Beanspruchung der Wand durch Regen und Frost. Altes Mauerwerk wurde oftmals aus nicht frostbeständigem Material hergestellt, obendrein beschleunigen Luftverschmutzungen und der saure Regen die Gesteinsverwitterung.

Der Verwitterungsprozess kann erheblich verlangsamt werden, wenn die lockeren Oberflächen abgetragen, wo nötig mit Gesteinsmehlmörtel (gibt es für alle Gesteinsarten im Handel) ausgebessert, und anschließend durch Hydrophobieren chemisch verfestigt und wasserabweisend imprägniert werden. Sind überwiegend die Mörtelfugen betroffen, so werden der lockere Mörtel 2 bis 3 cm tief ausgekratzt und die Fugen dann mit Trasskalk-Mörtel (Kap. 5.2.3) wandbündig neu verfugt, wobei die Verarbeitungsvorschriften bezüglich Witterung, Vornässen usw. unbedingt beachtet werden sollten. Eine vorherige Reinigung der Fassade durch Abbürsten, Abwaschen oder Dampfstrahlen ist empfehlenswert.

Ist die Verwitterung des Steins weit fortgeschritten, so bleibt nichts anderes übrig als die lockeren Schichten abzuschlagen (z.B. mit Steinmetzhammer, Beil oder Elektrohammer mit Breitmeißel) und die Fassade anschließend zu verputzen oder zu verkleiden (am besten in Verbindung mit einer Wärmedämmung).

Im Sockelbereich verwittern Steinfassaden häufig besonders stark, weil Spritzwasser – besonders in Verbindung mit Streusalz – die Wand zusätzlich beansprucht. Hier ist ein Abschlagen des losen Materials und ein neuer Zementputz oder eine neue Verkleidung mit Steinplatten sinnvoll. Steigt zudem Feuchtigkeit im Sockelmauerwerk auf, so kommt es bei der Sanierung darauf an, eine gute Verdunstung an der neuen Wandoberfläche zu gewährleisten, z.B. durch Verputzen mit einem wasserabweisenden, aber wasserdampfdurchlässigen Sanierputz (Kap. 5.2.3) in Verbindung mit einem Silikatfarbenanstrich.

Feuchtes Mauerwerk mit einem dichten Anstrich oder mit glasierten Fliesen zu überdecken, ist bei aufsteigender Feuchtigkeit keine Lösung, denn ein solcher Belag hält nicht lange und würde das Problem lediglich in die Wandfläche darüber verlagern. In schwierigen Fällen hilft nur eine Trockenlegung des Kellermauerwerks (Kap. 6.3.2).

Feuchtigkeit an der Innenseite von Außenwänden

Abblätternde Farbe, bröseliger Putz, Stockflecken und Schimmel an der Innenseite der Außenwände sind ebenfalls auf Feuchtigkeit zurückzuführen. Bodenfeuchtigkeit, die im Mauerwerk aufsteigt, bzw. ein schadhafter Außenputz oder verwittertes Sichtmauerwerk auf den Wetterseiten können dazu führen, dass Mauerwerk übermäßig nass wird.

Daneben steht heute die Durchfeuchtung infolge Schwitzwasserbildung im Vordergrund, vor allem an so gefährdeten Flächen wie Fensterlaibungen, Hausecken, Deckenauflagern und Flächen hinter großen Möbelstücken. Feuchteschäden an diesen Stellen sind fast immer darauf zurückzuführen, dass bei dichtschließenden Fugen neuer Fenster zu wenig gelüftet wurde. Infolgedessen enthält die Raumluft vermehrt Wasserdampf, der an den kälteren Wandoberflächen kondensiert. Neben konsequentem Lüften schafft nur eine zusätzliche Wärmedämmung dieser Wandflächen dauerhaft Abhilfe.

Einfache Maßnahmen zur Vermeidung von Schwitzwasserbildung:

- Möbelstücke 2 bis 5 cm von der Wand abrücken und eine Luftzirkulation von unten nach oben ermöglichen, große Bilder durch Abstandshalter hinterlüften.
- Räume mit hohem Feuchtigkeitsanfall häufiger lüften (Stoßlüftung).

7.1

7.2

7.3

7.4

7.1
Verwitterte Sandstein-Fensterbank.
Hier sollte zumindest durch eine Hydrophobierung eine weitere Verwitterung gestoppt werden. Sonst sehen die Fenstergewände bald ähnlich aus.

7.2
Tuffstein-Mauerwerk auf einem aus Naturstein gemauerten Sockel.

7.3
Abplatzen des Putzes.

7.4
Naturstein-Mauerwerk mit Mörtelfugen.

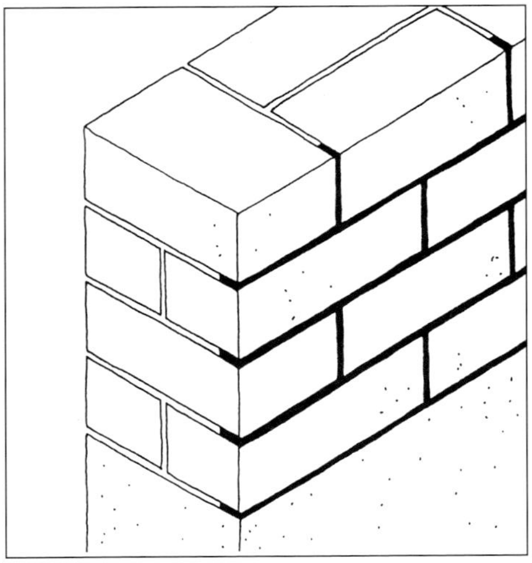

7.5
So wird schadhaftes Mauerwerk neu verfugt. Auskratzen der schadhaften Fugen (ca. 2 - 3 cm) und anschließend wieder neu verfugen.

7.6
Die Bezeichnungen bei einer Fachwerkwand.

1	Schwelle	7	Ausfachung
2	Balkenfach	8	Strebe
3	Rähm	9	Brustriegel / Riegel
4	Kopfriegel	10	Fußband
5	Bug oder Kopfband	11	Schwelle
6	Pfosten oder Stiel	12	Sockel

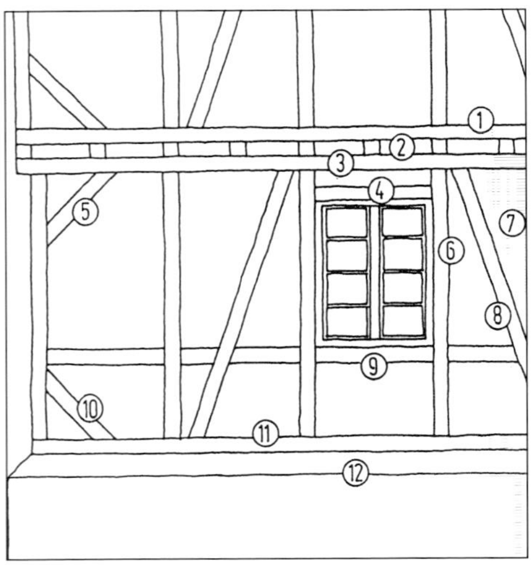

- Feuchträume (Küche und Bad) nicht über offene Türen in die Wohnung entlüften.
- Räume ausreichend beheizen, unbeheizte Räume im schlecht wärmegedämmten Altbau nicht über offene Türen temperieren.

Im Übrigen helfen nur möglichst umfassende Wärmedämmmaßnahmen an den Außenwänden (Kap. 7.3), denn dadurch wird die Temperatur der inneren Wandoberflächen erhöht; da hiermit gleichzeitig die Wärmebrücken an Fenstern, Decken und Gebäudeecken beseitigt werden, kommt es nicht mehr zur Kondensation des Wasserdampfes an den inneren Wandflächen, sondern, wenn überhaupt, wie früher an den Fensterscheiben.

Risse im Mauerwerk

Sichtbare Risse an der Außenwand können z.B. auf Schäden am Putz zurückzuführen sein. Sie sollten möglichst bald geschlossen werden, um das Eindringen von Feuchtigkeit in die Wand zu vermeiden.

Ursachen:
Rissbildung im Mauerwerk ist meist auf Mängel im Fundamentbereich zurückzuführen (siehe Kap. 6.1 - 6.3). Andere Ursachen, auf die hier jedoch nicht näher eingegangen wird, können sein:

- Mangelnder Verband bei Bruchsteinmauerwerk.
- Schubkräfte aus Gewölben, Dachstühlen oder Bögen über Wandöffnungen.
- Schiebende Betondecken, deren Bewegung infolge Temperaturschwankungen auf das daruterliegende Mauerwerk übertragen wird.
- Zu dünnes Mauerwerk ohne ausreichende Queraussteifung.

7.2 Fachwerk-Außenwände

Bei Fachwerkhäusern bildet das Holzwerk das tragende Gefüge, die Ausfachung aus Lehm- oder Mauerwerk ist nichttragend. Fachwerkkonstruktionen können relativ starke Setzungen und Verschiebungen ohne Gefährdung ihrer Stabilität aufnehmen. Probleme bereiten dagegen die zahlreichen Fugen zwischen Ausfachungen und Holzwerk. Diese Fugen führen dazu, dass Sichtfachwerkwände nicht schlagregensicher sind und somit nicht den Regeln der Baukunst entsprechen. Undichte Fugen beeinträchtigen die Winddichtigkeit des Gebäudes, Regen kann eindringen und zum Verrotten des Fachwerks führen.

Viele Schäden sind auf eine mangelhafte Bauunterhaltung, auf eine nicht ausreichende Berücksichtigung des konstruktiven Holzschutzes (Kap. 5.3.2) oder auf Fehler bei zurückliegenden Sanierungsmaßnahmen zurückzuführen – da nützt auch bestes Eichenholz auf die Dauer nichts.

Gerade bei der Instandsetzung von Fachwerkbauten kommt es darauf an, die traditionellen Konstruktionen zu verstehen und die handwerklichen Techniken zu kennen. Auf eine sorgfältige Ausbildung der Details und auf eine materialgerechte Verarbeitung ist großer Wert zu legen.

Häufige Schäden an Fachwerkwänden:

- Oberflächenzerstörung des Weichholzes durch Verwitterung.
- Morsche Schwellen auf dem Sockelmauerwerk, bedingt durch aufsteigende Feuchtigkeit und durch Nässestau z.B. über einem Mauervorsprung.
- Fäulnis an den Holzverbindungen und beschleunigte Verwitterung der Ausfachungen aufgrund einer schadhaften Dachentwässerung oder einer undichten Dacheindeckung.

- Pilzbefall (stets in Verbindung mit Feuchtigkeit).
- Befall durch tierische Holzschädlinge, die die tragende Konstruktion schwächen.
- Verschiebungen im konstruktiven Gefüge des Holztragwerkes.
- Offene Fugen zwischen Ausfachung und Holzwerk, die zu Nässestau und Fäulnis führen.
- Lockerer Außenputz.
- Lockere Lehm- oder Natursteinausfachung.

Fachwerkwände können als Sichtfachwerk oder als verputztes Fachwerk konzipiert sein. Das rein konstruktive, verputzte Fachwerk besteht meist aus dünneren Hölzern und wurde in der Regel ohne gestalterischen Anspruch und ohne Zierformen errichtet. Es ist weniger schadensanfällig, weil die Fugen zwischen Holzwerk und Ausfachungen verdeckt sind. Manchmal wurde Sichtfachwerk nachträglich verputzt, um den Brandschutz oder den Feuchtigkeitsschutz (Schlagregensicherheit der Fugen zwischen Gebälk und Ausfachung) zu verbessern. Gelegentlich dient der Putz auch dazu, eine als wertvoll angesehene Barock- oder Renaissance-Steinwand mit einer aufgemalten Quadrierung zu imitieren.

Eine Fachwerkkonstruktion sollte nur freigelegt werden, wenn sie auch ursprünglich als Sichtfassade angelegt war. Bei der Entscheidung gilt es außerdem den Zusammenhang mit der Nachbarbebauung und die Auswirkung auf das Ortsbild zu berücksichtigen. Das Freilegen eines ursprünglich verputzten Fachwerks wirkt oft lächerlich und aufgesetzt. Schlimmer noch ist das Vortäuschen eines Sichtfachwerks durch Bretter oder Bohlen. Eine solche „Scheinfassade“ rückt den Charakter eines Hauses in die Nähe von Disneyland.

7.7

7.8

7.9

7.10

7.7
Fachwerk mit Sichtmauerwerk.

7.8
Backsteinfassade, kombiniert mit ausgemauertem Sichtfachwerk.

7.9
Solche mit Brettern vorgetäuschten Fachwerke müssen nicht sein.

7.10
Schäden durch abgeplatzten Putz an der Fassade infolge eingedrungener Feuchtigkeit.

7.11
Schadhafter Sockelbereich.

7.11

7.2.1 Reparaturen am Holzwerk

Ausbessern von Holzteilen

Sind nur die oberen Schichten eines Holzbalkens verfault oder von Holzschädlingen zerstört, kann die schadhafte Schicht mit dem Beil entfernt und durch ein neues Brett ersetzt werden. Bei der Arbeit an tragenden Teilen ist der Kräfteverlauf zu berücksichtigen und das Ersatzholz ggf. kraftschlüssig mit dem vorhandenen zu verbinden. Eventuell muss vorher abgespriеßt werden – in Zweifelsfällen ist dabei der Rat eines Fachmanns angebracht. Größere Maßnahmen und Abstützungen erfordern unter Umständen sogar einen statischen Nachweis.

Die einzelnen Arbeitsschritte:

- Je nach Umfang des Schadens tragende Holzteile abspriеßen, ggf. prüfen lassen, ob der verbleibende Holzquerschnitt statisch ausreicht.
- Ausfachungen soweit erforderlich entfernen.
- Schadhafte Holzschicht abbeilen, eventuell Hilfsschnitte mit der Handkreissäge anbringen.
- Abgebeilte Flächen ebnen (mit Stemmeisen, Hobel).
- Bohlenstücke (4 - 6 cm dick), möglichst aus gesundem Abbruchholz oder aus trockenem Holz der gleichen Sorte, zuschneiden, genau einpassen und kraftschlüssig mit dem Fachwerkbalken verschrauben (beim Nageln kann die Erschütterung zur Beschädigung der Gefache führen).
- Insekten- und pilzbefallende Holzreste verbrennen.

Ersetzen von Holzteilen

Stark zerstörte Holzteile, die sich nicht mehr ausbessern lassen, werden ausgewechselt oder mit einem Beiholz (Aufdopplung) verstärkt bzw. entlastet. Ist z.B. eine Innendämmung vorgesehen, so kann ein morscher Stützenkopf durch ein aufgeschraubtes Konsolholz „ersetzt" werden. Solche Lösungen bieten sich auch an, wenn bei Gebäudeumnutzungen höhere Deckenlasten abgetragen werden müssen, z.B. beim Ausbau einer Scheune.

Ein echtes Auswechseln ist aufwendig. Es ist daher ratsam, den Schadensumfang unter fachlicher Anleitung zu beurteilen und statische, optische, denkmalpflegerische und wirtschaftliche Gesichtspunkte bei der Bauteilerneuerung mit einzubeziehen. Beim Abbruch tragender Teile ist immer eine Baugenehmigung erforderlich.

Arbeitsschritte beim Auswechseln eines Holzteils:

- Angrenzende Ausfachungen entfernen.
- Holzteile säubern.
- Abfangung (Abspriеßung) mit Anleitung durch einen Zimmermann oder Statiker herstellen.
- Schadhaftes Bauteil entfernen, bei Schädlingsbefall verbrennen.
- Ersatzholz - möglichst intaktes Abbruchholz der gleichen Holzart und mit angeglichener Holzfeuchte - handwerksgerecht einbauen.

Ist die Herstellung gezapfter oder gedübelter Holzverbindungen nicht möglich, so muss stumpf eingefügt und unter Umständen mit Nagelblechen gearbeitet werden.

Bei einer verputzten Fassade kann eine morsche Fachwerkwand vielleicht auch durch Mauerwerk ersetzt werden, sofern keine denkmalpflegerischen Belange entgegenstehen. Dazu folgende Regeln:

- Vorrang hat die konstruktions- und materialgetreue Ausführung.

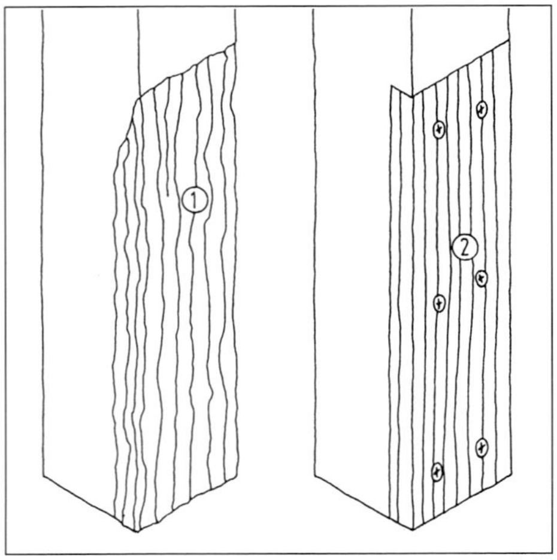

7.12

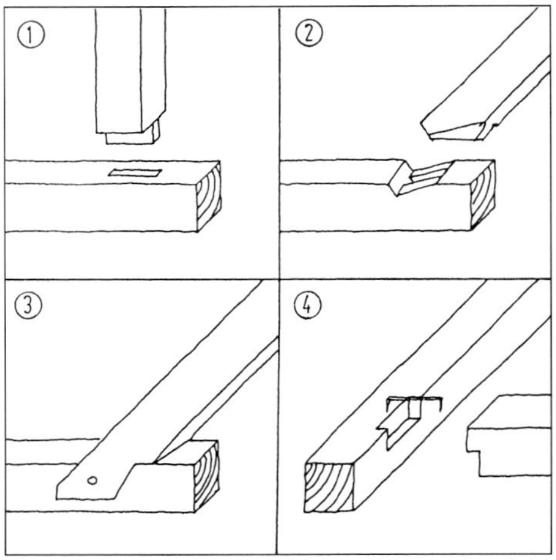

7.13

7.12
So werden schadhafte Holzteile repariert.

1 Schadhafte Holzteile ausbeilen/aussägen
2 Neues Holz einsetzen und verschrauben

7.13
Alte Fachwerkverbindungen.

1 Zapfen
2 Versatz
3 Verblattung
4 Versatz mit Klammer

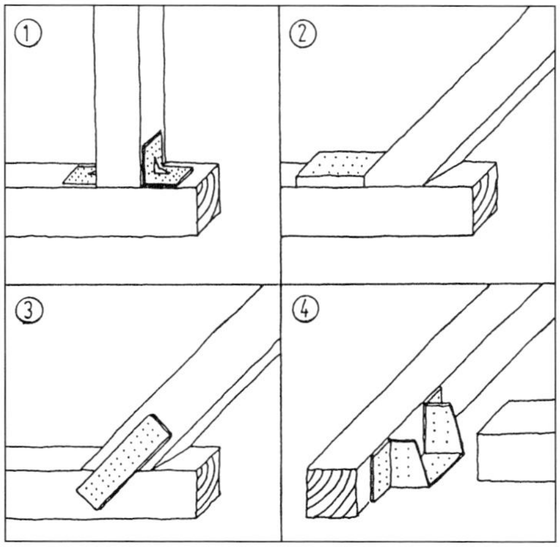

7.14

7.15 a

7.15 b

7.16

7.17

7.18

7.14
Genagelte, für den Selbstbauer geeignete Fachwerkverbindungen.

1 Winkelblech statt Zapfen
2 Brettlasche statt Versatz
3 Brettlasche statt Verblattung
4 Balkenschuh statt Versatz

7.15 a + b
Wiederherstellen des alten Fachwerkes durch Ersetzen der schadhaften Holzteile durch Überblattung mit Holzdübeln.

7.16
Der Versatz, eine traditionelle Holzverbindung.

7.17
Wiedereinbau einer alten, aufgearbeiteten Fachwerkkonstruktion. Alt neben Neu bleibt sichtbar.

7.18
Holzverbindung mit einer eingelassenen Stahllasche und Stahlbolzen.

7.19

7.20

7.21

7.22

7.23

7.19
Holzverbindung mit Nagelblechen (Winkelbleche).

7.20
Holzverbindung mit Balkenschuhen (genagelt).

7.21
Holzverbindung mit Nagelblech.

7.22
Hier wurden Holz- und Stahltragwerke kombiniert.

7.23
Beim Umbau dieser alten Scheune zum 3-Familienhaus wurde die schadhafte Ecke durch ein neues Holzrahmenbau-Element ersetzt.

- Klare Trennung zwischen Fachwerk- und Mauerwerkwänden (kein konstruktiver Mischmasch!).
- Steinwände stehen unter oder neben Fachwerkwänden, nie darüber.
- Die gestalterischen Auswirkungen berücksichtigen.

Zur Gestaltung von Reparaturen: in einer Fachwerkfassade können durchaus „Flickstellen“ gezeigt werden. Sie müssen aber formal gelöst und integriert sein. Das bewusst erkennbare, konstruktiv und handwerklich gut ausgeführte Reparieren ist eine ehrliche Architektur und in vielen Fällen einer Scheingeschichtlichkeit (historisierende Bauweise) vorzuziehen.

Ausrichten des Tragwerks

Ein neues Ausrichten des Fachwerks wird sich in der Regel nicht allein auf eine Außenwandfläche, sondern auf das gesamte räumliche Gefüge des hölzernen Tragwerks erstrekken. Dazu muss das Gebäude bzw. der betroffene Gebäudeteil völlig „entkernt“ und mit Verspannungen und Abstützungen statisch gesichert werden. Das Ausrichten der Fachwerkkonstruktion erfolgt mit Hebegeschirr und Zugvorrichtungen. Die Wechselwirkung zwischen Sicherungsmaßnahmen, Standortveränderungen und sich änderndem Kräfteverlauf erfordert eine sorgfältige Vorgehensweise und kann nicht im Selbstbau durchgeführt werden.

Wegen der hohen Kosten ist das Ausrichten eines Tragwerkes nur in besonderen Fällen, z.B. bei historisch wertvollen Gebäuden, sinnvoll. Im Übrigen ist das Atmosphärische eines schiefwinkligen alten Hauses ja auch nicht zu verachten! Die Veränderungen im Hausgefüge sind vielfach bereits vor langer Zeit eingetreten und abgeschlossen, so dass neue Schäden durch Setzungen kaum zu erwarten sind; der Kräfteverlauf ist also wieder im Gleichgewicht. Ein Eingriff in einen Teil des Tragsystems kann dagegen zu neuen, unerwarteten Schäden führen.

Ersatz durch moderne Holzrahmenbauweise

Nach pragmatischer Abwägung unter Berücksichtigung baukultureller Vorgaben (Denkmalschutz, andere baukulturelle Vorgaben) kann es sich bei teilgeschädigten Außenwänden anbieten, ganze Wandflächen (stockwerksweise, Giebelbereich usw.) durch teilvorgefertigte Holzrahmenbau-Elemente zu ersetzen. Soweit es die Bauabwicklung zulässt, werden die Elemente vom Zimmerer in transportabler Größe vorbereitet und mit Hebezeug vor Ort eingesetzt. Die Traghölzer bestehen aus sogenanntem Konstruktionsvollholz (KVH), i.d.R. 6/12 bis 6/22 cm, die Aussteifung aus innenseitig aufgeschossenen OSB-Platten mit d = 15 mm.

Die Elemente werden kraftschlüssig eingefügt, der Raum zwischen dem Tragwerk mit Dämmstoff gefüllt und anschließend innen sowie außen mit einer Verkleidung versehen, wobei unterschiedliche Ausführungen möglich sind.

7.2.2 Reparaturen an der Ausfachung

Für die Ausfachung des Holzwerks wurden bei alten Fachwerkhäusern Baustoffe wie Lehm auf Stakung, Ziegelmauerwerk oder Bruchsteine bevorzugt. Meist wurden 3 bis 5 cm dicke, in Nuten oder Kerben gespaltene Holzstaken oder ein Geflecht aus biegsamen Ruten (Weide, Haselnuss etc.) als Armierung für den Lehmbewurf verwendet. Da fetter Lehm beim Trocknen schwindet und bei Feuchtigkeit quillt, wurde der Lehm durch Sand abgemagert und durch geeignete Zusatzstoffe wie Tierhaare, Stroh- und Heu-

7.24

7.25

7.26

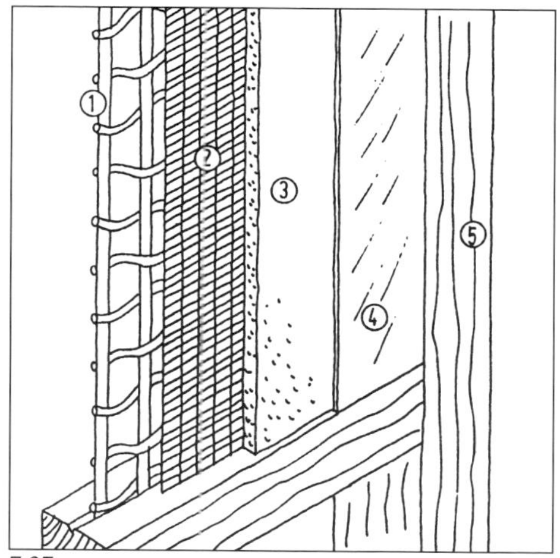

7.27

7.24
Fachwerk mit Stakung, Weidengeflecht und Lehmbewurf.

7.25
Sichtfachwerk, ehemals verputzt – wie an der rauen Holzoberfläche erkennbar. Die Putzoberfläche liegt in der gleichen Ebene wie das Holzwerk. So kann das Regenwasser zügig ablaufen.

7.26
Fachwerk mit Strohlehm-Ausfachung.

7.27
Reparatur einer Ausfachung mit Stakung und Weidengeflecht.

1 Stakung mit Geflecht
2 Verzinktes Metallgewebe, Kunststoffgewebe oder Schilfmatten
3 Putz 2 cm
4 Anstrich
5 Fachwerk

häcksel sowie Fichtennadeln armiert. Diese Mörtelmischung wurde angefeuchtet und durch Anwerfen und Eindrücken in mehreren Lagen beidseitig auf Stakung und Geflecht aufgebracht.

Als Außenputz ist ein reiner Lehmputz wegen seiner mangelnden Witterungsbeständigkeit nicht geeignet. Der Außenputz wird meist als Kalkputz ausgeführt, wobei zur besseren Verbindung zwischen Putz und Untergrund dem Kalkmörtel aus Sumpfkalk etwas Lehm zugesetzt wird.

Häufige Schäden an Ausfachungen:

- Undichte Fugen zwischen Ausfachung und Holzwerk.
- Verwitterter Putz.
- Verwitterter Fugenmörtel und verwitterte Steinoberflächen bei Sichtmauerwerk.
- Schadhafte Lehmausfachung, lockerer Mauermörtel, mangelnder Steinverbund.

Alte Fachwerkaußenwände genügen den heutigen Wärmedämmstandards nicht mehr. Soll nach außen Sichtfachwerk erhalten bleiben, wird die ausreichend zu bemessende Wärmedämmung innen hinter einer Vorsatzschale untergebracht, bei verputztem Fachwerk sollte die Dämmschicht vorzugsweise außen angebracht werden (Kap. 7.3.2). Bei Sichtfachwerk kann die nach den allgemeinen anerkannten Regeln der Baukunst und der Bautechnik geforderte Schlagregensicherheit praktisch nicht erreicht werden.

7.28
Neues Ausmauern einer Fachwerk-Außenwand (Dämmung nicht dargestellt).

1 Fachwerk 12 - 18 cm
2 Mauerwerk 11,5 - 17,5 cm
3 120er verzinkte Nägel

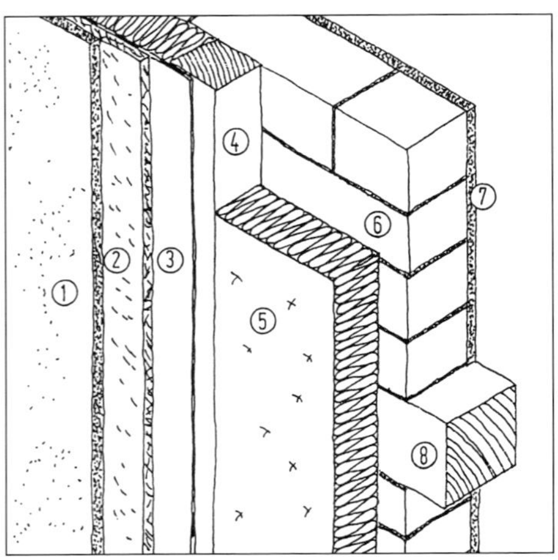

7.29
Sichtfachwerk mit verputzter Ausfachung und verputzter Innendämmung.

1 Innenputz 15 mm
2 HWL - Platte 15 mm
3 Dampfbremse
4 Kanthölzer im Anstand entsprechend der Dämmattenbreite
5 Dämmung 80 - 120 mm
6 Gemauerte Ausfachung
7 Außenputz 20 mm
8 Fachwerkriegel

Sichtfachwerk mit Lehmausfachung

Noch vorhandene Lehmausriegelungen sollten aus bauphysikalischen, bauhistorischen und wirtschaftlichen Gründen nach Möglichkeit erhalten werden. Wer Lehmfachwerk in größerem Umfang in traditioneller Technik reparieren will, sollte sich das Herstellen der Lehmmischung und die Arbeitstechnik von einer kompetenten Person zeigen lassen.

Leichte Schäden, wie Risse in der Oberfläche und offene Anschlussfugen, können relativ leicht beseitigt werden:

- Gefachfläche reinigen: lockere Stellen abschlagen, Oberfläche abbürsten oder abwaschen (Wasserschlauch).
- Risse und abgeplatzte Stellen mit Kalkmörtel (Kap. 5.2.3) schließen, Holzanschlussfugen sorgfältig und bündig ausführen.
- Kalkschlämme – evtl. mit Pigmenten eingefärbt – aufbringen (Kap. 18).

Bei stärkeren Schäden, z.B. bei teilweise fehlendem Lehmbewurf oder wenn die Ausfachung nicht mehr fest mit dem Holzwerk verbunden ist, kann folgendermaßen verfahren werden:

- Lose Stakung verschrauben.
- Gefach ganzflächig 2 bis 3 cm tief ausnehmen, Anschlussfuge mit Holz auskratzen.
- Verzinktes Metallgewebe („Streckmetall") als Putzträger an den Seiten am Holzwerk und in der Gefachmitte mit verzinkten Nägeln befestigen. (Wenn genügend Platz ist, kann auch eine 25 mm dicke Holzwolle-

Leichtbauplatte als Putzträger verwendet werden.)

- Kalkputz und Anstrich aufbringen.

Die Putzoberfläche sollte bündig an das Holzwerk anschließen oder nur wenig vorstehen; sie darf die Holzkante nicht überdecken. Eine möglichst glatte, feinkörnige Oberfläche ist passender als eine künstliche Struktur oder etwa ein wurmstichiger Rauputz.

Eine Fugenabdichtung mit „dauerelastischem“ Kitt ist nicht sinnvoll, da solche Fugen nicht dauerhaft dicht bleiben, die Dichtungsmasse aber ein Austrocknen eingedrungener Feuchtigkeit behindert.

Gefache mit Sichtmauerwerk

Ausfachungen aus sichtbarem Mauerwerk wurden im Allgemeinen aus Klinkern bzw. Vormauerziegeln hergestellt und sind besonders im norddeutschen Raum verbreitet. Die Instandsetzung erfolgt in ähnlicher Weise wie im Abschnitt über Sichtmauerwerk beschrieben:

- Mauerwerk mit Dampfstrahlgerät reinigen.
- Mörtelfugen 20 mm tief auskratzen, insbesondere die Holzanschlussfuge.
- Sorgfältiges Neuverfugen mit Traßkalkmörtel.

Auch hier ist es nicht sinnvoll, die Holzanschlussfuge mit dauerelastischem Kitt zu füllen.

Gefache mit verputztem Mauerwerk

Wenn sich die vorhandene, alte Ausfachung nicht mehr erhalten lässt, stellt sich die Frage, aus welchem Material die neue Ausfachung hergestellt werden soll. Beidseitig sichtbares Fachwerk ist wegen der unzureichenden Winddichtigkeit grundsätzlich nicht zu empfehlen; abgesehen davon reicht die Wandstärke des Fachwerkes (im allgemeinen ca. 14 cm) nicht aus, um zwischen den Oberflächen innen und außen noch eine ausreichende Wärmedämmung aus Mauerwerk unterzubringen. Soll die Fachwerkkonstruktion außen sichtbar bleiben, kann die neue Ausfachung aus Mauerwerk oder aus Strohlehm (mit raumseitig angebrachter Dämmschicht) oder in Leichtbauweise (Ausfachung mit Dämmstoff) hergestellt werden. Leichte Mauersteine, z.B. aus Bims oder Gasbeton, lassen sich sägen und somit gut an schräg laufende Holzteile anpassen. Schwere Steine, z.B. Ziegel oder Kalksandstein, bringen dagegen eine bessere Schalldämmung.

Beim Vermauern – am besten mit Kalkmörtel – wird in jeder zweiten Lagerfuge ein verzinkter Nagel seitlich ins Holz eingeschlagen, um die Ausfachung zu verankern. Eine bessere Schall- und Winddichtigkeit bieten mittig an den Fachwerkbalken angenagelte Dreikantleisten. Die obere Anschlussfuge wird am besten erst zwei Tage später vermörtelt, weil frisches Mauerwerk sich setzt und die obere Fuge sich öffnen würde. Bei verputztem Fachwerk wird bündig mit dem Holzwerk gemauert; bei Sichtfachwerk wird mit 25 mm Rücksprung gemauert, damit Putz- und Holzoberfläche in einer Ebene liegen.

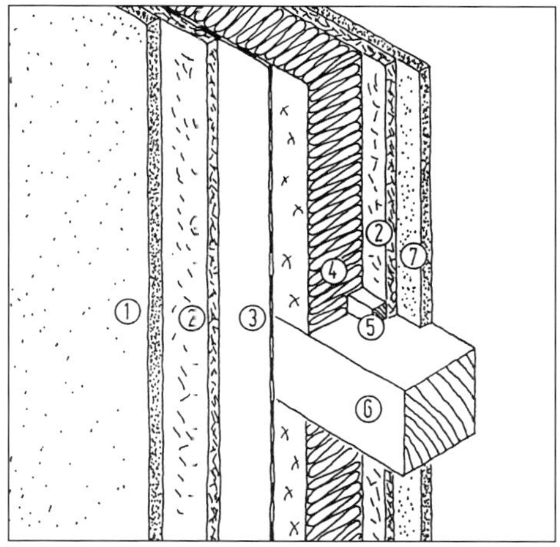

7.30
Sichtfachwerk mit wärmedämmender Ausfachung.

1 Innenputz 15 mm
2 HWL-Platte, innen 15 mm, außen 25 mm
3 Dampfbremse
4 Dämmung
5 Holzleiste als Anschlag für HWL-Platte
6 Fachwerkriegel
7 Außenputz 20 mm

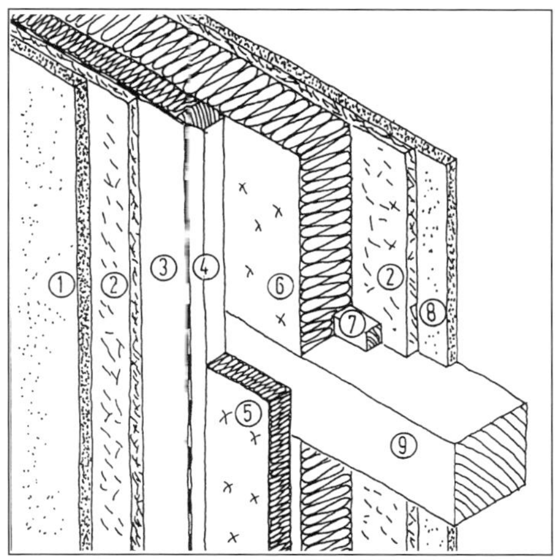

7.31
Sichtfachwerk mit wärmedämmender Ausfachung.

1 Innenputz 15 mm
2 HWL - Platte, innen 15 mm, außen 25 mm
3 Dampfbremse
4 Kanthölzer im Abstand entsprechend der Dämmatten
5 Dämmung
6 Dämmung, zusammen 120 - 200 mm
7 Holzleiste als Anschlag für HWL-Platte
8 Außenputz 20 mm
9 Fachwerkriegel

Leichte Ausfachungen

Muss die vorhandene Ausfachung entfernt werden, so besteht auch die Möglichkeit, die Gefache mit Wärmedämmstoff zu füllen und zu verputzen. Diese Dämmung reicht in der Regel aber nicht aus, den vom GEG geforderten U-Wert von 0,35 W/(m²·K) bei Innendämmung bzw. 0,24 W/(m²·K) bei Außendämmung zu erreichen. Zur weiteren Verbesserung der Wärmedämmung kann auf der Außen- oder Innenseite eine zweite Dämmschicht angebracht werden, sofern kein Antrag auf Ausnahme-Genehmigung für den erreichten Wärmeschutz gestellt wird. Zu bedenken ist, dass die schalldämmende Wirkung so leichter Konstruktionen nur mäßig ist.

Einige Regeln für den Umgang mit Fachwerkwänden:

- Fassadenflächen nicht verfliesen und nicht mit dampfdichten Dämmplatten, Dispersionsanstrichen oder Kunstharzputzen versehen.
- Risse im Holz des Sichtfachwerkes, die mehr als 8 mm breit sind, mit Holz auskeilen, kleinere Risse nur mit Farbe tief ausstreichen.
- Das Schwellenauflager ist so auszubilden, dass aufsteigende Feuchtigkeit von unten mit einer Bitumenbahn abgesperrt wird und dass Feuchtigkeit von oben nicht gestaut wird oder gar unter bzw. hinter die Schwelle dringen kann.
- Kalkputze auf Lehmausfachungen benötigen einen Putzträger zur Haftung.
- Bei vorstehenden Putzflächen müssen die Putzkanten schräg an die Hölzer herangeführt werden, um einen ungehinderten Wasserablauf auf der Fassade zu gewährleisten.
- Bei allen Reparaturen und Veränderungen soll das statische System nicht verändert werden. Auf das Fachwerk sollen nur Lasten aus Holzkonstruktionen abgetragen werden.
- Fehlstellen sind mit trockenem Holz der gleichen Holzart mindestens 5 cm dick zu sanieren.

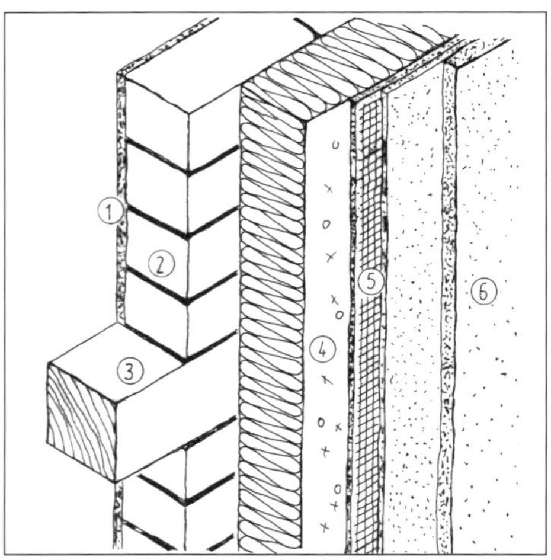

7.32
Ausgemauerte Fachwerkwand mit verputzter Wärmedämmschicht und sichtbarem Fachwerk innen.

1 Innenputz 10 – 15 mm
2 Gemauerte Ausfachung (in der Stärke des Fachwerks)
3 Fachwerkriegel 120 - 140 mm
4 Dämmung 80 - 200 mm
5 Unterputz mit Armierung, darüber
6 Außenputz 10 – 25 mm

7.3 Wärmedämmung der Außenwände

Es gibt kaum einen Altbau, dessen Außenwände auch nur annähernd die heutigen Neubaustandards hinsichtlich Wärmeschutz erreichen. Daher kommt der Verbesserung der Außenwanddämmung bei der Hauserneuerung eine besondere Bedeutung zu:

- Eine Wärmedämmung vermindert die Wärmeverluste eines Bauteils und senkt den Heizenergieverbrauch – auch bei sonnenbestrahlten Südwänden. Das bedeutet: Senkung der Heizkosten, dadurch Schonung der begrenzten Energievorräte, Entlastung der Umwelt durch geringere Schadstoffemission, erhöhte Behaglichkeit, Beseitigung von Wärmebrücken und von Kondenswasserbildung.
- Entscheidend für das Maß der Dämmwirkung ist die Dicke und technische Qualität des verwendeten Dämmstoffes.
- Die Dämmeigenschaft eines Baustoffes wird durch die Wärmeleitfähigkeit λ (in W/(m·K)) beschrieben; sie ist bei Dämmstoffen auf der Verpackung angegeben (vgl. Tabelle 5.12).
- Die Dämmwirkung eines Bauteils wird durch den Wärmedurchgangskoeffizienten U (in W/(m²·K)) beschrieben. Sie errechnet sich aus dem Dämmwert λ und der Dicke der einzelnen Bauteilschichten. Je niedriger der U-Wert, umso geringer sind die Wärmeverluste (vgl. Tabelle 4.4 und 4.7).
- Mit dem GEG hat der Gesetzgeber Mindestanforderungen (maximale U-Werte) für Modernisierungs- und Neubaumaßnahmen festgelegt, die seit 2014 recht anspruchsvoll sind: U_{Wand} = 0,35 W/(m²·K) bei Innendämmung bzw. 0,24 W/(m²·K) bei Außendämmung.
- Die Wärmedämmung der Außenbauteile ist daher als Energiesparmaßnahme in der Regel bedeutsam, da sie eine beträchtliche En-

ergie- und Heizkostenersparnis sowie eine Verbesserung des Innenraumklimas bringt.

Die verschiedenen Dämmstoffe sind in Kap. 5.4 aufgeführt. Die Dicke des Dämmstoffs errechnet sich aus dem angestrebten U-Wert. Unter Umweltaspekten sollte ein Dämmstandard gewählt werden, der über den Mindestanforderungen des Gebäudeenergiegesetzes (vgl. Kap. 4.4.1) liegt. Bei normalen Heizgewohnheiten in Wohnhäusern ist es für den Heizenergieverbrauch ohne Bedeutung, ob die Dämmschicht auf der Außen- oder Innenseite der Wand liegt. Trotzdem bleibt die Frage: Außen- oder Innendämmung?

7.3.1 Außen- oder Innendämmung?

Bei der praktischen Anwendung haben beide Lösungen ihre Vor- und Nachteile. Grundsätzlich ist die *außenliegende Dämmung* aus bau- und wärmetechnischen Gründen zu bevorzugen, weil dabei

- Wärmebrücken im Bereich der Fenster, Wand- und Deckenanschlüsse und damit die Gefahr der Schwitzwasserbildung vermieden werden;
- eine massive wärmespeichernde Wand auf der Raumseite eine ausgleichende Wirkung auf das Raumklima hat;
- der Einbau einer Dampfbremse in der Regel nicht erforderlich ist.

Eine *Außendämmung* bietet sich besonders dann an, wenn die Fassade ohnehin instandgesetzt wird oder eine Erneuerung der Fenster geplant ist. Wo es möglich ist, sollte die Außendämmung der Innendämmung vorgezogen werden.

Sie kann jedoch nicht ausführbar oder von Nachteil sein,

- wenn durch zahlreiche und schwierige Anschlüsse an der Fassade ein hoher Arbeitsaufwand entsteht;
- wenn nur Teile des Gebäudes beheizt sind und gedämmt werden sollen – was z.B. bei alten Bauernhäusern oft vorkommt – denn es ist praktisch kaum möglich, lediglich eine Teilfläche der Fassade mit einer Wärmedämmung zu versehen;
- wenn eine wertvolle Fassade in ihrem Aussehen erhalten werden soll, z.B. Backsteinfassaden mit Fenstergewänden und Gesimsen aus Naturstein;
- wenn Außenwände auf der Grenze zum Nachbargrundstück stehen und mit dem Nachbarn keine Einigung möglich ist. Baugrenzen und Grundstücksgrenzen zu öffentlichen Flächen, z.B. Gehwegen, Straßen, dürfen im Allgemeinen nach Absprache mit der Baurechtsbehörde überschritten werden, um wie viel, ist oft Verhandlungssache.

Eine *Innendämmung* hat den Vorteil, dass Wärmebrücken wie Rollladenkästen wirkungsvoll gedämmt und dass in der Ebene der Dämmschicht neue Installationsleitungen verlegt werden können: das Herstellen von Wandschlitzen mit den zugehörigen Folgearbeiten entfällt also. (Vorsicht jedoch bei Wasserinstallationen in der Wand: Frostgefahr! Nach einer Innendämmung kann der Frostpunkt in der Wand liegen.)

7.33
Das waagerechte Kantholz über Tür- und Fensteröffnung begrenzt die verputzte Wärmedämmschicht.

Tabelle 7.1
U-Werte von Außenwänden.
Der U-Wert ist ein Maß für die Wärmedurchlässigkeit von Bauteilen. Die U-Werte von Außenwänden älterer Gebäude liegen oft über 1,2 W/(m²·K). Der nach Gebäudeenergiegesetz (GEG) maximal zulässige Wert für Neubauten ist 0,28 W/(m²·K).

Typische U-Werte für Außenwände		
Wärmedurchgang: U-Werte in W/(m²·K)	**Erläuterung**	**Beurteilung der Dämmwirkung**
über 1,2	die meisten Altbauwände	sehr schlecht
bis 0,28	Richtwert für Neubauten gemäß GEG	gut
bis 0,24	bei Erneuerung des Außenputzes und Dämmung gemäß GEG-Bauteilverfahren	gut
unter 0,12	Passivhaus-Standard (etwa KfW-40-Standard)	gut - sehr gut

Reparaturen am Fachwerk, z.B. mit aufgesetzten Beihölzern, lassen sich bei einer Innendämmung problemlos verdecken. Innendämmungen, in der Regel zwischen 12 und 15 cm dick, können zwar Zimmer für Zimmer und ohne Gerüst angebracht werden, haben jedoch den Nachteil, dass sie die häufig kleinen Räume noch kleiner machen. Bei Innendämmungen wird schon unter ganz normalen Temperaturbedingungen der Taupunkt im Wandquerschnitt erreicht, wenn er nicht sogar schon in der Dämmschicht liegt. Gegen die Wanddurchfeuchtung durch kondensierenden Wasserdampf hilft nur eine sauber verlegte (d.h. dicht abgeklebte) Dampfbremse. Um eine Austrocknung der Konstruktion zu begünstigen, hat man feuchteadaptive Dampfbremsen entwickelt. Durch ihren temperatur- und feuchteabhängigen Diffusionswiderstand sorgen sie dafür, dass in die Wandkonstruktionen eingedrungene Feuchtigkeit besser austrocknen kann. Im Winter, wenn die Tauwassergefahr besonders groß ist, reagiert sie wie jede andere Dampfbremsfolie, sie verhindert das Eindringen feuchter Raumluft in die gedämmte Wand. Im Sommer wird die Folie spürbar dampfdurchlässiger, so dass feuchtes Holz auch zum Wohnraum hin austrocknen kann. Dampfbremsfolien müssen sich immer auf der Warmseite einer Konstruktion befinden, d.h. bei einer Innendämmung muss die Dampfbremse raumseitig vor der Dämmschicht liegen. Eine Beeinträchtigung des Raumklimas und der sogenannten Wandatmung ist durch solche Dampfbremsen nicht zu befürchten (vgl. Kapitel 3.2.1).

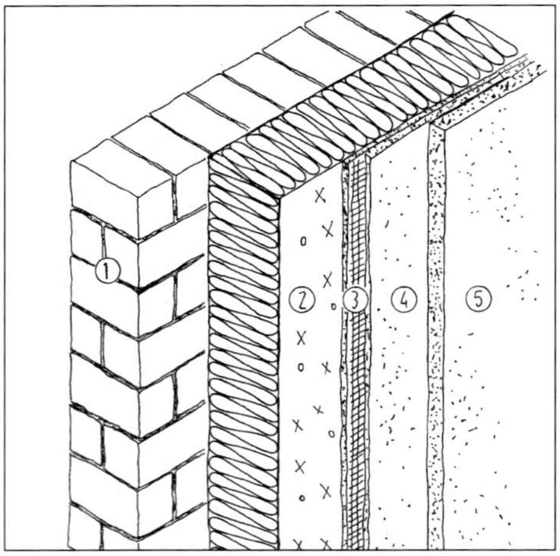

7.34
Der Aufbau eines Wärmedämmverbundsystems WDVS (verputzte Dämmfassade).

1 Außenwand
2 Dämmschicht 12 - 20 cm
3 Glasfasergewebe, eingebettet in den Unterputz
4 Unterputz
5 Oberputz; Dicke von Unter- + Oberputz: 10 – 25 mm je nach Beschichtungssystem

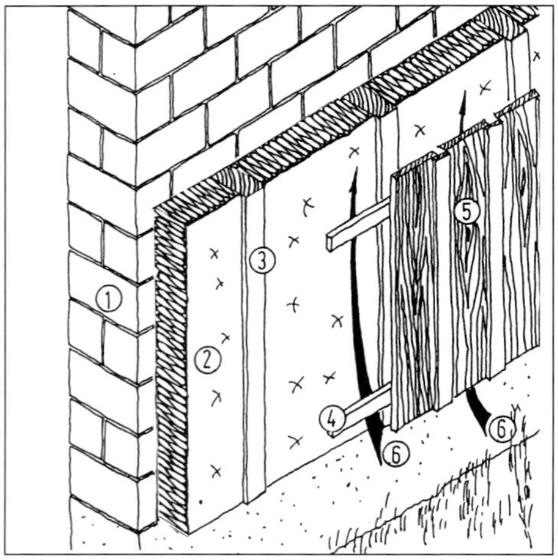

7.35
Aufbau einer holzverschalten Dämmfassade mit Mineralfaserdämmung.

1 Bestehende Außenwand
2 Dämmung aus Mineralfaserplatten 12 - 20 cm
3 Unterkonstruktion aus Kanthölzern
4 Lattung
5 Holzschalung
6 Hinterlüftungsebene

7.3.2 Außendämmung

Entscheidende Kriterien bei der Auswahl der Konstruktion sind das gewünschte Aussehen und die Kosten. Es bieten sich folgende Möglichkeiten:

- Die verputzte Fassade.
- Die holzverschalte Fassade.
- Die Fassade aus Sichtmauerwerk.

Verputzte Dämmfassade

Die Konstruktion der verputzten Dämmfassade besteht im Wesentlichen aus geklebten und verdübelten Dämmplatten, deren Festigkeit und Oberfläche zum Verputzen geeignet ist. Als Alternative zu Polystyrol-Platten eignen sich Mineralfaserplatten und Holzfaserdämmplatten, die mit dem Untergrund verklebt und verdübelt werden. Damit der Putz an den Plattenstößen nicht reißt, wird in den zwei- oder dreilagig hergestellten Verputz vollflächig ein Kunststoff- oder Glasfasergewebe eingearbeitet. Naturfasergewebe sind an dieser Stelle ungeeignet, weil sie bei Feuchtigkeit nicht formstabil bleiben.

Diese Dämmkonstruktionen bietet die Industrie als komplette Wärmedämmverbundsysteme (WDVS) an, bei denen die einzelnen Komponenten (Dämmstoff, Kleber, Grundputz, Edelputz) genau aufeinander abgestimmt sind. Wegen der einfachen Verarbeitung und der angeblich höheren Dauerhaftigkeit werden diese Systeme vielfach mit einem dünnen, leichten und aufgrund chemischer Zusätze sehr elastischen Kunstharzputz angeboten, seltener mit dem dickeren traditionellen Mineralputz. Zum Erhalt der Gewährleistung und zur Vermeidung späterer Schäden sind die Verarbeitungshinweise der Hersteller exakt einzuhalten.

Zellulose-Schüttdämmstoff kann auch in Verbindung mit einer Putzfassade eingesetzt werden, wenn auf die bestehende Wand in 12 bis 16 cm Abstand eine Vorsatzschale aufgeschraubt wird, indem entsprechend breite Holzdielen oder Stegträger (mit Winkeln angedübelt) außen mit Holzwolleleichtbauplatten oder anderen Putzträgerplatten beplankt werden.

Besondere Überlegungen erfordern bei Putzfassaden die Ausbildung des Sockels und der Anschluss an das Gelände, denn die gebräuchlichen Wärmedämmmaterialien sind feuchtigkeitsempfindlich.

Für den Sockel gibt es mehrere Lösungen:

- Als Wärmedämmstoff werden wasserunempfindliche Dämmplatten aus Schaumglas oder geschlossenzelligem Hartschaum (XPS / PUR) verwendet.
- Der Sockel erhält eine neue, gemauerte Vorsatzschale, was jedoch ein neues, frostsicheres, d.h. ausreichend tiefes Fundament erfordert.
- Anstelle des Fundaments kann auch eine Vorsatzschale aus Beton gegossen werden, die mit eingeschlagenen Edelstahlbolzen (rostfrei) oder rostfreien Stahlwinkeln am Mauerwerk verankert ist.
- Alternativ ist ein gewerbearmierter Zement-Sockelputz die einfachere Lösung.

Unter Umständen muss für eine Außendämmung der Dachvorsprung an den Giebel- und Traufseiten verlängert werden. Dazu wird die Dacheindeckung bis zum 2. Sparren entfernt. Der neue Ortgang wird bei Ziegeldeckung mit längeren Latten hergestellt, die bis zu 50 cm auskragen können.

Holzverschalte Dämmfassade

Zum Selbermachen besonders geeignet, bauphysikalisch gut und ökologisch günstig ist die Wärmedämmung mit vorgehängter hinterlüfteter Holzschalung. Die Wärmedämmung sollte 14 bis 22 cm dick sein. Als Dämmstoffe eignen sich alle halbsteifen und steifen Platten mit möglichst gutem U-Wert, z.B. Kork, Kokos- oder Mineralfaserplatten. Ungeeignet sind gerollte, weiche Matten, weil sie auf Dauer absacken oder aufquellen können und die Hinterlüftung dann beeinträchtigen. Bei der Verwendung von Zelluloseflocken muss durch Anbringen einer äußeren Platte erst ein Hohlraum geschaffen werden, in den das Dämmgut maschinell eingeblasen wird.

Die Hinterlüftung, ein unten und oben offener, mindestens 25 mm tiefer und durchgehender Hohlraum zwischen Dämmschicht und Holzschalung, gewährleistet ein rasches Austrocknen jeglicher Feuchtigkeit von innen oder außen. Die Unterkonstruktion besteht aus Kanthölzern oder Stegträgern, deren Abstand (50 - 100 cm) auf die Lieferbrei-

7.36 *oben und unten*
Herstellung einer holzverschalten Dämmfassade: Zunächst werden die Kanthölzer mit Stahlwinkeln an der Fassade befestigt (oben). Darauf folgen die bituminierten Weichfaserplatten und die Leisten für die Hinterlüftungsebene(unten). Der Hohlraum zwischen den Kanthölzern wird mit Dämmstoff gefüllt. Als letztes folgt eine waagerechte Holzschalung.

te des Dämmstoffes abgestimmt sein sollte. Mögliche Schalungsarten werden in Kap. 7.4 dargestellt.

Bei Fachwerkwänden empfiehlt sich der Einbau einer Windschutzbahn, denn die Anschlussfugen zwischen Holzwerk und Ausfachung sind in der Regel nicht ausreichend dicht. Für die luft- und winddichtende Schutzschicht gibt es spezielle Dichtungsbahnen, die unter oder auf der Wärmedämmschicht angebracht werden. Es dürfen hier aber keine diffusionsdichten Bahnen, z.B. aus Bitumen oder Kunststoff, verwendet werden.

Durch die Luftschicht und die Holzschalung zusätzlich zur Dämmung wird die Außenwand erheblich dicker. Vor allem an Fenstern und Türen führt dies zu tiefen Laibungen. Hier muss überlegt werden, ob die Fenster weiter nach außen verlegt werden können (ggf. in Verbindung mit einer Fenstererneuerung).

Der Übergang Fenster – Wand – Dämmung erfordert sorgfältige Detailplanung und ist in der Praxis häufiger Schadenspunkt: Wärmebrücken und Undichtigkeiten (z.B. in der Laibung), die zu Tauwasser und faulenden Fensterrahmen führen können, sind unbedingt zu vermeiden.

Vorgemauerte Dämmfassade

Wegen der hohen Kosten ist eine gemauerte Vorsatzschale nur sinnvoll, wenn aus gestalterischen Gründen ein Sichtmauerwerk gewünscht ist. Die neue Mauerschale übernimmt dabei die Funktion des Regenschutzes und verbessert unter Umständen den Schallschutz der Wand. Für den Wärmeschutz wird zwischen beiden Schalen eine Dämmschicht eingebaut, ähnlich wie bei der Holzschalung. Bei einer Ausführung ohne Luftschicht ist zu prüfen, ob eine Dampfbremse erforderlich ist. Die Vorsatzschale könnte zwar auch aus wärmedämmendem Mauerwerk mit Verputz hergestellt werden, der Dämmwert wäre aber trotz hoher Kosten vergleichsweise niedrig.

7.3.3 Innendämmung mit Putz oder Platten

Für die Innendämmung hat sich die Konstruktion mit einer Holzlattung als Unterkonstruktion bewährt. Die Dicke der Kanthölzer richtet sich nach der Stärke der Dämmschicht, ihr Abstand nach der gewählten Innenschale bzw. Oberfläche. Die Rahmenschenkel werden an die Wand geschraubt oder gedübelt und ggf. zum Ausgleich von Unebenheiten mit dünnen Brettchen hinterlegt. Für Auswahl und Dicke des Dämmstoffs gelten die weiter vorne dargestellten Überlegungen (Kap. 5.4).

Beim Einbau des Dämmstoffs ist stets darauf zu achten, dass an den Stößen und Rändern keine ungedämmten Fugen zurückbleiben. Anschließend wird die Dämmung raumseitig mit einer Dampfbremse eingepackt. Geeignet sind 0,2 mm dicke Folien aus Polyethylen (PE-Folie), folienbeschichtete Dampfbremspapiere (z.B. Percalor) oder sogenannte feuchtevariable Dampfbremsen. Letztere sind trotz ihres etwas höheren Preises besonders vorteilhaft, weil sie die Austrocknung der Konstruktion im Sommerhalbjahr begünstigen und damit diffusionsbedingte Feuchteansammlungen vermeiden. Die Dampfbremse wird auf die Rahmenhölzer getackert. Stöße, Randanschlüsse und alle Verletzungen der Dampfbremse sind mit einem zugelassenen, dauerhaften Klebeband sorgfältig zu dichten. Bei Fachwerkwänden übernimmt die Dampfbremse gleichzeitig die Funktion der Windabdichtung. Sie muss daher an ihren Rändern und an den Bahnenstößen ebenso luftdicht angeschlossen wer-

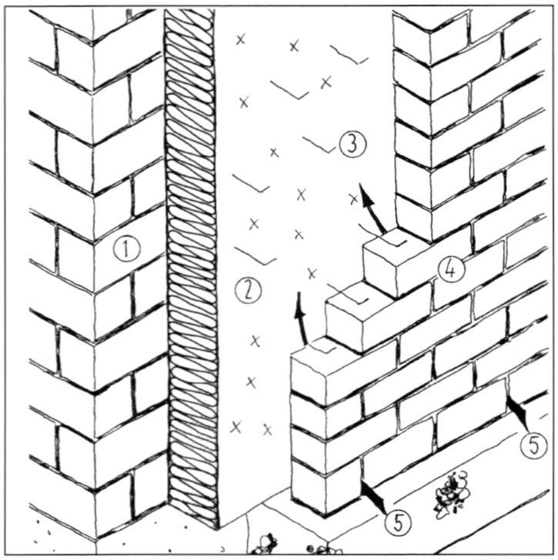

7.37

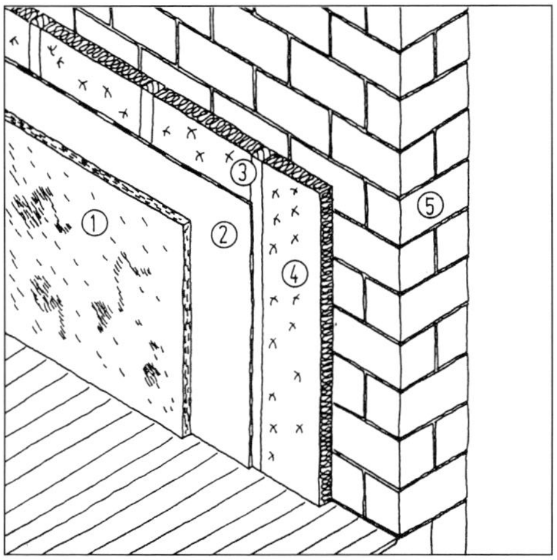

7.38

7.37
Aufbau einer vorgemauerten Dämmfassade.

1 Außenwand
2 Dämmschicht 8 - 20 cm
3 Anker für die Mauerschale
4 Mauerschale 11,5 cm
5 Hinterlüftung 2,5 cm

7.38
Aufbau einer Innendämmung mit Platten.

1 Verkleidung aus Platten 1,5 - 2 cm
2 Dampfbremse
3 Unterkonstruktion in Stärke der Dämmschicht
4 Dämmschicht 8 - 14 cm
5 Außenwand

7.39
Aufbau einer Innendämmung mit Putz.

1 Putz 10 -15 mm
2 Holzwolle-Leichtbauplatte 3 - 5 cm
3 Dampfbremse
4 Unterkonstruktion in Stärke der Dämmschicht
5 Dämmschicht 8 - 16 cm
6 Außenwand

7.40
Aufbau einer Innendämmung mit Holzverschalung.

1 Holzverschalung 22 mm
2 Lattung 3/5 cm
3 Dampfbremse
4 Unterkonstruktion in Stärke der Dämmschicht
5 Dämmschicht 8 - 16 cm
6 Außenwand

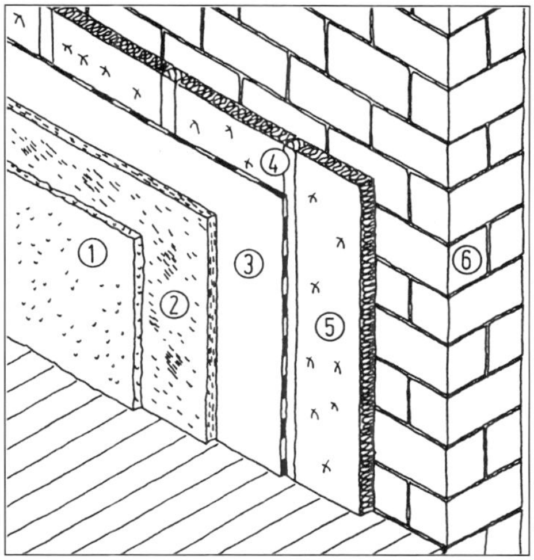

7.39

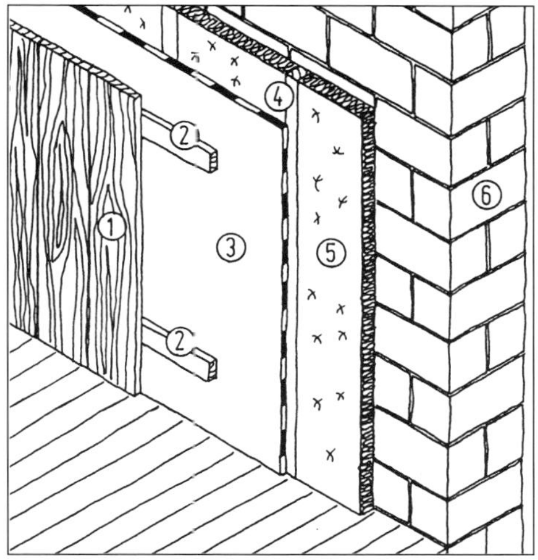

7.40

den wie an allen Durchdringungen von Leitungen, eingeklebten Unterputzdosen usw.

Die Innenschale der Wand besteht je nach gewünschtem Aussehen und bevorzugter Arbeitstechnik

- aus (nass) verputzten Trägerplatten, z.B. Kalk-Gipsputz auf Holzwolle-Leichtbauplatten,
- aus einer streich- oder tapezierfähigen Bauplatte, z.B. einer Gipskarton- oder Gipsfaserplatte (Trockenputz) oder
- aus einer Holzverschalung.

Die wärmedämmende Schale kann auch ohne Unterkonstruktion mit Ansetzbinder auf die Wand geklebt werden. Dafür werden im Handel Gipskarton-Verbundplatten in unterschiedlichen Größen und Dicken angeboten (Schichtaufbau z.B. 12,5 mm Gipskarton, Alufolie als Dampfsperre, 3 bis 5 cm Steinwolle). Häufiger werden Verbundplatten mit Styropor als Dämmschicht (lieferbar bis 8 cm Dämmstoffstärke) verwendet. Als alleinige Dämmschicht reichen diese Platten meist aber nicht aus, um die Anforderungen des GEG an Außenwände zu erfüllen ($U = 0{,}24\ W/(m^2 \cdot K)$ entsprechend 16 cm Dämmstoffdicke bei $\lambda = 0{,}040\ W/(m \cdot K)$).

Innere Vorsatzschalen aus wärmedämmendem Mauerwerk oder aus Strohlehm haben eine schlechte Dämmwirkung oder müssen unverhältnismäßig dick sein (siehe Tabelle 4.4). Trotzdem kann eine innere Vormauerung sinnvoll sein, um den Schallschutz einer Fachwerkwand zu verbessern. So eine zweischalige Wandkonstruktion besteht dann aus der Wärmedämmschicht und einer dünnen, möglichst schweren Vormauerschale, z.B. aus 7 cm dicken Gips- oder Kalksandsteinplatten. Gegebenenfalls ist vorher eine ausreichende Tragfähigkeit des Untergrundes herzustellen.

Ein Nassputz ist das richtige, wenn die Wand nicht tapeziert werden soll und wenn aus gestalterischen Gründen eine verputzte Wand gewünscht ist. Das Aufbringen eines Nassputzes ist von den genannten Techniken die aufwendigste, und die meisten handwerklichen Laien trauen sich eine solche Arbeit nicht zu. Die Arbeit ist aber verhältnismäßig einfach, wenn der Putzmörtel mit der heute allgemein üblichen Maschine aufgespritzt wird. Bei unebenen Wänden kann das Verputzen sogar weniger aufwendig sein und schöner aussehen als ein planebenes Verkleiden mit Platten. Als Putzträger werden zunächst Holzwolle-Leichtbauplatten mit Spezialnägeln auf den Rahmenhölzern bzw. vor der Dampfbremse angebracht. Die „HWL-Platten“ (z.B. Markenname „Heraklith“) bestehen aus langfaseriger Holzwolle mit Zement oder Magnesit als Binde- und Konservierungsmittel. Die Platten werden dicht gestoßen und waagerecht im Verband verlegt. Alle Fugen an den Plattenstößen, an Ecken und an Anschlüssen zu anderen Bauteilen werden mit einem 8 bis 10 cm breiten Gaze-Streifen bewehrt. Dieser Streifen ist so anzubringen, dass er später im Mörtel eingebettet ist (Abb. 7.41). Einzelheiten über das Verputzen von Innenwänden findet sich in Kap. 11.4.

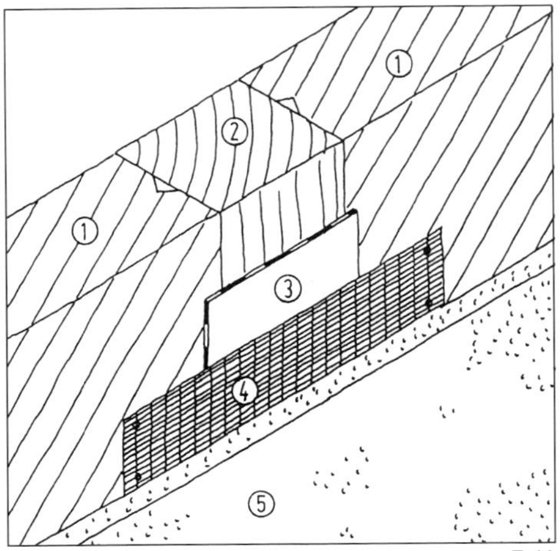

7.41

7.42

7.43

7.4 Fassadenflächen

Verputzte Fassaden

Die Haltbarkeit eines klassischen Außenputzes (Kalk-, Kalkzement- oder Zementputz) beträgt etwa 20 bis 50 Jahre, je nach Qualität des Putzes, des Untergrundes und je nach Beanspruchung durch die Witterung. Alter Putz verliert allmählich seine Festigkeit und seine Haftung am Untergrund, was sich zunächst durch Risse und später an abgelösten Flächen zeigt. Besonders beansprucht sind Sockelflächen, Wetterseiten, Stallmauerwerk und Mauerwerk aus unterschiedlichen Materialien (Mischmauerwerk). Risse und fehlende Putzflächen sind nicht nur Schönheitsfehler, eindringendes Wasser und Frost führen dazu, dass der Putz sich auch in der Umgebung der Fehlstellen löst und der Schaden sich vergrößert.

Durch Klopfen kann festgestellt werden, wie groß der Anteil der „hohl“ liegenden Flächen ist. Sind die Schäden auf einzelne Risse oder kleine Einzelflächen begrenzt, so kann das Ausbessern sinnvoll sein. Die ungleiche Putzstruktur und die Ränder der Flickstellen bleiben jedoch sichtbar. Hat der alte Putz einen mineralischen Anstrich und eine nicht zu glatte Oberfläche, so kann auf der ausgebesserten Wand auch vollflächig ein neuer Oberputz aufgebracht werden, so dass wieder ein einheitliches Aussehen erreicht wird.

Beim Ausbessern größerer Teilflächen oder beim Erneuern ganzer Wandflächen werden die lockeren Putzflächen weggeschlagen, bei Putzrissen in einer Breite von mindestens 6 cm. Anschließend wird das freiliegende Mauerwerk mit Wasser gereinigt und vom Staub befreit. Nach diesen Vorarbeiten wird der neue Putz in zwei Lagen aufgebracht. Bei der Reparatur von Rissen im Mauerwerk kann zusätzlich ein Fugengewebe im Unterputz eingebettet werden.

Das dauerelastische Auskitten von Putzrissen kann nur eine provisorische Notlösung sein, denn der Kitt reißt schon nach kurzer Zeit an den Rändern ab.

Beim Ausbessern oder Neuverputzen von vollflächig verputzten Fachwerkwänden sind einige Besonderheiten zu beachten: Beim Abschlagen des alten Putzes ist behutsam zu verfahren, damit die Ausfachung sich nicht lockert. Das Holzwerk darf nicht direkt verputzt werden. Es wird zunächst mit Ölpapier und Streckmetall überspannt und erst dann mit einem Kalkzement- oder Trasskalk-Mörtel so verputzt, dass die Bewehrung im Mörtel eingebettet ist. Um Risse im Bereich des Holzwerks zu verhindern, darf das Streckmetall nicht am Holz, sondern nur an der Ausfachung befestigt werden. Das Ölpapier verhindert, dass das Wasser aus dem Putzmörtel ins Holz eindringt.

Die oben beschriebene klassische Putztechnik (manche sagen auch, veralterte) wird heute meist durch moderne Maschinenputz-Beschichtungen ersetzt. Dies gilt besonders für verputzte Außendämmungen (Wärmedämmverbundsysteme).

7.41
Verputzen einer Fachwerkwand.

1 Ausfachung 12 - 14 cm
2 Fachwerk 12 - 14 cm
3 Ölpapier über alle Holzteile gespannt
4 Kunstfaser- oder Glasfaser-Gewebe (Befestigung an der Ausfachung)
5 Putz 1,5 - 2 cm

7.42
Holzverschalte Fassaden - Vergrauung erwünscht.

7.43
Modernisierter Altbau mit Holzleistenschalung; Wohnhaus Engstingen, Baisch + Fritz Freie Architekten BDA, Tübingen. Foto: Kurt Baisch

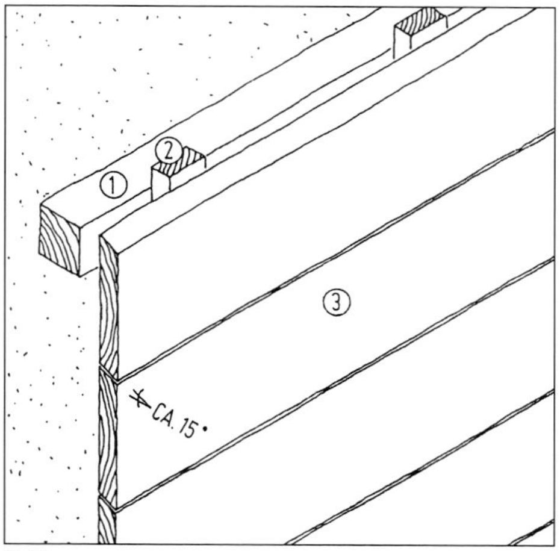

7.44

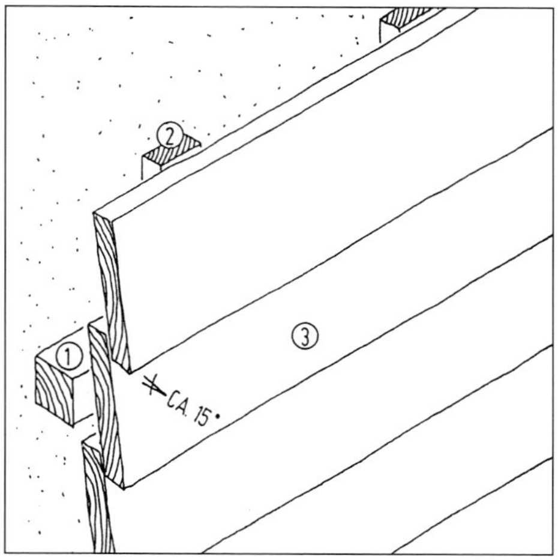

7.45

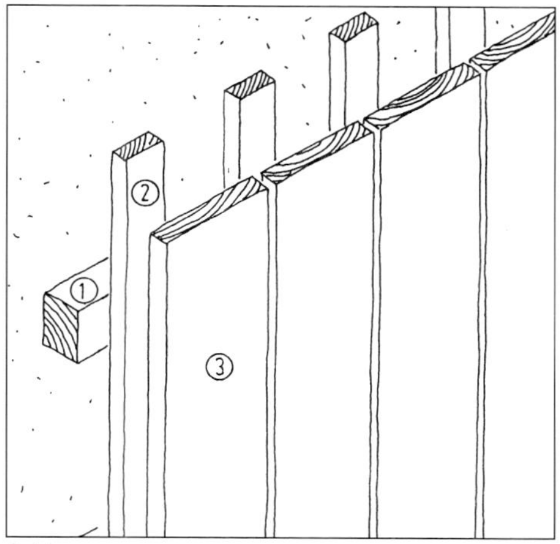

7.46

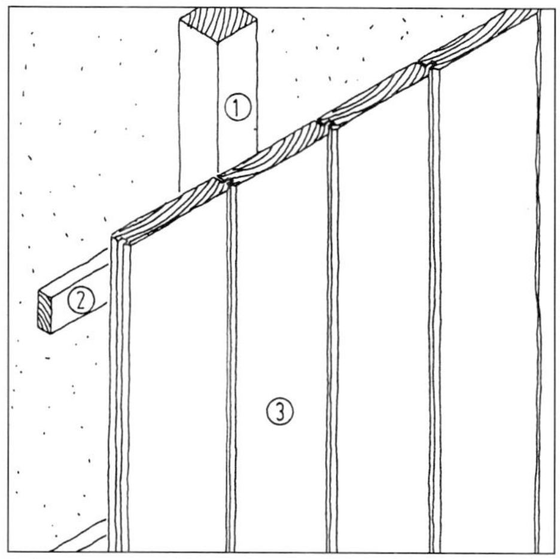

7.47

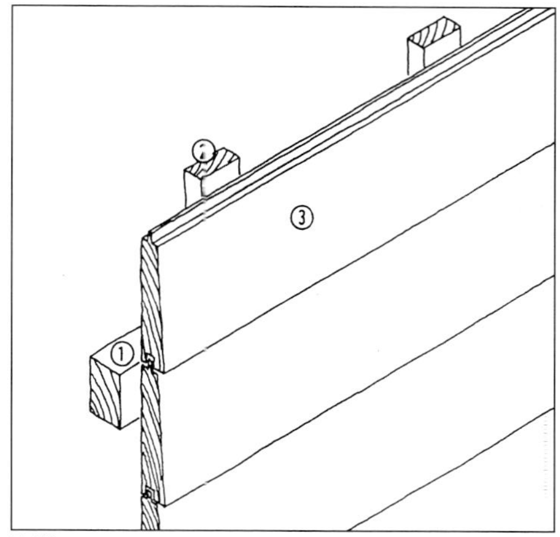

7.48

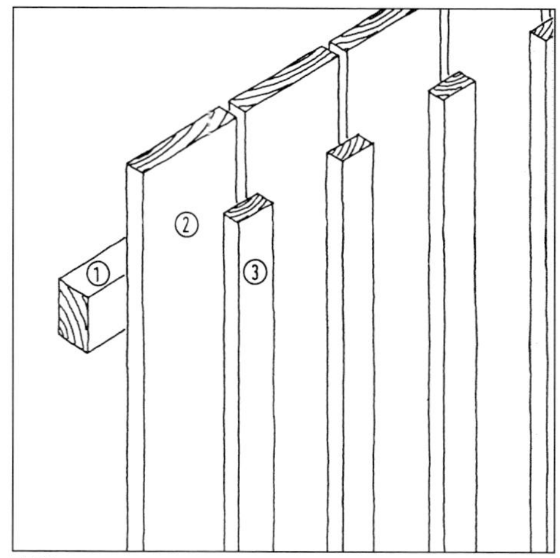

7.49

7.44
Stumpf gestoßene Schalung, Brettkanten schräg.
1 Lagerholz 5/5 cm
2 Konterlattung 3/5 cm
3 Schalung 22 mm

7.45
Gestülpte horizontale Schalung.
1 Lagerholz 5/5 cm
2 Konterlattung 3/5 cm
3 Schalung 22 mm

7.46
Senkrechte Schalung als umgekehrte Deckelschalung.
1 Lagerholz 5/5 cm
2 Konterlattung 3/5 cm
3 Schalung mit Lücke 22 mm

7.47
Senkrechte Schalung mit Nut + Feder.
1 Lagerholz 5/5 cm
2 Konterlattung 3/5 cm
3 Schalung 22 mm

7.48
Waagerechte Schalung als NF-Trapezschalung.
1 Lagerholz 5/5 cm
2 Konterlattung 3/5 cm
3 Trapezschalung 15/25 mm NF

7.49
Senkrechte Boden-Deckel-Schalung.
1 Lagerholz 5/5 cm
2 Konterlattung 3/5 cm
3 Schalung senkrecht + Deckleiste

Hier einige Putzregeln:

- Der Oberputz darf nicht härter sein als der Unterputz.
- Je grobkörniger ein Putz, um so haltbarer ist er.
- Keine Putzarbeiten bei Frostgefahr oder starker Sonneneinstrahlung ausführen.
- Zwischen Ausführung des Unterputzes und Aufbringen des Oberputzes 2 bis 4 Wochen Wartezeit einlegen.
- Der Unterputz muss staubfrei und leicht angeraut sein.

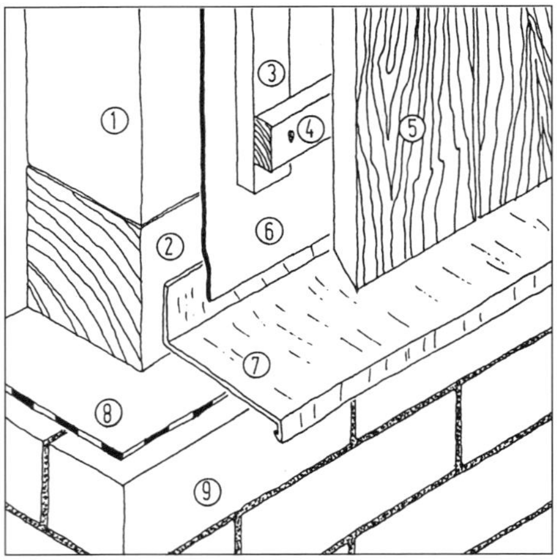

7.50
Sockelabdeckung mit Blech.
1 Pfosten 12/12 - 14/14 cm
2 Schwelle 12/12 - 14/14 cm
3 Lattung 3/5 cm
4 Konterlattung 3/5 cm
5 Schalung 22 mm
6 Windsperre (nur bei Fachwerk- und Leichtbauwänden)
7 Blechverwahrung
8 Pappe
9 Mauerwerk

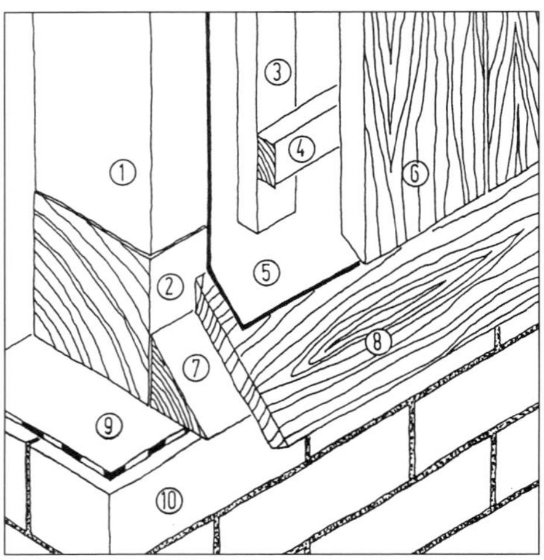

7.51
Sockelabdeckung mit Holz.

1 Pfosten
2 Schwelle
3 Lattung 3/5 cm
4 Konterlattung 3/5 cm
5 Windsperre
6 Schalung 22 mm
7 Holzkeil 45° abgeschrägt
8 Eichenbrett 22 mm
9 Pappe
10 Mauerwerk

Holzverschalte Fassaden

Holzverschalte Fassaden können ohne jeden Anstrich sehr alt werden. Voraussetzungen sind eine funktionierende Hinterlüftung und die Beachtung der übrigen Regeln des konstruktiven Holzschutzes. Dass bewittertes Holz regelmäßig gestrichen werden muss, ist ein verbreiteter Irrtum. Anstriche auf Holzschalungen dienen auch im Außenbereich überwiegend der optischen Wirkung. Auf chemischen Holzschutz kann verzichtet werden, wenn die Bewohner das „Vergrauen" des Holzes in Kauf nehmen. Der billigste und umweltschonendste Anstrich ist eben „kein Anstrich".

Eine Fassadenverkleidung aus Brettern ist z.B. sinnvoll, wenn eine alte Verkleidung aus Holz oder Asbestzementplatten erneuert oder die Außenwand mit einer Wärmedämmung versehen werden soll. Auch eine erneuerungsbedürftige Putzfassade oder Fachwerkwand kann mit Brettern bekleidet werden. Die Anschlüsse an Wandöffnungen und angrenzende Bauteile sollten hier sorgfältig durchdacht werden. Eine Baugenehmigung ist erforderlich, wenn die Wand nicht bereits mit Holz verschalt war.

Geeignete Holzarten für Fassadenschalungen sind Kiefer, Douglasie, Fichte und Lärche. Dabei ist es in jedem Fall sinnvoll, zusammen mit der Verschalung eine gute Wärmedämmung einzubauen. Dampfbremsen sind in der hinterlüfteten Außendämmung nicht nur überflüssig, sondern können sogar zu schweren Feuchteschäden führen. Dagegen sind dampfdurchlässige Windschutzpapiere über der Wärmedämmschicht empfehlenswert.

Es gibt zahlreiche Möglichkeiten zur Gestaltung einer Holzfassade. Am häufigsten anzutreffen sind senkrechte Brettschalungen mit Deckleisten oder die senkrechte Boden-Deckel-Schalung, ebenfalls aus geraden (parallel-besäumten) Brettern. Materialsparend und preisgünstig ist die Nut-Feder-Schalung („Spundschalung). Für einen raschen Wasserabfluss sind senkrecht verlaufende Schalungen günstig, sie erfordern jedoch wegen der Hinterlüftung eine senkrechte und eine waagerechte Lattung als Unterkonstruktion.

Ein wichtiger Hinweis bei Holzverschalungen außen:

Alle Befestigungsmittel der Bretter wie Nägel, Schrauben und Klammern müssen verzinkt sein. Bei sichtbaren Nägeln oder Schrauben sollte Edelstahl verwendet werden. Anderenfalls rosten die Befestigungsmittel oder verursachen unschöne Verfärbungen.

Fassadenbegrünung

Für eine Fassadenbegrünung sind mehrjährige Kletterpflanzen geeignet, die ein dichtes Polster bilden. Der Pflanzenpelz schützt die Wandoberfläche gegen die Beanspruchungen durch Schlagregen sowie gegen die Hitze und UV-Strahlung der Sonne, so dass die Lebensdauer des Fassadenputzes bzw. des Mauerwerks erhöht wird. Die Pflanzen haben darüber hinaus auch für die Umgebung eine klimaausgleichende und -verbessernde Wirkung: sie sorgen durch Verdunstung und Schattierung für einen Temperatur- und Feuchteausgleich, sie wirken staubfilternd und schallschluckend. Eine dicht begrünte Fassade ist Lebensraum für Insekten und Vögel, sie ist somit ein Beitrag zum Artenschutz und zur natürlichen Schädlingsbekämpfung.

Die *wärmedämmende* Wirkung der Fassadenbegrünung wird oft überschätzt. Sie kann kein Ersatz für eine richtige Wärmedämmung sein. Da es schade wäre, die Pflanzen einer schön bewachsenen Fassade zu entfernen, sollte die Fassadenbegrünung erst nach der Ausführung der erforderlichen Dämmmaßnahmen in Angriff genommen werden. Und so erwünscht die romantisch wirkende Eingrünung auch sein mag, gilt es weiter zu beachten, dass Kletterpflanzen in Putzrisse und Hinterlüftungshohlräume eindringen oder Regenabflüsse verstopfen können.

Die am häufigsten anzutreffenden Kletterpflanzen sind Efeu und selbstklimmender Wein; sie kommen ohne Kletterhilfen aus, ebenso wie der wilde Wein und die Kletter-

Mehrjährige Pflanzen für die Fassadenbegrünung	Lichtbedarf	Wuchstempo	Wuchshöhe in m	Hinweise
Wurzelkletterer haben Haftwurzeln, brauchen keine Kletterhilfe				
Irländisches Efeu (Hibernica)	☀ ◗ ●	0	> 10	anspruchsvoll, bedingt frosthart
Efeu "Woerneri"	☀ ◗ ●	–	> 10	widerstandsfähiger gegen Frost
Kletterhortensie	◗	–	7 (-10)	anspruchsvoll, bevorzugt saure Böden
Ranker haben Ranktriebe und Haftscheiben, klammern sich - sofern vorhanden - an Drähte und dünne Stäbe				
Wilder Wein	☀	+	12 (-15)	
Selbstklimmender Wein	☀ ◗ ●		8 (-15)	
Echter Wein	☀			anspruchsvoll, nur in geschützter, sonniger Lage
Schlingpflanzen winden sich um Drähte, Stäbe, Stützen				
Pfeifenwinde	☀ ◗ ●	+	6 (-20)	
Knöterich	☀ ◗	+	8 (-15)	robust und "aggressiv"
Immergrünes Geißblatt	☀ ◗ ●		3 - 4	
Glycinie (Blaurebe, Blauregen)	☀		10 (-20)	anspruchsvoll
Hopfen	☀ ◗	+	8	wächst sehr schnell, bedingt frosthart
Spreizklimmer brauchen künstliche Befestigung				
Kletterrosen	◗	+	3	nur frostharte Sorten auswählen
Kletterbrombeere	☀ ◗	+	5 (-6)	immergrün, nur bedingt frosthart

Lichtbedarf: ☀ vollsonnig ◗ halbschattig ● schattig
Wuchstempo: + schnell 0 mäßig – langsam Wuchshöhe: Erreichbare Höhe in m

Tabelle 7.2
Mehrjährige Pflanzen für die Fassadenbegrünung.

hortensie. Alle anderen Pflanzen brauchen Drähte, Stäbe oder Stützen, an denen sie sich halten können. Unter den Selbstklimmern ist der Efeu die einzige immergrüne Pflanze, wobei sich die Sorte „Helix Woernerie“ besonders durch Unempfindlichkeit gegen Frost, durch schnelles Wachstum und ein dickes, großblättriges Polster auszeichnet. „Helix Hibernica“ wächst etwas schneller, ist jedoch nur bedingt frosthart. Da es sehr lange dauert, bis eine Fassade mit Efeu zugewachsen ist, empfiehlt es sich, am Anfang auch schnell wachsenden wilden Wein zu pflanzen. Der Wein wird später vom Efeu verdrängt.

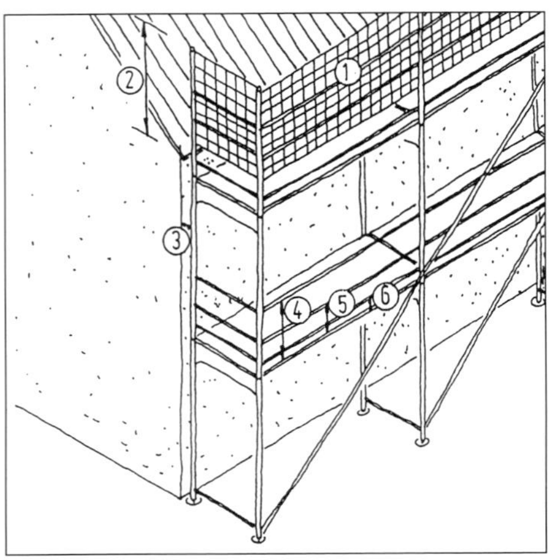

7.5 Gerüst aufstellen

Gerüste müssen stand- und unfallsicher sein. Gerade beim Selbstbau kommt es häufig vor, dass aus Unkenntnis, Kosten- und Zeitersparnis riskante bis gefährliche Situationen in Kauf genommen werden.

Einfache Arbeitsgerüste geringer Höhe können aus Stehleitern, Gerüstböcken und Bohlen selbst hergestellt werden. Alle übrigen Gerüste werden am besten von Fachfirmen erstellt. Während für die betriebssichere Herstellung der Gerüstbauer verantwortlich ist, haftet für die ordnungsgemäße Erhaltung und Benutzung jeder, der das Gerüst benutzt. Es ist zu bedenken, dass die meisten Arbeitsunfälle durch unsachgemäßen Umgang mit Bauhilfsmitteln entstehen, dazu zählen besonders die Gerüste.

Behelfsgerüste und Kleingerüste, bei Bedarf auch solche auf Fahrrollen für zügiges Umsetzen, bestehen aus geprüften Stahl- oder Alu-Stecksystemen, die je nach Bedarf baukastenartig zusammengestellt und vom Baugerätehandel auch zur Miete angeboten werden. Das gilt auch für Metallleitern, die für variablen Einsatz gebraucht werden.

7.52
Beim Gerüstbau sollte auf folgendes geachtet werden:
1 Werden Arbeiten am Dach durchgeführt, muss ein Fanggerüst angebracht werden.
2 Höhe des Fanggerüstes ab Traufe > 80 cm
3 Der lichte Abstand zwischen Gerüst und Außenwand darf nicht größer als 30 cm sein.
4 Die Höhe des gesamten Seitenschutzes muss 1m betragen.
5 Höhe der Kniestange ca. 40 cm
6 Höhe des Fußbrettes > 10 cm

Bockgerüste mit Böcken aus Holz oder Stahl (höhenverstellbar) und darüber ausgelegten Bohlen sind bis 4 m Höhe erlaubt.

Von *Anlegeleitern* dürfen nur kleinere Arbeiten bis 8 m Höhe ausgeführt werden. Leitern sollten nicht zu steil ausgestellt werden; sie müssen gegen Abrutschen gesichert sein (z.B. Festhalten durch eine zweite Person) und benötigen eine feste, unnachgiebige Unterlage.

Auslegergerüste kragen aus dem Bauwerk hervor. Dazu werden Holz- oder Stahlträger auf der tragenden Rohdecke verankert. Sie dürfen als Schutzgerüste und als leichte Arbeitsgerüste (Belastung max. 1 kN/m^2 = 100 kp/m^2) verwendet werden.

Bei größeren Fassadenflächen werden Gerüste aus Metallrohren verwendet.

Für Gerüste gelten u.a. folgende Vorschriften:

- Bei Arbeiten in mehr als 5 m Höhe sind Schutzgerüste erforderlich.
- Alle Gerüstbeläge, die mehr als 2 m über dem Boden liegen, müssen einen Seitenschutz haben. Er besteht aus Geländerholm, Zwischenholm und Bordbrett.
- Ein Seitenschutz ist dort nicht erforderlich, wo der Abstand zwischen Gerüstbelägen und Bauwerk nicht größer als 30 cm ist.
- Gerüstbeläge aus Brettern und Bohlen müssen dicht und so verlegt sein, dass sie weder wippen noch seitlich ausweichen können.

8 Dächer

8.1 Überblick

Das traditionelle Dach ist geneigt und hat eine Dacheindeckung aus Tonziegeln, Steinplatten, Holzschindeln oder Reet (Riet, Stroh, Schilf).

Die Eigenarten des Daches wie Dachform, Dachneigung, Art der Dacheindeckung und Dachüberstände haben sich im Laufe von Generationen herausgebildet, beeinflusst durch Lebensgewohnheiten der Bewohner, durch örtliche Klimabedingungen, verfügbare Materialien sowie durch den Herstellungs- und Pflegeaufwand. Traditionelle Dächer prägen zum Teil heute noch die typischen Bauformen einer Region und tragen zum Reiz eines historisch gewachsenen Ortsbildes bei. So dominierten im mittleren Deutschland mit Lehm- und Schiefervorkommen die Ziegel- und Schiefersteildächer, im Norden Deutschlands Steildächer aus Reet und Schilf.

Der Dachraum wurde früher als Speicher zur Lagerung von Vorräten und als Abstellraum genutzt. Erst die industrielle Herstellung von Falzziegeln, Dichtungsbahnen aus Bitumen oder Kunststoff und Wärmedämmstoffen ermöglichte neue Dachformen (z.B. Flachdächer) und die Nutzung des Dachraums auch für Wohnzwecke.

Die häufigsten baulichen Maßnahmen am Dach:

- undichte Dachdeckung reparieren oder erneuern, ggf. in Verbindung mit dem Einbau von Wärmedämmung,
- Schäden am hölzernen Dachstuhl beseitigen,
- Dachraum teilweise oder ganz ausbauen, um ihn für Wohnzwecke zu nutzen.

Dächer sind tragende Bauteile. Eingriffe ins Tragwerk und das Aufbringen zusätzlicher statischer Lasten erfordern das Hinzuziehen eines Statikers und häufig auch eine baurechtliche Genehmigung.

Eigenleistungen sind bei der Instandsetzung der *Dachhaut* nur bedingt sinnvoll, da z.B. Blechnerarbeiten nicht nur geeignetes Werkzeug, sondern auch Sachkenntnis und Erfahrung erfordern. Und bei Dachdeckerarbeiten ist wegen der Arbeitssicherheit in der Regel ein Gerüst notwendig. Kleinere Reparaturen am *Dachstuhl* können dagegen schon eher von geübten Laien durchgeführt werden.

Der *Dachausbau*, insbesondere der Innenausbau des Dachgeschosses, ist ein beliebtes Betätigungsfeld für Selbstbauer. Voraussetzung für einen gelungenen Dachausbau sind aber auch hier solide Planung und gute Arbeitsvorbereitung. Was nützen die besten Ideen, wenn sich z.B. nachträglich herausstellt, dass das Vorhaben mit dem geltenden Baurecht nicht in Einklang gebracht werden kann, der Platz für eine vernünftige Treppe fehlt oder die Tragfähigkeit der Decke nicht ausreicht.

Es empfiehlt sich also, genügend Zeit für eine gründliche Planung vorzusehen und nicht gleich Hammer und Säge in die Hand zu nehmen. Obendrein gelten die in Kap. 4 vorgestellten Überlegungen und Vorschriften hinsichtlich Wärmedämmung für alle Dächer, an denen Erneuerungsarbeiten in größerem Umfang vorgenommen werden sollen. Bei neu auszubauenden Räumen sind die Wärmeschutz-Anforderungen des Gebäudeenergiegesetzes (GEG) zu beachten.

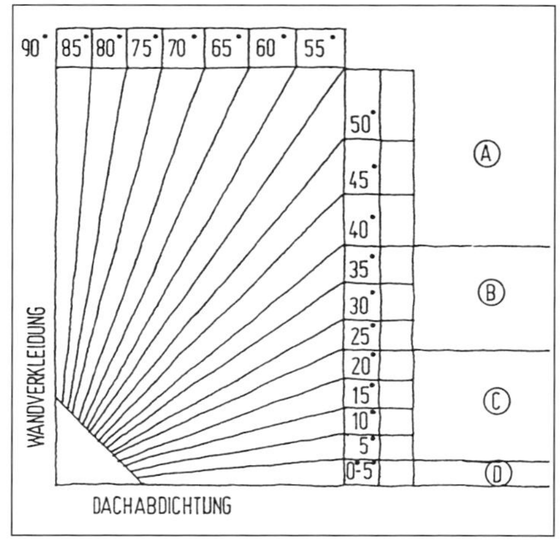
90°
85°
80°
75°
70°
65°
60°
55°
50°
45°
40°
35°
30°
25°
20°
15°
10°
5°
0-5°
A
B
C
D
WANDVERKLEIDUNG
DACHABDICHTUNG

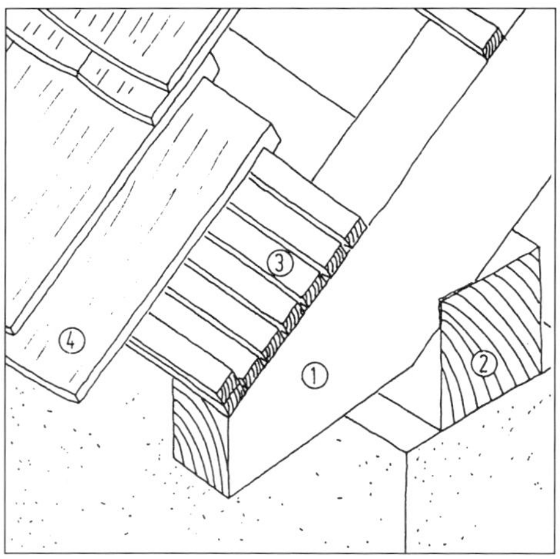
1
2
3
4

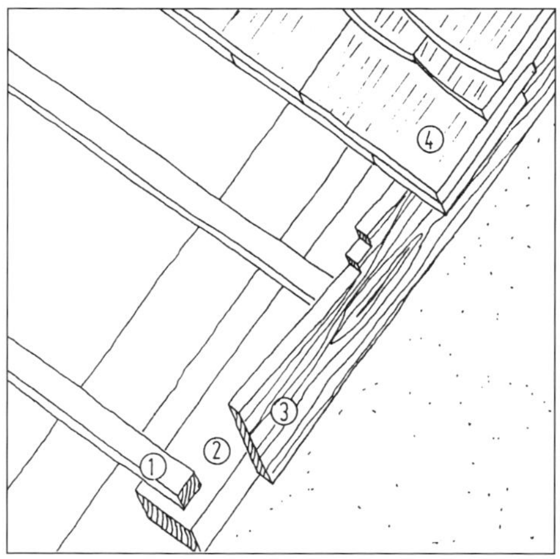
1
2
3
4

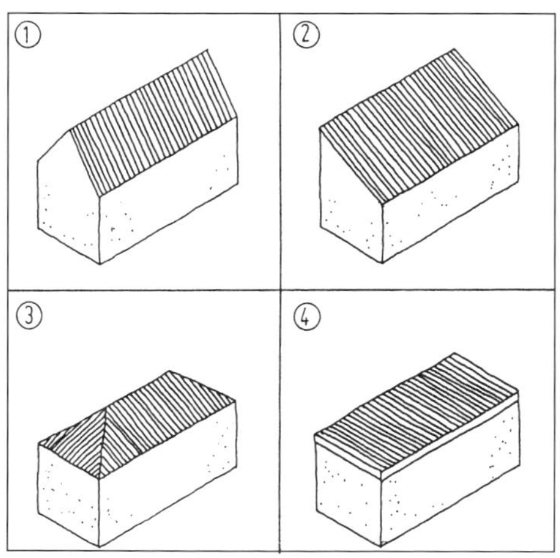
1
2
3
4

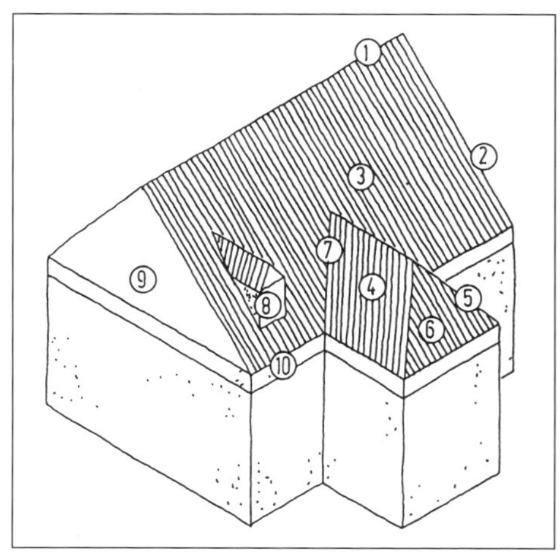
1
2
3
4
5
6
7
8
9
10

8.2 Dachtragwerk

Der Dachstuhl, das Tragwerk des Daches, muss so konstruiert und bemessen sein, dass er die Dacheindeckung und die Schneelast tragen kann und gleichzeitig dem von der Seite wirkenden Winddruck standhält. Noch heute werden die meisten Dachstühle bei konventionell errichteten Wohnhäusern in Zimmermannsart errichtet. Die Bemessung der Balkenquerschnitte erfolgte bis etwa 1900 nach relativ einfachen Zimmermannsregeln. Nach 1900 wurden genauere Berechnungsverfahren eingeführt, die zu einer besseren Ausnutzung der eingesetzten Holzquerschnitte führten.

Wer Schäden am Dachtragwerk beurteilen und Reparaturmaßnahmen ausführen will oder wer Veränderungen am Dachstuhl plant, muss die Bestandteile des Tragwerkes, den Kräfteverlauf, die Verbindungsmöglichkeiten und die handwerklichen Techniken kennen. Eingriffe in das Dachtragwerk bedürfen daher der Anleitung eines Zimmermanns oder Statikers!

Wichtig für das Verständnis des Kräfteverlaufes ist die Konstruktionsart des Dachstuhls. Die häufigsten Dachkonstruktionen sind das Pfettendach, das Sparrendach und das Kehlbalkendach.

Holzquerschnitte für Dachkonstruktionen	Holzquerschnitt nach (1) in cm	Holzquerschnitt nach (2) in cm
Fußfetten, Schwellen	10/12 bis 14/18	10/10 bis 10/12
Rähme und Pfetten, 3,5 bis 5 m Stützweite	12/16 bis 16/22	14/16 bis 16/22
Drempelpfetten	12/14	12/14 bis 12/16
Stiele, Stuhlsäulen unter		
Rähmen und Pfetten	14/14 bis 16/16	12/12 bis 14/14
Drempelstiele		12/12
Kopfbänder: Ausladung 0,9 bis 1,6 m	10/12 bis 16/18	10/10 bis 10/12
Streben	12/16 bis 18/20	14/18
Doppelzangen	6/12	6/18 bis 8/18
Kehlbalken		8/18 bis 10/20
Sparren	10/18	8/18 bis 10/18
Windrispen	4/6 bis 8/14	
Hauptbalken	16/22 bis 24/32	
Ober- und Unterzüge	16/22 bis 26/32	
Gratsparren		14/18 bis 16/20
Kehlsparren		14/20 bis 16/22

Die angegebenen Werte dienen nur dem Vergleich. Bei erneutem Tragfähigkeitsnachweis ist von dem gegenwärtigen Bauzustand und den zur Zeit verbindlichen Vorschriften[3] auszugehen.

Quellen: (1) Theuerkorn, M.: Baukonstruktionslehre, Band I, I und III. Leipzig: Fachbuchverlag 1953/54

(2) Frick, O. und Knöll, K.: Baukonstruktionslehre, Teil 2: Holzbau. Leipzig: Verlag, B.G. Teubner 2008

(3) Fachregel für Dach, Wand und Abdeckungstechnik 2009

Tabelle 8.1 Gebräuchliche Holzquerschnitte für Dachkonstruktionen.

Pfettendach

Charakteristisch für Pfettendächer sind die tragenden First-, Mittel- und Fußpfetten, deren Lasten durch Pfosten bzw. Wände abgetragen werden. Pfettendächer haben mindestens einen stehenden Stuhl, und zwar in der Mitte unter der Firstpfette. Der Stuhl besteht aus einer Pfette, dem dazugehörigen Pfosten (Stielen) und den Kopfbändern (Bug oder Streben), die der Längsaussteifung dienen. Der Pfostenabstand entspricht der Binderentfernung und beträgt bis zu 4,50 m. Der Binder besteht aus dem Binderbalken, den beiden Bindersparren, dem Pfosten und einem Zangenpaar. Binder dienen der Queraussteifung. Zwischen den Bindern liegen Deckenbalken und Sparren ohne statisch beanspruchte Verbindung miteinander. Bei Dachneigungen unter 30° werden die Binder durch zusätzliche Streben verstärkt. Stühle und Binder sollen bei Aus- und Umbaumaßnahmen möglichst nicht verändert werden. Die Sparren dazwischen können dagegen relativ einfach abgetrennt und mit einem Querholz ausgewechselt werden.

Sparrendach

Beim Sparrendach bildet ein Sparrenpaar zusammen mit einem Deckenbalken ein stabiles Dreieck, den sogenannten Binder. Die Sparren werden auf Biegung und Druck beansprucht, die Deckenbalken auf Biegung und Zug. Daraus ergeben sich die charakteristischen Merkmale des Sparrendaches: das Vorholz mit Aufschiebling und der freie Dachraum ohne Pfosten, ohne Kehlbalken und ohne tragende Firstpfette. Die Aussteifung in Längsrichtung erfolgt durch eine sogenannte Windrispe, ein Brett, das diago-

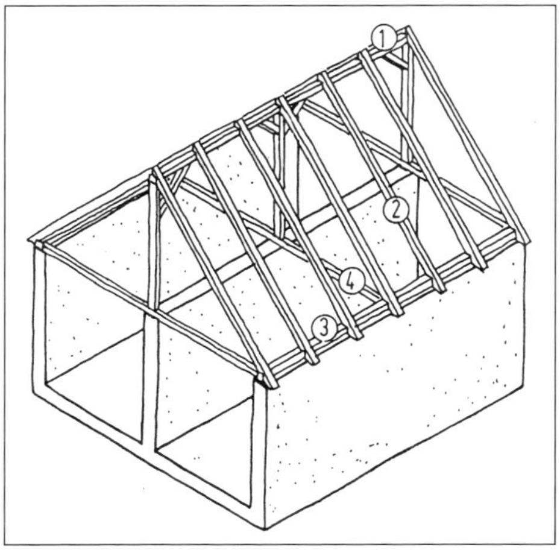

8.6

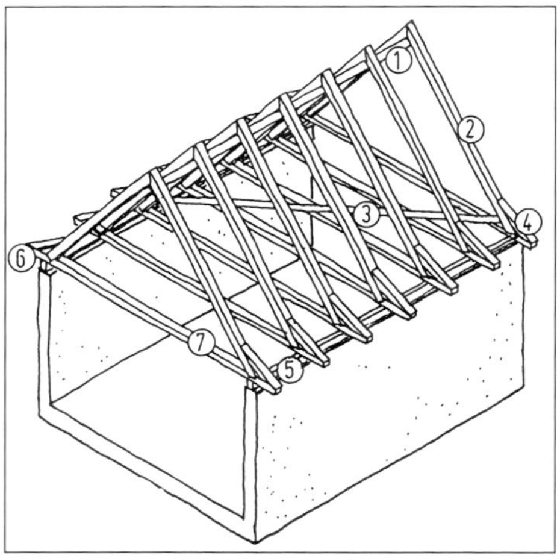

8.7

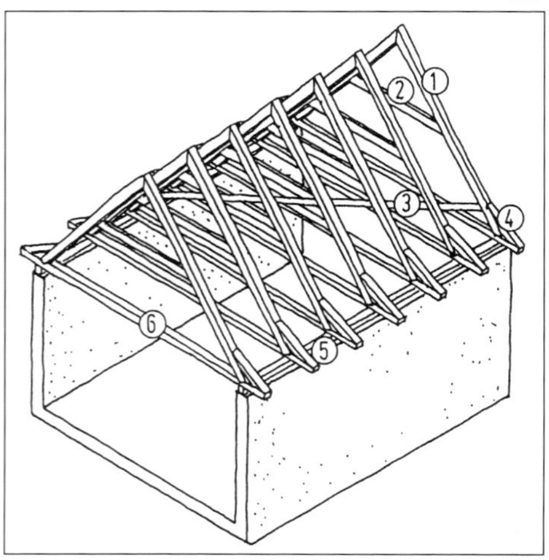

8.8

nal zur Dachfläche verläuft. Das Sparrendach wird auch als liegender Dachstuhl bezeichnet.

Die Schwachstellen am Sparrendach:

- Fäulnis im Traufbereich,
- schwache oder fehlende Längsaussteifung,
- wellenartige Verformung des Firstes (wenn das Firstbrett oder die Firstbohle fehlt).

und gängige Reparaturmaßnahmen:

- Balkenkopf und/oder unteres Sparrenende mit Laschen seitlich aufdoppeln,
- unter oder auf den Sparren Windrispen aus Holzbrettern oder verzinktem Flachstahl aufbringen,
- Firstbohle oder Firstlatte zwischen oder unter den Sparren einbauen.

Das Vorholz darf nicht ohne weiteres abgeschnitten werden, weil die Sparren sonst nach außen wegrutschen können. Die Deckenbalken (Binderbalken) dürfen nur durchtrennt werden – z.B. zur Herstellung eines Treppenloches – wenn die Wechsel und Balken zugfest miteinander verankert werden.

8.6
Das Pfettendach.

1 Firstpfette	3 Fußpfette
2 Sparren	4 Binderbalken

8.7
Das Sparrendach.

1 Firstlatte	5 Mauerlatte
2 Sparren	6 Vorholz
3 Windrispe	7 Dachbalken
4 Aufschiebling	

8.8
Das Kehlbalken-Dach.

1 Sparren	4 Aufschiebling
2 Kehlbalken	5 Mauerlatte
3 Windrispe	6 Dachbalken

Kehlbalkendach

Wird die Sparrenlänge beim Sparrendach doch größer als 4,50 m, so muss jedes Sparrenpaar durch einen Kehlbalken ausgesteift werden. Das Sparrendach wird zum Kehlbalkendach, bei dem die Kehlbalken auf Druck beansprucht werden. Sie bilden mit den Sparren einen Binder. Der Querverband entsteht durch die beiden Dreiecke Sparren-Deckenbalken und Sparren-Kehlbalken, ähnlich wie beim Sparrendach.

Kehlbalkendächer können auch durch einen einfach oder mehrfach stehenden Stuhl oder durch einen liegenden Stuhl ergänzt werden, so dass eine Mischform aus Sparren- und Pfettendach entsteht. Der Längsverband und die First- und Fußpunkte werden wie beim Sparrendach ausgebildet.

Reparaturen am Dachtragwerk

Typische Schäden am Dachtragwerk:

- Fäulnis als Folge von Undichtigkeiten der Dachhaut, besonders im Bereich der Traufe und im Bereich von undichten Blechverwahrungen, z.B. an Kaminen, Dachständern, Dachfenstern, Gaupen oder Kehlen.
- Befall durch holzzerstörende Insekten, die das Holz von innen schwächen, erkennbar an den Schlupflöchern der Insekten.
- Zu gering bemessene Holzquerschnitte.
- Nicht vorhandene oder entfernte Längs- und Queraussteifung, fehlende Kopfbänder, Streben, Windrispen, Firstbretter.

Zu gering bemessene Querschnitte sind meist an der Durchbiegung der Dachfläche zu erkennen. Solange dadurch keine Undichtigkeiten auftreten und die Belastung nicht erhöht wird – z.B. durch eine schwerere Eindeckung – kann der Mangel als reines Schönheitsproblem hingenommen werden. Alle übrigen oben genannten Schäden sollten so rasch wie möglich behoben werden. Bei

Schäden, die auf Undichtigkeiten der Dachhaut zurückzuführen sind, muss selbstverständlich auch deren Ursache beseitigt werden.

Holzzerstörende Pilze können nur in Verbindung mit Feuchtigkeit aktiv sein. Eine Trockenlegung ist die beste Methode der Pilzbekämpfung. Welche Maßnahmen bei Insektenbefall ergriffen werden, ist häufig eine Ermessensfrage (vgl. Kap. 5.3.2).

Möglichkeiten zur Wiederherstellung des Dachtragwerkes:

- Verstärkung durch ein zweites Vollholz, das am vorhandenen Holz befestigt wird, z.B. bei Stützen oder Streben.
- Verstärkung durch Bohlen, die beidseitig an den bestehenden Sparren, Pfetten oder Stützen befestigt werden.
- Abbeilen des weichen Holzes (ca. 4 cm tief), Einsetzen einer Holzbohle, Befestigung wie vor.
- Austausch des schadhaften Holzes gegen ein neues.
- Verstärken vorhandener Pfetten mit Stahlprofilen.

Weitere mögliche Techniken sind in Abb. 8.11 bis 8.14 dargestellt. Geeignete Verbindungs- und Befestigungsmittel sind Schlüsselschrauben, Nägel, Dübel mit Bolzen, Zapfen, Nagelbleche, Versätze im Holz. Einzelheiten über Abmessungen, Abstände und Zahl der Befestigungsmittel werden am besten beim Zimmermann (der das Holz liefert) erfragt.

8.3 Dacheindeckung, Dachentwässerung, Kaminkopf

Dachstuhl, Dacheindeckung und Blechverwahrungen bilden eine bauliche Einheit und prägen das Erscheinungsbild des Hauses. Die Frage, ob ein Dach ausgebessert, umgedeckt oder neu gedeckt werden soll, hängt ab

- vom Zustand des Dachstuhls,
- vom Zustand der Lattung und ihrer Nagelung,
- vom Zustand der Dacheindeckung und der Blechteile am Dach.
- von der vorgesehenen Nutzung des Dachraumes,
- ggf. auch vom Wunsch oder von der Notwendigkeit, einen zeitgemäßen Wärmeschutz nachzurüsten.

Bei einer Erneuerung der alten Dacheindekkung sollte möglichst die alte ortstypische Deckungsart mit den ursprünglichen Randausbildungen an Traufe, Ortgang und First beibehalten oder wieder hergestellt werden. Viele alte Dachziegelformen sind heute zumindest in ähnlicher Ausführung noch zu erhalten.

Dacheindeckung

Die meisten alten Dächer in Mitteleuropa wurden mit gebrannten Tonziegeln gedeckt, wobei Biberschwanz sowie Mönch-und-Nonne-Ziegel zu den gängigsten historischen Ziegelformen gehören. Beim Ausbessern sowie beim Um- und Neudecken ist zu beachten, dass sich die vielfältigen Formen nicht nur im Aussehen und durch den erforderlichen Lattenabstand unterscheiden, sondern auch hinsichtlich der zulässigen Dachneigung.

Ist das Dach nicht ausgebaut, können einzelne Ziegel von innen, d.h. ohne Gerüst, ausgetauscht werden. Wenn mehr als ein

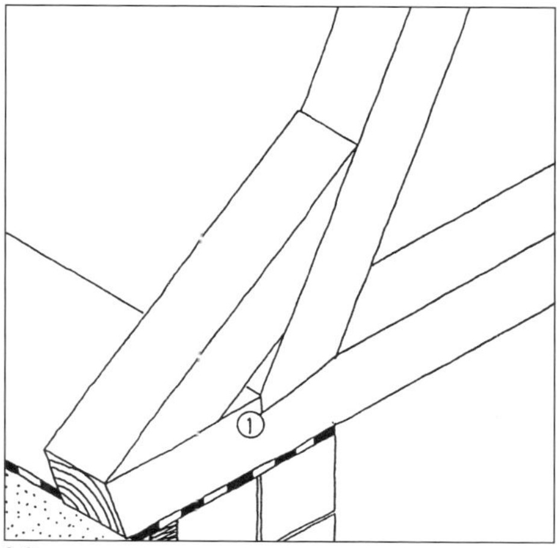

8.9

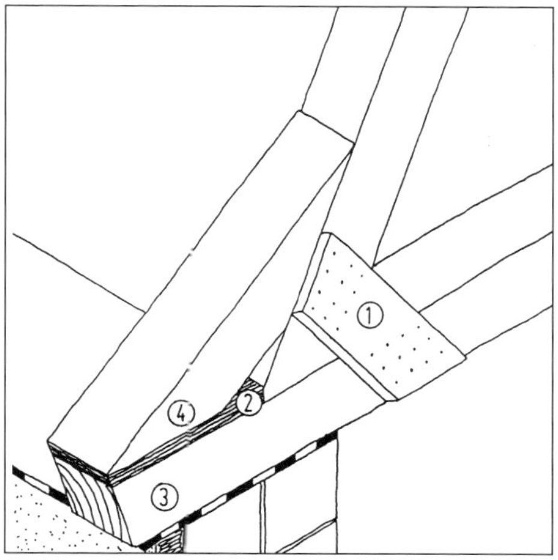

8.10

8.9
Beim Reparieren eines defekten Traufanschlusses am Sparren-/Kehlbalkendach gibt es 2 Möglichkeiten.

1 Hier wird der Fußpunkt durch einen vorderen Versatz gebildet und vom Zimmermann ausgeführt.

Die 2. Möglichkeit wird in Abb. 8.10 dargestellt.

8.10
Eine für den Selbstbau geeignete Ausbildung eines neuen Traufpunktes beim Sparren-/Kehlbalkendach.

1 Aufgenagelte Bohlenlasche
2 Aufgenagelte Knagge
3 Vorholz
4 Aufschiebling

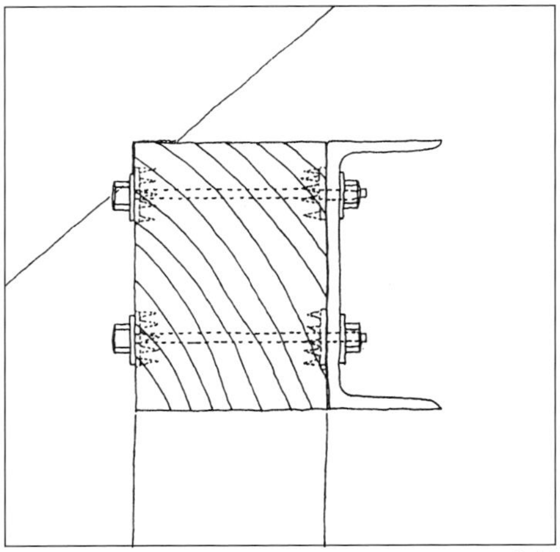

8.11

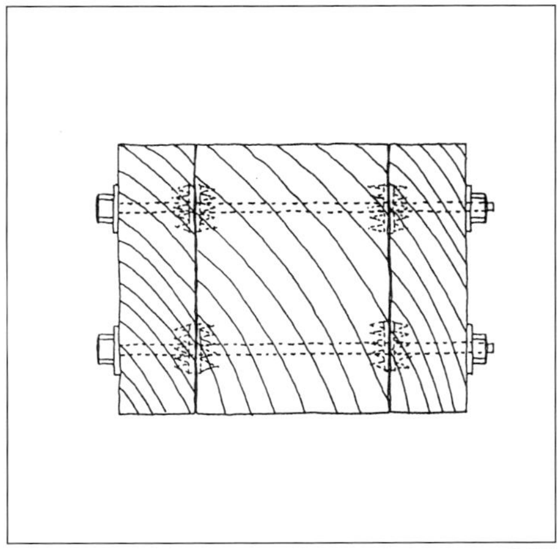

8.13

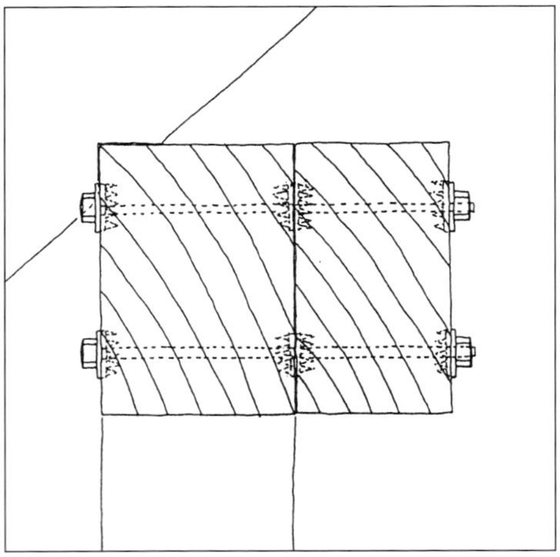

8.12

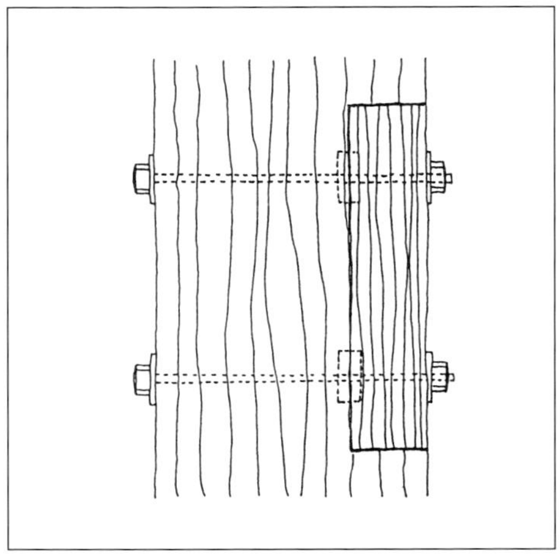

8.14

8.11
Eine schadhafte Pfette kann mit Profilstahl verstärkt werden.

8.12
Hier wird ein zu schwaches Holzteil durch ein Beiholz über eine Verschraubung mit Krallendübeln verstärkt.

8.13
So können Holzteile, z.B. Deckenbalken, mit zu schwachem Querschnitt durch beidseitiges Anschrauben von Bohlen verstärkt werden.

8.14
Schadhafte Holzteile werden ausgebeilt und ausgesägt und mit neuem Holz aufgefüllt. Die zusammengefügten Holzteile werden dann kraftschlüssig verschraubt.

Drittel der Ziegel schadhaft ist (brüchige oder mürbe Ziegel; abgefaulte Nasen, die den Halt auf der Dachlattung nicht mehr gewährleisten), empfiehlt sich eine Umdeckung oder eine Neueindeckung, wobei gut erhaltene Ziegel wiederverwendet werden können, entweder eingestreut oder durch Verlegen auf einer Dachseite. Die Wiederverwendung ist besonders bei wertvollen Handstrichziegeln sinnvoll. Allerdings gilt es zu bedenken, dass beim Wiederverlegen alter Ziegel schwer erkennbare Bruchstellen entstehen können. Solche angebrochenen Ziegel müssen u.U. schon nach kurzer Zeit wieder ausgetauscht werden.

Die noch recht häufig anzutreffende Bibereinfachdeckung mit Holzschindel-Unterlage an den Fugen ist wegen der eingeschränkten Dichtigkeit nicht für das ausgebaute Dach geeignet. Diese Deckung sollte durch Falzbiber oder – falls lastmäßig möglich – durch Biberdoppeldeckung ersetzt werden (engere Lattung notwendig, vorhandenes Material kann eventuell mitverwendet werden).

Regional wurden entsprechend dem örtlichen Vorkommen neben Holzschindeln (hauptsächlich in den Alpen) und Reet (norddeutsche Küstenzone) auch Natursteine zur Dacheindeckung verwendet: Schiefer im Rheinischen Schiefergebirge und im Harz, Kalkstein an Main und Altmühl, Buntsandstein im Weserbergland. Das Arbeiten mit Natursteinplatten erfordert besonderes handwerkliches Können. Dächer aus Natursteinplatten sollten immer mit gleichartigem Material ausgebessert werden (niemals mit Faserzement- oder Bitumenschindeln). Übliche Deckungsarten bei Schiefer sind die altdeutsche Deckung, die Schablonendeckung und die englische Deckung. Während die englische Deckung auf einer Lattenkonstruktion aufgebracht werden kann, benötigen die beiden anderen Deckungsarten eine vollflächige Holzschalung als Unterkonstruktion.

Dachentwässerung, Blechverwahrungen

Dachrinnen, Fallrohre, Kehlen und Anschlüsse an Dachaufbauten, wie z.B. Schornsteinköpfe, Gaupen, Wandflächen werden aus Blech oder teilweise aus Kunststoff hergestellt. Früher wurde überwiegend verzinktes Stahlblech und gestrichenes Zinkblech eingesetzt, heute überwiegen Titanzink und Kupfer. Biegsames Blei kommt zum Einsatz, wenn eine Anformung hergestellt werden muss. Die Haltbarkeit verzinkter Blechteile ist ohne aufwendige Pflege geringer als die der Dacheindeckung, so dass eine Überprüfung der Dichtigkeit und eine Erneuerung der Blechteile von Zeit zu Zeit notwendig ist, sollen nicht teure Folgeschäden am Dachstuhl entstehen. Eine regelmäßige und sorgfältige Überprüfung ist besonders bei wärmegedämmten Dächern wichtig, weil Undichtigkeiten sich auf der Dachunterseite erst sehr spät bemerkbar machen. Wenn die Dacheindeckung erneuert wird, ist es meist sinnvoll, auch gleich die Blechteile zu erneuern. Das Zulöten von Löchern oder das Einsetzen von Teilstücken lohnt im Allgemeinen nicht.

Alle Metallteile auf dem Dach sollen aus dem gleichen Material sein, denn bei Regen gehen stets Metallionen in Lösung, die bei den in Fließrichtung liegenden unedleren Metallteilen zu beschleunigter Korrosion führen. Durch einen entsprechenden Schutzanstrich sollte auch ein direkter Kontakt zu zementhaltigen Baustoffen und zu Holz vermieden werden.

Dacheindeckungen

Bezeichnung	Mindestdachneigung mit Unterdach	Mindestdachneigung ohne Unterdach[1]	Gewicht in kg/m²	Unterkonstruktion und Abstand in cm	Ökolog. Bewertung	Nutzungsdauer in Jahren
Hohlpfanne	27°	35°	70	Lattung, 26	+	40 - 80
Biberschwanz-Einfachdeckung (mit Spließen)		40°	65	Lattung, 22	+	40 - 80
Biberschwanz-						
- Doppeldeckung	27°	35°	85	Lattung, 14 - 16	+	40 - 80
- Kronendeckung			95	Lattung, 28 - 33	+	
Falzziegel	22°	30°	55	Lattung, 34 - 38	+	40 - 80
Flachdachpfanne	12°	22°	70	Lattung, 34 - 38	+	40 - 80
Karat-Ziegel	10°	15°	60	Lattung, 33	+	40 - 80
Schiebeziegel	30°		50	Lattung 26 - 37	+	40 - 80
Betondachstein	12°	22°	45	Lattung, 31 - 34	0	40 - 80
Faserzement-Kurzwellplatten	10°		25	Pfetten 115 - 145	–	30 - 60
Faserzement-Wellplatten	7°		25	Pfetten 115 - 145	–	30 - 60
Faserzement-Dachplatten						30 - 60
- auf Lattung	15°	25°	35		–	
- auf Schalung	15°	25°	55		–	
Bitumen-Wellplatten	10°		10	Lattung, 60	0	15 - 30
Schiefer-Rechteckplatten		25°	55	Schalung m. Pappe	+	40 - 80
Holzschindeln, dreilagig[2]		27°	25	Lattung, 10 - 30 oder Schalung	++	20 - 40
Stroh- und Rohrdeckung		45°	70	Lattung, 25 - 40	++	30 - 50
Falzbleche auf Schalung		3°	30	Schalung m. Pappe	– –	
Glas 6 mm dick		6°	30		0	

[1] Heute bei ausgebautem Dachraum nicht mehr zulässig. [2] Aus Fichte, Tanne oder Lärche
Die angegebenen Zahlenwerte dienen der Vorinformation.
Im konkreten Einzelfall sind die Herstellerangaben maßgebend.

Tabelle 8.2: Dacheindeckungen: Eigenschaften und Einsatzbereiche.

Kaminköpfe

Der aus dem Dach herausragende Teil des Kamins ist ein besonders stark beanspruchtes Bauteil, das dem Schlagregen voll ausgesetzt ist und starken Temperaturschwankungen unterliegt. Kaminköpfe müssen (nach DIN 18160 Teil 1) wärmedämmend ausge-

8.15

8.16

8.17

8.18

8.15
Wenn Grundriss und Tragwerk schiefwinklig sind, muss auch das neue Dach eine gewölbte Fläche bleiben – gut machbar mit Biberschwanz-Dachziegeln.

8.16
Ausbildung des Ortgangs mit Zahnleiste und Windbrett.

8.17
„Dachlandschaft“ mit Biberschwanzdeckung und „leichtem“ Ortgang.

8.18
Kronendeckung aus Biberschwanzziegeln mit glattem Rand. Hölzernes Schneefangbrett, überstehende Rinne ohne Einlaufblech.

bildet sein, um einen guten Zug zu gewährleisten und ein Versotten des Kamins zu verhindern. Die erforderliche Dämmwirkung bei einem einschaligen Schornstein ist auch ohne zusätzliche Dämmschicht ausreichend, wenn die äußeren Wände des Schornsteins (auch Wangen genannt), aus mindestens 17,5 cm dickem Mauerwerk bestehen. Bei dünneren Schornsteinwangen ist eine zusätzliche Dämmschicht mit Putz oder Verkleidung (Verblechung) erforderlich, wobei verkleidete Schornsteinköpfe weniger schadensanfällig sind als verputzte, sofern die Verkleidung hinterlüftet ist. Die Schornsteinmündung muss den First um mindestens 40 cm überragen (bei harter Bedachung) und mindestens 1 m Abstand von der Dachfläche haben (senkrecht zur Dachfläche gemessen).

Ummantelungen bzw. Verkleidungen dürfen nur aus nicht brennbaren Baustoffen (Baustoffklasse A) hergestellt werden, z.B. aus frostbeständigen Mauersteinen, Steinplatten oder Blech. Die Unterkonstruktion muss ebenfalls aus Baustoffen der Klasse A bestehen. Bei dichter Überdeckung mit mineralischen Baustoffen (Stein, Ziegel, Steinwolle) sind als Unterkonstruktion auch Holzlatten möglich. Die Befestigung kann mit Dübeln erfolgen, nicht jedoch mit Holzdübeln. Dübel, Anker usw. dürfen an den Wangen angebracht werden, wenn die Wangen dadurch in ihrer Stabilität nicht beeinträchtigt werden.

8.4 Dachausbau

Besonders einfach gestaltet sich der Ausbau des Dachgeschosses, wenn der Dachraum über eine ausreichend dimensionierte Treppe zu erreichen ist und bereits Dachfenster vorhanden sind. Oft muss jedoch erst eine Treppe gebaut werden, was unter Umständen ein Entfernen oder Umsetzen von Wänden im darunter liegenden Geschoss erfordert. Bei der Planung einer solchen Maßnahme müssen auch Stützen, Pfetten, Streben und Schornsteine in die Überlegungen einbezogen werden, um ein optimales Ergebnis zu erzielen.

Eine besondere Aufgabe bietet die Gestaltung und Nutzung der Dachschräge. Es wäre falsch, im Dach normale Räume schaffen zu wollen. Der Mangel an Stellflächen für Schränke und Regale kann z.B. durch Einbauten in der Schrägen oder durch Raumteiler ausgeglichen werden. Die besonderen Qualitäten eines Dachraumes kommen zur Geltung, wenn der Blick nach oben nicht an der üblichen Zimmerdecke endet, sondern in den offenen Dachraum bis unter den First reicht.

Die wichtigsten Entscheidungen bei der Planung eines Dachausbaus betreffen die Lage der Treppe, die Belichtung und die Sicht nach draußen. Die Planung der Raumaufteilung, Belichtung und Möblierung beginnt damit, alles genau auszumessen und den vorhandenen Bestand in Grundriss und Schnitt aufzuzeichnen. Beim Grundrissentwurf sollte man darauf achten, dass ruhige Zimmer nach Möglichkeit über Räumen mit ähnlicher Nutzung im darunter liegenden Geschoss angeordnet werden. Dasselbe gilt für Nassräume.

Spätestens, wenn sich die angestrebte Lösung herauskristallisiert hat, ist ein Besuch beim Bauamt fällig. Für ein solches Gespräch ist es ideal, wenn die Bauabsichten bereits in

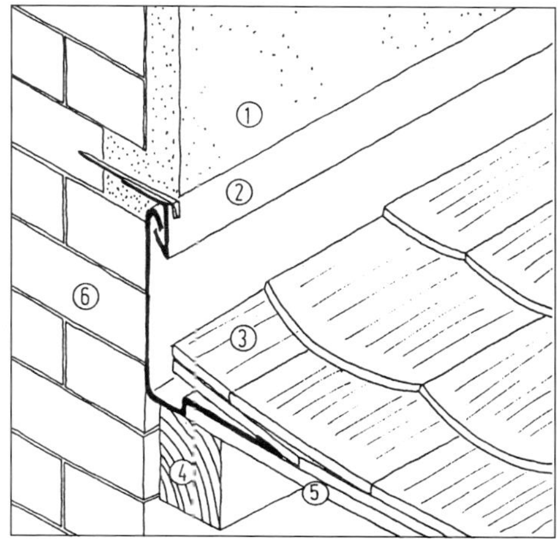

8.19
Der Anschluss zwischen Kamin und Dach.
1 Putz
2 Blechverwahrung
3 Dacheindeckung
4 Sparren
5 Lattung
6 Kaminmauerwerk

8.20

8.21

einem skizzenhaften Entwurf aufgezeichnet sind. Die Anfrage, ob der vorgesehene Dachausbau, ggf. mit Einbau neuer Fenster und/oder Gaupen, grundsätzlich zulässig und genehmigungsfähig ist, sollte frühzeitig erfolgen, bevor allzu viel Planungsaufwand getrieben wird. Bei den Vorplanungen ist auch zu bedenken, wie die besonderen Anforderungen an den Wärmeschutz erfüllt werden können, die gemäß GEG bei Wohnraumerweiterungen einzuhalten sind. Die Wärmeverluste der Umfassungsflächen dürfen maximal das 1,2 fache eines vergleichbaren Neubau betragen.

Soll ein Dach in 2 Ebenen ausgebaut werden, sind in der Regel kostensteigernde Anforderungen an den Brandschutz der Dachflächen, Treppen und Decken einzuhalten. Es ist daher sinnvoll, in der zweiten Dachebene keine Aufenthaltsräume, sondern allenfalls Nebenräume anzuordnen, z.B. Abstell- und Technikräume oder eine offene Galerie mit Luftverbindung zum ersten Dachgeschoss.

8.20
Zuganker zur Verbindung von Deckenbalken und Unterzug bzw. Pfette beim Dachausbau. Die Konstruktion bleibt offen und sichtbar.

8.21
Dachausbau: Errichtung eines Querhauses („Zwerchhaus") mit Stahlrohrgerüst nach Vorschrift (Bordbrett, Holme, Fanggitter an der Traufe).

Beim Dachausbau kommen – ausgenommen Erd- und Betonarbeiten – fast alle gängigen Gewerke vor. Im folgenden werden daher einige Bauteile nur kurz unter dem Aspekt des Dachausbaus behandelt, weitere Informationen sind an anderer Stelle dieses Buches nachzulesen.

8.4.1 Treppen

Beim Dachausbau wird vielfach eine neue Treppe mit vergrößerter Deckenöffnung notwendig, wenn die vorhandene Dachbodentreppe zu schmal und zu steil ist für eine häufige, sichere Benutzung oder wenn sie den baurechtlichen Anforderungen nicht genügt. Wohl reicht die vorhandene Dachboden-Luke meist für eine sogenannte Samba-Treppe (Sicherheitssteiltreppe) aus, die aber nur sinnvoll ist, wenn wenig benutzte Räume damit erschlossen werden.

Die richtige Art und Lage der Treppe zu finden ist, wie schon erwähnt, eine der wichtigsten und oft nicht ganz einfachen Aufgaben, weil die Grundrissaufteilung des Dachraumes mit der des darunter liegenden Geschosses in Einklang zu bringen ist. An jeder Stelle der Treppe ist eine Kopfhöhe von mindestens 2,00 m erforderlich. Spätestens hier wird deutlich, wie wichtig Grundriss- und Schnittzeichnungen der bestehenden Situation für die Planung sind.

Der Platzbedarf einer Treppe mit Treppenzugang wird oft unterschätzt: es wird etwa die Grundfläche eines kleinen Zimmers benötigt. Unter Umständen müssen dazu Wände versetzt werden, und die Herstellung des Treppenlochs in der Decke erfordert in der Regel die Inanspruchnahme eines Statikers oder Zimmermanns. Weitere Einzelheiten siehe Kap. 10.4.

Tabelle 8.3
Bauablauf beim Dachgeschossausbau (Beispiel). Bauzeit: Für einen Dachraumausbau von 200 m² Grundfläche fünf Monate (weitgehend störungsfreie Ausführung vorausgesetzt).

Bauablauf beim Dachgeschossausbau	
Gewerk	**Baumaßnahme**
Maurerarbeiten	Fensteröffnungen in den Giebelwänden herstellen; ggf. Schornstein erneuern und alten Estrich entfernen
Holzschutz- und Zimmerarbeiten	Fehlende Konstruktionshölzer ersetzen oder bei Schädlingsbefall erneuern; Deckenbalkenköpfe an der Wetterseite prüfen, evtl. aufstemmen, abbeilen oder – falls nötig – abschneiden und nach Statik neu erstellen Deckenbalken abbeilen, und – falls nötig – nach Statik beidseitig mit Halbhölzern verbolzen Terrassen- und/oder Balkonausschnitte bzw. Fensteröffnungen herstellen: Dacheindeckung, Dachlatten und Sparren entfernen, bei größeren Fenstern ist Sparrenauswechslung erforderlich (Öffnungen gegen Niederschlagswasser mit bewehrten Folien sichern!)
Fenstereinbau	Soweit wie möglich Fenster sofort einsetzen. Bei großflächigen kittlosen Verglasungen bauseitige Zinkverwahrung durch Klempner anbringen lassen
Klempner- und Dachdeckerarbeiten	Dach umdecken, Unterspannbahn einbauen; Bauseitige Zinkverwahrung für alle über Dach geführten Bauwerke: Fenster, Terrassenanschlüsse, Dunstabzugsrohre, Traufbleche, Regenrinnen, usw. Terrassenisolierung (mit Längs- oder Querentlüftung)
Heizungs- und Sanitärarbeiten	Verlegung und Anschluss der Be- und Entwässerungsrohre, Heizungsrohre und Heizkörper
Fußbodenarbeiten	Trockenunterboden (z.B. Spanplatten oder Gips-Unterbodenplatten) auf Trockenschüttung
Ausbauarbeiten mit Gipssystemen	Einbringen von Dämmstoffen und Anbringen der Unterkonstruktion für Gips-Bauplatten (Dachflächen, Drempel, Trennwände)
Elektroinstallation	Elektroleitungen verlegen
Ausbauarbeiten mit Gipssystemen	Gipsplatten auf Unterkonstruktion anschrauben
Elektroinstallation	Steckdosen und Lichtschalter ausfräsen, Hohlwanddosen einsetzen
Ausbauarbeiten mit Gipssystemen	Fugenverspachtelung und Nachschleifen der Fugen
Malerarbeiten	Gipsplatten grundieren, zweimal streichen oder tapezieren, Türzargen und Türblätter, Heizkörper und Holzkonstruktion streichen
Elektroinstallation	Steckdosen, Lichtschalter, Anschlussdosen usw. anschließen
Fliesenarbeiten	Wand- und Bodenfliesen verlegen
Sanitärarbeiten	Sanitärobjekte montieren
Fußbodenarbeiten	Teppichboden o.ä. verlegen

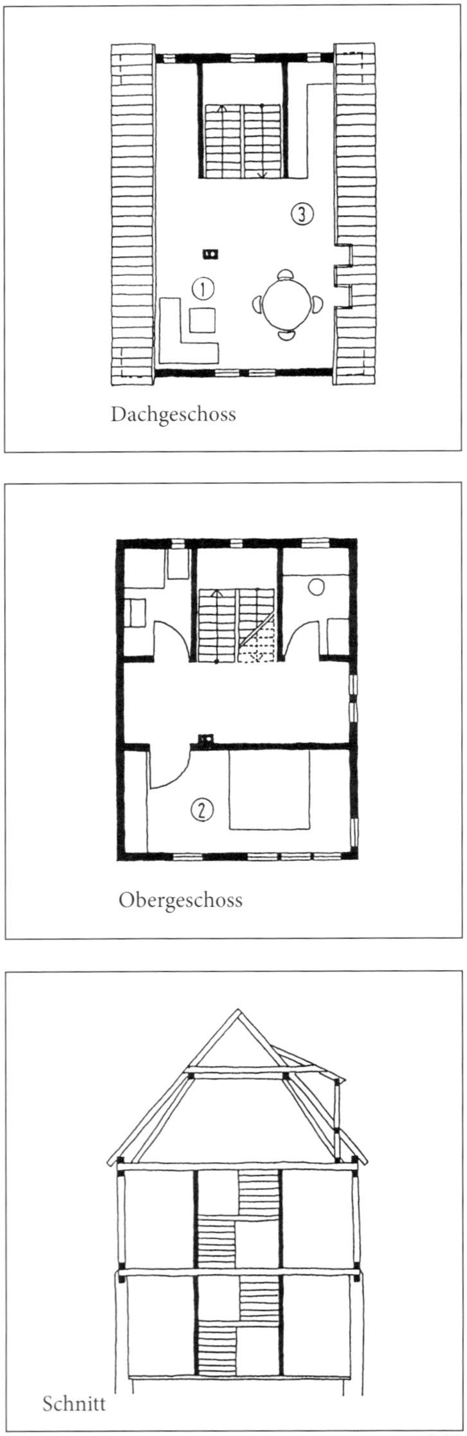

8.22

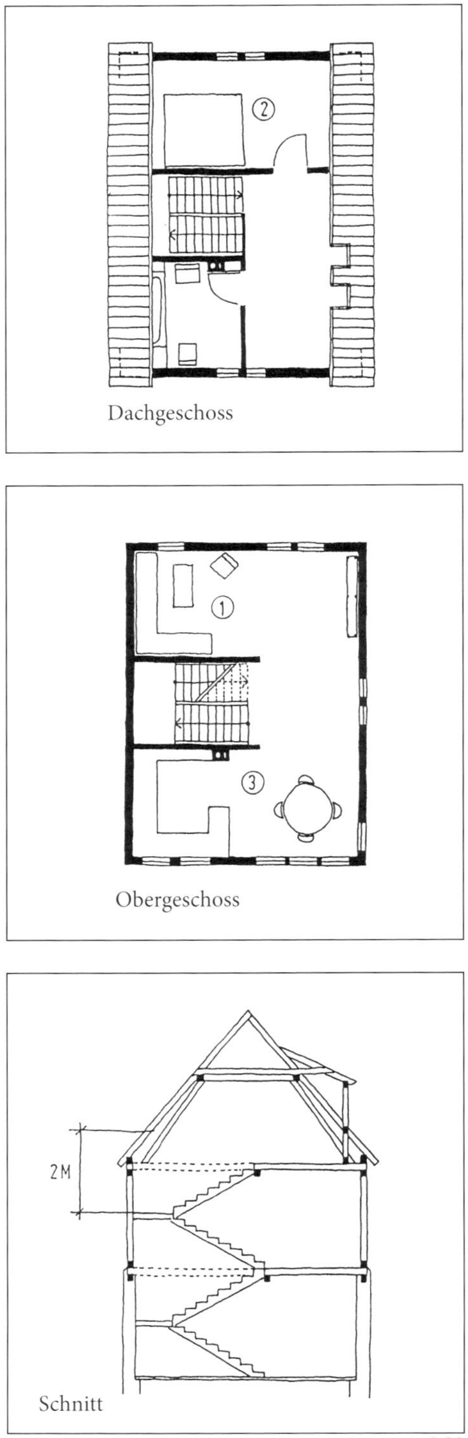

8.23

Bauteil Änderung	Max. U-Wert in W/(m²·K)
Fenster in Dachgauben: (gleich wie Fenster in Außenwänden)	
Ersatz oder erstmaliger Einbau des gesamten Bauteils	1.3
Einbau zusätzlicher Vor- oder Innenfenster	1.3
Dachflächenfenster	
Ersatz oder erstmaliger Einbau des gesamten Bauteils	1.4
Einbau zusätzlicher Vor- oder Innenfenster	1.4
Ersatz der Verglasung oder verglaster Flügelrahmen	1.1

Tabelle 8.4
Maximal zulässige Wärmedurchlässigkeit bei Änderungen von Dachfenstern.
Die UW-Werte gelten für das ganze Fenster (window), also für Glas und Rahmen zusammen. Schallschutz- und andere Sonderverglasungen und Glasdächer sind in dieser Übersicht nicht enthalten. – Ein „verglaster Flügelrahmen" ist der bewegliche Teil eines Fensters. („Blendrahmen" ist die Bezeichnung für den feststehenden Teil.)

8.22
Die Lage der Treppe innerhalb des Hauses bestimmt die Lage der Räume. Hier ist die Treppe längs angeordnet.

1 Wohnen
2 Schlafzimmer
3 Küche/Essplatz

8.23
Hier ist die Treppe quer angeordnet.

1 Wohnen
2 Schlafzimmer
3 Küche/Essplatz

8.4.2 Dachfenster

Am einfachsten und preiswertesten wird der Dachraum über Dachflächenfenster belichtet, die am Altbau meist nicht gerade schön aussehen. In Sanierungs- und Altstadtgebieten oder bei denkmalgeschützten Gebäuden sind sie oft gar nicht zugelassen. Gestalterisch besser wirken Dachgaupen, besonders beim steil geneigten Dach. Bei Räumen, die an einer freistehenden Giebelwand liegen, ist der Einbau von Fenstern in die Wandfläche sicherlich die günstigste Lösung. Aus Gründen der Gestaltung sollten Fenster in der Dachfläche sparsam und so eingesetzt werden, dass sie in ihrer Größe und Form mit dem Gebäude harmonieren. Das gilt erst recht für Dachterrassen. Fenster, deren unteres Flügelholz weniger als 80 cm (in manchen Bundesländern 90 cm) über der Fußbodenhöhe liegt, müssen mit einem Geländer gesichert werden. Beim Austausch alter Dachfenster oder bei Änderungen an bestehenden Dachfenstern sind die Mindestanforderungen des GEG an den Wärmeschutz zu beachten. In Tabelle 8.4 sind die maximal zulässigen Werte für die Wärmedurchlässigkeit gelistet. Mehr zum Thema Fenster in Kap. 12.

Dachgaupen

Schleppgaupe und stehende Gaupe sind die gebräuchlichsten Gaupenformen. Jede Gaupe ist ein räumliches Element mit einer starken plastischen Wirkung nach innen und außen. Form und Größe neuer Gaupen sollten dem entsprechen, was in der Gegend traditionell üblich ist, und zu den Nachbargebäuden passen. Zulässigkeit, Art und Größe werden vielfach in den örtlichen Bebauungsplänen geregelt, die daher frühzeitig einzusehen sind. Gaupen können in der Ebene der Fassade oder zurückgesetzt in der Dachfläche liegen. Sie sollten aus gestalterischen Gründen auch nicht zu nah beim Giebel (Ortgang) sitzen. Moderne Formen, z.B. mit seitlicher Verglasung oder Konstruktionen aus Stahl können auch beim Altbau gut aussehen.

Wenn die Gaupe mehr als ein Sparrenfeld einnehmen soll, muss ein sogenannter Wechsel eingebaut werden. Es ist jedoch auch denkbar und kostengünstig, bei einer breiten Gaupe die alten Sparren durchlaufen zu lassen. Das gilt erst recht für Kehlbalken oder Pfetten, die genau an der Stelle liegen, wo eine Gaupe ihren besten Platz hätte. Hier wäre es falsch, Neubauverhältnisse schaffen zu wollen. Gerade solche unperfekten Lösungen können den besonderen Charme eines Altbaus ausmachen.

Bei der Dachneigung der Gaupe ist die für die Dacheindeckung vorgeschriebene Mindestneigung zu beachten. Bei Unterschreitung muss ein dichtes Unterdach als wasserführende Dachhaut ausgebildet werden.

Zum Selbermachen geeignet ist das Dämmen und Verkleiden der Gaupenseiten (vgl. Kap. 8.4.3 und 11.4) und des Gaupendaches sowie die Ausführung der Malerarbeiten. Das Errichten der tragenden Gaupenteile, der eventuell erforderliche Gerüstbau, die Dachdecker- und die Flaschnerarbeiten werden am besten Fachkräften überlassen.

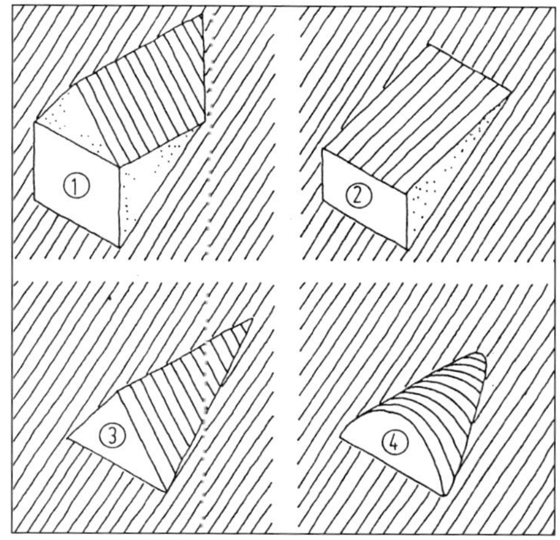

8.24
Gaupenformen.
1 Stehende Gaupe mit Satteldach
2 Schleppgaupe
3 Dreiecksgaupe
4 Tonnengaupe

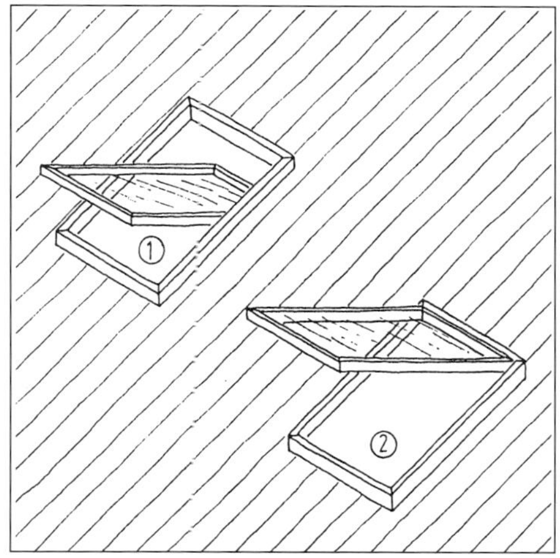

8.25
Dachflächenfenster.

1 Schwingflügel
2 Klappflügel

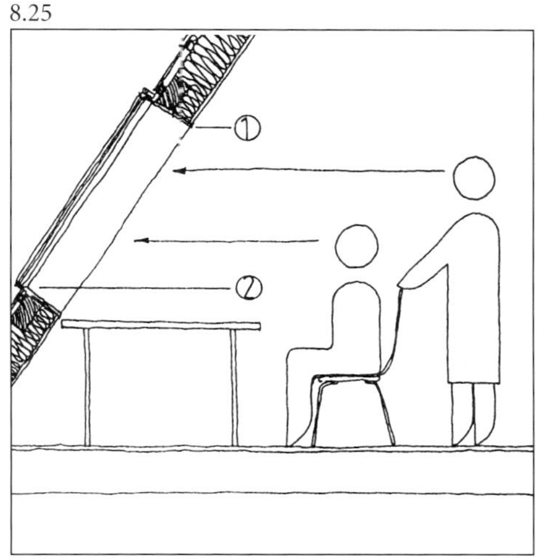

8.26
Einbaumaße von Dachflächenfenstern.

1 ca. 1,80 m
2 ca. 1,10 m

8.27
Zu viele (verschiedene) Dachaufbauten nebeneinander.

8.28
Neue Gaupen auf altem Dach: traditionelle Form, zeitgemäße Materialwahl und Detailausbildung.

Dachflächenfenster

Dachflächenfenster sollen möglichst nicht breiter als ein Sparrenfeld sein. Eine größere Fensterfläche kann durch Reihung mehrerer Einzelfenster – auch übereinander – hergestellt werden. Der Einbau von Dachflächenfenstern ist verhältnismäßig billig und einfach.

Ein paar Tipps für Bestellung und Einbau: Sparrenabstand oben und unten messen (Sparren sind oft nicht genau parallel), Fenster 3 cm schmaler bestellen (das erleichtert den Einbau), Dachneigung und vorhandene Dacheindeckung bei der Bestellung angeben, die Einbauanleitung des Herstellers sorgfältig lesen. Beim Einbau des Eindeckrahmens ist darauf zu achten, dass Regenwasser überall richtig abläuft (auch in der Ebene der Unterspannbahn bzw. des Unterdaches) und dass die Hinterlüftung der Dachfläche auch oberhalb und unterhalb des Fensters funktioniert.

Dachterrassen

Die Belichtung des Dachraumes kann auch über eine Dachterrasse erfolgen (Baugenehmigung erforderlich). Eine Dachterrasse braucht jedoch viel Platz, ist teuer und kaum ohne Fachhandwerker herzustellen. Von innen wirkt selbst eine kleine Dachterrasse großzügig, andererseits sieht der Dacheinschnitt von außen häufig nicht schön aus; er sollte daher nicht zu groß sein, damit das Dach noch als zusammenhängende Fläche wirkt.

Der Terrassenboden wird wie ein begehbares Flachdach ausgebildet (vgl. Kap. 8.5). Die Dichtungsbahn muss am Wandanschluss 15 cm hochgeführt werden, auch vor der Terrassentür. Der Boden wird über einen Bodenablauf entwässert, der an das Regenfallrohr angeschlossen werden kann. Die Terrassenbrüstung muss mindestens 90 cm hoch sein. Ein Höhenunterschied zwischen Zimmer- und Terrassenboden kann mit 1 oder 2 Holzstufen überwunden werden.

Zur Ausführung kommen folgende Arbeiten:
- Dachdeckung entfernen,
- Sparren oben und unten mit Pfetten und Pfosten abfangen, Sparren absägen,
- Terrassenboden mit Wärmedämmschicht, Entwässerung, Dichtungsbahnen, Dränschicht und Gehbelag herstellen,
- Ortgangziegel und Regenrinne anbringen,
- Fenster, Wände und Terrassentür einbauen,
- Brüstung und Fensteranschlüsse verkleiden und mit Deckbrett versehen.

8.4.3 Dachaufbau mit Wärmedämmung

Die Dachfläche eines ausgebauten (beheizbaren) Dachraums muss gut wärmedämmend, wind- und wasserdicht sein. Außerdem soll sie im Sommer vor zuviel Wärmeeintrag in die Wohnräume schützen. Um dies zu erreichen, ist ein mehrschichtiger Aufbau nötig, der handwerklich sehr sorgfältig ausgeführt werden muss, wenn es nicht zu Bauschäden kommen soll. Wichtig ist der Unterschied zwischen winterlichem und sommerlichem Wärmeschutz. Für den winterlichen Wärmeschutz sorgt eine möglichst gute und dicke Wärmedämmschicht. Der sommerliche Wärmeschutz wird durch einen belüfteten Hohlraum zwischen der Dachdeckung und der Wärmedämmschicht erzielt.

Eine wärmegedämmte Dachfläche besteht im Wesentlichen aus folgenden Schichten (von innen nach außen):
- Innere Dachbekleidung, z.B. Holzschalung, verputzte Holzwolle-Leichtbauplatten, Gipskarton- oder Gipsfaserplatten,
- Dampfbremse (falls erforderlich) und / oder Windbremse, z.B. PE-Folie oder Baupapier,
- Dachsparren, sichtbar oder verkleidet,
- Wärmedämmschicht, z.B. aus Mineralwolle, Holzfaserplatten, Kork, usw.,

- wasserableitendes und diffusionsoffenes Unterdach,
- Dacheindeckung mit Unterkonstruktion (Konterlattung + Lattung).

Um es gleich vorwegzunehmen:

1. Eine Dampfbremse ist beim gedämmten Dach in der Regel aus bauphysikalischen Gründen notwendig, sie beeinträchtigt das Raumklima nicht.
2. Wer trotzdem ohne Dampfbremse auskommen will, sollte die Unbedenklichkeit des geplanten Aufbaus unbedingt durch eine Wasserdampf-Diffusionsberechnung nachweisen lassen.
3. Das Herstellen eines funktionstüchtigen Unterdachs kann (leider) nicht von unten, sondern nur von oben erfolgen. Ein Umdecken des Daches ist also nicht zu vermeiden, sondern kann allenfalls durch eine provisorische Lösung um einige Jahre hinausgezögert werden.

Dächer, die vor 1970 ausgebaut wurden, haben in der Regel keine Unterspannbahn bzw. kein funktionsfähiges Unterdach. Die Dämmschichten sind – sofern überhaupt vorhanden – nur wenige cm dick. Daher sind auch die Dachflächen von bereits ausgebauten Räumen heute zusätzlich zu dämmen und abzudichten. Die Auswirkungen des verbesserten Wärmeschutzes auf den Wärmebedarf des Hauses sind bei einer anstehenden Modernisierung der Heizungsanlage zu berücksichtigen (Neuberechnung der Kesselleistung).

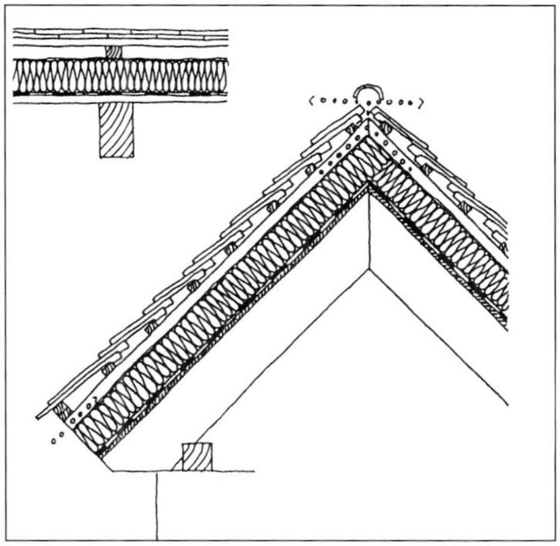

8.29
Dachaufbau bei außenliegender Dämmung (Sparren sichtbar).
- Eindeckung
- Lattung 3/5 cm
- Konterlattung 3/5 cm
- Dämmung (kaschierte Platten) 20 - 28 cm
- Dampfbremse
- Schalung 22 mm
- Sparren (nach Angabe des Statikers)

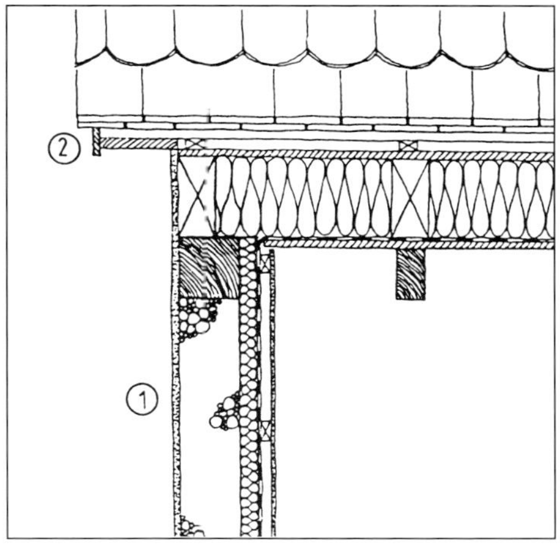

8.30
Ortgangdetail zu Abb. 8.29.
Um den Dachrand möglichst schmal zu gestalten, wird die Dämmung nur bis zur Wand geführt. Den Dachüberstand bilden lediglich Zahnleiste, Windbrett und Lattung.
1 Giebelwand
2 Dachrand („Ortgang“)

Unterdach

Unterdächer sind eine zweite wasserführende Schicht unterhalb der Dachziegel oder Dachsteine. Sie sind ein zusätzlicher Witterungsschutz. Ein Unterdach kann mit einer Unterspannung, mit einer Unterdeckung oder aus Unterdeckplatten hergestellt werden.

Unterspannbahnen werden frei hängend auf den Dachsparren (Balken) verlegt. Diffusionsoffene Bahnen können auch direkt auf einer festen Wärmedämmung aufliegen. Eine Belüftung des Hohlraums zwischen den Dachziegeln und der Unterspannbahn sorgt für ein rasches Abtrocknen von entstandener Feuchtigkeit. *Unterdeckbahnen* werden auf festen Unterlagen eingesetzt, z.B. auf Holzschalung oder Holzwerkstoffplatten. Sie gelten als diffusionsdicht und erfordern eine zuverlässige Dampfsperre auf der (warmen) Raumseite oder eine Hinterlüftung zwischen Wärmedämmung und Unterdach.

Unterdeckplatten sind eine ökologisch sinnvolle Alternative. Die imprägnierten Holzfaserplatten aus Nadelholz werden im Nassverfahren ohne künstliche Bindemittel herstellt. Das Bindemittel ist das natürlich im Holz enthaltene Lignin. Sie werden ähnlich wie eine Dachschalung auf den Sparren verlegt. Sie bilden ohne zusätzliche Dichtungsbahn ein regensicheres festes Unterdach, das zugleich eine wärmedämmende Wirkung hat.

Wärmedämmung und Dampfbremse

Welchen Dämmwert eine Dachfläche haben muss, hängt vor der Art der bestehenden Raumnutzung ab.

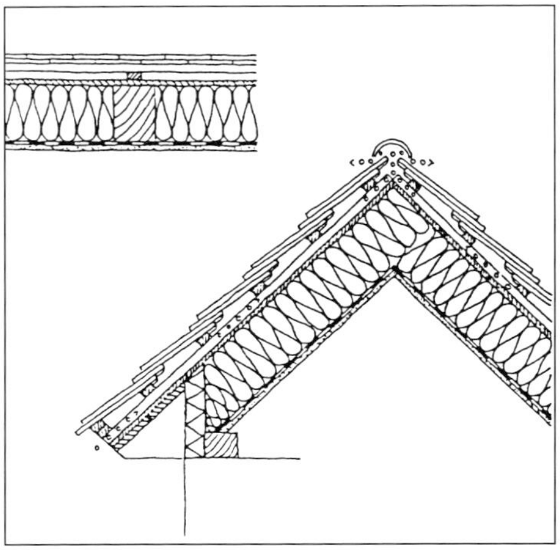

8.31

Dachaufbau mit Dämmung zwischen den Sparren.
- Eindeckung mit Lüfterfirst
- Lattung 3/5 cm
- Konterlattung 3/5 cm
- latexierte Holzweichfaserplatte
- Dämmung zwischen den Sparren 16 - 35 cm
- Dampfbremse
- Innenbekleidung

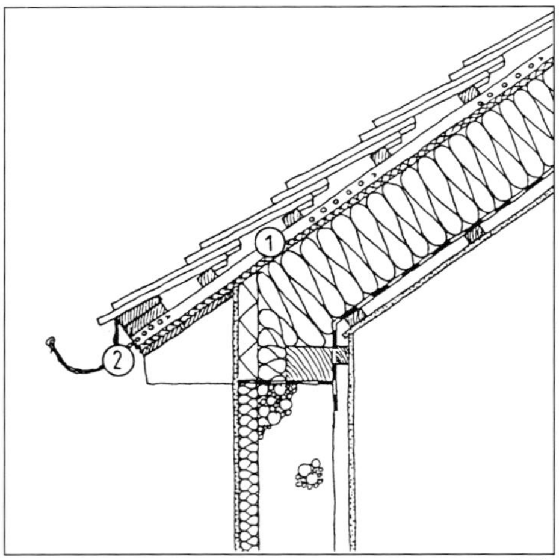

8.32

Ausbildung der Traufe zur Belüftung des Unterdaches.
1 Belüftung zwischen Deckung und diffusionsoffenem Unterdach 3 cm
2 Belüftungsschlitz wird mit einem Insektengitter versehen

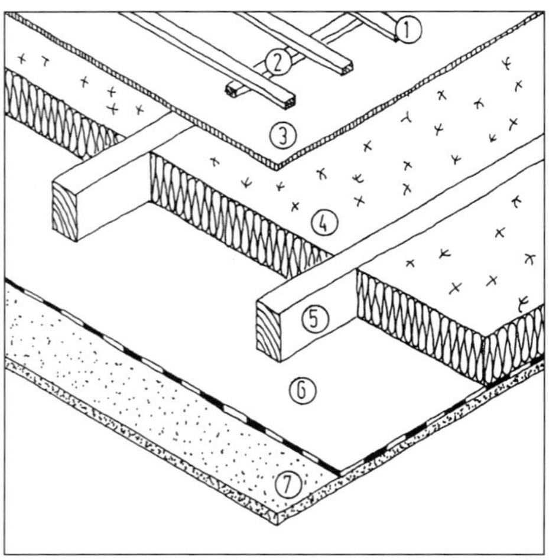

8.33

Aufbau einer wärmegedämmten Dachfläche.
1 Lattung 3/5 cm
2 Konterlattung 3/5 cm
3 Unterspannbahn oder festes Unterdach (nicht belüftet)
4 Dämmschicht 10 - 26 cm
5 Sparren
6 Dampfbremse
7 Innenbekleidung

- Soll die Dachdeckung eines bereits ausgebauten Dachgeschosses erneuert werden, dann darf der Wert für die Wärmedurchlässigkeit (U-Wert) maximal 0,24 W/(m²·K) betragen. In den meisten Fällen muss die Dämmung verstärkt werden, um diese Anforderung einzuhalten. Wird nur eine Teilfläche erneuert, dann gilt die Anforderung für die jeweilige ganze Fläche, sofern die Teilfläche größer als 10% ist!
- Soll ein Dachraum nachträglich ausgebaut werden, dann darf die Wärmedurchlässigkeit maximal das 1,2-Fache eines vergleichbaren Neubaus sein.
- Im Übrigen gilt: Wird nichts geändert, dann gibt es auch keine gesetzlichen Anforderung an den Wärmeschutz. Trotzdem ist es sinnvoll, sehr schlecht gedämmte Dächer durch eine zusätzliche Dämmung zu verbessern.

In diesem Zusammenhang ist eine spezielle Nachrüstpflicht von Bedeutung. Gemäß GEG sind oberste Geschossdecken zu unbeheizten Räumen oder das darüber liegende Dach zu dämmen, sofern sie nicht die erforderliche Mindestdämmung haben. Diese Vorschrift ist auch dann zu beachten, wenn keine Änderungen beabsichtigt sind. Einzelheiten dazu sind in Kap. 4.5 beschrieben.

Wärmedämmschichten können prinzipiell unter, zwischen und/oder auf den Sparren angebracht werden, wobei entsprechende Konstruktionen im Folgenden beschrieben werden. Die Eigenschaften geeigneter Dämmstoffe werden in Kap. 5.4 behandelt.

Für das geneigte Dach ist Platten- und Rollenmaterial gut geeignet. Geschüttete bzw. eingeblasene Dämmstoffe, z.B. aus Zellulose, sind dann wirtschaftlich, wenn raumseitig eine biegesteife Bekleidung, z.B. eine Holzschalung, vorhanden oder vorgesehen ist oder wenn schlecht zugängliche Hohlräume mit Dämmmaterial ausgefüllt werden sollen. Wer sein Dach selber dämmen und auf Mineralfaserprodukte verzichten möchte, muss auf Matten oder Platten z.B. aus Hanf, Kork oder Schafwolle ausweichen, die jedoch deutlich teurer als Mineralfaserprodukte sind. Bei größeren Flächen kann es günstiger sein, Zelluloseflocken zu verwenden, auch wenn dies in der Regel nur von Fachfirmen mit entsprechendem Einblasgerät ausgeführt werden kann. Beim Einbau von Platten muss darauf geachtet werden, dass keine offenen Fugen zwischen Dämmplatte und Sparren entstehen. Die Platten sollten zweilagig mit versetzten Stößen eingebaut werden. Ein dichter Anschluss an die Sparren kann erreicht werden, wenn die Platten mit einer kleinen Überbreite zugeschnitten und beim Einbau etwas gestaucht werden. Hohlräume und Fugen an den Rändern müssen ausgestopft werden.

Wie bereits erwähnt, ist beim gedämmten Dach in der Regel eine Dampfbremse (z.B. PE-Folie) auf der Innenseite erforderlich, die auch die Funktion der Luftdichtung übernimmt. Gerade Gebäude mit Baujahr vor den 1990er Jahren besitzen zwar oft eine bereits vorhandene geringe Dämmung, jedoch keine Luftdichtigkeitsebene. Anstelle dieser kam lediglich vielerorts eine Nut- und Federschalung aus Holz, was besonders dann, wenn diese Räume ausgebaut und beheizt wurden, zu einem erhöhten unkontrollierten Luftwechsel und damit einem Energieverlust führte, teilweise auch zu Feuchteschäden. Der Einbau einer Dampfbremse verhindert, dass feuchtwarme Luft in die Dachkonstruktion eindringen und auf der kälteren Außenseite als Tauwasser ausfallen kann. Neben Folien aus PE, Vliesen und beschichteten Baupapieren sind seit etlichen Jahren sogenannte variable (feuchteadaptive) Dampfbremsen verfügbar. Im Winter funktionieren sie gleich wie herkömmliche Dampfbremsen: die durch Kälte und Feuchte verdichtete Folienschicht verhindert das Eindringen von Wasserdampf aus dem Wohnraum in die Konstruktion. Bei Wärme und Trockenheit im Sommer wird die Folie (quasi durch Öffnen der Poren) dampfdurchlässiger, so dass die im dahinterliegenden Bauteil (Dämmstoff, Holz) angesammelte Feuchtigkeit auch nach innen austrocknen kann. Für die Hauserneuerung ist die variable Dampfbremse besonders dann von Vorteil, wenn der Einbau einer Wärmedämmung beim Dach von außen her erfolgt und die Innenbekleidung erhalten bleiben soll.

Konstruktionsart	Material	Wasserdampf-Diffusions-widerstand	Ökologische Bewertung
Unterspannbahn	Dampfdurchlässige Bahnen aus Kunststoff-Faservlies	0,02 m	0
Unterdeckbahn auf Holzschalung oder Holzplatten	Bitumenbahnen	> 20 m	0
Unterdeckplatte	Holzfaserplatten mit V-Falz, z.B. Fabr. Steico, 18 mm	0,09 m	+
+ = wenig umweltbelastend, 0 = mäßig umweltbelastend			

Tabelle 8.5 Bahnen und Platten für Unterdächer.
Als diffusionsoffen gelten Materialien mit einem geringen Widerstand für diffundierenden Wasserdampf (während der Heizperiode, aus der Innenraumluft nach außen). Maßeinheit ist die Dicke einer äquivalenten Luftschicht in Meter.

Jede Dampfbremse funktioniert aber nur, wenn sie vor (oder innerhalb) der Wärmedämmung an der warmen Raumseite angeordnet ist und alle Übergänge dicht verklebt sind. Falsch geplante und mangelhaft ausgeführte Dampfbremsen können Durchfeuchtungen und die Bildung von Schimmelpilz zur Folge haben. Die Dichtungsbahnen müssen daher an den Stößen und an allen Anschlüssen (z.B. an Querwänden, Dachgaupen, Installationsleitungen) mit speziellem Klebeband, z.B. Difunorm (Isover), oder mit einem geklebten Streifen Baupapier luftdicht verlegt werden. Beim Verlegen von Installationen (Strom, Heizung, Wasser, Abwasser) ist darauf zu achten, dass die Dampf- und Windbremse nicht durchbrochen wird.

Innenverkleidung

Die untere Bekleidung der Dachfläche besteht meist aus einer Holzschalung oder einem Trockenputz. Eine Holzschalung ist gut in der Lage, das Arbeiten und die kaum zu vermeidenden kleinsten Bewegungen des Dachstuhls (durch Wind, Scheelast etc.) aufzunehmen, ohne dass Risse sichtbar werden. Eine waagerechte Schalung kann bei entsprechender Stärke unter Umständen direkt auf die Unterkonstruktion (z.B. die Sparren) genagelt oder geschraubt werden. Eine Hinterlüftung ist nicht erforderlich.

Wenn die Sparren nicht in einer Ebene liegen oder die Schalung senkrecht angebracht werden soll, ist eine Lattung erforderlich, mit der ggf. vorhandene Unebenheiten in der Fläche ausgeglichen werden können. Der Lattenzwischenraum kann Installationsleitungen und eine zusätzliche Wärmedämmschicht aufnehmen.

Wer seine Dachschrägen lieber glatt und tapezierfähig haben möchte, kann unter oder zwischen den Sparren Gipsfaser- oder Gipskartonplatten auf einer Lattung anbringen. Diese Platten gibt es auch als Verbundplatten mit Wärmedämmschicht und Dampfbremse. Mit diesen Platten ist eine Vergrößerung der Dämmschichtdicke möglich.

Konstruktionsbeispiele

Von der Vielzahl der Möglichkeiten werden nachfolgend 6 Beispielkonstruktionen für typische Situationen dargestellt. Die Art des Dämmstoffs, die Dacheindeckung und die innere Bekleidung können im Rahmen der Angaben frei gewählt werden. Im Aufbau sollten die Konstruktionen aber nicht ohne fachliche Überprüfung geändert werden.

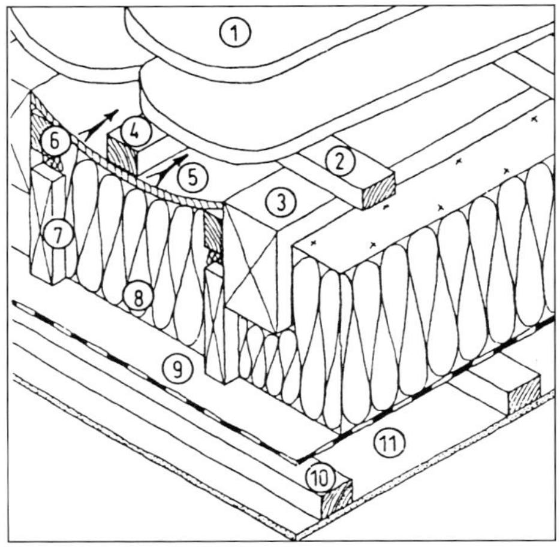

8.34
Nachträgliche Dämmung von innen bei zu kleinem Querschnitt der Sparren (Beispiel 1).

vorhanden:
1 Eindeckung
2 Lattung
3 Sparren
neu
4 Latte 24/48 mm
5 Weichfaserplatte latexiert
6 Leisten, fest an Sparren geschraubt
7 Bohle
8 Dämmung aus Zellulose
9 Dampfbremse
10 Lattung
11 Innenbekleidung

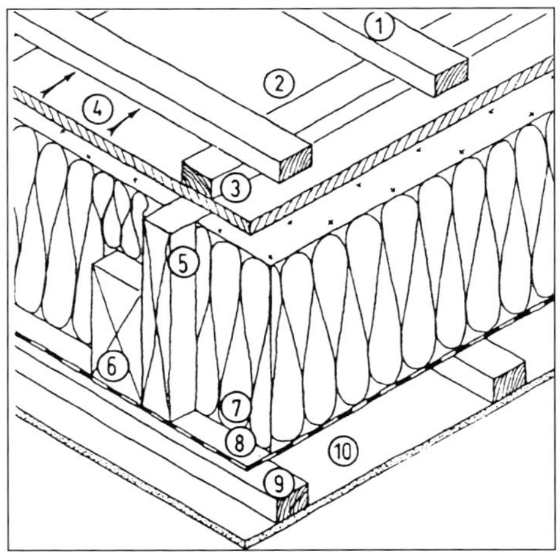

8.35
Dachdämmung zwischen den Sparren mit Erneuerung des Unterdaches (Umdecken erforderlich) und statischer Verstärkung der Sparren (Beispiel 2).

1 Lattung
2 Grundlattung
3 latexierte Weichfaserplatte
4 Belüftungsebene
5 Bohle, seitlich an Sparren geschraubt
6 Sparren (vorhanden)
7 Wärmedämmung
8 Dampfbremse
9 Lattung
10 Innenbekleidung

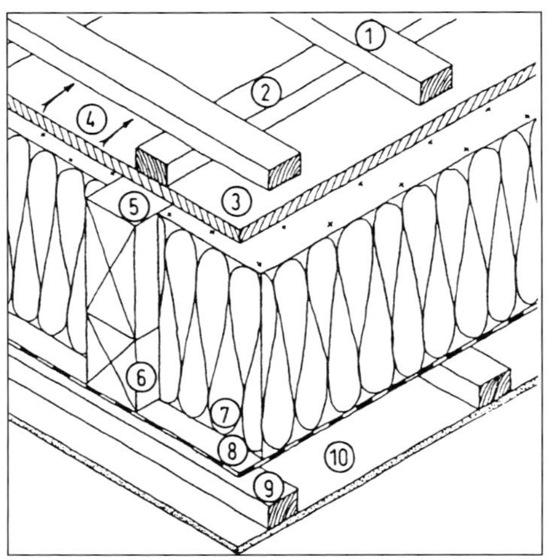

8.36
Erhöhung der Dämmstärke durch Verstärkung der Sparren, von innen oder außen (Beispiel 3).

1 Lattung
2 Grundlattung
3 latexierte Weichfaserplatte
4 Belüftungsebene
5 Sparren (vorhanden)
6 Kantholz
7 Wärmedämmung
8 Dampfbremse
9 Lattung
10 Innenbekleidung

Vorab noch einmal folgende allgemeine Ratschläge:

- Bemessen Sie die Dicke der Dämmschicht großzügig. Das spart Heizkosten und kommt unserer Umwelt zugute! Einen Anhaltspunkt liefern die Richtwerte in Tabelle 4.5.
- Achten Sie auf eine luftdicht verlegte Dampfbremse, insbesondere an den Stößen und Randanschlüssen!
- Achten Sie auch auf eine durchgehende Hinterlüftung zwischen Dachdeckung und Unterdach - auch an Traufe, First, Dachfenstern, Kaminen usw., und zwar in jedem einzelnen Sparrenfeld.

Beispiel 1

Vorhandene Konstruktion:
Nicht ausgebautes Dach; Ziegel und Bleche in Ordnung.

Neue Konstruktion (Abb. 8.34):
Von unten werden Dachlatten in Feldmitte an die bestehende Lattung geschraubt. Eine Holzweichfaserplatte, etwas breiter als das Feld zugeschnitten, wird eingeklemmt, so dass eine Durchbiegung entsteht, die verhindert, dass das Wasser neben den Sparren in die Dämmung läuft. An die Sparren werden seitlich Bohlen geschraubt, um die Dämmstoffdicke zu erhöhen und eventuelle Unebenheiten der Dachkonstruktion auszugleichen. Mit einer Dampfbremse wird das Feld geschlossen und mit Zelluloseflocken vollgeblasen.
Diese Konstruktion ermöglicht einen Dachausbau von innen, entspricht aber nicht den anerkannten Regeln der Technik. Sie sollte daher als Provisorium angesehen werden und durch ein geschlossenes Unterdach oberhalb der Sparren ergänzt werden, sobald das Dach neu gedeckt wird.

Beispiel 2

Vorhandene Konstruktion:
Nicht ausgebautes Dach; Sparren müssen verstärkt werden; Ziegel und Blechverwahrungen sind erneuerungsbedürftig.

Neue Konstruktion (Abb. 8.35):
An vorhandene Sparren werden seitlich Bohlen angeschraubt, die so hoch sind, dass eine ausreichend dicke Dämmschicht entsteht. Nach Abdecken des Daches wird oberhalb der Sparren eine bituminierte Holzweichfaserplatte als Unterdach verlegt. Es folgen dann eine neue Grundlattung und Dachlattung sowie die neue Deckung.

Beispiel 3

Vorhandene Konstruktion:
Nicht ausgebautes Dach mit geraden und ausreichend tragfähigen Sparren, die jedoch für die geplante Dämmstoffdicke nicht ausreichend hoch sind.

Neue Konstruktion (8.36):
Ein zusätzliches Kantholz wird unter oder über dem bestehenden Sparren angenagelt. Wird mit Dämmstoffmatten gedämmt, können die Kanthölzer auch quer zur bestehenden Konstruktion angebracht werden.

Beispiel 4

Vorhandene Konstruktion:
Nicht ausgebautes Dach, evtl. mit bereits vorhandener Dachschalung (Unterdach aus Holz).

Neue Konstruktion (Abb. 8.37):
Auf den Sparren (innen sichtbar) wird, sofern nicht bereits vorhanden, die sichtbare Holzschalung aufgebracht und darauf die Dampfbremse ausgelegt; Kantholz und die dazwischenliegende Wärmedämmung werden wieder von außen aufgebracht. Zur Ausbildung des Ortgangs siehe Abb. 8.30. Besondere

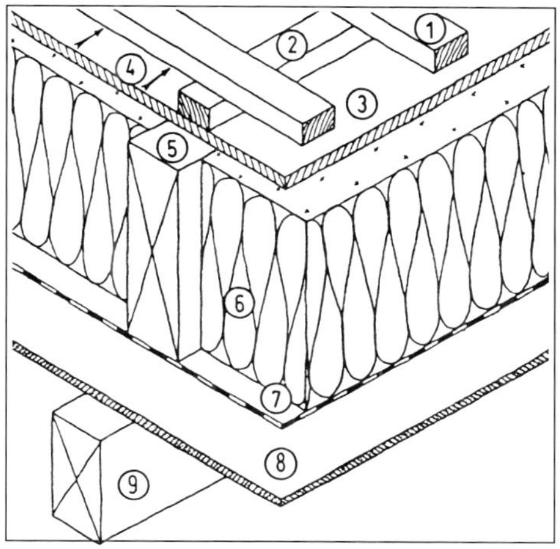

8.37
Dachaufbau bei sichtbaren Sparren mit Umdecken des Daches (Beispiel 4).
1 Lattung
2 Grundlattung
3 latexierte Weichfaserplatte
4 Belüftungsebene
5 neues Kantholz
6 Wärmedämmung
7 Dampfbremse
8 Schalung aus Holz oder Baufurnierplatte
9 Sparren (vorhanden)

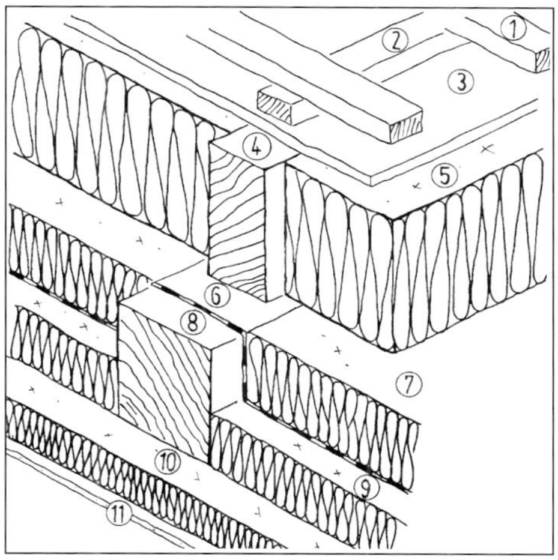

8.38
Dachaufbau bei sichtbaren Sparren mit Umdecken des Daches (Beispiel 5).
1 Lattung
2 Grundlattung
3 DWD-Platte
4 aufgedoppelter Sparren
5 Dämmung
6 Dampfsperre
7 Dämmung
8 Sparren vorhanden
9 Dämmung
10 Putzträger; Holzwolleleichtbauplatten
11 Gipskartonverkleidung

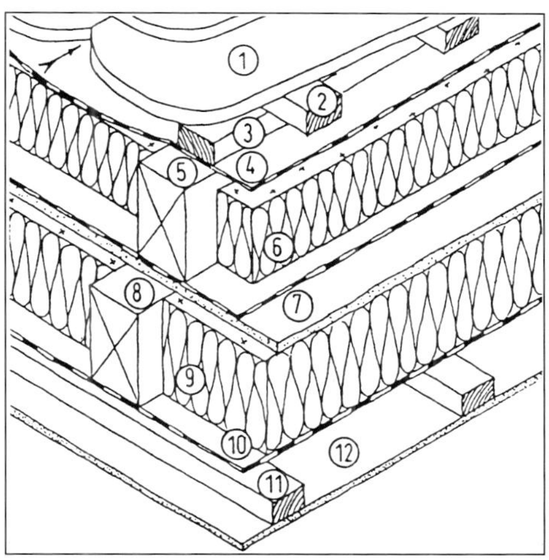

8.39
Verbesserung der Dämmung eines ausgebauten bereits gedämmten Daches (Beispiel 6).
1-7 Vorhandener Dachaufbau mit Gitterfolie als Unterspannbahn
8 zusätzlicher Sparren
9 Wärmedämmung
10 Dampfbremse
11 Lattung
12 Innenbekleidung

Sorgfalt muss auf die Dichtigkeit des Außenwandanschlusses und bei Durchdringungen (Schornstein, etc.) verwendet werden.

Beispiel 5

Vorhandene Konstruktion:
Ausgebautes, bereits wärmegedämmtes Dach; Erhalt des Innenraumes; Wärmedämmung durch Umdecken von außen.

Neue Konstruktion (Abb. 8.38):
Nach Abdecken des Daches wird eine dampfbremsende Folie über die Sparren und in die Gefache zwischen den Sparren eingebaut. Die Sparren werden durch Aufnageln von Kanthölzern soweit erhöht, dass eine ausreichend starke Dämmschicht entsteht (z.B. 20 cm). Nach Einbringen des Dämmstoffes zwischen die Sparren wird die Dachfläche außen mit bituminierten Holzweichfaserplatten als Unterdach geschlossen. Es folgen dann eine neue Grundlattung und Dachlattung sowie die neue Deckung.

Beispiel 6

Vorhandene Konstruktion:
Ausgebautes, bereits wärmegedämmtes Dach; Wärmedämmung dachraumseitig.

Neue Konstruktion (Abb. 8.39):
Kantholz unter bestehende Dachbekleidung schrauben, dazwischen Dämmung, darunter Dampfbremse und Innenbekleidung.

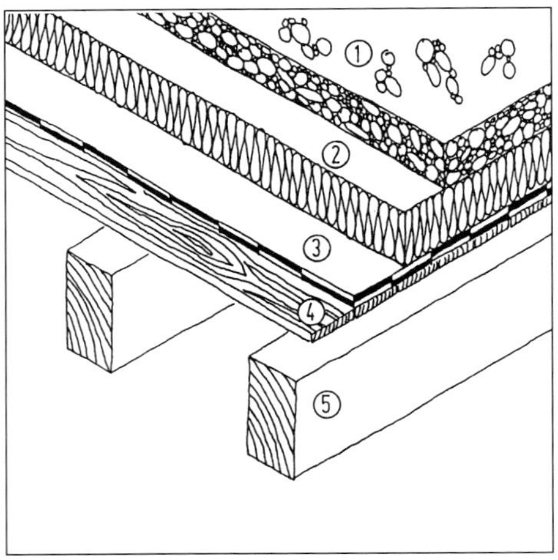

8.40
Aufbau eines Flachdaches als Umkehrdach.
1 Kiesschicht
2 feuchtigkeitsunempfindliche und trittfeste Dämmschicht 15 - 35 cm, z.B. Schaumglas
3 Dachabdichtung, z.B. 3 Lagen Bitumenpappe
4 Schalung 22 mm
5 Tragbalken

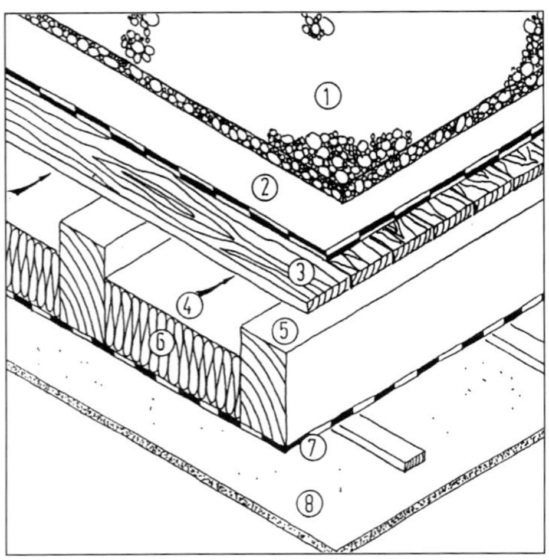

8.41
Aufbau eines zweischaligen Flachdaches.
1 Kiesschicht
2 Dachabdichtung
3 Schalung 22 mm
4 Belüftung 4 cm
5 Tragbalken 4 cm höher als die Dämmung
6 Dämmung 15 - 35 cm
7 Dampfbremse und Luftdichtung
8 Innenbekleidung auf Lattung

8.5 Flachdach

Das Flachdach wurde durch die Bauhausbewegung in den 20er und 30er Jahren des 20. Jahrhunderts zum charakteristischen Merkmal der seinerzeit modernen Architektur. Es wurde als Stilelement geschätzt, weil es die Gestaltung klarer kubischer Baukörper ermöglichte und weil sich das Dach obendrein als Dachterrasse nutzen ließ. In zahlreichen Bebauungsplänen der 1950er und 1960er Jahre waren Flachdächer sogar vorgeschrieben. Inzwischen hat man gelernt, dass die Haltbarkeit und Wartungsfreiheit von Flachdächern wesentlich von einer sorgfältigen Detailplanung, der richtigen Materialwahl und einer fachgerechten Bauausführung abhängig ist.

Zur Instandsetzung und Verbesserung eines Flachdaches gehören folgende Maßnahmen:

- Dachabdichtung reparieren oder erneuern, ggf. in Verbindung mit der Verstärkung der Wärmedämmschicht,
- Vorhandene Wärmedämmung durch eine zusätzliche Dämmschicht verbessern,
- Dachbegrünung herstellen,
- Begehbaren Terrassenbelag herstellen,
- Gebäude aufstocken und mit einem geneigten Dach versehen.

Flachdächer können nach unterschiedlichen Prinzipien aufgebaut sein. Zur Beurteilung und Auswahl der richtigen Instandsetzungs- und Modernisierungsmaßnahme ist es notwendig, die wesentlichen Konstruktionsarten zu kennen.

Das *nicht wärmegedämmte Flachdach* über nicht beheizten Räumen besteht aus der Rohdecke, z.B. aus Stahlbeton oder Holzbalken mit Schalung, und einer zwei- oder dreilagig verklebten Abdichtung aus Bitumenbahnen. Eine Kiesschüttung schützt die Dachhaut (d.h. die Abdichtung) vor den thermischen Beanspruchungen durch direkte Sonnenstrahlung, ein Dachablauf sorgt dafür, dass sich das Wasser nicht staut und über die Randaufkantung fließt.

Das *wärmegedämmte Flachdach* über beheizbaren Räumen kann mit oder ohne Hinterlüftung konstruiert sein. Beim üblichen, *nicht belüfteten Flachdach* (auch einschaliges Dach oder *Warmdach* genannt), liegt die Dämmschicht (z.B. aus Hartschaum- oder Mineralfaserplatten) zwischen Rohdecke und Dachhaut. Die Dämmschicht kann aber auch als Innendämmung unter der Rohdecke angebracht sein.

Oder die Dämmung liegt oberhalb der Dachhaut auf der kalten Seite – und muss dann aus feuchtigkeitsunempfindlichen Platten bestehen (*Umkehrdach*).

Beim *wärmegedämmten, belüfteten Flachdach* (auch zweischaliges Dach oder *Kaltdach* genannt) liegt zwischen Dämm- und Dichtungsschicht ein Luftraum, der an den Dachrändern ein Entweichen des aus dem darunterliegenden Raum eindiffundierten Wasserdampfes ermöglicht, nach dem gleichen Prinzip wie bei der hinterlüfteten Fassade. Die Dämmschicht kann ober- oder unterhalb der Rohdecke liegen. Das hinterlüftete Flachdach mit der Wärmedämmung auf der Rohdecke ist die technisch beste Form, es ist aber auch – wie sollte es anders sein – die teuerste.

Dachabdichtung sanieren

Das Ausbessern der Dachhaut ist nur sinnvoll, wenn die undichte Stelle genau lokalisiert werden kann und die übrige Dachhaut noch auf absehbare Zeit völlig in Ordnung ist. Anderenfalls ist eine Erneuerung der ganzen Fläche ratsam, vor allem, wenn die Dachhaut Blasen geworfen hat und die Dachbahnen an der Randaufkantung spröde und rissig geworden sind.

Flachdachabdichtungen können in 2 Verfahren aufgebracht werden:

1. Bitumen- oder Polymerbitumenbahnen werden mindestens zweilagig mit einem Gasbrenner punktförmig oder vollflächig auf dem Untergrund verschweißt. Wenn die Bahnen mit einem Plattenbelag oder mit mindestens 10 cm Boden bedeckt werden, ist auch ein loses Verlegen möglich. Beim punktförmigen Verschweißen oder beim losen Verlegen müssen allerdings die Stöße verschweißt werden.
2. Das Foliendach besteht aus einer einlagigen, lose verlegten Dachbahn aus EPDM-Kautschuk oder PVC. Nach Verlegen und punktweiser mechanischer Befestigung werden die Bahnstöße homogen verschweißt. Die Dachbahnen sind in der Regel bitumenfest, UV-beständig und wurzelfest. Die Dachbahnen sind nach Beseitigung recyclebar. Aufgrund der gegenüber einer mehrlagigen bituminösen Abdichtung sehr geringen Bahnenstärke ist sowohl bei der Verarbeitung als auch bei der späteren Wartung strikt darauf zu achten, keine Beschädigungen zu verursachen.

Die zweite Abdichtungsart ist zuverlässiger. Jedoch sollten Arbeiten am Flachdach Fachfirmen überlassen werden, schon wegen der Gewährleistung. Die Ausführung darf nur bei Temperaturen über 4°C erfolgen und nicht bei regnerischem Wetter. Besondere Schwachstellen am Flachdach sind die Anschlüsse an die Dachentwässerung (z.B. Dachgully), an den Dachrand und an angrenzende Bauteile. Bei der Flachdachsanierung sind in der Regel auch neue Blechverwahrungen erforderlich.

Wärmedämmung verbessern

Der Mindestwärmeschutz ist gemäß GEG-Anforderung U = 0,16 W/(m²·K). Die Dicke der Wärmedämmung beim Flachdach über beheizten Räumen sollte daher nicht weniger als 23 - 28 cm (WLG 040) betragen. Die meisten alten Flachdächer sind wesentlich schlechter gedämmt, so dass bei einer Reparatur der Dachdichtung eine nachträgliche Verbesserung der Wärmedämmung fast immer geboten ist.

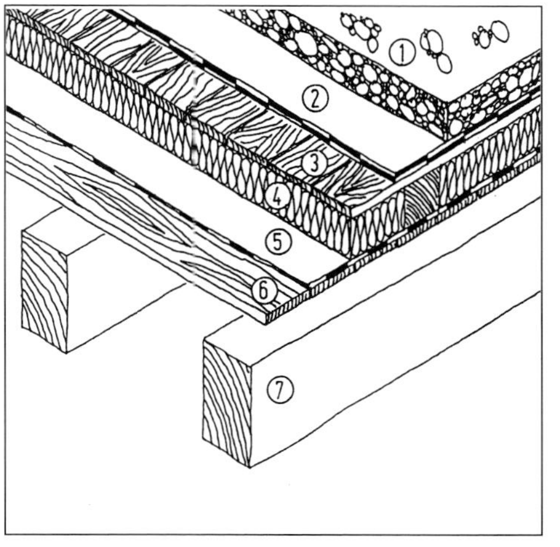

8.42
Aufbau eines einschaligen Daches.
1 Kiesschicht 3 - 5 cm
2 Dachabdichtung
3 Schalung 22 mm, Kantholz in Stärke der Wärmedämmung
4 Wärmedämmung 15 - 35 cm
5 Dampfsperre
6 Schalung 22 mm
7 Tragbalken

8.43

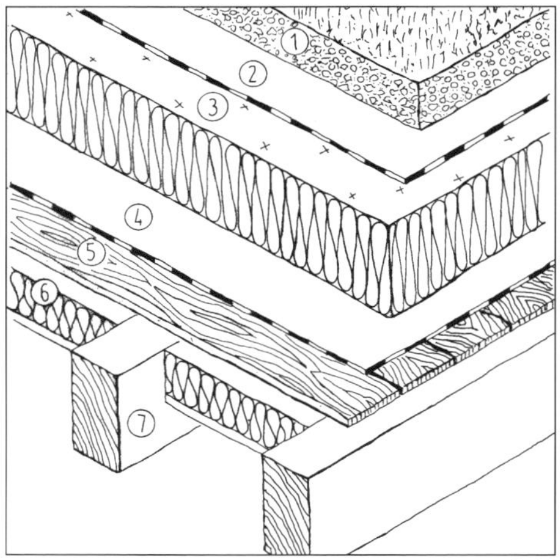

8.44

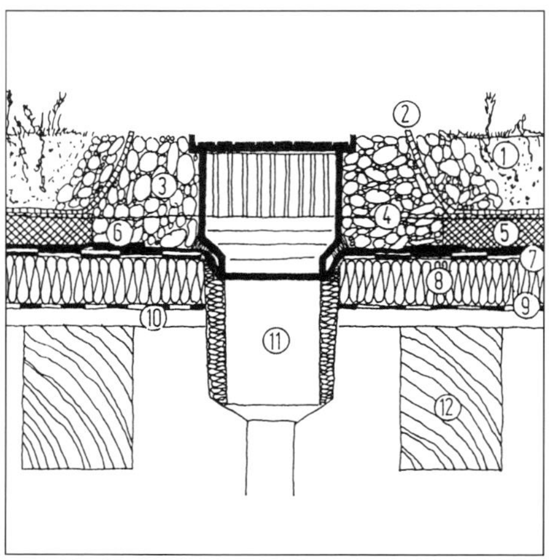

8.45

8.43
Begrünter Flachdachanbau – eine Aufwertung, auch ohne Terrassenfunktion.

8.44
Begrünung eines nicht belüfteten Flachdaches mit zusätzlicher Dämmschicht.
Hinweis: Eine Feuchteschutzberechnung ist erforderlich, wenn der Wärmedurchlasswiderstand der neuen Wärmedämmung nicht mindestens doppelt so groß ist wie der der vorhandenen Dämmung.

neu
1 Pflanzgranulat
2 wurzelfeste Dichtungsbahn
3 druckfeste Wärmedämmung

vorhanden
4 Dachabdichtung
5 Schalung
6 unzureichende Dämmung
7 Tragbalken

8.45
Entwässerung eines begrünten Flachdaches.
1 Vegetationsschicht 15 - 20 cm
2 Filtervlies
3 Kies
4 Wasserspiegel
5 Dränschicht 3 - 5 cm
6 wurzelfeste Dichtungsbahn
7 bestehende Dachabdichtung
8 Dämmung, vorhanden
9 Dampfbremse, vorhanden
10 Schalung, vorhanden
11 Syphon
12 Tragbalken

Selbstbaufreundlich ist die nachträgliche, raumseitige Verkleidung der Decke mit Dämmmaterial, wobei darauf zu achten ist, dass bei Aufenthaltsräumen eine Mindestraumhöhe von 2,3 m erhalten bleibt.

Es können aber auch feuchtigkeitsunempfindliche Dämmplatten aus extrudiertem, geschlossenporigem Hartschaum oder aus Schaumglas als Umkehrdach auf der Dachhaut verlegt werden (beim Kaltdach unwirksam und daher nicht sinnvoll). Die Dicke der Dämmplatten wird durch die Tragfähigkeit der Decke begrenzt, denn beim Umkehrdach müssen die Platten mit Kies oder ähnlichem in mindestens der gleichen Dicke gegen Aufschwimmen belastet werden. Vor jedem Aufbringen von Wärmedämmung sollte die Dachhaut in jedem Fall auf Dichtigkeit untersucht werden.

Die Arbeitsschritte zur Herstellung eines Umkehrdaches:

- Vorhandenen Kies zur Seite räumen und gegebenenfalls zwischenlagern.
- Vorhandene Dachabdichtung instandsetzen, sofern erforderlich.
- Feuchtigkeitsunempfindliche Dämmplatten verlegen, und zwar einlagig mit Hakenfalz oder zweilagig mit versetzten und dichten Stößen.
- Kiesschüttung, Plattenbelag oder Gründach aufbringen, mindestens so dick wie die Dämmplatten, gegebenenfalls vorher prüfen lassen, ob die Tragfähigkeit der Decke ausreicht.

Dachbegrünung

Flachdächer bieten sich an für eine Begrünung mit Gräsern und Kräutern. In dicht besiedelten Gebieten können Grasdächer einen merklichen Beitrag zur Klimaverbesserung leisten und Lebensraum für Insekten bieten. Eine Dachbegrünung ist allerdings absolut kein Ersatz für eine Wärmedämmung.

Im Allgemeinen kann der vorhandene Kies gegen Boden in gleicher Stärke ausgetauscht werden. Soll die vorhandene Decke die Belastung einer dickeren Bodenschicht aufnehmen, ist auf jeden Fall zu prüfen, ob die Tragfähigkeit der Decke ausreicht.

Ein einfaches Grasdach für ein bestehendes (einschaliges) Flachdach kann so aufgebaut sein (Abb. 8.45):

- Tragende Decke, z.B. Betonplatte oder Holzbalkendecke.
- Wärmedämmschicht unter oder auf der tragenden Deckenkonstruktion.
- Dachabdichtung aus 2 bis 3 Lagen Dichtungsbahnen, lose verlegt mit verschweißten Stößen.
- Wurzelschutzfolie (wurzelfeste Kunststofffolie) als zusätzliche Lage (sofern nicht wurzelfeste Dichtungsbahnen verwendet werden), lose verlegt mit verschweißten Stößen.
- Entwässerung (Dachgully) mit eingeklebtem Anschluss.
- Dränschicht, z.B. Fadengeflechtmatten, 20 mm dick.
- Filtervlies (verhindert das Fortschwemmen feiner Bodenbestandteile).
- Bodenschicht für extensive Begrünung: Mutterboden vermischt mit Rindenhumus oder Blähton (bzw. Blähschiefer, Lava) oder Ziegelsplitt.
- Vegetation, z.B. Grassoden (Trockenrasen) oder Einsaat mit Wildkräuterwiese oder mit Spezialmischung. Keine tief wurzelnden Pflanzen einsetzen, die die Dachdichtung beschädigen könnten.

Bei richtiger Auswahl der Pflanzen ist eine Bewässerung und Pflege der Begrünung nicht erforderlich. Im Laufe der Zeit stellen sich von selbst diejenigen Pflanzenarten ein, die diese extremen Standortbedingungen vertragen. Allerdings muss damit gerechnet werden, dass bei lang anhaltender Tro-

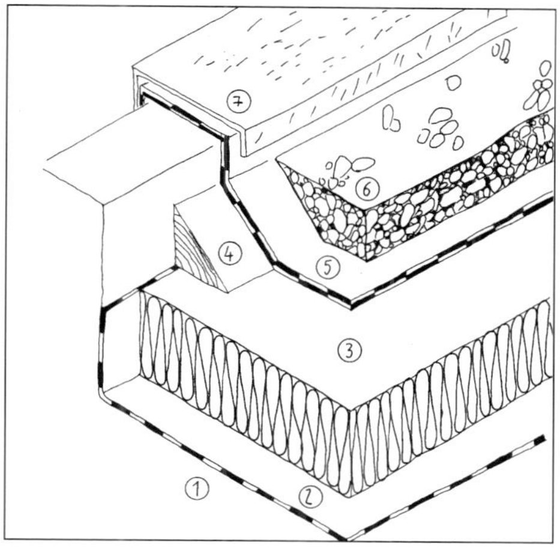

8.46
Umwandlung eines Flachdachs mit Kies in ein Glasdach;
Lösung A: bestehendes Flachdach mit Kiesschüttung.

1 Dachkonstruktion
2 Dampfbremse
3 Wärmedämmung, 23 - 28 cm
4 Keilförmiger Anschluss
5 Dachabdichtung
6 Kiesschüttung
7 Blechverwahrung

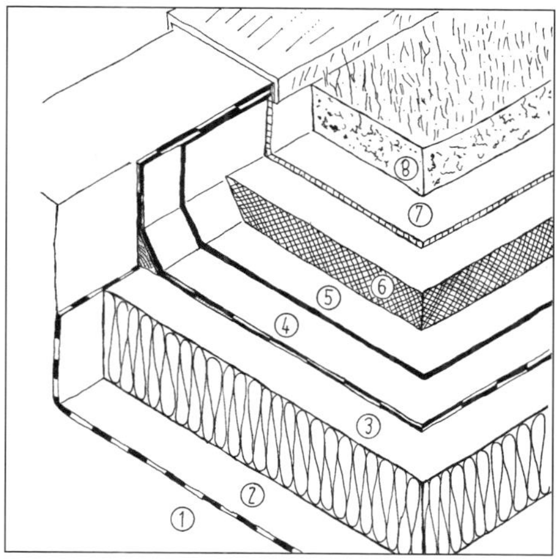

8.47
Umwandlung eines Flachdachs mit Kies in ein Grasdach;
Lösung B: bestehendes Flachdach mit ausreichend hohem Dachrand.

vorhanden
1 Dachkonstruktion
2 Dampfbremse
3 Dämmung, ggf. auf 23 - 28 cm verstärken
4 Keil mit Dachabdichtung, vorhandenen Kies abräumen

neu
5 Wurzelschutzbahn
6 Dränschicht 3 - 5 cm
7 Filtervlies
8 Vegetationsschicht 8 - 10 cm

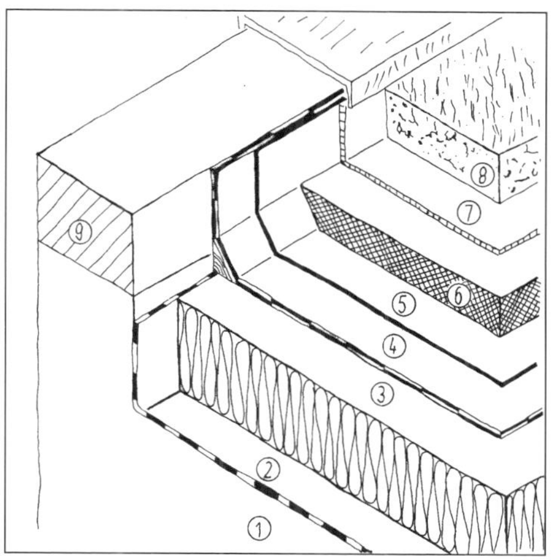

8.48
Umwandlung eines Flachdachs mit Kies in ein Grasdach;
Lösung C: bestehendes Flachdach mit zu niedrigem Dachrand.

vorhanden
1 Dachkonstruktion
2 Dampfbremse
3 Dämmung, ggf. auf 23 - 28 cm verstärken
4 Keil mit Dachabdichtung, vorhandenen Kies abräumen

neu
5 Wurzelschutzbahn
6 Dränschicht 3 - 5 cm
7 Filtervlies
8 Vegetationsschicht 8 - 10 cm
9 zusätzliche Aufkantung (z.B. aus Naturstein) 25 - 25 cm hoch

ckenheit die oberirdischen Pflanzenteile absterben.

Wer eine Dachbegrünung plant, sollte darüber hinaus wissen:

- Solange der Boden nicht durchwurzelt ist, kann das Dach bei Sturm abgedeckt und erheblich beschädigt werden. Um die nötige Auflast sicherzustellen, sollten Grassoden bevorzugt oder unter dem Mutterboden eine Kiesschicht angeordnet werden.
- Für die Haltbarkeit von Wurzelschutzfolien geben die Hersteller meist 10 Jahre Gewährleistung. Aus praktischer Erfahrung lässt sich sagen, dass fachmännisch verlegte Wurzelschutzbahnen eine Haltbarkeit zwischen 20 und 30 Jahren erreichen.

Konfektionierte Dachbegrünungssysteme sind in der Regel für anspruchsvolle Pflanzenarten oder für begehbare Dachrasen konzipiert. Für den Einsatz auf bestehenden Flachdächern eignen sich jedoch nur die leichten, nicht begehbaren Systeme mit geringem Gewicht und geringer Dicke.

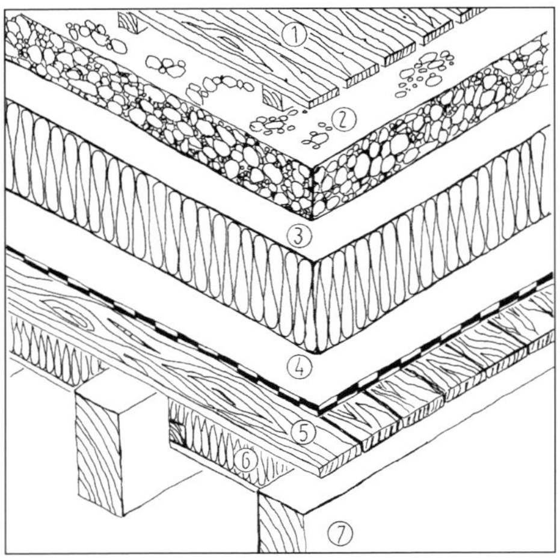

8.49
Aufbau einer begehbaren Dachterrasse als Kiesdach mit Holzrost.

neu
1 Holzrost aus Dachlatten 3/5 cm
2 Kiesschüttung, Dicke wie Dämmplatten
3 feuchtigkeitsumempfindliche Dämmschicht 23 - 28 cm

vorhanden
4 Dachabdichtung
5 Schalung
6 bestehende, nicht ausreichende Dämmung
7 Tragbalken

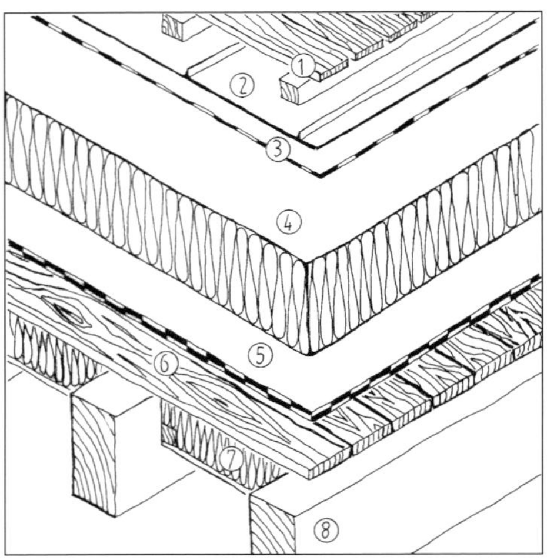

8.50
Aufbau einer begehbaren Dachterrasse mit Blechabdichtung.

neu
1 Holzrost aus Dachlatten 3/5 cm
2 Blechdach (als Dachabdichtung)
3 Pappe
4 Wärmedämmung 23 - 28 cm

vorhanden
5 Dachabdichtung
6 Schalung
7 bestehende, nicht ausreichende Dämmung
8 Tragbalken

Terrassenbelag

Die Umwandlung eines bekiesten Flachdaches in ein begehbares Dach ist aus statischen Gründen nur möglich, wenn eine ausreichende Tragfähigkeit der Decke nachgewiesen ist. Gegebenenfalls muss die Decke verstärkt werden.

Ein einfacher Terrassenbelag, der zum Selbermachen geeignet ist, kann aus großformatigen Gehwegplatten oder aus lose in Kies verlegten Holzrosten (möglichst aus Hölzern, die bei Bodenkontakt beständig sind: Eiche, Robinie oder druckimprägnierte Weichhölzer) hergestellt werden. Damit der Kies nicht in die Dachabdichtung gedrückt wird, sind feuchtigkeitsunempfindliche Dämmplatten nach dem Prinzip des Umkehrdaches zwischen Dachhaut und Kies auszulegen.

Ein begehbarer Terrassenbelag kann auch aus frostfesten keramischen Platten hergestellt werden, die in einem bewehrten, mindestens 4 cm dicken Mörtelbett auf einer Dränschicht verlegt sind und über einen Gully oder über eine Dachrinne entwässert werden. Zwischen Dränschicht und Dachabdichtung ist eine Gleitschicht, z.B. aus zwei PE-Folien, erforderlich. Wegen starker, temperaturbedingter Längenänderungen müssen Plattenbelag und Mörtelbett in Abständen von 2 m durch Dehnungsfugen mit Bitumenverguss getrennt werden. Die Herstellung eines keramischen Terrassenbelages ist wegen der zahlreichen Fehlerquellen nicht zum Selbermachen geeignet.

Bei allen Terrassen ist darauf zu achten, dass die Dachabdichtung an den Wandanschlüssen 15 cm über den Belag hinaus hochgezogen wird, auch an der Terrassentür, um das Eindringen von Feuchtigkeit zu vermeiden.

9 Geschossdecken

9.1 Zusammenhänge

Geschossdecken wurden etwa bis zum Beginn des 20. Jahrhunderts fast ausschließlich als Holzbalkendecken errichtet. Lediglich über Kellerräumen waren wegen der Feuchtigkeit gemauerte Gewölbe üblich. Mit der Einführung industrieller, energieintensiver Verfahren zur Herstellung und Verarbeitung von Zement, Stahl, Beton und Ziegel zu Beginn des 20. Jahrhunderts fanden Stahlsteindecken und kurz darauf Stahlbetondecken rasche Verbreitung - zunächst über dem Sockel- und Untergeschoss sowie unter Bädern und Küchen. Nach 1945 wurde die Holzbalkendecke mehr und mehr durch Stein- und Betondecken verdrängt. Auch die Unempfindlichkeit gegen Feuer und Schädlingsbefall sowie die besseren Schalldämmeigenschaften trugen zur raschen Verbreitung der Stahlbetondecken bei.

Inzwischen gewinnen Holzbalkendecken, die mit vergleichsweise geringem Energieaufwand und kostengünstig hergestellt werden können, wieder zunehmend an Beliebtheit, besonders im Eigenheimneubau. Aufgrund der heute üblichen Konstruktions- und Abdichtungsmethoden können auch bei der Altbausanierung die typischen Schwächen alter Holzdecken weitgehend gemindert werden.

Die Qualität einer Geschossdecke bezüglich Stabilität, Schall-, Wärme- und Brandschutz hängt von dem gesamten Deckenaufbau ab, also von

- der tragenden Rohdecke (Kap. 9.2, 9.3),
- der Deckenbekleidung (Kap. 9.4) sowie von
- dem Fußbodenaufbau (Kap. 10.2).

Der Zustand der tragenden Rohdecke wird meist erst während der Baumaßnahme sichtbar, wenn die Deckenverkleidung entfernt ist. Typische Schäden sind z.B.:

- bei Holzbalkendecken: Zerstörung durch Feuchtigkeit (Fäulnis), vor allem an den Balkenköpfen oder durch Schadinsekten, Durchbiegung, Vibration oder Schräglage von Holzbalken.
- bei Stahlsteindecken: Rostbildung an Stahlträgern.

Die Tragfähigkeit einer Decke wird durch die statische Berechnung so ausgelegt, dass die anzunehmende Verkehrslast (Nutzlast in kN/m²) und das Eigengewicht der Decke mit Sicherheit getragen werden. Bei Eingriffen ins Tragwerk oder bei einer Vergrößerung der Verkehrslast ist ein neuer statischer Nachweis und unter Umständen eine Baugenehmigung erforderlich, z.B. wenn

- tragende Wände ausgebrochen oder eingebaut werden,
- nicht tragendes Mauerwerk eingebaut wird (Gefahr der Durchbiegung und Rissbildung),
- der Dachraum ausgebaut wird (Erhöhung der Verkehrslast),
- Deckenöffnungen hergestellt oder vergrößert werden (z.B. für eine Treppe oder für einen Schornstein).

Decken werden nicht nur durch vertikal wirkende Lasten beansprucht. Mit ihrer Scheibenwirkung tragen sie wesentlich zur waagerechten Aussteifung und zur Standsicherheit des ganzen Gebäudes bei. Daher muss auch der Verankerung zwischen Decken und Wänden Aufmerksamkeit gewidmet werden, bei Holzbalkendecken auch der Verbindung

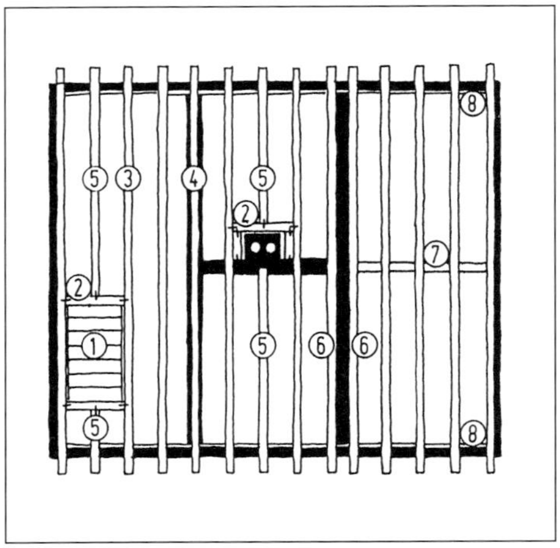

9.1

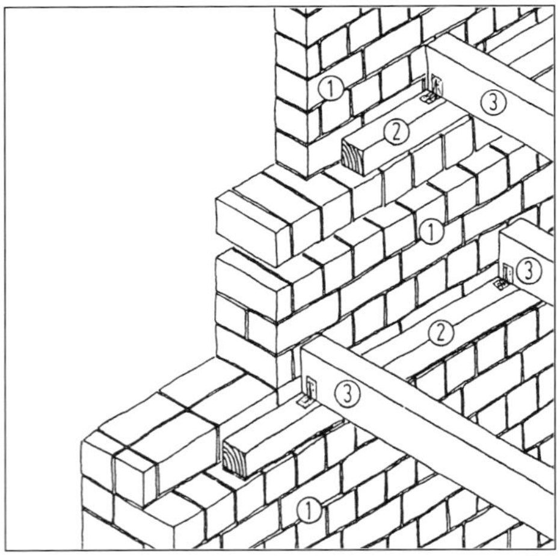

9.2

9.1
Die Begriffe in einer Balkenlage.
1 Treppenloch
2 Wechsel
3 ganze Balken (Binderbalken)
4 Bundbalken
5 Stichbalken
6 Streichbalken
7 Unterzug
8 Mauerlatte

9.2
Balkenauflager in einer Steinwand (aufgelegt).

1 Mauerwerk
2 Streichbalken (zur Druckverteilung)
3 Deckenbalken

der Deckenbalken untereinander z.B. durch die Schalung oder die Lattung.

Leichte Holzbalkendecken mit einfachem Dielenboden und Beton- oder Steindecken ohne schwimmend verlegten Fußboden erfüllen in der Regel nicht die heutigen Anforderungen an Schall- und Wärmeschutz. Ein schlechter Schallschutz ist besonders dann störend, wenn die Decke zwei Wohnungen voneinander trennt.

Die DIN 4109 (Nov. 2017, und Nachträge) fordert beispielsweise für Wohnungstrenndecken einen „bewerteten Norm-Trittschallpegel" von mindestens 53 dB. Wenn vorhandene Schalldämmwerte ermittelt oder Sanierungsvorschläge für geforderte Schalldämmwerte erarbeitet werden sollen, ist die Hinzuziehung eines Fachingenieurs erforderlich.

Die schalldämmende Eigenschaft einer Decke wird geprägt vom Flächengewicht sowie von der Elastizität und der Anzahl der Schichten, die die Deckenkonstruktion bilden. Günstig ist eine Kombination aus schweren und weichfedernden Schichten.

Eine Verbesserung des Schallschutzes kann erreicht werden durch

- einen schwimmenden Fußboden (Nass- oder Trockenestrich auf Dämmplatten),
- eine schwere Füllung in den Feldern einer Holzbalkendecke (z.B. Ziegelsteine),
- eine abgehängte Deckenverkleidung (z.B. aus Bauplatten),
- einen federnden Bodenbelag (z.B. Teppich oder Linoleum-, Kork-Verbundbelag).

Wie beim Neubau gilt auch hier die Regel: je besser die Schalldämmung, umso höher die Kosten.

Wärmedämmschichten in Decken sind grundsätzlich nur zwischen beheizbaren und nicht beheizbaren Räumen erforderlich, z.B. an der Kellerdecke und der obersten Geschossdecke. Sie können unterhalb oder oberhalb der Rohdecke angeordnet werden, bei Holzbalkendecken auch in den Gefachen (Balkenzwischenräumen). Das Maß der erforderlichen Mindest-Wärmedämmung ist im Gebäudeenergiegesetz (GEG) festgelegt (siehe Kap. 4.4). Diese Bauteile sind möglichst luftdicht auszuführen (vgl. Kap. 4.6).

Baurechtliche Anforderungen an den *Feuerwiderstand* von Decken sind in der jeweiligen Landesbauordnung festgelegt. Im Allgemeinen bestehen keine Brandschutzanforderungen für Decken in freistehenden Gebäuden mit einer Höhe bis zu 7 m und nicht mehr als zwei Nutzungseinheiten (§ 5 Ausführungsverordnung zur Landesbauordnung für Baden-Württemberg, 2010, in Verbindung mit § 1 Landesbauordnung). Maßgebend ist die Höhe des höchstgelegenen Geschosses, in dem ein Aufenthaltsraum möglich ist, über der Geländeoberfläche im Mittel. Falls notwendig kann der Feuerwiderstand durch geeignete Deckenbekleidungen und Fußbodenaufbauten nachträglich verbessert werden.

9.2 Holzbalkendecken

9.2.1 Bauarten alter Holzbalkendecken

Jahrhundertelang war die Holzbalkendekke mit „Windelboden" üblich: Mit Strohlehm umwickelte Staken wurden zwischen die Holzbalken eingeschoben, sodann Dielen auf die Balken genagelt und die Unterseite der Decke mit Lattung, Rohrgeflecht und Putz verkleidet. Anstelle der Lehmwickel wurde der Zwischenboden auch aus Brettschalung mit einer Schüttung aus Schlacke oder Spreu hergestellt.

Auch wenn zur sicheren Schadensbeurteilung und bei Eingriffen in das Tragwerk Fachleute hinzugezogen werden müssen, ist es von Vorteil, die wesentlichen Teile der Balkenlage mit ihrem Kräfteverlauf, die Ausbildung der Balkenauflager und die üblichen Zwischendeckenarten zu kennen und zu verstehen.

Tragende Balkenlage

Deckenbalken leiten die Deckenlast zu ihren Auflagern, also zu Wänden und Unterzügen. Dabei werden sie vorwiegend auf Biegung beansprucht. Das Maß der Durchbiegung hängt hauptsächlich von der Höhe des Balkenquerschnittes ab. Zur Begrenzung der Durchbiegung und der Vibration werden Deckenbalken heute aufgrund statischer Berechnungen so bemessen, dass die Durchbiegung nicht größer als 1/200 der Spannweite ist, wobei wirtschaftliche Spannweiten zwischen 3 und 4,5 m liegen; größere Spannweiten werden mit Unterzügen, also Balken und Pfetten, sowie mit Stützen überbrückt.

Etwa bis zur Jahrhundertwende wurden die Balkenabstände und -querschnitte nach alten Zimmermannsregeln bemessen. Die üblichen Balkenabstände betrugen

- bis 1,20 m bei handbehauenen Vollholzbalken (etwa bis 1870),
- 80 bis 90 cm bei gesägten Vollholzbalken (etwa 1860 - 1940),
- 60 bis 70 cm bei Halbholzbalken (etwa 1920 bis heute).

Beim Balkenquerschnitt ist ein Seitenverhältnis (Breite zu Höhe = b:h) von 5:7 günstig.

Die Bemessung der Deckenbalken wird im Wesentlichen durch Verkehrslast, Spannweite und Balkenabstand bestimmt. Deckenbalken, die nicht bis zum Auflager durchlaufen können, z.B. wegen eines Schornsteins oder eines Treppenlochs, werden ausgewechselt: ein Querbalken, der sogenannte Wechsel

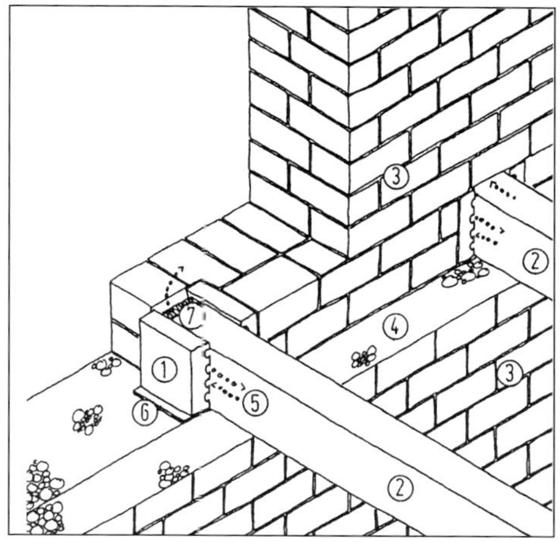

9.3

Balkenauflager in einer Steinwand (eingemauert).
1 Spaltklinker (sorgt für die Belüftung des Balkenkopfes)
2 Deckenbalken
3 Mauerwerk
4 Betongurt (zur Druckverteilung)
5 Belüftung
6 Pappe
7 Wärmedämmung

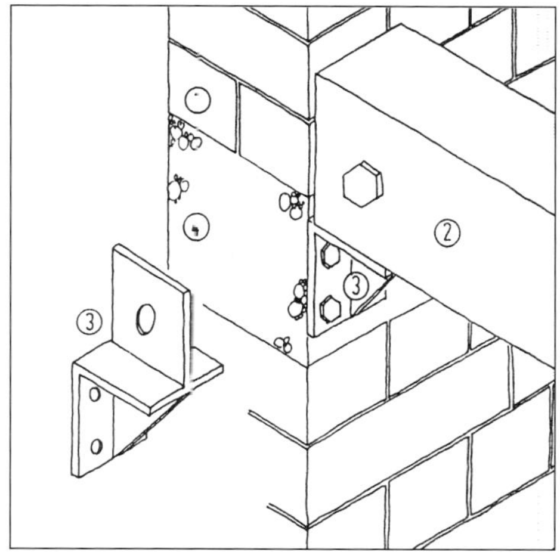

9.4

Balkenauflager an einer Steinwand mit Betonquader und Stahl-Konsole.
1 Mauerwerk
2 Deckenbalken
3 Konsole
4 betonierter Quader

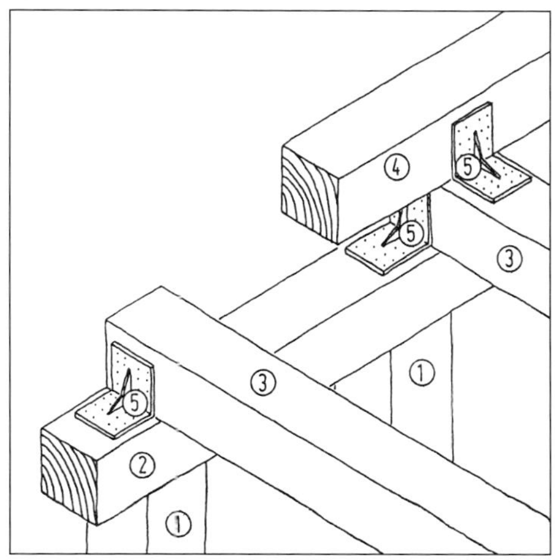

9.5

Balkenauflager bei einer Fachwerkwand.
1 Pfosten
2 Rähm (Pfette)
3 Deckenbalken
4 Schwelle
5 Nagelbleche

überträgt die Last auf die benachbarten Deckenbalken.

Vom Schornstein müssen Holzbalken einen Abstand von mindestens 5 cm einhalten. Der Zwischenraum wird mit nicht brennbarem Material gefüllt, z.B. mit vermörtelten Schamotteplatten, Dachziegeln oder Beton.

Deckenbalken haben auch die Aufgabe, die Wände, in die sie einbinden, auszusteifen. Hierdurch werden sie auf Druck und Zug in ihrer Längsrichtung beansprucht. Sie müssen daher an allen Balkenstößen und an ihren Auflagern fest verankert sein, z.B. durch Zuganker und Maueranker aus Stahl.

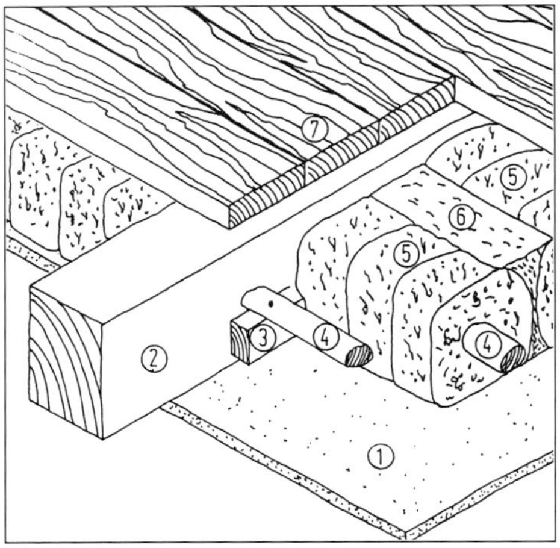

9.6

9.6
Aufbau einer alten Decke mit Strohlehmwickel.

1 Deckenbekleidung
2 Deckenbalken
3 Kantholz als Auflager für Staken
4 Staken
5 Umwicklung aus Strohlehm
6 Auffüllung mit Strohlehm
7 Holzdielen

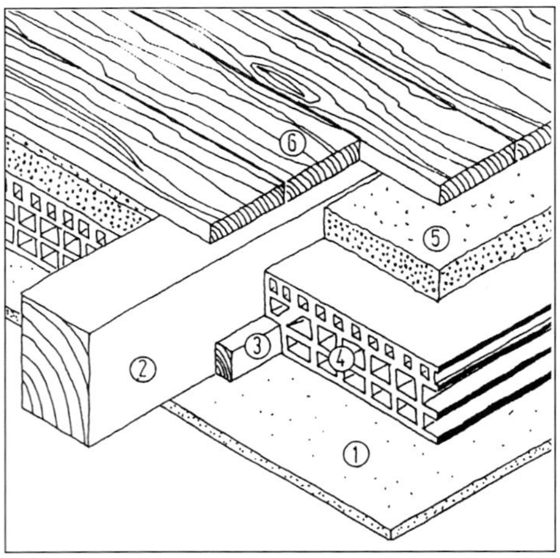

9.7

9.7
Aufbau einer alten Decke mit Formsteinen.

1 Deckenbekleidung
2 Deckenbalken
3 Kantholz als Auflager für Formsteine
4 Formsteine
5 Sandfüllung
6 Holzdielen

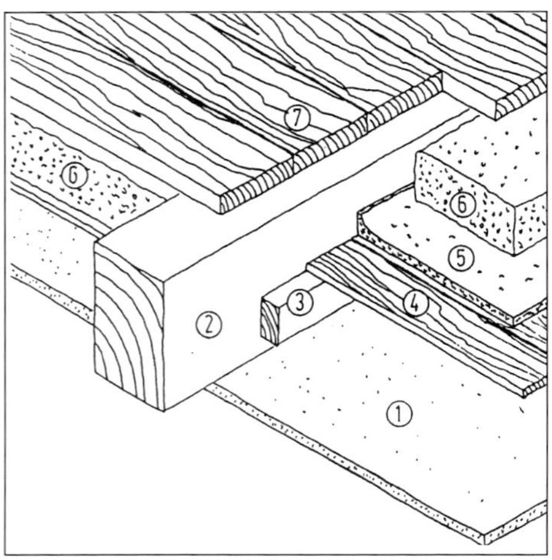

9.8

9.8
Aufbau einer alten Decke mit Blindboden.

1 Deckenbekleidung
2 Deckenbalken
3 Kantholz als Auflager für Einschubbretter
4 Einschub (Holzbretter)
5 Lehmverstrich
6 Füllung aus Schlacke, Lehm oder Spreu
7 Holzdielen

Balkenauflager

Am Balkenauflager werden die Kräfte vom Balkenkopf auf das darunter liegende Mauerwerk oder Fachwerk übertragen. Die Balkenauflager sind beim Altbau besonders gefährdete Stellen, weil die Balkenköpfe in der Wand oft der Feuchtigkeit, z.B. durch Kondensat an einer Wärmebrücke, ausgesetzt sind. Schadensanfällig sind auch Balken, die die Fassade durchdringen, z.B. bei Geschossvorsprüngen oder bei Balkonen. Balkenköpfe müssen am Mauerwerksauflager gegen eindringende Feuchtigkeit mit einer Bitumenpappe unterlegt werden. Das vollständige Einpacken von Balkenköpfen ist falsch, weil unvermeidbar eindringende Feuchtigkeit nicht mehr entweichen kann.

Zwischendecke

Der Teil zwischen den Deckenbalken, die Zwischendecke, erfüllt Schall-, Wärme- und Brandschutzfunktionen. Alte Zwischendecken bestehen z.B. aus:

- mit Strohlehm umwickelten Staken (Windelboden),
- eingeschobenen Brettern (Blindboden) mit Füllung aus Schlacke, Lehm oder Spreu,
- Formsteinen.

Vorhandene Zwischendecken sollen nach Möglichkeit erhalten werden. Bei Blindböden kann es erforderlich sein, die Lattung nachzuschrauben oder die Gefache schall- oder wärmedämmend auszufüllen. Bei Windeldecken mit fest sitzenden Staken kann der Raum darüber folgendermaßen mit Lehm aufgefüllt werden:

- Jutegewebe auslegen,
- zur Verankerung an den Rändern verzinkte Nägel ein Stück weit in die Balken einschlagen,
- erdfeuchten (krümeligen), humusfreien Lehm einfüllen.

9.2.2 Reparaturen an Deckenbalken

Deckenbalken können durch pflanzliche und tierische Holzschädlinge so geschädigt sein, dass ihre Tragfähigkeit beeinträchtigt ist. Ist ein neuer Fußbodenbelag oder eine neue Deckenbekleidung geplant, sollten die Deckenbalken durch Öffnen des Bodens bzw. der Deckenbekleidung auf ihre Funktionsfähigkeit in den gefährdeten Bereichen geprüft werden.

Zu den Bereichen mit erhöhtem Schadensanfall gehören:

- Balkenköpfe im Mauerwerk,
- die Umgebung alter Ausgüsse, Abwasserleitungen, Dusch- und Badewannen,
- die Balkenauflager in nach unten vorspringenden Fassadenflächen,
- die Balkenauflager bei Sichtfachwerk, insbesondere bei ungeschützten Balkenköpfen (Hirnholz),
- die Auflager bei schadhafter Fassade mit Putzrissen,
- die Umgebung von defekten oder fehlenden Regenfallrohren, besonders auf der Wetterseite,
- Balken des Dachstuhls bzw. der obersten Geschossdecke, besonders in der Nähe der Traufe.

Zur richtigen Ausbildung eines neuen Balkenauflagers einige Hinweise:

- Balkenkopf bei Mauerwerk mit Bitumenpappe unterlegen, zum Schutz gegen aufsteigende Feuchtigkeit.
- Bei einer von unten geschlossenen Decke zwischen Balkenkopf und Mauerwerk seitlich und oben 3 cm Luft lassen mit Verbindung zu den Balkengefachen.
- Zwischen der Stirnseite des Balkens und dem äußeren Mauerwerk eine mindestens 2 cm dicke Wärmedämmplatte einbauen, zum Schutz gegen Tauwasserbildung.

Holzkonstruktionen reagieren im Gegensatz zu hartem, sprödem Mauerwerk und Beton sehr elastisch auf Lastveränderungen. Bei deutlich spürbaren Durchbiegungen, Vibrationen oder Schieflagen sollten die Ursachen zwar erkundet werden, eine Mängelbehebung ist aber nicht in jedem Fall erforderlich.

9.2.3 Modernisierungsmaßnahmen

Modernisierungsmaßnahmen an Geschossdecken können das Ziel haben, technische Eigenschaften der Decke wie den Wärme- oder Schallschutz zu verbessern, aber auch z.B. durch Öffnungen in Teilen der Decke Grundrissveränderungen zu ermöglichen. Häufig werden mehrere Absichten gleichzeitig verfolgt, wobei die Zahl der technischen Möglichkeiten groß ist. In den nachfolgenden Abschnitten sollen einige typische Lösungsmöglichkeiten dargestellt werden.

Balken freilegen, verstärken, auswechseln

Das *Freilegen* von Deckenbalken kann erwünscht sein,

- um die Balkenlage sichtbar zu machen,
- um die lichte Raumhöhe zu vergrößern,
- um eine offene Verbindung zwischen zwei Ebenen zu schaffen.

Es empfiehlt sich, vor dem Freilegen das Aussehen der Balkenlage zu prüfen. Auch ist zu bedenken, dass beim Weglassen der Deckenbekleidung und der Zwischendecke die schall-, wärme- und brandschutztechnischen Eigenschaften der Decke schlechter werden.

Ein *Verstärken* von Deckenbalken ist sinnvoll,

- um durch Fäulnis oder Schädlingsbefall geschwächte Balken zu verstärken,
- um das Vibrieren einer Decke (Schwingungen durch Begehen oder durch den Straßenverkehr) zu vermindern,

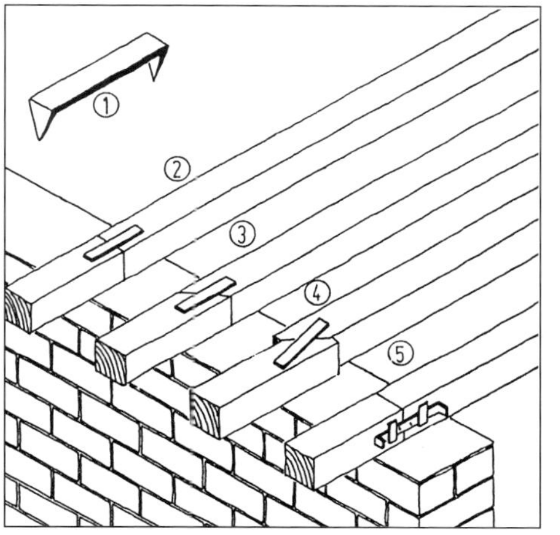

9.9
Balkenstoß mit Klammern über einem Auflager.
1 - 4 Balkenverbindungen mit Stoßklammern
5 Balkenverbindung mit einer Krampe und Stahllaschen (beidseitig)

9.10
Reparatur von schadhaften Balkenköpfen am Auflager.
1 schadhafter Balkenkopf
2 Bohlenlaschen
3 Kräfteverlauf

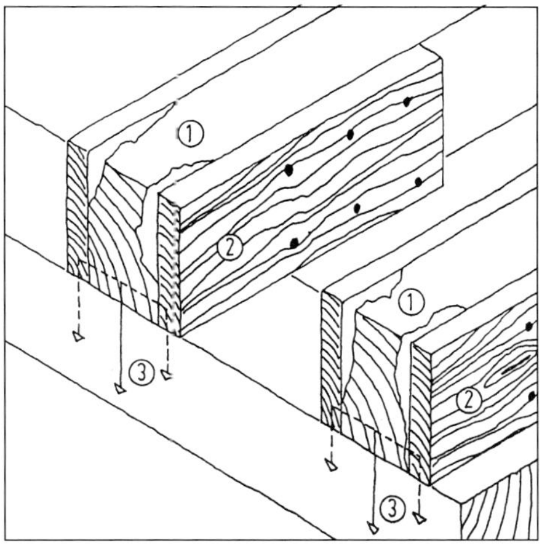

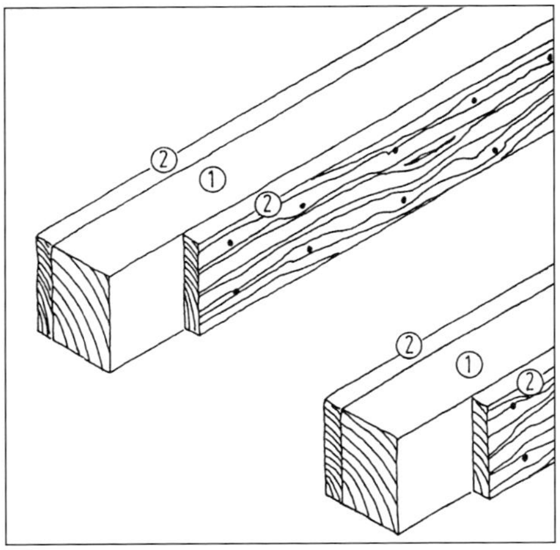

9.11
Verstärkung von Deckenbalken durch beidseitiges Aufbringen von Bohlen.
1 vorhandene Deckenbalken
2 aufgebrachte Balken

9.12
Balkenstoß beim Austauschen von Balken.
1 angeschifteter Balken verschraubt
2 stumpf gestoßene Balken mit Bohlenlaschen verschraubt

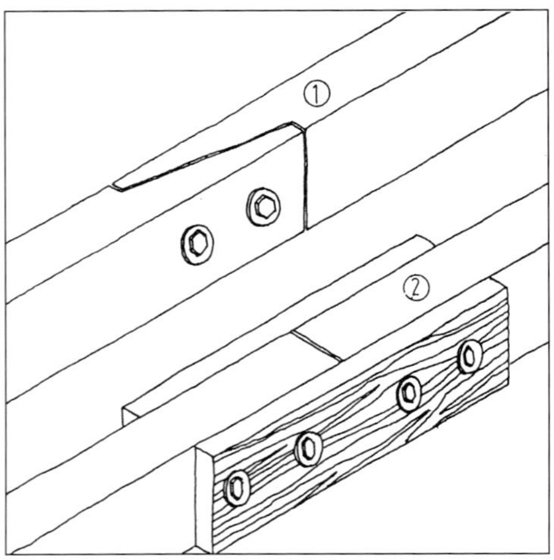

- um die Tragfähigkeit von Deckenbalken zu vergrößern, z.B. bei Durchbiegung der Balken oder unter geplanten Trennwänden.

Die Tragfähigkeit einer Decke kann erhöht werden, indem an die Deckenbalken ein- oder beidseitig jeweils eine etwa 4 bis 6 cm dicke Holzbohle beigeschraubt oder eine zweite Balkenlage zwischen der vorhandenen Balkenlage eingebaut wird.

Deckenbalken werden *ausgewechselt* (Einbau eines Wechselbalkens),

- wenn eine Deckenöffnung hergestellt werden soll, die breiter ist als ein Balkenfeld,
- wenn ein abgefaulter Balkenkopf entlastet oder eine Fensteröffnung dicht unter einem Deckenbalken hergestellt werden soll.

Das Auswechseln eines Deckenbalkens (Kräfteverlauf siehe Kap. 9.2.1) sollte nur unter fachkundiger Anleitung erfolgen. Bei auskragenden Balken (z.B. in der Verlängerung eines Balkons), bei Dachbalken oder bei mehrfeldrig wirkenden Balken kann ein Fehler bei der Ausführung die Standsicherheit gefährden!

Schallschutz verbessern

Die Schalldämmung alter Holzbalkendecken ist im Allgemeinen schlechter als die von Stein- und Betondecken. Die maßgebenden Werte für die schalltechnische Qualität sind gemäß DIN 4109 das Luftschalldämm-Maß R_w und der Trittschallpegel L_w; beide Werte werden in Dezibel (1 dB = 0,1 Bel) angegeben. Diese Unterscheidung wird gemacht, weil sich Bauteile hinsichtlich der Leitfähigkeit von Luftschall (z.B. Sprechen, Radio) anders verhalten als bei Körperschall (Klopfen, Gehen). Je höher die Werte sind, um so besser ist die schalldämmende Wirkung einer bestimmten Deckenkonstruktion.

In der Praxis der privaten Altbaumodernisierung werden gute Schalldämmwerte bei Holzdecken häufig deshalb nicht verwirklicht, weil der technische Aufwand und die Kosten zu hoch erscheinen. Ein schlechter Schallschutz kann jedoch für Bewohner zu lästigen Störungen und zu einer Beeinträchtigung des häuslichen Miteinanders führen.

Gewöhnlich genügt bei Decken eine Betrachtung des Trittschallpegels L_w, denn eine gute Trittschalldämmung beinhaltet fast immer auch eine gute Luftschalldämmung. Die Schalldämmeigenschaft einer Decke ist um so besser, je schwerer die Decke ist (Flächengewicht in kg/m^2), je besser die Schichten federn (dynamische Steifigkeit in MN/m^3) und aus je mehr Schichten die Decke aufgebaut ist. Eine 14 cm dicke Betondecke mit einem schwimmend (d.h. federnd) verlegten Zementestrich und mit Teppichboden hat beispielsweise einen Trittschallpegel von 56 dB. Betondecken und Estrichplatten haben ein großes Gewicht, die Trittschall-Dämmplatten (z.B. aus Mineral- oder Kokosfilz, zwischen Rohboden und Estrichplatte) und der Teppichbelag wirken als federnde Schichten. Eine weitere Verbesserung des Trittschallpegels um 7 dB könnte z.B. durch eine mit speziellen Metallschienen abgehängte Decke aus Nass- oder Trockenputz erreicht werden.

Bei alten Deckenkonstruktionen hatten die meist 9 bis 11 cm hohen Füllungen aus Lehm, Schlacke oder Sand die Funktion, das Gewicht zu vergrößern.

Neben dem direkten Schalldurchgang durch die Decke wird der Schall auch über die darunter und darüber liegenden Wände übertragen. Daher sind die Verbesserungsmöglichkeiten bei Altbau beschränkt und die Berechnung der Schallübertragung aufwändig. Falls erforderlich oder gewünscht können die Schallschutzwerte für Deckenkonstruktionen von einem Fachplaner für Bauakustik rechnerisch bestimmt werden. In der

9.13
Verbesserung der Trittschalldämmung bei sichtbaren Deckenbalken (Lösung A).

1 vorhandene Deckenbalken
2 Schalung, Dielung
neu
3 Rieselschutz
4 Dämmstreifen
5 Lagerholz
6 Sandschüttung
7 Mineralfaser-Platte
8 Holzspanplatte

9.14
Trittschalldämmende Deckenkonstruktion bei sichtbaren Deckenbalken (Lösung B).

1 vorhandene Deckenbalken
neu
2 Schalung oder Holzspanplatten
3 Filz
4 Gehwegplatten
5 Mineralfaser-Platten
6 Holzspanplatten

9.15
Verbesserung der Trittschalldämmung bei teilweise sichtbaren Deckenbalken.

1 vorhandene Deckenbalken
neu
2 Schalung oder Holzspanplatten
3 Kantholz
4 Dämmung
5 Holzspanplatten
6 Mineralfaser-Platten
7 Zement-Estrich oder Holzspanplatte

9.16
Verbesserung der Trittschalldämmung bei Erhaltung der alten Decke (Lösung A).
1 - 4 vorhandene Deckenkonstruktion
neu
5 Dämmschicht
6 Holzspanplatte
7 Mineralfaser-Trittschallplatten
8 schwimmender Zementestrich

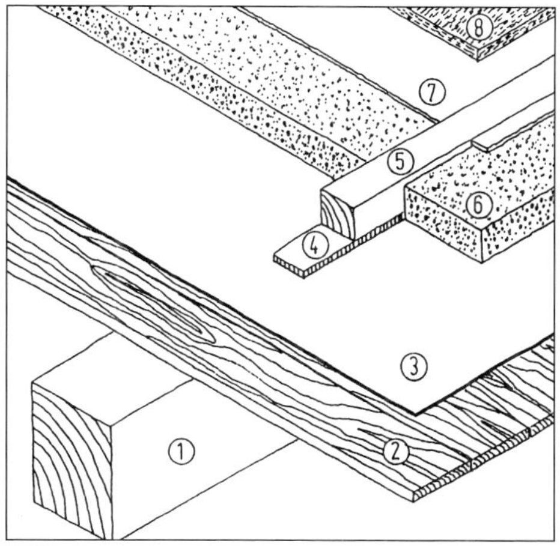

9.13

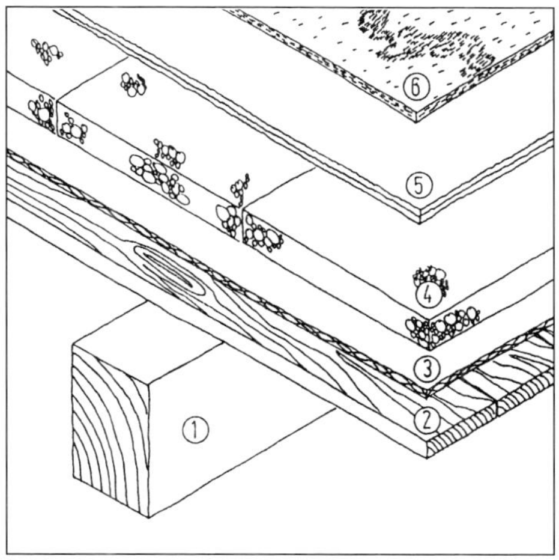

9.14

9.17
Verbesserung der Trittschalldämmung bei Erhaltung der alten Decke (Lösung B).
vorhanden
1 Deckenbalken
2 Kantholz
3 Blindboden
neu
4 Ölpapier
5 Magerbeton
6 Mineralfaser-Trittschallmatten
7 Holzspanplatten

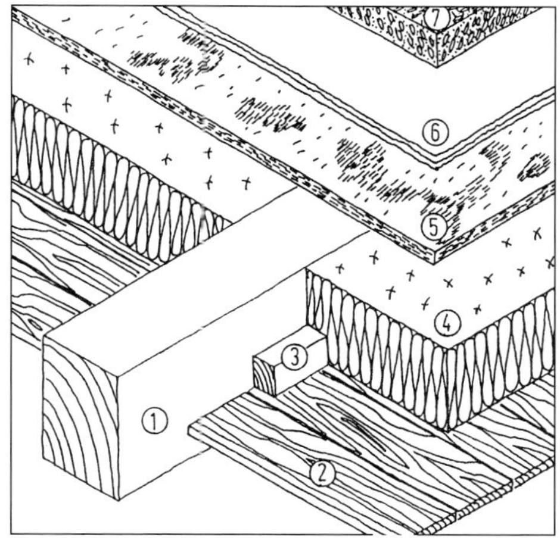

9.15

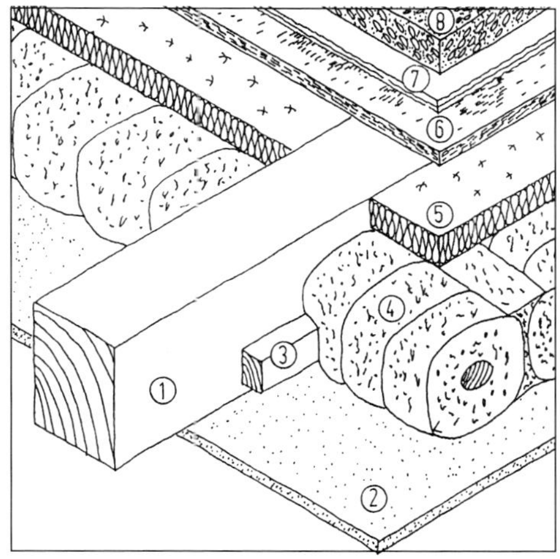

9.16

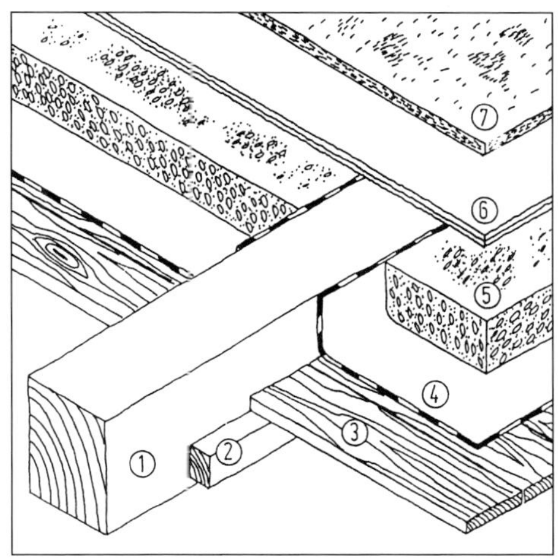

9.17

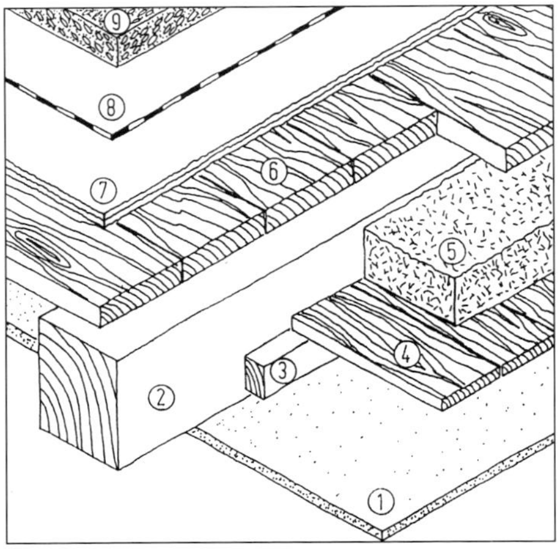

9.18
Verbesserung der Trittschalldämmung bei Erhaltung der alten Decke (Lösung C).
1 - 6 vorhandene Deckenkonstruktion
neu
7 Mineralfaser-Platten
8 Weichfaser-Platte, Ölpapier oder PE-Folie
9 Zementestrich oder Gussasphalt-Estrich

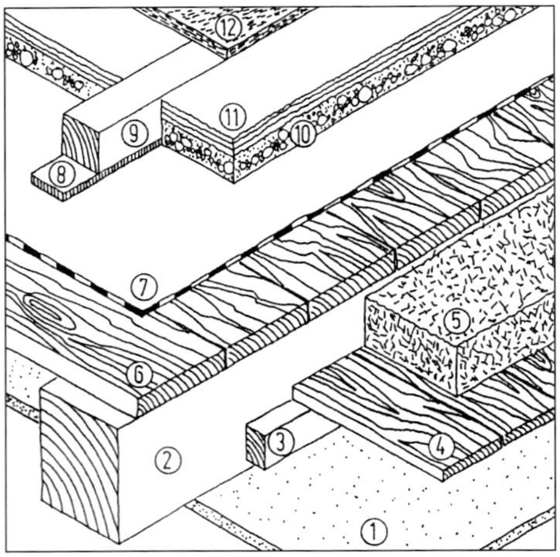

9.19
Verbesserung der Trittschalldämmung bei Erhaltung der alten Decke (Lösung D).
1 - 6 vorhandene Deckenkonstruktion
neu
7 Ölpapier oder PE-Folie
8 Dämmstreifen
9 Lagerholz
10 Magerbeton, erdfeucht
11 Mineralfaser-Platten
12 Holzspanplatten

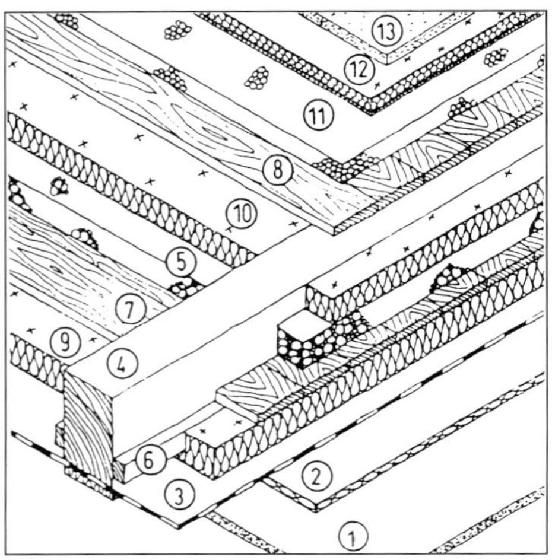

9.20
Verbesserung der Tritt- und Luftschalldämmung bei Erhaltung der alten Decke (Lösung E).
vorhanden
1 Putz
2 Putzträger
3 evtl. Sparschalung
4 Deckenbalken
5 Schüttung
6 Traglattung
7 Blindboden
8 Dielenboden
neu
9 u. 10 Hohlraumdämpfung durch eingeblasene Zellulose
11 evtl. Ausgleichsschüttung, z.B. Kalk- oder Ziegelsplitt
12 Trittschalldämmplatte
13 Trockenestrich

Praxis begnügt man sich meist mit geschätzten Vergleichswerten aus der DIN 4109 und anderen Veröffentlichungen.

Einige Möglichkeiten zur nachträglichen Verbesserung des Schallschutzes von Geschossdecken:

- Teppich mit 10 mm dicker Filzunterlegbahn verlegen (verbessert nur die Trittschall-, nicht die Luftschalldämmung).
- Aufbringen eines schwimmenden Guss- oder Trockenestrichs auf der vorhandenen Dielung.
- Einbau einer schweren Zwischendecke.
- Herstellung einer Deckenbekleidung mit Federschienen oder Federbügeln.
- Eine Kombination der vorgenannten Möglichkeiten.

Beim selbstbaufreundlichen Trockenestrich, z.B. aus Gipsfaserplatten, können die Platten bei ebenem Untergrund direkt auf den Trittschalldämmplatten verlegt werden. Der Höhenausgleich bei Schräglage einer Decke kann durch eine Schüttung oder durch Rahmenhölzer erfolgen. Ein weiterer Vorteil der Trockenestriche liegt in der geringen Dicke, allerdings ist der Schallschutz nicht so gut wie bei Gussestrichen (siehe Kap. 10.2).

Der Einbau einer schweren Zwischendecke bietet sich an, wenn der Boden ganz geöffnet bzw. entfernt werden muss (z.B. bei einer Verstärkung der Deckenbalken) oder wenn ein guter Schallschutz ohne wesentliche Vergrößerung der Fußbodendicke erreicht werden soll.

Eine schalldämmende Füllung kann z.B. hergestellt werden aus

- einer bindigen Schüttung (z.B. Magerbeton, Stampflehm) auf Blindboden,
- Steinplatten oder Mauersteinen mit Filzunterlage (z.B. Gehwegplatten, Vollziegel),
- losem Schüttgut (z.B. Splitt) auf Blindboden.

9.21
Verbesserung der Trittschalldämmung bei Erhaltung der alten Decke (Lösung F).
1 - 6 vorhandene Deckenkonstruktion
neu
7 Dämmfilz, alter Teppichboden oder Pappe
8 Gehwegplatten
9 Dämmstreifen
10 Lagerholz
11 Dämmung
12 Dielen

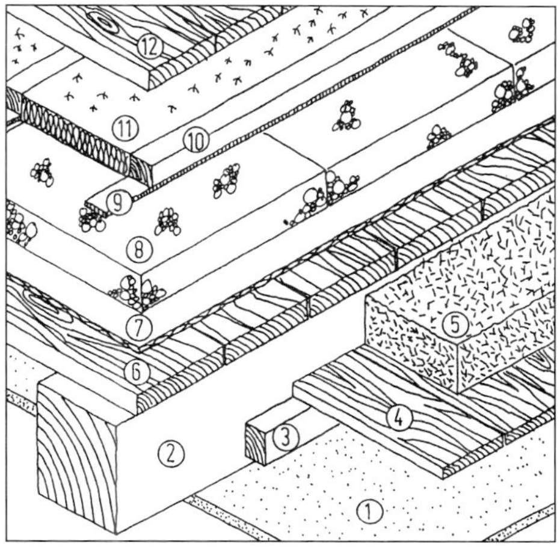

9.21

Sand und Siebschutt sind zwar preiswert und gut schalldämmend, benötigen jedoch einen Rieselschutz, und der ist unter den üblichen Bedingungen kaum dauerhaft dicht zu halten. Bindige Schüttungen wie Lehm werden erdfeucht eingebracht, festgestampft und müssen dann austrocknen können, wobei Holzteile durch eine Trennlage aus Ölpapier zu schützen sind.

Die Abb. 9.13 bis 9.24 zeigen beispielhaft die Bandbreite, wie bei unterschiedlicher Ausgangssituation ein einfacher oder besserer Schallschutz erreicht werden kann:

- Vorhandene Decke mit sichtbaren Deckenbalken, neue Fußbodenaufbauten (Abb. 9.13 u. 9.14)
- Deckenbalken nicht sichtbar (verputzte Decke), Gefache mit Lehmwickel oder Blindboden, neue Fußbodenaufbauten (Abb. 9.16 bis 9.21)
- Gefache leer bzw. ausgeräumt, neue Gefachfüllung und neuer Fußbodenaufbau (Abb. 9.22)
- Neue Deckenbekleidung mit Federschiene und Lattung (Abb. 9.23), in Abb. 9.24 mit doppeltem Gewicht.

Weitere Beispiele für schall- und wärmedämmende Deckenbekleidungen werden in Kap. 9.4 beschrieben.

9.22
Schalldämmende Deckenkonstruktion.
vorhanden
1 Deckenbalken
2 Deckenbekleidung
3 Leisten für Deckenbekleidung
neu
4 Dämmung
5 Holzspanplatte auf Dämmstreifen
6 Filz oder Bitumenpappe
7 Gehwegplatten
8 Mineralfaser-Platten
9 Holzspanplatten

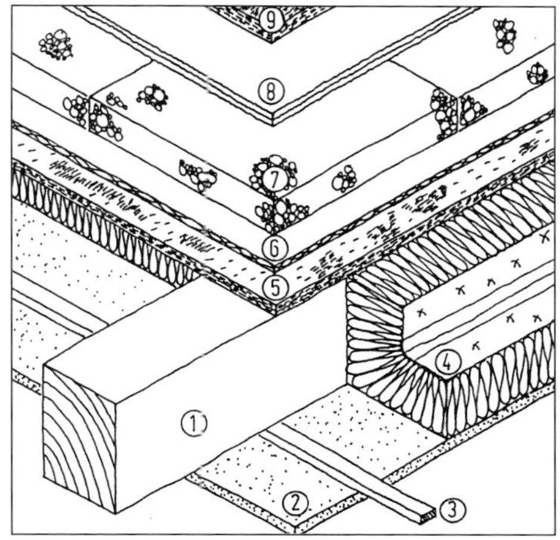

9.22

9.23
Schalldämmende Deckenverkleidung (Lösung A).
1 Deckenbekleidung
2 Unterkonstruktion
3 Federschiene
4 vorhandene Deckenbalken
5 Dämmung (neu)
6 vorhandener Fußboden

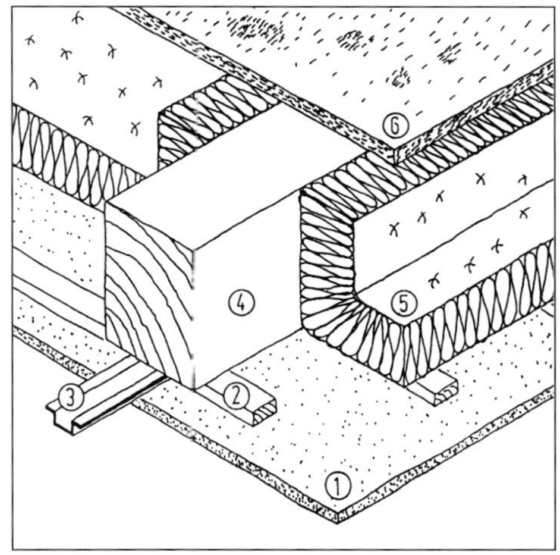

9.23

9.24
Schalldämmende Deckenverkleidung (Lösung B).
1 Deckenbalken
2 u. 3 2 Lagen Holzspanplatten oder Gipskartonplatten
4 Federschiene
5 Dämmung
6 u. 7 vorhandener Fußboden

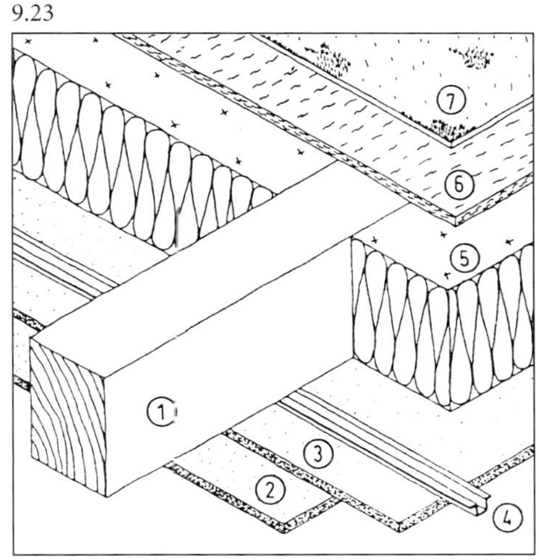

9.24

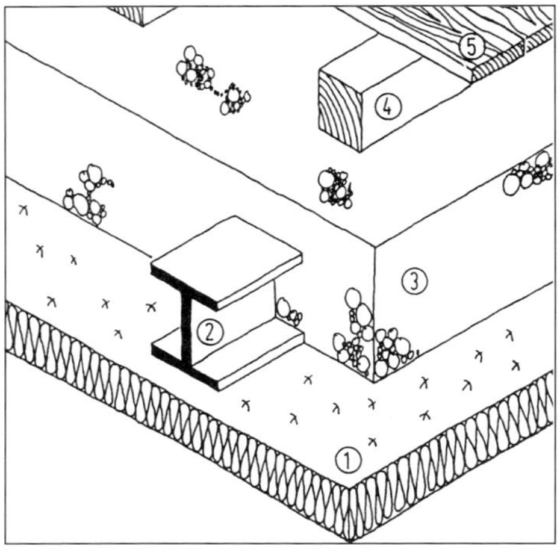

9.25
Nachträglich von unten gedämmte Kellerdecke.
1 Kork-, Hartschaum- oder Verbunddämmplatten
2 - 6 vorhandene Stahlsteindecke mit Holzfußboden

9.26
Nachträglich von unten gedämmte oberste Geschossdecke.
1 Nassputz
2 Holzwolleleichtbauplatten
3 Dämmung
4 - 6 vorhandene Deckenkonstruktion

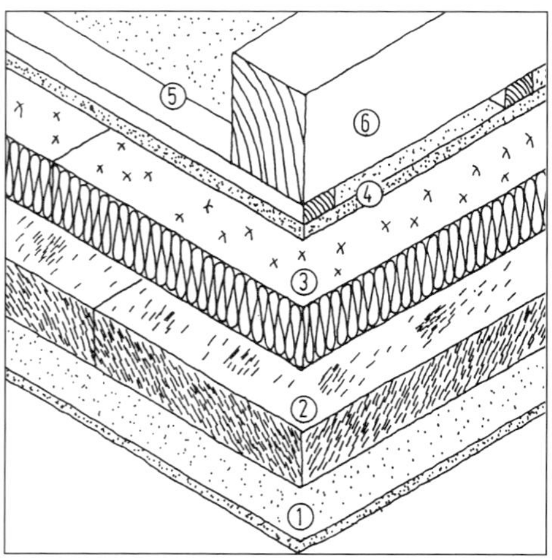

Wärmeschutz verbessern

Durch die Keller- und die oberste Geschossdecke geht bei Altbauten viel Heizenergie unnötig verloren. Die nachträgliche Wärmedämmung und die Verbesserung der Luftdichtigkeit dieser Bauteile sind deshalb wichtige Maßnahmen zur Senkung des Heizenergiebedarfs und zur Verbesserung der Behaglichkeit.

Als sinnvolle Dämmschichtdicke (Dämmstoffgruppe 040) werden empfohlen (gemäß Tabelle 4.2):

- bei der Kellerdecke (und bei anderen Decken über unbeheizten Räumen) zwischen 8 und 15 cm,
- bei der obersten Geschossdecke zum nicht beheizten Dachgeschoss 10 bis 19 cm.

Entscheidend für die Dämmwirkung einer Decke ist die Summe der Wärmedurchlasswiderstände der Einzelschichten. Ob die Dämmschichten zwischen, über oder unter der Rohdecke (der Balkenlage) eingebaut werden, hat keinen Einfluss auf die Dämmwirkung, sondern wird durch den praktischen und finanziellen Aufwand bestimmt:

- Bei der Kellerdecke (meist eine Massivdecke) ist es im Allgemeinen günstig, Dämmplatten (z.B. aus Kork oder Steinwolle) im Keller unter die Decke zu kleben oder zu dübeln (siehe Kap. 9.4), sofern dies aufgrund der Raumhöhe und ggf. an der Decke verlegten Leitungen möglich ist.
- Bei Gewölbedecken oder bei einer Erneuerung des Fußbodens im Erdgeschoss bietet sich die Herstellung eines Estrichbodens mit darunter liegender Wärme- und Trittschalldämmschicht an (siehe Kap. 10.2). Wegen des höheren Fußbodenaufbaus sind an den Türen ggf. Änderungen vorzunehmen.
- Bei der obersten Geschossdecke (meist eine Holzbalkendecke) ist im Allgemeinen eine Dämmung auf oder zwischen den Deckenbalken günstig (siehe Abb. 9.27 und 9.28).
- Möglichkeiten zur nachträglichen Wärmedämmung von Flachdachkonstruktionen und Terrassen sind in Kap. 8.5 dargestellt.

Bei nachträglichen Wärmedämmmaßnahmen der Geschossdecken gilt es prinzipiell zu beachten: wird die Wärmedämmung auf der kalten Seite der Geschossdecke aufgebracht, also auf dem Boden des unbeheizten Dachraumes oder unterhalb der Kellerdecke, ist eine Dampfbremse in der Regel nicht nötig. Eine Dampfbremse kann sogar Schäden verursachen, wenn sie auf der kalten Seite der Wärmedämmung zu liegen kommt. Werden dampfdurchlässige Dämmstoffe wie Mineralwolle auf der warmen Seite der Decke (also z.B. auf der Unterseite der Wohnraumdecke oder auf dem Fußboden im Erdgeschoss) angebracht, so ist eine Dampfbremse in der Regel notwendig; sie muss auf der warmen Seite, also zwischen Wärmedämmung und Deckenverkleidung, angeordnet werden (Abb. 9.28).

Eine Wärmedämmung im unbeheizten Dachraum kann z.B. folgendermaßen vorgenommen werden:

- Bodenbretter entfernen,
- Baupapier oder PE-Folie als Dampfbremse so in die Felder einlegen, dass die Ränder seitlich am Deckenbalken anliegen und mit Dachlatten dicht angedrückt und verschraubt werden können,
- Lagerhölzer (Querschnitt z.B. 6 x 12 cm) mit 60 bis 70 cm Abstand parallel oder quer zu den Deckenbalken einbauen,
- Dämmfilz (ohne Kaschierung) zwischen den Deckenbalken und den Lagerhölzern auslegen, Bodenbretter wieder verlegen.

Wird der Dachboden selten betreten, kann der Dämmstoff auf dem bestehenden Boden auch einfach ausgebreitet werden (vorher Dampfbremspapier auslegen). Einzelne ausgelegte Laufbohlen ermöglichen das Betreten des Raumes. Ist ein späterer Dachausbau vorgesehen, sollte der Boden als Estrich bzw. Trockenstrich (Kap. 10.2) ausgebildet werden. Bei hohlen Balkenfeldern und rieselfester, dampfbremsender Deckenbekleidung kann das Abmontieren der Bodenbretter umgangen werden, indem ein Schüttdämmstoff (z.B. Zellulosedämmstoff) durch Bohrlöcher in den Hohlraum geblasen wird.

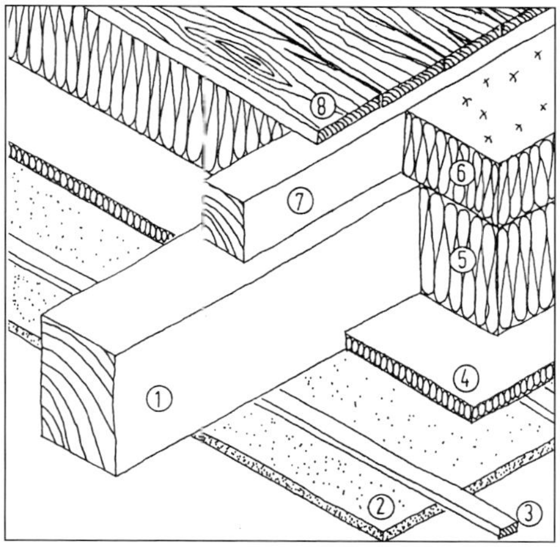

9.27
Verbesserung des Wärmeschutzes der obersten Geschossdecke (Lösung A).

1 Deckenbalken
2 Deckenbekleidung
3 Leisten für Deckenbekleidung
4 PS-Hartschaumplatte (als Dampfbremse)
5 Dämmung
6 Lagerhölzer
7 Dielung (mit offenen Fugen)

Brandschutz verbessern

In den jeweiligen Landesbauordnungen sind Anforderungen an den Feuerwiderstand von Deckenkonstruktionen festgelegt. Diesen Anforderungen genügen auch Holzbalkendecken, wenn:

- die Deckenbalken mit feuerhemmendem Material verkleidet sind,
- Balken mit bestimmten Mindestquerschnitten eingebaut werden,
- der Boden als schwimmender Estrich ausgebildet wird.

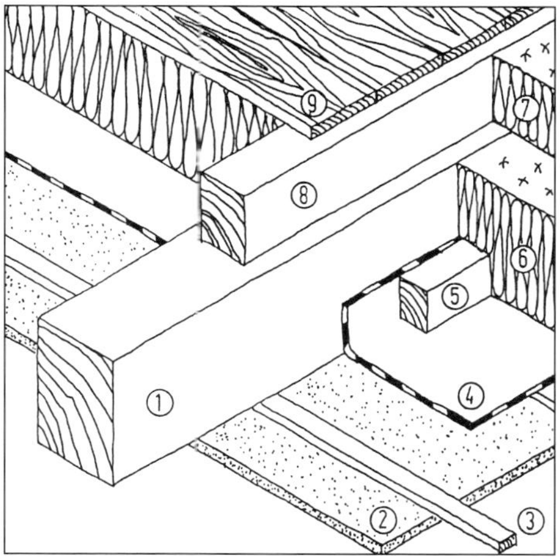

9.28
Verbesserung des Wärmeschutzes der obersten Geschossdecke (Lösung B).

1 Deckenbalken
2 Deckenbekleidung
3 Leiste für Deckenbekleidung
4 PE-Folie (als Dampfbremse)
5 Kantholz, verschraubt
6 u. 7 Dämmung
8 Lagerholz
9 Dielung

So verlangt z.B. die Landesbauordnung Baden-Württemberg für Geschossdecken

- keinen einzuhaltenden Feuerwiderstand (F0) für Einfamilienhäuser (freistehende Wohngebäude mit nicht mehr als einer Wohnung), deren Aufenthaltsräume in nicht mehr als zwei Geschossen liegen;
- eine feuerhemmende Konstruktion (F30) für Zweifamilienhäuser (Wohngebäude mit nicht mehr als zwei Wohnungen), wenn jede Wohnung an mindestens einer Stelle mit einer höchstens 8 m langen Leiter von außen erreicht werden kann (Abstand zwischen Gelände und Oberkante Fensterbrüstung);

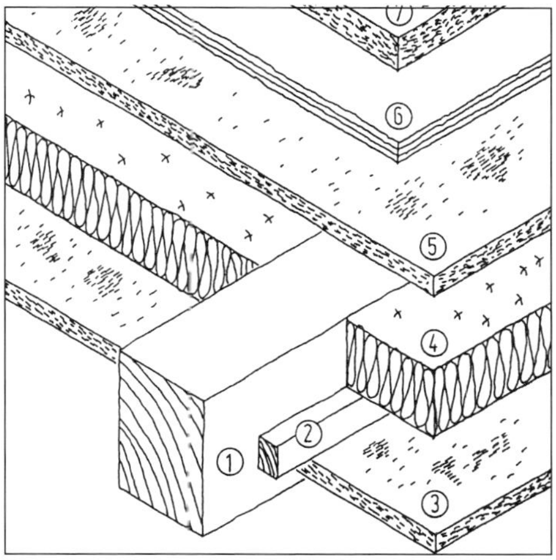

9.29
Feuerhemmende Deckenkonstruktion mit teilweise freiliegenden Deckenbalken (Lösung A).

1 Deckenbalken
2 Kantholz
3 Deckenbekleidung
4 Dämmung (brandschutztechnisch nicht notwendig)
5 Holzspanplatten oder Dielung
6 Mineralfaser-Platten
7 schwimmender Estrich

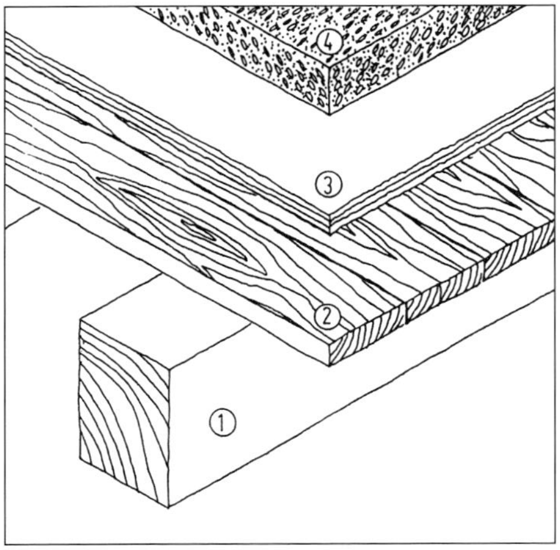

9.30
Feuerhemmende Deckenkonstruktion mit vollständig freiliegenden Deckenbalken (Lösung B).
1 Deckenbalken
2 Beplankung
3 Mineralfaser-Platten
4 schwimmender Zementestrich

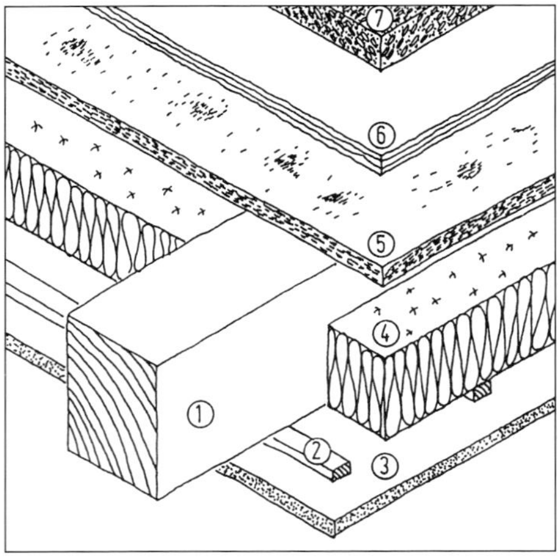

9.31
Feuerhemmende Deckenkonstruktion mit vollständig verkleideten Deckenbalken (Lösung C).
1 Deckenbalken
2 Leisten für Deckenbekleidung
3 Gipskartonplatten
4 Dämmung (brandschutztechnisch nicht notwendig)
oder
3 Deckenbekleidung beliebig
4 Mineralfaser-Platten (brandschutztechnisch notwendig)
5 Beplankung (Holzspanplatten oder Holzschalung)
6 Mineralfaser-Platten
7 schwimmender Zementestrich

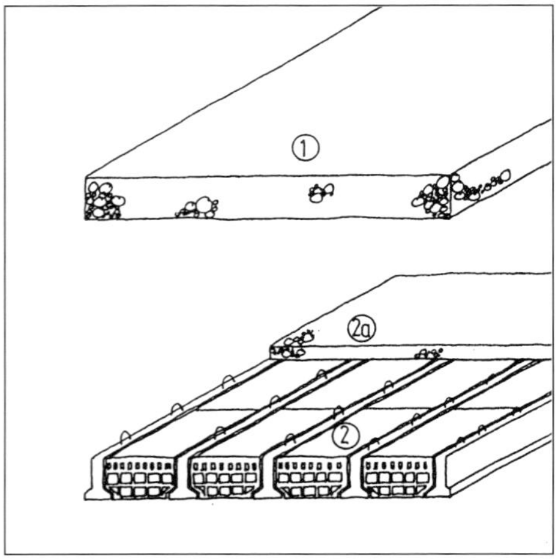

9.32
Geschossdecken aus Stein.
1 Massive Deckenplatte aus Stahlbeton
2 Stahlbeton-Rippendecke mit Füllkörpern aus Ziegeln und
2a Druckplatte

- eine feuerbeständige Konstruktion (F90) bei sonstigen Gebäuden, also z.B. bei Gebäuden mit gewerblichen Räumen oder mit mehr als zwei Wohnungen.

Die Anforderungen an feuerhemmende Deckenkonstruktionen sind in DIN 4102 beschrieben (DIN 4102 Teil 4, Abs. 5.1 und 5.2). Danach gilt
z.B. eine Holzbalkendecke als feuerhemmend (F30), wenn
- die Balkenquerschnitte den heutigen statischen Anforderungen entsprechen und
- die Deckenbalken von oben mit Spanplatten oder Holzbohlen beplankt sind und mit einem schwimmenden Estrich (Zementestrich, OSB-Platten auf Mineralfaserplatten, Trockenestrichplatten) versehen sind, sowie
- die Balken von unten mit Spanplatten, Gipskartonplatten, Holzwolle-Leichtbauplatten oder einer abgehängten Drahtputzdecke verkleidet sind,

wobei die in der DIN vorgeschriebenen Materialqualitäten und Ausführungsarten genau einzuhalten sind. Auch völlig oder teilweise freiliegende Holzbalkendecken können bei entsprechend bemessenen Balkenquerschnitten feuerhemmend sein.

Feuerbeständige Holzbalkendecken (F90) sind in der DIN nicht enthalten. Es gibt jedoch Hersteller, die Systeme für feuerbeständige, nichtbrennbare Unterdecken (F90 A) anbieten. Für solche Deckenkonstruktionen müssen ein Prüfzeugnis und eine amtliche Zulassung vorliegen.

9.3 Massivdecken

Massivdecken ist der Oberbegriff für Steindecken und Stahlsteindecken. Zu den Steindecken gehört z.B. jene oft über Ställen anzutreffende Decke aus Stahlträgern und dazwischenliegenden Steinplatten. Zu den Stahlsteindecken gehört z.B. die Stahlbetondecke. Für das Verständnis des Tragverhaltens ist die Unterscheidung nach Balkendecken und Plattendecken wichtig (siehe Abb. 9.32).

Balkendecken waren nach 1900 in einer Vielzahl verschiedener Bauarten im städtischen Geschosswohnungsbau weit verbreitet. Bei den Balkendecken übernehmen Profilstahlträger oder Stahlbetonträger die Lastabtragung. Die Füllung (Hohlsteine, Platten, Vollziegel) ist statisch nicht mitwirkend – also ähnlich wie bei den Holzbalkendecken. Balkendecken mit gemauertem Gewölbe als Ausfachung (Abb. 9.33 und 9.34) wurden z.B. nach dem System der preußischen Kappendecke hergestellt. Wegen des waagerechten Gewölbeschubs mussten die Randbalken in der Außenwand stärker ausgebildet werden oder es wurden Zuganker im Randfeld angeordnet.

Bei *Balkendecken* mit gewölbten Kappen können Risse im Gewölbe der Randfelder und/oder an der Außenseite der Wand (die den Randbalken stützt) auftreten und ein Sanierungsgrund sein. Ursache dafür ist meist ein Gewölbeschub aufgrund einer fehlenden Verankerung oder einer zu geringen Aussteifung der Wand. Geeignete Instandsetzungsmaßnahmen werden am besten gemeinsam mit einem Architekten und einem Statiker festgelegt.

Bei *Plattendecken* ist die ganze Beton-Deckenplatte ein flächenhaft tragendes Bauteil. Die Herstellung einer Deckenöffnung z.B. für einen Schornstein oder eine Treppe (mittels Spezial-Betonbohrer und -säge) sollte nur in Zusammenarbeit mit einem Architekten und einem Statiker erfolgen. Für die Ausführung von Wärme- und Schalldämmmaßnahmen gelten dieselben Hinweise wie im Kap. Holzbalkendecken.

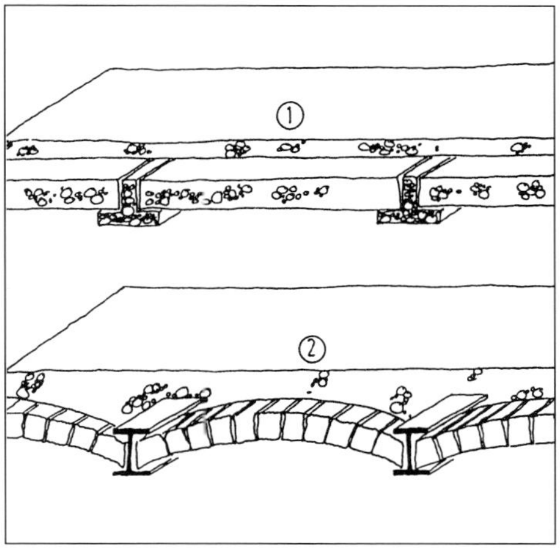

9.33
1 Stahlbeton-Rippendecke mit Stahlbeton-Plattenfüllung und Druckplatte.
2 Stahl-Profilträger mit gewölbter Ziegelfüllung (preußische Kappendecke) und Druckplatte.

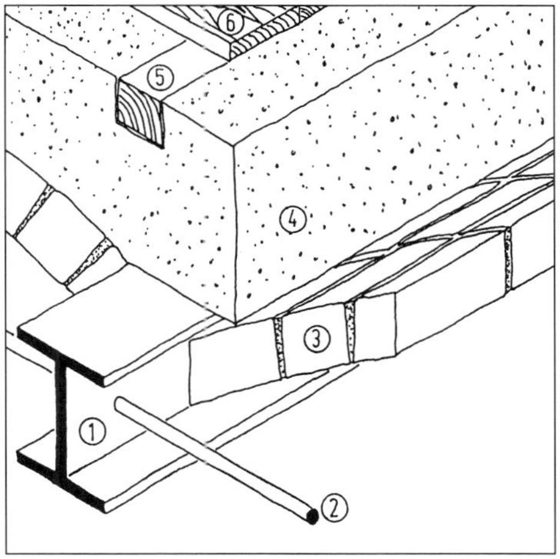

9.34
Gewölbte Kappendecke.
1 Stahlprofilträger
2 Zuganker
3 Ziegelgewölbe
4 geglühter Sand, Hüttenbims, Bimssand oder Schaumschlacke
5 Lagerholz
6 Holzdielen

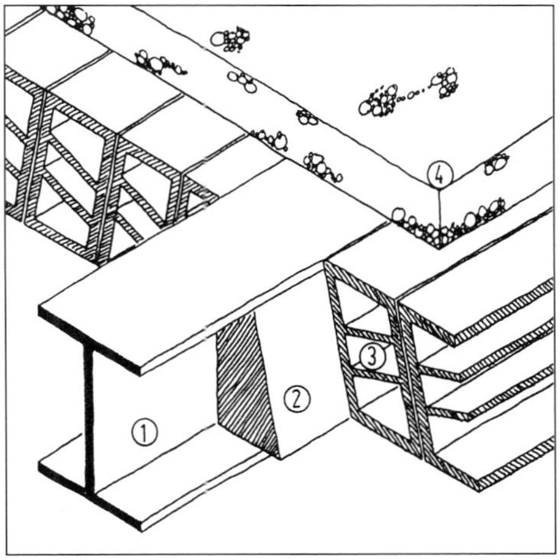

9.35
Waagerechte Kappendecke.
1 Stahlprofilträger
2 Keilstein
3 Ziegelhohlstein
4 Betonplatte (als Auflast)

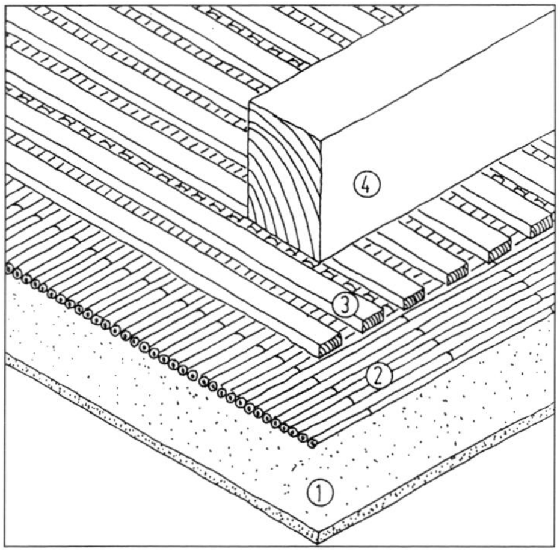

9.36
Der Aufbau einer Rohrputzdecke.
1 Putz
2 Schilfrohrgeflecht
3 Lattung
4 Deckenbalken

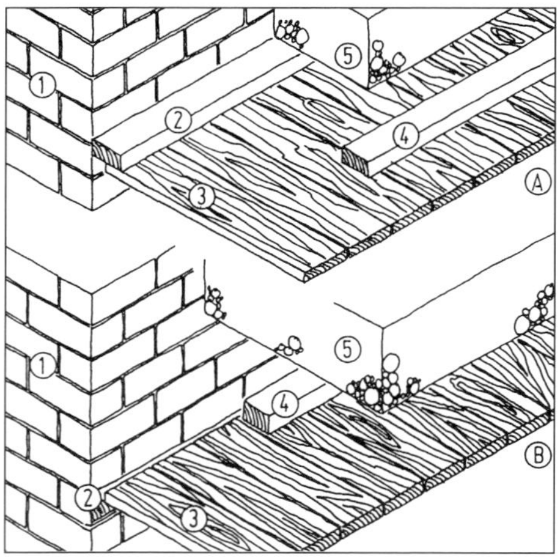

9.37
Deckenverkleidung mit Holzverschalung oder Trockenputz.
A Wandanschluss mit Schattenfuge (oben)
1 Mauerwerk (Wand)
2 Holzleiste
3 Holzschalung oder Trockenputz (Gipskartonplatten)
4 Unterkonstruktion
5 vorhandene Decke
B Wandanschluss mit Deckleiste (unten)
1 Mauerwerk (Wand)
2 Deckleiste
3 Holzschalung oder Trockenputz (Gipskartonplatten)
4 Unterkonstruktion
5 vorhandene Decke

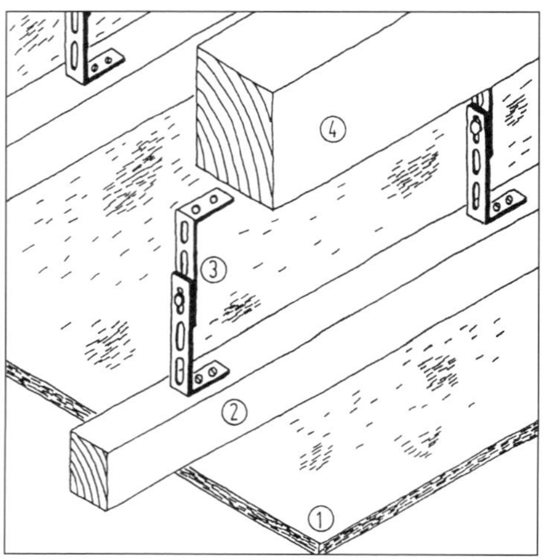

9.38
Deckenverkleidung mit Abhängung.
1 Deckenbekleidung
2 Lagerholz
3 Abhänger (verstellbar)
4 Deckenbalken

9.4 Deckenbekleidungen

Traditionelle Deckenbekleidungen bestehen im Allgemeinen aus einem glatten Deckenputz. Villen und städtische Bürgerhäuser wurden teilweise auch mit Stuckdecken und Holzvertäfelungen ausgestattet. Heute sind darüber hinaus Deckenverkleidungen in Form von Holzschalungen oder Bauplatten sowie abgehängte Unterdecken üblich. Deckenverkleidungen dienen nicht nur der Optik, sondern auch dem Brand- und Schallschutz. Darüber hinaus können sie wärmedämmende und luftdichtende Funktionen übernehmen.

Im Folgenden wird der Deckenputz bei Holzbalkendecken behandelt. Putzarten an Stein- und Stahlbetondecken siehe Innenputz (Kap. 11.4).

Deckenputz reparieren oder erneuern

Meist ist die Unterseite älterer Holzbalkendecken mit einem Putzträger aus Lattung und Rohrmatten versehen. Bei schadhaftem Deckenputz wird zunächst durch leichtes Klopfen festgestellt, ob der Putz noch am Untergrund haftet. Einfache Risse können ausgebessert werden, indem sie mit einem dünnen Gewebe überspachtelt werden. Wenn hohlliegende Flächen festgestellt werden, ist eine vollflächige Erneuerung fällig.

Wer ein Haus mit Stuckdecken oder mit Deckenmalereien besitzt, sollte möglichst behutsam vorgehen und versuchen, diese Schätze zu erhalten. Voraussetzung dazu ist, dass alle Arbeiten an der Decke erschütterungsarm ausgeführt werden, also dass z.B. die Beseitigung lockerer Putzflächen und das Herstellen von Deckendurchbrüchen nur durch Schneiden und Bohren erfolgen. Stuckstreifen, z.B. am Deckenrand, können mit Hilfe einer Blechschablone verhältnismäßig leicht mit der gleichen Mörtelart (Gips-, Kalkgips- oder Kalkputz) ergänzt oder ausgebessert werden. Deckendurchbrüche für Installationsleitungen sollten vermieden bzw. an zentraler Stelle zusammengefasst werden; weiterhin sollten diese Decken nach Möglichkeit nicht durch den Einbau von Trennwänden verunstaltet werden.

Neuverputzen einer Decke

- Boden mit Wellpappe und Kunststofffolie abdecken, Arbeitsgerüst aufstellen.
- Alten Putz und altes Rohrgeflecht entfernen.
- Deckenbalken auf Schäden untersuchen.
- Vorhandene Lattung neu verschrauben (Schnellbauschrauben).
- Gegebenenfalls Installationsleitungen in die Decke verlegen.
- Neue Rohrmatten oder Holzwolle-Leichtbauplatten an der Lattung befestigen.
- Neuen Putz (Dicke = 10 - 12 mm) aufbringen.

Gips-, Kalk- und Kalkgipsputze haben auf die Raumluftfeuchtigkeit eine ausgleichende Wirkung, sofern sie nicht durch weitgehend dampfdichte Anstriche oder Kunststofftapeten überdeckt werden. Das Nassverputzen einer Decke erfordert Erfahrung und Übung; diese Arbeit wird am besten Fachhandwerkern überlassen. Anstelle des Nassputzes können auch Trockenputzplatten oder eine Holzschalung an der Decke angebracht werden.

Trockenputz, Deckenverkleidung, abgehängte Decken

Als Trockenputz wird eine Verkleidung mit Bauplatten, z.B. Gipskartonplatten bezeichnet. Diese Bauart ist für den Selbstbau besser geeignet als das Verputzen mit Mörtel. Bei unebenen Decken kann jedoch das waagerechte Ausrichten der Unterkonstruktion (Lattung, Rastermaß ≤ 60 cm) für Ungeübte recht zeitraubend sein. Die Deckenverkleidung wird entweder direkt an der Rohdecke bzw. an den Deckenbalken befestigt oder als abgehängte Decke ausgebildet (Abb. 9.37 - 9.39).

Bei Deckenbekleidungen und abgehängten Decken lässt sich mit verhältnismäßig geringem Mehraufwand der Schall-, Wärme- oder Brandschutz der Decke verbessern. Beim Abhängen der Decke sind jedoch mögliche nachteilige Auswirkungen auf die Raumproportionen, Fensteranschlüsse und Elektroinstallationen (Deckenauslässe, Zugänglichkeit von hochliegenden Verteilerdosen) zu bedenken.

Die Befestigung am Deckenbalken bzw. an der Rohdecke muss ausreichend, dauerhaft und sicher sein und mit bauaufsichtlich zugelassenen Befestigungsmitteln erfolgen. Da auch in Innenräumen z.B. zwischen Stahl- und Aluminiumteilen Kontaktkorrosion auftreten kann, ist auf Korrosionsschutz und die Verträglichkeit der Befestigungsmittel mit eventuell verwendeten Holzschutzmitteln zu achten.

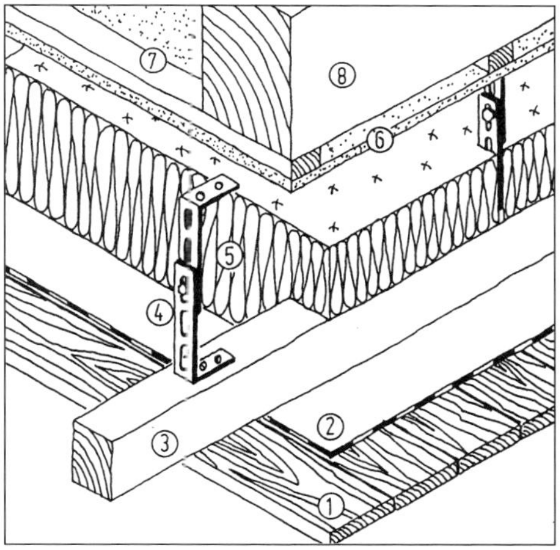

9.39
Abgehängte Decke, wärmedämmend.
neu
1 Holzschalung
2 Dampfbremse
3 Lagerholz
4 Abhänger (verstellbar)
5 Dämmung
vorhanden
6 Deckenbekleidung
7 Unterkonstruktion
8 Deckenbalken

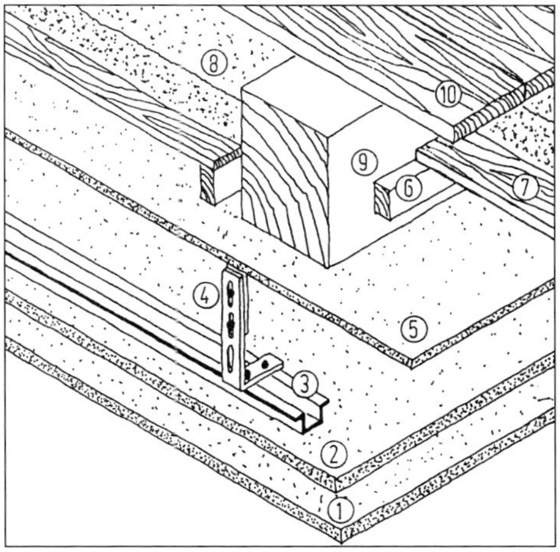

9.40
Abgehängte Decke, schalldämmend (TSM = 0 dB).
1 Gipskartonplatte
2 Gipskartonplatte
3 Federschiene
4 Abhänger
5 - 10 vorhandene Deckenkonstruktion

10 Fußböden und Treppen

10.1 Holzdielenböden

Bei der am häufigsten anzutreffenden historischen Fußbodenart, dem einfachen Dielenboden, sind die Bretter zumeist direkt auf die Deckenbalken genagelt. Wegen des besseren Schallschutzes werden Dielenböden heute auf Lagerhölzern verlegt, die mit einem Dämmstreifen aus Kokos- oder Mineralfaser unterlegt werden. Als Fußbodenholz sind gespundete Bretter (Nut-Feder-Bretter) aus Fichte und nordischer Kiefer üblich, daneben werden auch heimische Kiefer, Eiche und Lärche eingesetzt. An den Brettstößen ist immer mit Fugen zu rechnen, denn Vollholz arbeitet bei Schwankungen der Luftfeuchtigkeit. Da das Holz alter Dielenböden oft wertvoller ist als das heute verwendete, sollten solche Böden möglichst erhalten werden.

Dielenboden überarbeiten

Im Allgemeinen ist ein Ausbessern und Überarbeiten von Dielenböden möglich. Nur wenn größere Flächen von Fäulnis oder Insekten befallen sind oder wenn Schall- und/oder Wärmedämmmaßnahmen nicht auf der Deckenunterseite ausgeführt werden können, muss der Dielenbelag entfernt oder überbaut werden. Häufig verbirgt sich auch unter nachträglich aufgebrachten PVC- oder Teppichböden ein schöner Dielenbelag, der nur darauf wartet, freigelegt und abgeschliffen zu werden.

Einzelne beschädigte Bretter können ausgetauscht werden. Bei Brettern, die beim Gehen knarren, wird durch Nachnageln oder Verschrauben wieder eine fester Verbund mit dem Untergrund erreicht. Nach solchen Vorarbeiten geht es an die Oberflächenbehandlung: die alte Wachs- oder Farbschicht entfernen, Oberfläche reinigen, Unebenheiten mit der Schleifmaschine (mit direkter Staubabsaugung) glätten, Oberfläche imprägnieren (siehe Kap. 18).

Dielenboden erneuern

Wenn es die Höhenverhältnisse erlauben, sollte ein neuer Dielenboden schwimmend verlegt werden. Das heißt, zwischen Dielen und der tragenden Deckenkonstruktion wird eine starre schallleitende Verbindung vermieden, indem die Bodenbretter auf Lagerhölzer genagelt oder geschraubt werden und diese Lagerhölzer wiederum auf elastischen Kokos- oder Filzstreifen liegen (schwimmende Verlegung, z.B. mit Mineralfilz, Anwendungstyp T oder TK). Die Lagerhölzer dürfen also nicht am Untergrund befestigt werden. Der Raum zwischen den Lagerhölzern wird mit schallschluckendem Material ausgefüllt, z.B. mit Kokosfaser- oder Mineralfilzmatten (Anwendungstyp W oder WZ).

Ein schwimmender Fußbodenaufbau ist im Allgemeinen mindestens 6 cm hoch (z.B. 2 cm Dämmung, 4 cm Estrich), was zu Problemen an Türen und Fenstern (Brüstungshöhe) führen kann. Zur Verringerung der Höhe können die Lagerhölzer bei Holzbalkendecken auch im Balkenzwischenraum angeordnet werden (Abb. 10.5), bei ausreichend Platz ist es einfacher, den neuen Fußbodenaufbau auf dem vorhandenen Boden zu errichten. Bei schiefen Holzbalkendecken empfiehlt sich zum Niveauausgleich an den Deckenbalken seitlich eine Bohle von mindestens 45 mm Dicke anzubringen und darauf die Lagerhölzer zu verlegen (siehe Abb. 10.4). Das nicht ganz einfache Ausfluchten der Höhe wird im folgenden Kapitel näher beschrieben. Angaben über den Wandanschluss sowie weitere übertragbare Lösungen zur Verbesserung des Wärme- und Schallschutzes sind ebenfalls dort zu finden.

10.1
Traditionelle Holzbalkendecke mit Dielenfußboden (mit leichter Füllung, ohne Blindboden).
1 Dielung 22 - 25 mm
2 Füllung aus Schlacke 5 - 10 cm
3 Deckenbalken
4 Lattung 3/5 cm
5 Schilfrohrmatten 1,5 cm ∅
6 Putz 1,5 cm

10.2
Traditionelle Holzbalkendecke mit Blindboden und Dielenfußboden.
1 Dielung 22 - 25 mm
2 Deckenbalken
3 Füllung aus Schlacke 5 - 10 cm
4 Blindboden (Einschub) 22 mm
5 Holzleiste 5/5 cm
6 Lattung 3/5 cm
7 Schilfrohrmatten 1,5 cm ∅
8 Putz 1,5 cm

Tabelle 10.1
Empfohlene Abmessungen für Holzdielenböden aus gespundeten und gehobelten Brettern.
nach: Entwicklungsgemeinschaft Holzbau (EGH), Aussteifende Holzbalkendecken. München 1987

Abstand der Lagerhölzer bzw. Deckenbalken	**Dicke der Bodendielen**
50 cm	19,5 mm
70 cm	22,5 mm
90 cm	25,5 mm
105 cm	28,5 mm
125 cm	35,5 mm
Lagerhölzer (zweiseitig gehobelt)	25,5/50 mm
übliche Brettbreiten	95, 115, 135 mm
Unter schweren Möbeln oder stark belasteten Flächen soll der Abstand der Lagerhölzer kleiner sein.	

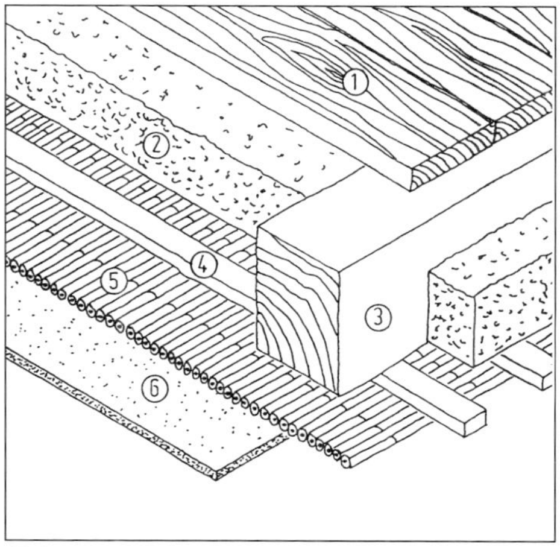
10.1

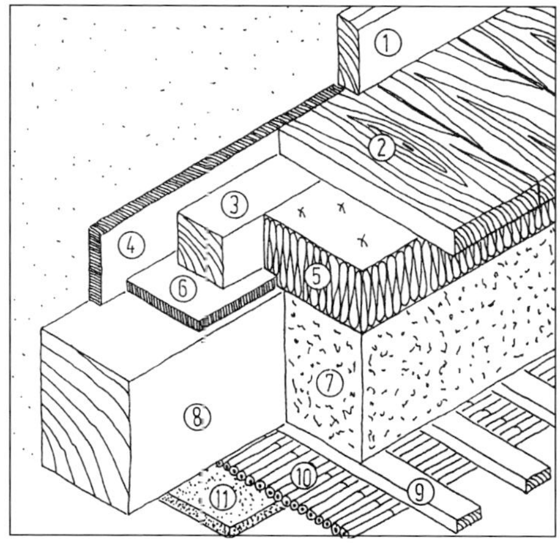
10.3

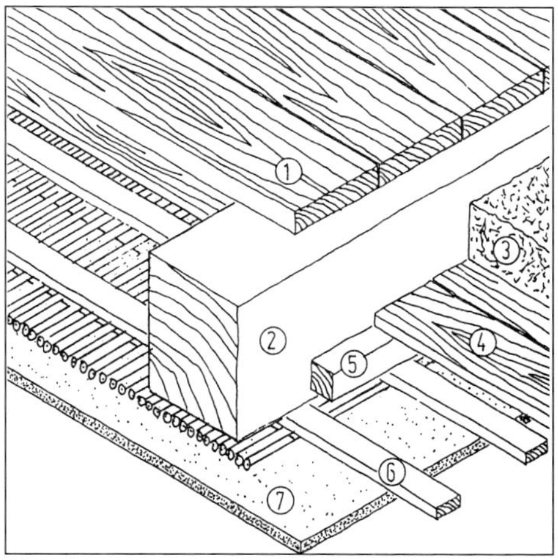
10.2

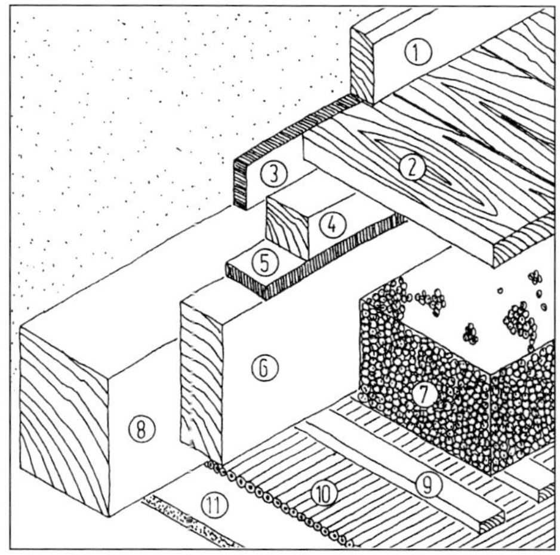
10.4

10.3
Verbesserung des Schallschutzes.
neuer Aufbau
1 Fußbodenleiste als Wandanschluss 3/5 cm
2 Dielung 22 mm
3 Lagerholz 5/5 cm
4 Randdämmsteifen 15 mm
5 Dämmfilz 2 - 3 cm
6 Trittschall-Dämmstreifen 15 mm
7 leichte Schüttung oder Blindboden mit Schüttung, 5 cm
alter Aufbau
8 Deckenbalken
9 Lattung 3/5 cm
10 Schilfrohrmatten 1,5 cm ∅
11 Putz 1,5 cm

10.4
Ausrichten schiefer Böden mit aufgeschraubten Bohlen.
neuer Aufbau
1 Fußbodenleiste 3/5 cm
2 Dielung 22 mm
3 Randdämmstreifen 15 mm
4 Lagerhölzer 5/5 cm
5 Trittschall-Dämmstreifen 15 mm
6 aufgeschraubte Bohle 14 cm breit
7 leichte Perlite- oder Blähton-Schüttung oder Blindboden mit Schüttung, 5 cm
alter Aufbau
8 Deckenbalken
9 Lattung 3/5 cm
10 Schilfrohrmatten 15 mm ∅
11 Putz 1,5 cm

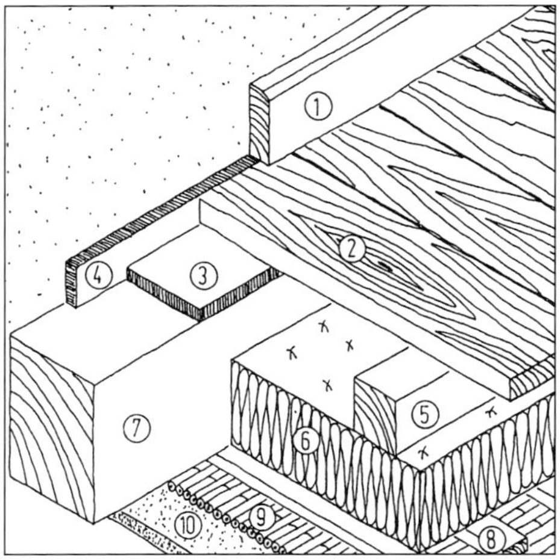

10.5
Verbesserung des Schallschutzes mit minimaler Konstruktionshöhe.

neuer Aufbau

1 Fußbodenleiste 3/5 cm
2 Dielung 22 mm
3 Trittschall-Dämmstreifen 15 mm
4 Randdämmstreifen 15 mm
5 Lagerhölzer in Feldmitte, mit der Dielung verschraubt, 5/5 cm
6 Dämmfilz 20 - 30 mm

alter Aufbau

7 Deckenbalken
8 Lattung 3/5 cm
9 Schilfrohrmatten 15 mm ∅
10 Putz 1,5 cm

Abmessungen für Trockenestrich aus zementgebundenen Spanplatten			
Plattendicke	bei elastischen Bodenbelägen	Abstand der Lagerhölzer bei keramischen Fliesen	bei erhöhter Linienlast [1)]
18 mm	55 cm	45 cm	15 cm
22 mm	70 cm	55 cm	25 cm
25 mm	80 cm	65 cm	35 cm

[1)] z.B. unter schweren Einbaumöbeln oder unter Trennwänden, gilt für alle Bodenbeläge

Tabelle 10.2 : Gebräuchliche Abmessungen für Trockenestrich aus zementgebundenen Spanplatten.

10.2 Zwischenböden und Estriche

Als Zwischenboden wird die Fußbodenkonstruktion zwischen der tragenden Rohdecke und dem Geh- oder Bodenbelag bezeichnet. Zwischenböden werden heute fast immer in Form eines schwimmenden Estrichs verlegt. Der Estrich ist eine ebene Bodenplatte zur Aufnahme des Gehbelages. Nur bei Holzdielenböden und Fertigparkett ist ein Estrich nicht erforderlich. Eine trittschalldämmende Wirkung wird beim schwimmend verlegten Estrich durch die weiche, federnde Zwischenschicht erreicht, die die Weiterleitung des Schalls in die Rohdecke und in die seitlich anschließenden Wände unterbricht (Abb. 10.6).

Umweltverträgliche Materialien für die Trittschalldämmung sind z.B. Kokosfilz, Mineralfilz, Weichfaserplatten oder heller Blähkork. Korkschrot, Blähton und Blähperlite sind als Schüttstoffe zum Niveauausgleich geeignet. Bei wärmedämmenden Estrichkonstruktionen muss in der Regel auf der warmen Seite der Dämmschicht eine Dampfbremse verlegt werden. Druckbeanspruchte Wärmedämmschichten, z.B. bei Verlegung ohne Lagerhölzer, müssen so fest sein, dass sie auch bei voller Belastung, z.B. durch schwere Schränke oder Küchengeräte, nicht zusammengedrückt werden.

Estrichplatten können als Guss- oder Trockenestrich hergestellt werden. Gussestrichplatten aus Zementmörtel, aus Anhydrid oder aus Asphalt werden an Ort und Stelle als weiche Masse eingebaut und bilden nach dem Erhärten eine fugenlose Fläche. Für die Altbaurenovierung und für den Selbstbau besser geeignet sind Trockenestriche. Bei der Planung eines neuen Estrichs ist die Tragfähigkeit der vorhandenen Deckenkonstruktion zu beachten!

Trockenestrich

Ein Trockenestrich besteht aus Gipskarton-, Gipsfaser- oder Holzspanplatten, die – im Gegensatz zum geschütteten und geglätteten Gussestrich – trocken auf einer Dämmschicht verlegt werden. Unter ökologischen Gesichtspunkten sollten die zementgebundenen Holzspanplatten gegenüber den kunstharzgebundenen bevorzugt werden, da sie keine Formaldehyddämpfe abgeben.

Im Vergleich zum Gussestrich hat ein Trockenestrich folgende Eigenschaften: geringe Konstruktionshöhe (25 mm), niedriges Gewicht; schlechterer Schallschutz, sofern das Flächengewicht nicht durch zusätzliche Maßnahmen erhöht wird. Er federt beim Begehen und ist für den Selbstbau gut geeignet.

Keramische Fliesen dürfen auf Trockenestrich nur verlegt werden, wenn die Abmessungen 20 x 20 cm nicht überschreiten, und nur in Verbindung mit einem dauerelastischen Kleber und einer dauerelastischen Verfugung. Holzspanplatten sind als Untergrund für Fliesen ungeeignet.

Verschiedene Trockenestrich-Konstruktionen sind in Abb. 10.6 bis 10.10 dargestellt. Die Trittschalldämmwerte beziehen sich auf die gesamte Deckenkonstruktion, wobei als vorhandene Rohdecke eine Holzbalkendecke mit Füllung, unterseitiger Lattung, Putz, Putzträger und Dielenboden zugrunde gelegt wurde. Das angegebene Verbesserungsmaß bezieht sich auf die Estrichkonstruktion allein und gilt für verschiedene Holzbalken-Rohdecken. Zum Vergleich: das Verbesserungsmaß für einen Zementestrich beträgt etwa 16 dB.

Schwimmende Trockenestriche können vollflächig oder auf Lagerhölzern verlegt werden. Am einfachsten und preiswertesten ist die vollflächige Verlegung auf einer ca. 20 mm dicken Dämmschicht, was allerdings nur bei weitgehend ebenem und waagerechtem Untergrund möglich ist. Spielt die Höhe des Fußbodenaufbaus keine Rolle, kann der Estrich auch auf einen vorhandenen Bodenbelag aufgebracht werden.

Ist eine Trockenschüttung zum Niveauausgleich erforderlich, muss unter der Schüttung als Rieselschutz ein Baupapier eingelegt werden, das an allen Wänden etwa 10 cm hochzuziehen und besonders an den Ecken sorgfältig abzudichten ist. Zwischen Schüttung und Estrichplatte sollte eine Trittschallschutz- und Flächendruck-Ausgleichsplatte (z.B. eine Weichfaserplatte oder eine spezielle Mineralfaserplatte) verlegt werden. Wenn die Deckenbalken von oben freigelegt wurden, kann der Niveauausgleich auch durch seitlich an den Balken angeschraubte Bohlen hergestellt werden (vgl. Abb. 10.4), der Estrich wird dann auf Lagerhölzern verlegt.

Die Verlegung auf Lagerhölzern bietet sich auch an, wenn mit dem Estrich zugleich eine Wärmedämmung eingebaut werden soll. Die Lagerhölzer haben die Aufgabe, den für den weichen Wärmedämmstoff erforderlichen Hohlraum zu schaffen (Abb. 10.9) und dienen zugleich, unterlegt mit Trittschall-Dämmstreifen, als Unterkonstruktion zur schallbrückenfreien Befestigung der Estrichplatten.

Der Abstand der Lagerhölzer voneinander bei verschiedenen Estrichstärken und Bodenbelägen ist in Tabelle 10.2 angegeben. Im Übrigen sind die Verlegehinweise der Plattenhersteller zu beachten.

Die Trittschalldämmung einer Estrichkonstruktion kann wirkungsvoll erhöht werden, indem unter der üblichen Trittschalldämmschicht zusätzlich schwere Platten, z.B. Gehwegplatten auf einer Filzunterlage verlegt werden (Abb. 10.8).

Niveauausgleich durch eine Trockenschüttung (vgl. Abb. 10.7):

- Die Waagerechte in etwa 1 m Höhe an den Wänden umlaufend markieren, z.B. mit einer Schlauchwaage (Wasserpegel in einem durchsichtigen Schlauch), behelfsweise auch mit einem Richtscheit (gerades Brett und Wasserwaage).
- Ein Zentimeter oberhalb der höchsten Fußbodenstelle die Höhe der aufzubringenden Trockenschüttung an der Wand markieren und mit Hilfe der vorher angelegten Markierungen entlang der Wände anzeichnen.
- Bei Holzdielenboden: knarrende Dielen verschrauben, Rieselschutzpapier auslegen.

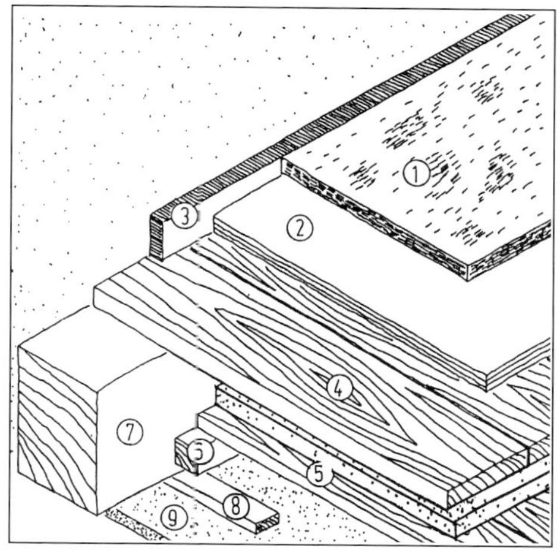

10.6
Verbesserung des Schallschutzes mit schwimmend verlegter Holzspanplatte (Lösung A).

neuer Aufbau (Höhe ca. 40 mm): Verbesserung des Trittschallschutzes VM_H: ca. 9 dB

1 Holzspanplatte 22 mm
2 Mineralfaser-Trittschallmatten 25 mm
3 Randdämmstreifen 15 mm

alter Aufbau: vorhandenes Trittschallschutzmaß TSM: ca. 10 dB

4 Dielung
5 Blindboden mit Schüttung
6 Holzleiste
7 Deckenbalken
8 Lattung
9 Putz auf Putzträger

Quelle für Abb. 10.6 - 10.10: Gösele, K.: Schallschutz mit Holzbalkendecken. Schriftenreihe Informationsdienst Holz, Entwicklungsgemeinschaft Holzbau, Düsseldorf 1982

- Schüttgut zu zwei kleinen, waagerechten Deichen aufschütten, parallel im Abstand von ca. 1,30 m. Jeweils eine gerade Latte auf die beiden Deiche legen und waagerecht ausrichten, Schüttung dazwischen einbringen und mit passend geschnittenem (eingekerbtem) Brett abziehen.
- Dämm- und Ausgleichsplatten verlegen (z.B. Mineralfilz-, Weichfaser- oder Korkplatten).
- Bei mehr als 5 cm Schütthöhe die Schüttung mit einem Brettstampfer verdichten.

Zement- und Gussasphaltestriche

Am Einsatzort gegossene Estriche aus Zementmörtel oder Asphalt sind stabiler als Trockenestriche und bei der Altbaurenovierung dort sinnvoll, wo keramische Fliesen verlegt oder Böden wasserdicht ausgebildet werden sollen. Ihre Herstellung erfordert Übung und wird am besten Fachfirmen überlassen. Gegossene Estriche können auf allen festen und ausreichend tragfähigen Untergründen hergestellt werden, ungeeignet sind Holzdecken mit starker Durchbiegung. Nassestriche werden in der Regel schwimmend auf Kokosfaser- oder Mineralfaser-Trittschalldämmplatten verlegt. Ein Niveauausgleich kann wie beim Trockenestrich durch eine Trockenschüttung hergestellt werden. Für einen wärmedämmenden Estrich dürfen nur feste oder nicht zusammendrückbare Dämmplatten (Anwendungstyp WD) verwendet werden.

Aus Zementmörtel hergestellte Estrichplatten sind 40 bis 50 mm dick und entsprechend schwer. Der Mörtel wird üblicherweise maschinell gemischt und mit einem Schlauch zum Einsatzort gepumpt, kleinere Mengen können auch von Hand gemischt und verteilt werden. Sind als Bodenbelag keramische Fliesen vorgesehen, so wird der Estrich mit einem Stahlgewebe bewehrt. Ein Zementestrich kann nach 3 bis 4 Tagen begangen, aber frühestens nach 4 Wochen Trockenzeit mit einem Bodenbelag versehen werden.

Zur Herstellung des etwas teureren, ca. 25 mm dicken Estrichs aus Gussasphalt wird der flüssige Asphalt in Eimern heiß zum Einsatzort getragen und bei einer Temperatur von 210 bis 250°C eingebaut – eine Tätigkeit, die recht unangenehm ist. Ein Gussasphaltestrich ist feuchtigkeitsundurchlässig, sofort trocken, kann auch bei winterlicher Witterung verarbeitet und nach 2 bis 3 Stunden Abkühlzeit benutzt bzw. mit einem Belag versehen werden. Diese Eigenschaften sind es, die den Asphaltestrich gegenüber dem Zementestrich auszeichnen. Im fertigen Zustand sind beide Arten gleichwertig.

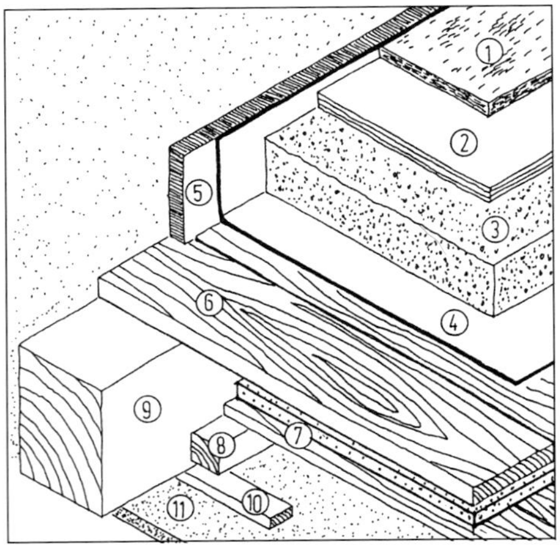

10.7
Holzspanplatte auf Trockenschüttung als Niveauausgleich (Lösung B).

neuer Aufbau: Verbesserungsmaß ca. 13 dB
1 Holzspanplatte 22 mm
2 feste Mineralfaser-Trittschallmatten oder weiche Holzfaserplatten 25 mm
3 Trockenschüttung 10 - 50 mm
4 Rieselschutz (auf dichte Eckausbildung achten)
5 Randdämmstreifen

alter Aufbau: Trittschallschutzmaß 10 dB
6 Dielenboden
7 Blindboden und Schüttung
8 Holzleiste
9 Deckenbalken
10 Lattung
11 Putz und Putzträger

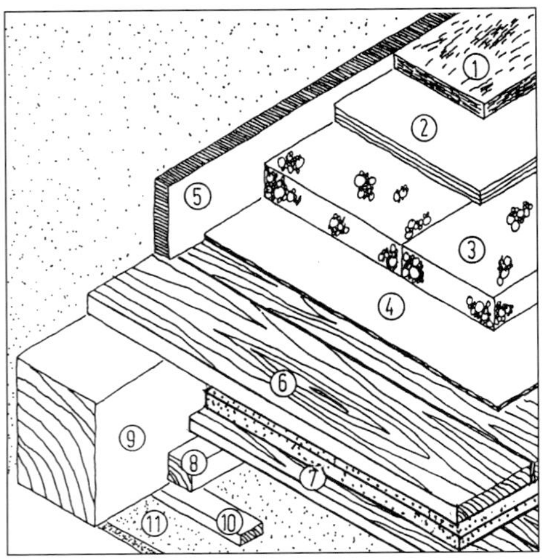

10.8
Trittschallverbesserung mit Gehwegplatten (Lösung C).

neuer Aufbau: Verbesserungsmaß ca. 31 dB
1 Holzspanplatte 22 mm
2 Mineralfaser-Trittschallmatten 15 mm
3 Gehwegplatten 40 mm
4 Filzunterlage
5 Randdämmstreifen 15 mm

alter Aufbau: Trittschallschutzmaß 10 dB
6 Dielenboden
7 Blindboden und Schüttung
8 Holzleiste
9 Deckenbalken
10 Lattung
11 Putz und Putzträger

Erdberührte Böden

Fußböden, die unmittelbar ans Erdreich angrenzen, also Kellerböden und Böden nicht unterkellerter Räume, müssen gegen aufsteigende Feuchtigkeit geschützt werden, (Kap. 6.5), es sei denn, ein feuchtkaltes Raumklima ist belanglos oder erwünscht, z.B. zur

Obstlagerung. Als Bitumen- und Kunststoffbahnen zur Feuchtigkeitsabdichtung noch nicht bekannt waren, wurden Räume mit einem erdberührten Boden nur zu landwirtschaftlichen Zwecken (als Viehstall, Scheune, Milchküche) oder als Nebenräume (Keller, Flur) genutzt. In einfachen Keller- und Wirtschaftsräumen sind als Bodenbelag geeignet: gestampfter Lehm; Lehmsand mit Oberbelag aus Splitt oder Feinkies; gestampfter, gemischtkörniger Schotter (sog. Siebschutt); Natursteinplatten oder -pflaster; Backsteinpflaster (als Flachschicht); Betonplatten.

Möglichkeiten und Maßnahmen zur Herstellung eines feuchtigkeitssperrenden Unterbodens sind in Kap. 6.5 dargestellt. Darauf kann dann jeder Bodenbelag aufgebracht werden.

10.9
Trittschallverbesserung durch Sandschüttung (Lösung D).

neuer Aufbau: Verbesserungsmaß ca. 22 dB
1 Holzspanplatte 22 mm
2 Wärmedämmschicht 30 - 40 mm
3 Ziegelsplittschüttung 30 - 40 mm
4 Rieselschutz (dichte Eckausbildung beachten!)
5 Lagerholz 5/5 cm
6 Trittschall-Dämmstreifen 20 mm
7 Randdämmstreifen 15 mm

alter Aufbau: Trittschallschutzmaß 10 dB
8 Dielenboden
9 Blindboden und Schüttung
10 Deckenbalken
11 Holzleiste
12 Lattung
13 Putz und Putzträger

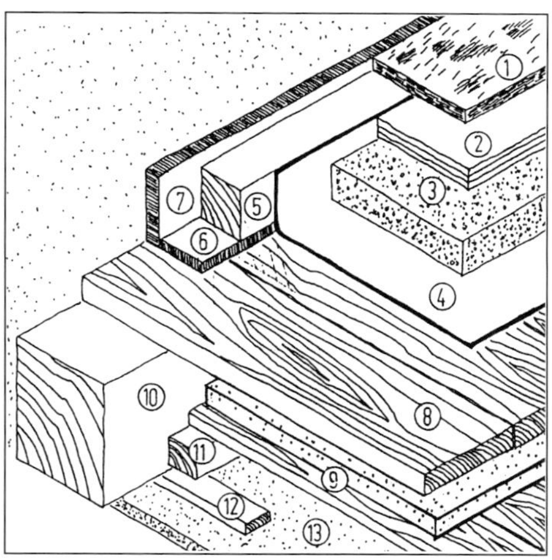

10.10
Entfernen des alten Dielenbodens und Neukonstruktion auf Lagerhölzern (Lösung E).

neuer Aufbau
1 Holzspanplatte 22 mm
2 Lagerholz 5/5 cm
3 Trittschall-Dämmstreifen 15 mm
4 Randdämmstreifen 15 mm

alter Aufbau
5 Schüttung
6 Blindboden
7 Holzleiste
8 Lattung
9 Putz auf Putzträger
10 Deckenbalken

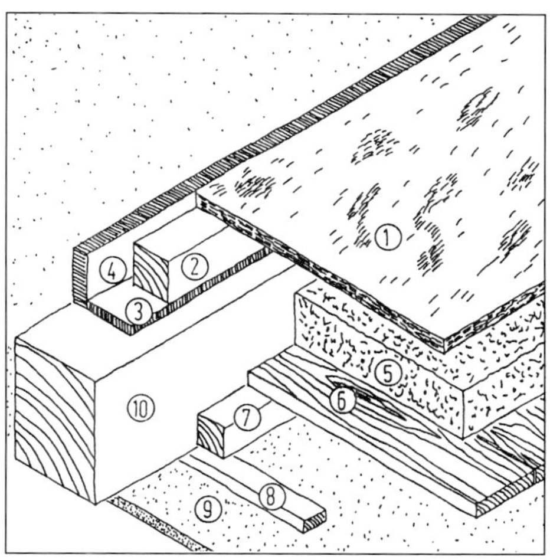

10.3 Bodenbeläge

Bodenbeläge werden im Allgemeinen auf den Estrich geklebt. Da die meisten Baukleber gesundheits- und umweltbelastende Stoffe enthalten, liegt es nahe, Verlegetechniken zu bevorzugen, die ohne Kleber auskommen, oder die weniger umweltbelastenden Klebstoffe der Naturfarbenhersteller einzusetzen. Bis etwa 1985 wurden teerhaltige Kleber verwendet, z.B. für Parkettboden. Das besonders bei Wärme stark riechende Produkt gibt krebserregendes Benzpyren und andere giftige Stoffe ab. Wo solche Kleber angetroffen werden, ist eine Sanierung zwingend vorgeschrieben. Dabei sind besondere Arbeitsschutzmaßnahmen zu beachten!

Klebfrei verlegt werden:
- keramische Fliesen im Mörtelbett,
- Spannteppiche,
- genageltes Stabparkett.

Auch Holzdielenböden werden ohne Kleber verlegt. Sie gehören jedoch streng genommen nicht zu den Bodenbelägen, weil sie freitragend (ohne Estrich) verlegt werden (vgl. Kap. 10.1)

Die Wahl eines Fußbodenbelages hängt ab von der Beanspruchung und vom Pflegeaufwand des Bodens, von der gestalterischen Wirkung und von den Kosten (vgl. Tabelle A10 im Anhang 1). Aus gestalterischen Gründen sollten auf einem Geschoss nicht zu viele unterschiedliche Beläge verwendet werden. Die bevorzugten Anwendungsbereiche verschiedener Fußbodenbeläge zeigt Tabelle 10.3.

Vorsicht beim Ausbau alter Kunststoff-Fußböden! In den 1970er und 80er Jahren wurden z.T. asbesthaltige Produkte eingebaut. Beim Ausbau können krebserregende Fasern freigesetzt und als Staub eingeatmet werden.

Fußbodenbeläge							
Baustoff (Hauptinhaltsstoffe)	Verlegeart	bevorzugte Anwendungsbereiche (Empfehlung)	ökologische Verträglichkeit	Eignung für den Selbstbau	Wärmeeindringkoef-fizient[1] in kJ/(m^2·h·K)	Fußkälte	Preisgruppe[2]
Holz							
Dielen (Fichte/Tanne)	genagelt	Wohnräume	+	+	24	0	+
Stabparkett(Fi./Ta.)	genagelt	Kinderzimmer	+	+	24	0	+ –
Mosaikparkett (Eiche)	geklebt	Mehrzweckraum	+	0	34	0	0
Fertigparkett	genagelt		+	0	24	0	0
Holzpflaster	geklebt		+	0	24	0	0
Industrieparkett (Eiche)	geklebt		+	0	34	0	0
Fliesen und Platten							
Fliesen o. Platten (un-	im Mörtelbett	Flur, Küche, Bad,	+	0	45 -	0 –	0 –
glasiert)	geklebt	Wohn- + Mehrzweckr.	–	+	84		0
Fliesen oder Platten	im Mörtelbett	WC	+	0			0 –
(glasiert)	geklebt		–	+			0
Betonwerkstein	im Mörtelbett	Flur, Küche, Bad, WC	0	0	(120)	–	0 –
Naturwerkstein, z.B. Marmor	im Mörtelbett	Flur, Wohnräume	+	0	190	–	+ –
Elastische Beläge (Bahnenware)							
PVC		Bad, WC	–	+	45	0	0
Kork	geklebt[3]	Wohnräume	+	+	(20)	0	0
Linoleum		Flur, Wohnräume, Kinderzimmer, ggf. Küche, Bad	+	+	32	0	0
Teppich (Bahnenware)							
Kunstfaser	geklebt[3]	Wohnräume	–	+	(15)	+	+
Naturfaser "biologisch"			+	+	(10)	+	0
Naturfaser-Spannteppich	gespannt		+	–	(10)	+	–

1) nach König, H.: Wege zum Gesunden Bauen. Klammerwerte ( ) sind geschätzt.
2) einschließlich Unterkonstruktion (wenn möglich Lattung statt Estrich) + preiswert, – teuer
3) möglichst mit Klebeband, mit Naturharz oder mit Dispersionskleber.

Tabelle 10.3 Fußbodenbeläge.

Das Gesundheitsrisko ist besonders groß beim Ausbau schwach gebundener Asbestprodukte (Handelsnamen z.B. Cushion-Vinyl-Beläge, Novilon, Asbesthartfliesen, Asphalt-Tiles). Weniger kritisch sind Produkte mit starker Asbestbindung, (Handelsnamen z.B. Vinyl-Asbest-Fliesen und -Flexplatten). Vor dem Ausbau solcher Beläge empfiehlt sich eine fachkundige Untersuchung des vorhandenen Materials, so dass ggf. Arbeitsschutzmaßnahmen (Verhinderung von Staubentwicklung, Schutzkleidung, Atemschutz) getroffen werden können. Ein sinnvolles und einfaches Vorgehen kann auch darin bestehen, den alten Boden zu erhalten und darauf den neuen Belag aufzubringen.

Parkett und Holzpflaster

Parkett- und Holzpflasterböden aus Vollholz sind robust, pflegeleicht, „natürlich“ und fußwarm. Parkett aus Eiche, Buche und Esche ist in Form von Stab- oder Mosaikparkett erhältlich, Holzpflaster kann auch aus Kiefer oder Fichte hergestellt werden. Als Fertigparkett werden industriell hergestellte, fertig versiegelte Fußbodenelemente aus Vollholz oder Holzwerkstoff bezeichnet.

Stabparkett besteht aus 22 mm dicken Parkettstäben oder -riemen, die mit Nut und Feder vollflächig auf den Untergrund geklebt oder – besser – auf eine Holzunterkonstruktion (vorhandener Dielenboden, Spanplatten, Lattung) verdeckt genagelt werden.

Bei *Mosaikparkett* sind 8 mm dicke Lamellen schachbrettartig oder im Streifenmuster auf einem Geweberücken zu Platten zusammengesetzt, die auf den Estrich geklebt werden.

Fertigparkett wird in Platten (in unterschiedlichen Größen und in Dicken von 13 bis 24 mm) mit fertig versiegelter Oberfläche geliefert, meist als furnierte Span- oder Sperrholzplatte mit Nut und Feder. Es kann wie

Trockenestrich-Platten z.B. direkt auf einer Filzunterlage oder auf einem vorhandenen Teppichboden verlegt werden.

Holzpflaster besteht aus 25 bis 40 mm dicken Holzklötzen, deren Hirnholzfläche als Lauffläche dient. Durch Quellen und Schwinden des Holzes können Fugen im Bodenbelag entstehen. Dieser Bodenbelag ist sehr strapazierfähig, kann wegen seiner relativ großen Einbauhöhe jedoch im Altbau nicht überall eingesetzt werden. Die Verlegung erfolgt mit einem schubfesten Kunststoffkleber und in Form von geradlinigen, durchgehenden Längsfugen. Bei größeren Bodenflächen und an Wandanschlüssen sind Dehnfugen auszubilden. Hinweise zur Oberflächenbehandlung von Parkett gibt Kap. 18.1.2.

Laminatboden

Dieser künstliche Bodenbelag ist preiswert und in allen denkbaren Dekors herzustellen, denn er besteht im Wesentlichen aus drei billigen Produkten: Holzspäne, Papier und Kunststoff. Auf eine Holzspanplatte, die als Trägerplatte dient, ist ein bedrucktes Papier kaschiert, das mit Melaminharz beschichtet ist. Die Spanplatte gibt „gesundheitlich unbedenkliche" Mengen Formaldehyd ab. Die Oberfläche ist kratz- und feuchtigkeitsempfindlich – also nicht mit Straßenschuhen betreten und nicht feucht reinigen! Nach etwa 15 Jahren ist die Oberfläche abgenutzt und muss durch einen neuen Bodenbelag ersetzt werden. Abschleifen und neu versiegeln ist nicht möglich. Eine Bewertung bezüglich Optik, Pflege, Wirtschaftlichkeit und ökologischer Verträglichkeit überlassen wir dem Leser ...

Keramische Fliesen

Bei Tonfliesen wird je nach Rohmaterial und Brenntemperatur unterschieden zwischen Steingut- bzw. Irdengut-Fliesen und (den bei höheren Temperaturen gebrannten) Steinzeugfliesen. Während die Erstgenannten durch das Aufbringen einer Glasur feuchtigkeitsunempfindlich werden, sind Steinzeugfliesen auch ohne Glasur wasserdicht und zudem frostbeständig.

Fliesen sind robust und pflegeleicht, deshalb werden sie gern für intensiv genutzte Böden z.B. in Dielen, Mehrzweckräumen, Bädern, Küchen und in der Umgebung von Feuerstellen gewählt. Dass Fliesenböden fußkalt sind, hängt direkt mit ihrer guten Wärmeleit- und -speicherfähigkeit zusammen und darf nicht mit einer schlechten Wärmedämmung der Fußbodenkonstruktion gleichgesetzt werden.

Eine preiswerte und gute Alternative zu den üblichen Klinkerplatten ist die Verwendung von Biberschwanz-Dachziegeln. Bei der Verlegung wird die Nase auf der Ziegelrückseite abgeschlagen.

Unglasierte Fliesen verschmutzen leichter als glasierte; daher empfiehlt es sich, die Oberfläche unglasierter Fliesen im Wohnbereich mit einer Naturölgrundierung und mit Wachs zu behandeln.

Glasierte Fliesen sind in Küchen und Toiletten beliebt, um eine ungleichmäßige Verfärbung des Bodens durch Fett- bzw. Urinspritzer zu verhindern. Bei Fliesen mit roten, gelben oder braunen Glasuren sind erhöhte radioaktive Werte möglich, ebenso bei unglasierten roten Fliesen, wenn Rotschlamm zu ihrer Herstellung verwendet wurde.

Alle keramischen Bodenplatten können im Mörtelbett (Dickbett) verlegt werden, Platten mit ebener Rückseite können auch geklebt werden (Dünnbett), möglichst mit umweltfreundlichem hydraulischem Kleber oder mit Dispersionskleber. In Räumen mit starker oder dauernder Feuchtigkeitseinwirkung sollten jedoch bevorzugt mineralische (hydraulisch erhärtende, kunststoffvergütete) Dünnbettmörtel zur Anwendung kommen. Reaktionsharzkleber und andere Kunststoffkleber sind aus Umweltschutzgründen besser zu vermeiden.

Die Herstellung eines wasserdichten Fliesenuntergrundes wird in Kap. 13.3 beschrieben.

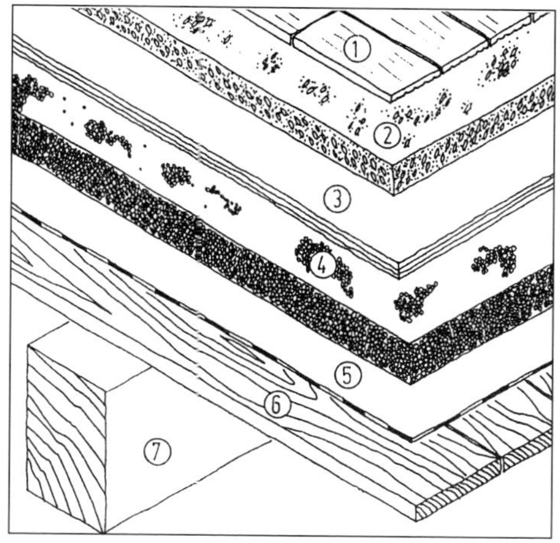

10.11
Fußbodenaufbau mit Klinkerbelag auf schwimmendem Estrich (bei sichtbaren Deckenbalken).

1 Klinker geklebt oder im Mörtelbett 1,5 cm
2 Zementestrich (schwimmend) 4 - 6 cm mit Drahteinlage
3 Mineralfaser-Trittschallmatten 20 - 30 mm
4 Perliteschüttung als Niveauausgleich 3-5 cm
5 Bitumenbahn
6 Dielung 22 mm
7 Deckenbalken

Fliesen im Mörtelbett (Dickbett) verlegen

- Ein 25 mm dickes Zementmörtelbett aufbringen (1 Raumteil Zement, 5 bis 6 Raumteile Flusssand) und glatt abziehen.
- Fliesen verlegen, mit Wasserwaage und Gummihammer, Fugenbreite 2 bis 10 mm (saugfähige keramische Fliesen sollten vorher gewässert werden).

- Verfugung mit feinem Zementmörtel – nachdem der Verlegemörtel erhärtet ist (Fliesen vorher vornässen), Mischungsverhältnis 1:3. Randfugen an den Wänden mit Kunststoffdichtungsmasse oder mit Gummi-Fugenband schließen.
- Auf nichtglasierten Fliesen kann der Zementschleier mit 5%-iger Salzsäure beseitigt werden, anschließend mit klarem Wasser nachspülen. Vorsicht! Salzsäure ist stark ätzend. Hände und Augen schützen! Zum Verdünnen Salzsäure ins Wasser gießen, niemals umgekehrt.

Fliesen im Dünnbettverfahren (mit Kleber) verlegen

- Der Untergrund muss völlig eben, ausgehärtet und trocken sein (Alter des Zementestrichs mindestens 28 Tage).
- Kleber 2 bis 4 mm dick auf den Boden mit einer Kammkelle aufziehen.
- Fliesen verlegen.
- Verfugen und Reinigen wie oben.

Teppichboden

Teppichböden sind wegen ihrer Fußwärme, der Behaglichkeit und der schalldämpfenden Wirkung in Wohnräumen besonders beliebt. Sie sind als Bahnenware in zahlreichen Arten und Qualitäten für verschiedene Einsatzbereiche und Anforderungen erhältlich und oft mit einer (nicht immer unbedenklichen) Zusatzausrüstung (Imprägnierung) gegen Verschmutzung, elektrostatische Aufladung, Motten- und Bakterienbefall ausgestattet. Aus hygienischer Sicht sollten Teppiche als Bahnenware sparsam verwendet werden. Besser zu reinigen sind Einzelstücke, die z.B. auf Keramik- oder Holzfußböden ausgelegt werden. Unter ökologischen Gesichtspunkten sind dabei statt Teppichböden aus Kunstfasern solche z.B. aus Baum- oder Schurwolle, Sisal, Kokos und ohne Zusatzausrüstung zu bevorzugen. Für Teppiche gibt es mehrere Gütesiegel, auch mit Angaben zur Gesundheits- und Umweltverträglichkeit.

Das Verspannen von Teppichen ist die beste, allerdings auch teuerste Verlegemethode. Die Mehrkosten machen sich bei hochwertigen Teppichen jedoch im Laufe der Zeit durch eine längere Haltbarkeit bezahlt. Zum Verspannen geeignet sind Textilgewebe, also gewebte Teppiche und Tufting-Teppiche. Ihre Ränder werden dabei unter Spannung auf Nagelleisten aus flachen Holz- oder Metallschienen geheftet, die auf den Untergrund geschraubt sind. Bei größeren Flächen müssen die einzelnen Bahnen vorher zusammengenäht („konfektioniert“) werden. Als Unterlage für den Teppich dient ein Spannfilz, der so dick wie die Nagelleiste ist. Diese Technik erfordert Erfahrung und wird nur noch von wenigen Firmen ausgeführt.

Relativ umweltfreundlich und dabei gut und leicht zu handhaben sind alle selbstklebenden Verlegearten: hier ist besonders das Doppelklebeband zu nennen, mit dem der Teppichboden nur an den Rändern und Stößen fixiert werden muss.

Verlegen von Teppichboden mit Doppelklebeband

- Teppich 24 Stunden im Raum auslegen, damit er sich der Raumtemperatur anpassen kann.
- Wenn Stücke angesetzt werden sollen: auf gleiche Florrichtung achten, dünnen Teppich mustergenau aufeinanderlegen und beide Schichten mit einem Schnitt durchtrennen – bei dickem Teppich entlang der Florgasse schneiden.
- Teppich ausrichten und beschweren (damit er beim Arbeiten nicht verrutscht), danach mit Teppichmesser passgenau zuschneiden.
- Teppichränder zurückschlagen, doppelseitiges Klebeband auf dem Boden befestigen, Teppich auflegen und anreiben.
- Fußleisten anbringen.

Ist eine vollflächige Verklebung von Teppichen nicht zu vermeiden, so empfiehlt es sich, lösungsmittelfreie Dispersionskleber und die Kleber der Naturfarbenhersteller zu bevorzugen. Dispersionskleber können jedoch nicht für feuchtigkeitsempfindliche Textilteppiche verwendet werden, z.B. solche mit Juterücken.

Als Untergrund sollte ein sauberer, trockener, ebener und rissfreier Boden oder ein gut haftender Altbelag (kann auch ein Teppichboden sein) zur Verfügung stehen. Bei unebenem Untergrund, z.B. bei Fliesen oder Holzdielen, wird eine 22 mm dicke Bauplatte mit dünner Filzunterlage wie ein Trockenestrich verlegt (Kap. 10.2).

Linoleum und andere elastische Beläge

Elastische Beläge wie Linoleum, Kork, PVC und Gummi, sind als Platten- oder Bahnenware erhältlich. Die synthetischen Beläge – PVC, Gummi und mit PVC beschichteter Kork – sollten auch hier wegen möglicher umweltschädigender Ausdünstungen besser gemieden werden.

Das Naturprodukt *Linoleum*, das neuerdings wieder in vielen Farben und Mustern hergestellt wird, besteht aus einem gefärbten Gemisch aus fein gemahlenem Kork- oder Holzmehl, aus oxidierten Harzen und Leinöl sowie aus einem Jutegewebe als Trägerschicht. Es wird als Bahnenware geliefert. Für eine verbesserte Trittschalldämmung gibt es auch Verbundplatten mit einer Unterseite aus Kork oder Korkment. Linoleum lädt sich elektrostatisch nicht auf, es ist unempfindlich gegen Fette, Öle, Malfarben, Farb- und Filzstifte - und auch gegen Zigarettenglut. Linoleum bekommt jedoch unter starker Punktlast (z.B. unter schmalen Schrankfüßen) bei Dauereinwirkung Druckstellen und verträgt keine länger anhaltende Feuchtigkeit. Da Linoleum bei Kälte brüchig wird, darf es im Winter nicht in ungeheizten Räumen verlegt werden. Dass Linoleum regelmäßig gewachst werden muss, ist ein verbreiteter Irrtum! Eine Pflege mit echter Schmierseife im Wischwasser wirkt reinigend und rückfettend zugleich und sorgt dafür, dass das Linoleum nicht spröde wird.

Korkplatten und *-bahnen* werden hergestellt aus dem Rindenschrot der Korkeiche unter Zusatz von Natur- oder Kunstharzklebern. Korkböden haben ähnliche Eigenschaften wie Holzböden, die Oberfläche kann auch in der gleichen Weise behandelt werden (siehe Kap. 18.1.2). Korkböden sind gegen Dauereinwirkung schwerer Punktlasten etwas weniger empfindlich als Linoleum.

Bahnenware kann mit Klebeband verlegt werden. Für die vollflächige Verklebung von Kork und Linoleum gibt es Naturharzkleber oder lösungsmittelfreie Dispersionskleber z.B. auf Acrylatbasis.

Linoleum und Kork sollten 24 Stunden vor der Verlegung im Raum ausgebreitet werden, damit sie sich der Raumtemperatur anpassen können. Rollen sind stets stehend zu lagern. Für normale Beanspruchung in Wohnräumen wird Linoleum in einer Dicke von 2 oder 2,5 mm verwendet, in Räumen mit Publikumsverkehr auch mit 3 bis 4,5 mm. Kork wird entsprechend seiner Beanspruchung mit einer Stärke zwischen 3 und 6 mm verlegt.

10.4 Holztreppen

Häufig sind alte Treppen das handwerkliche Herzstück des Hauses, das unbedingt erhalten bleiben sollte. Das Reparieren knarrender, ausgetretener Stufen und defekter Geländerstäbe ist in den meisten Fällen preiswerter und im Ergebnis schöner als der Ersatz durch eine neue Treppe. Die Erhaltung alter Treppen ist in Mehrfamilienhäusern auch aus baurechtlichen Gründen empfehlenswert, denn für neue Treppen gelten die aktuellen Vorschriften, die in Altbauten oft nur schwer eingehalten werden können.

Treppen überarbeiten

Knarrt eine Treppe beim Begehen, so sind Wangen, Tritt- und Setzstufen nicht mehr ausreichend fest verbunden. Ist die Treppe von hinten zugänglich, können bei einer gestemmten Treppe die Keile zwischen Stufen und Wange herausgestemmt und neue, dikkere Keile eingeleimt werden. Das Knarren kann auch beseitigt werden, indem die Trittstufen hochgekeilt werden, und von hinten in den Falz zwischen Setz- und Trittstufen Dreiecksklötze oder eine Leiste geleimt werden. Dabei wird an der obersten Stufe begonnen und dann stufenweise nach unten gearbeitet. Bei Treppen mit verschraubten oder genagelten Stufen wird Knarren folgendermaßen beseitigt (wieder bei der obersten Stufe beginnend): Verbindungen an der Rückseite der Setzstufe lösen, Trittstufe hochkeilen, Setzstufe hochdrücken, neu vernageln oder anschrauben. Unter Umständen kann es auch sinnvoll sein, die Setzstufen von hinten aufzudoppeln (Sperrholzbrett aufleimen und verschrauben).

Ist die Treppe nicht von hinten zugänglich, erfolgt das Verspannen der jeweils hochgekeilten Stufe durch Aufdoppeln der Setzstufe oder dadurch, dass unter

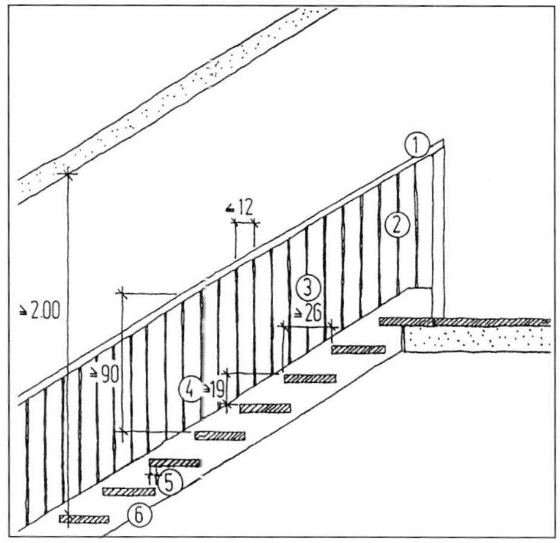

10.12
Die Bezeichnungen und Maße der Treppe.
1 Handlauf
2 Geländerstab
3 Auftritt (z.B. 27 cm)
4 Steigung (z.B. 18 cm)
5 Unterschneidung
6 Wange

10.13
So können ausgetretene Stufen repariert werden.

1 Sperrholzplatte aus Hartholzfurnier
2 Kunstharz-Zement-Spachtelmasse
3 Hartholzleiste zum Kantenschutz
4 alte Trittstufe
5 Setzstufe

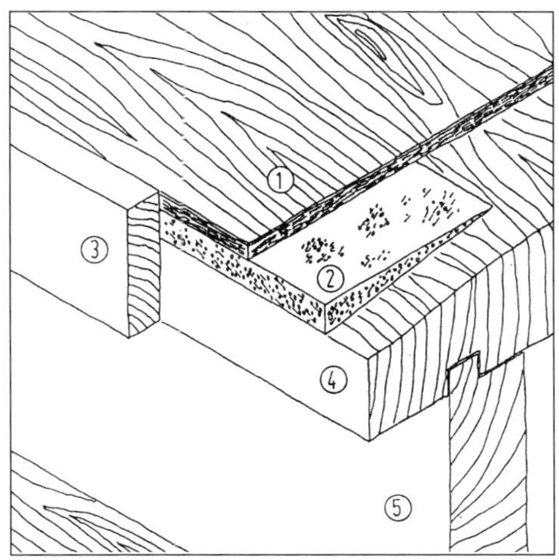

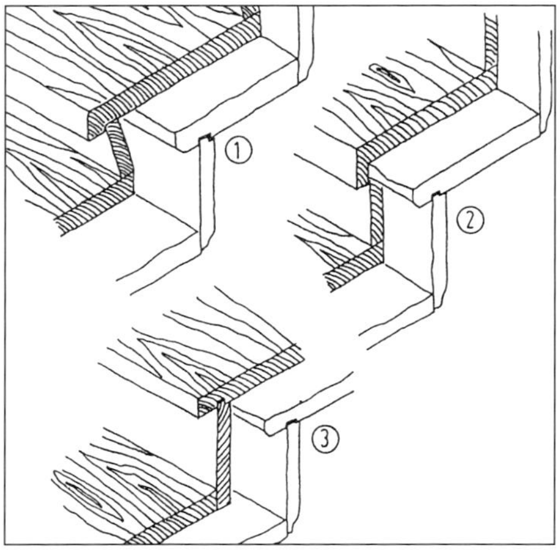

10.14
Drei Möglichkeiten, wie eine alte, ausgetretene oder beschädigte Treppe aufgedoppelt werden kann (bei ausreichend hoher Wange).

10.15
Eine einfache aufgesattelte Treppe.
1 Wechsel oben
2 aufgeschraubte Tritte
3 Wange
4 Wechsel unten

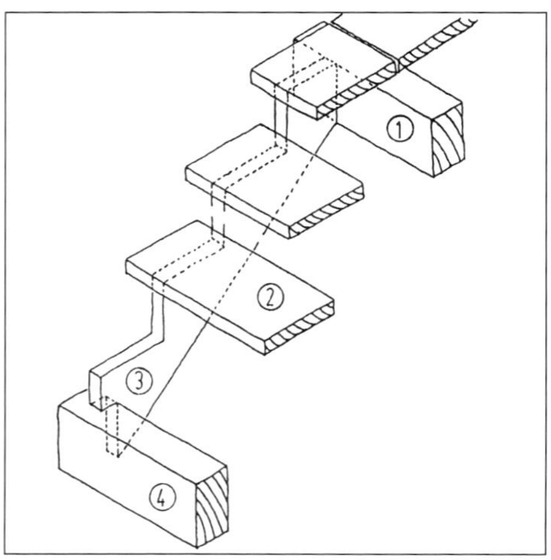

den Stufenvorsprung eine Leiste geleimt und geschraubt wird. Die Schraubenköpfe werden in der Leiste versenkt, die Löcher ausgekittet. Wird die Setzstufe aufgedoppelt, sollte die Trittstufe so hochgekeilt werden, dass sie in der Mitte 0,5% überhöht ist (also 0,5 cm bei 100 cm Treppenbreite) und die Setzstufe mit Spannung eingebaut wird.

Liegen beide Treppenwangen frei, kann das Knarren auch durch den Einbau von Treppenschrauben beseitigt werden. Dazu werden im Abstand von etwa 5 Stufen in Wangenmitte Löcher gebohrt, in die Stahlstäbe mit Gewinde eingesetzt und mit Unterlegscheiben so verschraubt werden, dass die Wangen fest zusammengezogen werden.

Ausgetretene Treppenstufen sind nicht selten Ursache von Unfällen. Sie können auf drei Arten repariert werden:

- durch Herstellen eines neuen Belages,
- durch Aufdoppeln der Tritt- und Setzstufen,
- durch Austauschen bzw. Ersetzen der Trittstufen.

Zur Herstellung eines neuen Belages wird die vorhandene Stufe mit einer Spachtelmasse egalisiert und mit Sperrholz oder Hartholzfurnier wie folgt belegt:

- Treppe gründlich reinigen (heißes Wasser mit Spülmittel), Wachs mit der Ziehklinge entfernen.
- Kantenleiste als Lehre zum glatten Abziehen der Spachtelmasse mit dünnen Nägeln an der Stufenkante anheften, dabei Kunststofffolie als Trennlage einlegen.
- Kunstharz-Zement-Spachtelmasse (Spezial-Spachtelmasse) aufbringen, planeben abziehen, trocknen lassen.
- Sperrholzplatte aus Hartholzfurnier aufkleben.

Als dauerhafter Kantenschutz kann zusätzlich eine Hartholzleiste angebracht werden. Dazu wird die alte Treppenstufe bis auf einen 12 mm breiten Überstand abgesägt. Die Hartholzleiste wird so angeleimt und verschraubt, dass sie mit dem aufzubringenden Belag eben ist.

Das vollständige Aufdoppeln der Tritt- und Setzstufen macht zwar unter Umständen weniger Arbeit als das oben beschriebene Neubelegen, ist jedoch nur möglich, wenn die Treppenwange hoch genug ist und wenn die Anschlüsse von Treppenan- und -austritt an den Fußboden passen.

Bei Treppen in Mehrfamilienhäusern kommt es häufig vor, dass die Geländer beschädigt sind oder nicht die heutigen baurechtlichen Anforderungen erfüllen. Weil neue Treppengeländer nicht zur alten Treppe passen und eine historisierende Neuherstellung sehr teuer ist, ist die Erhaltung und Wiederverwendung vorhandener Geländerteile in jedem Fall anzustreben. Dazu zwei Tipps:

- Fehlen einzelne Geländerstäbe, können Stäbe vom obersten Treppenlauf als Ersatzteile verwendet werden. Oben wird ein neues, anderes Geländer angebracht.
- Wenn der Abstand zwischen den vorhandenen Stäben zu groß ist, können neue, glatte Stäbe dazwischen gesetzt werden.

Neue Treppe herstellen

Der Platzbedarf und die Gestaltung einer Treppe wird bestimmt vom menschlichen Schrittmaß und der Geschosshöhe.

Für ein bequemes Steigungsverhältnis gilt die Regel:

2 Steigungen + 1 Auftritt = 61 bis 64 cm

Bei 2,75 m Geschosshöhe ergeben sich z.B. 15 Stufen mit je 18,3 cm Steigung (Stufenhöhe) und 27,5 cm Auftritt (Tiefe). Die Gesamtlänge der Treppe ergibt sich aus der Summe der Auftritte minus 1 (Auftritt der obersten Stufe liegt schon auf Fußbodenhöhe). In unserem Beispiel beträgt die Länge der Treppe also 14 x 27,5 cm = 3,85 m. Wenn nicht genügend Platz vorhanden ist, kann die Treppe auch steiler sein, das Verhältnis Steigung/Auftritt sollte jedoch nicht weniger als 19 cm/26 cm betragen und muss der jeweiligen Landesbauordnung entsprechen.

Maßgebend für den Platzbedarf ist neben dem Steigungsverhältnis die Form des Treppenlaufs. Eine geradläufige Holztreppe mit aufgesattelten Stufen ist zwar gut für den Selbstbau geeignet, sie benötigt aber vergleichsweise viel Platz, besonders wenn die erforderlichen Verkehrsflächen seitlich und am Treppenan- und -austritt berücksichtigt werden. Relativ platzsparend und selbstbaufreundlich ist die zweiläufige gerade Treppe mit Podest (vgl. Abb. 8.22 und 8.23).

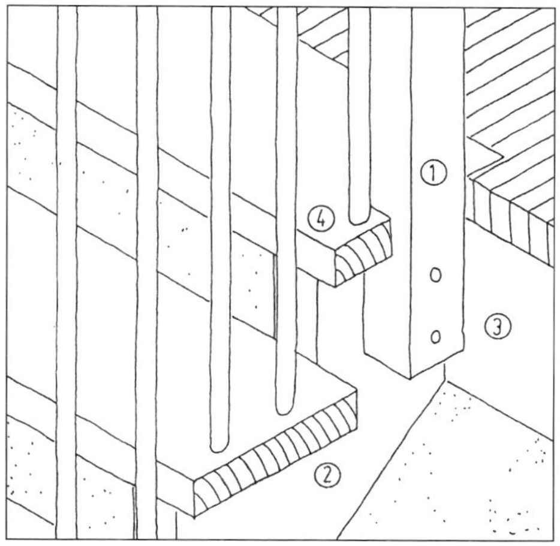

10.16
Zum Selbstbauen: eine einfache aufgesattelte Treppe (Detail A).

1 Der Auftrittspfosten wird an der Wange angeschraubt.
2 Von Zimmermann gefertigte Wangen werden an den oberen Wechsel angelehnt und durch das Eigengewicht der Treppe angedrückt.
3 oberer Wechsel
4 Austrittstufe

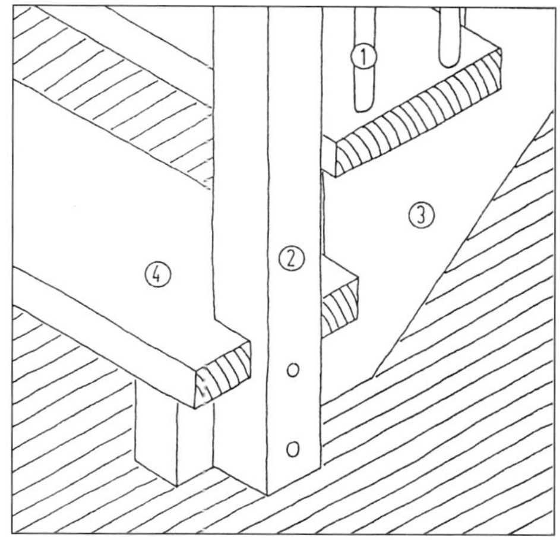

10.17
Selbstbautreppe (Detail B).

1 Die Geländerstäbe werden in die Auftritte eingelassen
2 Der Antrittspfosten wird wieder an die Wange angeschraubt.
3 Die Wange wird unten entweder gegen den Wechsel gestoßen oder mit Hilfe von Stahlwinkeln auf dem Rohfußboden verschraubt.
4 Antrittstufe

Baurecht zum Thema Treppen (in Baden-Württemberg)

- Treppenbreite mindestens 1 m, in Wohngebäuden mit nicht mehr als 2 Wohnungen und innerhalb von Wohnungen genügen 80 cm.
- Tragende Treppenteile aus Hartholz (Laubholz) oder aus nicht brennbaren Baustoffen; keine Anforderung für Wohngebäude mit nicht mehr als zwei Wohnungen und für Treppen innerhalb einer Wohnung.
- Die Treppe muss mindestens einen festen und griffsicheren Handlauf haben. Ausnahmen für Treppen innerhalb von Wohnungen sind zulässig.
- Der Treppenaustritt (oberste Stufe) darf nicht unmittelbar hinter einer Tür beginnen, die in Richtung der Treppe aufschlägt.
- Treppen müssen mit Geländer („Umwehrung“) gesichert sein, mindestens 90 cm hoch.
- Umwehrungen sind den Umständen entsprechend so auszubilden, dass Kleinkindern das Überklettern nicht erleichtert wird; Öffnungen nicht breiter als 12 cm. Gilt nicht für Umwehrungen in Wohngebäuden mit nicht mehr als zwei Wohnungen und innerhalb von Wohnungen.

11 Innenwände und Zimmertüren

Die häufigsten Maßnahmen an Innenwänden betreffen die Gestaltung der Oberflächen: Wände verkleiden, tapezieren oder streichen, Putz ausbessern, Türen streichen, usw. Dabei kommt es darauf an, zum Charakter des Hauses passende Materialien mit hoher Umweltverträglichkeit und guter Verarbeitbarkeit auszusuchen und die richtigen Arbeitstechniken anzuwenden. Wenn Wandoberflächen allerdings feucht oder rissig sind, besteht die wichtigste Aufgabe zunächst darin, die Ursache dafür zu ermitteln und zu beseitigen.

Wesentlich aufwendiger sind Veränderungen, wie sie bei größeren Modernisierungs-, Um- und Ausbauvorhaben die Regel sind, z.B. Wände abreißen und neu errichten, Türöffnungen herstellen und schließen. Diese Maßnahmen lösen umfangreiche Folgearbeiten aus und sind daher kosten- und zeitaufwendig.

Eingriffe in tragende und aussteifende Wände, die die Lasten von Decken und darüberliegenden Wänden aufnehmen, bedürfen einer Abstimmung mit dem Statiker. Eine baurechtliche Genehmigung oder Kenntnisgabe ist erforderlich,

- wenn eine Nutzungsänderung erfolgt, (z.B. wenn gewerbliche Räume zu Wohnräumen werden oder umgekehrt),
- wenn die Wohnfläche vergrößert wird (z.B. Ausbau von Keller- oder Dachräumen),
- wenn die Zahl der Wohnungen vergrößert wird (z.B. Teilung einer großen Wohnung in zwei Wohnungen).

Nicht genehmigungsbedürftig ist die Veränderung von Wänden innerhalb von Wohnungen.

Trennwände werden überwiegend aus etwa 6 – 12 cm dickem Mauerwerk errichtet oder als ausgemauerte Fachwerkwände, die aus Gründen des Brandschutzes verputzt sind. Heute werden sie vielfach auch aus dünnen, großformatigen Wandplatten gemauert oder als „Leichtbauwand" aus einem beplankten Ständerwerk errichtet.

Alte *Türen* sollten bei Umbaumaßnahmen möglichst erhalten werden, denn die Neuherstellung in der alten Form kommt auf jeden Fall teurer. Das Gleiche gilt auch für Holzvertäfelungen.

11.1 Wandabriss und Wanddurchbrüche

Vor einer Veränderung des Wohnungsgrundrisses sollte, sofern keine genauen Pläne vorliegen, die bestehende Situation zunächst aufgemessen und in Bestandszeichnungen im Maßstab 1:100 und/oder 1:50 mit allen wichtigen Maßen dargestellt werden. Zu einer solchen Bestandsaufnahme gehört auch die Prüfung, welche Wände tragend oder aussteifend sind, sowie die Eintragung der vorhandenen Sanitärleitungen und -anschlüsse. Anhand dieser Zeichnungen kann der neue Grundriss entwickelt werden, wobei es Ziel einer wirtschaftlichen Umbauplanung ist, mit wenigen Veränderungen einen möglichst guten Wohnwert zu erreichen.

Ob eine Wand tragend oder nichttragend ist, kann ein Laie häufig nur schwer erkennen. Die Dicke der Wand allein ist kein sicheres Erkennungszeichen, denn auch tragende Wände sind oft nur 12 bis 15 cm stark. Daher folgende Faustregel: immer wenn die Wand als Auflager für Deckenbalken dient, handelt es sich um eine tragende Wand; auch wenn Wände sich im darüber- und darunterliegenden Geschoss fortsetzen, kann angenommen werden, dass sie tragend sind.

Zwischenwände werden häufig durch die Durchbiegung der Deckenbalken belastet und wirken so mittragend. Vor dem Abbrechen einer vermeintlich nichttragenden Wand ist also immer zu prüfen, ob die Deckenbalken darüber durchlaufen oder nicht und ob nicht eine Wand im darüberliegenden Geschoss mitgetragen wird. Bei Betondecken sind tragende Wände im allgemeinen 17,5 oder 24 cm stark. Der Eingriff in eine tragende oder aussteifende Wand erfordert immer das Einschalten eines Statikers.

Arbeitsschritte beim Herstellen einer Türöffnung in einer tragenden Wand oder beim Einbau eines Trägers:

- Lage der Öffnung markieren.
- Verlauf von Installationsleitungen prüfen.
- Darüberliegende Decken und Wandteile abstützen.
- Arbeitsgerüst aufbauen.
- Putz und Wandkonstruktion entlang der Markierung mit Trennscheibe aufschneiden.
- Mauerwerk von oben nach unten abtragen.
- Türsturz (Betonfertigsturz oder Doppel-T-Träger, ggf. nach Angaben des Statikers) einbauen, Öffnung darüber ausmauern.
- ggf. neue Elektroinstallation verlegen.
- Putz ausbessern, Fußleisten ergänzen.

Bei größeren Spannweiten, z.B. beim Zusammenlegen von Räumen, empfiehlt sich der Einbau von Stützen. Stützen können der Raumgliederung dienen und sind im allgemeinen wirtschaftlicher als kräftige Unterzüge. Bei Fachwerkwänden ist es sinnvoll, möglichst nur die nichttragende Ausfachung zu entfernen und das Holzständerwerk zu belassen. Eine störende Schwelle kann unter Umständen bis auf eine statisch erforderliche Mindeststärke ausgenommen werden.

Abbrucharbeiten bringen eine Menge Staub und Schmutz ins Haus, es empfiehlt sich daher,

- die umgebende Bausubstanz gegen Verschmutzung und Beschädigung gut zu schützen,
- die zu entfernende Wandfläche am Rand mit einer elektrischen Trennscheibe exakt und erschütterungsarm aufzutrennen,
- Schutt über ein Schuttrohr ohne Zwischenlagerung in einen Container zu befördern.

Für den Einbau eines Türpfostens und eines Türriegels in eine Fachwerkwand sollte nur abgelagertes oder technisch getrocknetes Holz mit 10 bis 15% Holzfeuchte verwendet werden, um das Arbeiten des Bauteils gering zu halten. Für nicht sichtbare Holzverbindungen bieten sich Nagelbleche an.

Nicht mehr benötigte Wandöffnungen werden mit möglichst schweren Steinen zugemauert (bessere Schalldämmung). Die notwendige Verbindung mit dem vorhandenen Mauerwerk kann durch kräftige Nägel erreicht werden, die etwa alle 50 cm in die Lagerfugen eingeschlagen werden. Beim Verputzen bleibt der Anschluss an den vorhandenen Putz im allgemeinen erkennbar. Wer das nicht möchte, muss die ganze Wand verkleiden oder mit einem neuen Oberputz versehen.

11.1
Es spart Zeit und Mühe, wenn der Bauschutt direkt in einen Container oder auf einen LKW befördert wird. Damit es nicht so staubt, ist die Ladefläche beim Arbeiten mit einer Plane abgedeckt.

Wandkonstruktion	Bewertetes Schalldämmmaß R_w	Wirkung im Nebenraum
Gips-Wandbauplatten 8 cm	37 dB	Unterhaltungssprache verständlich
Hochlochziegel (1,4) 11,5cm	45 dB	noch eben verständlich
Holzständerwand, zweischalig, beid-seitig 12,5 mm Gipskartonplatten, Dämmung mit Steinwolle oder Zellulose	52 dB	hörbar, nicht mehr verständlich
Holzständerwand, einschalig, beidseitig 12,5 mm Gipskartonplatten, Dämmung mit Steinwolle oder Zellulose	37 dB	Unterhaltungssprache verständlich

Tabelle 11.1
Schalldämmwerte von Trennwandkonstruktionen.
Quellen: König, H.: Wege zum gesunden Bauen, Staufen 1993. und EGH 7/78

	Erforderliches Schalldämmmaß	
	nach DIN 4109	für erhöhten Schallschutz nach Beiblatt 2 zu DIN 4109
Tragende und nichttragende Wände innerhalb einer Wohnung (Innewände)	keine Anforderung	keine Anforderung
Wohnungstrennwände		
- gegen andere Wohnungen	53 dB	>55 dB
- gegen Treppenhäuser und Hausflure	52 dB	> 55 dB
- gegen Spiel- und Gemeinschaftsräume	55 dB	> 60 dB[1)]
Gebäudetrennwände	57 dB	> 67 dB

[1)] Empfehlung in Anlehnung an Beiblatt 2 zu DIN 4109 (1989)

Tabelle 11.2
Anforderungen an den Schallschutz der Wände von Wohnhäusern.
Quelle: RWE-Bauhandbuch 94

11.2 Trennwände einbauen

Neue, nicht tragende Trennwände können in Massiv- oder in Leichtbauweise erstellt werden. Massive Wände sind aufgrund ihres hohen Gewichtes gut schalldämmend und wärmespeichernd, doch kann das hohe Gewicht bei Holzbalkendecken oder beim Dachausbau problematisch sein.

Für die Herstellung massiver Trennwände gibt es Bauplatten aus Gips, Bims- und Gasbeton im Format 25 x 50 bis 50 x 67 cm und in Dicken von 6, 8, 10 und 11,5 cm. Gipsplatten dürfen im Spritzwasserbereich von Feuchträumen nur als hydrophobierte Platten verwendet werden.

Leichtbauwände zeichnen sich, wie der Name schon sagt, durch ein wesentlich geringeres Gewicht aus. Sie werden als Gerippe aus Holz- oder Metallständern errichtet und anschließend mit Gipskartonplatten, Gipsfaserplatten oder einer Holzschalung beidseitig verkleidet. Der Hohlraum wird mit schallschluckendem Dämmstoff, z.B. Mineral- oder Kokosfaserplatten (Anwendungstyp WZ), ausgefüllt. Leichte Holzständerwände sind für den Selbstbau gut geeignet.

Die Hellhörigkeit von dünnen oder leichten Trennwänden kann sehr störend sein, wenn sie laute und leise Räume innerhalb der Wohnung trennen, z.B. zwischen Wohn- und Kinderschlafzimmer. Für Wohnungstrennwände in Geschosshäusern und für Haustrennwände bei Doppel- und Reihenhäusern sind die gesetzlichen Anforderungen nach DIN 4109 zu beachten. Bei Gebäuden mit mehr als zwei Wohnungen ist i.a. eine schalltechnische Beratung durch einen Bauphysiker erforderlich.

Die an sich geringe Schalldämmung von Leichtbauwänden lässt sich merklich verbessern, indem Gipskarton-Bauplatten in zwei Schichten mit Federschienen oder Schwingholz auf einem doppelten, akustisch entkoppelten Ständerwerk (d.h. ohne Schallbrücken) angebracht werden.

Anstelle der Gipskartonplatten können auch Gipsfaserplatten oder zementgebundene Spanplatten verwendet werden. Die Oberfläche dieser Platten ist so glatt, dass sie im allgemeinen direkt mit Tapete oder Fliesen beklebt werden kann. Wandflächen im

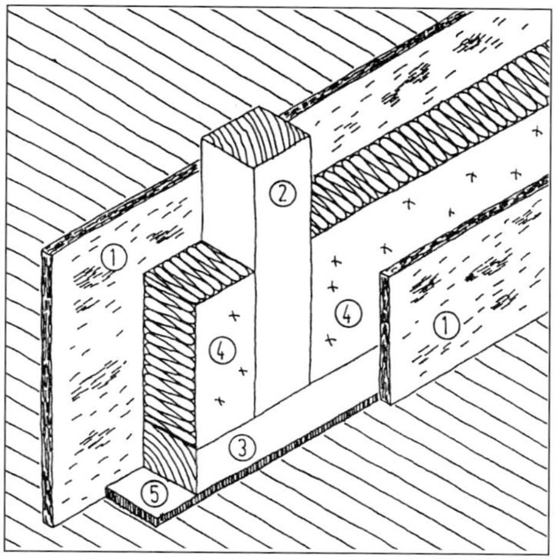

11.2
Einfache Holzständerwand.
1 Beplankung mit Holzspanplatten oder Gipskarton-Platten
2 Holzpfosten
3 Holzschwelle
4 Dämmschicht zur Hohlraumdämpfung
5 Dämmstreifen

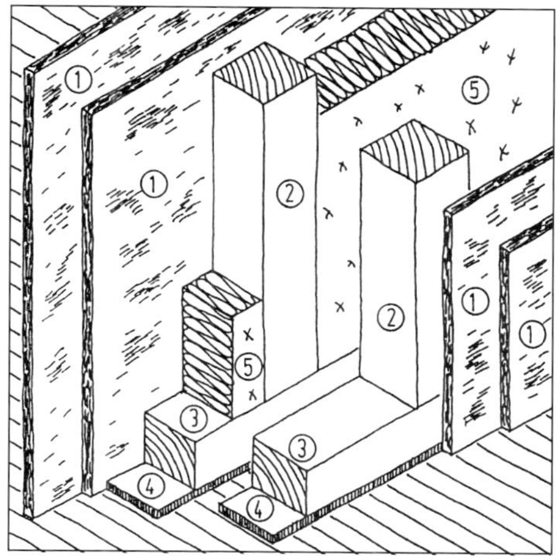

11.3
Doppelte Holzständerwand (schalldämmend).
1 Doppelte Beplankung mit Holzspanplatten oder Gipskarton-Platten
2 Pfosten des Holzständerwerks (dürfen sich nicht berühren)
3 Rahmenschenkel als Schwelle
4 Dämmstreifen
5 Dämmschicht zur Hohlraumdämpfung

11.4
Abdichten einer Tür.
vorhanden
1 Türblatt
2 Türfutter

neu
3 Dichtungsgummi
4 gefälzte Leiste

Spritzwasserbereich von Feuchträumen, z.B. bei Duschen, müssen sorgfältig abgedichtet und fachgerecht an die Fußbodenabdichtung angeschlossen werden (vgl. Kap. 13.3).

Das Holz für Ständerwerk und Verschalung sollte trocken sein (Holzfeuchte max. 20%), damit sich die Wand in beheizten Räumen durch das Austrocknen auf etwa 12% relative Feuchte nicht zu stark verformt. Die Mindestabmessung der Kanthölzer liegt bei 6 x 6 cm. Wenn im Hohlraum der Wand Abwasserleitungen verlegt werden sollen, sind entsprechend breitere Rahmenhölzer zu verwenden. Beim Anbringen der Rahmenhölzer an Wand, Boden und Decke wird ein Dämm- und Dichtungsstreifen aus Filz zwischen Befestigungsfläche und Holz gelegt.

Die Verbindung senkrecht aufeinanderstoßender Kanthölzer kann durch Nagelbleche erfolgen; maßhaltiger sind jedoch eingelassene Nagelverbindungen. Wo Einrichtungsgegenstände aufgehängt werden sollen, sind stabile Riegel einzubauen. Für die Aufhängung von Sanitärobjekten (Waschbecken, Hängeklos) sollten nur speziell dafür vorgesehene Metallkonstruktionen verwendet werden.

Arbeitsschritte zur Errichtung einer Holzständerwand:

- Lage der Wand einmessen und anzeichnen.
- Kanthölzer für Boden, Wand und Decke zuschneiden, vorbohren und mit Fugenband (Dämm- und Dichtungsstreifen) andübeln.
- Senkrechte Rahmenhölzer im Abstand von 60 cm montieren, Norm-Türmaße beachten.
- Beplankung auf einer Seite anbringen.
- Ausschnitte für Elektrodosen mit Dosenbohrer oder Stichsäge herstellen, Leitungen verlegen.
- Dämmplatten zuschneiden und einlegen, zweite Seite beplanken.
- Tür(en) einbauen.

Die Verkleidung des Ständerwerks kann mit Bauplatten (Kap. 11.4), mittels Holzverschalung (Kap. 1[illegible].4) oder als Nassputz auf Putzträgerplatten (Kap. 7.3.3) ausgeführt werden.

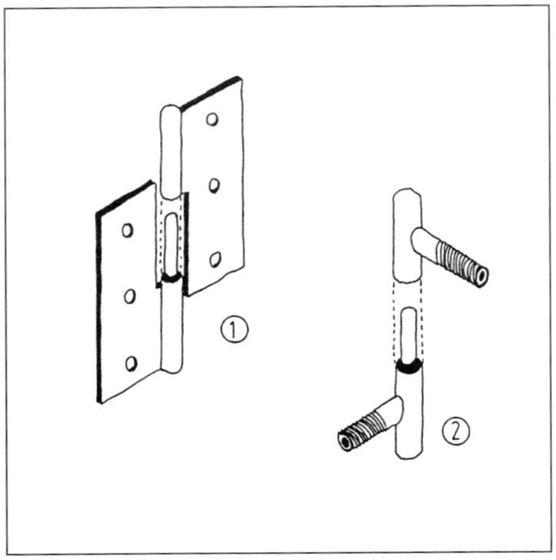

11.5

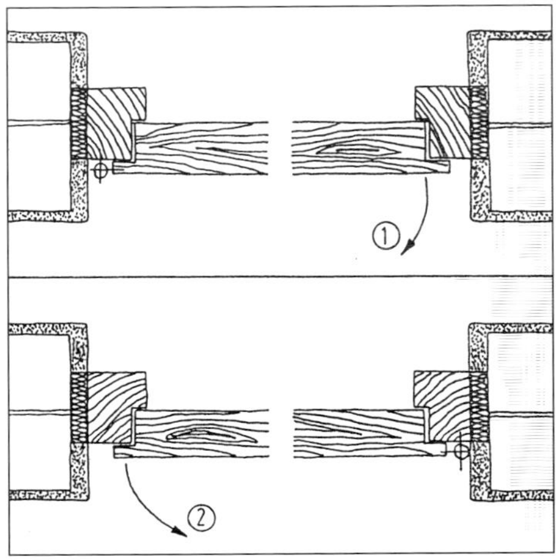

11.6

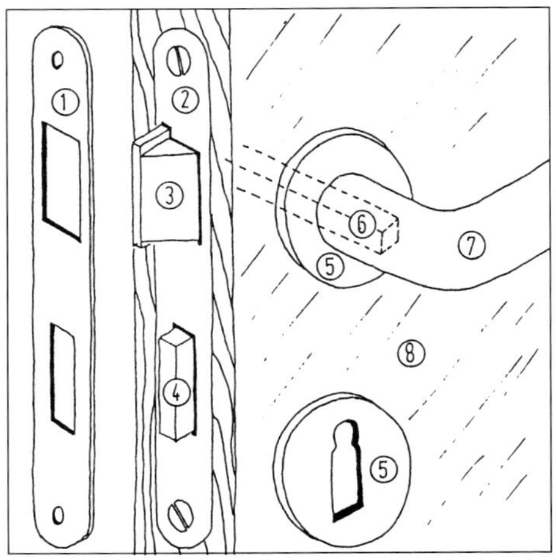

11.7

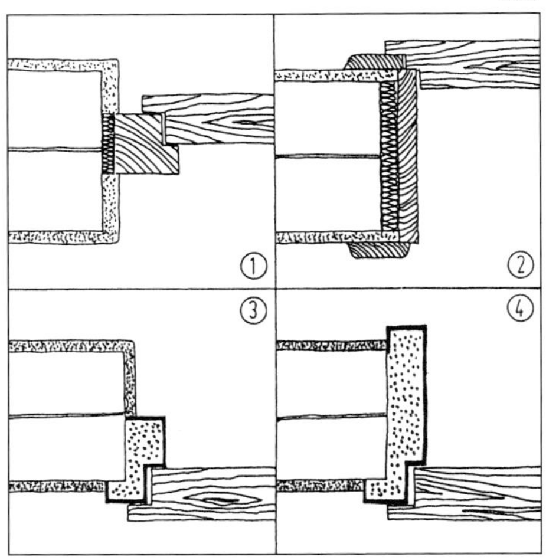

11.8

11.5
Türbänder.
1 Aufschraubband
2 Einbohrband

11.6
Was bedeutet DIN links bzw. DIN rechts.
1 DIN links („links angeschlagen")
2 DIN rechts („rechts angeschlagen")

11.7
Schließanlage einer Tür.
1 Schließblech
2 Stulpblech
3 Falle
4 Riegel
5 Rosette
6 Dorn
7 Drücker

11.8
Verschiedene Arten von Türrahmen.
1 Blockrahmen
2 Futterrahmen mit Bekleidung
3 Stahleckzarge oder Sparzarge
4 Stahlumfassungszarge

11.3 Zimmertüren und Innenverglasung

Das Renovieren alter Türen eignet sich gut zum Selbermachen. Je nach Zustand der Tür kann es erforderlich sein,

- die Beschläge zu reinigen, zu streichen, zu fetten, zu befestigen oder zu versetzen,
- bei verzogenen Türen mit Füllung den Rahmen rechtwinklig auszurichten und mit aufgeschraubten Stahlwinkeln auf beiden Seiten zu stabilisieren,
- den Anstrich zu erneuern.

Türen überarbeiten

Wenn das Türblatt in sich verzogen ist, so dass die Türe nicht mehr umlaufend anliegt, besteht eine einfache Verbesserungsmöglichkeit darin, auf das vorhandene Türfutter eine eingefälzte Leiste mit Dichtungsgummi aufzuschrauben. Diese Leiste kann als neues Element farblich abgesetzt werden oder in der Farbe des Türrahmens gestrichen werden.

Türen, Fenster, Wandvertäfelungen und Sockelleisten aus Holz waren im ländlichen Raum meist naturbelassen. Die Reinigung erfolgte bei Nadelhölzern mit Salmiaklösung und bei Laubhölzern mit Natronlauge. Wer in seinem Haus noch solche unlackierten Teile antrifft, sollte sie möglichst in ihrer historischen Form erhalten. Denn Anstriche an Zimmertüren und Holzvertäfelungen dienen vorwiegend der farblichen Gestaltung, für die Haltbarkeit sind sie nicht erforderlich (siehe Kap. 18.3).

Türen herstellen

Einfache Fertigtüren können im Altbau architektonisch durchaus vertretbar sein. Ein glattes Türblatt, das sich bewusst von den alten Türen unterscheidet, ist besser und ehrlicher als verfehlte Nachahmungen mit Leistenzierat und verschnörkelten Türdrückern.

Bei der Herstellung der Türöffnungen sollten aus Kostengründen die Normbreiten (Rohbaumaße 63,5; 76; 88,5; 101 cm) und die Normhöhen (201 bis 213,5 cm) eingehalten werden. Bei sehr schmalen Türöffnungen ist zu bedenken, dass Einrichtungsgegenstände wie Waschmaschine oder Kühlschrank nur durch Türen passen, deren lichte Breite größer als 60 cm ist. Preiswerte Fertigtürblätter gibt es als Sperrholztüren mit Wabeneinlage und als Röhrenspantüren. Die besseren und schwereren Kompakttürblätter bestehen aus Span- oder Tischlerplatten.

Schöner ist es, alte Türblätter aus Gebäuden der gleichen Stilepoche zu beschaffen. Der passende Türrahmen muss im allgemeinen neu hergestellt werden, da sich alte Türrahmen nur mit erheblichem Aufwand einigermaßen heil ausbauen lassen. Wo vorhandene Türblätter nicht auf Anhieb passen, kann eigenes Gestaltungs- und Improvisationsvermögen weiterhelfen: beispielsweise kann ein zu schmales, in der Höhe aber passendes Türblatt so in einen bestehenden Rahmen eingebaut werden, dass das „fehlende" Stück als feststehender Glasschlitz ausgebildet wird.

Wer Spaß am Schreinern hat, kann seine neuen Türen auch in Einfachbauweise selber anfertigen (siehe Abb. 11.10). Der Türrahmen besteht aus einem breiten Brett, der Türanschlag wird aus aufgeschraubten und verleimten Leisten gebildet, die mit einer Gummidichtung belegt sind. Das glattkantige Türblatt schlägt stumpf in den Türrahmen. Verstellbare Einbohrbänder ermöglichen ein genaues Ausrichten des Türblattes. Als Schloss und Drücker wird ein aufgeschraubtes Kastenschloss verwendet.

Innenverglasungen

Verglaste Innenwände lassen enge und dunkle Räume freundlicher und interessanter wirken und helfen bei der Belichtung von Fluren und Treppenhäusern. Sie sind besonders da angebracht, wo eine offene Raumverbindung wünschenswert, aber wegen Schall- und Geruchsbelästigungen oder aus heiztechnischen Gründen nicht sinnvoll ist, z.B. zwischen Diele und Wohnraum oder zwischen Küche und Ess-Wohn-Bereich.

Die Glasscheiben können hier ohne Rahmen in die Wandöffnung eingesetzt werden, bei Fachwerkwänden beispielsweise mit einfachen Glasleisten, was sich einfach und preiswert machen lässt und trotzdem gut aussieht. Bei verputztem Mauerwerk kann die Scheibe, ebenfalls ohne Holzrahmen, direkt in die Wandöffnung gestellt und eingeputzt werden. Um allzu leichten Glasbruch zu vermeiden, empfehlen sich hier dicke Gläser oder Einscheibensicherheitsglas, das auch für Ganzglastüren verwendet wird.

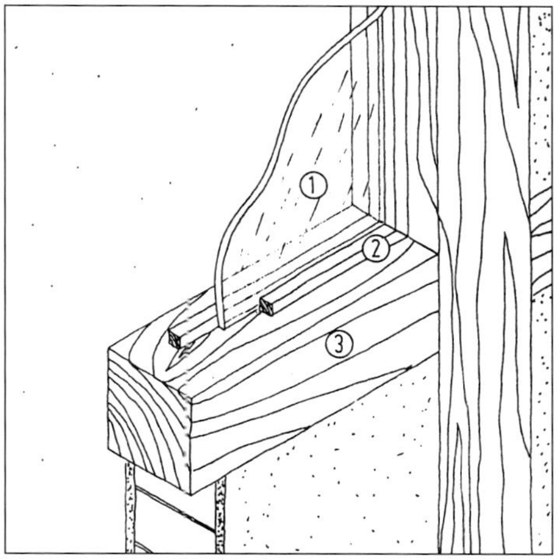

11.9
Einbau einer Innenverglasung in vorhandenes Fachwerk.
1 Einfachglas
2 Glashalteleisten
3 Fachwerk

11.4 Wandputz und Wandverkleidungen

Das Verkleiden von Wandflächen mit Holzschalung, Gipskartonplatten oder mit anderen Bauplatten ist für den Selbstbau eher geeignet als das Nassverputzen. Wandverkleidungen schaffen eine weitgehend ebene Fläche, sie erfordern jedoch unter Umständen eine platzraubende Unterkonstruktion. Holzverschalungen wirken aufgrund ihres hohen Sorptionsvermögens zwar ausgleichend auf das Raumklima, ihre starke optische Wirkung ist jedoch nicht in jeder Situation angemessen.

Unter ökologischen Gesichtspunkten sind die altbewährten Mineralputze und Holzverschalungen zu bevorzugen. Bei Trockenputzen ist zu bedenken: wegen des Hohlraums zwischen Bauplatte und Wand ist die Befestigung von schweren Gegenständen nur mit Sonderkonstruktionen möglich. Bei Fachwerkkonstruktionen kann eine Rissbildung auch bei armierter Fugenspachtelung nicht ausgeschlossen werden.

Fensterlaibungen und schmale Fensterbrüstungen (Heizkörpernischen) sind Wärmebrücken, die schwitzwassergefährdet sind und übermäßige Energieverluste verursachen. Die nachträgliche Dämmung dieser Flächen ist besonders wichtig und oft die einzige vernünftige Lösung zur Bekämpfung von Schimmelpilzen. Sie stößt jedoch häu-

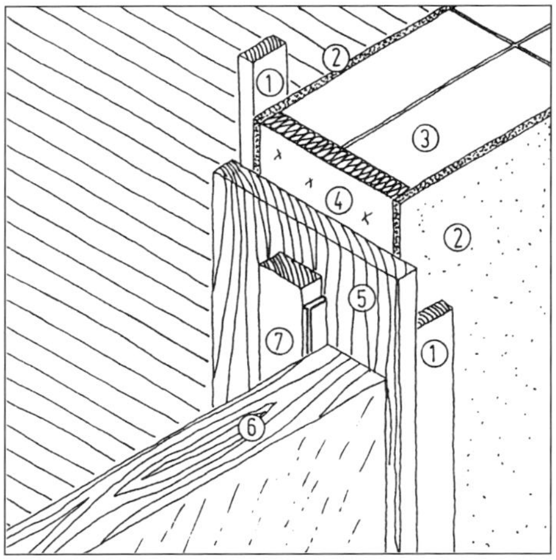

11.10
Für den Selbstbau geeignete Türkonstruktion.
1 Holzleiste
2 Putz
3 Wand
4 Dämmfilz (Fugendichtung)
5 Brett (Futter)
6 Türblatt
7 Anschlagleiste (Holz) mit aufgesetzter Dichtung

fig auf praktische Grenzen, denn in der Umgebung der Heizkörper und neben den Bändern der Fenster ist meist nicht genügend Platz für eine zusätzliche, ausreichend dicke Dämmschicht. Eine „baubiologisch" nicht ganz einwandfreie, aber platzsparende Lösung besteht darin, den vorhandenen Putz abzuschlagen und eine 20 bis 30 mm dicke Verbundplatte (Hartschaum mit Gipskarton kaschiert) mit Klebemörtel anzubringen. Für die Wärmedämmung der Fensterlaibungen können auch dampfdichte Hartschaumplatten mit einer Bekleidung aus Sperrholz eingesetzt werden. Im Zuge dieser Arbeiten werden am besten auch die Anschlussfugen zwischen Fenster und Bauwerk neu abgedichtet (vgl. Kap. 12.3.1). Wenn der Einbau neuer Fenster vorgesehen ist, sollte für die Laibungen eine mindestens 40 mm dicke Dämmung eingeplant werden. Die Dämmung der Brüstungen (Heizkörpernischen) ist in jedem Fall sinnvoll, auch wenn dazu der Heizkörper abgenommen oder gar ein Stück vorgesetzt werden muss. Hinter die Heizkörper geklebte Alufolie allein ergibt keine wirksame Verbesserung. Die beste Dämmwirkung bei geringer Dicke kann mit PUR-Hartschaumplatten (WLG 020) erreicht werden.

Putz ausbessern und erneuern

Alte Innenputze an Wänden und Decken sind in der Regel einlagig aufgebrachte Kalkputze oder Kalkzementputze, seit 1950 werden auch Gipsputze und Kalkgipsputze verwendet. Zustand und Qualität eines alten Putzes hängen hauptsächlich von der Mörtelzusammensetzung und der Beschaffenheit des Untergrundes ab. Die häufigsten Putzschäden sind Risse, das Absanden durch nachlassende Bindekraft sowie abgeplatzte Stellen durch schlechte Haftung am Untergrund.

Ein weicher, sandender Kalkputz kann durch Auftragen von Fluat- oder Alaunlösung in gewissem Rahmen wieder verfestigt werden, kleinere Risse und einzelne Fehlstellen lassen sich mit Füllspachtel leicht ausbessern. Größere Risse entstehen meist über nicht ausreichend verwahrten Holzteilen oder sind Anzeichen für mangelhafte Putzhaftung am Untergrund, sie können allerdings auch auf Risse im Mauerwerk zurückzuführen sein. Solche schwerwiegenderen Schäden werden genauso behandelt wie Risse in Außenwänden (Kap. 7.1).

Arbeitsablauf bei der Reparatur einzelner Risse im Wand- und Deckenputz:

- Durch vorsichtiges Klopfen feststellen, wo Putzflächen hohl liegen.
- Arbeitsgerüst aufstellen.
- Schadhafte Stellen aufschneiden und entfernen, Ränder vorsichtig abschlagen, Risse mindestens 6 cm breit freilegen (beim Abschlagen besteht die Gefahr, dass sich auch der intakte Putz lockert).
- Vorbereitung des Untergrundes und Aufbringen des Putzes wie beim Neuverputzen (siehe unten).
- Zum Ausbessern möglichst die gleiche Mörtelart wie beim alten Putz verwenden (Mörtelzusammensetzung siehe Kap. 5.2.3).

Beim Herstellen und Schließen von Wandschlitzen für Installationsleitungen ist ebenso zu verfahren. Wenn die aufzutragende Putzschicht dicker als 20 mm würde, muss die Wandöffnung zuerst mit Mörtel geschlossen werden, um Schwindrisse zu vermeiden. Holzteile müssen mit Ölpapier und Streckmetall überbrückt werden. Zu glatte Flächen, saugende Untergründe und Betonflächen werden als „Grundierung" mit einem Spritzbewurf aus Zementschlämme versehen. An rissgefährdeten Stellen kann ein Kunststoffgewebe in den Putz eingearbeitet werden.

Ausgebesserte Putzflächen bleiben im allgemeinen erkennbar, es sei denn, die Wand erhält im Ganzen einen neuen Oberputz, wird mit einer Raufaser- oder Untertapete beklebt oder wird mit Holz verschalt bzw. mit Bauplatten verkleidet.

Das *Anbringen eines Nassputzes* ist zum Selbstmachen wenig geeignet, außer bei kleinen Flächen. Fachfirmen erledigen diese Arbeit wesentlich schneller und besser. Unter Umständen können die Vorarbeiten in Eigenleistung ausgeführt werden. Wegen ihrer guten Sorptionseigenschaften werden für Innenräume vorwiegend Kalk-, Kalkgips- und Gipsputze eingesetzt. Gips darf jedoch nicht an spritzwassergefährdeten Stellen, z.B. an Duschen, eingesetzt werden.

Kalk- und Kalkzementputze können nach einer Trockenzeit von 3 bis 4 Wochen ohne weitere Vorbehandlung mit dampfdurchlässigen Mineralfarben gestrichen werden, eine kostengünstige und umweltfreundliche Lösung. Kalkfarben können „al fresco" auf feuchtem Putz verarbeitet werden. Als Alternative zum Verputzen ganzer Wände ist es überlegenswert, ob das Streichen mit einer Kalkschlämme nicht eine günstigere und schönere Lösung darstellt. Bei der Putzerneuerung an den Innenseiten der Außenwände sind außerdem die Fragen des Wärmeschutzes (vgl. Kap. 7.3.3) zu berücksichtigen.

Geeignete Putzmörtel mit Mischungsverhältnissen und Einsatzbereichen sind in Tabelle 5.4 zusammengestellt. Innen genügt im allgemeinen ein einlagiger, ca. 10 mm dicker Putz. Besonders einfach lassen sich fertig gemischte, sogenannte Werk-Trockenmörtel verarbeiten. Sie werden unter Wasserzugabe in der Putzmaschine oder mit einem Quirl im Bottich angerührt. Die meisten Werkmörtel enthalten chemische Hilfsstoffe, etwa in der Größenordnung von 5 bis 10% des Bindemittelanteils.

Damit der Putz gut trocknet, werden die Räume möglichst zugfrei gelüftet und bei Bedarf schwach beheizt.

Wer sehr umweltbewusst und experimentierfreudig ist, kann einen Lehmputz in historischer Technik anbringen. Der Unterputz wird folgendermaßen hergestellt: 1 Teil grobkörniger Sand (Flusssand), 1 Teil Lehmschlämme (pastöser Brei aus mittelfettem Lehm), etwas gehäckseltes Heu (ca. 5 cm lange Fasern) oder Tierhaare. Beim Mischen des Sandes mit dem Lehmbrei wird soviel Wasser zugegeben, dass ein geschmeidiger Mörtel entsteht, der sich gut verrühren lässt. Vor der Ausführung wird an Putzmustern die Qualität des Lehmmörtels geprüft. Entstehen starke Risse, muss der Sandanteil erhöht werden, sandet der trockene Putz, wird der Sandanteil vermindert. Zur Armierung, z.B. über Holzfachwerk, kann ein Glasfaser- oder Kunststoffgewebe eingearbeitet werden, Streckmetall und Jutegewebe sind in Verbindung mit Lehm ungeeignet.

Trockenputz

Als „Trockenputz" wird üblicherweise die Verkleidung der Wände (und Decken) mit Gipskarton- und Gipsfaser- oder auch mit Spanplatten bezeichnet. Die Platten werden mit Klebemörtel direkt auf das Mauerwerk gesetzt oder auf eine Unterkonstruktion aus Holzleisten genagelt bzw. geschraubt. Die glatte Oberfläche erleichtert gerade beim Selbstbau die Gestaltung: Tapezieren mit Tapete oder Raufaser, Bekleben mit Fliesen oder einfach Streichen der Platten.

Neben den Standardausführungen in verschiedenen Formaten sind Sonderausführungen im Handel, z.B. „Akustikplatten" zur besseren Schalldämmung, Verbundplatten zur Wärmedämmung oder besonders feuerbeständige Ausführungen. Als Gipskartonplatten für Feuchträume dürfen nur hydrophobierte Platten verwendet werden (Kennzeichnung der Platten: grün für Feuchträume, rot für Brandschutz). Da Industriegips u.U. eine erhöhte Radioaktivität aufweist, sollten nur solche Gipsplatten verwendet werden, die ausschließlich aus Naturgips hergestellt wurden. Bei Holzspanplatten sind die zementgebundenen gegenüber den kunstharzgebundenen zu bevorzugen. Als Untergrund für Fliesen sollten Holzspanplatten nicht verwendet werden.

Der Untergrund muss fest, schwind- und rissfrei sowie gegen aufsteigende oder durchschlagende Feuchtigkeit geschützt sein. Wenn der Untergrund aus festem Mauerwerk besteht, können die Platten mit Mörtelbatzen aufgeklebt werden.

Auf gestrichenen, verputzten oder gefliesten Flächen sowie auf Flächen, die nicht planeben sind, ist dagegen eine Unterkonstruktion aus Latten erforderlich. Dabei wird die Unterkonstruktion zunächst durch Unterlegen mit dünnen Holzbrettchen ausgerichtet und erst dann fest angeschraubt. Stärke und Abstand der Latten sind abhängig von der Plattengröße und -dicke. Die Plattenhersteller geben hierzu im allgemeinen eigene Empfehlungen. Bei 12,5 mm dicken Gipskartonplatten an Wänden sind Latten mit einem Querschnitt von 24 x 48 mm und einem Abstand von max. 65 cm (z.B. 62,5 cm bei 125 cm Plattenbreite) üblich.

Bei Holzständerwänden dient das Ständerwerk zugleich als Unterkonstruktion zum Befestigen der Platten. Die meisten Hersteller von Bauplatten geben übersichtliche Arbeitsanleitungen für Handwerker und Heimwerker heraus. Es empfiehlt sich daher, die Hersteller der am Ort üblichen Fabrikate wegen detaillierter Produktinformationen direkt anzuschreiben.

Öffnungen für Elektrodosen und Installationen sollten vor der Montage der Platten hergestellt werden, z.B. mit dem Hohlwanddosenfräser oder durch Aussägen mit der Stichsäge. Danach werden die Stöße von Gipskartonplatten mit Gipsspachtel und Bewehrungsgewebe geschlossen und in einem zweiten Arbeitsgang durch Nachspachteln geglättet. Gipsfaserplatten können ohne Bewehrungsstreifen verfugt werden.

Für die Feuchtigkeitsisolierung von Wandbekleidungen im Spritzwasserbereich von Feuchträumen gelten besondere Bedingungen (vgl. Kap. 13.2).

Holzverkleidung

Eine gute und für den Selbstbau sehr geeignete Möglichkeit der Wandverkleidung ist die Verschalung mit Brettern aus heimischen Holzarten, z.B. Kiefer, Fichte oder Lärche. Aus Skandinavien importierte nordische Hölzer sind zwar hochwertiger, angesichts des Transportaufwands ist jedoch trockenes, einheimisches Nadelholz der Güteklasse I oder II vorzuziehen. Völlig unangebracht ist die Verwendung exotischer Hölzer im Innenbereich.

Für eine Innenschalung geeignet sind Bretter in einer Dicke von 16 bis 24 mm und einer Breite bis ca. 18 cm. Es müssen ja nicht immer die in der Fläche recht unruhig wirkenden Profilbretter vom Baumarkt sein; in den meisten Sägewerken gibt es Nut-Feder-Bretter, die glatt aneinander stoßen („Spundschalung"), oder solche, die an den Kanten abgeschrägt sind (gespundete oder parallel besäumte Fasebretter). Bei Holz aus dem örtlichen Sägewerk ohne Plastikverpackung besteht außerdem eher die Gewähr, dass keine Konservierungsgifte verwendet wurden. Beim Holzeinkauf ist darauf zu achten, dass das Holz trocken ist, denn sonst entstehen nach der Verarbeitung zu breite Fugen.

Die Bretter für Verschalungen müssen nicht unbedingt gehobelt sein. Es kann sogar besonders schön aussehen, ungehobelte Bretter nur zu schleifen. Genauso gibt es Alternativen zu der allgemein praktizierten verdeckten Befestigung: eine mit Schnellbauschrauben sichtbar befestigte Schalung ist nicht nur stabil, sondern drückt auch eine besondere gestalterische Absicht aus. Ob die Bretter senkrecht oder waagerecht, diagonal oder in Mustern angebracht werden, bleibt im Innenraum weitgehend der gestalterischen Freiheit überlassen. Für die Anschlussfugen (z.B. an Fußböden und Fensterrahmen) ist die Ausbildung sowohl mit Schattenfuge als auch mit Deckleiste möglich.

Eine Hinterlüftung ist bei Holzverschalungen an Innenwänden nur in intensiv genutzten Feuchträumen und bei schlecht wärmedämmenden Außenwänden erforderlich. Holz im Innenbereich muss nicht unbedingt gestrichen werden, sondern kann genauso gut unbehandelt bleiben (siehe Kap. 18.1).

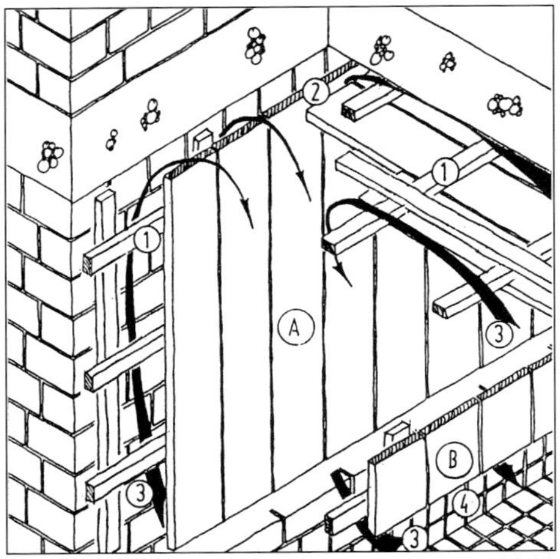

11.11

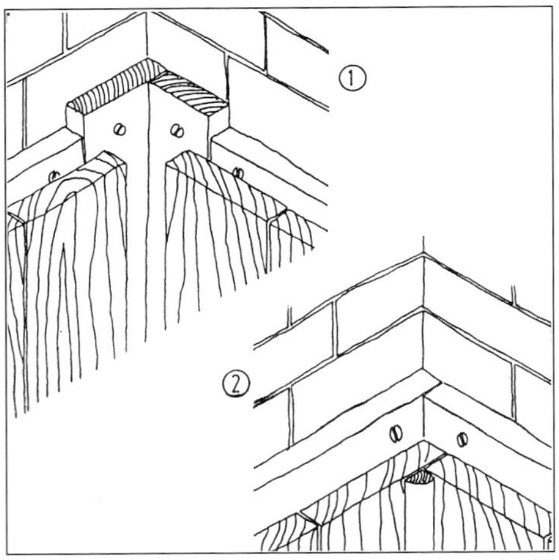

11.12

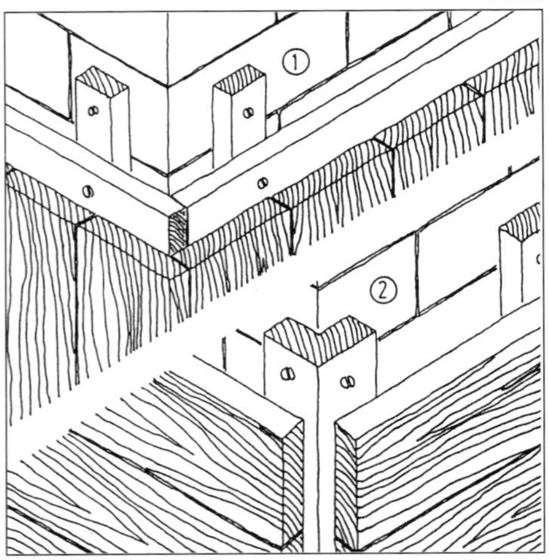

11.13

11.11
Konstruktion von Holzverschalungen in Nassräumen.

A Anschluss Wand/Decke
1 Lattung/Konterlattung
2 Belüftung über Schattenfuge
3 Belüftung

B Anschluss Wand/Boden
4 Abstand der unteren, abgeschrägten Schalung vom Boden 5 - 10 cm

11.12
Die Gestaltung von Innenecken und Deckenanschlüssen.
1 Ausführung mit einer Schattenfuge
2 Ausführung mit stumpf gestoßener Schalung und aufgesetzter Eckleiste

11.13
Die Gestaltung von Außenecken.
1 Stumpf gestoßene Schalung
2 Schalung mit einer Negativecke

12 Fenster und Außentüren

12.1 Zusammenhänge

Fenster und Außentüren verdienen besondere Aufmerksamkeit, handelt es sich doch hier um stark bewitterte, empfindliche und teure Bauteile, die den Charakter der Fassade prägen, das Raumklima beeinflussen und sich erheblich auf den Heizenergieverbrauch auswirken. Da alte Fenster und Außentüren in vielen Fällen nicht nur reparaturbedürftig sind, sondern auch nicht den heutigen Ansprüchen an Wärmeschutz und Luftdichtheit genügen, tritt die Reparatur oder Aufrüstung alter Fenster und Türen gegenüber dem Austausch zunehmend in den Hintergrund, außer bei denkmalgeschützten Bauten. Anliegen des Denkmalschutzes konkurrieren häufig mit Aspekten einer zeitgemäßen Architektur und guter Energieeffizienz. Dann ist die Kompromissfähigkeit aller Seiten gefordert.

Der Einfachheit halber ist im Folgenden überwiegend von Fenstern die Rede, die Aussagen gelten jedoch sinngemäß auch für Außentüren aus Holz, insbesondere also für Haustüren. Grundsätzlich sollten Fenster und Türen soweit möglich durch Instandsetzung bzw. einfache Verbesserungen erhalten werden. Für den Erhalt alter Fenster gibt es mehrere gute Gründe:

- Alte Fenster mit kleinteiliger Untergliederung und schmalen Rahmen sehen am Altbau schöner aus als neue Fenster, die aus technischen und finanziellen Gründen meist nicht mehr die ursprünglichen Rahmenproportionen haben.
- Maßnahmen an vorhandenen Fenstern bis hin zur Herstellung von neuen, zweifachverglasten Vorsatz- bzw. Zusatzfenstern können überwiegend in Eigenleistung ausgeführt werden und kommen ohne aufwendige Bauarbeiten (Ausbrechen der alten Rahmen, Einputzen der neuen) aus.
- Bei alten, noch intakten Fenstern können Wärmedämmung und Luftdichtheit durch zusätzliche innere oder äußere Vorfenster kostengünstig verbessert werden.
- Kondenswasser zwischen den Scheiben alter Doppelfenster (Verbundfenster) kann durch den Einbau von Fugendichtungen behoben werden.

Voraussetzung ist jedoch, dass sowohl die Stabilität des Rahmens als auch eine ausreichende Wärmedämmung und Fugendichtigkeit erhalten oder (wieder-) hergestellt werden kann. Ob und mit welchem Aufwand diese drei Bedingungen erfüllt werden können, sollte nach detaillierter Begutachtung für jedes Fenster einzeln entschieden werden. Falsch konstruierte und nicht gewartete Fenster, bei denen das Holz bereits an Festigkeit verloren hat, müssen ersetzt werden. Wegen der mit dem Austausch verbundenen Bauarbeiten bietet es sich an, einen Fensteraustausch zusammen mit anderen Instandsetzungs- und Modernisierungsmaßnahmen durchzuführen.

Wichtige Kenngrößen für die energetische Qualität eines Fensters sind die Wärmedämmwirkung, die Lichtdurchlässigkeit und die Luftdichtheit. Die Wärmedurchlässigkeit (von innen nach außen) wird durch den U-Wert beschrieben, der Energiedurchlassgrad (von außen nach innen) durch den g-Wert. Stand der Technik sind heute Zweischeiben-Wärmeschutzverglasungen mit einem U_G-Wert von 1,1 W/(m²·K) (G für glazing), und mit einem g-Wert von 60%. Für neue Fenster üblich und informativer ist der U_W-Wert (W für window) für das Fenster als Ganzes, der auch die Qualität des Rahmens berücksichtigt. Fenster mit niedrigem U-Wert haben während der Heizperiode nicht nur eine bessere Wärmedämmung, sondern auf der Raumseite eine höhere Oberflächentemperatur, was besonders bei großen Glasflächen für die Behaglichkeit vorteilhaft ist, denn es

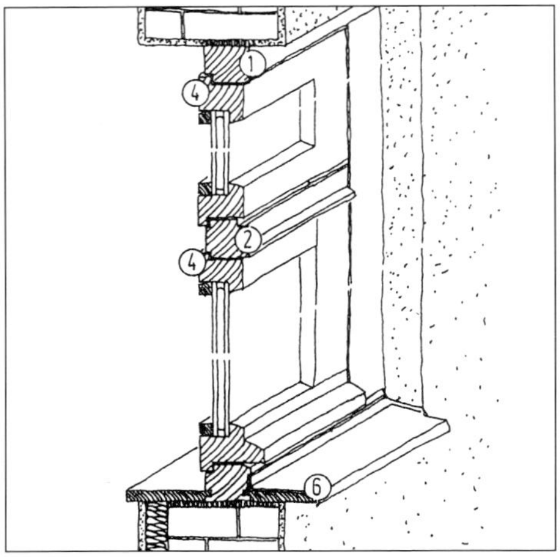

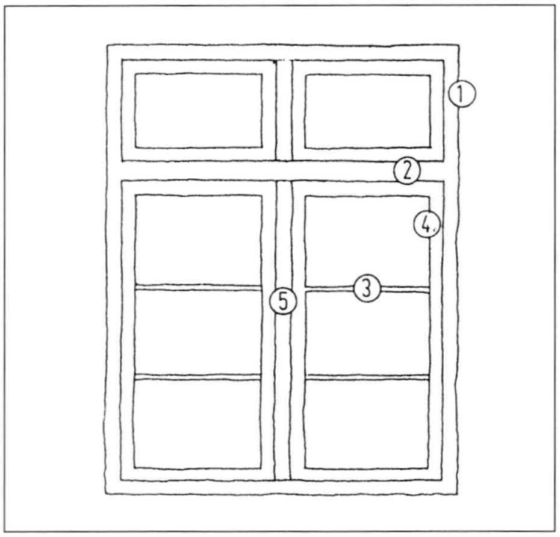

12.1 *oben und unten*
Das Fenster und seine Einzelteile.
1 Blendrahmen, 2 Kämpfer, 3 Sprosse, 4 Flügelrahmen, 5 Fensterstock, 6 Fenstersims (außen)

Bauteil Änderung	Max. U-Wert in W/(m²·K)
Ersatz oder erstmaliger Einbau des gesamten Bauteils	1,3
Einbau zusätzlicher Vor- oder Innenfenster	1,3
Ersatz der Verglasung oder verglaster Flügelrahmen.	1,1
Einbau neuer Außentüren	1,8

Tabelle 12.1
Maximal zulässige Wärmedurchlässigkeit bei Änderungen für typische Fenstern und Fenstertüren. Die UW-Werte gelten für das ganze Fenster (window), also für Glas und Rahmen zusammen. Schallschutz- und andere Sonderverglasungen, Fenster- und Fenstertüren mit mit Klapp-, Falt-, Schiebe- oder Hebemechanismus und Dachflächenfenster sind in dieser Übersicht nicht enthalten. – Ein „verglaster Flügelrahmen" ist der bewegliche Teil eines Fensters. („Blendrahmen" ist die Bezeichnung für den feststehenden Teil.)

entsteht weniger Kältestrahlung und weniger Kaltluftströmung in Fensternähe. Hochwärmedämmende Dreifach-Verglasungen haben einen U_W-Wert von 0,8 bis 0,9 W/(m²·K), aber einen geringeren Licht- und Energiedurchlassgrad als die Zweifach-Verglasungen. Das kann sich besonders bei kleinen Fenstern und breiteren Rahmen spürbar nachteilig auf die Helligkeit im Raum auswirken. Daher ist ggf. die Möglichkeit einer Fenstervergrößerung zu prüfen.

Fenster haben aber auch bei bedecktem Himmel Wärmegewinne durch Sonnenlicht. Neue Fester haben heute so gute Werte, dass die solaren Energiegewinne bei unverschatteter Südausrichtung größer sind als die Wärmeverluste. Bei Dreifachverglasung gilt das auch für die Ost- und Westseite des Hauses.

Bei Ersatz und Erneuerung von Fenstern sind die Anforderungen des GEG zu beachten. Die typischen Fälle sind in Tabelle 12.1 gelistet.

Wenn alte durch neue Fenster ersetzt werden, vermindert sich der Heizenergiebedarf. Es entsteht ein behaglicheres Raumklima mit einer höheren Luftfeuchtigkeit. Bei schlecht dämmenden Außenwänden kann die erhöhte Luftfeuchte jedoch durch „Schwitzwasserbildung" zu einer Durchfeuchtung des Innenputzes oder der Tapete führen und eine Schimmelbildung begünstigen. Kritisch sind hier vor allem die sogenannten Wärmebrücken, wo die Temperatur deutlich niedriger ist und die Raumluftfeuchte vorrangig auskondensiert. Typische Stellen sind Ecken von Außenwänden, Heizkörpernischen oder auch ungedämmte Balkone, die zu einer Auskühung der anschließenden Decke mit Feuchteschäden an der Deckenunterseite führen können. Dem kann durch ausreichendes Lüften vorgebeugt werden, z.B. durch Falzventile in den neuen Fenstern oder durch Einbau einer einfachen Abluftanlage mit oder ohne Wärmerückgewinnung. Mehr dazu in Kap. 12.3 und in Kap. 14! Noch besser ist es, die kalten Außenwände zu dämmen, sofern es die finanziellen Möglichkeiten erlauben. Diese Kosten machen sich über die Jahre durch eingesparte Heizenergie bezahlt. Mehr zum Thema Wärmedämmung in Kap. 4.2, zum Thema Kosten und Wirtschaftlichkeit in Kap. 4.4. und zum Thema staatliche Fördermittel in Kap. 4.6.

12.2 Fenster erhalten und restaurieren

12.2.1 Wärmetechnische Verbesserungen

Alte Fenster müssen nicht in jedem Fall ausgetauscht werden. Unter Umständen ist es umweltfreundlicher, gestalterisch besser und preisgünstiger, vorhandene Fenster zu verbessern als sie durch neue zu ersetzen. Bei der Frage, was sinnvoller ist, kann folgende Checkliste helfen:

- Handelt es sich um Verbundfenster mit zwei Einfachscheiben oder um Fenster mit 2-Scheiben-Isolierglas?
- Wie alt ist das Fenster? Ist der technische Zustand des Rahmens noch ausreichend gut?

- Bildet sich häufig Schwitzwasser im Scheibenzwischenraum?
- Sind die Fugen dicht oder können sie mit erträglichem Aufwand abgedichtet werden?
- Sind die Fenster ein- oder mehrflüglig? Sind sie prägend für das Erscheinungsbild des Gebäudes?
- Ist eine Dämmung der Fassaden beabsichtigt, die ggf. den gleichzeitigen Austausch der Fenster nahelegt?
- Wie groß ist der Kostenunterschied zwischen Verbessern und Ersetzen?

Fugen dichten

Fenster und Außentüren müssen im geschlossenen Zustand dicht sein. Das ist bei alten Fenstern und Türen häufig nicht der Fall, was zu Zugerscheinungen, trockener Raumluft im Winter und übermäßigem Heizenergiebedarf führt. Daher gehört eine Prüfung und gegebenenfalls die Abdichtung der Tür- und Fensterfugen zu den vorrangigen Maßnahmen an jedem Altbau.

Nun kommt es vor, dass nach solchen Abdichtungsmaßnahmen oder nach dem Einbau neuer (dichtschließender) Fenster hier und da Feuchtigkeitsschäden und Schimmelbildung an Außenwänden und Fensterlaibungen auftreten. Ursache ist die gestiegene relative Luftfeuchtigkeit, die zu Kondensat auf den kälteren Bauteiloberflächen (und das sind z.B. die Fensterscheiben und die Außenwände im Bereich von Wärmebrücken) führt. Dies lässt sich vermeiden, wenn die Bewohner ihre Lüftungsgewohnheiten anpassen (d.h. in regelmäßigen Abständen lüften) oder die Außenwände wärmegedämmt werden. Es wäre jedoch falsch, wegen solcher Probleme auf eine Fensterabdichtung zu verzichten und dadurch unnötig Heizenergie herauszulüften. Eventuell kann anstelle der Bedarfslüftung auch eine gezielte Mindest-Dauerlüftung erreicht werden, indem nachträglich ein kleiner Teil der Falzdichtung entfernt wird. Die beste, aber auch teuerste Lösung ist der Einbau einer Abluftanlage, wie sie heute im Neubau üblich ist (siehe Kap. 14.1.3).

Neue Holzfenster dichten erheblich besser als alte; alle Räume mit Feuerstellen (z.B. Kachelofen, offener Kamin) benötigen deshalb beim Einbau wirksamer Fensterdichtungen eine zusätzliche Frischluftzufuhr (vgl. Kap. 15.3.1).

Dichtung zwischen Flügel und Blendrahmen

Zunächst sollten die Beschläge geprüft und, sofern möglich und nötig, nachgestellt werden. Mit Hilfe eines Papierstreifens, der zwischen Rahmen- und Flügelholz eingelegt wird, kann festgestellt werden, an welchen Stellen Fenster oder Außentüren nicht dicht schließen.

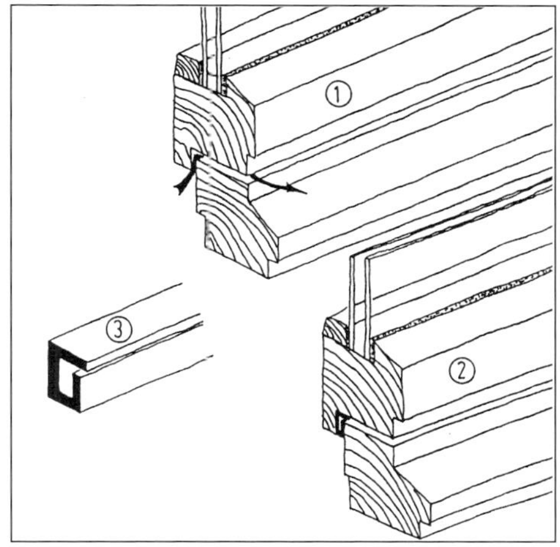

12.2

12.3

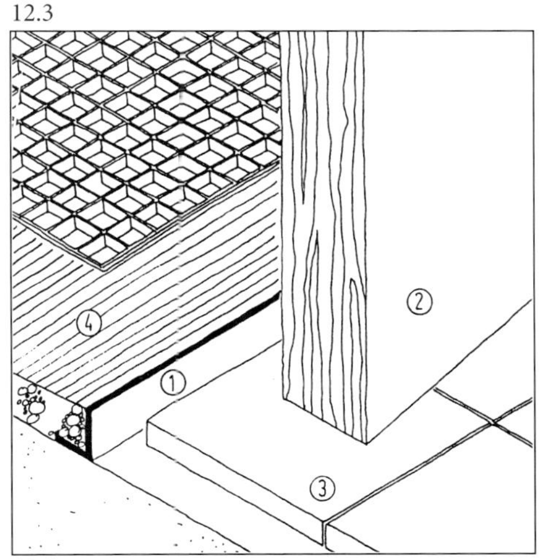

12.4

12.2
So wird der Fensterfalz abgedichtet.
1 undichtes Fenster
2 abgedichtetes Fenster
3 Falzdichtung

12.3
Mechanische Türenabdichtung bei durchlaufendem Fußboden.
Beim Schließen der Tür (4) drückt der Bolzen (1) gegen eine am Türrahmen angeschraubte Metallplatte (2) und bewegt so die Dichtung (3) nach unten.

12.4
Sauberer Abschluss der Außentüre über eine Anschlagschiene.
1 Anschlagschiene (Metall)
2 Türblatt
3 Bodenbelag innen
4 Belag außen

Fugen zwischen Blendrahmen und Fensterflügel werden durch den Einbau eines weich federnden Dichtungsprofils abgedichtet, das in den Falz geklebt, geschraubt oder genagelt wird. Baumärkte bieten für diesen Zweck eine Vielzahl von Profilen. Bei der Auswahl kommt es darauf an, ein Profil zu wählen, das von der Dicke her in die zu dichtende Fuge passt. Besser und dauerhafter als geklebte Dichtungen sind EPDM- oder Silikonprofile, die in eine nachträglich eingefräste Nut am Fensterflügel eingesteckt werden. Unter Umständen muss der Falz dazu einige mm abgefräst werden, damit genügend Platz für das Dichtungsband entsteht. Es gibt Firmen, die sich auf solche Arbeiten spezialisiert haben.

Wer handwerklich begabt ist und Geld sparen möchte, kann Fugen mit dauerelastischer Acryl- oder Silikon-Dichtungsmasse abdichten. Das Verfahren ist ein wenig heikel – es erfordert Geschick und eine umsichtige Vorgehensweise, damit nicht durch überschüssige Dichtungsmasse die Kanten verkleben. Die Arbeitsschritte im Einzelnen:

- Rahmen mit Salmiakgeist (Ammoniakwasser, Verdünnung 1:10) säubern, Kantenränder mit Kreppband abkleben.
- Falz mit Primer streichen.
- Dichtstrang auftragen und glätten, Trennfolie aus Alu oder Ölpapier auflegen und Fenster schließen.
- Nach etwa 2 Tagen die Trennfolie entfernen, entlang der Kreppbänder Trennschnitt machen und Kreppbänder entfernen.

Durch Vorversuche mit Plastilin kann gegebenenfalls die richtige Dichtstoffdicke ermittelt werden. Die Dichtung sollte möglichst in einer Ebene lückenlos umlaufen.

Im Bereich der Haustürschwelle sollte eine Anschlagschiene vorhanden sein oder im Zusammenhang mit Arbeiten am Fußbodenbelag eingebaut werden. Wo das nicht zweckmäßig ist, kann am unteren Rand des Türblatts eine selbsttätige Andruck-Dichtungsschiene eingelassen werden.

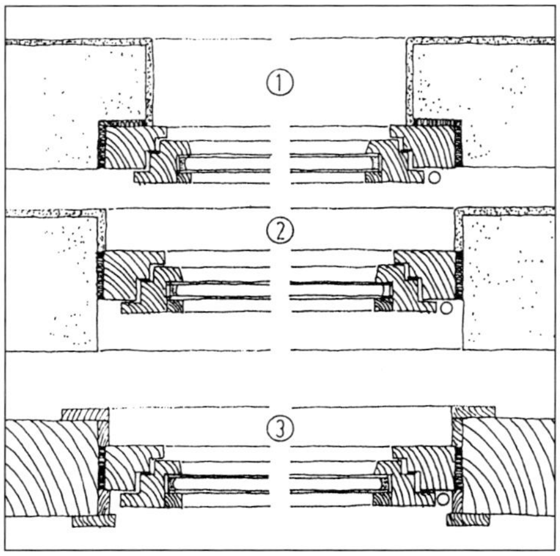

12.5
Drei verschiedene Anschlussarten zwischen Fenster und Wand.
1 Fensteranschluss mit Maueranschlag
2 Fensteranschluss an glatte Laibungen
3 Anschluss an Fachwerk-Pfosten

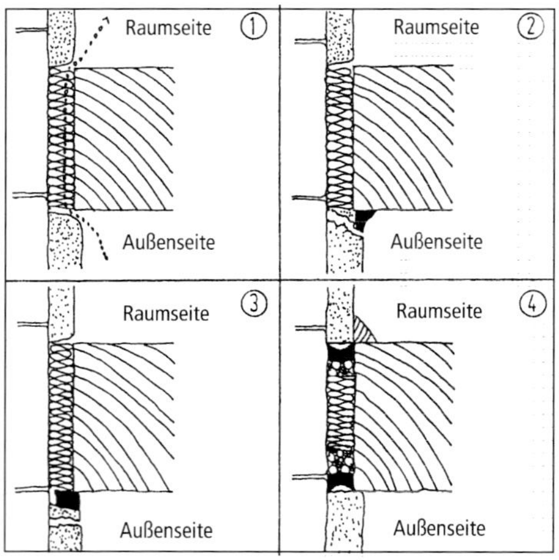

12.6
Richtiges Abdichten zwischen Laibung, Außenputz und Blendrahmen.
1 Vorgefundener Zustand:
Zugluft und Feuchtigkeit treten zwischen Rahmen und Laibung ein.
2 u. 3 Falsche Abdichtung:
Durch unterschiedliche Dehnung und Schrumpfung von Holz und Putz kommt es zu Rissbildung.
4 Richtige Abdichtung:
Innen: Fuge mit elastischer Fugendichtung schließen, Putz bis an das Fenster führen, Deckleiste anbringen;
Außen: Dämmung ergänzen, eventuell versiegeln, anputzen.

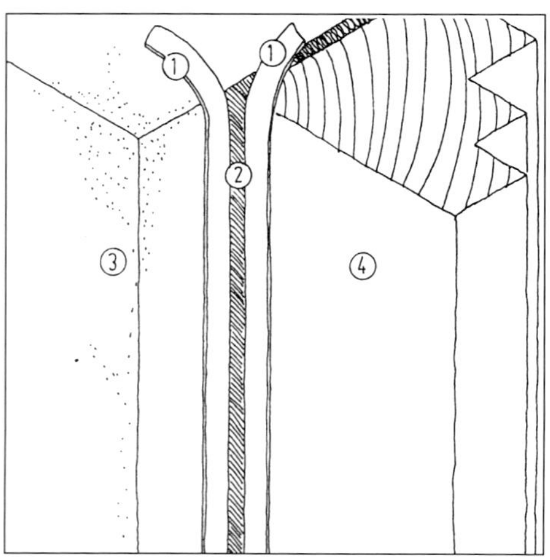

12.7
Abdichten mit dauerelastischem Verfugungsmaterial. (Detail zu Abb. 12.6 Ziff. 4)
1 Abkleben der Fuge
2 Dichtungsmaterial
3 Außenwand
4 Blendrahmen

Dichtung zwischen Blendrahmen und Bauwerk

Während die Fuge zwischen Blendrahmen und Bauwerk bei Mauerwerk mit Fensteranschlag kaum Probleme aufwirft, erfordert sie bei allen Wänden mit glatten Fensterlaibungen, vor allem beim Fachwerkhaus, besondere Aufmerksamkeit. Große Undichtigkeiten lassen sich mit einer Kerze oder einem Räucherstäbchen ermitteln, am besten an einem kalten oder windigen Tag und bei geöffneten Zimmertüren; dabei darf der Bereich unter dem Fenstersims nicht vergessen werden. Besser ist eine thermographische Untersuchung, eventuell in Verbindung mit einer Messung der Gebäudedichtheit (Differenzdruck-Messung, Blowerdoor-Messung, siehe Kap. 4.1).
Zur nachträglichen Abdichtung der Fuge wird bei verputzten Fensterlaibungen zunächst der Putz auf der Raumseite entlang des Blendrahmens aufgeschnitten oder aufgeschlagen, um die Fuge völlig freizulegen und die Anschlüsse zu säubern. Holzleisten oder Holzverkleidungen, die an den Blendrahmen anschließen, müssen vorher entfernt werden.
Da Fensterholz bei Temperatur- und Feuchtigkeitsschwankungen anders arbeitet als die angrenzende Wand, ist zum Abdichten eine dauerelastische Verbindung nötig. Es ist wichtig, dass die Fugendichtung auf der Raumseite eine höhere Dampf- und Luftdichtheit hat, als die auf der Außenseite. Im Zweifelsfall also besser nur auf der Raumseite abdichten!

Der Hohlraum zwischen Fensterrahmen und Laibung der Wand wird wärmedämmend ausgefüllt, z.B. mit Ortschaum (PU-Montageschaum), Mineralwolle (Glaswolle) – oder höherwertig mit vorkomprimiertem Schaumstoffband oder Naturfaser (Hanf, Rohseide). Auf der Raumseite wird diese Fuge dampf- und luftdicht mit geeignetem Klebeband oder mit dauerelastischem Dichtstoff versiegelt.

Die Verarbeitung dauerelastischer Versiegelungen erfordert Sachkenntnis und Übung. Die Versiegelung wird so ausgeführt, dass das Dichtungsmaterial nur an den seitlichen Flanken haftet. Dazu werden die angrenzenden Flächen gereinigt, mit Krepp-Klebeband geschützt und, falls erforderlich, mit einem Primer grundiert. Nach Erhärten des Dichtstoffes wird der Rand des Klebebandes mit einem Trennschnitt gelöst, das Klebeband entfernt und die Putzfläche oder Bekleidung der Laibung wieder ergänzt.

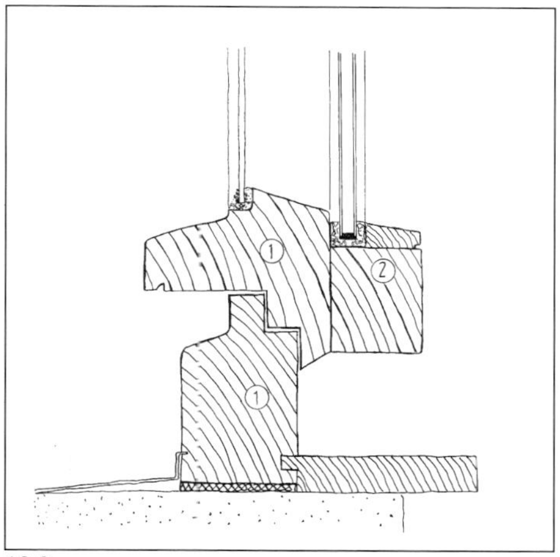

12.8

12.8
Aufdoppeln eines Einfachfensters zum Verbundfenster.
1 altes Fenster (sollte noch gut erhalten und stabil genug sein, um noch einen Flügel zu tragen)
2 neues inneres Vorfenster mit 2-Scheiben-Verglasung (an das alte Fenster angeleimt)

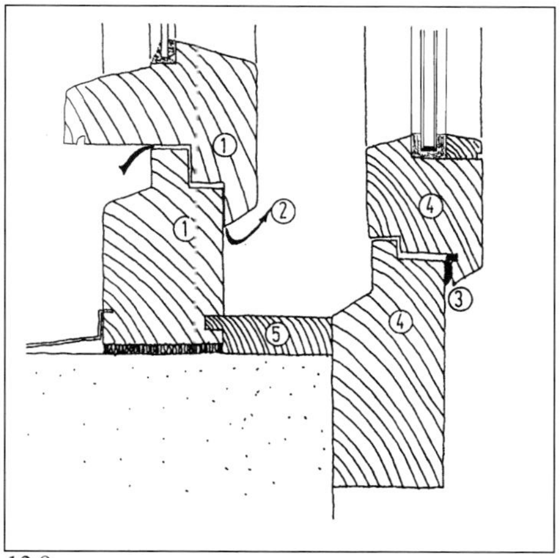

12.9

12.9
Einbau eines inneren Vorfensters.
1 altes Fenster
2 Belüftung
3 Dichtung
4 neues inneres Vorfenster
5 abgesägter Fenstersims

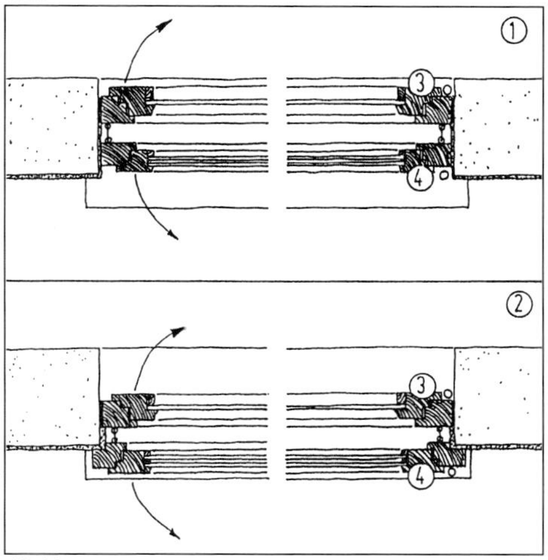

12.10

12.10
Zweimal ein äußeres Vorfenster.
1 Bei ausreichender Laibungstiefe wird das Vorfenster in die Laibung eingesetzt.
2 Wenn die Fensterlaibung nicht tief genug ist, wird das Fenster außen auf der Wand angeordnet.
3 bestehendes Fenster
4 neues äußeres Vorfenster

12.2.2 Dämmwert des Fensters verbessern

Wenn die vorhandenen Fensterrahmen in einem guten Zustand sind, bietet es sich an, die Dämmqualität durch ein zusätzliches Vorfenster oder einen Austausch der Verglasung kostengünstig zu verbessern. Besonders von Interesse ist das bei historisch wertvollen Fenstern oder denkmalgeschützten Gebäuden. Bei Änderung eines bestehenden Fensters ist die gesetzliche Mindestanforderung für die Dämmqualität zu beachten. Der U-Wert darf nicht größer als 1,30 W/(m²·K) sein. Danach richtet sich die Wahl der neuen Verglasung. Es gibt folgende Möglichkeiten:

12.11
Der Einbau neuer Fenster in den alten Blendrahmen.
1 neuer Blendrahmen
2 alter Blendrahmen
3 neuer Flügelrahmen
4 Um die ursprüngliche Fenstergröße beizubehalten, wird der alte Blendrahmen abgenommen

nach: Arendt, C. et. al.: Fenstersanierung. Hrsg. Arbeitskreis Bautechnik der Vereinigung der Landesdenkmalpfleger, München 1984

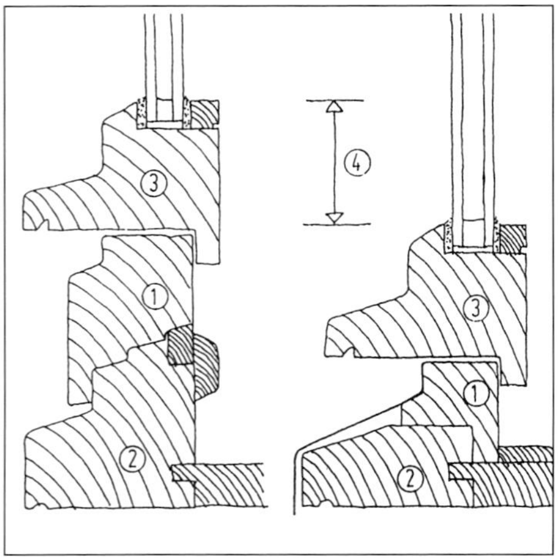

- Bei Verbundfenster mit zweimal Einfachglas: Anbringen eines Vorsatzfensters mit Isolierverglasung auf der Innen- oder Außenseite.
- Bei Fenster mit 2-Scheiben-Isolierglas: Austausch der Verglasung durch eine höherwertige Wärmeschutzverglasung.
- Einbau eines neuen Fensters mit Wechselrahmen auf dem alten Blendrahmen.

Einzelheiten dazu folgen auf den nächsten Seiten.

Wenn die bestehenden Fenster nach innen aufschlagen, wird das neue Zusatzfenster am besten auf der Raumseite vor der Wand oder in einem neuen Maueranschlag angebracht. Ein Zusatzfenster auf der Innenseite hat gegenüber einem äußeren den Vorteil, dass alte, häufig kleinteilig gegliederte Fenster in der Fassade erhalten bleiben. Das Vorfenster kann aus größeren Scheiben bestehen und sollte mit einer guten Falzdichtung ausgestattet sein, um Kondenswasserbildung im Zwischenraum zu vermeiden. Ein Vorfenster verbessert auch die Schalldämmung, was z.B. an innerstädtischen Straßen die Wohnqualität verbessert. Eine zusätzliche schalltechnische Verbesserung lässt sich durch eine entsprechende Verkleidung der Fensterlaibung erreichen.

Soll die Fassade auf der Außenseite eine Wärmedämmung erhalten, bietet sich der Einbau der Zusatzfenster auf der Außenseite an, um Wärmebrücken im Bereich der Fensterlaibungen zu vermeiden und die Tiefe der Fensteröffnungen optisch zu verringern. Bei äußeren Vorfenstern kann das bestehende Fenster auch dann erhalten werden, wenn das Holz schon stark verwittert und stellenweise morsch ist. Hier führt unter Umständen eine chemische Holzverfestigung oder ein Holzersatz durch Zweikomponenten-Holzfüllmasse zu brauchbaren Ergebnissen. Zur Vermeidung von Schwitzwasser müssen die Fugen des inneren Fensters gut abgedichtet werden.

Eine recht einfache, gestalterisch und technisch oft jedoch wenig befriedigende Lösung besteht darin, auf der Innenseite des Fensterflügels eine zweite Scheibe mit einem schmalen Randprofil oder einem dünnen Flügelrahmen (nach der Art eines Verbundfensters) anzubringen. Der Handel bietet für diesen Zweck verschiedene Profile aus Kunststoff oder Metall an.

Wer sich für so eine Einfachlösung entscheidet, sollte
- prüfen, ob der vorhandene Fensterflügel stabil genug ist für das zusätzliche Gewicht;
- darauf achten, dass die Fuge zwischen Flügelrahmen und Vorsatzscheibe dampfdicht ist;
- bedenken, dass der Scheibenzwischenraum für Reinigungszwecke zugänglich bleiben muss;
- auf ein gutes Aussehen achten.

Vorsatzscheiben aus Plexiglas haben zwar ein geringes Gewicht, sie sind jedoch empfindlich gegen Kratzer und daher auf Dauer schwer sauberzuhalten.

Verglasung austauschen

Bei gut erhaltenen, stabilen Fenstern ist es möglich, die alte Verglasung gegen eine neue mit niedrigerem U-Wert auszutauschen. Hierfür bietet der Markt spezielle Metallprofile, die mit dem Flügelrahmen verschraubt werden. Sie bilden die Auflagefläche und verbessern gleichzeitig die Tragfähigkeit des Flügels. Obwohl sich die Sache einfach anhört, sollte die Maßnahme allenfalls unter fachlicher Anleitung selbst ausgeführt werden, zumal die Verglasung maßgefertigt werden muss.

Neues Fenster mit Wechselrahmen

Wenn der Blendrahmen stabil und noch weitgehend intakt ist und die Fensterlaibung nicht beschädigt werden soll, kann ein neues Fenster mit Blendrahmen (siehe unten) auf den vorhandenen Blendrahmen montiert werden. Dazu wird der alte Blendrahmen schmaler gesägt. Das Abarbeiten des Altrahmens mit Stichsäge, Hobel und Stecheisen und das Einsetzen des neuen Fensters kann in Eigenleistung erfolgen. Damit der doppelte Rahmen nicht zu breit und unproportioniert wirkt, sollte vom alten Blendrahmen so viel wie möglich abgenommen werden. Beim Einbau ist auf dichte Fugen und gute Wasserableitung zu achten.

12.3 Neue Fenster einbauen

Im Abschnitt 12.1 wird beschrieben, warum es oft günstiger und umweltverträglicher ist, Fenster zu erhalten, zu reparieren oder aufzurüsten. Besonders dann, wenn es sich um historische kleinteilig gegliederte Fenster handelt. Nur wenn die Holzrahmen so morsch sind, dass der Anstrich nicht mehr hält oder der Rahmen nicht mehr stabil ist, muss das Fenster ersetzt werden. Meist betrifft das nur einige Fenster. Die anderen können saniert oder nachgerüstet werden. Beim Fenstertausch fallen nicht nur die Kosten des Fensters selbst an. Beim Herausbrechen der alten Fensterrahmen wird meist auch der Putz bzw. die Verkleidung der Laibung beschädigt. Wenn der äußere Fenstersims entfernt wird, kommen noch Ausbesserungen am Außenputz hinzu. Daher ist es sinnvoll, den Einbau neuer Fenster mit fälligen Arbeiten an der Fassade, z.B. einer Außenwandwärmedämmung, zu verbinden.

Werden alte Fenster durch neue ersetzt, so ist zur Vermeidung von Wärmebrücken und Feuchteschäden auch die Lage des neuen Fensters in der Wand zu berücksichtigen. Soll die Wand auf der Außenseite gedämmt werden, dann sollte auch das Fenster außen angeordnet werden, so dass eine direkte Verbindung mit der künftigen Dämmschicht entsteht. Ist eine Innendämmung vorgesehen, sollte es möglichst innen angeordnet werden. Wenn das Fenster an der alten Position bleiben soll, muss die Fensterlaibung gedämmt werden, was in der wünschenswerten Dicke (mindestens 4–6 cm Dämmstärke) die Fensteröffnung merklich verkleinert.

Gestaltungsgrundsätze

Neue Fenster müssen zum alten Haus passen. Häufig wird das Gesicht alter Häuser durch unsensible Fensterformen verunstaltet. Wesentlich für die optische Wirkung eines Fensters ist seine Maßstäblichkeit. Das gilt besonders, wenn in der Wand Fensteröffnungen vergrößert und ganz neu hergestellt werden. Bei gut proportionierten Fenstern stimmen die Maßverhältnisse zwischen Fenster- und Fassadenflächen, Fensterformaten und Rahmenbreiten. Stehende Fensterformate,

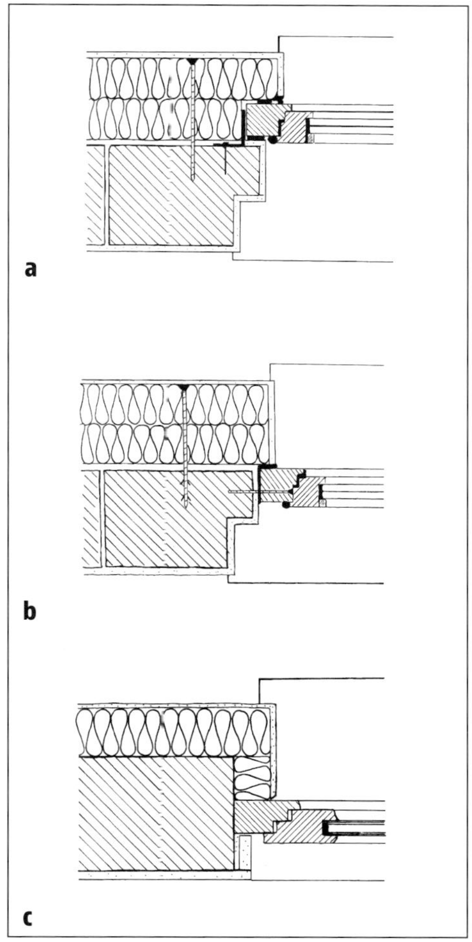

12.12

12.13

12.12
Lage des neuen Fensters bei Außendämmung.
a) Wenn Fenster und neue Dämmschicht in einem Zug hergestellt werden, ist die optimale Lage des Fensters außen auf dem Mauerwerk, also innernhalb der Dämmschicht.
b) Wenn die Dämmschicht später hergestellt wird, sollte die Außenseite des Fensters möglichst in der gleichen Ebene liegen wie die Außenseite der Wand.
c) Wenn das neue Fenster in der alten Lage eingebaut werden soll, ist eine Laibungsdämmung unerlässlich.

12.13
Neue Fenster, zum Altbau passend. Festverglasung mit Lüftungsflügeln.

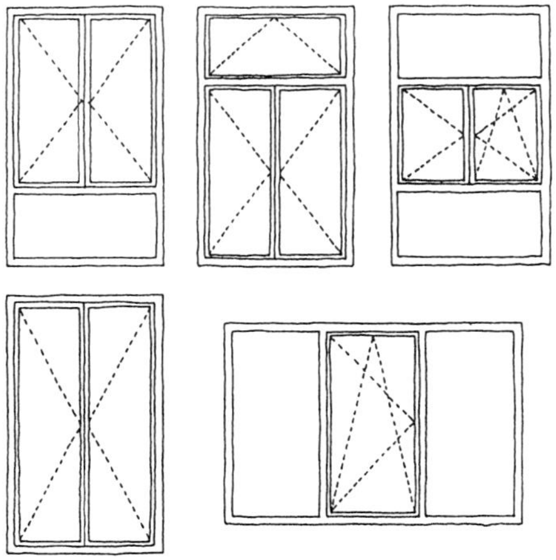

12.14
Altbaugerechte Fensterteilungen.
(mit Festverglasungen und öffenbaren Flügeln).

U-Werte von Verglasungen und Holzfenstern	U_G-Wert der Verglasung	U_W-Wert Fenster + Rahmen	Oberflächentemperatur	Gesamtenergiedurchlass	Lichtdurchlässigkeit	äquival. U-Wert d.Verglasung		
						Nord	Ost - West	Süd
Art der Verglasung	W/(m²·K)	W/(m²K)	°C	%	%	W/(m²·K)	W/(m²·K)	W/(m²·K)
Einfachverglasung	5,8	5.2	-2,6	87%	90%	5,14	4,65	4,13
Isolierverglasung, 2-fach	3,0	2,6	8,3	75%	82%	2,43	2,01	1,56
Wärmeschutzverglasung 2-fach, luftgefüllt	1,3	1,5 - 1,7	14,6	58 – 60%	76 - 80%	0,86	0,53	0,19
Wärmeschutzverglasung 2-fach, argongefüllt	1,1	1,3	15,2	58 – 60%	76 - 80%	0,66	0,33	-0,01
Wärmeschutzvgl. 3-fach, wärmegedämm. Rahmen	0,7	0,8	17,3	50 – 55%	65 – 72%	0,32	0,04	-0,26

Tabelle 12.2
Energetische Merkmale für Holzfenster. Den äquivalenten U-Wert der Verglasung gibt es gemäß EnEV offiziell nicht mehr. Dennoch charakterisiert dieser Zahlenwert anschaulich die Wirkung der solaren Gewinne.

senkrechte und/oder waagerechte Fensterteilungen und schmale Rahmenbreiten werden als angenehm empfunden. Große, liegende, ungegliederte Fenster mit breiten Rahmen wirken klobig und zerstören das Bild der Fassade.

Das soll nun nicht heißen, dass nur Bleiverglasungen, Butzenscheiben und Sprossenfenster schön sind. Bei der heute üblichen Isolierverglasung sind „echte" Sprossen aus technischen Gründen etwa doppelt so breit wie beim alten einfach verglasten Fenster, so dass die Aufteilung der Glasfläche in viele kleine Isolierglasscheiben zu einem hohen Rahmenanteil führt und darüber hinaus wegen der Glaskosten fast unerschwinglich wird. Andererseits wirken Ersatz- und Scheinkonstruktionen, (Schwindelsprossen) vor der durchgehenden Scheibe oder Sprossen in Aspik im Scheibenzwischenraum gestalterisch und technisch unbefriedigend.

Sinnvolle Möglichkeiten zur Gliederung neuer Fenster können darin bestehen,

- die Fensteröffnung in zwei oder mehrere Flügel zu teilen, wobei auch einzelne Flächen feststehend sein können;
- ein Verbundfenster zu wählen mit (echten) Sprossen in der äußeren Scheibe und mit einer durchgehenden inneren Verglasung.

Beschläge

Neue Fenster werden heute hauptsächlich als kombinierte Dreh-Kipp-Flügel mit verdeckten Einhandbeschlägen ausgeführt. Allenfalls bei denkmalgeschützten Gebäuden mit einfach verglasten Fenstern kommen auch heute noch die preiswerteren, aufgeschraubten (sichtbaren) Beschläge in Frage. Bei mehrteiligen Fenstern besteht eine Möglichkeit zur Kosteneinsparung darin, Teile als feststehende Verglasung vorzusehen oder bei zweiflügeligen Fenstern (bzw. bei Fenstern mit Oberlicht) einen Flügel als Dreh- und den anderen als Kippflügel auszubilden.

Zur Herstellung eines ausreichenden Luftwechsels bei einer dichten Gebäudehülle ist DIN 1946 Teil 4 zu beachten (siehe Kap. 14.1). Bei neuen Fenstern ist es empfehlenswert, einfache Fensterfalzlüfter oder Außenluftdurchlässe einbauen zu lassen. Außenluftdurchlässe gibt es auch in schalldämmender Ausführung oder mit Pollenfilter oder für den nachträglichen Einbau an Rolladenkästen.

Rahmenmaterial

Für den Fensterbau werden neben einheimischen und exotischen Hölzern auch die Werkstoffe Metall und Kunststoff verwendet. Dass bei einer umweltbewussten Altbausanierung einheimische Hölzer bevorzugt werden sollten, muss wohl nicht weiter erklärt werden.

Kunststoff-Fenster sind zwar etwa 15 % billiger als Holzfenster, der Energieaufwand zur Herstellung ist jedoch etwa doppelt so hoch wie bei Holzfenstern. Sie vergilben im Lauf der Zeit oder bleichen aus. Die elektrostatische Aufladung fördert eine schnellere Verschmutzung. Sie können zwar gereinigt, aber nicht neu gestrichen werden. Reparaturen sind schwierig.

Aluminiumfenster und Holzfenster mit Aluminiumschale auf der Außenseite sind teuer. Wegen des großen Energiebedarfs für der Herstellung ist Aluminium sehr klimaschädlich, solange nicht überwiegend erneuerbare Energie eingesetzt wird.

Holzfenster sind umweltverträglicher und sehen an einem alten Haus besser aus. Sie erfordern einen gewissen Pflegeaufwand. Oft sind nur einige wenige Fenster am Haus der Witterung so ausgesetzt, dass ein regelmäßiger Pflegeanstrich notwendig ist. Sie sind einfacher reparierbar. Exotische Hölzer, z.B. Meranti oder Sipo, werden von manchen Fensterbauern wegen ihrer leichten Verarbeitbarkeit zwar bevorzugt, doch stehen Fenster aus einheimischen Nadelhölzern in ihrer Haltbarkeit den Exo- ten kaum nach. Da sprechen ökologische Gesichtspunkte, wie hoher Transportauf- wand und Vernichtung des Urwaldes, klar gegen die Verwendung exotischer Hölzer. Besonders empfehlenswert sind Hölzer mit FSC-Zertifikat.

Für den Holzfensterbau geeignet sind möglichst „feinjährige Hölzer" von Kiefer und Fichte bzw. Tanne, wobei es keine einheitliche Meinung darüber gibt, welches dieser Hölzer für den Fensterbau besser geeignet ist.

Der Kern des Kiefernholzes zeigt eine rötliche Farbe, der Splint (äußere Holzschichten) erscheint dagegen viel heller, fast weißlich. Kiefernholz wird gegen einen Befall durch Bläuepilze im Allgemeinen mit einem Pilzgift (Fungizid) behandelt, weil bläueverfärbte Flächen als Anstrichuntergrund problematisch sind. Abgesehen davon ist Kiefernholz ein hervorragender Farbträger und auch gut wetterbeständig. Wegen möglicher Harzaustritte sollte es mit einem möglichst hellen, deckenden Anstrich versehen werden (daher „weiße" Fenster). Für dunkle und für lasierende Anstriche ist es weniger geeignet.

Fichten- und Tannenholz ist einheitlich weiß bis rötlich-gelb. Der Kern tritt farblich nicht in Erscheinung. Wegen des geringeren Harzgehaltes kann es auch dunkel gestrichen oder lasiert werden, ist dann aber etwas witterungsempfindlicher als Kiefernholz. Das Holz wird kaum von Bläuepilzen befallen, hat jedoch mehr „Schönheitsfehler", es ist astiger, neigt zur Rissbildung und enthält Harzgallen. Besonders hochwertig ist langsam gewachsenes Holz mit dichten Jahresringen aus höheren Gebirgslagen.

Verglasung

Verglasungen zwischen beheizbaren und unbeheizten Räumen bzw. zwischen Innen- und Außenraum werden heute nur noch als Wärmeschutzverglasung aus mindestens zwei Scheiben hergestellt. Ihr U-Wert ist mit 1,1 bis 1,3 W/(m²·K) etwa halb so groß wie der von alten Doppelfensterkonstruktionen wie Verbund-, Kasten- und Vorsatzfenster. Ein Fenster mit Dreifachverglasung, wie es bei Passivhäusern eingesetzt wird, hat einen U-Wert von nur noch 0,7 W/(m²·K). Ob sich eine so hohe Qualität wirtschaftlich lohnt, hängt von vielen Faktoren ab und kann nur für den Ein-

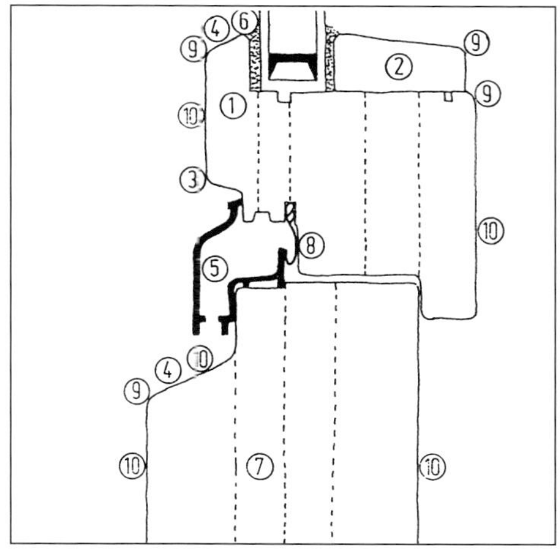

12.15
Das gütegesicherte Holzfenster.
1 Glasfalz im Kernholz
2 Glasleiste innen
3 keine Wassernasen
4 äußere Profile abgeschrägt
5 funktionsgerechte Regenschiene
6 Versiegelung der Glasfälze
7 Rahmenverbindung mit Doppelzapfen
8 zusätzliche Dichtung
9 Kanten abgerundet
10 geschlossene Lackoberfläche

Fenster-Bauart	Baujahr	UW-Wert W/(m²·K)	Oberflächentemperatur °C	Heizenergiebedarf kWh/(m²·a)
Fenster mit Einfachglas	bis ca. 1950	5,5	unter 0	500
Verbund- oder Kastenfenster	ab ca. 1950	2,4	6	240
Fenster mit 2-fach-Isolierglas	ab 1978	2,6	8	260
Fenster mit 2-fach-Wärmeschutzglas	ab 1995	1,8	11	180
Fenster mit verbessertem 2-fach-Wärmeschutzglas	ab 2009	1,3	13	130
Passivhaus-Fenster, 3-fach-Verglasung	ab 2007	< 0,8	17	< 80

Tabelle 12.3
Zusammenhang zwischen Fenster-Bauart, Behaglichkeit und Heizenergiebedarf.
Die Wärmedurchlässigkeit (UW) eines geänderten oder neu eingebauten Fensters darf maximal 1,3 W/(m²·a) sein. Fenster mit einem niedrigen U-Wert haben eine höhere Oberflächentemperatur, was als besonders behaglich gefunden wird. Die angegebenen Termperaturen gelten für Tage mit strengem Frost.
Der angegebene Heizenergiebedarf ist die Energiemenge, die in einem Jahr durch 1 m² Fensterfläche entweicht (ohne Berücksichtigung der solaren Energiegewinne).

12.16
Neue Fenstertür mit Klappläden: auch in Isolierglasausführung zweiflügelig und mit schmalen Profilen möglich.

12.17
Der Einbau eines neuen Fensters mit Vorsatzrolladen.

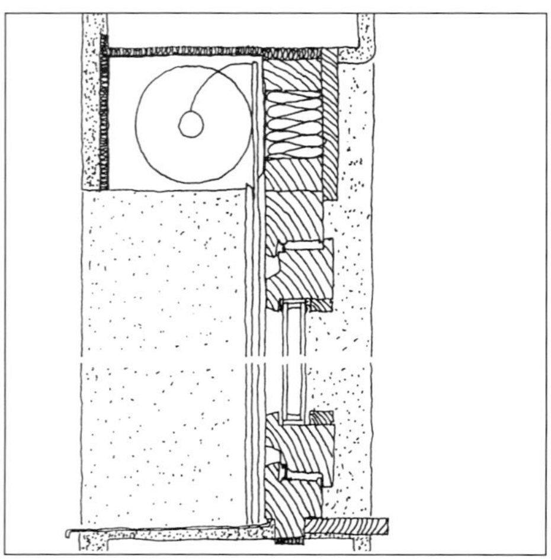

zelfall errechnet werden. Für eine überschlägige Berechnung können die in Tabelle 12.2 genannten Werte dienen. Besonders bei großen Glasflächen, z.B. in Wohnräumen, ist eine Dreifachverglasung nicht nur zur Energieeinsparung sinnvoll. Die höhere Oberflächentemperatur der Verglasung vermindert Zugerscheinungen durch Kaltluftabfall und bietet mehr Wohnkomfort und Behaglichkeit.

Die Glasscheiben sind am Rand luftdicht miteinander verbunden und im Innern mit getrockneter Luft oder einem schlecht wärmeleitenden Gas gefüllt. Eine Metallbedampfung auf der inneren Scheibenoberfläche reflektiert die Wärme zurück in den Raum.

Die Verglasungen werden auf Bestellung nach Maß gefertigt. Die eigentliche Schwachstelle ist die Randverklebung aus einem Metallsteg und Polysulfid-Dichtmasse, die die mechanischen und thermischen Spannungen zwischen den Scheiben aufnehmen muss. Da Polysulfid unter Feuchtigkeitseinwirkung aufquillt, kann stehendes Wasser an der Verklebung, z.B. bei unsachgemäß eingesetzten Scheiben, frühzeitig zum Blindwerden führen. Bei Verglasungen mit sehr niedrigem UG-Wert besteht der Randverbund aus Material mit verbesserter Dämmeigenschaft (warme Kante).

An bruchgefährdeten und absturzgefährdeten Stellen empfiehlt es sich, Sicherheits- oder Verbundsicherheitsglas einzubauen. Bei Überkopfverglasungen (z.B. von Wohngewächshäusern) muss für die untere Scheibe Verbundsicherheitsglas verwendet werden, um Verletzungen durch herabfallende Splitter auszuschließen. Für schalldämmende Verglasungen werden zwei oder mehr Scheiben unterschiedlicher Dicke eingesetzt. Die verschiedenen Glassorten können miteinander zu Isolier- und Wärmeschutz-Verglasungen kombiniert werden, z.B. für den Dachbereich Einscheiben-Sicherheitsglas auf der Außen- und Verbundsicherheitsglas auf der Innenseite.

12.4 Fensterläden und -bänke

Klapp- und Rollläden

Neben dem Zweck der Verdunkelung erfüllen Klappläden auch die Funktion des Witterungs-, Sicht- und Einbruchschutzes und sind darüber hinaus ein wichtiges Gestaltungsmittel zur Gliederung der Fassade an historischen Gebäuden. Aus diesem Grund sollten Klappläden überall dort, wo sie noch vorhanden sind oder es einmal waren, erhalten oder wiederhergestellt werden – selbst dann, wenn Rollläden praktischer wären oder bereits in Form von Minirollläden eingebaut wurden!

Klappläden lassen sich wärmedämmend ausbilden. Sie müssen dann allerdings winddicht sein, das heißt, sie müssen passgenau gefertigt sein (z.B. aus Brettern oder aus wetterfestem Sperrholz) und im geschlossenen Zustand dicht an Fensterlaibung und Sims anliegen.

Nachträglich angebrachte Mini-Rollladenkästen aus Metall verunstalten die Fassade, denn sie verdecken den oberen Teil des Fensterrahmens, stehen oft aus der Fassadenfläche heraus und passen hinsichtlich Material und Farbgebung im Allgemeinen nicht zum Stil alter Häuser. Andererseits sind Rollläden bequem zu bedienen, weshalb sie am Altbau trotz ihrer häufig unbefriedigenden Ästhetik immer wieder verwendet wurden und werden. Sie bieten darüber hinaus im geschlossenen Zustand einen gewissen zusätzlichen Wärmeschutz, sofern der Raum zwischen Rollladenfläche und Fenster einigermaßen winddicht ist.

Da Fensterläden auch nicht zu jedem Haustyp passen, kann der nachträgliche Einbau von Rollläden also durchaus sinnvoll und gestalterisch vertretbar sein. So lässt sich z.B. bei der Erneuerung überhoher Fenster der Rollladenkasten oberhalb des neuen Fensters recht unauffällig unterbringen.

Ansonsten bieten die Erneuerung des Fassadenputzes oder eine neue Verkleidung der Außenwand eine gute Gelegenheit, den alten Fenstersturz auszubrechen und höherzulegen, um Platz für den Rollladenkasten zu schaffen. Um den Durchmesser des aufgerollten Rollladenballens möglichst gering zu halten, empfiehlt sich die Verwendung schmaler Rollladenprofile und einer dünnen Welle. Noch geringere Ballendurchmesser sind nur mit einwandigen Aluprofilen zu erreichen, die jedoch kaum zusätzliche Wärmedämmung bringen und von der Materialwahl her keine besonders umweltverträgliche Variante darstellen. Wenn auf der Fassade eine dicke Dämmschicht aufgebracht wird, kann der Kasten für einen Minirollladen oder eine Jalousie auch vor der alten Wand in der neuen Dämmebene angeordnet werden.

Rollladenkästen wirken in Altbauten oft wie ein Kälteloch; hier lohnt sich eine zusätzliche Dämmung und Abdichtung der Fugen, z.B. durch Einkleben von Korkplatten in den Kasten sowie durch eine Falzdichtung des Deckels.

Fensterbank

Für die äußeren Fenstersimse finden hauptsächlich die Materialien Holz, Blech, Naturstein, Betonwerkstein (Terrazzo) oder Vollziegel Verwendung. Schäden an der Oberfläche und undichte Anschlussfugen zu Fenster und Laibung geben Anlass zu Reparaturmaßnahmen. Bei Simsen ohne seitliche Randaufkantungen können kleinere Fugen mit einer dauerelastischen Masse abgedichtet werden. Verwitterte Teile von Steinfensterbänken sollten abgeschlagen und ggf. mit passend eingefärbter Spezial-Spachtelmasse ausgebessert werden. Bei gemauerten Fensterbänken werden lockere Mörtelfugen ausgekratzt und mit Trasskalkmörtel neu verfugt. Intakte oder ausgebesserte Steinflächen können wie Fassaden aus Sichtmauerwerk durch Hydrophobieren (Kap. 7.1) geschützt werden.

Stark verwitterte Fenstersimse müssen vollständig erneuert werden. Ein Austausch kann auch bei durchgehenden Steinfensterbänken zur Beseitigung der Wärmebrücke erforderlich sein, besonders dann, wenn es am Fenstersims innen Kondenswasserprobleme mit Stock- und Schimmelflecken gibt. Auch wenn die Fassade mit einer Wärmedämmung versehen wird, ist in der Regel eine neue tiefere Fensterbank nötig. Dünne Fenstersimse aus Holz oder Naturstein können z.B. mit Zink- oder Kupferblech verkleidet und dadurch bei Bedarf verbreitert werden (dicke, mit Blech verkleidete Stein-Fensterbänke sehen allerdings unschön aus). Bei der Verwendung von Blechen ist das Korrosionsproblem (siehe Blechverwahrung bei Dächern) zu beachten. Neue Holzsimse sollten nur aus wetterbeständigem Holz, z.B. aus dem Kernholz von Eiche oder Douglasie gefertigt werden.

12.18
Wo früher das Scheunentor war, ist jetzt die Verglasung der großzügigen Eingangshalle.

12.19
Ein Garagentor, schön, zeitgemäß und zum alten Haus passend. Dass die Wandöffnung verändert wurde, darf für jeden erkennbar bleiben.

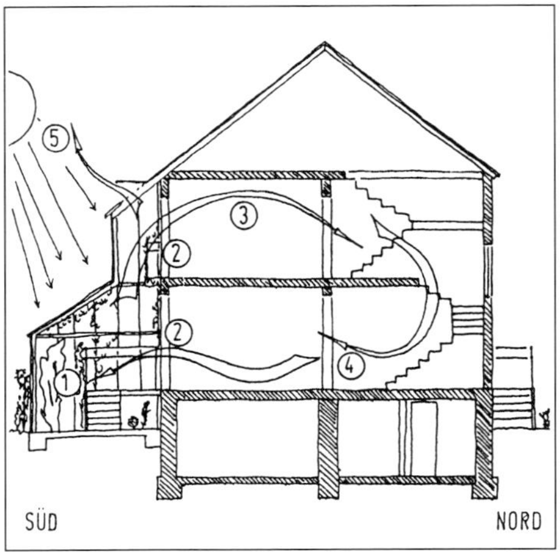

12.20
Passive Sonnenenergienutzung: Funktionsprinzip eines Anlehngewächshauses.

1 Durch Sonneneinstrahlung erwärmte Raumluft steigt im verglasten Vorbau nach oben
2 Bewegliche Fenster- und Türabschlüsse zum Wohnraum
3 Zugeführte erwärmte Raumluft
4 Abgekühlte Raumluft
5 Abfuhr überschüssiger Warmluft im obersten Bereich des Vorbaues

12.5 Neue Fenster- und Türöffnungen herstellen

Neben dem Ersatz alter Fenster kann auch der Wunsch nach mehr Licht oder die Herstellung einer Terrassentür Anlass für neue Fenster sein. Technisch einfach ist die Vergrößerung einer Fensteröffnung zu einer Türöffnung in einer gemauerten (massiven) Wand sowie die Herstellung von Öffnungen in Fachwerkwänden. Bei einer Verbreiterung zur Seite oder bei Herstellung einer ganz neuen Fensteröffnung muss ein neuer tragender Fenstersturz eingebaut werden. Bei Fensteröffnungen, die mit Anschlag gemauert wurden, kann durch Ausbrechen des Anschlags eine gewisse seitliche Vergrößerung erreicht werden.

Die Herstellung neuer und das nachträgliche Vergrößern vorhandener Türöffnungen ist ein wesentlicher Eingriff, der unter gestalterischen, bautechnischen, baurechtlichen und finanziellen Gesichtspunkten gut durchdacht werden sollte. Deshalb wird es in vielen Fällen sinnvoll sein, ein solches Vorhaben mit einem Architekten zu besprechen, denn ein ungünstig proportioniertes oder in der Fassade schlecht platziertes Fenster kann das Erscheinungsbild eines alten Hauses erheblich beeinträchtigen. Außerdem bedarf die Herstellung und Änderung von Fensteröffnungen in Außenwänden grundsätzlich einer Baugenehmigung oder eines Bauantrags im Kenntnisgabeverfahren. Neue Fenster oder eine Türöffnung, die auf oder dicht an der Grundstücksgrenze liegen, werden nur in Ausnahmefällen und unter bestimmten Auflagen gestattet. Wie eine Öffnung in einer tragenden Wand hergestellt wird, ist in Kapitel (Kap. 11.1) näher beschrieben.

12.6 Wintergärten

Nach Süden orientierte Glasflächen können zur passiven Sonnenenergienutzung eingesetzt werden. Zum Verständnis der Wirkung ist es wichtig, zu unterscheiden zwischen

- großzügiger Südverglasung von Wohnräumen,
- Wohngewächshäusern und
- Wintergärten.

Fenster, die nach Südosten, Süden oder Südwesten ausgerichtet sind, bringen durch die Sonneneinstrahlung auch im Winter mehr Wärme ins Haus, als in der Nacht und an trüben Tagen entweicht, besonders, wenn eine hochwertige Dreifach-Verglasung eingesetzt wird. Noch höher ist der Energiegewinn, wenn die Glasflächen nachts mit Rollläden zusätzlich gedämmt sind. Neben einer guten Belichtung wirken die Fenster dann als Sonnenkollektoren mit positiver Energiebilanz.

Wohngewächshäuser sind beheizbare Glasräume mit einer ganzjährigen (meist subtropischen) Bepflanzung. Durch eine Beheizung muss gewährleistet sein, dass die Raumtemperatur nicht unter 5°C absinkt. Zur Begrenzung der Wärmeverluste sollte auch hier eine 2-Scheiben-Wärmeschutzverglasung vorgesehen werden. Wohngewächshäuser dienen der Aufwertung der Wohnqualität und der Erweiterung des Wohnraumes. Solare Energiegewinne für das übrige Haus fallen wegen der erforderlichen Heizung kaum an, denn Gewinne und Verluste des Gewächshauses heben sich in der Energiebilanz etwa gegeneinander auf.

Bepflanzte Gewächshäuser müssen so gestaltet werden, dass das Kondenswasser, das sich bei niedrigen Außentemperaturen an der Innenseite der Verglasung bildet, kontrolliert abgeleitet wird. Das ist gerade bei

Holzkonstruktionen besonders wichtig. Die Herstellungskosten für ein Wohngewächshaus betragen ca. 1300 € pro m^2 verglaste Fläche.

Wintergärten sind nicht und nur gering beheizt. Sie sind am ehesten zur Gewinnung solarer Wärme geeignet. Zimmerpflanzen in unbeheizten Wintergärten werden am besten in Töpfen und Kübeln gehalten, damit sie im Winter an einen frostfreien Platz gebracht werden können. Eine Einscheiben-Verglasung kann mit preiswertem Gewächshausglas hergestellt werden, höhere solare Gewinne und mildere Raumtemperaturen im Winter sind jedoch mit 2-Scheiben-Verglasung zu erzielen.

Für die energetische Optimierung sind Glashaus und Kernhaus als verbundenes System zu betrachten, das folgende Merkmale aufweisen sollte:

- Die Glasflächen sollten überwiegend nach SSO bis SSW orientiert sein, wobei SSO wegen der morgendlichen Erwärmung zu bevorzugen ist.
- Die für eine optimale Einstrahlung (im Winter) günstige Neigung der südorientierten Glasflächen beträgt 60°, in der Praxis haben sich jedoch senkrecht stehende Verglasungen besser bewährt. Sie lassen sich konstruktiv leichter und dauerhafter ausführen, da sie nicht so stark der Bewitterung ausgesetzt sind. Dachverglasungen mit geringer Neigung sind für das Wachstum der Pflanzen zwar erwünscht, unter energetischen Gesichtspunkten aber nicht sehr günstig. In der Heizperiode bringen sie nur geringe Wärmegewinne, im Sommer dagegen führen sie leicht zu einer Überhitzung im Gewächshaus.
- Die Wärme aus dem Wintergarten soll möglichst gut in alle Räume des Hauses verteilt werden können, z.B. durch natürliche Thermik (geöffnete Fenster und Türen zwischen Wintergarten und angrenzenden Räumen) oder durch eine mechanische Lüftung (Luftkanäle mit Ventilator, Luftzentralheizung).
- Das Haus soll ein gutes Wärmespeichervermögen haben, um einerseits bei Sonnenschein viel Wärme aufzunehmen und abends wieder abgeben zu können und um andererseits im Sommer einer Überhitzung entgegenzuwirken. Stoffe mit einer hohen Wärmespeicherkapazität sind z.B. Ziegel, Kalksand- und Natursteine mit hoher Rohdichte sowie Beton und Wasser.
- Die von der Sonne direkt beschienenen Wand- und Bodenflächen sollen einen dunklen Farbton und ein gutes Wärmespeichervermögen haben.
- Wenigstens eine der beiden Verglasungen, entweder die Wintergartenhülle oder die Verglasung zwischen Wintergarten und Kernhaus, sollte als Wärmeschutzverglasung ausgeführt werden.
- Die Heizungsanlage soll möglichst schnell, raumweise und selbsttätig auf solare Wärmegewinne reagieren können. Günstige Systeme sind die Warmwasser-Zentralheizung mit Heizkörpern für Niedertemperaturbetrieb (und Thermostatventilen) und die Warmluftheizung. Kachelöfen und Fußbodenheizungen erfüllen aufgrund ihrer Trägheit diese Forderung nicht.
- Ein günstiges Kosten-Nutzen-Verhältnis lässt sich bei Wintergärten erreichen, die weitgehend in den massiven Baukörper integriert sind. Weniger günstig sind Glashäuser, die vollständig vor einer Außenwand oder gar vor einer Gebäudeecke liegen.

Eine energetische und wirtschaftliche Optimierung solcher Systeme erfolgt mit Hilfe computergestützter Rechenverfahren. Solche Verfahren sind vor allem für große Bürogebäude interessant. Jede technische Optimierung ist jedoch nur in Verbindung mit einem angepassten Nutzerverhalten sinnvoll.

Für die Bauausführung von Wintergärten und Wohngewächshäusern gelten die folgenden weiteren Regeln:

- Bei Überkopfverglasungen (auch Schräg- bzw. Dachverglasung genannt) müssen Vorkehrungen zum Schutz gegen herabfallende Scheibenteile getroffen werden, z.B. durch ein Gitter oder durch die Verwendung von Sicherheitsglas. Die gleichen Vorkehrungen sind bei größeren Absturzhöhen (z.B. in Baden-Württemberg ab 1 m) auch für senkrechte Glasflächen baurechtlich vorgeschrieben.
- Ein nächtlicher Wärmeschutz, z.B. mit innenliegenden, dicht schließenden Rollos ist in vielen Fällen sinnvoll, wird aber aus finanziellen und gestalterischen Gründen häufig nicht vorgesehen. Eine Wärmeschutzverglasung ist wärmetechnisch der einfachen Isolierverglasung mit nächtlichem Wärmeschutz überlegen.
- Um einer sommerlichen Überhitzung entgegenzuwirken, sind ausreichende Lüftungs- und Schattierungsmöglichkeiten vorzusehen, besonders bei Schrägverglasungen. Die Größe der Lüftungsöffnungen sollte etwa ein Zehntel der Glasfläche betragen. Eine außenliegende Schattierung, z.B. in Form von Rollmarkisen, ist wirksamer aber auch teurer als eine innenliegende Schattierung, z.B. in Form von Faltmarkisen oder Sonnensegeln.

13 Badeinbau und Baderneuerung

Je nachdem, ob ein neues Bad eingebaut oder ein vorhandenes saniert wird, sind eine ganze Reihe von Gewerken betroffen: Maurer-, Zimmerer-, Fensterbau- und Verglasungsarbeiten, Sanitär-, Elektro- und Heizungsinstallationen, Abdichtungs-, Estrich-, Putz- und Fliesenarbeiten, usw. Die meisten anfallenden Arbeiten wurden schon an anderer Stelle behandelt, nachfolgend sollen nur einige Besonderheiten beim Bad beschrieben werden.

Die Neuherstellung eines Badezimmers erfordert eine gründliche und fundierte Planung, insbesondere hinsichtlich Lage und Größe (sofern wählbar), Ausstattung, Installationstechnik und Feuchtigkeitsabdichtung.

Für den Selbstbau geeignet sind vor allem die Rohbauarbeiten und die Herstellung der Oberflächen von Wänden, Boden und Decke. Installations- und Abdichtungsarbeiten an Wand- und Bodenflächen erfordern qualifizierte handwerkliche Fähigkeiten. Im Zweifelsfalle ist es sinnvoller, diese Arbeiten Fachleuten zu überlassen, da hier eine unsachgemäße Ausführung hohe Folgekosten verursachen kann.

Bei der Festlegung des Standortes für ein neues Badezimmer sind vor allem folgende Fragen von Bedeutung:

- Wo steht innerhalb der Wohnung ein geeigneter Platz zur Verfügung? Kann z.B. das Ende eines zu langen Flures oder der Teil eines zu großen Zimmers genutzt werden?
- Lässt sich in einem nicht genutzten Gebäudeteil ein Platz finden, z.B. im Dach- oder Scheunenraum?
- Kann ein Eingriff in tragende Wände vermieden werden?
- Lässt sich das Bad in die Nähe von Schlafräumen legen?
- Befindet sich der Standort in der Nähe der vorhandenen Installationen, vor allem in der Nähe einer Abwasserleitung?
- Wie wird der Raum belüftet?
- Wie groß soll das Bad sein, welche Ausstattung (Sanitärobjekte) soll darin untergebracht werden?
- Ist eine Baugenehmigung erforderlich?

Wenn es irgend möglich ist, sollte das Bad an einer Außenwand liegen, damit es über ein Fenster belichtet und belüftet werden kann. Ein innenliegendes Bad ist wenig attraktiv und benötigt eine Lüftungsanlage. Das gleiche gilt für innenliegende Toilettenräume und Kleinküchen.

13.1 Größe und Ausstattung

Die Ausstattung eines Bades ist abhängig vom zur Verfügung stehenden Platz und von den individuellen Komfortansprüchen. Der Wasser- und Energieverbrauch ist beim Duschen nur etwa halb so groß wie beim Baden. Daher sollte auf jeden Fall eine Duschmöglichkeit vorgesehen werden; um Kosten und Platz zu sparen kann die Duschvorrichtung auch in die Badewanne integriert werden. Vorhänge und handelsübliche Duschtrennwände bieten zwar einen recht guten Spritzschutz, baulich hergestellte Trennwände mit Fliesenbelag in Verbindung mit einem gut abgedichteten Vorbereich sind gestalterisch jedoch häufig besser.

Bade- und Duschwannen bestehen im allgemeinen aus emailliertem Stahlblech. Sonderformen werden aus Acryl und anderen Kunststoffen gefertigt. Ein mit Fliesen hergestellter Duschboden (ohne Wanne) sieht zwar einfach und schön aus, erfordert aber eine aufwendige Wand- und Bodenabdichtung und ist auf Dauer oft schadensanfällig.

Bei den Armaturen kommt es auf eine zuverlässige Technik und gute Bedienbarkeit an. Formenvielfalt und Preisspannen bei Wasserarmaturen sind erheblich. Einhebel-

Armaturen erlauben eine schnelle Regelung und helfen dadurch Wasser sparen, wobei Ventile mit keramischen Dichtungen länger halten und zuverlässiger arbeiten als solche mit Gummidichtungen.

Neue Armaturen sind heute grundsätzlich mit einem Perlator (Luftsprudler) ausgerüstet. In Verbindung mit einem Durchflussbegrenzer lassen sich dadurch erhebliche Mengen an Trinkwasser ohne Komforteinbuße einsparen. Durchflussbegrenzer (Kosten ca. 9 €) können auch nachträglich auf jede Armatur aufgeschraubt werden.

Für den Wasserzulauf bei Waschbecken gibt es sowohl Beckenarmaturen (mit Einloch-Befestigung am Waschbecken) als auch Wandarmaturen. Beckenarmaturen sind preisgünstiger, weil sich die Leitungen unterhalb des Waschbeckens leicht montieren lassen. Wandarmaturen erleichtern dagegen die Reinigung des Waschbeckens und sehen in vielen Fällen formal besser aus.

Wassertoiletten gibt es in stehender und wandhängender Ausführung: Das Standklosett ist preiswerter, der Abwasseranschluss kann nach unten oder nach hinten erfolgen, der Spülkasten wird in der Regel sichtbar angebracht. Hängetoiletten erleichtern die Reinigung des Raumes und sehen eleganter aus. Zur Befestigung von Traggestell und Spülkasten sind vorgefertigte Montagewände im Handel. Während früher 9 Liter Wasser aus dem Spülkasten rauschten, haben die heutigen Spülkästen nur noch ein Volumen von 6 Liter und sind mit einer Stopptaste ausgerüstet. Moderne, besonders wassersparende Toilettenbecken sind so geformt, dass sie sogar mit 4 Liter Spülwasser auskommen.

Weiße und einfache, aber funktionsgerechte Sanitärobjekte in Verbindung mit gut gestalteten Details sind nicht nur preiswerter, sondern auf Dauer auch angenehmer anzuschauen als extravagante Lösungen in Modefarben.

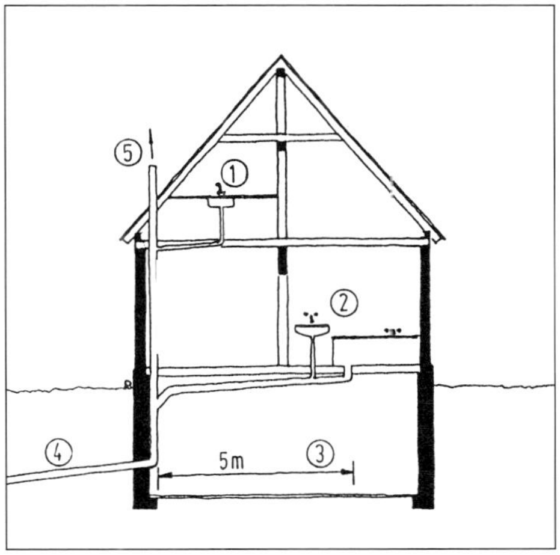

13.1

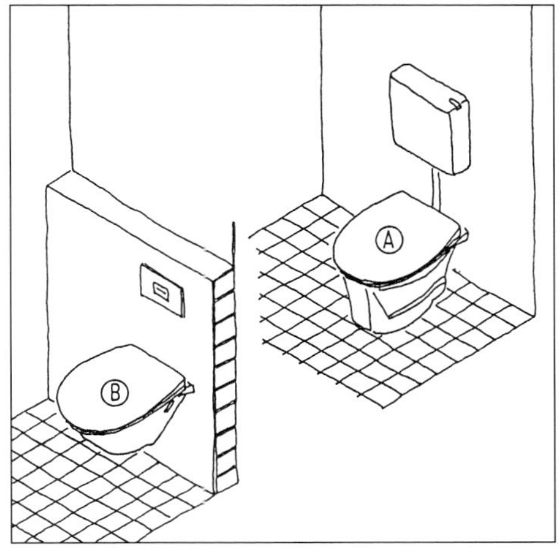

13.2

13.1
Badeinbau: Anschluss an vorhandene Abwasserleitungen.
1 Zapfstelle
2 Bad
3 Abwasser-Anschlüsse mit querlaufenden Anschlussleitungen, 50 - 100 mm ∅, Gefälle 2 - 5%. Beachten: max. Entfernung zum entlüfteten Fallrohr 5,0 m !
4 vorhandene Grundleitung, 100 - 150 mm ∅, Kontrollschacht, 2% Gefälle
5 vorhandenes Fallrohr, 100 mm ∅, Entlüftung über Dach

13.2
WC-Ausführungen.
A Bodenstehende Ausführung
- Abfluss rückseitig zur Wand oder zum Boden
- sichtbar montierter Spülkasten
Kostengünstige Lösung, dafür aber etliche unbequeme Schmutzecken.

B Wandhängende Ausführung
- Abfluss rückseitig zur Wand
- Toilette an Traggerüst in der Vormauerung montiert
- Spülkasten in der Vormauerung integriert
Etwas aufwendigere Lösung, dafür formschöner und bequem zu reinigen.

13.2 Wandoberflächen

Wandfliesen sollten nur dort verwendet werden, wo Spritzwasser auftritt, also in der unmittelbaren Umgebung von Dusche, Badewanne, Waschtisch und WC. Ansonsten sind sorptionsfähige Materialien wie z.B. Kalkputz, Kalkgipsputz und Holz für das Raumklima und die Raumwirkung günstiger.

Wandfliesen werden am besten auf einen Putz aus hochhydraulischem Kalk oder auf planebene Gasbetonplatten geklebt. Auf rohem Mauerwerk müssen sie im Mörtelbett verlegt werden. Bauplatten – auch imprägnierte – sind nicht feuchtigkeitsbeständig und daher als Untergrund ungeeignet.

Eine Holzverschalung im Bad ist unproblematisch, wenn das Bad gut belüftet wird und das Holz nicht auf kalten (ungedämmten) Außenwänden angebracht wird. Sie sollte mit Abstand vor der Wand befestigt sein (Luftschicht). Eine Hinterlüftung ist nur dann erforderlich, wenn das Holz starkem Spritzwasser ausgesetzt ist. Für die Ausführung der Hinterlüftung gelten die gleichen Regeln wie bei hinterlüfteten Fassaden.

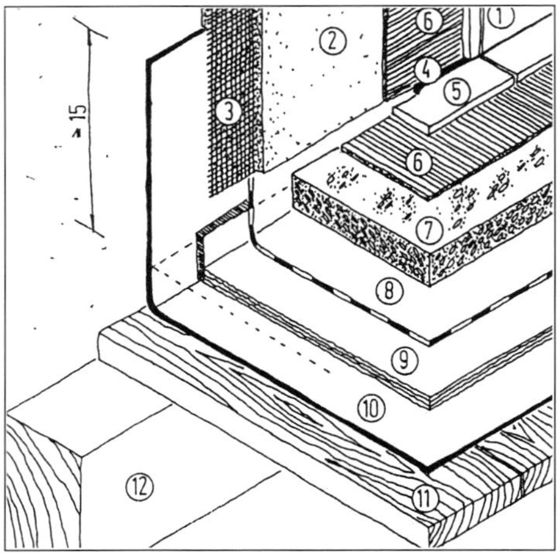

13.3
Nassraum-Abdichtung: Standard-Ausführung. Anschlussdetail Wand-Boden

1 Wandfliesen
2 Schwarzkalk- oder Kalkzement-Wandputz
3 Gewebearmierung
4 elastische Kittfuge
5 Bodenfliesen
6 wasserdichter Dünnbettkleber für Wand und Boden
7 schwimmend verlegter Zementestrich, bei vorgesehenem Bodenablauf als Gefälleestrich
8 PVC-Folie verschweißt (als Feuchtigkeitsabdichtung)
9 Trittschalldämmung
10 Feuchtigkeitsabdichtung, wandseitig hochgezogen
11 + 12 vorhandene Deckenkonstruktion

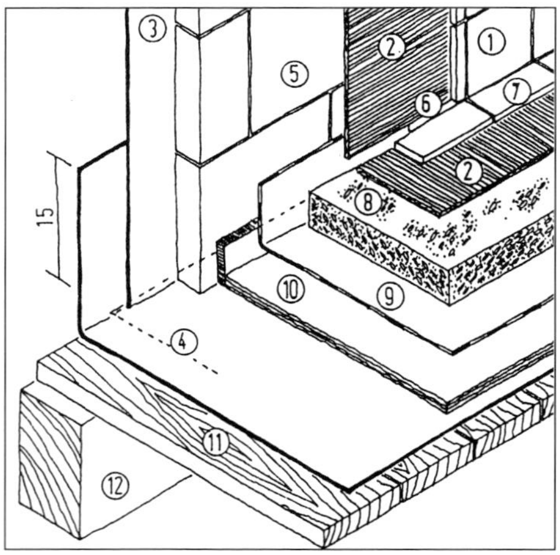

13.4
Nassraum-Abdichtung: verbesserte Ausführung für spritzwasserintensiven Bereich. Anschlussdetail Wand – Boden

1 Wandfliesen
2 Dünnbettkleber für Wand + Boden
3 Feuchtigkeitsabdichtung Wand, oben mit mechanischer Befestigung, unten geklebt
4 Feuchtigkeitsabdichtung Boden, wandseitig hochgezogen
5 Vormauerung, z.B. Gasbetonplatten 5 - 7,5 cm
6 elastische Kittfuge
7 Bodenfliesen
8 schwimmend verlegter Zementestrich, mit Gefälle zum Bodenablauf
9 PVC-Folie verschweißt (als Feuchtigkeitsabdichtung)
10 Trittschalldämmung
11 + 12 vorhandene Deckenkonstruktion

Beachten: Durchbrüche in der Wandabdichtung vermeiden. Wasserinstallationen von oben her vor der Abdichtungsbahn verlegen!

13.5
Links: Das Badezimmer muss nicht bis unter die Decke gefliest werden. Größe und Zuschnitt der Fliesen beeinflussen das Erscheinungsbild des Raumes wesentlich.
Rechts: Waschbecken in Holzkonsole eingelassen.

Verlegen von Wandfliesen

- Eventuell erforderliche Vorarbeiten: alte Fliesen und Mörtel abschlagen, wo erforderlich ebenen Untergrund aus Zementputz oder Bauplatten (Trockenputz) herstellen.
- Flieseneinteilung festlegen (nach Begabung und Anspruch).
- Kleber mit Zahnspachtel auftragen, Fliesen ansetzen, ausrichten und anpressen.
- Fliesen schneiden: Schnittlinie anzeichnen, mit Fliesenschneider und Winkel anritzen; von hinten mit Fliesenhammer entlangklopfen, über einen Bleistift abknicken oder mit der Fliesenzange durchbrechen.
- Runde Aussparung herstellen: Mehrere Löcher ringförmig nebeneinander vorbohren, verbleibende Stege mit kleinem Meißel ausstemmen; oder Fliese teilen und mit Papageienzange ausbrechen.
- Nach Erhärten des Klebers Fugenmasse mit Gummispachtel ganzflächig aufbringen, feucht nachwischen, nach kurzer Zeit mit trockenem Lappen oder Schwamm säubern.
- Dauerelastisches Verfugen aller Anschlüsse zwischen verschiedenen Bauteilen oder verschiedenen Materialien (z.B. Wandekken, Wannenrand, Rosetten der Armaturen usw.).

13.3 Badabdichtung und -entwässerung

Kein Fliesenbelag ist wasserdicht. Durch Undichtigkeiten der Fugen kann Wasser eindringen und Schäden verursachen, die erst nach Jahren festgestellt werden und unter Umständen nur mit hohen Kosten zu beseitigen sind (besonders wenn sie tragende Holzkonstruktionen betreffen). Durch Wasser beanspruchte Böden und Wandflächen müssen daher eine zusätzliche Abdichtung in Form von Dichtungsbahnen (aus Bitumen oder Kunststoff) erhalten. Bei geringer Beanspruchung können auch wasserdichte Fliesenkleber in Verbindung mit wasserdichtem Fugenmörtel zur Anwendung kommen. Wichtig ist, dass die Abdichtung an sämtlichen Anschlüssen sorgfältig hergestellt wird. Das sich auf der Bodenabdichtung sammelnde Wasser muss verdunsten oder über einen Bodenablauf wegfließen können.

Ob ein Bad mit einem Bodenablauf ausgestattet wird, ist oft eine Ermessensfrage. Der Zwang zum Einbau einer Türschwelle und eines Bodenablaufs nach DIN 1986 wird von der Rechtsprechung (nach Wasserschäden) nicht bestätigt.

Ein Bodenablauf sollte vorgesehen werden,

- wenn im Bad eine Waschmaschine aufgestellt wird,
- wenn häufig mit Spritzwasser zu rechnen ist (Kinder, Duschen ohne Spritzwasserschutz),
- wenn eine bequeme Fußbodenreinigung gewünscht wird.

Ein Bodenablauf hat jedoch nur dann einen Sinn, wenn auch der Boden einschließlich der Wandanschlüsse sicher abgedichtet wird. Um ein Austrocknen des Geruchsverschlusses zu verhindern, wird im allgemeinen die Badewanne oder Dusche durch den Bodenablauf entwässert.

Auf eine Bodenentwässerung und -abdichtung kann verzichtet werden,

- wenn darauf geachtet wird, dass auf dem Boden kein Wasser stehen bleibt,
- wenn die Dusche nicht übermäßig benutzt wird und die Verfugung der Fliesen auch am Anschluss zur Duschwanne dauerhaft dicht ist,
- wenn die Waschmaschine mit einem Sicherheitsventil gegen Auslaufen ausgestattet ist,
- wenn eine fertige Duschzelle eingebaut wird.

Der nachträgliche Einbau eines Bodenablaufs in vorhandene Decken ist nicht immer möglich. Beim Einbau ist auf den dichten Anschluss in zwei Ebenen zu achten, damit sowohl das oberflächliche Wasser auf dem Bodenbelag als auch das eingesickerte Wasser auf der darunterliegenden Dichtungsbahn richtig abgeleitet wird.

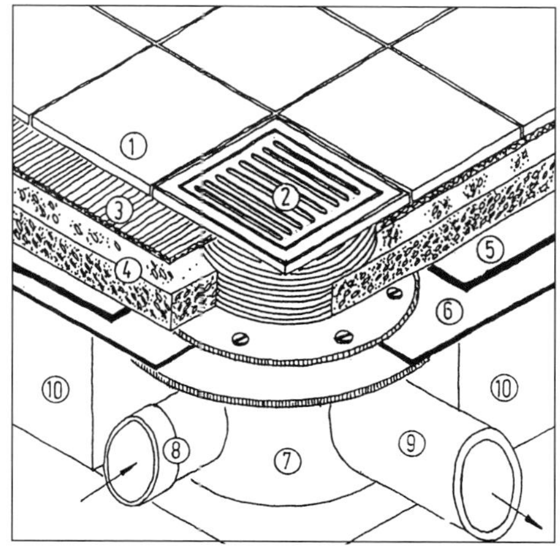

13.6
Bodeneinlauf in Nassräumen.
1 Bodenbelag, z.B. Fliesen
2 Gully-Abdeckrost
3 Klebebett
4 Gefälleestrich
5 Trittschalldämmung
6 Feuchtigkeitsabdichtung, mit Gully-Flansch wasserdicht verklebt
7 Ablauf-Topf mit Geruchsverschluss und Schmutzfangkorb
8 Zufluss, z.B. von Wanne oder Dusche
9 Abfluss zum Fallrohr
10 Deckenkonstruktion

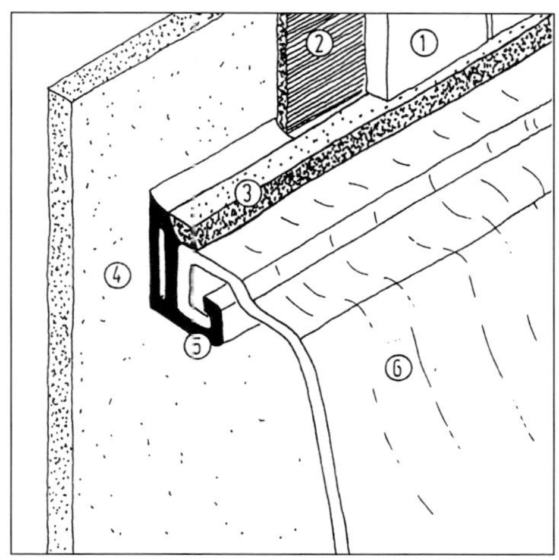

13.7
Wandanschluss von Dusche und Badewanne: Normalausführung mit zusätzlichem Dichtungsprofil.
1 Wandfliesen
2 Dünnbettkleber
3 elastische Kittfuge
4 Wandputz
5 Dichtungsklemmprofil umlaufend
6 Dusch- bzw. Badewanne

13.4 Künstliche Lüftung innenliegender Bäder

Innenliegende Bäder und Toilettenräume müssen, sofern sich diese Notlösung nicht vermeiden lässt, be- und entlüftet werden. Zu diesem Zweck werden ein oder mehrere Abluftrohre oder -schächte über Dach bzw. nach draußen geführt. Die Zuluft muss von einem Nachbarraum (bei Toiletten kein Aufenthaltsraum) durch eine unverschließbare Öffnung nahe am Fußboden (z.B. ein 2 cm breiter Türschlitz) oder von außen über einen Kanal einströmen können. Die Abluft kann entweder per Schwerkraft (Kamineffekt) oder durch einen Ventilator angetrieben im Luftschacht nach draußen bewegt werden.

Die *Schwerkraftentlüftung* arbeitet fast geräuschlos, wartungsfrei und ohne Strom, sie verursacht jedoch unter Umständen ein stärkeres Auskühlen des Raumes, insbesondere bei Wind, und ist nicht regulierbar. Außerdem erfordert sie größere Kanalquerschnitte als die mechanische Entlüftung mit Ventilator. Maßgebend für Bemessung und Ausführung ist DIN 18017 Teil 1 und 2. Damit es wegen des geringen Auftriebs im Sommer bei Toiletten nicht zu Geruchsbelästigungen kommt, empfiehlt es sich, für ausreichende Zuluftquerschnitte zu sorgen (ggf. über einen besonderen Zuluftkanal) und den Schachtkopf über Dach mit einer Windturbine (Zugverstärker) auszustatten.

Bei der *mechanischen Entlüftung* sorgt ein Rohrventilator für den gewünschten Luftstrom. Der elektrische Ventilator wird über den Lichtschalter oder einen Türkontakt, der mit einem Nachlaufrelais verbunden ist, bei jeder Toilettenbenutzung in Gang gesetzt. Bei der Auswahl des Ventilators ist auf möglichst geräuscharmen Lauf zu achten. Der Abluftkanal kann über Dach oder seitlich durch die Außenwand geführt werden. Ein Zuluftkanal ist nicht unbedingt erforderlich. Maßgebend für Bemessung und Ausführung ist DIN 18017 Teil 3 und 4.

13.8
Be- und Entlüftung innenliegender Nassräume.

1 Zuluft z.B. vom Flur über Türausschnitt, mind. 150 cm²
2 Abluft nach außen (Dach oder Außenwand), 100 mm ∅, mit Rohrventilator, Betätigung kombiniert mit Lichtschalter. Die Verwendung eines einstellbaren Nachlauf-Relais ist zu empfehlen.

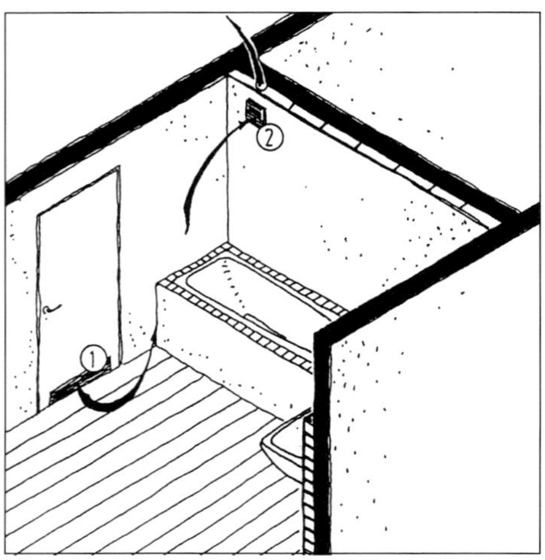

13.5 Baderneuerung

Als Alternative zum Einbau einer neuen Boden- und Wandabdichtung kann es in bestimmten Fällen sinnvoll sein, den Nassraum auf die Dusche zu beschränken und eine rundum abgedichtete Fertigduschzelle einzubauen. Neben den üblichen Duschzellen aus Alurahmen und Plexiglasfüllung gibt es spezielle Modelle, die aus Kunststoff fugenlos und absolut wasserdicht hergestellt sind. Ihre Außenseiten sind zum Bekleben mit Fliesen vorbereitet.

Stockflecken und Schimmelbildung im Bad sind Folgen einer zu hohen, andauernden Luftfeuchtigkeit in Verbindung mit niedrigen Oberflächentemperaturen der Wand. Schimmeltötende Sprays und Anstriche können keinen dauerhaften Erfolg bringen. Vielmehr kommt es darauf an, die Luftfeuchtigkeit durch vermehrtes Lüften zu senken und die Raumtemperatur durch Heizen und/oder wärmedämmende Maßnahmen anzuheben. Wenn die Flächen ausgetrocknet sind, können sie gereinigt und gegebenenfalls ausgebessert werden.

Erneuerungsbedürftige Fliesen müssen nicht unbedingt entfernt werden. Wenn die alten Fliesen noch gut am Untergrund haften, können die neuen Fliesen mit einem geeigneten Dünnbettkleber auf die alten geklebt werden. Die Oberfläche der alten Fliesen muss vorher mit einem Winkelschleifer aufgeraut werden. Schadhafte Übergänge bzw. Anschlüsse werden vorher aufgeschlagen und ausgebessert.

13.9 *rechts*
Badeinbau in einen Raum mit Dachschräge: durch geschickten Umgang mit einfachen Materialien wird auch ohne vergoldete Armaturen Eleganz und Atmosphäre erzielt.

14 Lüftungstechnik

Die technische Gebäudeausstattung, kurz Haustechnik genannt, umfasst die Themen:

1. Lüftung, wenn es um technische Be- und Entlüftungsanlagen geht,
2. Heizung,
3 Sanitärinstallation (Wasserversorgung und Abwasserentsorgung) und die
4. Elektroinstallation einschließlich Blitzschutz.

Diese 4 Themen mit ihren entsprechenden Gewerken werden in den folgenden Kapiteln 14 bis 17 behandelt.

Allen diesen Gewerken ist gemeinsam, dass dem Hausbesitzer vor der praktischen Ausführung die wichtige Aufgabe der Konzeption und Vorplanung im Bezug auf Wünsche, Nutzen sowie Gesundheits- und Umweltverträglichkeit bleibt. Außerdem gilt es, die Ausführung und dabei insbesondere Durchbrüche und das Verlegen von Leitungen mit anderen Baumaßnahmen am Haus frühzeitig und gut zu koordinieren.

Ausgeführt werden die Arbeiten meist in zwei Schritten, zunächst erfolgt die Rohmontage, das Verlegen der Leitungen, und erst nach Fertigstellung der Oberflächen die Fertigmontage, d.h. der Einbau der Ausstattungsgegenstände und Armaturen.

Diese technischen Gewerke erfordern in besonderem Maße fundierte fachliche und handwerkliche Kenntnisse. Aus Sicherheitsgründen dürfen Arbeiten an Elektro- und Gasinstallationen nur von Fachbetrieben mit entsprechender Zulassung ausgeführt werden. Somit sind viele Arbeiten im Bereich der haustechnischen Anlagen für Laien wenig geeignet. Schlechte Planung oder Ausführungsmängel können obendrein hohe nachträgliche Kosten verursachen. Eigenleistungen beschränken sich hauptsächlich auf einfache Vor- und Folgearbeiten, die mit den ausführenden Fachhandwerkern abzustimmen sind.

14.1 Aufgaben der Wohnungslüftung

Die Gebäudelüftung ist notwendig, um ein gesundes Innenraumklima zu schaffen, genauer gesagt, um sauerstoffreiche Frischluft ins Haus zu bringen und um verbrauchte Atemluft, Schadstoffe, Geruchsstoffe und Feuchtigkeit nach außen zu transportieren. Der Luftaustausch muss so groß sein, dass Wasserdampf und Schadstoffe in der Raumluft in ausreichendem Maße abgeführt werden. Er sollte im Winter aber auch nicht größer als nötig sein, um nicht unnötig viel Heizwärme aus dem Gebäude herauszulüften. Im Sommer wiederum ist die Lüftung ein geeignetes Mittel, um überschüssige Wärme aus dem Haus zu entfernen.

Ein Maß für den Luftaustausch ist die Luftwechselrate, die angibt, wie oft das Luftvolumen der Innenräume pro Stunde komplett erneuert wird. Entsprechend hat die Luftwechselrate die Dimension „Luftwechsel pro Stunde" [1/h]. 1 Luftwechsel pro Stunde entspricht bei normaler Raumhöhe (2,5 m) einem Luftaustausch von 2,5 m^3/h bezogen auf 1 m^2 Wohnfläche. Als Richtwert gilt in Wohnhäusern ein Luftwechsel von 0,2/h bei Abwesenheit von Personen und von 0,5 bis 0,7/h bei normaler Benutzung, d.h. etwa alle 2 Stunden sollte die Luft einmal ausgetauscht sein. Wenn sich außergewöhnlich viele Menschen in der Wohnung aufhalten (Besuch, Party etc.) oder in Arbeits- und Büroräumen mit hoher Belegung ist ein höherer Luftwechsel erforderlich.

Nun entsteht Luftaustausch nicht nur durch gezieltes Lüften, z.B. durch regelmäßiges Öffnen der Fenster, sondern erfolgt gerade in älteren, nicht besonders abgedichteten Gebäuden zu einem erheblichen Teil unkontrolliert durch kleinste Öffnungen in der Gebäudehülle und durch Fugen an Fenstern und Türen. Da durch diese unkontrollierte Fugenlüftung der hygienisch notwendige Luftwechsel aber nicht in allen Innenräumen hinreichend sichergestellt ist, darf die Fugenlüftung bei der Bemessung der Lüftung nach den einschlägigen Normen nicht berücksichtigt werden. Da sie aber trotzdem zu den Wärmeverlusten durch Lüftung beiträgt, ist es sinnvoll, den unkontrollierten Luftwechsel möglichst klein zu halten.

Je besser ein Haus gedämmt ist, umso wichtiger ist im Hinblick auf die Minimierung der Lüftungswärmeverluste die Begrenzung auf den *notwendigen* Luftwechsel und die Vermeidung von unkontrolliertem Luftaustausch durch Undichtheiten. Daher ist die Herstellung einer möglichst luftdichten Gebäudehülle so wichtig.

In der Praxis sollte die Luftdichtheit des Gebäudes nach Abschluss der Arbeiten an der Gebäudehülle durch einen Blower-Door-Test nachgewiesen werden, womit gleichzeitig die fachgerechte Bauausführung kontrolliert wird. Für die Berücksichtigung der Luftdichtheit im rechnerischen Nachweis gemäß GEG wird diese Messung ausdrücklich gefordert. Dazu wird im Gebäude mittels leistungsstarker Ventilatoren, eingesetzt in eine provisorische Haustür (der blower-door), ein bestimmter Unterdruck (50 Pascal) gegenüber außen erzeugt und die dabei abgesaugte Luftmenge gemessen. Anzustreben ist eine möglichst hohe Dichtheit, die in einem möglichst geringen Luftwechsel unter Prüfbedingungen zum Ausdruck kommt. Für Passivhäuser sollte der Luftwechsel unter 0,6/h liegen. Ist im Haus eine mechanische Lüftungsanlage eingebaut, fordert das GEG einen Luftwechsel von unter 1,5/h unter Prüfbedingungen, sofern ein Nachweis nach dem Bilanzverfahren geführt wird, bei Fensterlüftung gilt ein Luftaustausch unter 3/h noch als ausreichend.

Zur Lokalisierung der Undichtheiten im Altbau kann ein Blower-Door-Test in der Planungsphase sinnvoll sein.

Das Gebäudeenergiegesetz und DIN-Vorschriften fordern sowohl eine dichte Gebäudehülle als auch die Sicherstellung eines Mindestluftwechsels. Die Mindestlüftung kann in Abhängigkeit von der Art des Gebäudes, den baulichen Verhältnissen und dem Wohnverhalten der Bewohner durch folgende Maßnahmen erreicht werden:

- Natürliche Fensterlüftung,
- Lüftung über Schächte,
- Außenwandluftdurchlässe (ALD),
- Fensterfalz-Lüfter,
- ventilatorgestütze Abluftluftanlage,
- Lüftungsanlage ohne oder mit Wärmerückgewinnung.

Einzelheiten dazu regelt die DIN 1946 Teil 6 Lüftung von Wohnungen. Diese DIN dient hauptsächlich als Orientierungshilfe für die Planung sowie für Auseinandersetzungen zwischen Mieter und Vermieter bei Schimmelbildung in der Wohnung. Wenn die Dichtheit eines Gebäude durch bauliche Maßnahmen, z.B. den Einbau neuer Fenster, erhöht wird, ist gemäß dieser Norm festzulegen, auf welche Weise eine ausreichende Lüftung erreicht wird.

14.2 Fensterlüftung

Das Lüften durch regelmäßiges Öffnen und Schließen der Fenster (Stoßlüftung) wird im Altbau nach wie vor eine häufig praktizierte Lösung bleiben, auch wenn das bedarfsgerechte Dosieren des Luftwechsels relativ viel Aufmerksamkeit erfordert und daher schwer fällt. Hinweise zu den erforderlichen Lüftungsintervallen gibt Tabelle 14.1. Bei dauernd gekippten Fenstern wird im Winter zuviel gelüftet, so dass unnötig viel Heizenergie verloren geht. Umgekehrt entstehen bei dauernd geschlossenen und dichten Fenstern zwar geringere Lüftungsverluste, mangels ausreichendem Luftwechsel besteht aber die Gefahr überhöhter Schadstoffkonzentrationen und erhöhter Luftfeuchte mit Folgeschäden durch Schimmelbildung.

Bei neuen Fenstern können sogenannte *Fensterlüfter*, die im Fenterrahmen eingebaut werden, für eine einfache Grundlüftung sorgen.

Innenliegende Räumen, z.B. Toilette oder Bad, werden in manchen Altbauten über einen *Schacht entlüftet*, entweder durch thermischen Auftrieb oder mittels Ventilator. Die Schwerkraft-Schachtentlüftung kommt zwar ohne Ventilator aus, sie funktioniert aber nur,

Tabelle 14.1
Luftwechsel bei verschiedenen Lüftungsarten durch den Nutzer.

Luftwechsel unter verschiedenen Bedingungen

Lüftungsart	Luftwechsel	Öffnungsdauer f. 1 Luftwechsel
Fenster und Türen dicht	0,1 - 0,3/h	
Undichtes Haus (Mittel)	bis 2,0/h	
Regulierbare Lüftungsspalte (Dosierlüfter)	0,2 - 0,8/h	75 - 300 Min
Fenster gekippt:		
- ohne Querlüftung	0,25 - 0,8/h	24 - 75 Min.
- mit Querlüftung	2 - 4/h	15 - 30 Min.
Fenster ganz offen:		
- ohne Querlüftung	9 - 15/h	4 - 7 Min.
- mit Querlüftung	> 20/h	bis 3 Min.

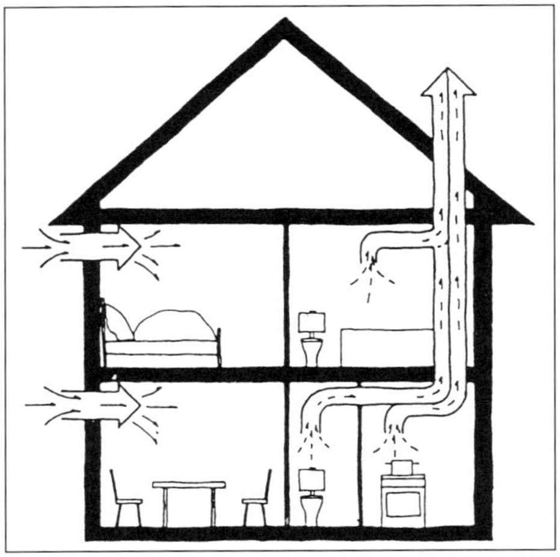

14.1
Einfache Abluftanlage: Zentrale Absaugung aus Küche, WC und Bad; Frischluftventile in der Außenwand oder im Fensterrahmen der Aufenthaltsräume.

14.2
Lüftungsanlage mit Wärmerückgewinnung: Zentrale Absaugung aus Küche, WC und Bad; Wärmeübertragung am Kreuzstrom-Wärmetauscher im Dach; vortemperierte Frischluft wird durch Kanäle in jeden Aufenthaltsraum geleitet.

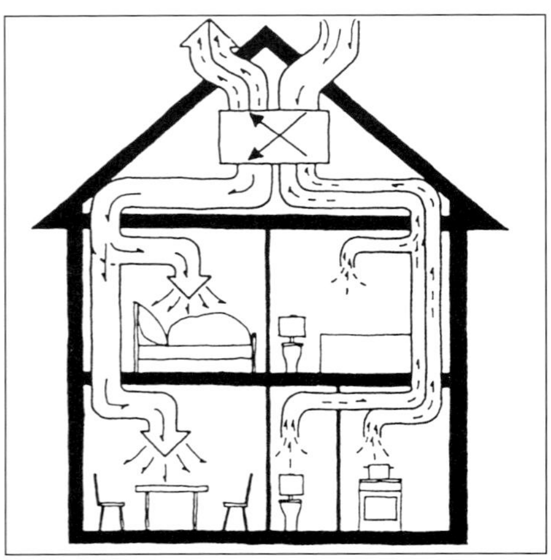

wenn es drinnen wärmer als draußen ist, und der Luftdurchsatz lässt sich – allenfalls durch eine verstellbare Blende – nur schwer kontrollieren. Wirksamer und in Häusern mit fensterlosen Räumen (z.B. WC, Bad, Abstellraum) zweckmäßiger sind Anlagen, bei denen die Abluft mit Hilfe eines regelbaren oder mit der Beleuchtung gekoppelten Ventilators über einen Schacht nach draußen befördert wird, sofern nicht gleich eine Abluftanlage für die ganze Wohnung vorgesehen wird.

Mit einer *Abluft- oder Lüftungsanlage* lässt sich das Optimum zwischen hygienisch ausreichendem Lüften und energiesparendem Lüften am besten erreichen. In Neubauten ist das heute Standard. Beim nachträglichen Einbau in ein bestehendes Gebäude muss die Planung auf die vorhandenen Möglichkeiten Rücksicht nehmen.

14.3 Abluftanlagen

Die *mechanische Abluftanlage* besteht aus *Abluftrohren*, die aus Bad, WC und Küche (den sogenannten Ablufträumen) in einen gemeinsamen Abluftkanal zusammengeführt werden, aus einem *Ventilator*, der die verbrauchte Luft absaugt und nach draußen befördert, und aus den regelbaren oder selbstregelnden *Zuluftventilen* für die Frischluftzufuhr in die Wohnräume. Der Unterdruck im Haus wird ausgeglichen, indem über die Zuluftventile, die in der Außenwand oder im Fenster eingebaut sein können, frische Luft in die Zulufträume (insbesondere Wohnzimmer, Schlafzimmer, Kinderzimmer) nachströmt. Die Luftzufuhr durch die Frischluftventile kann von den Bewohnern nach Bedarf eingestellt werden. Außenwandventile gibt es auch in schalldämmender Ausführung sowie mit Staub- und Pollenfilter. Damit die Luft innerhalb des Hauses zu den Absaugstellen strömen kann, werden an den Innentüren oder Innenwänden ebenfalls Öffnungen angeordnet, am einfachsten in Form eines ca. 1 cm hohen Türspaltes. Für höhere Ansprüche gibt es Türgitter und Wandventile, die auch schalldämmend ausgerüstet sein können.

Der Fortluftventilator wird üblicherweise unter dem Dach oder in einem Keller- oder Hausanschlussraum angeordnet, möglichst dort, wo die Kanäle aus Bad, WC und Küche auf kürzestem Weg zusammengeführt werden können. Der Ventilator für ein Einfamilienhaus ist etwa 30 x 30 x 30 cm groß und hat eine elektrische Leistungsaufnahme von etwa 50 - 100 W. Als Luftkanäle können Wickelfalzrohre aus Blech mit 8 bis 16 cm Durchmesser, aber auch Flachkanäle aus Blech oder Kunststoff eingesetzt werden.

Die Steuerung der Anlage erfolgt mit einem 3-Stufen-Schalter, der möglichst in der Nähe der Haus- bzw. Wohnungstüre angeordnet ist, ggf. kombiniert mit einer Schaltuhr. Dadurch kann beim Verlassen der Wohnung leicht von der Normalstufe auf Minimallüftung heruntergeschaltet werden. Die Maximalleistung wird in der Regel nur bei besonders hohem Lüftungsbedarf, z.B. zum kräftigen Durchlüften oder bei Anwesenheit vieler Personen benötigt. Eine automatische Steuerung der Lüftungsleistung in Abhängigkeit von der Raumluftfeuchte ist möglich und bringt zusätzlichen Komfort (schnelle Badtrocknung nach dem Duschen), ist aber nicht unbedingt erforderlich. Während des Sommers wird die Lüftungsanlage üblicherweise ganz abgeschaltet; dann wird wie bisher durch Öffnen der Fenster gelüftet, es sei denn, Staub, Pollen oder Lärm sollen durch die Filter der Anlage draußen gehalten werden. Natürlich können die Fenster auch im Winter bei starkem Lüftungsbedarf geöffnet werden, was dann aber einen entsprechend höheren Heizenergieverbrauch zur Folge hat. Häufig geäußerte Vorbehalte, die auf Erfahrungen mit alten Luftheizungen oder Klimaanlagen beruhen, sind nicht gerechtfertigt, da die Luft bei der Abluftanlage weder künstlich beheizt und noch gekühlt wird; außerdem sind die bewegten Luftmengen im Vergleich zu Luftheizungen alter Bauart sehr gering.

Der Einbau einer Abluftanlage ist wegen des Einbaus der Lüftungskanäle besonders in Zusammenhang mit anderen Energiespar- und Umbaumaßnahmen zu empfehlen. Um die Gesamtlänge der Luftkanäle gering zu halten, ist es von Vorteil, wenn die Abluft-Räume Bad, WC und Küche nahe beieinander liegen. Die Kanäle können entweder sichtbar unter der Decke verlegt oder in Ecken eingepasst und dort ggf. noch verkleidet werden. Kleine Räume, Gewölbe- und Balkendecken sowie Fachwerkwände können die Kanalführung erschweren.

14.4 Lüftungsanlagen mit Wärmerückgewinnung

Durch den Einbau einer Wärmerückgewinnung (z.B. durch Wärmetauscher in der Abluft) kann ein Teil der mit der Abluft entweichenden Wärme, in der Praxis bis zu 80%, zurückgewonnen und für die Erwärmung der Frischluft eingesetzt werden. Dabei wird die kalte Frischluft mittels Wärmetauscher durch die warme Fortluft erwärmt und über separate Zuluft-Kanäle den Aufenthaltsräumen zugeführt. Außenwandventile sind in diesem Fall nicht mehr erforderlich.

Die Technik eines solchen Wärmetausches ist im Grunde sehr einfach, jedoch wird neben dem Wärmetauscher ein zweiter Ventilator auf der Zuluftseite benötigt. Dafür muss die Zuluft zentral – ggf. über Staub- und Pollenfilter – angesaugt, über ein eigenes Kanalsystem in die Aufenthaltsräume (Zuluft-räume: Wohnzimmer, Schlafzimmer, Kinderzimmer) geführt und dort mittels Ausblasventilen zugfrei verteilt werden. Wärmetauscher und Ventilatoren sind in der Regel in einem zentralen Lüftungsgerät zusammengefasst, das im Haustechnikraum, unter dem Dach oder im Keller untergebracht werden kann. Von dort führen die Zuluft- und Abluftkanäle in alle zu be- und entlüftenden Räume.

Wegen des Stromverbrauches der Ventilatoren ist eine deutliche Primärenergieeinsparung – über das Jahr gerechnet – nur bei richtiger Auslegung und Einsatz effektiver Ventilatoren und Wärmetauscher gegeben. Bessere Energieverbrauchsstandards als GEG-Neubau (also z.B. der förderfähigen KfW-Effizienzhaus-Standards) sind ohne eine Lüftungsanlage mit Wärmerückgewinnung und entsprechendem Dichtheitsnachweis nicht zu erreichen.

Eine weitere Aufrüstung der Lüftungsanlage zur Luftheizung mit Heizaggregat, Wärmepumpe oder Brauchwassererwärmung, wie sie gelegentlich von Stromversorgungsgesellschaften und Geräteanbietern vorgeschlagen wird, ist für Einfamilienhäuser nur dann empfehlenswert, wenn der Energiebedarf des Gebäudes tatsächlich den Passivhausstandard erreicht und auf eine zusätzliche (Warmwasser-) Heizung verzichtet werden kann.

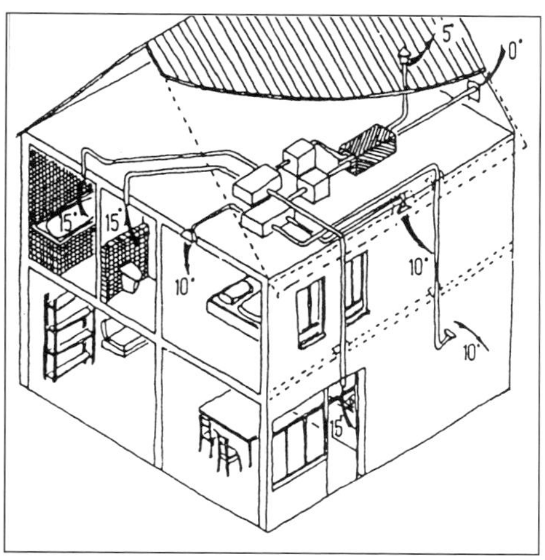

14.3
Abluft-Wärmerückgewinnung – nachträglicher Einbau bei vorhandener Heizungsanlage. Unterbringung des Wärmetauschers und der horizontalen Leitungsführung z.B. auf dem Dachboden oder unter der Kellerdecke.
Quelle: Fa. Schrag-Aldes, 73061 Ebersbach/Fils

14.4
Kreuzstrom-Wärmetauscher mit Ventilatoren für Zu- und Abluft (Funktionsschema).
1 Zufuhr der Raumabluft, ca. 15°C
2 Zufuhr Außenluft ca. 0°C
3 abgekühlte Fortluft ca. 5°C
4 erwärmte Außenluft ca. 10°C
5 Metallgehäuse
6 Metallplatten als Wärmetauscher

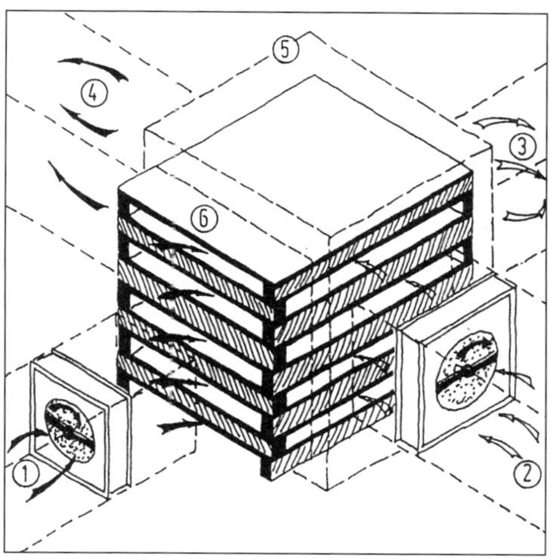

14.5 Planung von Lüftungsanlagen

Erste Voraussetzung für den Einsatz einer Lüftungsanlage ist eine ausreichend luftdichte Bauweise, da Undichtheiten die Funktion der Lüftungsanlage beeinträchtigen.

Weitere Voraussetzung ist die fachgerechte Auslegung durch einen Fachplaner. Neben der richtigen Bemessung der Kanäle und des Lüfters kommt es auf geschickte Führung der Luftkanäle, die Standortwahl für das Lüftungsgerät und Maßnahmen gegen Schall- und Geruchsübertragungen an, um Lärm, Zugerscheinungen und hygienische Probleme zu vermeiden und den Stromverbrauch für den Lüfterantrieb in Grenzen zu halten.

Wegen des notwendigen, relativ großen Querschnitts (zwischen 10 und 20 cm) beanspruchen die Luftkanäle Platz. Die Führung der Kanäle in den Räumen und nach draußen sollte daher frühzeitig, d.h. vor Beginn der Renovierungsarbeiten, überlegt werden, so dass die Verlegung (unter der Decke, hinter Verkleidungen in Raumecken etc.) im Zuge anderer Bauarbeiten miterledigt werden kann.

Eigenleistungen bei der Installation einer Lüftungsanlage werden sich in der Regel auf Vor- und Folgearbeiten beschränken, z.B. auf das Herstellen und Schließen von Wand- und Deckendurchbrüchen, auf Verkleidungs- und begleitende Malerarbeiten.

Hier noch einige weitere Einzelheiten zur Planung:

- Bei den Luftkanälen sind Revisionsöffnungen vorzusehen, so dass die Kanäle in größeren Zeitabständen innen gereinigt werden können.
- Die Luftwechselrate sollte auf der kleinsten Stufe etwa 0,2/h (Grundlüftung bei Abwesenheit), im Normalbetrieb 0,6/h und auf der größten Stufe 1–1,5/h betragen.
- Die elektrische Ventilatorleistung für eine gut geplante Abluftanlage sollte nicht größer sein als etwa 0,2 W bezogen auf einen Luftdurchsatz von 1 m^3/h. Für eine 150 m^2-Wohnung sollte somit ein 80 W-Ventilator (entsprechend 400 m^3/h auf höchster Stufe) ausreichen. Für Lüftungsanlagen mit Wärmerückgewinnung gilt ein Wert von 0,25 - 0,4 Wh/m^3 als zufriedenstellend.
- Der Dunstabzug vom Küchenherd darf nicht an die Abluftanlage angeschlossen werden. Entweder wird eine Dunstabzugshaube mit Umluftbetrieb gewählt oder die Abluft wird separat nach außen geführt.
- Eine Schallübertragung von einem Raum in andere und eine Übertragung von Ventilatorgeräuschen ist durch entsprechende Kanalführung und Einbau von Schalldämpfern auszuschließen.
- Bei Abluftanlagen sind die Frischluftventile in der Außenwand in der Nähe von Heizkörpern anzuordnen, damit die einströmende Außenluft keine kalte Bodenströmung erzeugt.
- Wenn ein Kaminofen oder eine andere Einzelfeuerstätte betrieben wird, ist durch entsprechende Vorkehrungen (Unterdruckschalter) sicherzustellen, dass durch den Unterdruck kein Abgas aus dem Ofen in den Raum gelangt und eine Vergiftung durch Kohlenmonoxyd ausgeschlossen werden kann.

15 Heizungstechnik

15.1 Grundsätzliche Überlegungen

Der Austausch eines Heizkessels kann aus verschiedenen Gründen in Betracht kommen:

- Ein defekter nicht reparierbarer Heizkessel (Lebensdauer 20–25 Jahre) macht einen *umgehenden Austausch des Wärmeerzeugers* erforderlich. Arbeitet die Heizung sonst zufriedenstellend, kann der Ersatz durch einen Heizkessel modernster Bauart ausreichen. Aufgrund der großen Fortschritte bei der Feuerungstechnik in den letzten 20 Jahren lohnt es sich häufig, eine funktionierende Altanlage wegen der besseren Energieausnutzung auch schon vorzeitig zu ersetzen.
- Der alte Zentralheizungskessel soll bzw. muss wegen schlechter Effizienz und hohen Verbrauchs durch einen neuen ersetzt werden. Dann sind neben dem Kesselaustausch meist auch die Nebenanlagen (z.B. Steuerung, Brennstofflager etc.) zu modernisieren.
- Eine Wohnraumerweiterung (z.B. Dachgeschossausbau, Anbau etc.), eine Nutzungsänderung (z.B. Zuschlag eines Abstellraums zum Bad, Umwandlung eines unbeheizten Raumes in Wohn- oder Arbeitszimmer) oder die energetische Sanierung des Gebäudes machen Änderungen an der Heizungsanlage erforderlich, so dass Maßnahmen sowohl an der *Wärmeverteilung und Wärmeübertragung* (Rohrleitungen und Heizkörper) als auch am *Wärmeerzeuger* notwendig sind.
- Im Rahmen der Gebäudemodernisierung wird der *Ersatz der Einzelöfen* durch eine komfortable *Zentralheizung* gewünscht. Da die Heizung neu gebaut wird, sind alle Optionen offen, sowohl bei der Wärmeverteilung, bei der Wärmeerzeugung als auch bei der Wahl des Brennstoffes.
- Bei einem Kesselaustausch sind die Vorschriften des Gebäudeenergiegesetzes („Heizungsgesetz“) zu beachten. Dazu gibt es finanzielle Hilfen durch staatliche Förderprogramme.

Wichtige Ziele für die Auswahl eines passenden Heizsystems sind möglichst niedrige Herstellungs- und Verbrauchskosten und der Vorrang für erneuerbare Energieträger. Bei der Planung einer neuen Heizung ist es immer wichtig, auch über eine Verbesserung der Wärmedämmung der Gebäude-Hüllflächen nachzudenken. Denn ein reduzierter Wärmebedarf des Gebäudes ermöglicht auch eine geringere Größe (Leistung) des Wärmeerzeugers und eine niedrigere Vorlauftemperatur des Heizwasserkreislaufs. Das senkt den Heizenergiebedarf und die Heizkosten. Mehr dazu in Kap. 4.

Welche Art der Heizung im Falle einer Erneuerung die beste, preisgünstigste oder effektivste ist, kann nur für den jeweiligen konkreten Fall entschieden werden. Bei der Wahl einer passenden Heizung sind die Vorschriften des Heizungsgesetzes (GEG) und die staatlichen Förderprogramme entscheidende Gesichtspunkte.

Gebäudeenergiegesetz GEG

Das GEG 2024 setzt beim Einbau neuer Heizungen weitgehend auf Erneuerbare Energie. Der Ausstoß der klimaschädlichen Abgase, die bei der Verbrennung fossiler Energieträger entstehen, wird damit drastisch verringert. Bis im Jahr 2045 soll Klimaneutralität erreicht werden. Für den Gebäudebestand durch

- eine Minderung der Wärmeverluste durch die Gebäudehülle, zum Beispiel Wärmedämmung der Außenwände und Dachfläche, besser dämmende Fenster;
- eine veränderte Heiztechnik, mit der fossile Brennstoffe weitgehend durch Strom aus Windkraft, Wasserkraft, Sonnenenergie und Biomasse ersetzt werden.

- Öl- und Gasheizkessel, die vor 1991 eingebaut wurden, dürfen nicht mehr betrieben werden. Öl- und Gasheizkessel, die ab 1991 eingebaut wurden, dürfen nach Ablauf von 30 Jahren nicht mehr betrieben werden. Davon ausgenommen sind Niedertemperatur-Heizkessel und Brennwertkessel.
- Bisher ungedämmte, zugängliche Wärmeverteilungs- und Warmwasserleitungen in unbeheizten Räumen müssen gedämmt werden.
- Bestehende Heizungen können weiter betrieben werden.
- Kaputte Heizungen können repariert werden. Wenn eine bestehende Öl- oder Gasheizung nicht mehr reparierbar ist und ausgetauscht werden muss, gelten Übergangsfristen.
- Ab 2026 bzw. 2028 dürfen keine neuen Öl- und Gasheizkessel mehr eingebaut werden.
- Jede neu eingebaute Heizung muss zu wenigstens 65 Prozent mit erneuerbaren Energien betrieben werden („65 %-EE-Pflicht"). Diese Anforderungen werden typischerweise durch folgende Techniken er-füllt („Erfüllungsoptionen"): Wärmepumpen, Holzheizung, Anschluss an ein Wärmenetz (Fern- und Nahwärme), gebäudenah erzeugter Strom aus erneuerbaren Energien, Solarthermie, Kraft-Wärme-Kopplungsanlagen (KWK) wie die Brennstoffzellenheizung. Auch eine Kombination mehrerer Technologien ist möglich. Eher für Sonderfälle geeignet sind Brennwertkessel, die mit Biogas, Biomethan oder bio-genem Flüssiggas betrieben werden.
- Zulässig sind auch Gasheizungen, die nachweislich erneuerbare Gase nutzen – Biomethan, biogenes Flüssiggas oder Wasserstoff. Biogas ist teuer. Heizen mit Wasserstoff ist technisch möglich, wegen des gro-ßen Energeiaufwands bei der Herstellung und wegen des hohen Preises aber eher von untergeordnetem Interesse.
- Anstelle der genannten Techniken kann auch ein besonders guter Wärmeschutz der Gebäudehülle zur Erfüllung der Anforderung beitragen.
- Für die Umstellung der Heizung gibt es staatliche Fördermittel. Für Haushalte mit niedrigem Einkommen übernimmt der Staat einen Anteil von bis zu 70 % der Kosten.

Tabelle 15.1
Gebäudeenergiegesetz 2024. Die wichtigsten Regeln für Bestandsgebäude. Im konkreten Einzelfall sind die genaueren Vorschriften des GEG zu beachten!

Eine bestehende Heizung darf repariert und weiter betrieben werden. Heizkessel dürfen längstens bis zum 31. Dezember 2044 mit fossilen Brennstoffen betrieben werden. Ist nur der Brenner oder die Steuerung oder der Brauchwasserspeicher defekt, dann ist eine Reparatur möglich und zulässig. Solche Reparaturen werden gelegentlich irreführend als „Heizungstausch" bezeichnet. Das würden dann die 65%-EE-Regel des GEG auslösen.

Nachrüstpflichten für besonders alte Zentralheizanlagen gibt es bereits seit 2002:

- Öl- und Gasheizungen dürfen ab einem bestimmten Alter nicht mehr betrieben werden. Ausgenommen sind Niedertemperatur-Heizkessel, Brennwertkessel und Heizkessel mit einer Nennleistung von weniger als 4 kW oder mehr als 400 kW.
- Ungedämmte und zugängliche Wärmeverteilungsleitungen, Warmwasserleitungen und Armaturen müssen (nachträglich) gedämmt werden.

Erfüllungsmöglichkeiten zur 65%-EE-Pflicht:

- Anschluss an ein Wärmenetz
- Elektrisch angetriebene Wärmepumpe
- Stromdirektheizung
- Solarthermieanlage
- Heizungsanlage auf Basis von Biomasse oder blauem/grünem Wasserstoff
- Heizungsanlagen zur Nutzung fester Biomasse
- Wärmepumpen-Hybridheizung (in Kombination mit Brennwertkessel)
- Solarthermie-Hybridheizung (in Kombination mit einer Gas-, Biomasse oder Flüssigbrennstofffeuerung)

Tabelle 15.2
Erfüllungsoptionen zur 65%-EE-Pflicht nach § 71 „Heizungsgesetz" 2024.

Das GEG 2024 bedeutet mittelfristig das Aus für Ölheizungen und ein Nischendasein für Gasheizungen. Eine neu eingebaute Heizung muss zu 65 Prozent mit Erneuerbaren Energien betrieben werden („65%-EE-Pflicht"). Klimaneutrales Heizen heißt künftig: Hocheffiziente Wämeerzeuger, die aus erneuerbarer Energie möglichst viel Wärme produzieren. Wesentliche Standbeine dafür sind Wärmepumpen, die mit grünem Strom betrieben werden, und der Um- und Ausbau öffentlicher Wärmenetze. Darüber hinaus gibt es aber auch viele andere „Erfüllungsoptionen", zum Beispiel Holzheizkessel, sowie Möglichkeiten zur Kombination verschiedener Techniken. Wasserstoff ist zum Heizen zu teuer und daher für eine breite Verwendung vorerst unattraktiv.

In *Neubaugebieten* dürfen ab Januar 2024 nur noch Heizungen eingebaut werden, die zu 65 Prozent mit erneuerbaren Energien betrieben werden. Für *bestehende Gebäude* und Neubauten in Baulücken gelten Übergangsfristen und Ausnahmeregeln. *Bestehende Heizungen* können weiter betrieben werden. Defekte Heizungen dürfen repariert werden. Für eine Heizung, die nicht mehr repariert werden kann, gibt es lange Übergangsfristen. Bei Härtefällen können Eigentümer von der Vorschrift zur Umstellung auf erneuerbares Heizen befreit werden.

Übergangsphase bis zum Jahr 2026/2028

Wegen der Pflicht der Kommunen, Nahwärmenetze zu planen, gilt in Großstädten mit mehr als 100.000 Einwohnern die Pflicht zum Einbau von Heizungen mit 65% erneuerbarer Energie erst ab dem 30.06.2026, für alle anderen Städte und Gemeinden gilt sie ab dem 30.06.2028. Wer in der Übergangsphase eine neue Gas- oder Ölheizung einbauen will, ist verpflichtet, sich von einem Energieberater oder Installateur über die

Vor- und Nachteile im Vergleich zu anderen Heizungsarten beraten zu lassen. Besonders wichtig ist dabei z.B. der Hinweis auf wirtschaftliche Risiken bei der Öl- oder Gaspreisentwicklung sowie auf eine eventuell vorhandene kommunale Wärmenetzplanung (Nah- oder Fernwärme).

Einbau einer neue Gas- und Ölheizung in der Übergangsphase

In Bestandsgebäuden dürfen in der Übergangsphase Gas- und Ölheizungen unter bestimmten Bedingungen eingebaut werden, zum Beispiel in Kombination mit einer Wärmepumpe oder wenn sie anteilig mit Biomethan betrieben wird. Dies gilt aber nicht, wenn die Kommune schon verbindlich die Entscheidung für den Neu- oder Ausbau eines Wärmenetzes oder eines Wasserstoffnetzes getroffen und öffentlich bekannt gemacht hat. In Baden-Württemberg gilt weiterhin das Erneuerbare Wärmegesetz (s. Kap. 4.5, Abs. Gesetze der Bundesländer).

Bestehende Gas- oder Ölheizung

Eine funktionierende Gas- oder Ölheizung, die vor dem 01.01.2024 eingebaut wurde, darf bis Ende 2044 mit fossilem Erdgas betrieben werden. Danach muss eine Umstellung auf biogenen oder synthetischen Brennstoff erfolgen. Wer früher auf erneuerbare Energie umsteigt bekommt zusätzlich zur Grundförderung einen Geschwindigkeitsbonus. Mehr dazu im folgenden Abschnitt „Finanzielle Förderung".

Heizen mit 65 Prozent erneuerbaren Energien

Es gibt viele technische Möglichkeiten, um die 65%-Anforderung zu erfüllen: Anschluss an ein Fern- oder Gebäudewärmenetz, Elektrische Wärmepumpe, Kombination von Öl- oder Gasheizung mit anderen Techniken, zum Beispiel mit Wärmepumpe, Solarthermie, Biomasseheizung (Holz, Biogas) oder Wasserstoffgas. Eine reine Gasheizung ist möglich, wenn sie nachweislich erneuerbare Gase nutzt, was aber vergleichsweise teuer ist.

Wärmepumpe für den Altbau

Am verbreitetsten sind Luftwärmepumpen. Erdwärmepumpen sind bei geeignetem Untergrund möglich. Wegen der Bohrung sind sie bei der Anschaffung teurer, bei den Energie- und Betriebskosten aber günstiger. Ob eine Luftwärmepumpe in einem Altbau effizient arbeitet, hängt davon ab, ob die Vorlauftemperatur nicht höher als 55 Grad sein muss. Das ist die Temperatur, mit der das Wasser an kalten Wintertagen in den Heizkörper gepumpt wird. Erdwärmepumpen können auch höhere Temperaturen erreichen, was für Altbauten vorteilhaft sein kann. Bei Luftwärmepumpen für gering oder nicht gedämmte Gebäude kann der Austausch einzelner Heizkörper gegen größere Heizkörper notwendig sein. Langfristig ist es jedoch vorteilhafter, die Wärmedämmung zu verbessern, z.B. durch neue Fenster oder durch Dämmung einzelner Wand-, Dach- oder Deckenflächen. Eine weitere Möglichkeit ist die Kombination mit einer vorhandenen Gas- oder Ölheizung. Mehr zu den einzelnen Heizungstechniken in Kap. 15.3.5. Mehr zur Verbesserung der Gebäudehülle in Kap. 4.2.

Beratung

Eine fundierte Entscheidung für ein konkretes Gebäude erfordert spezielle Fachkenntnisse. Allgemein gültige Regeln sind keine Basis für den Einzelfall. Für eine staatlich geförderte „Energieberatung für Wohngebäude" gibt es einen Zuschuss von bis zu 80% Beratungskosten auf maximal 1.300 €. Eine Liste der zugelassenen Berater gibt es auf *www.energie-effizienz-experten.de*. Die Verbraucherzentralen bieten eine kostenlose Einstiegsberatung an. Mehr dazu in Kap. 4.7.

Ausnahmen

Bei einer unzumutbaren Härte kann die zuständige Behörde auf Antrag eine Befreiung von den Anforderungen erteilen. Gründe für ein Befreiung können sein: Unwirtschaftlichkeit der Maßnahme, besondere persönliche, bauliche oder sonstige Umstände, zum Beispiel Pflegebedürftigkeit, Finanzierungsschwierigkeiten bei hohem Alter.

Finanzielle Förderung für den Heizungstausch

Der Staat fördert mit dem Programm BEB (Bundesförderung effiziente Gebäude) den Austausch alter fossiler Heizungen mit Zuschüssen.

- Eine *Grundförderung* von 30% gibt es für allen privaten Hauseigentümer, Vermieter, Unternehmen, gemeinnützige Organisationen sowie Kommunen.
- *Vermieter* können die Grundförderung erhalten, wenn sie die Kosten nicht über die Miete umlegen.
- Eine erhöhte Förderung gibt es zusätzlich zur Grundförderung für Holzheizungen. Sie gibt es auch für Wärmepumpen, die als Wärmequelle Wasser, Erdreich oder Abwasser nutzen oder ein natürliches Kältemittel einsetzen.
- Einen *Geschwindigkeitsbonus* gibt es zusätzlich zur Grundförderung für selbstnutzende Eigentümer, die eine funktionsfähige Gas-, Öl-, Kohle-, Gasetagen- oder Nachtspeicherheizung vorzeitig austauschen.
- Einen *einkommensabhängigen Bonus von 30 %* gibt es für selbstnutzende Eigentümer mit einem zu versteuernden Haushaltseinkommen von jährlich bis zu 40.000 Euro.
- Einen *Emissionsminderungszuschlag* gibt es für Biomassenheizungen mit besonders niedriger Staubemission
- Die Boni können kombiniert werden. Insgesamt ist der Zuschuss jedoch auf maximal 70 % der Herstellungskosten begrenzt.

- Die förderfähigen Kosten sind begrenzt. Für ein selbstgenutztes Einfamilienhaus liegt diese Grenze bei 30.000 Euro. Für darüber hinaus gehende Kosten gibt es keine Förderung. In Gebäuden mit zwei und mehr Wohneinheiten sinken die förderfähigen Kosten stufenweise.

Neben diesen nicht rückzahlbaren Zuschüssen gibt es günstige Kredite für den Heizungstausch, sofern das Haushaltseinkommen nicht über 90.000 Euro pro Jahr liegt. Zusätzlich zur Förderung für den Heizungstausch gibt es Zuschüsse oder zinsvergünstigte Kredite mit Tilgungszuschuss für andere Einzelmaßnahmen oder auch für eine Komplettsanierung zum Effizienzhaus. Alternativ ist auch eine Minderung der Einkommenssteuer möglich. Mehr dazu in Kap. 4.6.

Die staatlichen Förderprogramme ändern sich häufig. Die jeweils aktuellen Förderinfos können auf den Webseiten der KfW oder des BAFA abgefragt werden. Oder auch in Online-Datenbanken, z.B. auf *www.co2online.de/foerdermittel/* oder auf *www. foerderdatenbank.de*.

15.2 Die Wahl des Wärmeerzeugers

Auf den ersten Blick erscheint eine möglichst lange Nutzung der vorhandenen Öl- oder Gasheizung als die kostengünstigste Lösung. Aber bei steigendem CO_2-Preis können die Heizkosten für Öl und Gas schnell zur Kostenfalle werden. Die Investition in eine staatlich geförderte Erneuerung der Heizung amortisiert sich in den Folgejahren durch die niedrigeren Verbrauchskosten. Deshalb ist es sinnvoll, sich von einem Energieberater möglichst frühzeitig beraten und den finanziell richtigen Zeitpunkt für einen Wechsel berechnen zu lassen. Ganz wesentlich für die Wahl des Wärmeerzeugers ist die im GEG verankerte staatliche Förderung

- für die Erfüllung der Anforderungen zur 65%-EE-Pflicht,
- für freiwillige Maßnahmen zur CO_2-Minderung gemäß BEG Bundesförderung für effiziente Gebäude.

Mehr dazu in Kap. 4.6

Welche neue Heizung im konkreten Fall die beste ist, hängt von zahlreichen Faktoren ab. Folgende Fragen erleichtern eine erste Einschätzung und Eingrenzung der passenden Heizungsarten:

- Ist ein Anschluss an das örtliche Fern- oder Nahwärmenetz vorhanden oder möglich?
- Plant die Gemeinde ein Fernwärme- oder Wasserstoffnetz?
- Ist eine thermische oder elektrische Solaranlage auf oder an dem Gebäude vorhanden oder möglich?
- Sind das Grundstück und der Untergrund für eine geothermische Wärmepumpe zur Nutzung der Erdwärme geeignet?
- Gibt es im oder am Haus genügend Platz zur Lagerung von Holzpellets oder Stückholz?
- Wo soll der Wärmeerzeuger stehen, wieviel Platz ist vorhanden?

Nach Beantwortung dieser Fragen sind einige Heizungsarten ausgeschieden. In einem zweiten Schritt folgt die genauere Betrachtung der verbliebenen Wahlmöglichkeiten. Dabei sind zum Beispiel folgende Fragen von Interesse:

- Wie gut ist das Haus gedämmt? Wie groß ist der Heizwärmebedarf?
- Sind in naher Zukunft Instandsetzungsarbeiten nötig, z.B. an Fenstern, Fassaden, Dachdeckung?
- Sind Maßnahmen zur Wärmedämmung der Gebäudehülle geplant, empfehlenswert oder als vorgeschriebene Nachrüstung nötig?
- Welche Vor- und Nachteile haben die möglichen Heizungsarten?
- Welche Heizung erzeugt die wenigsten klimaschädlichen Treibhausgase?
- Welche Heizungsarten sollen als Alternativen genauer untersucht werden?
- In welchem Zeitraum amortisiert sich welche Heizungsart? Teilfragen dazu sind: Welche baulichen Veränderungen sind gewünscht oder nötig? Was kostet der Heizungstausch, wie hoch ist die staatliche Förderung, welche künftigen Heizkosten sind zu erwarten?
- Wie wird die Investition finanziert?

Antworten auf diese Fragen erfordern eine fundierte Energieberatung.

Folgende Heizungsarten erfordern bei erstmaligem Einbau zusätzlich zum Stromanschluss Erdarbeiten und/oder die Herstellung eines Lagers:

- Erd- und Grundwasser-Wärmepumpen
- Holzpelletheizung
- Ölheizung

Folgende Heizungsarten erfordern bei erstmaligem Einbau zusätzlich zum Stromanschluss weitere Anschlüsse:

- Gasheizung
- Fernwärme
- Blockheizkraftwerke
- Brennstoffzellen

Abbildung 15.3 zeigt die große Bandbreite der Treibhausgas-Emissionen für ausgewählte Heizsysteme bei Gebäuden unterschiedlicher energetischer Baustandards. Eine Ölheizung in einem unsanierten Altbau erzeugt je Quadratmeter Wohnfläche 92 kg Treibhausgase pro Jahr. Nach Austausch gegen einen Holzpellet-Kessel sind es nur noch 4 kg. In einem wärmetechnisch auf Neubauniveau

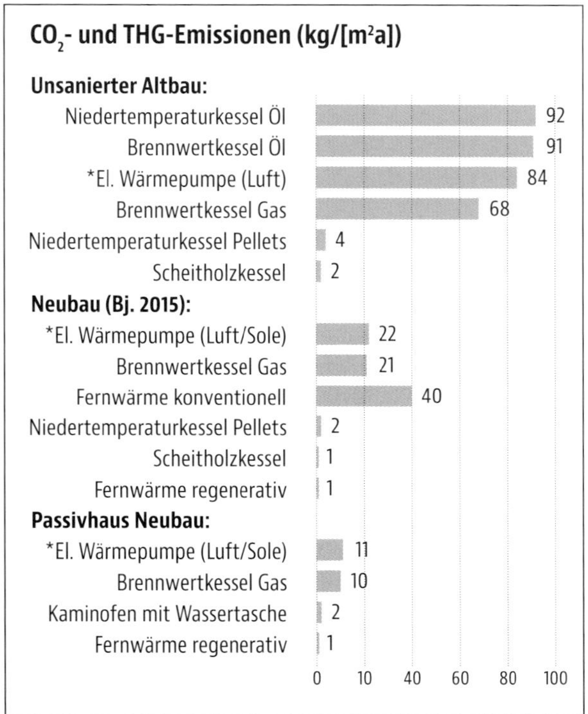

* Die Emissionen von elektrischem Strom und Fernwärme sind im Jahr 2024 etwa 30% niedriger, weil der regenerative Anteil größer geworden ist. Die regenerativen Anteile bei Strom und Fernwärme werden weiter steigen.

Tabelle 15.3
Umweltwirkung von Heizsystemen im Vergleich. Treibhausgas-Emissionen, in kg je Quadratmeter Wohnfläche pro Jahr, beispielhaft für einige ausgewählte Heizsysteme, für ein typisches Einfamilienhaus. Grundlagen: Forschungsbericht Umweltbundesamt 2010.

sanierten Altbau mit Holzpellet-Kessel sind es 2 kg! Zum Vergleich: Ein Passivhaus-Neubau kann mit einem Kaminofen beheizt werden, die Emissionen liegen bei 2 kg, beim Heizen mit regenerativer Fernwärme liegen sie bei 1 kg. Das sind 1 bis 2% im Vergleich zu einem unsanierten Altbau mit alter Ölheizung! Was überrascht: Bei einem Neubau liegt der Wert für eine Luft-Wärmepumpe bei 15 kg, beim Passivhaus bei 8 kg!

15.3 Wärmeerzeuger im Vergleich

Tabelle 15.3 zeigt die Schadstoff-Emissionen und die jährlichen Heizkosten für ausgewählte alte und neue Heizungsarten. Die beste Gesamtwertung hat die Erdwärmepumpe, gefolgt von der Luftwärmepumpe. Die letzten Plätze belegen die Ölheizung und die Elektrische Heizung.

Tabelle 15.4 zeigt neben den jährlichen Heizkosten auch die Herstellungskosten, jeweils als relative Werte. Langfristig sind die Öl- und Gasheizung am wenigsten wirtschaftlich. Da die Preise für fossile Brennstoffe voraussichtlich überproportional steigen werden, wird die Anschaffung und auch die Weiternutzung von Öl- und Gasheizkesseln zunehmend unattraktiv. Eine Grundwasser-Wärmepumpe und eine Erdwärme-Sonden-Wärmepumpe sind nur bei geeignetem Untergrund möglich. Die zuständigen Landratsämter können Auskunft über geeignete Gebiete und mögliche Auflagen geben.

Die folgenden Kapitel beschreiben die Funktionsweise der alten und neuen Wärmeerzeuger mit ihren jeweiligen Merkmalen, die für das technische Verständnis und die Wahl des am besten passenden Wärmeerzeugers wichtig sind. Grundsätzlich gilt: Eine neu eingebaute Heizung muss zu 65 Prozent mit Erneuerbaren Energien betrieben werden („65%-EE-Pflicht")!

Wärmeerzeuger	Treibhausgas-Emissionen (CO_2-Äquivalent)	Gesundheits-schädliche Emissionen	Heizkosten jährlich in 2030 (geschätzt)
Erdwärmepumpe	+	+	+
Luftwärmepumpe	o	o	o
Gasbrennwertheizung	o	+	–
Pelletheizung	–	–	+
Scheitholzkessel	–	–	+
Ölheizung	–	–	–
Elektrische Heizung	– –	– –	–
Bewertungen: + günstig, **o** neutral, – ungünstig			

Tabelle 15.4
Wärmeerzeuger im Vergleich (Stand 2022). Die beste Gesamtwertung hat die Erdwärmepumpe, gefolgt von der Luftwärmepumpe. Am ungünstigsten sind die Ölheizung und die elektrische Heizung.

Heizsystem	Herstellungskosten	Heiz- u. Betriebskst. pro Jahr	Gesamtkosten
Grundwasser-Wärmepumpe	2,9	1,0	1,0
Fernwärme	1,0	1,4	1,0
Erdwärmepumpe mit Kollektoren	3,1	1,2	1,2
Holzpellets	3,8	1,6	1,3
Erdwärmepumpe mit Sonden	4,2	1,2	1,3
Luftwärmepumpe	2,2	1,7	1,3
Heizöl	2,2	1,9	1,4
Gas	1,4	2,3	1,5
BHKW	4,1	keine Angaben	
Brennstoffzelle	5,9	keine Angaben	

Tabelle 15.5
Wirtschaftlichkeit typischer Heizsysteme im Vergleich (Stand 2023)
Die Gesamtkosten sind ein Maßstab für die Wirtschaftlichkeit, bei einer angenommenen Nutzungsdauer von 20 Jahren. In den Herstellungskosten sind notwendige Rück- oder Umbauarbeiten nicht enthalten. Am günstigsten sind Fernwärme und - wo der Untergrund es zulässt - die Grundwasser-Wärmepumpe. Am unwirtschaftlichsten sind Öl- und Gasheizung. – Da Euro-Beträge schnell überholt sind, zeigt die Tabelle die relativen Kosten, bezogen jeweils auf die Heizungsart mit den niedrigsten Kosten (= 1,0).
Infoquellen: co2online.de, heizspiegel.de, vzbv.de, eigene Berechnungen.

15.3.1 Einzelofen- und Kachelofenheizung

Die Systemfrage – Heizung mit Einzelöfen oder Einbau einer Zentralheizung – ist heute in den meisten Altbauten zugunsten der bequemeren und komfortableren Zentralheizung entschieden. Wer noch mit Einzelöfen heizt, kennt deren Nachteile:

- Der Heizkomfort ist allenfalls mittelmäßig; Brennstofflagerung und Materialtransport bei Holz, Kohle, Öl erfordern Arbeitseinsatz, ggf. auch die Brennholzverarbeitung und Aschenbeseitigung.
- Für jede Feuerstelle ist ein Kaminanschluss erforderlich.
- Die Verbrennungsluft wird der Raumluft entnommen und bedingt höhere Luftwechselraten (außer bei Verbrennungsluftzufuhr von außen).
- Alte Feuerstellen oder nicht optimale Verbrennung bringen hohe Schadstoffemissionen.
- Die Regulierbarkeit der Wärmeabgabe und die Brennstoffausnutzung bei niedrigem Wärmebedarf in der Übergangszeit sind in der Regel mäßig bis schlecht.

	Heizkomfort	Versorgungssicherheit	Erforderliche Nebenanlagen	Erneuerbarer Energieträger	Platzbedarf d. Heizzentrale
Einzelofenheizungen					
Kachelofen, mit Holz	Handbeschickung, Entaschung	heimischer Brennstoff	Holzlager, Schornstein	ja	mittel - groß
Holzpelletofen		heimischer Brennstoff	Pelletlager/-tank, Schornstein,	ja	mittel
Einzelofen/Kaminofen mit Holz		heimischer Brennstoff	Holzlager, Schornstein	ja	mittel
WW-Zentralheizungen					
Gas-Brennwerttherme, fossil	automatischer Betrieb	leitungsgebunden	Abgasrohr/Kamin	nein	gering
Ölniedertemperatur- oder Ölbrennwertkessel, fossil	automatischer Betrieb	Lager-Brennstoff	Keller- o. Erdtank, Abgasrohr/Kamin	nein	gering - mittel
Holzpelletkessel	weitg. automat. Betrieb	heimischer Brennstoff	Keller o. Erdtank, Schornstein, Wärmespeicher	ja	mittel - groß
Scheitholzkessel	Handbeschickung	heimischer Brennstoff	Holzlager, Schornstein, Wärmespeicher	ja	groß (Standspeicher)
Wärmepumpe für Erdwärme oder Grundwasser	automatischer Betrieb	leitungsgebunden	Wärmespeicher, Erdsonden o. -kollektor bzw. Wärmetauscher	70 - 80% Umweltwärme	mittel Standspeicher
Gas-Brennwert + solare Heizungsunterstützung			Abgasrohr, Sonnenkollektor, Wärmespeicher	10 - 30% Solarenergie	mittel - groß (für Standspeicher)
Fernwärmeanschluss			keine	möglich	gering
Kraft-Wärme-Kopplung m. Öl- oder Gasmotor		leitungsgebun., ggf. Öllager für Dieselmotor	Wärmespeicher, Abgasanlage, Einspeisepunkt, ggf. Brennstofflager	ggf. Biogas o. Pflanzenöl	mittel - groß

Tabelle 15.6
Heizungssysteme im Vergleich, mit baulichen Anforderungen.

Andererseits ist es durchaus möglich, einen energetisch auf Neubauniveau sanierten Altbau mit nur 1 bis 2 Einzelöfen pro Etage zu heizen – sofern die 65%-EE-Regel eingehalten wird. Durch den verringerten Wärmebedarf verlieren die Probleme des Brennstofftransportes und der Aschenbeseitigung an Gewicht.

Für das Heizen mit Holz empfehlen sich neben den Kachelöfen speziell dafür gebaute, hochwertige Holzöfen ohne Gitterrost und Aschenlade, die in Skandinavien weit verbreitet sind und inzwischen auch hier in vielfältigen Ausführungen angeboten werden. Die Wärmeabgabe solcher Öfen ist über die Luft- und Brennstoffzufuhr gut regelbar, und das Holz verbrennt bei guter Energieausbeute fast rückstandsfrei, so dass die Aschenbeseitigung sehr wenig Arbeit macht. Bei der Auswahl muss auf die Einhaltung der zulässigen Staub- und CO_2-Emissionen nach der Bundesimmissionsschutzverordnung geachtet werden. Alte Kamin- und Kachelöfen, die vor 1985 errichtet wurden, dürfen in der Regel nur noch betrieben werden, wenn sie so nachgerüstet wurden, dass die zulässigen Emissionswerte eingehalten werden, was aber recht teuer ist. Diese Anforderung gilt nicht für offene Kamine, handwerklich errichtete Grundöfen und Kochherde sowie geschlossene Kamine, die auch im offenen Zustand betrieben werden dürfen. Sie gilt auch nicht für historische Kaminöfen, die nachweislich vor dem 1. Januar 1950 errichtet wurden. Weitere Sonderfälle regelt die Verordnung. Im Zweifel hilft eine Anfrage beim zuständigen Schornsteinfeger. Die Asche von ausschließlich unbehandeltem Holz kann in begrenztem Maße (maximal 30 g/m^2) als Gartendünger ausgebracht werden, wegen des möglichen Schwermetallgehaltes aber möglichst nicht auf Gemüsebeete und nicht an Beerensträucher und Obstbäume.

Der *Kachelofen* nimmt zwischen Einzelofen- und Zentralheizung eine Mittelstellung ein. Es gibt genügend Beispiele, bei denen allein mit dem Kachelofen eine ganze Wohnung oder ein kleineres Haus zentral geheizt wird. Wer Zeit für die regelmäßige Brennstoffbeschickung hat (oder eine Gasfeuerung einsetzt), kann bei kompaktem Wohnungsgrundriss mit dieser Form der Heizung gut zurechtkommen. Auf der anderen Seite sind Kachelöfen als Luxus-Ergänzung zur vorhandenen Zentralheizung häufig gewünscht. Ihre Beliebtheit verdanken sie der behaglichen Wärme, der „natürlichen Heiztechnik“ und nicht zuletzt einem gewissen dekorativen Wert für die Innenraumgestaltung.

15.1
Einzelofen, mit trockenem Hartholz bestückt und in den Wohnbereich integriert, können eine effiziente Ergänzung zur Zentralheizung sein. Offene Kamine sind dagegen out, weil energetisch fast wertlos.

Die immer wieder angeführte gesunde Strahlungswärme des Kachelofens hat in einem gut wärmegedämmten Haus nicht mehr so große Bedeutung. Denn die Wandoberflächen können allein schon durch ausreichende Dämmung auf einer komfortablen Temperatur von 17–19°C gehalten werden, so dass auch Warmwasserheizkörper ein angenehmes Strahlungsklima im Raum erzeugen. Dagegen kann sich die thermische Trägheit des Kachelofens ungünstig auf den Energieverbrauch auswirken. Insbesondere bei sonnigen Aufheiterungen im Herbst und Frühjahr lässt sich die Wärmeabgabe des Kachelofens unter Umständen nicht schnell genug drosseln.

Soll der Kachelofen das ganze Haus beheizen, wird ein sogenannter *Warmluft-Kachelofen* eingebaut, dessen Wärmeabgabe besser regelbar ist als die des schweren Grundofens mit gemauerten Zügen. Nicht direkt angrenzende Räume können über Warmluft-Kanäle und gekachelte oder verputzte Heizflächen mit Wärme versorgt werden.

Die Kosten eines Kachelofens werden in hohem Maß durch die Kacheln bestimmt. Zu dem Preis eines Kachelofens kann schon eine einfache Warmwasser-Zentralheizung installiert werden. Wesentlich preiswerter sind „Kachelöfen“ mit Sichtmauerwerk oder verputztem Mauerwerk.

Besondere Maßnahmen bei Einzelöfen

Um die Schadstoffmenge in den Abgasen zu begrenzen, muss das (ausschließlich naturbelassene) Holz bei ausreichender Luftzufuhr zügig verbrennen. Eine Gluthaltung mit gedrosselter Luftzufuhr ist wegen erhöhter Emissionen im Abgas zu vermeiden. Das gilt im Grunde auch für die Festbrennstoffe Kohle und Brikett, die in Dauerbrenner-Einzelöfen verfeuert werden dürfen. Da sehr dichtschließende Fenster und Türen nicht genügend Verbrennungsluft in den Raum lassen, kann es notwendig sein (wenn der Kamin nicht zieht), die Verbrennungsluft über ein Rohr (z.B. 10 cm ø) aus dem Keller oder von draußen oder über einen separaten Kaminzug (Luft-Abgas-System) mit dichtem Anschluss an den Heizkessel bzw. Ofen zuzuführen. In den meisten Fällen, vor allem wenn keine dichtschließende Gebäudehülle geschaffen wurde, ist es im Altbau nach wie vor möglich und zulässig, dass der Ofen seine Zuluft aus den Wohnräumen bezieht.

Wenn das Gebäude mit einer Dunstabzugshaube oder einer Lüftungsanlage ausgestattet wird, sind Vorkehrungen für die sichere Zuführung der Verbrennungsluft und gegen den Austritt von Rauchgasen zu treffen. Dies gilt für jede Feuerstätte im Luftverbund mit dem Abluft-Ventilator der Lüftungsanlage, also für die Zentralheizung im Keller genauso wie für einen Kaminofen im Wohnraum. Es muss sichergestellt sein, dass im Bereich der Feuerstätte kein Unterdruck größer als 4 Pascal entsteht. Die Einzelheiten sind in der Feuerungsanlagenverordnung des jeweiligen Bundeslandes geregelt. Folgende Lösungen sind möglich:

- Bei Betrieb einer Dunstabzugshaube: Ein Fensterkontaktschalter stellt sicher, dass die Dunstabzugshaube nur betrieben werden kann, wenn das Fenster geöffnet ist. Bei Dunstabzug im Umluftbetrieb ist das nicht nötig.
- Bei Betrieb einer Lüftungsanlage: Ein elektrisches Überwachungsgerät schaltet bei zu niedrigem Luftdruck die Lüftungsanlage selbsttätig ab. Das Luftdruck-Überwachungsgerät muss eine amtliche Zulassung vom Deutschen Institut für Bautechnik (DIBt) haben.

Es empfiehlt sich, die Einzelheiten mit dem zuständigen Schornsteinfeger abzustimmen. Seit einigen Jahren gibt es raumluftunabhängige Feuerstätten, hier sind die Lüftungswärmeverluste durch die einströmende Verbrennungsluft am geringsten.

15.3.2 Die Zentralheizung

Die Warmwasser-Zentralheizung ist heute auch in Altbauten das am meisten verbreitete System, und zwar entweder als Etagenheizung für eine Wohnung oder als Sammelheizung für das ganze Haus. Sie besteht im Wesentlichen aus dem *Heizkessel mit Brennstoffversorgung und Steuerung* sowie aus der *Wärmeverteilung mit wasserdurchflossenen Heizungsrohren und Heizkörpern* (Kap. 14.2.4).

Die Vorteile der Zentralheizung liegen auf der Hand:

- Bequemer, vollautomatischer Heizbetrieb mit nur einer Feuerstelle pro Wohnung bzw. Haus.
- Gute und bequeme Regulierbarkeit der Wärmeabgabe.
- Optimierung der Brennstoffausnutzung und Reduzierung der Schadstoffemission sind mit vertretbarem Aufwand möglich.
- Problemlose Wärmeverteilung auch bei großen Wohnungen und in Mehrfamilienhäusern.
- Einfache Integration der Warmwasserbereitung in das Anlagensystem.
- Keine Schmutz- und Staubbelastung durch Brennstoff und Asche in den Wohnräumen.
- Für alle Energieträger bietet der Markt ein große Vielfalt an Geräten mit unterschiedlicher Ausstattung.

Die Hersteller haben ihre Heizkessel einschließlich Steuerungstechnik in den vergangenen Jahren kontinuierlich verbessert. Ein moderner Heizkessel verbraucht, um eine bestimmte Wärmemenge bereitzustellen, im Vergleich zu einem alten Kessel erheblich weniger Energie und gibt weniger Schadstoffe an die Umwelt ab. Wenn durch Wärmedämmmaßnahmen (Isolierverglasung, Dämmung von Dach, Kellerdecke und Außenwand) der Wärmebedarf des Hauses auch noch deutlich reduziert wurde, kann der alte Kessel nicht mehr mit optimaler Leistung laufen und arbeitet mit einem deutlich schlechteren Wirkungsgrad als ein moderner.

Zu unterscheiden ist der vom Schornsteinfeger gemessene *Kesselwirkungsgrad* (= feuerungstechnischer Wirkungsgrad), der allein die Güte der Verbrennung kennzeichnet, und der *Anlagenwirkungsgrad*, der das Verhältnis von *nutzbarer Wärmeenergie* zu *Energieinhalt des eingesetzten Brennstoffs* kennzeichnet. Der Anlagenwirkungsgrad berücksichtigt neben dem Kesselwirkungsgrad auch die – bei älteren Kesseln oft sehr hohen – Stillstandsverluste (= Abkühlen des Kessels durch den Kaminzug und die Wärmeabgabe an den Heizraum). Einen Hinweis auf schlechte Anlagentechnik liefert z.B. das Messprotokoll des Schornsteinfegers; der von ihm gemessene Kesselwirkungsgrad sollte bei Öl- und Gasfeuerungen über 90% liegen.

Aber auch eigene Beobachtungen wie z.B. ein zu warmer Heizungsraum, häufiges Anspringen des Brenners mit sehr kurzen Brennerlaufzeiten, überdurchschnittlicher Energieverbrauch, weisen auf Mängel an der Heizanlage hin. Im Zweifelsfall hilft auch hier die Prüfung durch einen unabhängigen Fachingenieur oder Energieberater, der die vorhandene Anlage bewertet und ggf. Verbesserungen vorschlägt.

15.3.3 Brennwertkessel für Gas und Heizöl

Für die Brennstoffe Heizöl und Gas gibt es Niedertemperatur- und *Brennwert-Heizkessel* als Standgeräte, die schon wegen ihrer Größe einen Heizraum benötigen. Kompakte wandhängende *Brennwert-Thermen* kommen bei Leistungen unter 25 kW ohne eigenen Heizraum aus und finden aufgrund ihrer geringen Größe auch im Bad oder in Nebenräumen Platz. Für Gas ist das Brennwert-Gerät (als Kessel oder Therme) Standard, für Heizöl hat die Brennwerttechnik die ältere Technik abgelöst.

Die Abgasanlage für Brennwertgeräte ist relativ unkompliziert in einem bestehenden Kamin zu installieren. Das Abgas wird durch den Heizungsrücklauf auf 40 bis 60°C abgekühlt, so dass auch die in den Abgasen enthaltene Kondensationswärme zum großen Teil nutzbar wird. Dadurch lassen sich Kesselwirkungsgrade von über 100% erzielen (bezogen auf den unteren Heizwert des Brennstoffes ohne Kondensation).

Auch bei Gasthermen prüfen die Schornsteinfeger regelmäßig die ordnungsgemäße Funktion der Anlage, insbesondere Abgaswerte und Kesselwirkungsgrad. Da die Vorschriften über Rauchgasableitung teilweise Ermessenssache sind, empfiehlt sich eine frühzeitige Abstimmung einer Neuanlage mit dem zuständigen Bezirksschornsteinfeger. Immanent wichtig für den Brennwerteffekt sind niedrige Rücklauftemperaturen, um eine möglichst vollständige Kondensation des im Abgas enthaltenen Wasserdampfes und damit eine möglichst hohe Wärmeauskopplung zu erreichen. Der Kondensationspunkt liegt für Heizöl bei 47 °C und für Erdgas bei 57 °C.

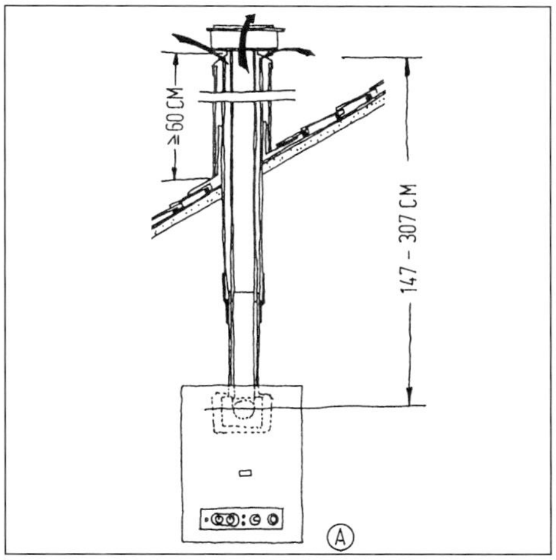

15.2
Dezentrale Gasfeuerstätte (Stockwerkstherme): Therme als raumluftunabhängige Gasfeuerstätte mit eingebautem Ventilator. Ein über Dach führender Luft-Abgas-Schornstein ist bei vielen Thermenherstellern als Systemzubehör lieferbar. Durch Höhenbegrenzung dieses Schornsteins ist diese Variante meist auf den Einbau der Therme im Dachbereich begrenzt. Als Standort der Therme sind auch Küche oder Bad gut möglich!

15.3
Dieser Holz-Pelletheizkessel (15 kW) in einem sanierten 3-Familenhaus erfordert kaum mehr Platz als ein herkömmlicher Ölkessel. Rechts unten die zum Pelletbunker führende automatische Versorgungsschnecke.

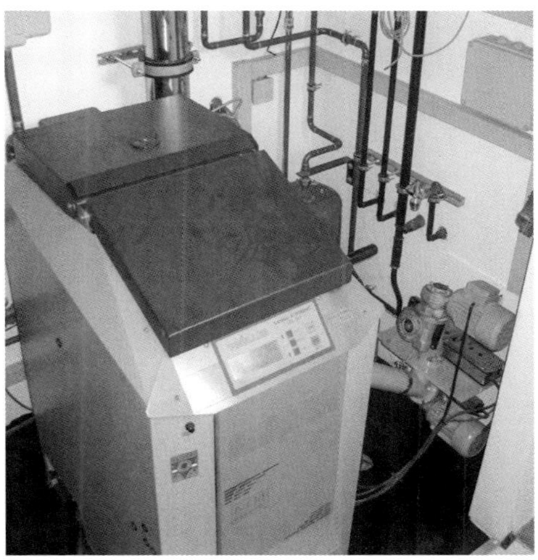

15.3.4 Holz-Pelletkessel

Holzheizungen von Hand laufend mit Holzscheiten zu bestücken, erfordert Bedienungsaufwand. Um auch mit Holz die Vorteile eines automatischen Betriebs zu erreichen, wurden Holzpellets und dafür geeignete Heizkessel entwickelt. Für größere Leistungen ab ca. 25 kW gibt es als Alternative zum Pelletkessel auch Kessel für Holzhackschnitzel, die im Vergleich zu Pellets ein preiswerterer Brennstoff sind. Pellets sind zylindrische Presslinge mit einem Durchmesser von 5–6 Millimeter aus trockenen, naturbelassenen Säge- und Hobelspänen, die unter hohem Druck und ohne Zusatz von Bindemittel gepresst werden. Der Heizwert liegt bei 5 kWh/kg, d.h. 2 kg Pellets haben den Heizwert von 1 l Heizöl. Nach Größe und Gewicht genormt sind Holzpellets eine Alternative zu Gas und Öl, zum einen, weil es sich um einen erneuerbaren, CO_2-neutralen Energieträger aus heimischer Produktion handelt, zum anderen, weil die Holzpellets – ähnlich wie ein flüssiger Brennstoff – einen automatischen und wartungsarmen Heizungsbetrieb ermöglichen. Pellets werden in Säcken verpackt oder lose in Tankwagen angeliefert und können in Heizkesseln ebenso verfeuert werden wie in dafür gebauten Einzelöfen.

Neben wenigen halbautomatischen Anlagen, deren Vorratsbehälter noch von Hand zu befüllen sind, arbeiten die meisten Zentralheizungskessel für Pellets heute vollautomatisch. Der Brennstoff wird mit einer elektrisch angetriebenen Förderschnecke oder Saugleitung bedarfsgesteuert aus einem Tank, Silo oder Lagerraum zum Kessel gefördert. Die Kessel haben eine elektrische Zündung und eine Steuerung für die Pelletzufuhr und die darauf abgestimmte Verbrennungsluft. Es gibt inzwischen auch Pellet-Zimmeröfen kleiner Leistung mit Wassertasche (d.h. mit

Anschluss für die Warmwasserheizung), die etwa in Niedrigenergiehäusern als alleinige Wärmeerzeuger eingesetzt werden können. Hier sind Betriebsgeräusche durch Gebläse und Pelletförderung zu beachten!

Die Kombination der Pelletheizung mit einer thermischen oder elektrischen Solaranlage bietet sich an, um den Kessel im Sommer ausschalten zu können und die Wärme dann ausschließlich aus erneuerbaren Energien zu erzeugen. In diesem Fall ebenso wie bei Pellet-Zimmeröfen mit Wassertasche ist es sinnvoll, einen ausreichend großen Heizungs-Pufferspeicher vorzusehen, der in Zeiten mit geringem Wärmebedarf ein häufiges Takten (An- und Ausschalten) des Pelletkessels vermeidet.

15.3.5 Wärmepumpenheizung

Das Funktionsprinzip der Wärmepumpe gleicht dem eines Kühlschranks: Eine elektrisch angetriebene Pumpe befördert über den Kältemittelkreislauf Wärme vom Verdampfer (Wärmequelle) zum Kondensator (Wärmesenke). Beim Kühlschrank wird den im Innern lagernden Lebensmitteln Wärme entzogen, um diese zu kühlen. Diese Wärme wird dann über den Verflüssiger an der Rückseite des Kühlschrankes nach außen abgegeben. Bei der Heizungswärmepumpe wird über den Verdampfer Wärme aus der Umwelt (Außenluft, Abluft, Wasser oder Erdreich) aufgenommen und über den Verflüssiger dem Heizsystem auf einem höheren Temperaturniveau zugeführt.

Entscheidend für die Leistungsfähigkeit der Wärmepumpe ist die Temperaturdifferenz zwischen der Wärmequelle und der erforderlichen Heizungstemperatur. Kann die Wärmequelle während der Heizperiode dauerhaft Temperaturen über 0°C liefern und muss die Heizungsvorlauftemperatur nicht über 45°C ansteigen, können mit 1 kWh Antriebsenergie (Strom) 3–5 kWh Heizenergie (Nutzwärme) nutzbar gemacht werden. 1 kWh Strom plus 2 kWh Umweltwärme ergibt 3 kWh Nutzwärme. Man sagt, die Wärmepumpe hat eine *Jahresarbeitszahl* von 3. Dieser Wert ist also das Verhältnis von jährlich erzeugter Nutzwärme zu aufgewendeter elektrischer Antriebsenergie. Unter diesen Bedingungen kann die Wärmepumpe allein das Gebäude heizen (monovalenter Betrieb). Sie liefert nicht nur vergleichsweise kostengünstig Heizwärme, sondern tut dies auch mit relativ geringer Umweltbelastung. Eine zweite wichtige Kenngröße ist die *Leistungszahl COP* (in kW), die der Hersteller in seiner Produktinformation angibt. Kostengünstig und klimaschonend arbeitet eine Wärmepumpe, wenn das Gebäude gut gedämmt ist und in Verbindung mit einem Niedertemperatur-Heizungssystem (im Optimum Fußbodenheizung) auf der einen Seite und eine ergiebige Umweltwärmequelle (Grundwasser, Erdreich) auf der anderen Seite. Es gibt auch Wärmepumpen, die in Verbindung mit einer Fußbodenheizung oder Lüftungsanlage im Sommer kühlen können.

Welche Art der Wärmepumpe am wirtschaftlichsten ist, können nur Fachleute für den konkreten Einzelfall ermitteln. Die Anschaffungskosten sind zwar bei der Luftwärmepumpe am niedrigsten. Werden auch die Strom- und sonstigen Betriebskosten berücksichtigt, dann ergeben sich bei einem Betrachtungszeitraum von 20 Jahren für Erdreich- und Wasserwärmepumpen etwa gleiche Kosten.

Inzwischen üblich und empfehlenswert sind Wärmepumpen mit Invertertechnik. Sie sind energie- und kostensparend, sie verlängern die Lebensdauer der Heizung und laufen leiser, da sie ihre Drehzahl stufenlos anpassen können. Ein Pufferspeicher sammelt dieWärme für die Heizung in einem Wasserbehälter und sorgt für ausreichend lange Laufzeiten des Kompressors. Ein größerer Pufferspeicher ist empfehlenswert bei einem Hybrid-Betrieb, z.B. in Verbindung mit solaren Erträgen oder in Kombination mit einer Gas- oder Pelletheizung, oder um einen günstigen Stromtarif zu wählen, bei dem der Netzbetreiber die Wärmepumpe stundenweise vom Netz nehmen kann.

+	Geringer Platzbedarf, kein Brennstofflager notwendig.
+	Automatischer Betrieb, dadurch sehr komfortabel.
+	Niedrige Betriebskosten, wenn die Voraussetzungen stimmen: z.B. Fußbodenheizung, ergiebige Wärmequelle.
-	Bei gut gedämmten Häusern wirtschaftlich einsetzbar.
-	Die maximale Vorlauftemperatur der Heizung sollte unter 45°C sein.
-	Großer Platzbedarf im Garten bzw. teure Tiefenbohrung für Erdwärmesonden.

Tabelle 15.7
Vor- und Nachteile der Waermepumpenheizung.

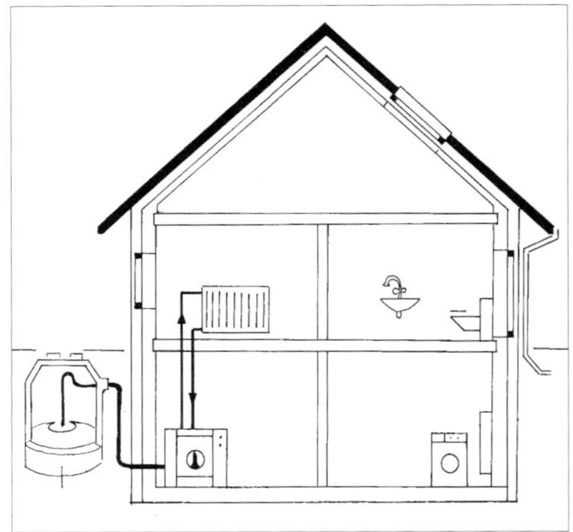

15.4
Das Brennstofflager für eine Pelletheizung kann auch außerhalb des Hauses in einem Erdtank untergebracht werden.

	Luft-Wasser-Wärmepumpe (außen)	Luft-Wasser-Wärmepumpe (Split)	Erdwärme-pumpe	Wasser-Wasser-Wärmepumpe
Geräusche außen	Gering	Gering	Keine	Keine
Platzbedarf innen	Gering	Gering	Mittel	Mittel
Installationsaufwand (inkl. Wärmequelle)	Gering	Gering	Hoch	Hoch
Kosten Erschließung Wärmequelle (in Euro)	Keine	Keine	Mittel	Hoch
Effizienz (COP*)	3,4 bis 4,1	3,5 bis 3,6	4,4 bis 4,8	4,9 bis 5,8
Kühlfunktion möglich	Aktive Kühlung	Aktive Kühlung	Passive Kühlung	Passive Kühlung

Tabelle 15.8
Wärmepumpenheizung, Eigenschaften im Vergleich. Grundlage: *effizienzhaus-online.de*

* COP = Coefficient of Performance

Den alten Heizkessel gegen eine Wärmepumpe auszutauschen und dabei das alte Heizsystem mit einer höheren Vorlauftemperatur bis zu 65°C beizubehalten, ist zwar technisch möglich und wird auch von manchen Herstellern propagiert, führt aber erfahrungsgemäß zu ungünstigen Jahresarbeitszahlen unter 3,5 und damit zu einem energieaufwendigen, teuren und wenig umweltfreundlichen Betrieb.

Luftwärmepumpe

Die technische Bezeichnung ist Luft-Wasser-Wärmepumpe. Die Außenluft wird als Wärmequelle genutzt, die Wärmeverteilung erfolgt mit Warmwasser, üblicherweise mit einer Warmwasser-Zentralheizung. Bei Außentemperaturen um oder unter 0°C vereisen die Verdampfer schnell, so dass für die kalten Tage noch ein zusätzlicher Heizkessel (Gas, Öl etc.) vorhanden sein muss (bivalenter Betrieb), was die Kosten der Anlage in die Höhe treibt. Ein wichtiges Merkmal von Luftwärmepumpen ist ihre Geräuschentwicklung. Dass die Gerät leise laufen ist besonders dann wichtig, wenn sie in der Nähe von Schlafräumen oder Nachbargebäuden aufgestellt werden. Der Mindestabstand sollte 3 bis 4 Meter betragen. Betonsockel und Schallschutzhauben mindern die Schallemissionen. Es gibt auch Geräte, die im Hausinneren aufgestellt werden, sowie sogenannte Split-Wärmepumpen, bei denen der ruhige Ventilatorteil außen und das geräuschvollere Pumpenteil innen aufgestellt werden. Innengeräte sind sinnvoll, wenn ein Aufstellort außen unerwünscht oder nicht möglich ist. Splitgeräte sind sinnvoll, wenn damit die Zuleitung zum vorhandenen Leitungsnetz verkürzt wird.

Erdwärmepumpe

Die Wärme kann aus dem Erdboden entweder über Erdwärmesonden gewonnen werden, die 50 m bis 100 m tief senkrecht ins Erdreich gebohrt werden, oder über Erdwärmekollektoren, flächig verlegte Kunststoffrohre, die in 0,6 bis 0,8 m Abstand und 1,0 bis 1,5 m Tiefe neben dem Haus oder im Garten verlegt werden. In beiden Fällen zirkuliert in den Kunststoffrohren eine Wärmeträgerflüssigkeit, welche die Wärme aus dem Boden aufnimmt und mittels Umwälzpumpe zum Verdampfer der Wärmepumpe fördert. Die von der Wärmepumpe benötigte Wärmeleistung bestimmt die Länge der Erdwärmesonden (Richtwert je nach Art und Aufbau des Untergrunds 30–60 W/m, d.h. beispielsweise 100 m Sonde für 5 kW Umweltwärme). Bei der Auslegung und Planung (ausschließlich durch den Fachingenieur) sind nicht nur die thermischen Bodeneigenschaften maßgebend, sondern auch die Lage der Sonden bzw. der Kollektorfläche.

Vertikale Erdsonden werden in Tiefen von 10 bis 100 m eingebracht. Die Bohrung erfordert eine spezielle wasser- bzw. bergbaurechtliche Genehmigung und darf nur von Bohrfirmen mit behördlicher Zulassung ausgeführt werden.

Der Einbau eines horizontalen flächigen Erdwärmekollektors braucht viel Fläche und erfordert umfangreiche Erdbewegungen auf dem Grundstück, die nicht immer möglich oder erwünscht sind. Für diese Art der Wärmegewinnung eignen sich besonders wassergesättigte Böden. Ungeeignet sind dagegen trockene, nichtbindige Böden wie Sand oder Kies. Die Bodenfläche über den Bohrungen kann nach Abschluss der Bauarbeiten wieder genutzt werden. Jedoch darf ein Erdwärmekollektor weder überbaut noch die Erdoberfläche darüber versiegelt werden.

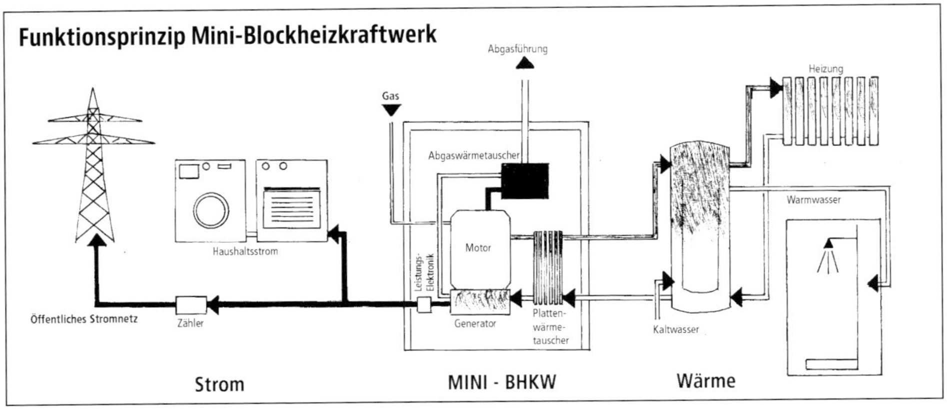

15.5
Schema einer stromerzeugenden Heizung. Der nicht selbst verbrauchte Strom wird ins Netz eingespeist. In der Regel muss das Mini-BHKW durch eine Heizung ergänzt werden, um an kalten Tagen genügend Wärme bereitstellen zu können.

15.3.6 Elektroheizung

Die direkt-elektrische Heizung ist energetisch ineffizient und teuer im Verbrauch, sie ist weder umweltfreundlich noch besonders wirtschaftlich. Unter besonders schwierigen Bedingungen, z.B. für ein kleines Badezimmer, kann eine Infrarot-Direktheizung oder eine elektrische Fußbodenheizungen mit einer automatischen Zeitsteuerung sinnvoll sein. Auch Heizlüfter und Elektroheizkörper sind für Sonderfälle möglich. Elektro-Nachtspeicheröfen werden heute nicht mehr eingebaut, weil das Heizen mit Strom teuer ist und weil sie wenig komfortabel sind.

Eine Stromdirektheizung als Hauptheizung verursacht hohe Heizkosten. Sie ist gesetzlich nur dann erlaubt, wenn das Gebäude sehr gut gedämmt ist. Für Bestandsgebäude muss der „Effizienzhaus-Standard 55" erfüllt sein. Das gilt jedoch nicht für Wohngebäude mit nicht mehr als zwei Wohnungen, von denen der Eigentümer eine Wohnung selbst bewohnt, dort darf die Stromdirektheizung auch bei schlechtem baulichem Wärmeschutz eingesetzt werden. In einem energetisch gut sanierten Gebäude kann eine solche Heizung eine sinnolle Alternative zu einer teureren Warmwasser-Zentralheizung sein. Besonders wenn selbst erzeugter Solarstrom zur Verfügung steht.

15.3.7 Anschluss an ein Wärmenetz

In dicht bebauten städtischen Gebieten wird die Fernwärmeversorgung aus Heizkraftwerken (traditionell überwiegend Kohle- und Gas-Kraftwerke), teilweise auch als Nahwärme aus kleinen Heizwerken, angeboten, wobei oft ein Anschlusszwang besteht. Das Heizwasser wir über Leitungen in den Straßen oder Wegen zu den Häusern geführt und dort in einer Hausübergabestation (anstelle des Heizkessels) an die konventionelle Haus-Zentralheizung übertragen. In Bezug auf effiziente Energienutzung und CO_2-Emission schneiden Fern- und Nahwärme in der Regel besser ab als viele – vor allem ältere – Heizungsanlagen. Wer mit Fernwärme heizt muss sich nicht mehr um seine Heizanlage kümmern und hat keine Kosten mehr für Wartung und Kontrollen durch den Schornsteinfeger. Die Kosten für Fernwärme sind regional noch sehr unterschiedlich. Hier wird sich in den kommenden Jahren einiges ändern.

Das GEG 2024 verpflichtet die Kommunen, Wärmeplanungen zu erstellen, in denen verbindlich festgelegt wird, in welchen Straßen ein Fern- oder Nahwärmenetz gebaut werden soll. In 2020 kam noch etwa zwei Drittel aus nicht erneuerbaren Energiequellen. Die Wärmeerzeugung wird in den kommenden Jahren schrittweise auf steigende Anteile aus erneuerbarer Energie umgestellt. Dazu sind die Wärmenetzbetreiber gestzlich verpflichtet. So entspricht der Anschluss an ein Nah- oder Fernwärmenetz automatisch den Anforderungen des GEG mit 65 % erneuerbare Energien.

15.3.8 Kraft-Wärme-Kopplung

In einem *Blockheizkraftwerk (BHKW)* wird der Brennstoff (Erdgas, Erdöl, Biogas, Pflanzenöl) zum Betrieb eines Verbrennungsmotors eingesetzt. Dieser wird genutzt, um mit einem elektrischen Generator Wechselstrom zu erzeugen, während die Abwärme des Motors über Kühlwasser- und Abgaswärmetauscher zu Heizzwecken genutzt wird. Traditionell werden BHKWs in großen Kraftwerken eingesetzt, um Strom in ein örtliches Wärmenetz einzuspeisen und nahegelegene Siedlungsgebiete mit Fernwärme zu versorgen. Etwa seit dem Jahr 2000 gibt es auch Kleinanlagen, die als Mini- und Micro-BHKW bezeichnet werden. Solche Kleinanlagen liefern eine mechanische Leistung von 1,5 bis 10 kW. Damit eine kleine Anlage wirtschaftlich ist, sollte der erzeugt Strom möglichst im Haus selbst verbraucht werden. Ein Überschuss kann wie bei Photovoltaikanlagen über einen

Einspeisezähler ins öffentliche Stromnetz verkauft werden. Ein Mini-BHKW ist vor allem für Gebäude vorteilhaft, in denen viel Wärme auch im Sommerhalbjahr gebraucht wird, z.B. für kleine Produktionsbetriebe oder für Hotels und Gaststätten.

Eine alte Technik, die jedoch erst etwa 2015 marktreif wurde, ist die *Brennstoffzellenheizung*. Sie wird mit Erdgas betrieben, meist als Kombi-Gerät in Verbindung mit einem Brennwertspitzenlastkessel. Das Gerät spaltet zunächst Erdgas in Wasserstoff und CO_2. Der Wasserstoff wird anschließend durch die Brennstoffzelle in einer „kalten Verbrennung" unter Zuführung von Sauerstoff in Strom und Wärme umgewandelt. Als Abgas entsteht Wasserdampf.

Im Vergleich zum BHKW ist dieses Gerät leiser, denn es hat fast keine beweglichen Teile, und es generiert mehr Strom als ein BHKW. Solche Geräte gibt es zwar als Kleingeräte mit einer elektrischen Leistung ab 0,5 kW für die Gebäudeheizung. Sie sind aber deutlich teurer als andere Heizgeräte, bei der Anschaffung und bei Ersatzteilen (Membran zwischen der Wasserstoff- und der Sauerstoff-Seite).

Die Mehrkosten können durch Förderprogramme – sofern vorhanden – und die Einspeisevergütung weitgehend ausgeglichen werden. Die typische Lebensdauer solcher Geräte liegt bei 10 Jahren. Mit Erdgas betriebene Geräte emittieren etwa gleich viel CO_2 wie eine Gastherme. Erst wenn sie (künftig) mit Wasserstoff betrieben werden, der mit erneuerbarer Energie hergestellt wird, stellen sie ein Beitrag zum Klimaschutz dar.

So wie beim BHKW gilt: Die Brennstoffzellenheizung ist vor allem für Gebäude vorteilhaft, in denen viel Wärme auch im Sommerhalbjahr gebraucht wird, z.B. für kleine Produktionsbetriebe oder für Hotels und Gaststätten. Im Ein- und Zweifamilienhaus ist sie aufgrund des begrenzten nicht dauerhaften Wärmebedarfs nicht wirtschaftlich zu betreiben.

15.3.9 Hybridheizung

Eine Hybridheizung hat zwei Wärmeerzeuger. Einer für fossile Energieträger, ein anderer für erneuerbare Energie. Das kann in bestimmten Fällen sinnvoll sein. Zum Beispiel um während der sonnenreichen Jahreszeiten eine Gas- oder Ölzentralheizung oder einen Pelletkessel abzuschalten. Übliche Kombinationen sind: Gas-Brennwertkessel plus thermische Solarkollektoren, Gas-Brennwertkessel plus Luftwärmepumpe, Pelletheizung plus großflächige Solarthermieanlage. Ein weitere Möglichkeit ist, die Warmwasserbereitung und die Raumheizung auf zwei getrennte Systeme aufzuteilen.

Die Kombination Gas-Brennwertkessel plus thermische Solarkollektoren ist die kostengünstigste Variante. Durch die Verbindung von der Kollektorfläche mit einem Pufferspeicher steht genügend Solarwärme zur Unterstützung der Heizung in den Übergangszeiten zur Verfügung. Das gelingt aber nur dann, wenn die Rücklauftemperatur der Heizung niedriger ist als die Temperatur, welche die Kollektoranlage bereitstellen kann. Ideal sind deshalb Heizungssysteme mit niedrigem Temperaturniveau (Vorlauf/Rücklauf max. 60/40°C), zum Beispiel Fußbodenheizungen. Die optimale Größe der Kollektorfläche und des Pufferspeichers richtet sich nach der Größe der Wohnfläche und der Anzahl der Bewohner. Eine solche Anlage empfiehlt sich vor allem dann, wenn die Gebäudehülle energetisch auf Neubaustandard gebracht wird und die Dachfläche unverschattet nach Süden ausgerichtet ist. Damit können je nach Gebäudetyp und Dämmstandard 15–30% des Gesamtwärmebedarfs solar gedeckt werden. Eine kleinere Kollektorfläche ist auch möglich, allerdings ist dann auch der solare Deckungsgrad geringer. Für weniger gut sanierte Altbauten ist eine Kombination von Luft-Wasser-Wärmepumpen und Gas- oder Ölheizungen günstiger, weil damit auch höhere Vorlauftemperaturen an kalten Wintertagen erreicht werden.

Alle Hybridheizungen brauchen eine gemeinsame Steuerung, die entweder nur den Betrieb des jeweiligen Wärmeerzeugers vorgibt oder je nach System auch einen Pufferspeicher für eine bessere Flexibilität einbindet. Herkömmliche Systeme können zwar nachgerüstet werden, in welchen Fällen dies jedoch sinnvoll ist, hängt von der Steuerbarkeit des alten Wärmeerzeugers ab. Viele ältere Gas- und Ölheizungen sind dazu nicht in der Lage. Dann lohnt sich der grundlegende Blick in Richtung Heizungstausch.

15.6
Zentralheizung mit Solaranlage zur Warmwasserbereitung. Wird ausreichend Kollektorfläche und ein großer Speicher installiert, kann die Solarwärme auch zur Heizungsunterstützung dienen.

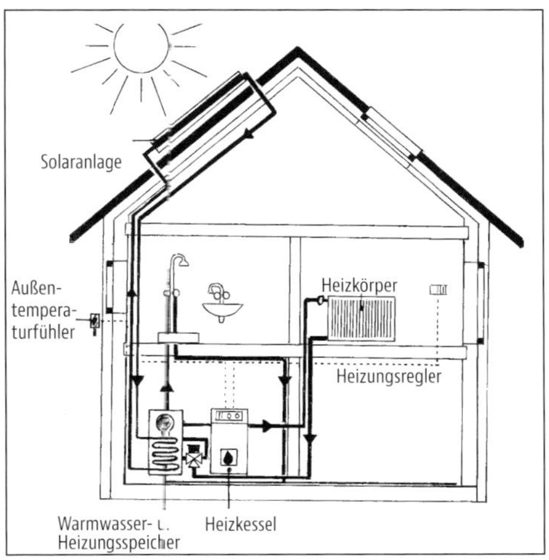

Solarthermische Kollektoren können gut zur Warmwasserbereitung und zur Heizungsunterstützung eingesetzt werden. Vier bis sechs Quadratmeter Kollektorfläche genügt meist, um über den Sommer einen Vier-Personen-Haushalt zu versorgen. Größere Flächen können in der Übergangszeit einen Beitrag zur Raumheizung liefern. Wenn die Flächen allerdings zu groß werden, dann erhitzen sich die Kollektoren zu stark. Durch Kombination einer Photovoltaikanlage mit einer Wärmepumpe kann über das gesamte Jahr hinweg ein solarer Anteil von rund 10% erzielt werden. Es werden hier zwar größere Flächen als bei der Solarthermie benötigt, jedoch kann überschüssig erzeugter Strom entweder verkauft oder selber genutzt werden.

15.4 Wärmeverteilung und Wärmeabgabe

15.4.1 Warmwasserheizung

Die *Wärmeverteilung (Leitungen) und die Wärmeabgabe über die Heizkörper* können bei bestehenden Zentralheizungen oftmals unverändert erhalten bleiben, sofern die Räume gleichmäßig gut beheizt waren und nicht Korrosion, Undichtigkeiten und/oder hohes Alter (über 50 Jahre) einen Austausch der Heizkörper und ggf. der Rohre erfordern. Die Haltbarkeit der Rohrleitungen aus Stahl liegt bei etwa 30 bis 50 Jahren. Stahlheizkörper halten im Allgemeinen mindestens 20 Jahre, solche aus Grauguss 30 bis 50 Jahre. Ob ein Leitungsnetz erneuert werden muss, sollte zusammen mit einem erfahrenen Handwerker entschieden werden.

Wurden am Gebäude Wärmeschutzmaßnahmen durchgeführt, so reicht die Größe der bestehenden Heizkörper für die Beheizung der Räume auch weiterhin völlig aus. Meist kann die Vorlauftemperatur der Heizung durch geänderte Einstellung an der Kesselsteuerung sogar deutlich gesenkt werden, so dass die Heizung anschließend als Niedertemperaturheizung mit max. 55–60°C Vorlauftemperatur läuft. Bei Brennwertgeräten ist dann fast immer ein Kondensationsbetrieb möglich (notwendig zur Rückgewinnung der Verdampfungswärme).

Müssen Heizkörper ergänzt werden, z.B. zur Versorgung neu ausgebauter Räume, sollte deren Größe (Heizfläche) passend zu den bestehenden Heizkörpern bemessen werden. Die Form des Heizkörpers ist technisch eher von untergeordneter Bedeutung. Rohrleitungen und Heizkörper sollten allerdings möglichst eine geringe thermische Masse haben, d.h. Heizkörper mit geringem Wasserinhalt (z.B. Plattenheizkörper) und Rohrleitungen mit kleinem Querschnitt sind zu bevorzugen. Alle Heizkörper müssen mit automatisch regelnden Thermostatventilen ausgerüstet sein.

Ungedämmte Heizleitungen in unbeheizten Räumen müssen nachträglich gemäß GEG-Anforderung gedämmt werden, und zwar bis Leitungsdurchmesser 22 mm mit 20 mm Dämmschicht, bis 35 mm Durchmesser mit 30 mm und darüber mit einer Dämmschichtdicke wie der Innendurchmesser der Rohre. Das gleiche gilt auch für Warmwasserleitungen.

Nach Änderungen am Heizungssystem, die den Wasserumlauf beeinflussen, sollte ein hydraulischer Abgleich vorgenommen werden: Dabei wird die Durchströmung in den Heizungssträngen und -körpern mittels Einstellventilen an den Heizkörpern (meistens an der Rücklaufverschraubung) so einreguliert, dass eine gleichmäßige Durchströmung und Erwärmung aller Heizkörper gegeben ist. Diese Maßnahme führt sogar in bestehenden Anlagen – d.h. auch wenn nichts geändert wurde – oft zu einem niedrigeren Heizenergieverbrauch. Die Arbeit wird von den Heizungsinstallateuren aber nicht sehr geschätzt (zeitaufwendig) und daher am Ende der Installationsarbeiten gern „vergessen“. Ältere umgebaute Schwerkraftheizungen mit Verteilleitungen aus großkalibrigen Stahlrohren haben solche Rücklaufverschraubungen nicht, müssen nur bei Änderungen und Erweiterungen geändert und mit Einstellventilen ausgestattet werden, da die Schwerkraftanlagen grundsätzlich auf gleichmäßige Durchströmung aller Heizkörper ausgelegt werden mussten.

15.4.2 Fußboden- und Wandheizung

Die Fußbodenheizung liefert Wärme mit einem hohen Strahlungsanteil und sorgt so für behagliches Raumklima. Wegen der großen Heizflächen (= Grundfläche des Raumes) genügen – bei ausreichender Wärmedämmung des Gebäudes – sehr niedrige Heiztemperaturen (max. 30–40°C Vorlauftemperatur), um genügend Wärme an die Räume zu übertragen. Dadurch ist eine Fußbodenheizung die ideale Ergänzung für eine Wärmepumpe. Wenn zur Erneuerung des Heizkessels eine Wärmepumpe installiert werden soll, sollte bei der Wärmeverteilung die Entscheidung für eine Fußbodenheizung fallen.

Die Fußbodenheizung besteht aus im Estrich verlegten Heizschlangen aus Kunststoffrohr. Die Heizschlangen werden Raum für Raum regelbar an einen eigenen Heizungsverteiler angeschlossen, an dem die gleichmäßige Wärmezufuhr für alle Räume einreguliert werden muss.

Alternativ zum Fußboden können sogenannte Heizungsregister (zu Matten verbundene Kunststoffrohre) auch an den Rauminnenwänden unter Putz angebracht werden, so dass eine großflächige Wandheizung entsteht, mit ähnlichen Vorzügen wie bei der

Fußbodenheizung. Eine Kombination der Fußbodenheizung (in einigen Räumen) mit konventionellen Plattenheizkörpern als Ergänzung ist grundsätzlich möglich. Die Nachteile der Fußbodenheizung sollen nicht verschwiegen werden:

- Der Wahl des Bodenbelages ist eingeschränkt, Textilbelag und Holzdielen sind ungeeignet, Parkett ist bedingt geeignet. Optimal ist ein Stein- oder Fliesenboden.
- Bei Wandheizungen dürfen die Heizflächen nicht mit Schränken oder Gegenständen, die die Wärmeabgabe behindern, zugestellt werden.
- Die aufsteigende Wärme bringt erhöhte Staubaufwirbelung.
- Die Regulierbarkeit der Wärmeabgabe ist schlechter als bei Konvektoren- oder Plattenheizkörpern, weil die große Speichermasse (Estrich bzw. Putz) träge auf Veränderungen des Wärmebedarfs reagiert, z.B. bei Sonneneinstrahlung.
- Es treten höhere Wärmeverluste an der Kellerdecke auf; daher ist dort eine verstärkte Wärmedämmung vorzusehen.

Da die Fußboden-Oberflächentemperatur aus gesundheitlichen Gründen nicht mehr als 28°C betragen soll und die maximale Wärmeabgabe dadurch beschränkt ist, kommen mäßig oder schlecht gedämmte Gebäude nicht ohne zusätzliche Heizkörper aus. Planung, Dimensionierung und Ausführung von Fußbodenheizungen gehören in die Hände von Fachleuten!

15.4.3 Warmluftheizung

Die Funktionsweise einer modernen Warmluft-Zentralheizung ist der Warmwasserheizung recht ähnlich. Anstelle der Heizungsrohre und Heizkörper übernehmen Luftkanäle mit Auslassgittern in Boden, Wand oder Decke die Aufgabe der Wärmeverteilung. Der Wärmeerzeuger überträgt die Wärme entweder unmittelbar (direkte Luftheizung) oder über einen Wasserkreislauf mit Wasser-Luft-Wärmetauscher (Komfort-Luftheizung) an den Luftkreislauf.

Wichtige Voraussetzung für einen zufriedenstellenden Betrieb einer Warmluftheizung ist ein gut gedämmtes Gebäude, bei dem der Wärmebedarf der Räume unter 10 W/m² liegt. Bei einer höheren Heizlast kann die Luft die nötige Wärmemenge nur bei unangenehm hohen Zulufttemperaturen und erhöhtem Luftwechsel transportieren. Ist eine Lüftungsanlage vorgesehen, so sollte sie als getrenntes System geplant werden, also nicht Bestandteil der Luftheizung sein.

Vorteile dieses Heizsystems:

- Solare Wärmegewinne aus Räumen mit Verglasung nach Südost bis Südwest lassen sich relativ leicht in das System einspeisen und in alle Räumen verteilen, ebenso Wärme aus einer solaren Luftkollektoranlage.
- Auch andere, z.B. interne Wärmegewinne (z.B. durch Backofen, Kachelofen) sind im ganzen Haus nutzbar.
- Die Anlage kann bei Bedarf um zusätzliche Heizkörper oder auch durch eine Fußbodenheizung ergänzt werden (z.B. für Räume mit erhöhtem Wärmebedarf wie Bad).
- Die Technik ist einfach und haltbar. Die Luftkanäle können im Vergleich zu Heizkörpern und Heizleitungen weder undicht werden noch einfrieren.

Wegen schlechter Erfahrungen mit alten Anlagen in schlecht gedämmten Häusern existieren vielfach Vorbehalte gegen die Luftheizung. Wenn die Anlage richtig geplant und eingebaut wird und wenn der Wärmeschutz des Hauses den Anforderungen an einen Neubau entspricht, sind solche Vorbehalte jedoch unbegründet. Die Luftgeschwindigkeiten und -temperaturen in richtig geplanten Anlagen sind so niedrig, dass es mit Ventilatorgeräuschen, Zugluft und Staub keine Probleme gibt. Auch eine Geruchs- und Schallübertragung in benachbarte Räume ist bei richtiger Ausführung ausgeschlossen.

Als nachteilig oder im Altbau hinderlich können sich auswirken:

- der Platzbedarf für die Luftkanäle,
- der höhere Preis,
- die geringe Verbreitung des Systems und infolgedessen mangelnde Erfahrung bei Planern und ausführenden Unternehmen,
- die Schallübertragung durch die in den Zimmertüren vorzusehenden Luftschlitze.

15.5 Warmwasserbereitung

Welches Verfahren zur Warmwasserbereitung das beste, preiswerteste und energetisch günstigste ist, hängt ganz wesentlich von der Art der vorhandenen Heizanlage oder einem geplanten Heizungstausch ab. Siehe dazu auch Kap. 4.3 Anlagentechnik, Abs. Warmwasserbereitung.

Wenn eine Zentralheizung geplant oder modernisiert wird, erfolgt die Warmwasserbereitung meist über einen zentralen, gut wärmegedämmten Standspeicher, der möglichst nahe bei den wichtigsten Zapfstellen steht. Die Speichergröße wird vom Heizungsbauer auf die Leistung der Heizung und die Zahl der Verbraucher abgestimmt. Für einen 4-Personen-Haushalt reichen – sofern keine Solarenergie genutzt werden soll – etwa 150 – 200 l Speichervolumen aus. Die wärmedämmende Ummantelung sollte möglichst dick sein. Bei einer solchen Auslegung arbeitet die Anlage auch im Sommer energiesparend und wirtschaftlich, da der Kessel zum Aufheizen des Speichers nur ein- oder zweimal pro Tag anspringen muss.

Wo keine Zentralheizung vorhanden oder vorgesehen ist oder wenn bei größeren Gebäuden die Entfernung zwischen Wärmeerzeuger und Zapfstellen groß ist, empfiehlt sich eine dezentrale Wassererwärmung mit Durchlauferhitzer oder Kleinspeichern (Boiler) möglichst nahe bei den Verbrauchsstellen.

Nachteile dezentraler Systeme: Sie benötigen einen entsprechenden leistungsstarken elektrischen Anschluss, welcher nicht in jede bestehende Elektroinstallation eingebunden werden kann. Sie können nicht oder nur bedingt solar unterstützt werden. Elektroboiler und Brauchwasserwärmepumpen können elektrisch und dank der höheren Wassermenge, die diese vorhalten, noch am besten durch eine Photovoltaikanlage unterstützt werden. Solarthermieanlagen sind hingegen nur in einem zentralen System gut aufgehoben.

15.7
Sonnenkollektoren für die Warmwasserbereitung, hier denkmalverträglich oberhalb der Gaupen in Biberdachdeckung integriert.

Aus hygienischen Gründen sollte die Wassertemperatur im Speicher und in Zirkulationsleitungen gemäß Trinkwasserverordnung nicht unter 60°C sein, um das Wachstum von Legionellen und anderen Bakterien zu verhindern. Zur Vermeidung von Energieverlusten sollte die Temperatur aber auch nicht höher sein.

Für Warmwasserbereiter und Warmwasserspeicher gibt es Effizienzklassen. Die effizientesten Warmwasserbereiter erreichen die Energieeffizienzklasse A+, Verbundanlagen auch höhere Klassen bis A+++. Weil die gleichen Energieeffizienzklassen für alle Heiztechniken gelten, liegen die Techniken in unterschiedlichen Bereichen. Auch ein Warmwasserbereiter in der Effizienzklasse A kann eine energieeffiziente und kostengünstige Lösung sein.

Warmwasserbereitung mit Sonnenkollektoren

Solaranlagen zur Brauchwassererwärmung sind nützlich, um im Sommerhalbjahr die Wärme für die Warmwasserbereitung aus erneuerbarer Energie zu gewinnen und die Heizungsanlage ganz oder teilweise abschalten zu können. In Baden-Württemberg fordert schon seit 2015 das Erneuerbare-Wärme-Gesetz bei Erneuerung der Heizung die Nutzung erneuerbarer Energiequellen (15 % der Energieerzeugung); mit der Installation von mindestens 4 m^2 Kollektorfläche je 100 m^2 Wohnfläche kann diese Forderung erfüllt werden.

Die Sonnenkollektoren (Flachkollektoren oder Vakuumkollektoren) werden an einer sonnenexponierten Stelle, in der Regel auf einer Dachfläche, angebracht. Bei Südorientierung und einem Neigungswinkel zwischen 30 und 45° ist zur Versorgung eines 4-Personen-Haushaltes eine Kollektorfläche von 4 bis 6 m^2 je nach Standort und Kollektortyp sinnvoll. In Verbindung mit einem 300 bis 400 l-Brauchwasser-Speicher ist das ausreichend, um im Sommerhalbjahr den Warmwasserbedarf (ca. 200–300 l/Tag bei 4 Personen) zu 90% zu decken und auch im Winterhalbjahr an sonnigen Tagen noch spürbare Beiträge zur Warmwasserbereitung zu bekommen.

Erzeugen die Kollektoren im Winterhalbjahr oder während Schlechtwetterperioden nicht genügend hohe Temperaturen im Speicher, muss nachgeheizt werden. Wo eine Zentralheizung vorhanden ist, geschieht dies über einen zweiten Heizungswärmetauscher im oberen Teil des Brauchwasserspeichers.

Die Installation einer Solaranlage kann problematisch oder ausgeschlossen sein bei Gebäuden mit Denkmalschutz oder in Gebieten mit Ortsbildsatzungen. Trotzdem die Empfehlung: Sprechen Sie mit Ihrem Denkmalamt! Behutsames Einfügen, Angleichen der Solarfläche an die Umgebung, z.B. durch dachintegrierte Kollektoren anstelle der einfacheren und kostengünstigeren Aufdachmontage, kann zu einvernehmlichen Lösungen führen.

Zirkulation

Bei langen verzweigten Warmwasserleitungen im Haus werden sogenannte Zirkulationsleitungen installiert, über die das Warmwasser mittels Pumpe zwischen den Zapfstellen und dem Speicher umgewälzt wird. Dem Vorteil, warmes Wasser sofort beim Öffnen des Wasserhahns, steht der Nachteil eines Wärmeverlustes über die Warmwasser- und Zirkulationsleitungen gegenüber. Wenn eine Zirkulation wirklich unvermeidlich ist, müssen die Leitungen gut gedämmt sein und die Zirkulationspumpe mit einer Zeitschaltuhr ausgestattet werden, durch die der Pumpenbetrieb auf die Hauptnutzungszeiten begrenzt wird.

15.6 Schornsteine

Feuerstätten müssen an einen Schornstein angeschlossen werden, um die Abgase sicher über Dach zu leiten. Bei der Modernisierung der Heizungsanlage werden besonders in älteren Häusern Maßnahmen am Kamin erforderlich.

Schornsteine wurden etwa bis 1960 aus Ziegelmauerwerk oder Ziegelsplitt-Formteilen hergestellt, in der Regel mit recht großem Querschnitt und unzureichender Wärmedämmung, ausgelegt für Kohle- und Holzöfen mit hohen Abgastemperaturen. Werden moderne, energiesparende Niedertemperatur-Heizkessel (Öl oder Gas) mit Abgastemperaturen von 160 bis 180°C und weniger an solchen Kaminen betrieben, ist ein Versotten des Kamins die häufige Folge, weil die Rauchgase bis zum Erreichen der Schornsteinmündung zu stark abkühlen und Feuchtigkeit auskondensiert. Verrostete Reinigungstüren, brüchige Mörtelfugen und austretendes braunes Kondensat sind die sichtbaren Schäden, die eine Sanierung unumgänglich machen.

Zur Sanierung (außer für Brennwertkessel) sind folgende Maßnahmen möglich:

- Verkleinern des inneren Schornsteinquerschnitts durch Auspressen mit Spezialmörtel durch Fachfirmen.
- Grundlegende Schornsteinsanierung durch Einsetzen eines Edelstahl- oder glasierten Tonrohres mit einer wärmedämmenden Ummantelung (z.B. Schüttung) in den alten Kamin (durch Spezialfirmen).

Wenn mehrere Feuerstätten an einen vorhandenen Schornstein angeschlossen werden sollen, ist zu beachten:

- An einen gemeinsamen Schornsteinzug dürfen bis zu 3 Feuerstätten für flüssige oder feste Brennstoffe angeschlossen werden. Feuerstellen für Gas müssen an einen eigenen, den Gasgeräten vorbehaltenen Zug angeschlossen werden.
- Ein eigener Schornsteinzug für jede einzelne Feuerstätte ist erforderlich z.B. bei einer Nennwärmeleistung von mehr als 20 kW (Zentralheizungskessel) – bei Gasfeuerstätten mit mehr als 30 kW – sowie für jede Feuerstätte mit Gebläsebrenner (d.h. auch für Brennwertgeräte) und für jeden offenen Kamin.

Neue Schornsteine werden heute aus ein- oder mehrschaligen Formschornsteinen hergestellt, da sie funktionssicherer sind als gemauerte. Besonders bewährt haben sich die Isolierschornsteine, bestehend aus dem Schamotte-Innenrohr, einer belüfteten Wärmedämmung und dem äußeren Mantelstein. Formschornsteine gibt es für einen und mehrere Züge in zahlreichen Querschnitten. Metall-Leichtschornsteine aus doppelwandigem Edelstahlblech mit zwischenliegender Dämmschicht können an Wandkonsolen innen und außen montiert werden. Innerhalb von Wohnungen müssen sie jedoch zusätzlich feuerbeständig ummantelt werden, z.B. mit Leichtbeton-Formsteinen.

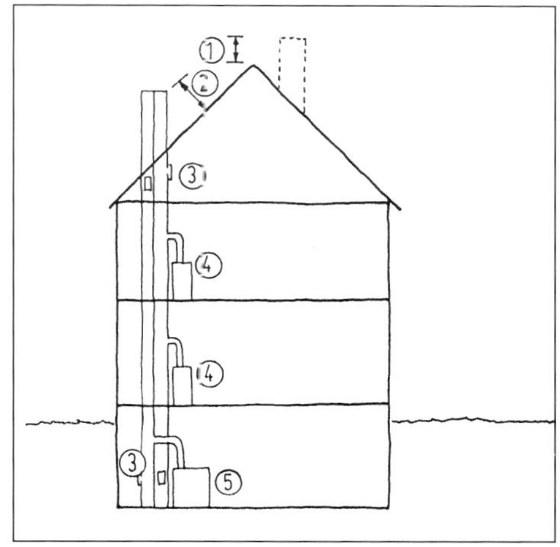

15.8
Schornstein-Anlage.
Bei der Planung und Ausführung ist zu beachten:
1 Mündung > 40 cm über Dachfirst
2 Mündungsabstand von der Dachdeckung > 100 cm
3 Putztüren:
- dürfen nicht in Aufenthaltsräume münden
- Abstand untereinander max. 8 m
- Abstand zwischen oberster Putztür und
- Kaminkopf max. 4,0 m
4 max. 3 Einzelöfen pro Kaminzug
5 max. 1 Zentralheizung pro Kaminzug
Außerdem: Schornsteinquerschnitt auf das vorgesehene Heizungssystem abstimmen! Sicherheitsvorgaben und Brandschutz beachten!

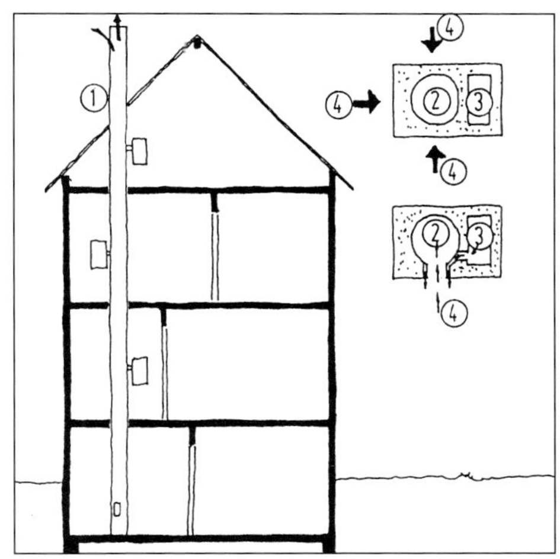

15.9
Anschluss an zentralen Luft-Abgas-Schornstein (LAS-System: maximal 4 Anschlussstellen pro Zug; technische Richtlinien beachten!
1 LAS-System (Schornstein)
2 Abgasführung
3 Zuluftführung
4 Anschlussmöglichkeiten für Therme

Brennwert-Heizkessel benötigen eine feuchtigkeitsbeständige Abgasleitung über Dach mit einer Ableitung für das unten anfallende Kondensat (Abwasseranschluss). Für den nachträglichen Einbau in einen vorhandenen Schornstein eignen sich Abgasleitungen aus Edelstahl oder aus Kunststoff, die vielfach bereits vom Kesselhersteller als zum Kessel passendes System angeboten werden.

Für die Planung und Ausführung eines neuen Schornsteins gibt es in den Bauordnungen der Länder und in der DIN 18160 zahlreiche Vorschriften. Einige wichtige Regeln sind im Folgenden aufgelistet. In jedem Fall ist es empfehlenswert, Baumaßnahmen am Schornstein mit dem Bezirksschornsteinfeger abzustimmen:

- Die Errichtung eines neuen Schornsteines ist häufig genehmigungspflichtig.
- Die Schornsteinmündung soll möglichst nahe beim First liegen.
- Wenn der Schornstein nicht auf einem eigenen Fundament errichtet wird, ist die Tragfähigkeit des Bodens bzw. der Decke zu prüfen.
- Reinigungsöffnungen sind in Abständen von 8 m anzuordnen. Die Putztür soll nicht in einem Aufenthaltsraum liegen; ggf. ist ein Vorraum oder eine Vormauerung mit Tür als Schleuse herzustellen.
- Schornsteine sind in Abständen von höchstens 5 m (gegen seitliches Kippen bzw. Ausknicken) auszusteifen.
- Der Schornsteinquerschnitt ist nach DIN 18160 bzw. nach den Unterlagen der Hersteller zu ermitteln.
- Für die Anschlüsse von Feuerstätten sind bei Formschornsteinen spezielle Anschluss-Formstücke zu verwenden. Nachträglich erforderliche Aussparungen dürfen nur durch Bohren oder Schneiden, z.B. mit Trennscheiben, hergestellt werden. Stemmarbeiten sind nicht zulässig.
- Die Außenflächen von Schornsteinen müssen verputzt werden und von brennbaren oder schwer entflammbaren Baustoffen (z.B. Deckenbalken, Dachstuhl) mindestens 5 cm entfernt bleiben.
- Wandschlitze und Befestigungen an Schornsteinen sind unzulässig.

16.1

16.1
Die Erneuerung der Abwasserinstallation wird durch Vorwandelemente (hier Gestell zur wandhängenden WC-Montage) wesentlich erleichtert. Leitungen verschwinden im neuen Bodenaufbau und/oder hinter Vormauerungen.

16.2
Die Vormauerung im Sanitärbereich kann mehreren Zwecken dienen:
- Unterbringung der Installationsleitungen
- Unterbau für keramischen Wandbelag im Spritzwasserbereich, einschließlich dahinter liegender Abdichtung
- Raumgestaltung
- Wandbegradigung
- Duschtrennwand
- Simsablagen

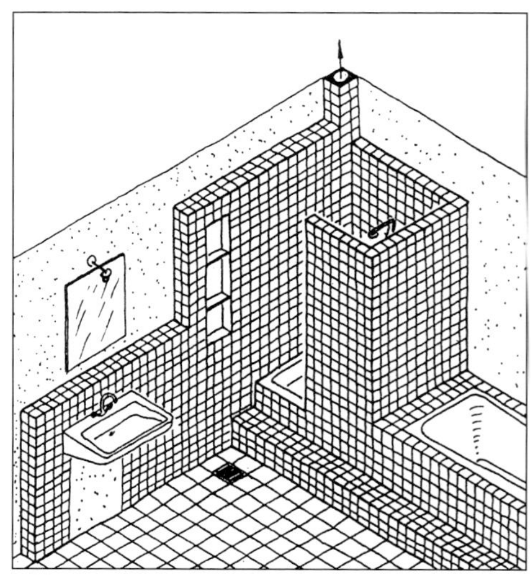

16.2

16 Sanitärinstallation

Ähnlich wie bei der Heizungsinstallation geht es auch bei der Sanitärinstallation in diesem Buch hauptsächlich darum, *planerische Hinweise* für Erneuerungs- und Erweiterungsmaßnahmen darzustellen. Die Ausführung der eigentlichen *Installationsarbeiten* wird zumeist Fachleuten überlassen bleiben. Möglichkeiten für Eigenleistungen bestehen wieder im Bereich der Vor- und Folgearbeiten.

16.1 Wasserversorgung

Die durchschnittliche Haltbarkeit von Wasserleitungsrohren aus verzinktem Stahl beträgt etwa 15 bis 40 Jahre, sie hängt wesentlich von den Inhaltsstoffen bzw. der Aggressivität des Trinkwassers ab. Ob und wie dringend ein altes Leitungsnetz erneuert werden muss, kann nur von erfahrenen Fachleuten durch Öffnen einer typischen Leitung beurteilt werden. Maßgebend für die Beurteilung ist die Dicke des Kalkansatzes, der Rostansatz und die verbliebene Materialstärke. Wenn allerdings bereits erste Undichtigkeiten an Leitungsrohren aufgetreten sind, sollten im Zuge von Umbaumaßnahmen sämtliche Wasserleitungen erneuert werden.

Bei einer Erweiterung oder (Teil-)Erneuerung des Leitungsnetzes gilt es zunächst, die Materialfrage zu klären: Für Kalt- und Warmwasser-Leitungen im Haus können grundsätzlich verzinkte Stahlrohre, Kupferrohre (hart und weich) sowie neuerdings auch vernetzte Polyäthylen-Rohre (VPE) eingesetzt werden. Kupferrohre lassen sich biegen und (weich-) löten; sie können dadurch relativ leicht, schnell und mit einfachem Werkzeug verarbeitet werden. Verzinkte Stahlrohre müssen dagegen vor Ort zunächst mit Außengewinde versehen und dann mittels Gewindefittings verschraubt werden, was schon wegen der erforderlichen Gewindeschneideinrichtung keine Arbeit für Heimwerker ist. In der Haltbarkeit liegen Kupfer- und Stahlleitungen fast gleich. Obwohl Kupfer vom Material her teurer ist, wird es auch vom Handwerk wegen der kürzeren Montagezeiten zunehmend eingesetzt.

In allen Metall-Wasserleitungen gehen laufend kleinste Mengen des Metalls im Wasser in Lösung (bei Stahlleitungen z.B. nach Entleerung des Leitungsnetzes an der Braunfärbung des Wassers sichtbar). Trinkwasserleitungen aus Blei, die sich noch in so manchen alten Häusern finden, sollten wegen der gesundheitsschädigenden Wirkung von Blei unbedingt ersetzt werden. Aus demselben Grund dürfen Kupferrohre niemals in Fließrichtung vor Stahlrohren eingebaut werden, die Stahlrohre würden durch Korrosion binnen kurzer Zeit zerstört!

Die VPE-Kunststoffrohre (z.B. Fabrikat Sanipex), die in einem gewellten Schutzrohr (Leerrohr) verlegt werden, vermeiden viele Nachteile der Metallleitungen: Sie lassen sich durch eine ausgeklügelte Systemtechnik (das „Rohr-in-Rohr System") mit einfachen Werkzeugen auch von Heimwerkern leicht verarbeiten, korrodieren nicht und geben (nach heutigem Erkenntnisstand) keine schädlichen Stoffe an das Wasser ab – sind also für Neuinstallationen eine überdenkenswerte Alternative. Über die Lebensdauer dieser Leitungen in Hausanlagen liegen noch keine zuverlässigen Erfahrungen vor, doch lassen sich durch die Verlegung der Leitungen in Leerrohren defekte Stücke leicht austauschen.

Bei der Verlegung der Rohrleitungen bietet sich in Küche und Bad die sogenannte Vormauerung an Die Leitungen werden nicht in Wandschlitzen, sondern auf der rohen Wand verlegt und anschließend durch eine Verkleidung oder eine dünne Mauer verdeckt, z.B. durch eine Vormauerung aus Kalksandstein-, Bims- oder Gasbetonplatten in einer Dicke von 5 bis 10 cm. Solche Mauerwerksflächen können gezielt zur Raumgestaltung eingesetzt werden, z.B. als Ablagesims, Duschtrennwand oder zur Wandbegradigung. In

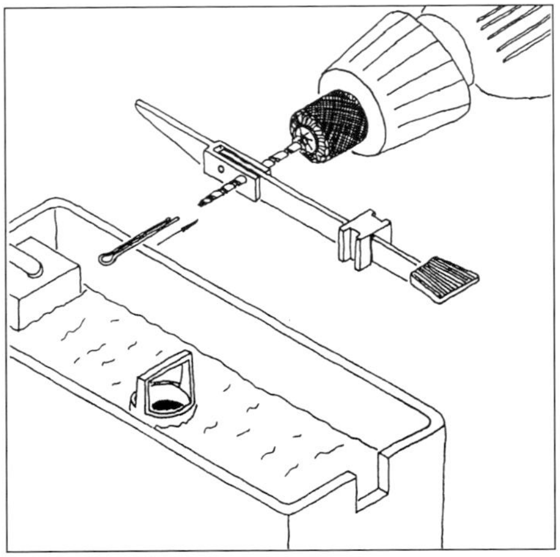

16.3
Maßnahmen zur Reduzierung der Spülwassermenge.
Oben: Nachträglicher Einbau einer Spülwasserregelung. Den nur für das Ausfließen des Spülwassers gerichteten Betätigungshebel herausnehmen, Zwischengelenk mit Splint oder Schraube starr verbinden und Hebel wieder einsetzen. Nun kann durch Hochdrücken des Hebels die abfließende Wassermenge reguliert werden.

Unten: Regulierung der Spülwassermenge durch Einhängen eines Gewichtes (im Fachhandel erhältlich).
Lässt man den Betätigungshebel nach kurzem Spülen wieder los, wird dieser durch das eingehängte Gewicht sofort wieder nach oben gedrückt und der Spülvorgang wird gestoppt.

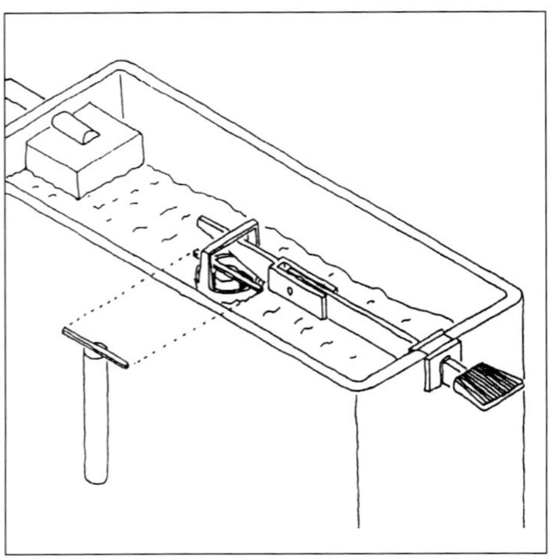

Bereichen, die nicht direkt dem Spritzwasser ausgesetzt sind, ist auch eine sichtbare Leitungsführung denkbar. Das kann bei überlegter Planung und sorgfältiger Ausführung gestalterisch sogar ganz reizvoll sein.

In ausreichend dickem Mauerwerk (mind. 11,5 cm) werden Rohrleitungen jedoch häufig in später zu verputzenden Wandschlitzen und Aussparungen geführt.

Das hat vor allem folgende Vorteile:

- Bequeme Montage.
- Schall- und wärmedämmende Ummantelung.
- Gestalterisch unproblematisch und sauber.

Es ist jedoch zu beachten, dass

- in tragenden und aussteifenden Bauteilen Schlitze statisch unzulässig sein können,
- im Mauerwerk keine waagerechten Schlitze hergestellt werden dürfen,
- in Trennwänden keine Schallbrücken entstehen,
- in Außenwänden Wärmebrücken vermieden werden.

Alle Wasserleitungen sollen mit Faser- oder Schaumdämmstoffen ummantelt werden, Warmwasserleitungen zur Vermeidung von Wärmeverlusten, Kaltwasserleitungen zur Vermeidung von Schwitzwasser. Für freiliegende Leitungen empfiehlt sich eine nachträgliche Dämmung mit handelsüblichen Halbschalen oder mit Wickelmaterial. Eine Ummantelung schützt außerdem zusammen mit den Gummimanschetten der Rohrschellen vor einer Übertragung der Fließgeräusche.

Für vorhandene Tiefspülkästen gibt es heute praktisch in jedem Baumarkt für wenig Geld Spülstromunterbrecher, die durch ihr Gewicht das Schwimmerventil nach dem Loslassen der Spültaste zurückstellen und auf diese Weise beträchtliche Mengen Wasser sparen. Bei den alten Hochspülkästen kann man sich selbst behelfen, z.B. indem die Glocke einige cm unterhalb der Wasserstandslinie angebohrt wird (Lochdurchmesser 6 bis 8 mm). Beim Spülvorgang verbleibt das Wasser unterhalb der durchbohrten Stelle im Kasten, wenn der Spülhebel nicht festgehalten wird.

16.2 Regenwassernutzung

Trinkwasser ist ein kostbares Lebensmittel. Deshalb sollten bei Reparaturen und Neuinstallationen die Möglichkeiten der Wasserspartechnik konsequent umgesetzt werden: Abdichten tropfender Wasserhähne, Einbau von Durchflussbegrenzern bei Spül- und Waschbeckenarmaturen, Spülstrom-Unterbrechung bei Toilettenspülkästen usw..

Doch nur 30 bis 40% des im Haushalt verbrauchten Trinkwassers muss aus hygienischen Gründen diese Qualität haben. Die übrigen 60 bis 70% – das sind täglich etwa 70 l pro Kopf – rauschen durch die Klospülung oder werden für Zwecke verbraucht, für die eine geringere Wasserqualität durchaus ausreichend wäre. Durch Nutzung des Regenwassers von den Dachflächen kann der Verbrauch an aufwendig aufbereitetem Trinkwasser erheblich vermindert werden.

Regenwasser ist weiches Wasser, es eignet sich daher nach einer einfachen Filterung außer für die Toilettenspülung und Gartenbewässerung gut zum Wäschewaschen. Wissenschaftlichen Untersuchungen zufolge ist die Qualität des Regenwassers dafür hygienisch völlig ausreichend; und aufgrund der geringen Wasserhärte wird sogar merklich weniger Waschmittel gebraucht, was die Kläranlagen und Flüsse entlastet.

Bei größeren Maßnahmen an der Wasserinstallation sollte daher stets eine zusätzliche Regenwasserleitung zu den Toilettenspülkästen und anderen Regenwasser-Verbrauchern gelegt werden, selbst wenn die Regenwasser-Sammelanlage erst später einmal realisiert werden soll. Zum Auffangen des Regenwassers eignen sich im Boden eingebaute Zisternen oder im Keller aufgestellte Kunststofftanks. Das Speichervolumen richtet sich nach dem Wasserbedarf und dem Regenwasserangebot von den Dachflächen: für einen 4-Personen-Haushalt sind etwa 2 bis 4 m^3 Speichervolumen bei einer angeschlossenen Dachfläche von 100 bis 150 m^2 wünschenswert, doch können auch mit kleineren Volumina schon merkliche Trinkwassereinsparungen erzielt werden. Der durchschnittliche Regenwasserertrag liegt in Deutschland je nach Niederschlagsmenge, Dachneigung und Art der Bedachung bei 100 bis 500 l Wasser pro m^2 Dachfläche und Jahr.

Das Schema einer Regenwasser-Sammelanlage mit ihren wesentlichen Elementen ist in Abb. 16.4 dargestellt:

- Der Speicher im Keller oder die Zisterne in der Erde (dort Frostschutz durch Wärmedämmung der Behälterdecke und der Wände bis etwa 100 cm unter Gelände, z.B. mit feuchtigkeitsunempfindlichen Schaumglasplatten).
- Das Regenwasserfallrohr mit Klappe, Regenwasserablauf mit Schlammeimer und Sieb.
- Ein Entleerungs- und Überlaufrohr.
- Ein Trinkwasserzulauf, z.B. über Schwimmerventil, für den Fall, dass der Regenwasservorrat aufgebraucht ist.
- Hauswasserautomat mit Pumpe und Druckausgleichsbehälter.
- Feinfilter.
- Regenwasserleitungen aus Kunststoff (Metallleitungen korrodieren zu schnell).

Die Kosten einer Regenwasseranlage (Fassungsvermögen 4 m^3) betragen je nach örtlichen Gegebenheiten etwa 10.800 bis 14.500 €. Abgesehen von der Kosteneinsparung durch Selbstbau kann es finanziell lohnend sein (z.B. in Reihenhausbebauungen), eine größere Anlage gemeinsam mit Nachbarn zu betreiben.

In manchen Gemeinden muss mit einem separaten Zähler die verbrauchte Menge Regenwasser gemessen werden. Hierfür wird dann eine Abwassergebühr verlangt. Das Gartenwasser kann vor dem Wasserzähler abgezweigt werden.

16.3 Abwasserentsorgung

Für Entwässerungsleitungen werden heute vorwiegend HT-Rohre (aus grauem, temperaturbeständigem Polyäthylen) eingesetzt, die in fast jedem Baumarkt angeboten werden. Sie sind preiswert und leicht zu verarbeiten (aber Vorsicht: Muffendichtung sauber einsetzen!), kleinere Reparaturen oder Neuinstallationen, z.B. der Anschluss eines Waschbeckens, können damit auch in Selbsthilfe ausgeführt werden. Eine längere Lebensdauer und bessere Schalldämmung bieten die Abflussrohre aus Gusseisen, die allerdings auch schwerer zu verarbeiten und erheblich teurer sind. Im privaten Wohnungsbau werden sie meist nur für die Verlegung in Zwischendecken oder als zentrale Fall- und Hausentwässerungsleitung eingesetzt.

Von Selbstbauern wird häufig unterschätzt, wie sehr es auch bei Arbeiten an Abwasserleitungen auf richtige Leitungsführung und fachgerechte Verlegung ankommt. Die wichtigsten fachlichen Regeln über die Dimensionierung der Leitungen und Ausführung des Netzes sollten unbedingt beachtet werden. Fehler bei der Verlegung können zu Geräusch- und Geruchsbelästigungen führen, die sich z.B. bei einer Rohrführung in der Decke oder hinter Vorsatzschalen später nur noch mit großem Aufwand beseitigen lassen.

Der lichte Durchmesser von Fallrohren in Wohngebäuden beträgt meist 100 mm. Sie müssen zur Entlüftung in gleichbleiben-

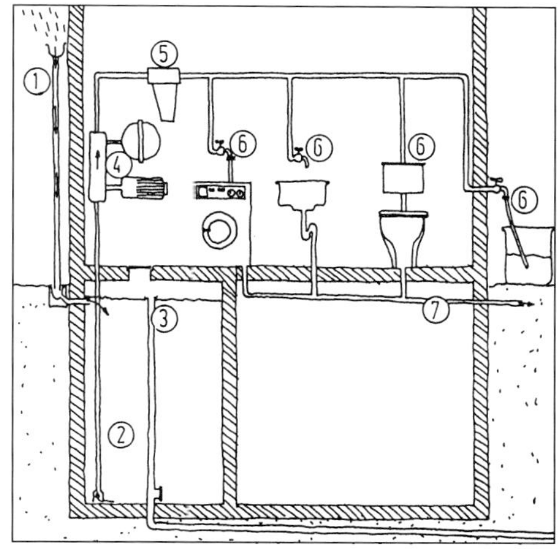

16.4: Regenwassernutzung.
1 Dachentwässerung
2 Zisterne als Vorratsbehälter, hier mit betonierten Wänden (altern.: Kunststoff-Batterietanks)
3 Überlauf mit Entleerung (zur Kanalisation oder Versickerung)
4 Saugpumpe mit Druckausgleich
5 Feinfilter
6 Zapfstellen für Waschmaschine, Ausgussbecken, WC und Gartenbewässerung
7 Schmutzwasserabfluss

16.5
Ein außenliegender Regenwasserspeicher versorgt Toilette, Garten und ggf. auch die Waschmaschine.

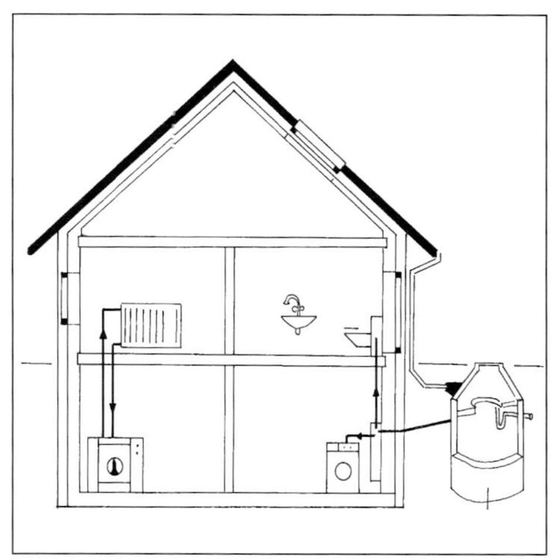

dem Querschnitt über Dach geführt werden. Waagerechte Anschlussleitungen (40 - 70 mm ø) müssen mit einem Gefälle von wenigstens 3% verlegt werden und dürfen nicht länger als 5 m sein, anderenfalls ist mit Schmutzablagerungen und Verstopfungen zu rechnen. Arbeiten an alten Anschlussleitungen aus Blei erfordern, sofern sie erhalten werden sollen, die geübte Hand des Fachmanns. Waagerechte WC-Anschlussleitungen sollten möglichst kurz sein und einen Durchmesser von 100 mm haben. Abwasserleitungen, die frostgefährdet sind oder störende Fließgeräusche entwickeln, müssen freigelegt und mit Dämmstoff ummantelt werden.

Bei manchen Gebäuden im ländlichen Raum fehlt noch der Anschluss an den öffentlichen Kanal. Die früher – im Zusammenhang mit der Düngung landwirtschaftlich genutzter Flächen – als unproblematisch angesehenen geschlossenen Abortgruben werden von den Aufsichtsbehörden heute nicht mehr oder nur mit Auflagen genehmigt. Bei jedem Bauvorhaben wird ein Anschluss an die öffentliche Kanalisation gefordert. Dazu müssen neue Grundleitungen aus Steinzeug oder Kunststoff verlegt werden. Früher wurden zum Teil auch Betonrohre verwendet. Bei der Planung der Leitungsführung ist zu berücksichtigen, dass die öffentliche Entwässerung heute zunehmend auf Trennsystem umgestellt wird. Beim Trennsystem müssen Regen- und Schmutzwasser auch am Haus in zwei getrennten Leitungen zu den beiden Sammelleitungen geführt werden. Bei längeren Hausanschlussleitungen ist alle 15 m ein Kontrollschacht vorzusehen.

Bei Abwasseranschlüssen in Untergeschossen ist eine Sicherung gegen Rückstau aus der öffentlichen Kanalisation erforderlich, um bei heftigen Niederschlägen, wenn die Kanalisation den Wasseranfall nicht bewältigen kann, ein Zurückfließen in den Abwasserleitungen und eine Überschwemmung des Untergeschosses zu vermeiden. Dazu müssen entweder alle Abflussöffnungen oberhalb der maximalen Rückstauebene, d.h. dem Straßenniveau, liegen (was in Hanglagen teilweise auch für das Untergeschoss möglich ist), oder es ist ein Rückstauverschluss einzubauen. Über diesen Rückstauverschluss kann z.B. eine Waschmaschine und ein Waschbekken im Keller entwässert werden. Ist auch ein WC im Untergeschoss vorhanden, so muss das Abwasser mittels Abwasserhebeanlage über die Rückstauebene befördert werden.

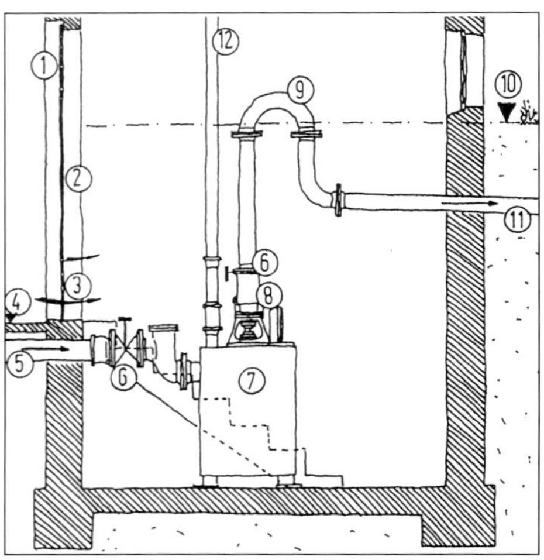

16.6
Abwasser-Hebeanlage.
1 Entlüftungsschlitze
2 Zugangstür
3 Zuluftschlitze
4 Kellerboden
5 Zufluss-Leitung
6 Absperrschieber
7 Hebeanlage mit Sammelbehälter, Schwimmerbetätigung und Pumpe
8 Rückflusssperre
9 Abflussleitung, über die Rückstauebene geführt
10 Rückstauebene, z.B. Straße
11 Abflussleitung außerhalb des Gebäudes in frostfreier Tiefe
12 Entlüftung über Dach

Auch stark belastete Dränleitungen müssen unter Umständen über eine Hebeanlage entwässert werden.

Liegt die öffentliche Kanalisation nicht in erreichbarer Entfernung, muss das Abwasser in einer örtlichen Kleinkläranlage gereinigt werden. Dafür gibt es verschiedene Systeme, wie die Mehrkammer-Ausfaulgruben, Sandfiltergräben, Tropfkörper oder Pflanzenkläranlagen. Das gereinigte Abwasser kann zusammen mit dem Regenwasser in einen Vorfluter (Bach, Fluss) eingeleitet oder im Boden versickert werden. Die im Abwasser enthaltenen Feststoffe werden in einer Absetzgrube gesammelt und müssen regelmäßig zur Kläranlage oder auf landwirtschaftlich genutzte Flächen abgefahren werden. Der Bau einer solchen Anlage ist genehmigungspflichtig.

Eine Alternative zur Toilette mit Wasserspülung ist unter Umständen die Komposttoilette. Diese naturnahe Form der Fäkalienbehandlung ist ein gutes Beispiel für eine ökologisch orientierte dezentrale Kreislaufwirtschaft und empfiehlt sich besonders für Gebäude, die nicht über einen Anschluss an die öffentliche Kanalisation verfügen. Fäkalien, Küchen- und Gartenabfälle kompostieren hygienisch einwandfrei und ohne Geruchsbelästigung in einem gut belüfteten, wärmegedämmten Behälter, der z.B. im Keller aufgestellt ist. Der ausgereifte Humus sammelt sich am unteren Ende des Kompostbehälters und kann über eine Entleerungsklappe zur Gartendüngung entnommen werden. Die Herstellungskosten für eine solche Anlage liegen einschließlich Einbau bei 9.100–10.900 €. Wenn das übrige Abwasser ebenfalls biologisch gereinigt wird, z.B. in einer Mehrkammergrube oder mit einem Schilfbeet, kann unter Umständen und nach Genehmigung durch die Behörden der kostenträchtige Anschluss an einen weiter entfernt liegenden öffentlichen Kanal eingespart werden.

17 Elektroinstallation

Die Zahl elektrischer Anlagen und Geräte im häuslichen Bereich hat in der Vergangenheit stark zugenommen. Wer will noch auf Waschmaschine, Kühlschrank, Computer und viele andere nützliche oder weniger nützliche Geräte verzichten? Die Erzeugung von elektrischem Strom ist jedoch mit erheblichen Belastungen für Mensch und Umwelt verbunden, so dass zum umweltbewussten Bauen und Wohnen auch das Bemühen um sparsamen Stromverbrauch gehört. Strom sollte im Haushalt ausschließlich für Beleuchtung, zur Krafterzeugung (Motoren in elektrischen Geräten), sowie für elektronische Geräte (Rundfunk, TV, EDV) und Steuerungsanlagen (Heizung, Waschmaschine) verwendet werden, jedoch möglichst nicht für Heizzwecke und für die Warmwasserbereitung. Hier einige Hinweise zum Stromsparen:

- Waschmaschine und Geschirrspülmaschine, sofern möglich, an die Warmwasser-Versorgung anschließen.
- Elektrische Warmwasserbereiter, Wäschetrockner und Heizlüfter vermeiden.
- Kühl- und Gefriergeräte mit optimaler Wärmedämmung verwenden, alte Geräte zu gegebener Zeit gegen Stromsparmodelle austauschen.
- Eine Einzelplatzbeleuchtung dort, wo das Licht wirklich gebraucht wird, ist effektiver und wohnlicher als eine helle Allgemeinbeleuchtung.
- LED-Lampen verbrauchen nur etwa 15–20% der Energie von herkömmlichen Glühbirnen, bei wesentlich längerer Haltbarkeit.

Die Haltbarkeit einer häuslichen Elektroinstallation beträgt etwa 30 bis 50 Jahre. Veraltete oder unsichere Leitungen mit zu geringem Querschnitt oder unzureichender Isolation sollten im Zuge größerer Modernisierungsmaßnahmen erneuert werden. Arbeiten an elektrischen Anlagen dürfen aus Sicherheitsgründen nur von zugelassenen Elektro-Fachbetrieben unter Berücksichtigung der geltenden VDE-Vorschriften ausgeführt werden. In Absprache mit dem Handwerker können jedoch einige Arbeiten wie das Herstellen und Schließen der Schlitze in Eigenleistung ausgeführt werden. Das Verdrahten der Schalter und Anschlüsse ist in jedem Fall Sache des Elektrikers.

17.1 Elektrische Anlagen im Haus

Bei der Erneuerung der Elektroinstallationen entfällt ein erheblicher Teil der Kosten auf den Schaltschrank mit Zählerplatz, da der alte meist nicht mehr den heutigen Anforderungen und Vorschriften entspricht. Bei der Planung des Zählerplatzes ist festzulegen: die Leistung des Zählers, die Zahl der Stromkreise und damit die Größe der Unterverteilung sowie die Montageart des Zählerschrankes – auf der Wand oder in einer Wandaussparung. Gebäude mit mehreren Wohnungen werden mit einem Hauptzähler an einer allgemein zugänglichen Stelle und mit Unterverteilplätzen in jeder Wohnung ausgestattet. Hausanschlussleitung, Hauptsicherung und Zähler sind Eigentum des Versorgungsunternehmens. Daher muss der Platz für die Montage des neuen Zählers immer mit dem Unternehmen abgestimmt werden.

Um Leitungsüberlastungen, Kurzschlüsse und Brandgefahr zu vermeiden, werden in zeitgemäßen Anlagen auch innerhalb einer Wohnung mehrere, einzeln abgesicherte Stromkreise installiert. Für die eigene Planung und die Verständigung mit den Fachleuten ist es hilfreich, die wichtigsten Begriffe und Symbole zu kennen (vgl. Abb. 17.1):

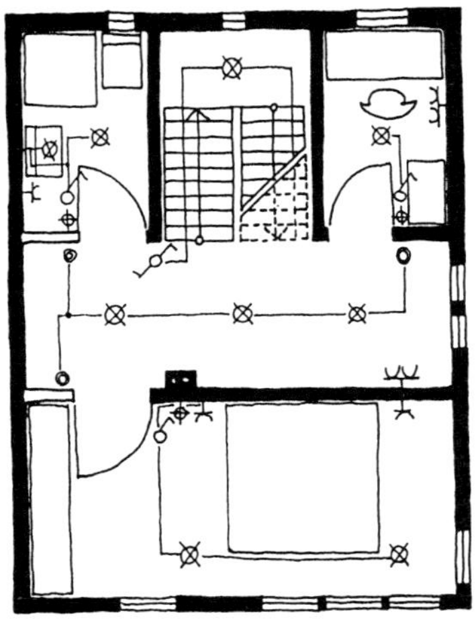

17.1: Plansymbole für Elektroinstallation.

- Leuchte allgemein
- Wandleuchte
- Steckdose, einfach
- Doppelsteckdose
- Schalter
- Wechselschalter
- Verteilerdose
- Tastschalter
- Leitungsverzweigung

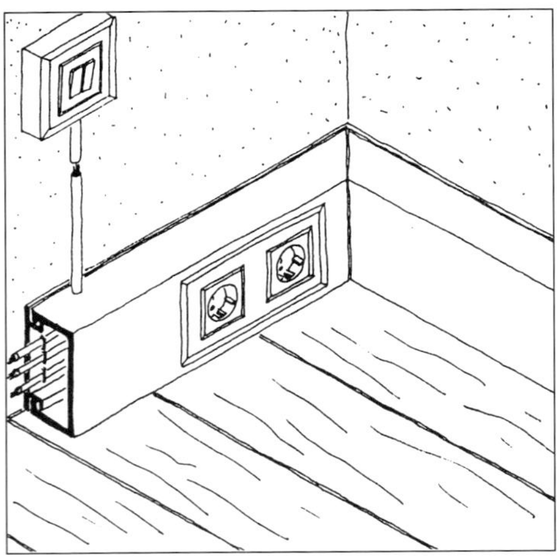

17.2: Industriell gefertigter Kabelkanal.

1 Handelsüblicher Kunststoff-Kanal in verschiedenen Größen und Farben, Montage meist im Sockelbereich
2 Integrierte Anschlussdosen
3 Anschlüsse für Schalter, Lampen, etc. geschlitzt oder sichtbar verlegt

Preiswert, schnell, aber optisch nicht besonders ansprechend!

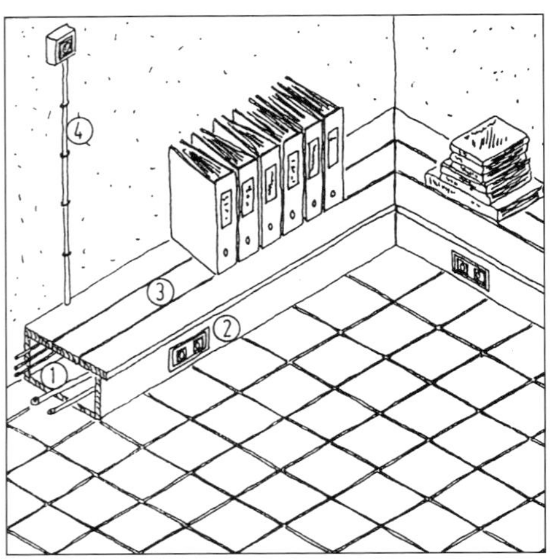

17.3: Selbstangefertigter Kabelkanal.

1 Selbst hergestellte Verkleidung der Leitungsinstallation im Sockelbereich (auch für Heizungs- / Sanitärleitungen)
2 Eingebaute Anschlussdosen
3 Abdeckung als Ablage, Regalsockel o.ä.
4 Schalterleitung sichtbar im Schutzrohr verlegt, auf Putz montierter Schalter

Individuelle Lösung, optisch ansprechend!

- Einfache Schalter dienen dazu, einen oder mehrere Verbraucher (z.B. Lampen) von einem Schalter aus zu bedienen.
- Mit Wechselschaltern können ein oder mehrere Verbraucher von 2 Stellen, mit einer Kreuzschaltung von 3 Stellen aus geschaltet werden.
- Wenn ein Verbraucher von 3 und mehr Stellen aus bedient werden soll (z.B. Treppenhausbeleuchtung), so ist eine Relaisschaltung mit Tastschalter wirtschaftlicher.

Lichtschalter werden üblicherweise in der Nähe des Türdrückers in 100 bis 110 cm Höhe installiert, Steckdosen in 35 bis 40 cm Höhe. Einsparungen können erreicht werden, indem Steckdosen auf nur zwei Raumseiten angeordnet werden, z.B. in der Nähe der Tür (unter dem Lichtschalter) und an einer Querwand. Lampenauslässe werden gewöhnlich an der Decke angebracht, sie können aber auch kostengünstiger und flexibler als schaltbare Steckdose oberhalb des Schalters vorgesehen werden. Der Anschluss einer Hängelampe erfolgt dann mit einer „Affenschaukel" (loses Kabel mit Stecker). Das Verlegen von Leitungen in der Decke lässt sich unter Umständen auch einfach durch Wandleuchten umgehen.

Leitungen werden immer senkrecht und waagerecht bzw. rechtwinklig im Raum verlegt, nie schräg. Durch eine gut geplante Leitungsführung kann ein übermäßiger Aufwand vermieden werden. Die teilweise übliche Verlegung einer Ringverteilung 30 cm unter der Decke mit senkrechter Zuführung zu Steckdosen und Schaltern ist wegen der großen Schlitzlängen oft ungünstiger als eine Verlegung in Höhe der Steckdosen. Wenn die Estrichböden erneuert werden, empfiehlt sich eine Verlegung auf dem Rohboden bzw. in der Holzbalkendecke.

In Wandschlitzen werden als Leitungsmaterial überwiegend die zweifach isolierten Mantelleitungen (NYM) verwendet. Auf zu verputzenden Flächen können auch die preiswerten, aber empfindlicheren Stegleitungen (NYIF) verlegt werden. Sind nur einzelne neue Leitungen erforderlich, bietet sich die Verlegung auf Putz an, z.B. oberhalb der Fußleisten mit Führung um die Tür herum oder im Boden als Türunterquerung. Für die feste Verlegung auf Putz sind Mantelleitungen (NYM- oder NYY-Kabel), abgeschirmte MH- und NSH-Leitungen, aber auch Flachkabel (NYFLY-Leitungen) geeignet.

Mehrere Leitungen können auf Putz hinter einer neuen Fußleiste oder in Fußleistenkanälen verlegt werden. Sind gleichzeitig auch Heizungs- und Sanitärleitungen zu verlegen, so kann eine gemeinsame kastenartige Verkleidung als Ablagefläche ausgebildet werden (vgl. Abb. 17.3). Das Einschlitzen der Wände mit nachfolgendem Beiputzen und neuem Anstrich würde einen deutlich höheren Aufwand erfordern. Für Verlegung in Kanälen sind ebenfalls NYM-Kabel (Mantelleitungen) zu verwenden.

In Bädern sind für Elektroinstallationen die vorgeschriebenen Schutzbereiche zu berücksichtigen (siehe Abb. 17.5). So müssen z.B. Steckdosen, Lichtschalter und Waschmaschine zu Wannen und Duschkabinen einen Abstand von mindestens 60 cm haben. Innerhalb des Bades verlegte Leitungen dürfen nur die Einrichtungen des Bades selbst mit Strom versorgen und keinen Metallmantel haben.

Lampen

Die klassische Glühbirne, die mehr Wärme- als Lichtenergie erzeugt, hat ausgedient und ist seit 2012 nicht mehr im Handel. Heute üblich sind LED-Lampen. Eingeschränkt gibt es weiterhin bestimmte Energiesparlampen (Leuchtstofflampen) und bestimmte Halogenlampen. Kriterien für die Auswahl der passenden Lampe sind: Die Energieeffizienz, die gewünschte Helligkeit, die Lichtfarbe, die Farbwiedergabe, die Dimmfähigkeit, die Lebensdauer, die Schaltfestigkeit, die Temperaturempfindlichkeit, der Kaufpreis pro Lumen (Helligkeit) und die Gesamtkosten über einen längeren Zeitraum.

- Die Helligkeit einer Lampe wird in Lumen angegeben. 700 Lumen ist eine mittlere Helligkeit, die im Wohnbereich bevorzugt eingesetzt wird. Das entspricht der Helligkeit einer früheren Glühlampe mit 60 Watt. 1.300 Lumen ist etwa doppelt so hell, es entspricht 100 Watt.
- Im Wohnbereich sorgt eine warmweiße Lichtfarbe von 2.500 bis 2.700 Kelvin für eine gemütliche Atmosphäre. Im Büro oder am Arbeitsplatz ist ein anregender tageslichtweißer Farbton von 4.000 bis 6.500 Kelvin empfehlenswert.
- Wo es auf eine gute Farbwiedergabe ankommt, sind Lampen mit einem hohen Ra-Wert die richtige Wahl, z.B. an der Arbeitsfläche in der Küche und für den Esstisch (Ra > 85), wo Kleidung ausgewählt wird oder am Schminkspiegel im Bad (Ra > 90).
- Eine hohe Schaltfestigkeit ist vor allem in Räumen sinnvoll, wo das Licht häufig und kurzzeitig eingeschaltet wird, z.B. im Treppenhaus und im Badezimmer. Sie sollte etwa 50.000 sein.

17.2 Baubiologische Elektroinstallationen

Das öffentliche Stromnetz in Deutschland wird mit Wechselstrom betrieben, dessen Spannung 230 Volt (V) und dessen Frequenz 50 Hertz (Hz) beträgt. In der Umgebung von elektrischen Leitungen und Verbrauchern werden elektrische und magnetische Wechselfelder erzeugt. Während magnetische Wechselfelder nur entstehen, wenn

17.5: Elektro-Schutzbereiche in Nassräumen. Für Elektroanschlüsse, Schalter, Steckdosen, Geräte, usw. Mindestabstände von den Sanitäreinrichtungen beachten.
Beim Waschtisch gilt: ebenfalls 60 cm Abstand nach allen Seiten ab Mitte Waschtisch gemessen.

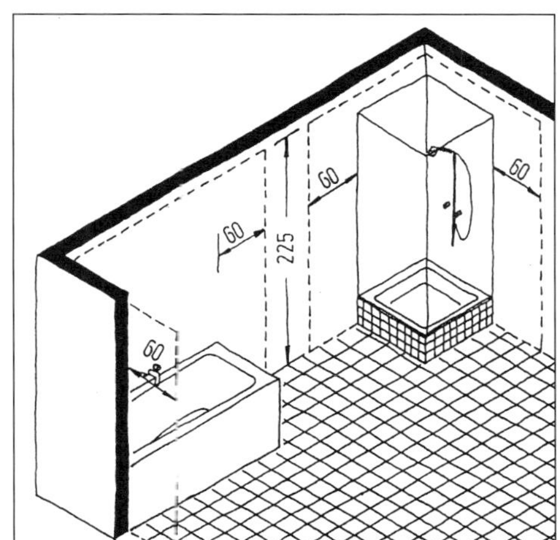

Strom verbraucht wird, kommen elektrische Wechselfelder schon allein dadurch zustande, dass die Leitung (oder ein Gerät) unter Spannung steht. Elektrische Wechselfelder können durch Massivbauteile, z.B. Mauerwerk, Betondecken oder durch geerdete Metallgitter abgeschirmt werden, magnetische Wechselfelder lassen sich dagegen nur mit großem Aufwand abschirmen. Durch die häusliche Elektroinstallation ist der Mensch diesen Feldern ausgesetzt, was in ungünstigen Fällen besonders bei sensiblen Menschen zu Beeinträchtigungen des Wohlbefindens und der Gesundheit führen kann (vgl. Kap. 3.4).

Die Intensität eines elektrischen Wechselfeldes, die „elektrische Feldstärke", wird in V/m (Volt pro Meter) gemessen. Sie ist abhängig von der Spannung (in Volt) und dem Abstand zu der elektrischen Leitung bzw. dem Gerät (in Meter). Die Stromstärke ist umso größer, je größer die Leistung (oder der Verbrauch) eines eingeschalteten Gerätes, z.B. einer Lampe, ist.

Bei einer Raumuntersuchung kann die elektrische Spannung, die eine Person aufgrund der elektrischen Felder im Raum an einem bestimmten Ort annimmt, auch direkt gemessen werden. Diese sogenannte „Ankopplungsspannung" in mV (Millivolt) gibt einen Anhaltspunkt über die Summe aller elektromagnetischen Einflüsse. Eine Orientierung über zuträgliche Belastungen geben die Tabellen 3.2 und 3.3.

Planerische und bauliche Mittel zur Minimierung der Strahlenbelastung aus der häuslichen Elektroinstallation sind:

- Genügend große Abstände zu zentralen Anlageteilen.
- Netzfreischalter für einzelne Stromkreise.
- Verlegung abgeschirmter Leitungen.
- Erdungsmaßnahmen an metallischen Bauteilen.
- Abschirmender Anstrich (Decke, Wände).

Die Hauptzuleitungen und die Verteilerkästen sollten zu Schlafräumen einen möglichst großen Abstand haben. Als Mindestabstände werden empfohlen:

- für Dachständer, Hausanschlussleitungen, Aufzugsmotoren: 8 m
- für Fernsehgeräte, Leuchtstoffröhren, Heizungsanlage: 5 m
- für Verteilerkasten, Stromzähler, Steigleitungen, Leitungen der Gas-, Wasser- und Abwasserinstallation: 3 m
- für Radiowecker, Radio, Sprechanlage, Netzgeräte, Heizkörper: 2 m.

Diese Abstände können unter den üblichen Umständen in der Praxis kaum eingehalten werden, selbst wenn die Grundrissplanung frühzeitig darauf Rücksicht nimmt. Hier helfen sogenannte Netzfreischalter und abgeschirmte Kabel.

Mit einem Netzfreischalter können einzelne Stromkreise automatisch „stillgelegt" werden, wenn kein Verbraucher im Betrieb ist. Das ist besonders sinnvoll für alle Stromleitungen, die in der Nähe von Schlafplätzen verlaufen. Wenn alle Verbraucher eines solchen Stromkreises abgeschaltet sind, liegt an der Leitung nur noch ein schwacher, gesundheitlich unbedenklicher Gleichstrom als Steuerspannung an.

Wo ausreichende Abstände zu Schlafplätzen oder Netzfreischaltungen nicht möglich sind, können abgeschirmte Kabel verwendet werden, also Kabel, die von einem zu erdenden Metallgeflecht ummantelt sind.

Alle metallischen Bauteile im Haus, wie Wasserleitungen, Heizkörper, Metallständerwände oder Alufolien können eingekoppelte Wechselfelder abstrahlen. Durch eine gute Erdung dieser Teile kann die Abstrahlung minimiert werden.

Mit einem graphithaltigen Anstrich können die elektrischen Wechselfelder aus angrenzenden, fremden Wohnungen abgeschirmt werden. Für magnetische Wechselfelder sind solche Anstriche jedoch nicht wirksam. Der Abschirmanstrich muss geerdet werden und kann mit einem normalen Anstrich oder einer Tapete überdeckt werden.

Zum Schluss noch einige weitere Hinweise:

- Elektroleitungen sollten in Räumen möglichst sternförmig, nicht ringförmig verlegt werden.
- In jedem Raum sollte möglichst eine Außenwand frei von Elektroinstallation sein.
- Leuchtstofflampen (und Energiesparlampen) sollten da, wo der Mensch sie längere Zeit nutzt, möglichst mit einem HF-Vorschaltgerät ausgerüstet sein; denn das 50 Hz-Flackern bei konventionellen Vorschaltgeräten belastet den Sehnerv.
- Hausanschlussleitungen können ungewollt Hochfrequenzwellen (z.B. Radiowellen) ins Haus leiten. Mit HF-Netzfiltern kann diese Strahlung ferngehalten werden.

Wer auf eine Berücksichtigung dieser Gesichtspunkte Wert legt, sollte sich einen Elektroinstallateur suchen, der mit diesen Dingen Erfahrung hat.

17.3 Photovoltaik

Photovoltaik-Anlagen am Gebäude erzeugen elektrischen Strom für den Eigenbedarf und für die Einspeisung ins örtliche Stromnetz. Sie sind ein wichtiger Beitrag zum Umstieg von fossilen Energieträgern auf erneuerbare Energie. Für die meisten bestehenden Wohngebäude sind solche Anlagen eine finanziell lohnende Investition. In einigen Bundesländern gibt es eine gesetzliche Pflicht zur Herstellung von PV-Anlagen, zum Beispiel in Baden-Württemberg für Neubauten und bei einer grundlegenden Dachsanierung von Bestandsgebäuden. Nordrhein-Westfalen, Schleswig-Holstein und andere Bundesländer haben ähnliche Vorschriften oder planen diese.

Die dezentrale Stromerzeugung aus Solarstrahlung hat viele Vorzüge: Die Strahlung der Sonne gibt es kostenlos. Elektrischer Strom ist ein vielseitig einsetzbarer Energieträger. Mit Strom kann Wärme und Kraft erzeugt werden, für Heizungsanlage, für Warmwasserbereitung, für Haushaltsgeräte, für Fahrzeuge. Und wenn es an trüben Tagen mal nicht genügend Eigenstrom gibt, kann das örtliche Stromnetz oder der eigene Stromspeicher die Lücke füllen. Neben Photovoltaik-Anlagen gibt es auch thermische Solaranlagen zur Erwärmung des Brauchwassers oder zu Unterstützung der Zentralheizung. Mehr zu Solarthermie in Kap. 15.5.

Die Solarmodule, die den Strom erzeugen, können auf geneigten und ebenen Dachflächen auf Haus und Garage, aber auch an senkrechten Flächen, wie Fassaden und Balkonumfassungen, angebracht werden. Wenig oder nicht geeignet sind nach Norden stark geneigte Flächen sowie Bereiche, die regelmäßig durch angrenzende Objekte verschattet werden, z.B. durch Bäume, Dachgauben, angrenzend aufragende Gebäudeteile, Nachbargebäude.

Anlass für die Planung einer PV-Anlage kann der Wunsch sein, einen Beitrag zum Klimaschutz zu leisten. Andere Gründe können sein, die steigenden Energiekosten fürs Wohnen und die Mobilität zu dämpfen oder die Versorgungssicherheit zu erhöhen. Oder mehrere dieser Gründe. Wie schnell sich eine PV- Anlage bezahlt macht, hängt von mehreren Faktoren ab. Maßgeblich sind: Die Größe der Anlage, die Himmelsrichtung und Neigung der mit den Solarmodulen belegbaren Fläche, die Größe des Stromspeichers, die Strompreise für die eigene Entnahme und die Einspeisung ins örtliche Stromnetz, die Höhe des Eigenverbrauchs.

Denkmalschutz

Wenn ein Gebäude unter Denkmalschutz steht oder zu einem geschützten Ensemble gehört, ist eine Genehmigung der zuständigen Denkmalbehörde nötig. Baurechtlich ist eine PV-Anlage normalerweise nicht genehmigungspflichtig. Erste Anlaufstelle ist meist die Baubehörde der Kommune oder des Landkreises. Maßgebend ist das Denkmalschutzgesetz des jeweiligen Landes. Beim häufig langwierigen Genehmigungsverfahren werden die Belange des Denkmalschutzes und des Klimaschutzes untereinander abgewogen. Trotz strenger Vorschriften können im Einzelfall Ausnahmen genehmigt werden, z.B. wenn die PV-Anlage nicht vom öffentlichen Raum aus sichtbar ist oder technische Lösungen gefunden werden, die den historischen Charakter des Gebäudes berücksichtigen. Einige Bundesländer haben dazu inzwischen ihre Vorschriften zugunsten einer PV-Anlage angepasst.

Zu empfehlen ist es, einen Vorschlag auszuarbeiten mit einer Skizze des Daches, dabei zusammenhängend Flächen beachten und ein homogenes Erscheinungsbild einhalten. Damit kann eine erste Einschätzung des Denkmalamtes erleichtert werden. Neben der grundlegenden Zuständigkeit der unteren Denkmalschutzbehörde gibt es noch eine obere Denkmalschutzbehörde die im Zweifel herangezogen werden kann.

Die Komponenten einer PV-Anlage

Eine typische häusliche PV-Anlage besteht aus folgenden Komponenten: Die Solarmodule (Generatoren) auf Dach- oder Wandflächen wandeln die Solarstrahlung in Gleichstrom (DC) um – an sonnsigen Tagen (direkte Strahlung) sowie die geringeren Strahlungsmengen bei bewölktem Himmel (diffuse Strahlung). Von dort führt eine Stromleitung, die meist unter den Dachziegeln und an der Fassade oder in vorhandenen Leerohren oder stillgelegten Kaminen zu einem Technikraum im Untergeschoss verlegt wird, zu einem Wechselrichter, der den Strom in den üblichen 220-Volt Wechselstrom (AC) umwandelt. Ein Teil des Stroms, der nicht direkt genutzt wird, kann für die strahlungsarmen Zeiten (vorrangig in den Nachtstunden) in Akkus gespeichert werden. Der übrige Strom wird über einen Zwei-Richtungszähler ins öffentliche Netz eingespeist.

Die Solarmodule produzieren über das Jahr verteilt am meisten Strom, wenn sie annähernd nach Süden ausgerichtet sind und eine Neigung zwischen 20 und 40 Grad haben. Aber auch eine Ost- oder Westausrichtung ist sinnvoll, da bereits in den Morgenstunden und bis spät in die Abendstunden und damit bedarfsgerecht Strom erzeugt werden kann. Bei einer Neigung unter 15 Grad ist eine regelmäßige Reinigung nötig, weil eine Selbst-

17.6
Photovoltaik-Anlage zur Stromerzeugung.
Quelle: Shutterstock_manfredxy

reinigung durch Regen dann nicht mehr ausreicht. Bedingt geeignet sind Dachflächen, die durch Dachfenster, Ein- oder Aufbauten unterbrochen sind, da nur wengie Module bei gleichem Aufwand für Gerüst und Installation montiert werden können.

Wenn die Bedachung erneuerungsbedürftig ist, ist anstelle der üblichen Montage auf der Dachdeckung eine dachintegrierte Montage möglich. Dann übernehmen die Solarmodule auch die Funktion der Dachdeckung. Für die Hinterkühlung der Solarmodule ist eine ausreichende Hinterlüftung zwischen Solarmodulen und Unterdach von Vorteil. Die Kosten einer „Indach-Montage" sind etwa gleich wie bei der „Aufdach-Montage". Wenn die Dachdeckung nicht erneuerungsbedürftig ist, kommen die Kosten für den Rückbau hinzu.

Kosten und Wirtschaftlichkeit

Um die Kosten und die Wirtschaftlichkeit für eine PV-Anlage zu ermitteln wird zuerst geprüft, welche Dachflächen sich dafür eignen und wie groß die belegbare Fläche ist. Daraus ergibt sich die Leistung der Anlage in Kilowatt peak (kWP), die jährlich erzeugbare Strommenge in Kilowattstunden (kWh) und die Art und Größe der notwendigen Geräte (Wechselrichter, Stromspeicher, Steuerung, Umbau Stromzähler). Eine Anlage mit einer Leistung von 5 kW kostet um die 12.000 €, eine mit 20 kW kostet um die 39.000 €. Das sind 2.400 € pro kW für die kleine und 1.950 € pro kW für die große Anlage.

Die Wirtschaftlichkeit errechnet sich aus den Herstellungskosten der Anlage, aus der erzeugten Strommenge, dem jährliche Eigenverbrauch und der sich daraus ergebenden Netzeinspeisung. Seit der grundlegenden Verbesserung des Erneuerbare-Energien-Gesetzes 2023 (EEG) sind auch kleine PV-Anlagen meist eine lohnende Investition. Damit eine PV-Anlage wirtschaftlich ist sollte sie eine Leistung von wenigstens 5 kW haben. Der ins Netz eingespeiste Strom wird mit einem niedrigeren Betrag vergütet als der Preis, der für die Stromentnahme zu zahlen ist. Voraussetzung für die gesetzlich garantierte Vergütung nach EEG sind die Anmeldung der Anlage im Marktstammdatenregister und die Einhaltung bestimmter technischer Eigenschaften sowie der Anschlussbedingungen. Anlagen bis 30 kWp unterliegen nicht der Umsatzsteuerpflicht. Bei größeren Anlagen kommen die Kosten für die Umsatzsteuer und für die Wandlermessung hinzu.

Ein möglichst hoher Eigenverbrauch kann in Verbindung mit einem Stromspeicher erreicht werden. Dann können die Elektrogeräte auch in Zeiten mit Solarstrom betrieben werden, in denen die Solarmodule keinen Strom erzeugen. Neben den Haushaltsgeräten (Wasch- und Spülmaschine, Küchenherd, Kühl- und Gefrierschrank) sind das die elektrische Warmwasserbereitung und die Ladestation für das E-Auto. Soll auch die Wärmepumpenheizung mit eigenem Solarstrom betrieben werden, dann ist eine Kommunikation zwischen Anlage und Verbrauchern sowie ein entsprechendes Energiemanagement erforderlich. Teilweise bieten Wärmepumpen diese, aber auch Wechselrichter können diese Schnittstelle und Steuerung mit über-

Konfiguration der Anlage		
Dachfläche Himmersrichtung	Süd	
Dachneigung	30°	
Haushaltsgröße	2 Personen	
Jahresstromverbrauch	2.500 kWh/a	
Strombezugspreis	30 Cent/kWh	
E-Auto Ladestation	ja	
Ort der Ladung	Vorrangig zuhause	
Fahrleistung pro Jahr	8.000 km	
Belegbare Dachfläche	32 m²	
Berechnungsergebnisse	**Ohne Speicher**	**Mit Speicher**
Leistung PV-Anlage	6,5 kWp	6,5 kW
Kapazität Batteriespeicher	–	3 kWh
Stromertrag pro Jahr	6.985 kWh/a	6.985 kWh/a
Eigenverbrauchsquote (= Anteil des selbst genutzten Stroms am produzierten Strom)	17%	31%
Autarkiegrad (= Anteil des selbst genutzten Stroms am gesamten Stromverbrauch)	37%	69%
Geschätzte Anlagenkosten (Investitionskosten)	13.000 €	16.450 €
Stromkosten-Einsparung pro Jahr	347 €/a	646 €/a
Einnahmen aus Stromeinspeisung pro Jahr	583 €/a	483 €/a
CO_2-Einsparung pro Jahr	2,8 t/a	2,8 t/a
Amortisationszeit	16 Jahre	17 Jahre
Überschuss nach 20 Jahren	3.000 €	2.840 €

Tabelle 17.2
Modellrechnung Photovoltaik-Anlage
Die Tabelle zeigt die Ergebnisse einer Simulation für eine projektierte PV-Anlage im Vergleich, ohne und mit Stromspeicher. Die Tabelle enthält die Kennwerte für die wesentlichen Merkmale der Anlage. Der obere Teil zeigt die Eingabewerte mit den Randbedingungen, der untere Teil zeigt die Berechnungsergebnisse. Anhand solcher Modellrechnungen können unterschiedliche Anlagenkonfigurationen (Varianten) planerisch untersucht, verglichen und bewertet werden.

nehmen. Mittlerweile müssen Wärmepumpen mit einer „smart grid ready" Schnittstelle ausgestattet sein, einerseits für die Fremdsteuerung durch den Netzbetreiber, andererseits für die Verbrauchsoptimierung hinsichtlich PV.

Übliche Kennwerte für eine Beurteilung der Wirtschaftlichkeit einer PV-Anlage sind die Rendite und die Amortisationszeit. Tabelle 17.2 zeigt beispielhaft, wie die Wirtschaftlichkeit einer projektierten PV-Anlage berechnet wird. Die Wirtschaftlichkeit ist umso besser, je mehr der Eigenstrom genutzt werden kann. Üblicherweise kann 30 % des Verbrauchs durch die PV-Anlage gedeckt werden. Bei Einbau eines Batteriespeichers sind es rund 70 %.

Praktische Umsetzung / Vorgehensweise

Für eine persönliche Einstiegsberatung sind die Verbraucherzentralen oder die regionalen Energieagenturen die richtigen Adressen, für eine konkrete Planung sind es die örtlichen Fachbetriebe und Fachplaner (Ingenieurbüros für Elektrotechnik). Eine Übersicht über Web-Tools für eine erste Abschätzung der Wirtschaftlichkeit von geplanten PV-Anlagen gibt es auf *www.solarrechner.info*. Sofern staatliche Fördermittel zur Verfügung stehen ist zu beachten, dass der Auftrag für die PV-Anlage erst nach Bewilligung der Förderung erteilt werden darf. Detaillierte Infos zur Vorgehensweise gibt es in der Broschüre „Photovoltaik", zu finden auf *www.verbraucherzentrale.de*.

Stecker-Solargeräte

Mini-Solaranlagen, auch „Balkonkraftwerke" genannt, können den erzeugten Strom direkt über eine Steckdose in das häusliche Stromnetz einspeisen, um damit einen Teil des Stroms für die Haushaltsgeräte wie Waschmaschine, Gefrierschrank, Küchenherd oder den E-Bike-Akku zu liefern. Mini-Solaranlagen bestehen meist aus ein bis zwei Standardmodulen und einem Wechselrichter, der aus dem erzeugten Gleichstrom Wechselstrom macht. Sie können zum Beispiel an der Balkonbrüstung, an der Hauswand oder auf einem Garagendach angebracht werden. Sie dürfen eine Leistung von maximal 800 Watt haben (Stand 2025). Der Gesetzgeber plant eine Erhöhung auf maximal 800 Watt. Die erzeugte Strommenge kann mit einem einfachen Steckdosen-Messgerät erfasst und abgelesen werden oder auch über WLAN oder Bluetooth auf ein mobiles Gerät übertragen werden.

Mit einem Standard-Solarmodul, das eine Leistung von 400 W und eine Größe von 1,0 mal 1,7 Meter hat, kann bei Südausrichtung und senkrechter Montage jährlich etwa 280 kWh Strom erzeugt werden. Wenn davon tagsüber – bei genügend Solarstrahlung – 140 kWh genutzt werden können, dann ergibt sich bei einem Strompreis von 35 Cent pro kWh eine jährliche Ersparnis von rund 50 €. Der jährliche CO_2-Ausstoß vermindert sich dadurch um rund 90 kg. Die Anschaffungskosten für ein Modul liegen bei 400 bis 600 €. Der nicht selber verbrauchte Strom fließt (ohne Vergütung) ins allgemeine Stromnetz und wird so zu einer „Spende" für den Klimaschutz.

17.7
Balkonkraftwerk. Auch Steckersolaranlage oder Mini-PV-Anlage genannt.
Quelle: Shutterstock_Mariana Serdynska

17.4 Blitzschutz

Ob eine Blitzschutzanlage für ein Wohnhaus erforderlich ist, ist weitgehend Ermessenssache. Die Einrichtung einer Blitzschutzanlage empfiehlt sich,

- wenn die tragende Konstruktion und das Dach des Hauses aus brennbaren Baustoffen besteht (Holzfachwerk, Strohdach),
- wenn das Gebäude in einer wasserführenden Bodenschicht steht,
- bei exponierter Lage (Hochhaus, Turm, Bergrücken),
- wenn die Gefährdung subjektiv als bedrohlich empfunden wird.

Für Mauerwerksgebäude mit harter Bedachung, die in der Nachbarschaft zu gleich hohen oder höheren Gebäuden stehen, sowie für Gebäude mit einem Dachständer (Strommast) ist eine Blitzschutzanlage im Allgemeinen nicht erforderlich.

Die wesentlichen Bestandteile einer Blitzschutzanlage sind die metallischen Fangleitungen auf dem Dach, die Ableitungen zur Erde und die Erdung im Boden. Der Erder muss eine möglichst gut leitende Verbindung zum Erdboden herstellen. Er kann als Banderder waagerecht im Boden, z.B. entlang des Fundamentes, verlegt werden oder als senkrechter Staberder ausgebildet werden.

Die Kosten für den oberirdischen Teil einer solchen Anlage, d.h. für die Fang- und Ableitungen, liegen für ein freistehendes Wohnhaus bei etwa 2.700 bis 3.600 €.

18 Oberflächenbehandlung

Anstriche dienen dem Schutz der Bauteile und der optischen Verschönerung.

Außenanstriche erhöhen die Haltbarkeit, indem sie die Bauteile vor Feuchtigkeitsaufnahme und Korrosion schützen, z.B. Fassadenflächen, Fenster, Holzflächen und Eisenteile. Bei Holz können sie auch zum Schutz gegen Schädlingsbefall beitragen.

Innenanstriche haben fast immer allein optische Funktionen. Sie machen Räume heller und/oder schützen gegen Verschmutzung. Wenn die Bauteiloberflächen sorptionsfähig bleiben sollen (vgl. „Wandatmung", Kap. 3.3), so muss das Anstrichmittel gut wasserdampfdurchlässig sein (offenporiger Anstrich).

Unter den Gesichtspunkten des Gesundheits- und Umweltschutzes sollten Anstrichmittel sorgfältig ausgesucht werden. Die umweltfreundlichste und zugleich wirtschaftlichste Lösung ist in manchen Fällen das Weglassen eines Anstriches. Wo das aus optischen Gründen nicht erwünscht bzw. nicht möglich ist, sollten Mineralfarben und Naturharzlacke bevorzugt werden. Weniger empfehlenswert sind Kunststoff-Dispersionsfarben und wasserverdünnbare Lacke.

Grundsätzlich sollten alle Lacke und Lasuren, die künstlich aus Erdöl hergestellt sind und/oder organische Lösungsmittel enthalten, gemieden werden. Allerdings enthalten auch viele Naturharzlasuren und -lacke große Mengen organischer Lösungsmittel!

Maßgebend für die Auswahl des optimalen Anstrichmittels ist der Einsatzbereich (z.B. innen oder außen), der Untergrund (z.B. Putz oder Holz) und der Schutzzweck (z.B. gegen Wasseraufnahme oder Verschmutzung).

In diesem Kapitel werden nun Hinweise gegeben, welche Anstrichmittel für die verschiedenen Untergründe bzw. Bauteile im Innen- und Außenbereich empfehlenswert sind, und anschließend die Anstrichmittel mit ihren Eigenschaften, Erkennungsmerkmalen und den Besonderheiten ihrer Verarbeitung beschrieben. Neben Untergründen und Einsatzbereichen sind für die Auswahl des Anstrichmittels auch Kriterien wie Materialkosten, Verarbeitungsaufwand (und -kosten), Pflege- bzw. Wartungsbedarf, Haltbarkeit und optische Eigenschaften von Bedeutung.

Im Allgemeinen müssen Flächen, die gestrichen werden sollen, vorbereitet werden. Hierzu können folgende Arbeiten erforderlich sein:

- Nicht fest haftende Anstrichteile entfernen.
- Prüfung des Untergrunds auf ausreichende Festigkeit, Trockenheit, Sauberkeit.
- Reinigung der Oberfläche, z.B. mit Bürste oder Dampfstrahl.
- Grundierung zur Herstellung der Haftung oder einer gleichmäßigen Saugfähigkeit.

Im Einzelfall sind die Technischen Merkblätter bzw. die Verarbeitungsvorschriften der Hersteller zu beachten. Einen konzentrierten Überblick über Anstrichmittel und Ausführungsregeln gibt die DIN 18363 „Maler- und Lackierarbeiten" in der VOB, Teil C (im Buchhandel erhältlich).

18.1 Anstriche für Innenflächen

18.1.1 Wände und Decken mit Oberflächen ...

Die Oberflächen der Wände und Decken sollten möglichst diffusionsoffen bleiben, um die klimaausgleichenden Eigenschaften dieser Flächen für den Raum zu erhalten. In dieser Hinsicht am günstigsten sind rohe, unbehandelte Stein-, Putz- und Holzflächen, mineralische Anstriche und Anstriche aus naturnahen Öl-, Harz- und Wachsprodukten.

... aus Putz, Stein, Beton

Vorhandene Anstriche können sein: Kalkfarbe, Kaseinfarbe, Leimfarbe. Ab etwa 1960 sind an deren Stelle Kunstharzdispersionsfarben getreten, zu denen auch die Latexfarben gehören. Solche Altanstriche können mit gleichartiger Farbe überstrichen werden. Alte Leimfarben müssen vor einem Neuanstrich abgewaschen werden.

Außerdem können als Erneuerungsanstriche *auf Kalkfarben* auch Kasein- und Dispersionsfarben eingesetzt werden, *auf Kaseinfarben* auch Dispersionsfarben, *auf Dispersionsfarben* auch Kaseinfarben. Wenn Dispersionsfarben auf Kalkfarben gestrichen werden, besteht die Gefahr, dass der Untergrund gelblich durchschlägt. Kreidende Altanstriche und sandende Putze müssen zunächst abgebürstet werden.

Für Erstanstriche auf diesen mineralischen Untergründen ist die Kaseinfarbe besonders zu empfehlen. Ebenfalls empfehlenswert ist eine vergütete Kalkfarbe oder eine Dispersionssilikatfarbe. Weniger empfehlenswert sind Kunststoff-Dispersionsfarben und Zweikomponenten-Silikatfarben. Auf gipshaltigen Putzen/Untergründen sind Kalkfarben und Zweikomponenten-Silikatfarben nicht geeignet.

Bei Erstanstrichen auf verputzten Flächen muss eine möglicherweise vorhandene Sinterschicht zunächst durch maschinelles Schleifen entfernt werden. Stark saugende Untergründe sind – außer bei Kalkfarben – mit einem Absperrbinder zu grundieren. Kalkfarbe wird im Verhältnis 1:4 mit Wasser verdünnt und in vier dünnen Anstrichschichten aufgebracht. Bei Kasein- und Dispersionsfarben ist eine Naturharzhaftgrundierung empfehlenswert. Der Anstrich erfolgt in zwei gut deckenden Schichten.

Eine besondere Wirkung kann mit der *Lasurtechnik* erreicht werden. Einzelheiten dazu sind unter dem Stichwort *Pflanzenfarben* im Kap. 18.3. beschrieben.

... aus Holz

Wand- und Deckenbekleidungen aus Holz, die nicht oder farblos gestrichen werden, werden durch Lichteinfluss und Alterung dunkel. Ein Anstrich mit Farbpigmenten kann diesen Vorgang aufhalten oder überdecken. Holz kann auch in Badezimmern, sogar im Spritzwasserbereich von Duschen, unbehandelt bleiben, sofern die Fläche hinter dem Holz ausreichend gedämmt und das Holz selbst ausreichend hinterlüftet ist. Holzschutzmittel sollten im Anstrich möglichst nicht enthalten sein (vgl. Kap. 5.3.2).

Altanstriche auf Holzbekleidungen in Innenräumen sind üblicherweise solche auf Naturharz- oder Kunstharzbasis. Sie können mit einem gleichartigen Anstrichmittel erneuert werden. Um eine gute Haftung des Erneuerungsanstriches zu erreichen, müssen lackierte Flächen mit Schleifpapier aufgeraut werden. Der Schleifstaub ist giftig und sollte von der Schleifmaschine abgesaugt werden.

Für Erstanstriche auf rohen Holzflächen im Innenbereich sind, sofern auf einen Anstrich nicht ganz verzichtet wird, lösungsmittelfreie Naturharzprodukte zu empfehlen. Eine Schlussbehandlung mit Wachs ist üblich, aber nicht nötig. Weniger empfehlenswert sind Wasserlacke sowie Naturharz- und Kunstharzprodukte mit organischen Lösungsmitteln.

Ein Naturharz-Lackanstrich erfolgt in 4 Arbeitsgängen Grundierung, Vor-, Zwischen- und Deckanstrich.

... aus Gips oder Papier

Altanstriche auf Raufaser, Gipsputz, Gipsfaser- und Gipskartonplatten sind in der Regel mit Dispersionsfarben oder Kaseinfarben ausgeführt. Solche Altanstriche können jeweils mit gleichartiger Farbe überstrichen werden. Auf Kaseinfarben sind auch Erneuerungsanstriche mit Dispersionsfarbe möglich. Für das Arbeiten gelten die gleichen Hinweise wie bei mineralischen Untergründen (Putz, Stein, Beton).

Für Erstanstriche auf neuen Gips- oder Papierflächen sind Kaseinfarben und Naturharz-Dispersionsfarben besonders empfehlenswert. Dabei lassen sich mit Pflanzenfarbpigmenten und der Anwendung der Lasurtechnik interessante Farbwirkungen erreichen.

18.1.2 Boden- und Treppenbeläge ...

Die Oberflächenvergütung bei Fußböden hat die Aufgabe, einer Verschmutzung vorzubeugen, ein gleichmäßiges Aussehen zu erzielen und die Reinigung zu erleichtern. Durch Farbpigmente kann ein Nachdunkeln durch Lichteinwirkung verhindert werden. Für Böden werden im Allgemeinen transparente Anstriche bevorzugt. Während filmbildende Anstriche einen mechanischen Schutz bieten und eine glänzende Oberfläche bilden, haben lasierende Anstriche eher eine matte Oberfläche. Konsequent umweltschonend ist der Verzicht auf jeden Anstrich.

Bei der Erneuerung eines vorhandenen Anstrichs muss die Oberfläche an- oder abgeschliffen werden. Beim Ausleihen der dazu notwendigen Schleifmaschine sollte darauf geachtet werden, dass die Staubabsaugung gut funktioniert und der Filter auch Feinstaub zurückhält.

... aus Holz, Kork, Linoleum

Die Renovierung eines Fußbodenanstrichs auf Holz oder Kork erfolgt durch Abschleifen bis auf den rohen Untergrund und Herstellen eines Neuanstrichs. Ein Anschleifen der Oberfläche und Aufbringen eines Renovierungsanstrichs ist keine dauerhafte Lösung. Die für das Ausbessern von Schadstellen erforderliche Spachtelmasse wird am besten aus vorhandenem Schleifstaub und Grundieröl hergestellt.

Für Anstriche auf Holz und Kork sind besonders Hartöle oder Naturharzlasuren (mit oder ohne anschließende Wachsbehandlung) empfehlenswert. Linoleum wird üblicherweise nur gewachst und kann mit Pflanzenseife oder Flüssigwachs gepflegt werden.

Der erste Wachsauftrag wird am besten im Heißwachsverfahren maschinell aufgetragen. Wachs, das kalt aufgetragen werden kann, sollte wegen der enthaltenen organischen Lösungsmittel nur sparsam verwendet werden.

Abschleifen eines versiegelten Holzbodens:

- Lackschicht mit Teller- oder Bandschleifmaschine (Körnung 24) gleichmäßig und ohne Druck mit kreisender Bewegung bis auf das rohe Holz entfernen – nur Maschinen mit Absaugvorrichtung verwenden (der Schleifstaub ist giftig!).
- Gegebenenfalls größere Unebenheiten mit dem Bandschleifer glätten.
- Feinschliffe mit Schwingschleifer (erst Körnung 40, dann Körnung 80).
- Boden mit Staubsauger reinigen.
- Risse mit farblich passendem Fugenkitt schließen, nach Trocknung fein schleifen (Körnung 120).
- Neue Oberflächenvergütung aufbringen.

... aus Ziegelplatten

Glasierte Ziegelplatten erfordern keine Oberflächenbeschichtung. Auf unglasierten Ziegelplatten können Altanstriche vorhanden sein, z.B. aus Naturharz- oder Kunstharzgrundierung mit oder ohne Wachsschicht. Ungewachste Grundierungen lassen sich mit gleichartiger Farbe überstreichen, während mit Wachs behandelte Böden nur mit Wachs nachbehandelt werden können. Wird eine neue Ölimprägnierung ohne Wachsauftrag gewünscht, so muss die Wachsschicht abgezogen und die Oberfläche geschliffen werden.

Für die Erstanstriche auf Ziegelplatten sind Naturharzprodukte mit und ohne nachträgliche Wachsbehandlung zu empfehlen. Vor dem ersten Anstrich wird der Zementschleier mit 5%-iger Salzsäure entfernt und der Boden mit klarem Wasser gereinigt. Erst wenn der Boden völlig ausgetrocknet ist, kann der Anstrich aufgebracht werden. Vorsicht! Salzsäure ist stark ätzend, Hände und Augen schützen! Zum Verdünnen die Salzsäure in Wasser gießen, niemals umgekehrt!

... Stein

Naturstein- und Betonwerksteinböden brauchen im Allgemeinen nicht behandelt zu werden. Poröses Material kann durch eine ölige Imprägnierung geschützt oder durch Hydrophobieren wasserabweisend gemacht werden. Durch eine ölige Imprägnierung wird die Farbe und Struktur des Steines intensiviert und die Oberfläche zusätzlich geschützt.

Eine gute Alternative zur Versiegelung ist das Imprägnieren mit Naturharzimprägnierung und die anschließende Wachsbehandlung, wobei die Böden allerdings empfindlich bleiben gegen länger andauernde Feuchtigkeitseinwirkung.

Auch ein roher Zementestrich kann vorübergehend oder auf Dauer ohne zusätzlichen Belag genutzt werden, sofern er in Nutzstrich-Qualität hergestellt wird. Er lässt sich wie ein Holz- oder Keramikboden imprägnieren oder mit einem Fußbodenanstrich versehen. Unter Umständen ist es möglich, durch maschinelles Abschleifen einen Terrazzo-ähnlichen Effekt zu erreichen.

18.1.3 Sonstige Flächen (innen) ...

...Holztüren, -fenster, -geländer

Als Altanstriche werden Öl- und Naturharzlacke sowie Kunstharzlacke angetroffen. Diese können mit jeweils gleichartiger Farbe überstrichen werden, Öl- und Naturharzlacke auch mit Kunstharzlacken. *Die Arbeitsschritte*: Untergrund gründlich anschleifen, nicht tragfähige Lackschichten entfernen, rohe Holzstellen farblos imprägnieren, vorlackieren, schlusslackieren.

Wenn Fenster auf der Außenseite mit einer weitgehend dampfdichten Lackierung gestrichen sind, muss auch die Innenseite mit einem dampfdichten Produkt gestrichen werden. Auf keinen Fall dürfen Fenster innen nur lasiert werden, wenn sie außen deckend (filmbildend) lackiert werden.

Für Erstanstriche auf Holzflächen im Innenbereich sind Öl- und Naturharzanstriche besonders empfehlenswert. Bei lasierenden Anstrichen ist zusätzlich Wachsbehandlung möglich.

Da Zimmertüren und deren Zargen sowie Geländer stoßgefährdete Bauteile sind, empfiehlt sich ein transparenter Anstrich. Bei farbigen Lackierungen sind Beschädigungen eher zu sehen als bei farblosen Anstrichen.

... Stahlflächen (innen) und Heizkörper

Folgende Altanstriche werden angetroffen: Öl- , Natur- und Kunstharzanstriche, mit oder ohne Rostschutzgrundierung. Auch diese Altanstriche können mit jeweils gleichartiger Farbe überstrichen werden. Außerdem können *auf Ölfarben* auch Natur- und Kunstharzlacke als Erneuerungsanstrich aufgebracht werden, *auf Naturharz-* auch Kunstharzlacke und umgekehrt.

Zur Ausbesserung von Rostschutzgrundierungen müssen die Stahlflächen gründlich entrostet werden, z.B. mit der Stahlbürste oder mit Schleifpapier, besser maschinell mit Trennschleifer. Für Erstanstriche auf Stahlflächen (innen) sind Öl- und Naturharzlakke geeignet.

Weniger empfehlenswert sind Kunstharzlacke. Auch Stahl im Innenbereich muss gegen Rosten geschützt werden. Herkömmliche Rostschutzmittel sind umwelt- oder gesundheitsbelastend, eine Alternative ist das amtlich zugelassene Naturharz-Rostschutzmittel der Firma Livos. Um einen dauerhaften Rostschutz zu erhalten, müssen die Herstellervorschriften genau beachtet werden. Für Heizkörper gilt grundsätzlich das Gleiche. Im Gegensatz zu den üblichen Lacken müssen Heizkörperlacke jedoch hitzebeständig sein.

18.2 Anstriche für Außenflächen

18.2.1 Verputzte Wandflächen

Neben der farblichen Gestaltung haben Fassadenanstriche die Aufgabe, den Putz gegen Durchfeuchtung aus Niederschlägen zu schützen. Andererseits sollen solche Anstriche möglichst durchlässig für Wasserdampf sein, damit eingedrungenes Wasser und eventuell im Sockelbereich aufsteigende Bodenfeuchtigkeit rasch austrocknen können. Um Schäden durch thermische Spannungen im Putzuntergrund zu vermeiden, werden helle Fassadenanstriche bevorzugt, die weniger Sonneneinstrahlung absorbieren und sich nicht so stark aufheizen.

Altanstriche auf Außenputz können sein: Kunststoff-Dispersionsfarbe, Silikatfarbe, Kalk-Zement-Farbe. Diese Altanstriche können mit jeweils gleichartiger Farbe überstrichen werden. Außerdem können als Erneuerungsanstrich auf Silikat- und Kalk-Zement-Farben auch Silikat- und Dispersionsfarbe verwendet werden.

Je nach Zustand der Fassade können folgende Vorarbeiten erforderlich sein:

- Schmutz und Staub durch Abwaschen oder Dampfstrahlen entfernen. Beim Ablaugen alter Anstriche verstopfen die Poren des Putzes, in diesem Fall muss die Oberfläche zusätzlich mit einer Stahlbürste gereinigt werden.
- Lockeren Altanstrich durch maschinelles Feuchtstrahlen entfernen.
- Risse im Putz ausbessern, lockere oder weiche Putzflächen erneuern (vgl. Kap. 7.4).
- Grundieranstrich (evtl. putzfestigend) bei zu glattem, zu rauem, zu saugfähigem oder zu wenig saugfähigem Untergrund. Zu glatte Flächen können auch durch Anschleifen, mit der Drahtbürste oder durch Sandstrahlen aufgeraut werden. Eine Grundierung ist grundsätzlich notwendig bei unterschiedlich saugfähigem Untergrund (z.B. bei Mischmauerwerk und bei verputztem Fachwerk).
- Teer- und andere Flecken mit Isoliermittel absperren.
- Frischen Kalk- oder Zementputz abbinden lassen. Kalk- und Zementputze binden langsam ab und bleiben lange Zeit alkalisch. Wenn ein Kalkputz mit Dispersionsfarbe gestrichen wird, sollte eine Wartezeit von 6 Wochen eingehalten und der Untergrund mit Fluat neutralisiert werden.
- Sinterschichten auf neuem Putz von Hand oder maschinell entfernen, unter Umständen auch durch Fluatieren. Ebenso müssen Fehlstellen im Putz wie Blasen, Risse usw. vor dem Anstrich beseitigt werden.

Für Erstanstriche auf Außenputz sind besonders empfehlenswert: Zwei-Komponenten-Silikatfarbe oder alternativ Kaseinemulsionsfarbe bzw. Kalk-Kaseinfarbe. Alle kalkhaltigen Außenanstriche haben jedoch in Großstädten und anderen Gebieten mit starker Luftverunreinigung eine verkürzte Haltbarkeit.

Um einen gut haltbaren Anstrich und ein gutes Aussehen zu erreichen, sind einige Regeln zu beachten, z.B. bezüglich Witterung, Sonneneinstrahlung, Aufteilung der Flächen in Arbeitsabschnitte. Wer solche Arbeiten selber ausführen möchte, sollte sich vorher gründlich informieren.

18.2.2 Sichtmauerwerk (außen)

Bei Sichtmauerwerk aus natürlichen oder künstlichen Steinen kann ein Anstrich erforderlich sein, wenn schlechte Steine verwendet wurden, die nicht ausreichend witterungsbeständig sind. Sichtmauerwerk kann entweder farblos durch Hydrophobieren imprägniert oder, wie eine verputzte Wand, farbig bzw. weiß gestrichen werden. Eine Beschichtung ist jedoch nur dann haltbar, wenn das Mauerwerk nicht durch aufsteigende Feuchtigkeit belastet ist. Vormauersteine (z.B. Klinker) benötigen wegen ihrer dichten Oberfläche keinen Anstrich. Für Altanstriche gilt das Gleiche wie für verputzte Fassaden (Kap. 18.2.1).

Für farblose Erstanstriche auf Sichtmauerwerk ist Silikatfarbe ohne Pigmente (das sogenannte Fixativ) besonders empfehlenswert, für weiße oder farbige Erstanstriche auf Sichtmauerwerk empfiehlt sich die Zwei-Komponenten-Silikatfarbe mit mineralischen Farbpigmenten.

18.2.3 Fenster und Türen

Die meisten Holzfenster und Holztüren bei Altbauten sind mit einem deckenden Ölfarben- oder Kunstharzanstrich versehen. Dieser Anstrich sollte regelmäßig, d.h. etwa alle 5 bis 10 Jahre, erneuert werden, besonders auf der Wetterseite. Bei Lasuranstrichen ist eine häufigere Erneuerung nötig. Wenn Haftung und Elastizität des Altanstrichs noch gut sind und das Holz noch intakt ist, kann der Altanstrich gereinigt, aufgeraut und mit einem Reparaturanstrich versehen werden.

Bei Fenstern ist es besonders wichtig, dass der Reparaturanstrich mit einem zum Altanstrich passenden Anstrichmittel erfolgt. *Auf Öl- und Naturharzlacken* können auch Kunstharzlacke, *auf Kunstharzlacken* können auch Naturharzlacke aufgebracht werden. Lasierende Anstriche sind auf lackierten Flächen nicht möglich, es sei denn, der Lack wird bis auf das rohe Holz entfernt.

Helle Farben sind günstiger als dunkle, weil sich Anstrich und Holz bei Sonneneinstrahlung weniger erwärmen und der Anstrich dadurch länger hält. Die lichtspendende Funktion von Fenstern wird im Raum durch eine weiße Lackierung am besten wirksam.

Der alte Anstrich ist nur dann zum Überstreichen geeignet, wenn er ausreichend fest und haftfähig ist. Dies kann mit Klebeband und durch Kratzen mit einem Messer festgestellt werden: Das Klebeband wird auf dem Altanstrich fest angerieben und anschließend scharf abgerissen; löst sich der alte Anstrich gar einschließlich anhaftender Holzfasern, so ist die Holzoberfläche bereits zerstört und für einen Überholungsanstrich ebenfalls ungeeignet. Auch spröde Anstriche, die sich mit einem Messer partikelweise ablösen lassen, müssen vor einem Neuanstrich entfernt werden.

Sollten vergraute Flächen lasiert werden, so müssen sie bis auf die nicht vergraute Holzschicht abgeschliffen und mit Grundieröl vorgestrichen werden. Darauf folgt ein dreimaliger Lasuranstrich. Chemische Aufheller sollten wegen ihrer Giftigkeit nicht verwendet werden.

Das Entfernen alter Anstriche erfolgt am besten mechanisch, d.h. durch Abschaben oder Abschleifen mit entsprechendem Spezialgerät (Schaber, Schleifmaschine, Spachtel). Beim Abschleifen sollte ein Atemschutz (Staubfilter) verwendet werden. Abbeizen und Abflämmen sind umweltbelastende Methoden, die besser unterlassen werden.

Die so vorbereiteten Holzflächen werden dann mit einem neuen Anstrichsystem versehen, wobei die verschiedenen Schichten (Grundier-, Zwischen- und Deckanstrich) aufeinander abgestimmt sein müssen. Daher empfiehlt es sich, das Anstrichsystem *eines* Herstellers unter Einhaltung der entsprechenden Verarbeitungsvorschriften zu verwenden. Muss bei Holzfenstern die Glasversiegelung (oder der Fensterkitt) überstrichen werden, so wird auch die Glasscheibe ca. 1 mm überstrichen.

Auch der Innenanstrich der Fenster muss gewartet werden. Er soll mindestens so dampfdicht sein wie der Außenanstrich, anderenfalls kann es in den Fensterhölzern zu einem Feuchtigkeitsstau und zu Fäulnis kommen.

Die Anstrichtechnik ist bei den verschiedenen Lack- und Lasuranstrichen ungefähr gleich. Ist der Altanstrich als Untergrund für einen Erneuerungsanstrich geeignet, wird er folgendermaßen vorbereitet: Altanstrich mit Salmiakwasser (1 Teil Salmiak in 10 Teilen Wasser) abwaschen, trocknen lassen, mit feinem Schleifpapier (100er oder 120er) anschleifen, bis der Untergrund matt ist, entstauben, ggf. offene Holzverbindungen (Holzstöße z.B. bei Türen) keilförmig und tief aufkerben, grundieren und verkitten, Flecken mit Sperrgrund (z.B. Schellack) isolieren; danach Grundanstrich, Zwischenanstrich und Deckanstrich aufbringen. Das Glätten von Unebenheiten mit Spachtelmasse ist für bewitterte Holzteile nicht dauerhaft.

Für Erstanstriche auf rohem Holz sind deckende Naturharzlacke besonders empfehlenswert. Die Arbeitsschritte im Einzelnen: Untergrund säubern, mit feinem Schleifpapier (100er oder 120er) matt schleifen und entstauben. Harzstellen und Äste mit Sperrgrund isolieren. Grundierung mit Holzschutzgrund (bei deckenden Anstrichen und innen ohne pilzhemmende Wirkstoffe) anbringen, Risse im Holz mit Ölkitt oder Spachtelmasse verkitten. Danach zwei Zwischenanstriche und Schlussanstrich aufbringen (als Anstrichsystem, passend auch zur Grundierung).

18.2.4 Holzflächen (außen)

Holzschalungen und Kanthölzer gelten als sogenannte nicht-maßhaltige Bauteile, d.h. ein Quellen und Schwinden durch Feuchtigkeitsaufnahme aufgrund von Witterungseinflüssen ist unschädlich, sofern durch Maßnahmen des konstruktiven Holzschutzes eine rasche und vollständige Wasserableitung und Austrocknung gewährleistet ist (vgl. Kap. 5.3). Dies gilt nicht für sogenannte „maßhaltige“ Bauteile, wie Fenster und Sichtfachwerk. Die Hölzer vom Sichtfachwerk müssen wie Fenster zum Schutz gegen Feuchtigkeitsaufnahme gestrichen werden.

Ein Anstrich auf nicht maßhaltigen Holzbauteilen im Außenbereich, wie z.B. auf holzverkleideten Fassaden, ist nicht notwendig, wenn das natürliche Vergrauen des Holzes akzeptiert werden kann. Soll Holz im Außenbereich (Fassadenverkleidung etc.) aus ästhetischen Gründen gestrichen werden, kann mit einer filmbildenden Lackfarbe (leicht getönt oder farbig) oder einer Lasurfarbe (ebenfalls leicht getönt oder farbig) gestrichen werden.

Pigmentierte Lacke und Lasuren auf Holz sorgen dafür, dass das Holz seinen hellen Farbton behält. Lasuranstriche sind gut dampfdurchlässig und ermöglichen ein rasches Austrocknen. Sie müssen zwar häufiger erneuert werden als Lackfarben, dann reicht allerdings ein leichter Anschliff des Altanstrichs. Das Aufrauen eines Lackfarbenanstrichs vor der Erneuerung ist dagegen erheblich mühsamer, und Risse in der Lackierung, die nicht sorgfältig ausgebessert werden, ziehen schnell größere Folgeschäden nach sich.

18.2.5 Metallflächen (außen)

Bei näherem Hinsehen gibt es eine ganze Reihe von Metallflächen am Haus: Geländer und Pfosten aus Stahl, Dachverwahrungen, Regenrinnen, Regenrohre und Fenstersimse aus verzinktem Stahlblech, aus Kupferblech oder etwa ab 1980 aus Titanzinkblech. Fenstersimse aus Aluminium. Kupfer-, Zink- und Aluminiumbleche benötigen keinen Rostschutzanstrich; in vielen Fällen kann bei diesen Materialien auch ganz auf einen Anstrich verzichtet werden, sofern keine besondere farbliche Gestaltung gewünscht wird. Stahlteile benötigen eine Grundierung aus Rostschutzfarbe (zinkhaltige Grundierung). Auf diese Rostschutzschicht kann ein farbgebender Anstrich folgen.

Bei Renovierungsanstrichen auf Stahlteilen im Außenbereich ist es wichtig, dass der Rost vollständig bis auf das blanke Metall durch Sandstrahlen entfernt wird. Das Entrosten mit der Stahlbürste reicht nicht aus, um für den nachfolgenden Anstrich eine dauerhafte Basis zu schaffen (vgl. auch Kap. 18.1 Abs. Stahlflächen).

18.3 Anstrichmittel

Die nachfolgenden Abschnitte sind als kleine Materialkunde gedacht, um für den jeweiligen Einsatzbereich die Wahl des optimalen Anstrichmittels zu erleichtern.

Aus natürlichen Grundstoffen hergestellte und seit Jahrhunderten bekannte Anstrichmittel sind die Kalk- und Zementfarben, die Leim- und Kaseinfarben, die Öl- und Naturharzfarben. Diese Anstrichmittel werden heute in technisch verbesserter Form als *Biofarben* angeboten. Bei der Auswahl des jeweiligen Anstrichmittels sollten solche ohne oder mit möglichst geringem Anteil an organischen Lösungsmitteln verwendet werden. Das gilt auch für die Naturharzprodukte. Wenn synthetische Produkte verwendet werden, sollten solche ohne Weichmacher bevorzugt werden. Umweltverträgliche Alternativen können in vielen Fällen sogar wirtschaftlicher sein als die Chemieprodukte.

Der normale ebenso wie der alternative Markt bieten eine unüberschaubar große Vielfalt an Produkten und selbst mit gewissen Grundkenntnissen ist es oft nicht einfach, das optimale Anstrichmittel auszuwählen, zumal die Bezeichnungen für die Produkte keinen einheitlichen Regeln folgen und die Inhaltsstoffe häufig nicht allgemein verständlich und obendrein unvollständig angegeben sind. Eine gute und zuverlässige Hilfe für die Auswahl und Anwendung der Anstrichmittel bieten die technischen Merkblätter der Hersteller.

Grundsätzlich bestehen Farben im Wesentlichen aus den Komponenten Bindemittel, Lösungsmittel, Farbpigment und Hilfsstoffe.

Das *Bindemittel* ist der Stoff, der nach dem Verdunsten des Lösungsmittels den schützenden Anstrichfilm bildet und die Farbpigmente mit dem Untergrund verbindet. Art und Anteil des Bindemittels einer Farbe bestimmen ganz wesentlich die Eigenschaften des fertigen Anstrichs. Abgesehen von Kalk und Zement (in Kalk- und Kalkzementfarben) sowie Wasserglas (in Silikat-Farben) sind die meisten Bindemittel organische Verbindungen. Dabei werden die traditionellen Bindemittel (Zelluloseleim, Kaseinleim u.ä. für Wand- und Deckenfarben; Leinöl und andere trocknende Öle sowie Naturharze für Lasuren, Ölfarben und Lacke) aus biologischen Rohstoffen hergestellt und heute vorwiegend von den Naturfarbenherstellern angeboten. Das Gros des Malerhandwerks bevorzugt dagegen wegen der überlegenen Eigenschaften die Kunstharz-Bindemittel, die durch Kombination verschiedener Kunststoffe und ausgefeilte Rezepturen für alle nur erdenklichen Anwendungsbereiche optimiert werden können. Die Kunstharz-Farben enthalten jedoch giftige Stoffe, die bei der Produktion, Verarbeitung und Entsorgung in die Umwelt gelangen und diese belasten.

Lösungsmittel haben die Aufgabe, Bindemittel und Farbpigmente bis zur Verarbeitung in einer streichbaren (flüssigen) Form zu halten, so dass sich die Farbe beim Streichen gut mit dem Untergrund verbinden kann. Beim Trocknen verdunstet das Lösungsmittel. Abgesehen vom Lösungsmittel Wasser (bei Kalk-, Leim- und Dispersionsfarben) sind die meisten anderen Lösungsmittel giftig (Kohlenwasserstoffe wie Terpentin, Testbenzin, Toluol, Xylol, Benzol, usw.) und tragen in erheblichem Maße zur Umweltbelastung und zur Entstehung von Berufskrankheiten (bei Malern) bei. Auch die Naturprodukte der Naturfarbenhersteller, wie Balsamterpentin und Zitrusterpene, sind in dieser Beziehung nicht harmlos und sollten daher nur sparsam verwendet werden.

Mit dem Umweltzeichen *Blauer Engel* werden solche Produkte ausgezeichnet, die die Umwelt im Vergleich zu herkömmlichen Erzeugnissen weniger belasten und deren Verbreitung das Umweltbundesamt fördern will. Bei den Anstrichmitteln sind das bisher im Wesentlichen die wasserverdünnbaren Lacke und Lasuren mit einem geringen Gehalt an organischen Lösungsmitteln. Andere umweltbelastende Inhaltsstoffe sowie die Mineral- und Naturfarben werden bei der Vergabe des Umweltengels bisher unzureichend berücksichtigt.

Pigmente verleihen dem Anstrichmittel die Farbe; sie bestehen überwiegend aus sehr fein gemahlenen Mineralien oder Metallverbindungen, die teilweise in der Natur vorkommen (Erdfarben wie Ocker, Umbra,

Anstrichmittel und ihre Inhaltsstoffe			
Lösungsmittel	**Anstrichmittel**	**Bindemittel (Hauptrohstoff)**	**Schädliche Inhaltsstoffe**
Wasser	Mineralfarben	Kalk (a) Zement (b) (Kali-)Wasserglas (c)	
	Leimfarben (d)	Zelluloseleim Kaseinleim Kalk-Kaseinleim	
	Dispersionsfarben (e)	Pflanzenharze Kunststoffe	
	Ölfreie Lacke	Acrylharz ("Dispersionslack") Pflanzenharze	
Organische Lösungsmittel **Terpentin,** **Testbenzin,** **Benzol** **Toluol,** **Xylol,** **Alkohol,** **u.a.**		Spirituslack (Schellack) Nitro-Celluloselack Chlorkautschuk- und Polymerisatlack	Nitrocellulose, Weichmacher
	Ölhaltige Lacke (f)	Pflanzenöle u. -harze Alkydharz (Kunstharz)	Schwermetallhaltige Trockenstoffe
	Kunstharz- und Kunststofflacke	Acrylharz (Kunstharzlack) PVC Phenol-, Harnstoff- und Melaminharz Polyurthan (DD-Lacke) Epoxidharz Polyester	Vinylchlorid, Formaldehyd Isocyanat Epichlorhydrin Peroxide
	Sonstige	Siloxan, Silan (g) Papiertapeten (h) Rostschutzmittel (i) Wachs (k) Abbeizmittel (l)	

Tabelle 18.1:
Anstrichmittel und ihre Inhaltsstoffe. Die Buchstaben verweisen auf die Stellen im Text.

usw.) oder künstlich hergestellt werden. Je feiner ein Pigment gemahlen ist und je mehr Pigment eine Farbe enthält, umso besser ist die Deckkraft des Anstrichs. Neben der Art und Qualität des Bindemittels bestimmen daher auch Menge und Qualität des eingesetzten Farbpigments die Eigenschaften und den Preis der Farbe. Bei Innenanstrichen genügt i.a. ein waschbeständiger Anstrich. Scheuerbeständige Anstriche sind weniger dampfdurchlässig und teurer.

Nachfolgend werden die wichtigsten Anstrichmittel in der Reihenfolge der Tabelle 18.1 im Einzelnen beschrieben.

Kalkfarben (a) bestehen im Wesentlichen aus weißem Luftkalk und Wasser: Der Anstrich kann entweder aus gelöschtem Weißkalk (Kalkhydrat) hergestellt werden oder aus weißem Branntkalk, der jedoch zunächst wenigstens einige Tage in Wasser eingesumpft werden sollte. Der Kalk wirkt als Bindemittel und Weißpigment zugleich. Um andere Farbtöne zu erzielen, können dem Brei kalkechte Farbpigmente (Mineralfarben) zugesetzt werden. Kalkfarben erhärten durch Aufnahme von Kohlendioxid aus der Luft und eignen sich nur für mineralische Untergründe (jedoch nicht für gipshaltige Putze). Ungeeignet sind alle Untergründe, die bereits mit Dispersions-, Öl-, Lackfarben oder sonstigen Anstrichmitteln behandelt wurden. Die Haltbarkeit ist jedoch in Bereichen mit aggressiver Industrieluft eingeschränkt.

Ob es sich bei einem vorhandenen Wand- oder Deckenanstrich um eine Kalkfarbe handelt, lässt sich folgendermaßen ermitteln: Kalkfarbe ist nicht wasserabstoßend, kann abkreiden, schäumt im Kontakt mit Salzsäure auf, lässt sich nicht mit Abbeizmittel entfernen.

Kalkfarben sind preiswert, umweltfreundlich und auch fertig zubereitet im Handel erhältlich. Mehrmals möglichst dünn aufgetragen, entsteht ein preiswerter, wasserdampfdurchlässiger und wischfester Anstrich mit guten raumklimatischen Eigenschaften. Zur Verbesserung des Deck- und Bindevermögens der Kalkfarbe können folgende Stoffe zugesetzt werden:

- Kreide (bis 20%) oder Quarzmehl (bis 20%) als Füllstoff für Schlämmanstriche.
- Weißzement (bis 30%) für Kalkschlämmanstriche auf Putz und rohem Mauerwerk.
- Cellulose- bzw. Kaseinleim (2 bis 5%) oder Leinölfirnis, Kunstharz-Dispersionen, ggf. auch Schmalz oder Schmierseife (200 g auf 10 l) zur Verbesserung der Wasserbeständigkeit und Wischfestigkeit.

Auch auf unverputztem Mauerwerk kann mit Kalkschlämme gestrichen werden, wobei die Struktur des Mauerwerks unter der Kalkschlämme erkennbar bleibt. Durch die Zugabe von Quarzmehl wird die Schlämme in ihrer Konsistenz fülliger. Der Schlämmanstrich ersetzt dann die übliche Kombination aus Putz, Raufaser und Anstrich und lässt die Wandfläche lebendiger wirken als eine glatte Putzfläche – ein gutes Beispiel für das ökologische Prinzip des minimierten Aufwands.

Kalkfarbe

50 kg gelöschter Weißkalk
(1 Sack Kalkhydrat) in
40 - 60 l Wasser

einrühren (nicht umgekehrt), Schutzbrille und Hautschutzcreme verwenden,
48 Std. ziehen lassen, dann aufrühren und

1 - 2 kg Kochsalz sowie
0,5 kg Alaun

unterrühren, ggf. mit Wasser verdünnen oder mit Quarzmehl andicken, beim Verarbeiten häufig umrühren.

Kalk - Kaseinfarbe

1. Kalk einsumpfen

20 l gelöschter Weißkalk (Kalkhydrat) in
20 l Wasser

einrühren, 48 Std. stehenlassen,
vor der Weiterverarbeitung gut durchrühren.

2. Kalk-Kaseinleim herstellen

1 l gelöschter Weißkalk (Kalkhydrat) in
1 l Wasser einrühren,
8 l Magerquark

glattschlagen und einrühren, 1 Std. stehenlassen und Leimprobe machen (siehe unten).
Innerhalb von 3 Tagen verarbeiten.

3. Anstrich herstellen

Den eingesumpften Kalk (1.) und den Kalk-Kaseinleim (2.) vermischen und sofort verarbeiten, dabei häufig umrühren. Schutz für Augen und Haut nicht vergessen.

Hinweis: Verdünnung mit fettarmer Milch oder mit Leimwasser (1 l Kalk-Kaseinleim und 4 l Wasser), nicht mit Wasser.

Leimprobe:
Fertigen Leim auf ein Glas streichen und trocknen lassen. Das Verhältnis von Kalk und Quark stimmt, wenn die trockene Leimschicht wie Milchglas (weißgrau-durchscheinend) aussieht. Ist das Aussehen gelbstichig, muss noch Kalk zugegeben werden.

Wenn der fertige Anstrich kreidet:
Gestrichene Fläche mit Lösung aus 1 l essigsaure Tonerde und 12 l Wasser übersprühen, z.B. mittels Pflanzenzerstäuber.

Kasein - Emulsionsfarbe

10 l Kalkkasein - Leim

herstellen (wie im Rezept für Kalk-Kasein-Farbe beschrieben), in diese pastöse Masse
0,2 bis 0,5 l Leinölfirnis oder Standöl
einrühren, Pigmente zusetzen und gut verrühren. Der Grundanstrich sollte weniger Pigmente enthalten als der Deckanstrich.

Die Anstricharbeit wird in folgenden Arbeitsschritten ausgeführt:

- Untergrund staubfrei abbürsten oder abwaschen.
- Luftkalkhydrat (Weißkalk) mit Wasser anrühren und mindestens 48 Stunden stehen lassen, ggf. Zusätze einrühren (siehe oben) oder fertige handelsübliche Kalkfarbe verwenden.
- Grundierung mit dünner Kalkmilch.
- Der Zwischen- und Deckanstrich kann nach 24 bis 48 Stunden erfolgen, mit wechselnder Streichrichtung. Das Ergebnis wird umso besser, je dünner und je häufiger die Farbe aufgetragen wird.
- Damit der Anstrich nicht kreidet, nicht bei trockener, sommerlicher Witterung streichen und nicht bei direkter Sonneneinstrahlung oder auf zu trockenem Untergrund: je länger die Trockenzeit, umso vollständiger kann der Kalk durch Aufnahme von CO_2 aus der Luft abbinden.

Kalk ist ätzend, bei der Verarbeitung sollte deshalb die Haut mit einer Schutzsalbe eingefettet und eine Schutzbrille getragen werden. Die Haltbarkeit der streichfertigen Farbe beträgt temperaturabhängig ca. 14 Tage.

Kalk-Zementfarbenanstriche (b) bestehen aus Weißzement und Kalkhydrat (Pastelltöne). Sie erhärten vorwiegend hydraulisch und sind dadurch deutlich wetterbeständiger als reine Kalkfarben. Auf mineralischen Untergründen sind sie lange haltbar – allerdings wiederum nicht in aggressiver Industrieluft. Zusätze von Kunststoffdispersionen können die Bindefestigkeit und Verarbeitbarkeit gegebenenfalls verbessern. Kalk-Zementfarben werden aus trockenem Pulver mit Wasser angerührt und müssen am gleichen Tag verarbeitet werden.

Ob es sich bei einem Altanstrich um eine Kalk-Zement-Farbe handelt, lässt sich mit den gleichen Tests wie bei der Kalkfarbe ermitteln. Eine Unterscheidung zwischen Kalk-Zement- und Kalkfarbe ist nur durch eine chemische Analyse möglich.

Mineral-Silikatfarbe (c) wird als Zweikomponentenanstrich geliefert und unmittelbar vor der Verarbeitung aus Farbpulver und Wasserglas als Bindemittel gemischt; sie muss dann sofort verarbeitet und bald verbraucht werden. Wasserglas ist freie Kieselsäure (flüssiges Kaliumsilicat K_2SiO_3), die an der Luft zu einer glasartigen Masse erhärtet und sich durch Verkieselung chemisch mit dem Untergrund verbindet. Silikatfarben haben dadurch hervorragende Eigenschaften: Sie sind wetterbeständig, wasserabweisend, dampfdurchlässig und beständig gegen Rauchgase und chemische Dämpfe. Der verhältnismäßig hohe Preis macht sich durch die sehr gute Haltbarkeit bezahlt. Da der Anstrich mit dem Untergrund ein dichtes Kristallgefüge bildet, ist er besonders gut zur Sanierung mürber, ausgelaugter Altputze geeignet.

Silikatfarben werden hauptsächlich auf Kalk- und Kalkzementputz, Ziegel, Kalksandstein, Sichtbeton, Faserzement und alten, festsitzenden mineralischen Anstrichen verwendet, sie können aber auch auf ungehobeltem Holz, Zink und Glas eingesetzt werden. Als Untergrund ungeeignet sind organische Altanstriche, z.B. Dispersionsfarben. Auf mineralischen Untergründen kann der Anstrich sowohl deckend als auch lasierend (so dass die Struktur des Untergrundes durchscheint) aufgebracht werden, wobei durch die Lasurtechnik eine besonders lebendige Oberflächengestaltung erreicht wird.

Ob es sich bei einem Wand- oder Deckenanstrich um eine Zwei-Komponenten-Silikatfarbe handelt, lässt sich daran erkennen, dass der Anstrich sich weder durch Abbeizen noch mittels Salzsäure entfernen lässt.

Silikatfarbenanstriche werden in zwei Arbeitsgängen aufgebracht, bei stark saugenden Untergründen ist zusätzlich noch eine Grundierung erforderlich. Bei Mauerwerk kann dem Schlussanstrich zum Erzielen einer Schlämmwirkung Sand- oder Quarzmehl zugegeben werden.

Neben den Mineral-Silikatfarben gibt es auch fertig gemischte und lagerungsfähige Dispersions- bzw. Organosilikatfarben, die jedoch Kunststoffe enthalten.

Bei starker Sonneneinstrahlung sollte nicht gestrichen werden, um die chemische Verkieselung nicht durch zu schnelle physikalische Trocknung zu behindern. Silikatfarben ätzen! Augen und Haut, aber auch Fensterglas, Türen, Gesimse usw. sind zu schützen (Schutzbrille, Handschuhe, Abkleben).

Leimfarben (d) waren bis in die 60er Jahre hinein die klassischen Anstrichmittel für Innenräume. Heute werden sie nur noch von Restauratoren und Liebhabern verwendet.

Das Bindemittel der Leimfarben ist aus Pflanzen hergestellter Celluloseleim oder ein aus Milch (Quark) hergestellter Kaseinleim. Leimfarben sind sehr umweltverträglich, können preisgünstig selbst hergestellt werden und eignen sich für alle Innenanstriche auf Mauerwerk, Putz, Kalkfarbe und auf alter, gut haftender Leimfarbe, nach entsprechender Grundierung auch auf Holz, fester Dispersionsfarbe und fester Tapete.

Leimfarben sind wasserdampfdurchlässig, wischfest, aber nicht feuchtigkeitsbeständig (waschfest); sie können daher nur in trockenen Räumen eingesetzt werden. Außerdem muss der Untergrund fest, saugend, fleckenfrei und ph-neutral sein. Alkalische Untergründe, z.B. ein frischer Kalkputz, müssen vor dem Anstrich mit Fluat neutralisiert werden. Flecken sollten mit Dispersionsfarbe abgesperrt werden. Alte, gut haftende und nicht zu dick aufgetragene Leimfarbenanstriche werden mit Seife und Wasser gereinigt und dann ohne Grundierung überstrichen.

Bei neuem Putz (normal saugend) empfiehlt sich eine Grundierung mit verdünntem Leimbrei, oder besser noch mit Alaun (200 g Aluminiumkalisulfat auf 5 l Wasser). Der Deckenanstrich wird am besten mit der Rolle aufgewalzt. Zwischen Grundierung und Deckanstrich sollten wenigstens 4 bis 8 Stunden Trocknungszeit liegen.

Das Lasieren von Innenwandflächen mit Pflanzenfarben ergibt eine lebendige, schattierend-wolkige Farbfläche, die sich in ihrer Wirkung von den üblichen deckend gestrichenen Flächen unterscheidet. Auf den unbefangenen Betrachter wirkt eine in Lasurtechnik gestrichene Wand so, als ob die Farbe sich ein paar Zentimeter vor der Wand befände. Der Effekt ist darauf zurückzuführen, dass das Licht nicht nur an der Oberfläche der Farbschicht reflektiert wird. Ein Teil des Lichtes fällt durch die Lasurschicht hindurch auf den entsprechend hell gestrichenen Untergrund. Es wird dort reflektiert und durchdringt die Lasurschicht ein zweites Mal. Solche Anstrichsysteme, die speziell von einigen Naturfarbenherstellern angeboten werden, bestehen im Wesentlichen aus

- einer auf den Untergrund abzustimmenden Grundierung,
- einem weißen Zwischenanstrich auf Kasein-Bienenwachs-Harz-Basis und
- ein oder mehreren farbig pigmentierten Schlussanstrichen.

Geeignete Untergründe sind (in der Reihenfolge der Eignung):

- fester, völlig abgebundener (ph-neutraler) Putz, trocken, sauber und ohne durchschlagende Inhaltsstoffe,
- fest haftende Tapete,
- Gipskartonplatten,
- intakte Dispersionsaltanstriche.

Wandlasur-Pflanzenfarben sind für die Anwendung außen und in Feuchträumen nicht geeignet. Feuchtigkeitsbeständige Wandlasuren können mit Mineral-Silikatfarben (siehe oben) hergestellt werden.

Dispersionsfarben (e) auf Kunststoff- oder Naturharzbasis sind aufgrund ihrer vielfältigen Einsatzmöglichkeiten, ihrer guten Haftung und Haltbarkeit sowie ihrer einfachen Verarbeitung und beliebigen Farbtönung das gebräuchlichste Anstrichmittel für Wand- und Deckenflächen im Innen- und Außenbereich, obwohl sie deutlich teurer und auch nicht so umweltfreundlich sind wie mineralische Anstrichmittel. Bei den Dispersionsfarben, auch Binderfarben genannt, handelt es sich um Emulsionen (feinste Tröpfchen) von Kunstharz- oder Naturharzbindemittel im wässrigen Farbbrei. Art und Qualität des Bindemittels bestimmen ganz entscheidend die Beständigkeit, den Einsatzbereich (innen und/oder außen) und den Preis des Anstrichs. Als Latexfarben werden scheuerbeständige Kunststoff-Dispersionsfarben bezeichnet. Ein völlig anderes Anstrichmittel sind die Dispersions*lack*farben, die im Abschnitt Lacke weiter unten behandelt werden.

Die Kunstharzdispersionen enthalten als Bindemittel Kunststoffe in feinster Verteilung z.B. Polyacrylat, Polyvinylacetat mit Weichmacher, Polyvinylpropionat (PVP) oder Styrol-Butadien-Latex; zur Verbesserung der Eigenschaften werden meist noch diverse, zum Teil ebenfalls nicht sehr umweltverträgliche chemische Stoffe beigemischt. Alternativen zu Kunststoffdispersionen sind z.B. Silikatfarben für den Außenbereich, für den Innenbereich Kalkfarben und die sehr guten, aber etwas teureren Naturharzdispersionen.

Dispersionsfarben lassen sich auf nahezu allen Untergründen (außer auf Stahl) innen und außen verarbeiten und ergeben einen elastischen, frei abtönbaren und weitge-

Leimfarbe

1. Leim anrühren

125 g Zelluloseleim (Glutinleim) mit *6,5 l Wasser*

verrühren und (über Nacht) quellen lassen.

2. Farbbrei ansetzen

5 kg Kreidepulver mit *3 l Wasser*

zu einem dicken Brei verrühren. Das Wasser nach und nach zugeben, Brei gut durchstampfen, so dass alle Klumpen zerkleinert werden.

3. Anstrich herstellen

Leimbrei nach und nach in den Farbbrei einrühren und gut durchmischen. Soviel Leimbrei zugeben, bis die Farbe leicht am Rührholz abfließt. Vor dem Verarbeiten noch eine Stunde quellen lassen.

4. Probeanstrich herstellen

Beim Auftragen soll die Farbe nicht schäumen, matt auftrocknen und wischfest sein. Wird der Anstrich nicht wischfest, muss noch etwas Leim zugegeben werden, glänzt der Anstrich beim Überreiben, ist zuviel Leim zugegeben worden.

Verdünnung ggf. mit Leimwasser aus 1 l Leimbrei und 3 l Wasser.

hend feuchtigkeitsbeständigen Anstrich, der jedoch oft wenig dampfdurchlässig ist. Das Streichen einer bisher unbehandelten Fläche erfordert 3 bis 4 Arbeitsgänge: Grundanstrich, 1 bis 2 Zwischenanstriche und den Deckanstrich. Auf gut erhaltenen, gesäuberten Altanstrichen genügt ein Erneuerungsanstrich.

Ob es sich bei einem vorhandenen Anstrich um eine Dispersionsfarbe handelt, kann mit Lösungsmitteln festgestellt werden: Testbenzin und Nitroverdünnung lösen Dispersionsanstriche stark an, Öl- und Kunstharzanstriche dagegen nur schwach.

Einige Tipps für das Arbeiten mit Dispersionsfarben:

- Probeanstrich an wenig sichtbarer Stelle; zur Prüfung des Farbtons die Trocknung abwarten.
- Farbe zügig auftragen, häufiger umrühren; bei großen Flächen mit mehreren Personen arbeiten, um sichtbar bleibende Ansätze zu vermeiden.
- Fensterlaibungen, Gesimse, Balkone usw. zuerst streichen, dann die großen Flächen mit einer Farbwalze anlegen.
- Anstrichmittel verschiedener Hersteller nicht mischen.
- Bei rauem Untergrund Grundanstrich mit einer Bürste einreiben.
- Nicht bei direkter Sonneneinstrahlung, Feuchtigkeit oder Frost streichen.

Lacke und Lasuren (f) werden hauptsächlich für maßhaltige Holzflächen, wie z.B. Türen und Fenster, sowie für Metallflächen eingesetzt, gelegentlich auch für abwaschbare Mauer-, Putz- oder Tapetenflächen.

Als Lacke bzw. Lackfarben werden filmbildende Anstrichmittel bezeichnet, die den Untergrund mit einer mehr oder weniger dichten Schutzschicht überdecken. Der Lackkörper, das Bindemittel, ist im Allgemeinen farblos; Lackfarben enthalten zusätzlich farbige Pigmente.

Als Lasuren werden Anstrichmittel bezeichnet, die aufgrund ihres höheren Lösungsmittelgehaltes und anderer Bindemittel überwiegend in den Untergrund eindringen und nicht oder nur sehr wenig filmbildend sind. Die Poren des Untergrundes werden bei Lasuranstrichen nicht verschlossen, so dass der Feuchteaustausch (Atmungsfähigkeit) weitgehend erhalten bleibt. Die Herstellung eines bestimmten Farbtons erfolgt bei Lasuren nicht durch Mischen der flüssigen Anstrichmittel, sondern durch Überlagern verschiedener Farbaufträge. Lasuranstriche haben eine gute Leuchtkraft, wenn die Grundierung aus einer Weißlasur hergestellt wird.

Lacke und Lasuren erfüllen bei Außenbauteilen neben der farblichen Gestaltung den wichtigen Zweck des Witterungsschutzes und der Werterhaltung, bei Innenbauteilen stehen die optisch-ästhetischen Funktionen im Vordergrund. Da durch die Herstellung und Anwendung von Lacken und Lasuren in mehr oder weniger großem Umfang Schadstoffe in die Umwelt gebracht werden, sollten sie sparsam eingesetzt und Produkte auf Naturöl- und Naturharzbasis sowie die mit dem Umweltengel gekennzeichneten Dispersionslacke (Wasserlacke) bevorzugt werden. Wasserlacke haften auf Öl-, Naturharz- und Kunstharzlacken und umgekehrt.

Ob bei einem Altanstrich eine Naturharz-, Kunstharz- oder Wasserlackfarbe verwendet wurde, lässt sich daran erkennen, dass alle diese Anstriche mit einem Abbeizmittel abgelöst werden können. Um welche spezielle Anstrichart es sich handelt, kann bei einem ausgetrockneten Anstrich nicht mehr ohne Laboruntersuchung festgestellt werden.

Schellacke enthalten zwar Alkohol als Lösungsmittel, können jedoch allergieauslösend sein und sollten deshalb nur als Isoliergrund eingesetzt werden.

Hydrophobierungsmittel (g) werden verwendet, um mineralische Untergründe, insbesondere poröses Sichtmauerwerk, vor dem Eindringen von Feuchtigkeit zu schützen. Durch Hydrophobieren wird die Steinoberfläche wasserabweisend, ohne dass die Dampfdurchlässigkeit beeinträchtigt wird. Geeignete Untergründe sind Natur-, Ziegel- und Kalksandstein sowie Beton. Auch als Schlussbeschichtung für Kalkanstriche ist die Hydrophobierung bedingt geeignet.

Alle Hydrophobierungsmittel sind mehr oder weniger umweltbelastend. Als einigermaßen umweltverträgliche Hydrophobierungsmittel sind in Alkohol gelöste Siloxane und Silane im Handel. Silikonharze in anderen, schärferen organischen Lösungsmitteln sollten wegen ihrer höheren Umweltbelastung gemieden werden. Alle Präparate werden ausschließlich durch Besprühen, nicht durch Streichen, auf den gut gereinigten Untergrund aufgebracht, bei stark saugenden Steinen mehrmals. Für weitere Deckanstriche können dann z.B. Silikatfarben verwendet werden. Ob ein Stein bereits früher mit einem Hydrophobierungsmittel behandelt wurde, lässt sich mit der Netzprobe feststellen: Bei einem imprägnierten Stein perlt Wasser ab.

Tapeten (h): Im Allgemeinen sind Wandflächen durch Möbel, Bilder, Pflanzen und Fensterbehänge genügend gegliedert, so dass selbst kleingemusterte Tapeten nur Unruhe in den Raum bringen. Beliebt sind deshalb die unbedruckten Raufasertapeten, die allerdings ebenso wie andere Tapetenarten auch zur Verbesserung ihrer Eigenschaften oft mit allerlei Chemie angereichert sind. Auch die Spezialkleister für schwere Tapeten oder Textiltapeten sind oft nicht frei von Schadstoffen. Hier bietet der baubiologische Fachhandel relativ unbedenkliche Alternativprodukte an.

Da das Tapezieren im Altbau oftmals durch Unebenheiten der Wandflächen erschwert wird, sind Alternativen wie z.B. ein Raufaseranstrich, das Verkleiden mit Holz oder das Bespannen mit Stoffen aus Naturfasern (Jute, Leinen, usw.) sehr beliebt. Doch die einfachste, häufig schönste und auch preiswerteste Lösung ist nach wie vor ein einfacher Anstrich direkt auf den Innenputz oder das Mauerwerk.

Tapezieren ist vor allem dort sinnvoll, wo bereits tapeziert war, sowie auf glattem Putz und Gipskartonplatten. Wie bei Anstrichen gilt auch hier als wichtigste Regel: Der Untergrund muss trocken und ausreichend fest sein; das Aussehen und die Haltbarkeit einer tapezierten Fläche ist ganz wesentlich abhängig von der richtigen Beschaffenheit des Untergrundes.

Je nach Zustand der Wandflächen können folgende Vorarbeiten nötig sein:

- Vollständiges Entfernen der vorhandenen Tapete durch Abziehen, Abschaben, Anschleifen.
- Glätten der Putzfläche durch Spachteln.
- Ausbessern von Fugen, Rissen, Fehlstellen.
- Absperren von Teer-, Farb- und Ölflecken durch mehrmaliges Auftragen von Wasserglas oder Schellack (Spirituslack).

Für die Ausführung von Tapezierarbeiten sei hier auf die einschlägigen Heimwerkerbücher verwiesen. Im Folgenden daher nur einige wichtige Hinweise:

- Lehmfarbenanstriche und nicht wasserfeste Dispersionsanstriche sind als Tapeziergrund ungeeignet, sie müssen abgewaschen werden.
- Wo alte Tapeten nicht mehr überklebt, sondern entfernt werden müssen, empfiehlt es sich, anstelle von Tapetenlöser eine einfache Seifenlauge (aus Schmier- oder Hartseife) zu verwenden. Dicke, mit Dispersionsfarbe gestrichene Tapeten lassen sich besser ablösen, wenn die Oberfläche mit einem Spachtel gitterförmig eingeschnitten oder mit einer Perforierwalze gelöchert wird.
- Die Inhaltsstoffe von normalem Tapetenkleister aus Methylzellulose sind weitgehend unbedenklich. Spezialkleister für schwere Tapeten und Textiltapeten enthalten dagegen umwelt- und gesundheitsbelastende Kunstharze.
- Einfache bedruckte Tapeten können als Altpapier entsorgt werden, mit Dispersions- oder Ölfarben gestrichene Tapeten gehören in den Sondermüll.
- Untertapeten aus Kork, Latex-Schaumstoff oder Hartschaum sind nur in Sonderfällen sinnvoll. Weil sie relativ dünn sind, ist ihre wärmedämmende Wirkung äußerst gering. An Fensterlaibungen und Fensterstürzen können sie u.U. zur Verminderung von Schwitzwasser beitragen. Kartonkaschierte Untertapeten sind weniger druckempfindlich als unkaschierte.
- Es gibt auch Tapeten und Untertapeten mit einer Polyäthylen-Kaschierung zur nachträglichen Herstellung einer bauphysikalisch erforderlichen Dampfsperre bei Innendämmungen (vgl. Kap. 7.3).

Rostschutzanstriche (i) geben Stahlteilen einen guten Korrosionsschutz, vorausgesetzt, vorhandene Roststellen wurden gründlich beseitigt und die Oberfläche anschließend mit Salmiakgeist entfettet. Ist der Altanstrich wenig beschädigt, wird die Oberfläche gereinigt, angeschliffen (Schleifstaub nicht einatmen!) und dann mit einem Erneuerungsanstrich versehen. Auch in Innenräumen sollten Stahlteile einen Grundanstrich mit Rostschutzfarbe bekommen, denn auch die Luftfeuchtigkeit wirkt korrodierend.

Ein Neuanstrich besteht aus 1 bis 2 Grundanstrichen mit Rostschutzfarbe und zwei Deckanstrichen mit Lackfarbe. Empfehlenswert ist das amtlich zugelassene Produkt der Fa. Livos.

Wachs (k) ist ein einfaches Mittel, um wirkungsvoll die Poren von Holz und Stein zu verschließen. Holzbauteile im Innenbereich lassen sich damit beispielsweise gegen das Eindringen von Staub und Schmutz schützen, die Oberfläche wird glatt und pflegeleicht, ohne Beeinträchtigung der Diffusions- und Sorptionsfähigkeit des Untergrundes. Mit Wachs behandelte Holzflächen bleiben jedoch gegen länger einwirkende Feuchtigkeit empfindlich (Flecken mit Soda entfernen).

Bevor eine Fläche zum ersten Mal gewachst wird, sollte sie mit einer farblosen oder pigmentierten Imprägnierlasur (Naturharz- oder Dispersionslacklasur) ein- bis zweimal grundiert werden, um ein übermäßiges Eindringen des Wachses in den Untergrund zu verhindern.

Das Wachs kann in zwei verschiedenen Verfahren aufgebracht werden: Beim Kaltwachsen wird Wachsbalsam mit einem Ballentuch eingerieben. Kalt verarbeitbare Wachsbalsame enthalten allerdings organische Lösungsmittel (z.B. Terpentin), und zwar um so mehr, je weicher sie sind. Flüssige, streichbare Wachse auf Lösungsmittelbasis (sogenannte Streichbalsame) sollten überhaupt nicht verwendet werden.

Beim Heißverfahren wird das Wachs geschmolzen (Vorsicht! Entzündungsgefahr) und dadurch verarbeitungsfähig gemacht. Das flüssige Wachs kann von Hand oder beim Fußboden wesentlich bequemer mit Hilfe einer Bohnermaschine mit Vorwärm-

Alkalische Abbeizmittel

1. Kalkbrei herstellen

1 l gelöschter Weißfeinkalk (Kalkhydrat) in
1 l Wasser einrühren.

2. Sodalösung herstellen

1 kg Soda in
1 l heißes Wasser auflösen.

3. Abbeizmittel herstellen

1 Teil Kalkbrei mit
1 Teil Sodalösung mischen.

Der Kalkbrei und das fertige Abbeizmittel sind ätzend – daher Haut und Augen schützen!

Die Aufbewahrung erfolgt am besten in einem Glas- oder Kunststoffbehälter; Metallbehälter können angegriffen werden. Keine Lebensmittel-Gefäße verwenden!

gerät aufgebracht werden. Bei beiden Verfahren wird der Boden nach dem Aushärten der Wachsschicht mit dem Bohnerbesen (Blokker) poliert.

Während sich für Wandpaneele, Möbel und Holzbalken das recht weiche Bienenwachs durchaus gut eignet, sind für Fußböden härtere Pflanzenwachse oder synthetische Wachse angebrachter. Die Wachsschicht muss immer möglichst dünn aufgetragen werden, damit sie nicht zu einem klebrigen Schmutzfänger wird. Ein Nachwachsen mit Wachspaste oder Wachsbalsam ist nur in größeren Zeitabständen erforderlich.

Wenn die Wachsschicht nach mehrfachem Auftrag zu dick geworden ist und der Schmutz haften bleibt, muss sie mit der Ziehklinge entfernt werden. Zur regelmäßigen Reinigung und Pflege eines gewachsten Fußbodens hat sich feuchtes Wischen mit Schmierseifenwasser gut bewährt.

Abbeizmittel (l): Als einigermaßen umweltverträgliche Abbeizmittel zum Aufrauen oder Entfernen alter Lackanstriche sind anorganische Laugen wie z.B. Ätznatron (Natriumhydroxid) und Salmiakgeist zu bevorzugen. Diese Laugen wirken allerdings auch in starker Verdünnung noch sehr ätzend, also beim Arbeiten Augen und Haut schützen!

Alte kunstharzfreie Ölfarbenanstriche können mit dem wesentlich ungefährlicheren Soda abgebeizt werden. Umweltverträglich, aber sehr mühsam sind die mechanischen Methoden (Schleifen, Hobeln, Abziehen etc.).

19 Schadstoffe in der Raumluft

Innenraumluft kann krank machen, wenn sie giftige Aus- dünstungen aus Baustoffen und Möbeln in erhöhter Konzentration oder allergieauslösende Stäube enthält. Vor allem ältere Gebäude können Schadstoffe enthalten, die in die Raumluft gelangen und gesundheitliche Probleme verursachen. Wer ein altes Haus kauft oder saniert weiß meist nicht, welche Problemstoffe in oder an Fußboden, Decken, Wänden schlummern, die Atemluft vergiften und vielleicht beim Ausbauen zum Problem werden. Betroffen sind vor allem Gebäuden, die im Zeitraum 1950 bis 1990 errichtet oder modernisiert wurden.

19.1 Ausdünstungen und Stäube

Anhaltspunkte für die möglichen Risiken gibt der Zeitpunkt, zu dem das Gebäude errichtet oder umfassend saniert wurde. Die Liste Tabelle 19.1 nennt gängige Problemstoffe und in welchen Zeiträumen sind üblicherweise verbaut wurden. Die nachfolgenden Informationen sollen zeigen, welche Beschwerden einen Verdacht auf Vergiftung durch Baustoffe nahelegen und wie Sie vorgehen müssen, um diesen Verdacht zu prüfen, die Giftquelle zu identifizieren und ein Sanierungskonzept zu bekommen. Wegen der Vielzahl möglicher Ursachen und der Komplexität der Probleme bei einer Wohnungskontamination ist es im Rahmen dieses Buches nicht möglich, konkrete Sanierungsvorschläge zu machen. Hier ist Beratung im Einzelfall durch erfahrene Fachleute unumgänglich.

Formaldehydhaltige Spanplatten und Holzschutzmittel mit PCP und Lindan wurden ab 1959 bis 1986 verwendet. Sie waren ein weit verbreitetes Übel, das viele Menschen krank gemacht hat. Die massenhaft eingesetzten Holzschutzmittel („Xyladecor", „Xylamon") führten auf Initiative der Interessengemeinschaft der Holzschutzmittel-Geschädigten (IHG) zum größten Umweltstrafverfahren der deutschen Justizgeschichte. Heutige Bauprodukte enthalten weniger Schadstoffe, sind aber nicht ganz frei davon. Häufige Ausgasungsquellen für Formaldehyd in Innenräumen alter Häuser sind: Fertigparkett, Türzargen, aus Spanplatten, Sperrhölzern und Tischlerplatten hergestellte Verkleidungen, Möbel; Dämmplatten aus Holzweichfaser und Schaumstoffen; Schaumstoffrücken von Teppichen; Spachtelmassen, Klebstoffe, Farben, Lacke. Das aus diesen Stoffen ausgasendes Formaldehyd wird vorwiegend über die Atmung, aber auch über die Haut und den Magen-Darm-Trakt aufgenommen. Gesundheitliche Auswirkungen können sein: Kopfschmerzen, Reizungen der Schleimhäute, Schädigungen der Atemwege, Hautallergien, Haarausfall, immunologische Schäden, Müdigkeit, Konzentrationsschwäche und andere neurotoxische Störungen. Darüber hinaus kann Formaldehyd krebserzeugend, erbgutverändernd und fruchtschädigend sein. Aus diesen Gründen dürfen seither im Bauwesen nur emissionsarme Spanplatten in Innenräumen verwendet werden. In 2023 hat die EU-Kommission die Emissionsgrenzwerte für Formaldehyd erneut verschärft. Bis 2026 haben die Hersteller Zeit, ihre Produktion umzustellen.

Tabelle 19.1
Gesundheitsschädliche Stoffe in Bauprodukten. Wenn das Baujahr des Gebäudes oder nachträglicher Sanierungsmaßnahmen bekannt ist, dann kann mit genannten Jahreszahlen abgeschätzt werden, welche Bauteile Schadstoffe-Risiken bergen und worauf bei baulichen Maßnahmen besonders zu achten ist.

Belastete Bauteile	**Baujahr** von	bis ca.
Trinkwasserrohre aus Blei	vor 1918	1948
PAK-haltige Parkettkleber und Abdichtungen	1949	1968
Asbesthaltige Fußbodenbeläge	1959	1980
Asbestpappe an Heizkörperverkleidungen	1959	1982
PCB-haltige Dichtungsmassen	1959	1983
Holzschutzmittel mit PCP oder Lindan, an Wand- und Deckenverkleidungen	1959	1986
Chloranisol-emittierende Bauteile (stark muffiger Geruch, überwiegend in Fertighäusern)	1959	1986
Stark formaldehydhaltige Spanplatten	1959	1986
Asbesthaltige Nachtspeicheröfen	1940	1987
Chemischer Holzschutz im Dachstuhl (PCP, Lindan, DDT)	1949	1988
Dacheindeckung oder Wandverkleidung aus Asbestzement	1959	1992
Potenziell krebserregende Dachdämmung mit künstlicher Mineralfaser	1959	1994
Asbesthaltige Putze und Spachtelmassen	1949	1995

PCP- und lindanhaltige Holzschutzmittel wurden von 1959 bis 1988 in großem Umfang verwendet, chemischer Holzschutz war gesetzlich vorgeschrieben. Dieser Wirkstoff kann einige Jahrzehnte lang die Raumluft vergiften. Verunreinigungen mit Pentachlorphenol können sogar mehrere Jahrhunderte lang ausgasen. Diese Giftstoffe sind dann nicht nur in der Raumluft gelöst. Sie verteilen sich im gesamten Wohnbereich und lagern sich in allen porösen Stoffen ein, besonders in Hausstaub, Betten, Polstermöbeln, Heimtextilien, Büchern, usw.

Der Mensch nimmt Giftstoffe durch die Atmung, durch Hautkontakt und über nicht gasdicht gelagerte Lebensmittel auf. Die gesundheitlichen Auswirkungen von Holzschutzmitteln sind unterschiedlich. So können die Beschwerden bei einem Familienmitglied stark sein, während ein anderes keine Beschwerden hat. Ähnlich ist es auch mit dem Blutbild. Große Schadstoffmengen im Blut bedeuten nicht immer eine starke Erkrankung, und häufig werden bei starken Vergiftungserscheinungen nur geringe Schadstoffmengen im Blut festgestellt. Typische Vergiftungserscheinungen sind ähnlich unspezifisch wie bei Formaldehyd: Augen- und Schleimhautreizungen, Kopfschmerzen, hohe Infektanfälligkeit, Immunprobleme, verminderte Konzentrations- und Leistungsfähigkeit, Antriebslosigkeit. Darüber hinaus besteht der Verdacht, dass sich eine vorübergehende Unfruchtbarkeit einstellen kann.

Asbest und künstliche Mineralfasern sind gesundheitsschädlich, wenn die Fasern als Staub in die Raumluft gelangen und eingeatmet werden. Asbestfasern wurden im Zeitraum 1900 bis 1993 verwendet, besonders intensiv von 1950 bis 1989. Sie sind in alten Well-Asbestzement-Dachplatten, in Schindeln für Fassaden und Dachdeckung („Eternit"-Produkte), in Bodenbelägen (Flex-Platten, Cushion-Vinyl) sowie vereinzelt in Bodenbelagsklebern enthalten. Auch rissüberbrückende Putzsysteme und Spachtelmassen können Asbest enthalten. Potenziell schädliche Mineralfaserdämmung („Glaswolle") wurde im Zeitraum 1959 bis 1994 eingebaut, überwiegend als Dachdämmung. Solange Asbest und Glaswolle fest eingebaut sind, richten Sie keinen Schaden an. Wenn diese Produkte aber bei Sanierungsarbeiten entfernt oder bearbeitet werden, werden die Fasern freigesetzt. Dann sind besondere Regeln für den Arbeitsschutz, zur Vermeidung der Verbreitung im Gebäude und für die Entsorgung zu beachten. Das Einatmen der Faserstäube kann Lungenkrebs verursachen. Die einschlägigen Schutzvorschriften sind unbedingt ernst zu nehmen!

Eine wirkungsvolle und dauerhafte Minderung oder Beseitigung der Schadstoffbelastung ist oft mit einem hohen Aufwand verbunden. Im Allgemeinen hilft nur das Entfernen aller direkt und indirekt verseuchten Bauteilschichten und ein weitgehender Austausch der Wohnungseinrichtung!

Zu den verseuchten Bauteilen gehören auch alle porösen Stoffe, welche die Gifte aus der Luft aufgenommen haben, z.B. Wand- und Deckenputze und nicht behandelte Holzbauteile! In bestimmten Fällen kann eine absperrende Versiegelung der ausgasenden Flächen weiterhelfen, was bei fachgerechter Ausführung aber auch nicht immer die preiswerteste Lösung ist.

Leider hat sich gezeigt, dass medizinische und/oder naturheilkundliche Behandlungen und eine veränderte Ernährung nicht zu einer dauerhaften Gesundung führen, solange die Giftquelle nicht ermittelt und entfernt wurde. Keinesfalls sollten Hausbesitzer selber mit Brecheisen, Schleifmaschine und Hobel zu Werke gehen. Die Gefahr, dass sie sich dabei erheblich vergiften und ihre Wohnung gründlich kontaminieren, ist sehr groß!

Eine Hilfe bei der Ursachensuche können die folgenden Fragen sein. Bei Formaldehyd:

- Gibt es im Fußboden, an Wänden oder Decken Spanplatten, die vor 1986 eingebaut wurden? In Bauunterlagen nachsehen, Baufirmen oder Architekt fragen.
- Gibt es Möbel aus Spanplatten mit Flächen, die keine dicke Kunststoffbeschichtung haben?
- Sind im Urin erhöhte Werte von Ameisensäure feststellbar?

Bei Verdacht auf Holzschutzmittel-Belastung:

- Wurden Holzschutzmittel verwendet? Für welche Bauteile? Wann? Welche Mittel? In welchen Mengen?
- Wann traten die ersten Gesundheitsbeschwerden auf?
- Sind die Urin- und Blutwerte normal?

Der Arbeitsplatz sollte möglichst in diese Überlegungen einbezogen werden. Möglicherweise kommen mehrere Belastungen zusammen.

Ein nächster Schritt ist eine chemische Analyse von Hausstaub, Materialproben oder Raumluft. Luftmessungen sind im Allgemeinen teuer und wenig aussagekräftig. Besser ist es, eine Untersuchung des Hausstaubs durchführen oder Materialproben von den Bauteilen untersuchen zu lassen. Es gibt zahlreiche Analyselabors, die solche Untersuchungen durchführen und auch Sanierungsvorschläge erarbeiten. Da die Analysen sehr teuer sein können und die Sanierungsmaßnahmen obendrein fast immer hohe Kosten verursachen, empfiehlt es sich, Angebote von mehreren, erfahrenen Analyse-Instituten einzuholen und auf wirtschaftlich sinnvolle Untersuchungs- und Sanierungsmethoden hinzuwirken.

Fehler bei der Probenentnahme sind eine häufige Ursache für unwirksame oder unnötige Sanierungsmaßnahmen. Auch die richtige Interpretation der Analyseergebnisse ist wichtig, denn es gibt bisher kaum einheitliche Richtwerte.

Wenn *Bauteile erneuert* oder *erstmalig hergestellt* werden ist es empfehlenswert, bei der Planung konsequent auf die Vermeidung gesundheitsschädlicher Produkte zu achten. Das Baurecht ist unzureichend auf gesundheitliche Vorsorge ausgerichtet. Für die Anwendung von Bauprodukten gibt es zu wenige verpflichtende Angaben zum Gesundheitsschutz. Wer auf schadstoffarme Luft in seiner Wohnung wert legt, muss sich selber informieren und sich Unterstützung bei spezialisierten Beratern / Planern holen. Hilfreiche Empfehlungen zur Vorgehensweise gibt es im Web, zum Thema schadstoffarm bauen und renovieren z.B. auf *verbraucherzentrale.nrw* und zu Schadstoffe in Innenräumen auf *verbraucherzentrale.nrw*.

Hausstaub kann Allergien verursachen. Wer beim Nachhause Kommen tränende Augen, Niesattacken, Asthmaanfälle, Anfälligkeit für Bronchitis, Heuschnupfen, Hautausschlag oder Kopfschmerzen bekommt, reagiert möglicherweise allergisch auf einen oder mehrere Stoffe in der Wohnung. Mittlerweile sind ein Drittel aller Bundesbürger allergisch. Hausstaub, Schimmelpilze, Blütenpollen, Metalle, Tierhaare gehören zu den häufig allergieauslösenden Stoffen.

Im Hausstaub ist es der Kot winziger Spinnentiere, der Neurodermitis oder Atemnot verursachen kann. Die Spinnmilben halten sich überwiegend in natürlichen und synthetischen Textilien auf. Tierhaare kommen nicht nur an Haustieren vor. Auch Teppiche und Decken aus Wolle, Ziegen und Kamelhaar, Pelzteile und Rosshaarmatratzen geben haarigen Staub in die Atemluft ab. Die Staubbelastung in der Wohnung kann durch folgende Maßnahmen gemindert werden:

- Wände möglichst glatt verputzen, keine Tapeten oder Textilbeläge an Wänden und Decken.
- Keine Teppichböden; Bodenbeläge verwenden, die eine geschlossene Oberfläche haben und sich feucht wischen lassen.
- Staubfänger entfernen: Leder- statt Polstermöbel, Schränke statt Regale, glatte Oberflächen, Verzicht auf allzu viele dekorative Accessoires.

In manchen Regionen kann Radongas in der Raumluft in erhöhter Konzentration vorkommen. Das radioaktive Gas kommt aus dem Baugrund oder aus schwach radioaktiven Baustoffen. Es kann Lungenkrebs verursachen. Das Risiko ist ähnlich groß wie bei Zigarettenrauch. Der von der Weltgesundheitsorganisation (WHO) empfohlene Grenzwert ist 100 Becquerel pro Kubikmeter. Das deutsche Strahlenschutzgesetz verpflichtete die Bundesländer, bis Ende 2020 Radon-Vorsorgegebiete festzulegen. Seit 2021 gelten in diesen Gebieten besondere Anforderungen an den Schutz vor Radon für Neubauten und am Arbeitsplatz.

Radongas aus dem *Baugrund* entsteht durch den Zerfall von in Untergrundgesteinen vorkommendem Uran und Thorium; das Gas steigt aus dem Untergrund auf und gelangt über Undichtigkeiten im Kellerboden ins Haus, z.B. durch Fugen, Risse, Rohrdurchführungen, Lehmboden, gemauertes Gewölbe. Wie viel radioaktives Radongas in die Raumluft gelangt, hängt von den geologischen Verhältnissen des Baugrunds, von der Dichtigkeit des Kellerbodens und von der Radioaktivität der Wand- und Deckenbaustoffe ab. Eine erhöhte Radonbelastung ist in Gebieten mit Granit oder tertiären Vulkaniten anzutreffen. Geographische Karten zur regionalen Verteilung von Radongas im Boden und in Innenräumen hat das Bundesamt für Strahlenschutz auf *bfs.de* veröffentlicht.

Bei *Baustoffen* kann Radon aus vulkanischen Gesteinen (z.B. Mauersteine aus Bims, Tuff, Basalt), aus Betonsteinen, die Schlacke oder Flugasche enthalten oder aus Platten die aus Chemiegips hergestellt sind, abgegeben werden. Wer es genau wissen möchte lässt eine Messung durchführen. Die übliche Messdauer ist ein ganzes Jahr. Auch hier gilt: Für die Ableitung von Schadstoffen aus der Raumluft ist ausreichendes Lüften wichtig!

19.2 Schimmel

Schwärzliche fleckige Verfärbungen auf Wandflächen in der Wohnung deuten auf einen Schimmelpilzbefall hin. Schimmel in der Wohnung sieht nicht nur hässlich aus, er kann gesundheitliche Beschwerden und Allergien verursachen. Typische Beschwerden, die das Einatmen der Schimmelpilz-Sporen auslösen können, sind Allergien und Unverträglichkeiten, häufige Infekte, Entzündungen, Kopfschmerzen, chronischer Husten, Asthma.

Schimmelpilze gedeihen auf jedem feuchten organischen Material, z.B. auf Papier, Holz, Dispersionsfarbe, elastischen Dichtmassen, Nahrungsmitteln und Schmutz. Giftig und allergisierend sind die Sporen der Schimmelpilze, wenn sie über die Luft eingeatmet werden. Schimmel lässt sich dauerhaft nur beseitigen bzw. verhindern, wenn die Ursache für zu viel Feuchtigkeit beseitigt wird.

Feuchte Bauteile sind bauliche Mängel. Sie können verursacht werden durch

- aus dem Baugrund kapillar aufsteigendes Wasser,
- Undichtigkeiten an Fassade und Dach,
- Kondenswasserbildung an kalten (schlecht wärmedämmenden) Bauteilen.

Einzelheiten dazu siehe Kap. 6.3 und 7.1.

Unter Umständen ist es möglich, mit einfachen Maßnahmen eine Besserung zu erreichen:

- ausreichend heizen und lüften,
- zwischen kalter Wand und Möbeln und unter Möbelstücken ein Abstand herstellen, damit die Luft zirkulieren kann,
- organische Wandbeläge an der Innenseite von Außenwänden entfernen und durch Kalkputz und Kalkanstrich ersetzen.

Zu organischen Wandbelägen gehören Tapeten, Dispersionsfarbe, Gipskartonplatten, Holzverkleidungen. Vor der Durchführung aufwendiger Maßnahmen empfiehlt es sich, das Gutachten eines Sachverständigen für Bauschäden einzuholen.

Schimmel entsteht da wo es dauerhaft feucht ist. Typische Stellen sind kalte Fensterlaibungen, Raumecken die von zwei Außenwänden gebildet werden, Wandflächen hinter Möbeln. Besonders gut gedeiht der Schimmelpilz auf Dispersionsfarbe oder Tapete. Um den Befall dauerhaft zu beseitigen, muss die Ursache für die Feuchtigkeit beseitigt werden. Mögliche Ursachen können sein: Undichtheiten am Dach, undichte Wasserleitungen, Restfeuchte aus neue errichteten Wänden oder Decken, Wärmebrücken in Verbindung mit hoher Luftfeuchtigkeit, Feuchtigkeit die über einen schadhaften Außenputz oder über das Erdreich ins Mauerwerk eindringt. Was bei Undichtigkeiten am Dach oder an Wasserleitungen zu tun ist, liegt auf der Hand: Die schadhaften Stellen suchen und reparieren.

Wenn die Feuchtigkeit von außen an der Kelleraußenwand oder im Sockelbereich über dem Gelände in die Wand eindringt und zu Schimmelbildung führt, dann ist es nötig, die Wand auf der Außenseite und im Erdreich abzudichten oder das kapillare Aufsteigen der Feuchtigkeit im Mauerwerk zu verhindern. Mehr dazu in Kap. 6.3.

Wärmebrücken an Außenwänden und an anderen wärmeübertragenden Bauteilen sind Bereiche, die im Winter besonders stark auskühlen, weil sie eine zu geringe Dämmwirkung haben. An der kalten Oberfläche kondensiert Feuchtigkeit aus der Raumluft, ähnlich wie an kalten Glasscheiben. Eine Austrocknung kann durch eine Senkung der Raumluftfeuchte oder/und durch eine Verbesserung der Wärmedämmung der Wand erreicht werden. Besonders gefährdet sind die kritischen Stellen, wenn ein Raum schlecht belüftet oder durch eine offene Tür von einem benachbarten Raum „indirekt beheizt" wird. Oft hilft ausreichendes Heizen und ausreichendes Lüften. Die relative Luftfeuchtigkeit kann mit einem Hygrometer leicht ermittelt und überwacht werden. Sie sollte im Bereich zwischen 60 und 80% liegen. Ist sie niedriger, dann trocknen die Schleimhäute zu stark aus und der Staubgehalt in der Luft wird zu groß. Ist sie höher, dann steigt das Risiko zur Schimmelbildung. Bei Schimmel hinter oder neben Schränken kann es helfen, seitlich, hinter und unter dem Schrank einen Abstand von wenigstens 5 cm herzustellen, damit die Luft zirkulieren kann. Wenn diese Maßnahmen nicht ausreichen, dann kann das Anbringen einer Wärmedämmung im Bereich der befallenen Flächen die Lösung sein, zum Beispiel eine Vorsatzschale aus Dämmstoff, Dampfsperre und Gipsplatten.

Nach Einbau neuer dichterer Fenster oder nach Abdichtung alter Fenster kann es zu Schimmelbildung kommen, weil der Luftaustausch geringer geworden ist. Im Winter wird weniger Raumluft durch kalte trockenere Außenluft ersetzt. Die relative Raumluftfeuchte ist dann größer, was die Kondenswasserbildung auf kalten Oberflächen begünstigt. Wenn eine Erneuerung der Fenster vorgesehen ist, dann empfiehlt es sich, möglichst auch die Außenwände zu dämmen.

Quelle: Shutterstock_Zarit

Anhang Kostenübersicht

Die Kostenübersicht auf den folgenden Seiten ermöglicht Ihnen eine grobe Abschätzung der zu erwartenden Baukosten für wünschenswerte oder geplante Maßnahmen. Sie enthält häufig vorkommende Baumaßnahmen, passend zu den Beschreibungen in Kapiteln 6 bis 18. Mit den in den ergänzenden Tabellen genannten Beträgen lassen sich Preisvergleiche für Ausführungsvarianten ermitteln. Die Kostenangaben gelten für das Jahr 2024. Die Mehrwertsteuer ist enthalten. Beratungs- und Planungskosten sind nicht enthalten. Mit dem Baukostenindex, den die Statistikämter des Bundes und der Ländern im Web bekannt machen, kann das Ergebnis einer Kostenermittlung aktualisiert werden. Der Wert von geplanten Eigenleistungen kann anhand der in Tabelle A 15 genannten Lohnanteile überschlägig ermittelt werden.

Die Material- und Lohnkosten verändern sich mit der Zeit. Auch die Änderung von Vorschriften können Auswirkungen auf die Baukosten haben. Die nachfolgenden Kostenangaben dienen daher primär der Orientierung. Für eine konkrete Finanzierungsplanung ist eine aktuelle und genauere Kostenberechnung auf der Basis einer Planung nötig. Bei überschaubaren Einzelmaßnahmen können das Angebote von Fachbetrieben sein. Bei umfangreichen Vorhaben, die mehrere Gewerke (Fachgebiete) umfassen, ist ein Architekt der richtige Ansprechpartner. Das gilt vor allem dann, wenn baurechtliche Fragen, tragende Bauteile, energietechnische Anforderungen oder Anforderungen an den Brand- und Schallschutz zu beachten sind. Mehr dazu in Kap. 2.1.8 Kostenberechnung nach Bauteilen oder Gewerken.

Baukosten nach Bauteilen

Die Nummerierung entspricht den Kapitelnummern.

6 Erdberührte Bauteile

6.2 Fundament tieferlegen

Arbeitsraum vom Keller aus herstellen (ca. 50 cm breit und 40 cm tief), vorhandenes Fundament abschnittsweise unterfangen, neues Fundament aus Sperrbeton herstellen (als Vorbereitung für Tieferlegen des Bodens, also ohne jegliche Folgearbeiten) 850 €/m

6.3.2 Senkrechte Abdichtung von Kellermauerwerk auf der Außenseite

Arbeitsraum ausheben (ca. 2 m tief), Mauerwerk reinigen, ggf. Fugen auskratzen, Abdichtung aufbringen, Bitumenwellplatten vorstellen, Dränage verlegen, mit Kies ummanteln, Arbeitsraum verfüllen, oberen Kiesstreifen einbringen; Abdichtung bestehend aus (altenativ):

- Ausgleichsputz, Sperrputz, Bitumenanstriche 490 €/m²
- Verfugung, Spritzbewurf, zweilagiger Sperrputz 20 mm dick 560 €/m²
- Ausgleichsputz, Dichtungsschlämme (mind. zweilagig) 570 €/m²
- Ausgleichsputz, ggf. mit Flaschenkehlen, Voranstrich, Bitumenschweißbahn zweilagig (mit versetzten Stößen), Deckanstrich 630 €/m²

6.3.2 Ringdränleitung

Kiesbett ca. 10 cm hoch herstellen, Tondränrohre (Nennweite 100 mm) mit mind. 1% Gefälle verlegen und an vorhandene Abwasserleitung (in der Nähe der Hauswand) anschließen, Rohre mit feinem Kies 25 cm hoch bedecken, ohne Herstellen und Verfüllen des Arbeitsraumes. 100 €/m

- *Herstellung der Anschlussleitung:* Rohrgraben ca. 2,50 m tief maschinell ausheben, Aushubmaterial seitlich lagern, Grabenverbau herstellen, glasierte Tonrohre (Nennweite 100 mm) verlegen und an Kontrollschacht oder Straßenkanal anschließen, Graben mit Aushubmaterial verfüllen. 400 €/m
- *Mehrpreis* für Aushub bei Fels 87–130 €/m

6.3.2 Senkrechte Abdichtung von Kellermauerwerk auf der Innenseite

Arbeitsraum vom Keller aus bis zur Fundamentsohle herstellen (ca. 70 cm breit und 40 cm tief), PE-Folie 0,5 mm dick anbringen, zweites Fundament betonieren, raumhohe Vormauerung aus

- Hochlochsteinen (11,5 cm) 450 €/m²
- Leichtziegel 30 cm dick, Kalkschlämme innen 590 €/m²
- Bitumenwellplatte, 6 cm Schaumglas, Vormauerschale aus Hochlochsteinen 11,5 cm dick, Innenputz 15 mm dick (einlagig)

aus Kalkmörtel 630 €/m²

6.3.2 Waagerechte Abdichtung von ellermauerwerk

Maueraustauschverfahren: Mauerwerk in Abschnitten aufstemmen, Dichtungsbahn zweilagig einziehen (mit versetzten Stößen), Öffnung ausmauern, Schlitz verputzen 340 €/m

Mauersägeverfahren: Mauerwerk in Abschnitten aufsägen, Dichtungsmittel einpressen 390 €/m

Chromstahlblechverfahren: mit Pressluft Edelstahlbleche einschlagen (mit Stoßüberdeckung) 380 €/m

Injektionsverfahren: Bohrlöcher herstellen, Dichtungsmittel einlaufen lassen oder einspritzen 380 €/m

6.5 Schwimmender Zementestrich auf Lehmboden (erdberührt)

Bodenaushub im Erdgeschoss 20 cm tief, einschließlich Ausbau einer evtl. vorhandenen Estrichplatte und Abfuhr 260 €/m²

- Vorhandenen Holzboden ausbauen, Magerbeton 14 cm stark einbauen, Abdichtung aus Bitumenschweißbahn herstellen, Trittschalldämmplatten d = 25 mm verlegen, Zementestrich aufbringen 280 €/m²
- Mehrpreis für zusätzliche Wärmedämmung aus 2 x 6 cm dicken Holzweichfaserplatten mit Naturharzimprägnierung und 0,2 mm PE-Folie als Dampfbremse 91 €/m²

6.5 Trockenestrich auf vorhandenem Estrich (erdberührt)

Bitumenschweißbahn verlegen, Lagerhölzer 6/12 cm auf Trittschalldämmstreifen velegen, Mineralfaser Dämmatten (Typ WL bzw. WZ) d = 120 mm zwischen den Lagerhölzern einlegen, Lagerhölzer mit PE-Folie abdecken, Holzspanplatte d = 22 mm verlegen 230 €/m²

6.5 Holzdielenboden erneuern (erdber.)

Vorhandenen Holzboden ausbauen und entsorgen, Untergrund (Lehm) ca. 15 cm tief ausheben, Aushubmaterial entsorgen, 5 cm Kiesschüttung als Filterschicht, 0,2 mm Baupapier als Trennlage, 7 cm Glattstrich aus Zementmörtel, Bitumenschweißbahn mit Randaufkantung, 8 cm hohe Lagerhölzer auf 2 cm Kokosfaser-Trittschalldämmstreifen, Baupapier (als Rieselschutz) in den Gefachen 10 cm Zellulose-Dämmschüttung, 0,4 mm PE-Folie als Dampfsperre, 28 mm Bodendielen aus Kiefer 400 €/m²

- *Mehrpreis* für zusätzliche 5 cm Dämmung, einschl. Lagerhölzer u. Mehraushub 54 €/m²

7 Außenwand und Fassade

7.1 Sichtmauerwerk reinigen und imprägnieren

Sichtmauerwerk aus Ziegel, Kalksandstein usw. reinigen (abwaschen) und farblos imprägeren, einschließlich einrüsten 40 €/m²

- *Mehrpreis* für Reinigung durch Sandstrahlen 7 €/m²
- *Mehrpreis* für Fassadenanstrich, 2-3-fach 11 €/m²

7.3.2 Verputzte Dämmfassade mit Zellulosedämmstoff

Fassade einrüsten, Unterkonstruktion aus Kanthölzern 6/14 cm, 3,5 cm Holzwolle-Leichtbauplatten, 14 cm Zellulosedämmung, armierter Mineralputz, Fassadenanstrich 250 €/m²

- *Mehrpreis* für zusätzlich 8 cm Wärmedämmung, einschl. breitere Kanthölzer 76 €/m²

Ggf. zusätzliche Kosten für Änderungen an Fenstersimsen, Fensterläden, Regenrohren, Dachvorspüngen, Sockelmauerwerk.

7.3.2 Verputzte Dämmfassade mit Hartschaumplatten

Wärmedämmverbundsystem WDVS mit Hartschaumplatten Fassade einrüsten, Hartschaumplatte (d = 12–18 cm) auf dem vorhandenen Putz andübeln, armierten Mineralputz aufbringen 200 €/m²

Preise für Mauerwerk (Eigenschaften vgl. Tabelle 5.2)	Wärmeleitfähigkeit 1) W/(mK)	Brutto-Preis 2) €/m²
Gasbeton-Blocksteine nach DIN 4165	0,09	109,-
Bims-Vollsteine mit Schlitzen nach DIN 18152, z.B. Heklatherm	0,09 0,11	120,- 91,-
Leichthochlochziegel nach DIN 105 T2, SX 9, z.B. Poroton TE	0,15	82,-
1) Rechenwert λ_R in W/(mK) für Mauerwerk einschließlich Fuge aus Leichtmauermörtel 2) für eine Mauerdicke von 30 cm		

Tabelle A 1 : Mauerwerk für Außenwände.

Mauerwerk für Innenwände (Eigenschaften vgl. Tabelle 5.2)	Format Länge/Höhe in cm	Brutto-Preis €/m²
Mauerwerk, 11,5 cm dick		
Vollziegel	24 / 7,1	71
Hochlochziegel plan	24 / 11,3	42
Kalksand-Vollsteine	24 / 7,1	51
Kalksand-Lochsteine	24 / 11,3	49
Gasbeton-Platten	49 / 24	45
Blähtonsteine	24 / 11,3	33
Mauerwerk, ca. 10 cm dick		
Gasbeton-Platten	50 / 25	42
Gipsdielen (Vollgips)	67 / 50	43
Bimssteine	50 / 25	25

Tabelle A 2 : Mauerwerk für Innenwände (Trennwände); Preise ohne Mörtel.

Plattenwerkstoffe Bezeichnung (Format)	Dicke in mm	Brutto-Preis €/m²
Holzwerkstoffe		
OSB Platten	15	14
	22	18
Fichte B-S-P	22	43
Tischlerplatten	13–22	28–36
Zementgebundene Spanplatten mit Nut u. Feder, geschliffen, B1; Bauplatten (260/125)	18–22	40–63
- Fußboden-Verlegeplatten (62,5/125)	18–22	45–53
Gipskartonplatten		
Bauplatte "GKB"	9,5	11
	12,5	13
Feuerschutzplatte "GKF"	12,5	14
Bauplatte imprägniert	12,5	20
Baumarktplatte "Einmannplatte"	9,5	13
12,5 mm Verbundplatte mit Mineralfaser 50 mm	63,0	54
Verbundplatte mit Polystryrol-Hartschaum 15 mm auf 9,5 mm, "Brüstungsdämmer"	24,5	14
Gipsfaserplatten		
Wandbauplatte	10	13
Estrichelementplatte	10	33
	20	43
Estrich-Verbundplatte 20 mm,		
mit PS-Hartschaum 20 mm	40	29
dito, jedoch mit 30 mm PS	50	29
dito, jedoch mit 10 mm Mineralfilz	30	29

Tabelle A 3 : Materialpreise: Bauplatten aus Holz- und Gipswerkstoffen.

- *Mehrpreis* für WDVS mit Mineralfaserplatten, alten Putz abschlagen, Grundierung aufbringen, Platten ankleben 40 €/m²

7.3.2 Holzverschalte Dämmfassade

Fassade einrüsten, Unterkonstruktion aus Kanthölzern 6/14 cm, imprägnierte Weichfaserplatte, 14 cm Zellulosedämmung, senkrechte Lattung 30/50 mm, 22 mm waagerechte Stülpschalung, Imprägnierung und Voranstrich, Insektengitter oben und unten, Anstrich 280 €/m²

- *Mehrpreis* für zusätzliche 8 cm WDVS mit Holzfaserplatten 42 €/m²

Ggf. zusätzliche Kosten für Änderungen an Fenstersimsen, Fensterläden, Regenrohren, Dachvorsprüngen, Sockelmauerwerk.

7.3.2 Vorgemauerte Dämmfassade (hinterlüftet)

Fassade einrüsten, Wandoberfläche reinigen, Mineralfaser-Dämmplatten (d = 14 cm) anbringen, 4 cm Luftschicht, Vormauerung aus Klinkern (d = 11,5 cm), Edelstahl-Anker, Sichtverfugung ohne Herstellung des Auflagers für die Vormauerschale 300 €/m²

7.3.3 Innendämmung mit Putz

Latten 40/80 mm auf vorhandenen Innenputz aufschrauben, Mineralfaser-Dämmplatten (d = 8 cm) einlegen, PE-Folie 0,2 mm aufbringen, Anschlüsse luftdicht verklebt, Holzwolle-Leichtbauplatte befestigen, Stöße armieren, Nassputz aufbringen 120 €/m²

- *Mehrpreis* für 6 cm Mineralfaser-Dämmplatte 24 €/m²
- Ausführung gleich, jedoch mit 14 cm Blähkork anstelle 14 cm Mineralfaser 190 €/m²

7.3.3 Innendämmung mit Gipskartonplatten

Latten 40/80 mm auf vorhandenen Innenputz schrauben, Mineralfaser-Dämmplatten (d = 80 mm) einlegen, PE-Folie 0,2 mm aufbringen, Anschlüsse luftdicht verkleben, darauf Gipskartonplatte d = 12,5 mm, Stoßfugen armieren und verspachteln, Raufaser anbringen 100 €/m^2

7.3.3 Innendämmung mit Holz

Latten 40/80 mm aufschrauben, Mineralfaser-Dämmplatten (d = 80 mm) einlegen, Dampfbremse aus 0,2 mm PE-Folie befestigen, Anschlüsse luftdicht verkleben, Profilbretterverkleidung 170 €/m^2

7.5 Fassadengerüst aufstellen

Stahlrohrgerüst aufstellen, 4 Wochen vorhalten, abbauen 18 €/m^2

- ggf. Zulagen für Auskragung, Brücken, Staubschutz, etc. 25 €/m^2

8 Dächer

(Preise ohne evtl. erforderliches Schutz- oder Arbeitsgerüst)

8.2 Traghölzer des Dachstuhls verstärken oder erneuern

Tragholz 10/14 cm, z.B. Stütze, Strebe, Sparren verstärken oder erneuern durch

- Aufschrauben eines Beiholzes 8/14 cm, mit Schraubbolzen u. Einlassdübeln 170 €/m
- Abbeilen der schadhaften Abschnitte, 4 cm tief, Einsetzen einer neuen Holzbohle, 4/14 cm, Verschraubung mit Bolzen und Einlassdübeln 180 €/m
- Ausbauen des vorhandenen Tragholzes (z.B. Stütze), Ersetzen durch ein neues Holz, einschl. Abstützen 300 €/m

8.2 Pfette verstärken

U-Stahl-Profil (20 cm hoch) seitlich anschrauben, einschl. Rostschutzanstrich, mit Befestigungsmitteln und Statik 370 €/m

8.3 Ziegeldeckung reparieren

Austausch zahlreicher defekter Ziegel gegen gleichartige neue (Preis bezogen auf die gesamte Dachfläche) 40 €/m^2

- Umdecken auf vorhandener Dachlattung, bei Ersatz bis zu 20 % der Fläche 100 €/m^2

Bauschnittholz Bezeichnung	Güte-klasse	Holz-feuchte	Länge m	Breite cm	Dicke mm	Brutto-Preis €
Bretter und Bohlen, parallel besäumt, rauh	I/II	15%	< 4,50	10-26	24	22 €/m^2
	I/II	15%	< 4,50	14-20	30	25 €/m^2
	I/III	15-30%	3,0 ; 4,5	24; 29	45	36 €/m^2
	II/III	25%	3,0-4,5	8-28	24	20 €/m^2
dito, jedoch gespundet (Nut und Feder)	I/II	15%	< 4,50	10-26	24	24 €/m^2
	II/III	25%		10-26	24	20 €/m^2
Hobelriehmen	I	15%	< 4,80	96	22	22 €/m^2
	I	15%	< 5,40	111	25	24 €/m^2
Latten, rauh Kanthölzer (Rahmen)	I-II	25%		48	24	1 €/m
				6	40	2 €/m
				5	50	2 €/m
				6	60	3 €/m
Bauholz, Schnittkl. A/B	II	30%				670 €/m^3
Schnittklasse S		30%				743 €/m^3
Bauholz Eiche		30%				2.446 €/m^3
Brettschichtholz (Leimbinder)						2.156–2.446 €/m^3

Tabelle A 4: Materialpreise: Bauschnittholz aus Fichte / Tanne.

Profilschalungen Holzart	Qualität	Oberfläche	Länge m	Querschnitt mm	Brutto-Preis €/m^2
Fichte	A	gehobelt	3-5,10	14/96	22
	A	lackiert	3-5,10	14/96	31
	A	lackiert	3-5,10	14/121	31
	B	gehobelt	4,50 , 4,80	14/121	14
	A	gehobelt	3-5,10	19/111	29
	A	gehobelt	3-5,10	19/146	29
Kiefer	astrein	gehobelt	2,75	15/96	47
	astrein	lackiert	1-5	15/96	65
	rustikal	lackiert	3-5,10	14/121	42

Tabelle A 5: Materialpreise: Profilschalung.
Preise für Bretter bei Abnahme von 50 m^2, bei Abnahme von 100 m^2 etwa 3% weniger.

Dämmstoffe für Wärme- und Schallschutz Material	Dicke[1] in cm	Preis-verhält-nis [2]
Weiche Dämmstoffe (Matten u. Schüttgut)		
* Zellulose (Altpapier)	11	1,0
* Korkschrot (gebläht o. ungebläht)	11	1,4
Blähton	40	8,1
Blähperlite	15	4,6
Kokosfaser (Rollfilz)	11	2,9
* Flachs	11	2,9
* Schafwolle	11	3,1
* Hanf	10	1,4
* Baumwolle	11	2,4
Mineralfaser (Granulat)	10	1,0
Mineralfaser, Typ W bzw. WL	10	0,6
Feste Dämmstoffe (Plattenware)		
* Schilfrohr(-Leichtbauplatte)	11	2,1
* Blähkork	11	2,4
* Holzfaserplatte (Weichfaser)	14	3,7
* Holzfaserplatte	10	1,6
Holzwolle-Leichtbauplatte	27	5,8
Kokosfaser (Estrichdämmplatten)	11	5,1
Mineralfaser, Typ T	10	1,8
Mineralfaser, Typ WV	10	1,6
Mineralfaser, Typ WD	10	3,0
Schaumglas	11	5,8
Polystyrol-Hartschaum	10	1,4
Polyurethan-Hartschaum	8	2,7
Polystyrol-Extruderschaum	10	2,7
Vakuumisolationspanel VIP	1 – 2	16,3

* Diese Produkte sind im "baubiologischen" Fachhandel erhältlich

[1] Die angegebenen Dicken beziehen sich auf eine gleiche Dämmwirkung entsprechend einem Wärmedurchlaßkoeffizient = 0,40 W/(m²K). Für diese Dämmstoffdicke wurde der Materialpreis ermittelt und ins Verhältnis gesetzt zum Preis einer Zellulose- oder Mineralfaserdämmung.

[2] Materialpreis für die jeweils angegebene Dicke. Der Faktor 1,0 entspricht etwa 13,60 €/m².

Tabelle A 6
Dämmstoffe für den Wärme- und Schallschutz.

8.3 Dachdeckung erneuern

Dachziegel und Lattung entfernen, Unterspannbahn, neue Lattung und Konterlattung aufbringen, neue Dachziegel verlegen 130 €/m²

Mehrpreis für

- Biberdoppeldeckung 36 €/m²
- Unterdach aus Holzfaserplatten 69 €/m²

Unterspannbahnen und Unterdächer	
Material (Eigenschaften vgl. Tabelle 8.5)	Brutto-Preis €/m²
Unterspannbahnen	
Papier-Unterspannbahn z.B. Percalor-Diplex	5
Unterdeckbahn z.B. Difubit	14
Unterspannbahn z.B. Difutex	14
Feste Unterdächer	
Faserzementplatten, z.B. Eternit-Unterdach	20
Bitumendachbahn auf Holzschalung	26
Bitumen-Weichfaserplatte	20

Tabelle A 7
Unterspannbahnen und Unterdächer.

Bleche für die Dachentwässerung

Material	Haltbarkeit in Jahren	Brutto-Preis je m Rinne (halbrund, U = 33 mm)
Verzinktes Stahlblech	15–20	53 €
Titanzink	20–40	63 €
Kupfer	40–80	75 € [1]

[1] Stark marktschwankend; siehe Notierungen der Kupferbörse

Tabelle A 8
Bleche für die Dachentwässerung.

8.3 Dachrinne aus Zinkblech reparieren

Rinne reinigen, undichte Stellen löten, Rinne streichen 43 €/m

8.3 Dachrinnen und Verwahrungen mit Titanzinkblech erneuern

einschl. Entfernen der alten Blechteile:

- Rinnen 100 €/m
- Schornsteinverwahrung 50 x 50 cm 470 €/St.
- Dachkehle 78 €/m
- Gaupen- u. Wandanschlüsse 56 €/m
- Regenrohr 62 €/m

8.3 Kaminkopf (einzügig)

Verputzen und neue Betonabdeckung herstellen,

- bei 0,75 m Höhe 200 €/St.
- bei 1,50 m Höhe 400 €/St.

8.3 Kaminkopf mit Dachplatten verkleiden

Steinwolleplatten geklebt, Konterlattung anbringen, Verwahrung aus Kupfer oder Edelstahlblech, Dachplatten (Biberschwanzziegel oder Schieferplatten) aufnageln, Bleiabdeckung herstellen,

- bei 0,75 m Höhe 540 €/St.
- bei 1,50 m Höhe 820 €/St.

8.3 Kaminkopf abbrechen und neu herstellen

aus Mauerwerk oder Formsteinen, incl. Putz und Betonabdeckung

- bei 0,75 m Höhe 630 €/St.
- bei 1,50 m Höhe 930 €/St.

8.4 Dachausbau

Dachausbau komplett, unter der Voraussetzung, dass das Dach zum Ausbau vorbereitet ist, d.h. Treppe, Fenster, Unterdach und Zuleitungen sind vorhanden, je m³ Bruttorauminhalt 450–690 €/m³

8.4.2 Dachflächenfenster einbauen

Dachteilfläche abdecken, Dachflächenfenster mit Wärmeschutzverglasung (U_G = 1,1 W/(m^2·K)) einbauen (Größe 75/140 cm), Dacheindeckung beiarbeiten 2.000 €/St.

8.4.2 Dachgaupe einbauen

Dachteilfläche abdecken, Dachgaupe zimmern, Seitenteile und Dach herstellen, Fenster (1,4 m breit) einbauen.

- Schleppgaupe 6.900 €/St.
- Spitzgaupe 9.500 €/St.

Mehrpreis für doppelte Breite:

- Schleppgaupe 4.750 €/St.
- Spitzgaupe 8.410 €/St.

8.4.2 Dachterrasse (Grundfläche 9 m²)

Dachteilfläche abdecken, Sparren unterstützen und abschneiden, Seitenteile, Bodenentwässerung, Bodenabdichtung (einschl. Randabschlüsse) und Bodenbelag herstellen, 3,0 m breites Glaselement mit Balkontür einbauen 17.300–21.600 €/St.

8.4.3 Unterspannbahn einbauen

Ziegel abnehmen und lagern, alte Lattung entfernen und abfahren, Unterspannbahn und neue Lattung 30/50 mm aufbringen, vorhand. Ziegel neu verlegen 160 €/m²

8.4.3 Festes Unterdach einbauen

Ziegel abnehmen und lagern, alte Dachlattung entfernen und entsorgen, Unterdach aus 18 mm bituminierten Weichfaserplatten, Grundlattung, Dachlattung und vorhandene Ziegel verlegen. 150 €/m²

8.4.3 Dachdämmung von außen

Vorarbeiten: Dachdeckung erneuern gemäß Nr. 8.3, Arbeitsgerüst gemäß Nr. 7.5 (in der folgenden Kostenangabe nicht enthalten), variable Dampfbremse in die Gefache und über die

Dacheindeckungsmaterialien	Brutto-Preis[1] €/m²	Brutto-Preis inkl. Lattung [1] in €/m²
Tonziegel -		
- Bieberschwanz-Doppeldeckung	63	90
- Falzziegel	48	57
- Flachdachpfannen	47	70
Betondachsteine "Frankfurter Pfanne"	42	56
Faserzement-Wellplatten (hellgrau/farbig)	91–101	103–116
Zedernholzschindeln, 3 lagig	94	118
Bitumenschindeln [2]	53–91	60–129
Bitumenpappe[2], zweilagig, genagelt, geschweißt u. bekiest	65–91	91–129
Stahlblech, verzinkt	96	136
Zinkblech	163	203
Kupferblech [3]	183	217

1) Die Preise gelten bei einer Abnahme von 120 m² ab Lager, bei Tonziegeln unc Betondachsteinen frei Baustelle. In den Preisen sind nicht enthalten: Formsteine (First, Ortgang, usw.), Lattung Verschnitt, Blechabkantungen.
2) Preise incl. Rauspundschalung
3) Der Kupferpreis ist starken konjunkturellen Schwankungen unterworfen.
Materialeigenschaften von Dachdeckungsmaterialien siehe Tabelle 8.2

Tabelle A9 : Dacheindeckungen

vorhandenen Sparren verlegen, Mineralfaserplatten oder Zelluloseflocken (Dicke ca. 16 cm) in die Gefache einbringen 100 €/m²

- Mehrpreis für Aufsparrendämmung zur Verbesserung des Dämmwertes: Holzfaserplatte, Dicke ca. 6 cm 60 €/m²

8.4.3 Dachdämmung mit Vorsatzschale innen

Unterkonstruktion (Holzrahmen) und Mineralfaserdämmplatten, Dicke ca. 6 cm, PE-Folie und Innenbekleidung aus Profilschalung, Anstrich. 260 €/m²

8.5 Flachdachabdichtung erneuern

Vorhandene Dachhaut entfernen, neue Dachhaut fachgerecht mehrlagig verlegen, 5 cm Kiesabdeckung aufbringen 200 €/m²

8.5 Extensivbegrünung auf vorhandener Dachabdichtung herstellen

Kiesschicht abräumen u. entsorgen, Zustand der vorhandenen Dachabdichtung prüfen, Wurzelschutzbahn, Kiesstreifen u. Blähton- oder Blähschiefer-Substrat aufbringen, Sedum-Stauden pflanzen (18 St./m²) 170–240 €/m²

8.5 Flachdach-Wärmedämmung als Umkehrdach auf vorh. Dachabdichtung

Kiesschicht abräumen u. zwischenlagern, 12 cm Platten aus extrudiertem Hartschaum (feuchtigkeitsunempfindlich, nicht brennbar) verlegen, 12 cm Kiesschicht aufbringen 150 €/m²

8.5 Flachdach-Wärmedämmung als Innendämmung

siehe 9.2.3 Wärmetechnische Verbesserung einer Decke mit neuer Deckenbekleidung

9 Geschossdecken

9.2 Balkenkopf austauschen

Schadhaften Balkenkopf freilegen (Bodendielen und Deckenputz auftrennen und entfernen), Balken abstützen, faulen Balkenkopf absägen, dann

- Bohlen mit Füllholz beidseitig anlaschen; Dielung, Fußleiste und Deckenputz ergänzen 970 €/St.
  oder
- Wechselholz mit Balkenschuhen aus Stahl einbauen; Dielung, Fußleisten und Deckenputz ergänzen 1.080 €/St.

9.2 Deckenbalken austauschen

Schadhaften Balken freilegen (Bodendielen und Deckenputz auftrennen und entfernen), Balken ausbauen, neuen Balken einbauen, Zwischenboden einbauen; Dielung, Fußleisten und Deckenputz ergänzen,

- Randbalken (Streichbalken) 420 €/m
- Feldbalken 520 €/m

9.2 Holzbalkendecke erneuern

Bestehende Decke ausbauen, schädlingsbefallenes Holz verbrennen, Bauschutt abfahren, neue Deckenbalken verlegen, Zwischenboden einbauen (siehe unten), Dielenboden und Spanplatte aufbingen, Deckenverkeidung aus Gipskartonplatten auf Unterkonstruktion aus Holzlattung und Federbügeln anbringen. Je nach Art der Zwischendecke und der technischen Eigenschaften:

- Blindboden aus Schalung mit Splittfüllung oder Betonplatten einbauen, Spanplatte verlegen. Luftschallschutzmaß (LSM) ca. 0 dB, Trittschallschutzmaß (TSM) ca. 0 dB, Fußbodenaufbau (FBA) ca. 2 cm (ohne Gehbelag) 450 €/m²
- Blindboden aus Schalung mit Schlackefüllung oder Betonplatten einbauen. Schwimmender Holzfußboden aus 28 mm Dielen oder 25 mm Spanplatte mit Lagerhölzern und 30 mm Mineralfaserdämmatte. LSM ca. 2 dB, TSM ca. 10 dB, FBA ca. 4 cm (ohne Gehbelag) 520 €/m²
- Schwimmender Trockenestrich (ohne Zwischendecke), bestehend aus 30 mm Holzbohlen (als Rohboden), 40 mm Betonplatten in Ansetzkleber, 25/20 mm Mineralfaser-Dämmmatten, 25 mm Spanplatten. LSM ca. 0 dB, TSM ca. 5 dB, FBA ca. 8 cm (ohne Gehbelag) 560 €/m²

9.2.3 Wärmetechnische Verbesserung e. Decke m. neuer Deckenbekleidung

z.B. für den Boden des Erdgeschosses an der Kellerdecke oder für die oberste Geschossdecke (unter nicht ausgebauten Dachräumen): Unterkonstruktion aus Leisten 40/60 mm, 30 mm Flachsdämmwolle, Gipskartonplatten 12,5 mm, Fugen mit Gewebeband verspachteln 130 €/m²

9.2.3 Wärmedämmung der obersten Geschossdecke

(unter nicht angebauten Dachräumen), Hohlraum zwischen den Deckenbalken m. Zellulosedämmstoff ausblasen, 20 cm dick 91 €/m²

9.2.3 Schalltechnische Verbesserung einer vorhandenen Holzbalkendecke mit Dielenboden

Schwimmenden Trockenestrich auf vorhandener Dielung verlegen: Kokosfaser-Dämmmatte 25/20 mm, darauf 25 mm Holzspanplatte (LSM ca. 2 dB, TSM ca. 3 dB, ca. 4,5 cm Fußbodenaufbau ohne Gehbelag) 76 €/m²

Schwimmender Zementestrich oder Anhydrith auf vorhandener Dielung verlegen: 25/20 mm Kokosfaser-Dämmmatte, Trennlage aus Ölpapier, 40 mm Estrich (LSM ca. 3 dB, TSM ca. 10 dB, Fußbodenaufbau ca. 6 cm (ohne Gehbelag). Ausreichende Tragfähigkeit der Decke beachten! 82 €/m²

9.2.3 Schalltechnische Verbesserung einer vorhandenen Holzdecke mit neuer Bekleidung auf Federschienen

Lage der Deckenbalken markieren, Federschienen montieren, Mineralwolleplatten einlegen, zweilagige Gipskartonplatten 2 x 12,5 mm montieren, Stöße verspachteln und schleifen (LSM ca. 3 dB, TSM ca. 0 dB) 110 €/m²

Mehrpreis für 2 Lagen Feuerschutzplatten (2 x 15 mm) anstelle der Gipskartonplatten, Ausführung gemäß Bauartzulassung. LSM ca 0 dB, TSM ca. 3 dB, F90 (feuerbeständig) 40 €/m²

9.4 Neuverputzen einer Massivdecke

Alten Putz abschlagen, Schuttabfuhr, neuer Kalkputz, Anstrich 110 €/m²

9.4 Neuverputzen e. Holzbalkendecke

Alten Putz abschlagen, Schuttabfuhr, neuer Kalkputz, Anstrich 120 €/m²

9.4 Alten Putz entfernen

Putz abschlagen, Schuttabfuhr 42 €/m²

9.4 Trockenputz auf Federschiene

Federschienen, Gipswerkstoffplatte doppellagig, Raufaser und Anstrich 170 €/m²

10 Fußböden und Treppen

10.1 Holzboden überarbeiten

Dielenboden oder Parkettboden ausbessern, einzelne Stellen in kleinen Flächen aufnehmen und erneuern, einschl. Entsorgung 120 €/m²

10.1 Neuen Dielenboden herstellen

Vorhandene Dielen abnehmen, neue Fußbodendielen aufbringen und abschleifen (ohne Oberflächenbehandlung) 100 €/m²

10.2 Trockenestrich aus Spanplatte (bei Holzbalkendecke)

Vorhandenen Dielenbelag abnehmen, Trittschalldämmstreifen auf den Balken verlegen, Fußboden-Spanplatte d = 22 mm schwimmend verlegen (ohne Bodenbelag) 100 €/m²

- *Mehrpreis* f. zementgebund. Spanplatte 40 €/m²

10.2 Trockenestrich aus Gipsfaserplatten auf best. Estrich oder Bodenbelag

15 mm Kokosfaser als Ausgleichs- u. Trittschall-Dämmschicht, 20 mm Gipsfaserplatten 80 €/m²

- *Mehrpreis* für Herstellen eines Niveauausgleichs aus Perlite-Schüttung, im Mittel 2 cm dick 43 €/m²

Mehrpreis für 60 mm Hartschaumplatte als zusätzliche Wärmedämmschicht (für erdberührte Böden) 54 €/m²

10.2 Schwimmender Zementestrich auf stabilem Holz- oder Betonboden

20 mm Kokosfaser-Trittschalldämmung, Ölpapier, 50 mm Anhydrit- oder Zementestrich 69 €/m²

- *Mehrpreis* für 30 mm Gussasphalt-Estrich (statt Zementestrich) 20 €/m²
- *Mehrpreis* für Calziumsulfat-Fließestrich schnelltrocknend, d = 40 mm 10 €/m²

10.3 Spanplatte verlegen

Spanplatte als neuer Zwischenboden auf vorhandenem Belag verlegen (z.B. auf altem Dielenboden) 54 €/m²

10.3 Fußbodenbeläge

Verlegen einschließlich Hilfsstoffe (Lohn- und Gemeinkosten, ohne Material), ohne Oberflächenbehandlung.

- Dielen-, Parkett- u. Plattenböden 20 €/m²
- Bahnenware (Teppich, elast. Beläge) 20 €/m²
- Fußleisten aus Holz 10 €/m

Materialpreise siehe Tabelle A 10

10.4 Holztreppen überarbeiten

Stabilisierung durch Aufdoppeln der Setzstufe (nach vorherigem Hochkeilen), ohne Oberflächenbehandlung, je Stufe 76 €/St.

- *Mehrpreis* für Oberflächenbehandlung der neuen Setzstufe 22 €/St.
- Ausgetretene Stufen neu belegen: Holzleiste an Stufenvorderkante andübeln, Trittstufe m. Spachtelmasse einebnen u. mit furnierter Sperrholzplatte (d = 6 mm) belegen, ohne Oberflächenbehandlung, je Stufe 160 €/St.
- *Mehrpreis* für Oberflächenbehandlung der neuen Trittstufe 22 €/St.
- Einzelne Stufe (Tritt- und Setzstufe) ausbauen und durch neue ersetzen 340 €/St.
- *Mehrpreis* für Oberflächenbehandl. 40 €/St.
- Geländerprofilstab als Ersatzstück herstellen u. einbauen, ohne Oberflächenbehandlung des vorhandenen Geländers 160 €/St.
- Einsetzen glatter Geländerstäbe zwischen die vorhandenen Profilstäbe (bei übergroßem Abstand), einschließlich Oberflächenbehandlung, doch ohne Neuanstrich d. vorhand. Geländers, je m Treppenlänge 180 €/m

10.4 Neue Holztreppe

Geradläufig, als gestemmte Wangentreppe (mit Tritt- und Setzstufen) aus Buche, herstellen und einbauen, einschl. Grundierung, bei 2,70 m Geschosshöhe 9.060 €

- Neue Holztreppe wie vor, jedoch als aufgesattelte Treppe (ohne Setzstufen) 10.370€

11 Innenwände und Zimmertüren

11.2 Nichttragende Wand abbrechen

Putz seitlich an Decke und Wand einschneiden, Wand (bis 12 cm Dicke) abbrechen, Bauschutt abtransportieren (ohne Beiputzen und Fußbodenergänzung) 74 €/m²

11.2 Tragende Wand abbrechen

Putz seitlich an Decke und Wand einschneiden, Decke abstützen, Wand abbrechen (bis 1,50 m Breite), Träger oder Unterzug einbauen, Bauschutt abtransportieren (ohne Beiputzen und Fußbodenergänzung), bei einer Wanddicke von

- 24 cm 450 €/m²
- 38 cm 560 €/m²
- 51 cm 740 €/m²

Bodenbeläge

Material [1]	Brutto-Preis [2] in €/m²
Holz	
Dielen [3], Kiefer, 22 mm	36
Stabparkett [3], Eiche; 22 mm	118
Mosaikparkett, Eiche, 8 mm	62
Mosaikparkett, Esche, 8 mm, 2.Wahl	54
Industrieparkett (Lamellen) Eiche, 22 mm	76
Fertigparkett [3], 15mm	56
Fertigparkett [3], 22mm	72
Steinplatten	ab/im Mittel
Betonwerkstein	34 / 43
Klinker, glasiert o. unglasiert	43 / 69
Naturwerkstein	65 / 98
Elastische Beläge (Bahnen)	
Kork	25
Linoleum	51
PVC	13 / 25
Linoleum-Verbund	65
Teppich	
Kunstfaser, Nadelfilz	5 / 29
Naturfaser, (naturrein, Wolle, Sisal, Kokos, usw.	54 / 82
Naturfaser-Spannteppich	118

[1] Eigenschaften siehe Tabelle 10.3
[2] Preise ohne Hilfsstoffe und ohne Oberflächenbehandlung
[3] Als Unterkonstruktion genügt eine Lattung, ein Estrich ist nicht erforderlich.

Tabelle A 10 : Bodenbeläge.

11.2 Massive Trennwand herstellen

Tragfähigkeit der Decke klären. Bauplatten bzw. Mauerwerk aufsetzen, Oberfläche zum Streichen oder Tapezieren vorbereiten, Wand aus

- Vollgipsplatten 25/50 cm, 6 oder 8 cm dick, Fugen verspachteln (meist nur auf Betondecken geeignet) 140 €/m²
- Gasbetonplatten 25/50 cm, 10 cm dick (Fugen geklebt), Wandoberflächen beidseitig verspachteln 150 €/m²
- Bimsplatten, 10 cm dick, beidseitig verputzen (Wandanschluss mit Kellenschrägschnitt) 200 €/m²
- Ziegel- oder Kalksandsteinmauerwerk, 11,5 cm dick, beidseitig verputzen (meist nur auf Betondecken geeignet) 210 €/m²

11.2 Holzständerwand herstellen

Aufstellen des Holzständerwerks aus Nadelholz 6/8 cm, Jutefilz lose hängend, 7 mm dick, beidseitige Verkleidung mit Gipskartonplatte (GKB) d = 12,5 mm, Fugen armieren und spachteln 140 €/m²

11.2 Schalldämmende Holzständerwand

Aufstellen des zweigeteilten Holzständerwerks aus technisch vorgetrocknetem Nadelholz 6/8 cm, versetzte Anordnung, 12 cm breit, Hohlraumfüllung mit Zellulosedämmstoff, je Seite 2 x 12,5 mm Gipsfaserplatten 160 €/m²

Konstruktion gleich, Beplankung jedoch aus 3 Gipskartonplatten à 12,5 mm und 1 Weichfaserplatte 230 €/m²

Türen und Zargen		Brutto-Preis in € bei Rohbaumaß			
		88,5 / 201 cm		101 / 213,5 cm	
Bauart	Oberfläche	A	B	A	B
Wohnraumtüren (ohne Zarge)					
Hohlzellen	roh, ungrundiert	101	-	118	
	farbig lackiert	-	544	-	562
	Edelholzfurnier, lackiert	150–217	205–303	167–236	217–344
Röhrenspan, (Schalldämmmaß R'_w= 29 dB)	kunstharzbeschichtet	312	326	366	377
	Edelholzfurnier, lack.	303–431	362–544	353–516	390–535
Vollspan, (Schalldämmmaß R'_w = 33 dB)	kunstharzbeschichtet	390	390	435	453
	Edelholzfurnier, lack.	335–498	381–562	381–607	471–625
Rahmen-Füllung, Kiefer massiv, handwerkl. gef.		-	788		861
Zargen für Wohnraumtüren					
Blockzargen	kunstharzbeschichtet	227	227	272	272
	Edelholzfurnier, lack.	263	381	308	435
Bekleidungszargen	kunstharzbeschichtet	236	254	308	308
	Edelholzfurnier, lack.	272	381	326	471
Blockzarge, Kiefervollholz, handwerklich gefertigt	grundiert	-	326	-	344
Stahl-Umfassungszarge	grundiert	263	263	308	308
A stumpf, ohne Ausfräsungen, unlackiert (sofern nicht anders angegeben) B einhängefertig (DIN-Maße), mit Falz, Schloß, Einbohrband-Oberteil, Längskanten passend beschichtet.					

Tabelle A 11 : Türen und Zargen (bei DIN-Abmessungen).

11.3 Zimmertüren erneuern

Vorhandenes Türblatt entfernen, neues Türblatt liefern und einbauen (einfache Ausführung), einschließlich neue Beschläge, Türe und Zarge mit Neuanstrich versehen 380 €/St.

- *Mehrpreis* für Übergröße 140 €/St.

11.3 Zimmertüren und Zarge erneuern

Vorhandene Türe mit Zarge ausbauen, neue Türe mit Zarge (Normmaß) einbauen, Beiputzen, einschl. Beschläge und Anstrich 1.060 €/St.

Mehrpreis für

- Übergröße (8-10 cm seitlich und oben) 230 €/St.
- Verkleinern der Wandöffnung durch Beimauern 340 €/St.

Herstellen (Ausbrechen) einer Wandöffnung, Beimauern der Leibungen, Ergänzung des Fußbodens und der Fußleisten

- bei 12 cm Wanddicke 540 €/St.
- bei 25 cm Wanddicke 870 €/St.

11.3 Türöffnung schließen

Türe und Zarge ausbauen, Zumauern der vorhandenen Öffnung (ca. 2 m²), beidseitig Putz und Fußleisten ergänzen, bei einer Wanddicke von

- 12 cm 560 €/St.
- 25 cm 700 €/St.
- 38 cm 870 €/St.
- 51 cm 1.080 €/St.

11.4 Putzflächen ausbessern

Vorhandene Tapeten entfernen, lose Putzflächen abklopfen, Untergrund reinigen, Kanten vorbereiten, kleine Putzflächen (bis 5 m²) ausbessern, ohne neue Tapete und ohne neuen Anstrich 76 €/m²

11.4 Putz erneuern

Vorhandenen Putz abschlagen, Untergrund reinigen, neuen Nassputz aufbringen (ohne Anstrich) 100 €/m²

11.4 Trockenputz (auf vorhandenen Putz)

Latten 40/60 als Unterkonstruktion auf den vorhandenen Putz schrauben und ausrichten, Gipskarton-Bauplatten 12,5 mm anbringen, Stöße armieren und spachteln, Raufaser und Dispersionsfarbenanstrich aufbringen 120 €/m²

Mehrpreis für das Einlegen von Dämmplatten (zur Schalldämpfung und Wärmedämmung) Dicke 2,5 cm

- aus Flachsdämmbahnen 80 €/m²
- aus Steinfaserplatten 45 €/m²

12 Fenster

Die Quadratmeter-Preise gelten für ein einflügeliges Fenster von etwa 1,50 m² Größe.

12.2.1 Kittfase erneuern

Alte Kittfase entfernen, Untergrund reinigen und grundieren, neuen Ölkitt auftragen und glätten, Kittfase streichen (ohne Neuanstrich des Fensters) 22 €/m

12.2.1 Gummidichtung einbauen

Nut in den Flügelrahmen einfräsen, Gummidichtung einsetzen 49 €/m

12.2.1 Anschlussfuge Fenster-Bauwerk abdichten

Anschlussfuge innen (oder außen) freilegen (Putz ca. 15 mm breit aufschneiden), dauerelastische Dichtungsmasse einbringen, gestrichene Deckleisten außen o. innen anbringen 78 €/m

12.2.2 Vorfenster innen

Neues Einfachfenster aus Kiefernholz mit Rahmen und Drehflügel herstellen, Fensterbank-Überstand abschneiden, Rahmen auf der Wandfläche aufschrauben, Zwischen- und Deckanstrich aufbringen (ohne Fensterteilung) 720 €/m²

Fensterläden und Rolläden Bauart	Öffnungsmaß cm	Brutto-Preis €	Brutto-Einheitspreis €/m²
Zweiteiliger Klappladen (handwerkliche Herstellung)			
Lamellenladen	100 / 120 100 / 200	190–245 317–417	163–208 163–217
Bretterladen	100 / 120 100 / 200	227 381	163 163
Plattenladen	100 / 120 100 / 200	254 417	217 217
Rolladen *			
Kunststoff	100 / 120 100 / 200	199 227	172 109
Kiefer	100 / 120 100 / 200	344 435	299 217
Eiche	100 / 120 100 / 200	616 906	471 453

* Preise inclusiv Welle und Gurtroller.
Mehrpreise:
- bei Abnahme von weniger als 10 Stück: 15%
- Tauchgrundierung: 9 € /m² Öffnungsmaß
- Rolladenkasten (incl. Deckel): 91 €/m Öffnungsbreite

Tabelle A 12 : Fensterläden.

Verglasungen Material: Kristallspiegelglas (KSG)	U-Wert in W/(m²·K)	Format[1]	Einheitspreis Brutto in €/m²
Einfachglas (5 mm)	5,8	klein normal	362 172
Zweischeiben-Wärmeschutzglas (gasgefüllt, beschichtet, farbneutral)	1,1	klein normal	2.174 390–471
Dreischeiben-Wärmeschutzglas (gasgefüllt, beschichtet, farbneutral)	0,7	klein normal	2.591 652–734
Mehrpreise (eine Scheibe) für - Einscheiben-Sicherheitsglas (ESG) - Verbundsicherheitsglas (VSG) - Drahtspiegelglas			 127 145 471

1) Format: Die hier angegebenen, "normalen" Scheibenformate beziehen sich auf die Abmessungen 50/100 bis 80/300 cm. "Kleine" Formate sind teurer; der hier angegebene Preis gilt für ein Format 30/30 cm.

Tabelle A 13 : Verglasungen.

- Vorfenster wie oben, jedoch mit Isolierverglasung 930 €/m²

12.2.2 Vorfenster außen

Neues Einfachfenster (ohne Sprossen) aus Kiefernholz mit Rahmen und 2 Drehflügeln herstellen, Rahmen auf die Fassadenflächen aufschrauben, oberes Rahmenholz mit Blechabdecken, Anschlussfugen abdichten, Zwischen- und Deckanstrich aufbringen 870 €/m²

12.2.2 Aufdoppelung zum Verbundfenster

Neuen Flügelrahmen mit Einfachverglasung herstellen und auf dem vorhandenen Flügelrahmen anbringen (Verbundfensterbeschlag), deckender Anstrich mit 3 Arbeitsgängen, Preis ohne Neuanstrich des vorhandenen Fensters 690 €/m²

12.2.2 Vorsatzscheibe innen

Einfachscheibe mit schmalem Vorsatzrahmen auf dem vorhandenen Fensterflügel anbringen, mit Drehbeschlag und Einfachverriegelung, mit

- Kunststoffprofil 560 €/m²
- Aluminiumprofil 620 €/m²

12.2.2 Isolierverglasung einbauen

Vorhandene Einfachverglasung ausbauen, Kittfalz säubern, 2-fach-Wärmeschutzverglasung mit Aluminiumrahmen (als Fertigelement) einbauen und mit Fugenmasse abdichten 650 €/m²

12.2.2 Fensterflügel austauschen

Alten Fensterflügel ausbauen, vorhandenen Blendrahmen reparieren, Holzleiste mit Wetterschutzschiene einbauen, neuen Fensterflügel mit Verglasung herstellen, einbauen und deckend streichen (in 3 Arbeitsgängen), Preis ohne Neuanstrich des vorhandenen Blendrahmens, mit Verglasung aus 2-Scheiben-Wärmeschutzverglasung 870 €/m²

12.3 Neues Fenster mit Wechselrahmen

Alten Fensterflügel ausbauen, vorhandenen Blendrahmen abnehmen (d.h. Fälze abschneiden), neues Fenster mit Blendrahmen, Flügelrahmen und Verglasung herstellen und in den vorhandenen Blendrahmen einsetzen, Blechabdeckung am unteren Rahmenholz anbringen, Fugen abdichten, neues Fenster deckend streichen (in 3 Arbeitsgängen), mit Verglasung aus 2-Scheiben-Wärmeschutzverglasung 960 €/m²

12.3 Fenster erneuern

Putz seitlich einschneiden, altes Fenster ausbauen, neues Kiefernholzfenster (ohne Sprossenteilung) einbauen und streichen, außen und innen beiputzen, Fensterbank aus Titanzinkblech, Innenfensterbank aus Holz, mit 2-Scheiben-Wärmeschutzverglasung,

- Größe 1 m² 1.510 €/St.
- Größe 2 m² 2.160 €/St.

12.4 Holzklappladen

Zweiteiliger Lamellen- oder Bretterladen, fertig gestrichen und montiert,
Öffnungsgröße 1–2 m² 520-610 €/m²

12.4 Rollladen

Rollladen mit Vorsatz- oder Aufbaukasten, einschließlich Kunststoffrollladen, Rollladenkasten, Gurt, Zubehör, fertig gestrichen,
Größe 1–2 m² 420-560 €/m²

12.4 Rollladen mit Wandeinbau

Vorhandenen Fenstersturz ausbrechen (ohne evtl. erforderliches Abfangen), neuen, zweiteiligen Fenstersturz einbauen, Rollladenkasten und Rollladen einbauen, einschließlich Beiputzen, Gurt, Zubehör, fertiger Anstrich (Preis ohne Reinigen und Neuanstrich der Fassade bzw. Wandflächen)

- Größe 1 m² 1.120 €/m²
- Größe 2 m² 760 €/m²

12.5 Fenster- und Türöffnung herstellen

Putz einschneiden, Ausbrechen des Mauerwerks (bis 1,50 m Breite), Schutt abtransportieren, vorgefertigten Betonsturz einbauen, ohne Abfangen, ohne Gerüst, ohne Beiputzen

- Mauerdicke 25 cm 560 €/m²
- Mauerdicke 38 cm 690 €/m²
- Mauerdicke 50 cm 840 €/m²

13 Badeinbau

13.1 Bad in einem ca. 8 m² großen Raum einbauen, komplett

Wasser- und Abwasserleitungen verlegen, Estrich bzw. Unterboden einbauen, Bodenabdichtung verlegen, Wand- und Deckenputz erneuern, Wand- und Bodenfliesen verlegen, Anschlussfugen mit dauerelastischer Dichtungsmasse verfugen, Einrichtungsgegenstände montieren: Badewanne, Waschtisch, WC, Armaturen; verputzte Wand- und Deckenflächen streichen 15.220–20.480 €

13.1 WC einbauen

Leichte Trennwand errichten (ca. 12 mm²), Wasser- und Abwasserleitungen sowie Lüftungskanäle verlegen, Türe mit Fertigzarge, Fußboden mit wasserfester Spanplatte (V100E) belegen, Linoleumbelag verschweißt, Wandputz erneuern, Fliesen bis auf 1,5 m Höhe, darüber Beiputz und Anstrich; Spülklosett und Handwaschbecken montieren, dauerelastische Verfugung herstellen 9.500 €

13.2 Fliesenbelag für Wand und Boden geklebt, einschließlich Verfugen

- Einzelfliesen, weiß, 15 x 15 cm,
je nach Preisklasse 110–150 €/m²
- Mosaikfliesen auf Geweberücken, weiß,
5 x 5 cm, je nach Preisklasse 150–180 €/m²
- *Mehrpreis* für Verlegung von Bodenfliesen in Mörtel (Dickbett, 25–35 mm) 33 €/m²

13.2 Vormauerung für Leitungen und Wannen

Bims-, Ziegel- oder Gasbetonbauplatten, einschl. Einmauern von Spülkästen, Abwasserleitungen usw.

- Dicke 7,5 cm 100 €/m²
- Dicke 18 cm 150 €/m²

13.3 Elastische Fugenfüllung

Silikon- oder Acrylat-Dichtungsmasse, bis 15 mm Fugenbreite, einschl. Voranstrich und Abkleben 11–16 €/m

13.3 Wand- und Bodenfläche gegen Feuchtigkeit abdichten

Bitumen-Schweißbahn verlegen, (außerhalb der Spritzwasserzone), mit allen Eckanschlüssen, Aufkantungen und Anschluss an Bodenablauf 82 €/m²

13.5 Sanitärgegenstände austauschen

Vorhandene Einrichtungsgegenstände (Badewanne, Waschtisch, WC) ausbauen und durch neue ersetzen, einschließl. Armaturen und elastische Kittfugen 3.900–5.620 €

13.5 Duschkabine

Vorgefertigtes Kabinenelement mit Brausewanne und Seitenteilen aufstellen, einschl. Wasser- u. Abwasserleitung (bis 2 m), Armaturen, Beiputz und Anstrichergänzung 4.350–5.800 €

14 Lüftungstechnik

14.3 Abluftanlage (ohne Wärmerückgewinnung)

Boxventilator, Blechkanäle (zur Absaugung aus Küche, Bad, WC), Fortluftauslass, Spaltventile an Fensterrahmen, Lüftungsspalte in den Zimmertüren, ohne Verkleiden der Kanäle, je m² Wohnfläche 54 €/m²

14.4 Lüftungsanlage mit Wärmerückgewinnung

Lüftungsgerät mit Wärmerückgewinnung, Blechkanäle für Zu- und Fortluft, Zubehör

- Lüftungsanlage, je m² Wohnfläche 150 €
- Kleine Lüftungsanlage mit 75 m² pro Stunde (je Stück) 12.630 €
- Große Lüftungsanlage mit 250 m² pro Stunde (je Stück) 17.760 €

15 Heizungstechnik

15.2 Öltank aus dem Tankraum entfernen (leer und gereinigt)

- Kunststoff-Batterietank 4 x 1000 l 1.140 €/St.
- Kellergeschweißter Stahltank mit Innenhülle bis 5000 l 2.200 €/St.

15.2 Neue Gasleitung

Anschluss neu verlegen mit Montage an Gaskessel oder Gastherme, ab/bis Hauseinführung 1.730 €

15.3.1 Einzelofen

Warmluftofen aus Stahl (freistehend), mit Schamotteausmauerung, Backfach und Vorlegeplatte, Anschluss an vorhandenen Schornstein, Heizleistung 5 bis 8 kW 6.470 €/St.

15.3.1 Kachelofen

Gemauerter Warmluftofen, Heizeinsatz aus Stahl, Anschluss an vorhandenen Schornstein, Zuluftrohr, Leistung 5 bis 8 kW, Oberfläche aus

- Kacheln (mittl. Preisklasse) 15.090 €/St.
- Sichtmauerwerk oder Putz 10.780 €/St.

15.3.1 Heizkamin

Warmluft-Kamin mit Heizeinsatz aus Stahlrohr oder Schamotte, Anschluss an vorhandenen Schornstein, Zuluftrohr, Ummauerung aus Gasbeton oder Ziegel, Heizleistung 5 bis 8 kW, Oberfläche aus

- Kacheln (mittlere Preisklasse) 14.450 €/St.
- Sichtmauerwerk oder Putz 8.630 €/St.

15.3.3 Warmwasser-Zentralheizung, ölgefeuert (erstmaliger Einbau) – nur in Sonderfällen sinnvoll

Heizkessel mit Ölbrenner und Warmwasserversorgung, Anschluss an vorhandenen Schornstein, Öllagerraum errichten und Batterietanks einbauen, Heizleitungen im Zwei-Rohr-System verlegen (incl. Wärmedämmung), Heizkörper montieren, fertig lackiert, je m² Wohnfläche 400 €/m²

15.3.3 Warmwasser-Etagenzentralheizung, gasgefeuert – nur in Sonderfällen sinnvoll

Gas-Kombi-Therme mit integrierter Warmwasser-Versorgung, Anschluss an vorhandenen Schornstein oder als Dachgerät, Hausanschluss an die öffentliche Gasleitung, Heizleitungen im Zweirohr-System (einschl. Wärmedämmung), Heizkörper montieren, fertig lackiert

- für weniger als 60 m² Wohnfl. 340 €/m²
- für 60–120 m² Wohnfläche 310 €/m²

15.3.3 Heizkessel erneuern – nur in Sonderfällen sinnvoll

Brennwertkessel einbauen, einschl. Steuerung, ohne neuen Brauchwasserspeicher, alten Heizkessel ausbauen und entsorgen

- Öl-Brennwerttherme (Wandgerät) 8.810 €
- Öl-Brennwertkessel (Standgerät) 9.710 €
- Gastherme (Wandgerät) 7.250 €
- Gaskessel (Standgerät) 8.150 €

15.3.4 Pellet-Heizkessel

Heizkessel mit Fördersystem, Leistung bis 12 kW, ohne Pelletlager

- Einfache Ausführung 12.950 €/St.
- Gehobene Ausführung mit automatischer Reinigung (abzüglich öffentliche Förderung) 19.410 €/St.
- Pufferspeicher 1000 l 2.900 €/St.

15.3.5 Wärmepumpe

Wärmepumpe einschl. Erd-/Bohrarbeiten, ohne Entfernen des alten Wärmeerzeugers

- Luft-Wasser-Wärmepumpe 8.940–17.880 €
- Sole-Wasser-Wärmepumpe (Kollektor) 15.640–22.340 €
- Sole-Wasser-Wärmepumpe (Sonde) 20.110–31.280 €
- Wasser-Wasser-Wärmepumpe 14.520–21.230 €

15.3.7 Fernwärme

Fernwärme-Kompaktstation, für den indirekten Anschluss an ein Fernwärmenetz, ohne Entfernen des alten Wärmeerzeugers 3.770 €
10.050 €

15.3.8 Wärme-Kraft-Kopplung

Wärmeerzeuger, ohne Entfernen des alten Wärmeerzeugers

- Blockheizkrafwerk mit Erdgas 18.840–37.670 €
- Brennstoffzelle 37.670–43.950 €

15.3.9 Solarthermie-Hybrid

Holzpellet-Kessel mit Wärmetauscher, in Kombination mit Sonnenkollektoren für Wassererwärmung, Speicher, ohne Entfernen des alten Wärmeerzeugers

- Kesselgröße 2 kW 33.290 €
- Kesselgröße 10 kW 46.050 €

15.4 Leitungsinstallation

Vor- oder Rücklaufleitungen aus verzinktem Stahl oder Kupfer, einschl. Wärmedämmung, sichtbar montiert, Befestigung mit Klemmprofil auf der vorhandenen Wand 140 €/m

- Waagerechte Leitungsführung in Installationsfußleiste aus Holz 170 €/m
- Waagerechte Leitungsführung in Installationsfußleiste aus Kunststoff 150 €/m
- Unterputzmontage, einschl. Herstellen der Wandschlitze und Beiputz (ohne Malerarbeiten) 170 €/m

15.4 Heizkörper

Montage einschl. Haltekonsolen, Anschließen, Fertiglackierung; Leistung ca. 4.000 W,

- Stahl-Röhrenradiator 760 €/St.
- Stahl-Plattenheizkörper 650 €/St.

15.5 Brauchwasserspeicher

Warmwasserspeicher mit Ausdehnungsgefäß, Anschluss an vorhandenen Heizkessel,

- Größe 220 Liter 3.670 €/St.
- Größe 300 Liter 4.310 €/St.

15.5 Sonnenkollektoranlage für Wassererwärmung

Flach- oder Röhrenkollektor zur sommerlichen Warmwasserbereitung, für 4-Personen-Haushalt, einschließl. Dachmontage, Leitungen, Umwälzpumpen, Steuerung, bivalenter Brauchwasserspeicher (400 l) ca. 12.940–17.250 €/St.

15.5 Sonnenkollektor für WW und Heizungsunterstützung

Flach- oder Röhrenkollektoren f. Warmwasser u. Heizungsunterstützung für 4-Personen-Haushalt, einschließl. Dachmontage, Leitungen, Umwälzpumpen, Steuerung, kombinierter Puffer- u. Brauchwasserspeicher (1000 l) 26.460 €

15.6 Schornsteinsanierung

Edelstahl-Innenrohr einbauen, einschl. Anschlüsse 560 €/m

15.6 Neuer Schornstein

Fundament, mehrschaliger Fertigschornstein (aus Schamotte-Innenrohr, Wärmedämmschicht, Mantelstein aus Ziegelsplittbeton), mit Rauchrohranschlüssen, Putztüren, Kopfplatte, Anschluss an Dacheindeckung, Verputz, jedoch ohne Herstellung der Deckendurchbrüche,

- einzügig (ø innen 14 cm) 470 €/m
- einzügig (ø innen 18 cm) 560 €/m
- dreizügig, mit zwei Rauchrohren und einem Abluftrohr (Querschnitt 150 cm^2), Rauchrohre mit ø innen 14 cm 670 €/m

16 Sanitärinstallation

16.1 Sanitärobjekte

Standard-Ausführung, einschl. Armaturen, ohne Ausbauen vorhandener Objekte, ohne Ausbesserungen an Wand- und Bodenbelägen

- Waschtisch 50 x 60 cm 560 €/St.
- Handwaschbecken (für WC) 370 €/St.
- WC, wandhängend, mit Einbauspülkasten 860 €/St.
- Badewanne 1.080 €/St.
- Duschwanne 860 €/St.

16.1 Wasserleitungen erneuern (kompl.)

Wassermengenzähler, Feinfilter, Unterverteilung, Absperrventile, Zuleitungen, ohne Vor- u. Folgearbeiten, je m^2 Wohnfläche 100 €/m^2

16.1 Zentrale Wasserverteilung

Anschluss an Hauswasser-Versorgungsleitung, Wassermengenzähler, Feinfilter, Unterverteilung, Absperrventile 6.470 €/St.

16.2 Regenwasseranlage

Kunststofftanks für Kelleraufstellung 4 m^3, Pumpe, Filter, Leitungen im Haus für WC, Ausgussbecken im Garten; nicht enthalten sind Zuleitungen zum Tank, Schlammfang / Vorfilter, Vor- u. Folgearbeiten 10.780 €/St.

Ein unterirdischer Speicher aus Betonfertigteilen, oder als Kunststoff-Flächenbehälter kostet etwa gleich viel. Hinzu kommen die Erdarbeiten nach Aufwand.

16.3 Abwasserleitungen erneuern

Alte Abwasserleitungen entfernen, neue in vorhandenen Schlitzen oder auf der Wand verlegen,

- Fallrohre (d=100 mm) aus Gusseisen, einschl. Abzweige für Anschlussleitungen, Verkleidung m. Trockenputz u. Beiputz 260 €/m
- Abwasser-Anschlussleitungen aus Kunststoff (d = 50-70 mm) , ohne Vormauerung 170 €/m

17 Elektroinstallation

17 Elektroinstallationen erneuern (komplett)

Vorhandene Installationen entfernen, neuer Zählerplatz, Schlitze und Durchbrüche herstellen, Installationen verlegen, Stecker und Schalter montieren (ohne Beiputzen), je m² Wohnfläche 180–240 €/m²

17 Zählerplatz

Zählerschrank mit 3 Zählerfeldern, Verteilerfeld, Hauptschalter und Sicherungsautomaten 3.230 €/St.

- Unterverteiler, 4-reihig, mit Sicherungsautomaten 430 €/St.

17 Elektroleitungen und Schalter

Mantelleitungen verlegen (NYM 1,5 mm, 3- und 5-adrig),

- unter Putz, auf der rohen Wand 5 €/m
- vor der Wand, Befestigung mit Nagelschellen (sichtbare Verlegung) 6 €/m
- im vorhandenen Kunststoff-Kabelkanal 3 €/m
- *Mehrpreis* für abgeschirmtes Kabel (mit Metallgeflecht) 20 €/m

17 Sonstige Elektroinstallationen

Kunststoff-Kabelkanal,

- Querschnitt 30 x 25 mm 13 €/m
- Querschnitt 60 x 110 mm 34 €/m

Abzweig- und Schaltdosen 18 €/St.

Steckdosen und Schalter (Aus-, Wechsel- und Tasterschalter, jeweils ohne Dose),

- Standard-Ausführung weiß 18 €/St.
- Kinderschutz-Steckdosen 25 €/St.
- Relais für Tasterschaltung (im Verteilerkasten eingebaut) 42 €/St.

Netzfreischalter (im Verteilerkasten einbauen) 580 €/St.

17.3 Photovoltaikanlage

Solarpanele, Installation; ohne Gerüst und Umbau Zählerschrank, Gerüstkosten siehe Abs. 7.5

- Leistung 5 kWp 11.300 €
- Leistung 10 kWp 23.230 €
- Leistung 20 kWp 37.930 €

18 Oberflächenbehandlung

18.0 Malerarbeiten komplett

Fassaden, Wände und Decken innen mit Silikatfarbe, Fenster mit Kunstharz-Dickschichtlasur, Dachvorsprünge und Holzschalung an Fassaden mit Naturharz-Lasur (ohne Gerüst, Treppen, Böden, Kellerräume), je m² Wohnfläche 110 €/m²

18.1.1 Anstrich auf neu verputzte Innenwände und Decken

- mit Kaseinfarbe 14 €/m²
- mit Naturharzdispersion 14 €/m²
- mit Kalkfarbe 22 €/m²
- mit Dispersionssilikatfarbe 13 €/m²

Anstrichmittel	
Material	**Brutto-Preis €/m²**
Fassade- & Außenanstriche	
Kalkfarbe, weiß	5
Silikatfarbe (2 Komponenten)	
Farbton hell – dunkel	8–13
Silan-& Siloxanpräparat	10–20
Kunststoff- Dispersionsfarbe, weiß	5
Dispersionslack	10
Naturlasur, farblos – bunt	8–10
Naturharzlack, weiß – bunt	13–16
Kunstharzlack, farblos – bunt	4–8
Innenanstriche (Wände, Decken, usw.)	
Kalkfarbe, weiß	5
Titanweiß- Kasein- Farbe, weiß	5
Zellulose-Leimfarbe	1
Naturharz – Dispersionsfarbe	4
Kunstharz – Dispersionsfarbe	1–4
Dispersionslack, farbig	5
Naturharzlack, weiß – bunt	9–13
Bienenwachs auf Naturharzimprägnierung	5
Kunstharzlack, bzw. –lasur	4–7
Fußbodenanstriche	
Naturharzimprägnierung und Wachsbalsam [1]	9
Naturharz-Lackierung [1], farblos	13
Naturharz-Lackierung, bunt	11
Kunstharz-Versiegelung, farblos	9
Dispersionslack	5
Preise für konfektionierte Produkte, für jeweils 2 Anstrichschichten (Arbeitsgänge), ohne Grundierung.	
[1] 3 Anstrichschichten (ohne Vorbehandlung).	

Tabelle A 14 : Anstrichmittel.

Verteilung von Material- und Lohnkosten	An- und Ausbau		Modernisierung	
	Material	Lohn	Material	Lohn
	%	%	%	%
Maurer, Beton- u. Kanalisationsarbeit	35–45	65–78	25–35	80–90
Dachdecker	35–45	65–78	30–40	70–85
Flaschner	35–45	65–78	30–40	70–85
Zimmerer	45–55	55–65	30–40	70–85
Putz- und Isolierarbeiten	20–25	90–95	15–20	95–100
Fliesen und Platten	30–40	70–85	25–35	75–90
Schreiner	50–60	50–60	35–45	65–80
Maler	15–25	90–100	20–30	85–95
Bodenbeläge	70–80	25–35	65–75	30–40
Estrich	70–80	25–35	65–75	30–40
Heizungsinstallation	50–60	48–60	45–55	55–65
Sanitärinstallation	45–55	54–65	40–45	65–70
Elektroinstallationen	30–35	78–85	25–30	80–90

Tabelle A 15: Prozentuale Verteilung der Material- und Lohnkosten bei den wichtigsten Gewerken.

18.1.1 Erneuerungsanstrich auf verputzten Innenwänden und Decken

Oberfläche reinigen (abwaschen), Anstrich mit waschfester Naturharz-Dispersionsfarbe 18 €/m²

18.1.1 Flächengerüst

für Decken in Innenräumen (Standzeit 4 Wochen) 54 €/m²

18.1.2 Dielenboden versiegeln

Vorhandene Dielen überprüfen und nachnageln,

- Oberfläche anschleifen, neuer Siegelanstrich auf vorhandenem Altanstrich 43 €/m²
- Altanstrich zweimal abbeizen, zweifach neu versiegeln 76 €/m²
- Altanstrich abschleifen, Grundierung aufbringen, maschinelles Heißwachsen 47 €/m²

18.1.2 Fußleisten

ausbessern, anschleifen, neu streichen 11 €/m

18.1.2 Treppenanstrich erneuern

Stufen, Wangen, Geländestäbe u. Handlauf aus Holz abschleifen, spachteln, zweimal mit Naturharzlasur streichen, je Geschoss 1.510 €/St.

18.1.3 Erneuerungsanstrich für Zimmertüren (gestemmtes Türblatt) u. Zarge

einschl. kleine Reparaturen 730 €/St.

18.1.3 Abbeizen und Lasieren von Zimmertüren

Zweimaliges Abbeizen, lasierenden Anstrich aufbringen, einschl. Zarge und Leisten 820 €/St.

- *Mehrpreis* für Reparaturarbeiten 320 €/St.

18.2.1 Fassadengerüst

siehe Ziff. 7.5 20 €/m²

18.2.1 Anstrich auf Putzfassade

Fassade einrüsten, Putzoberfläche reinigen, kleine Schadstellen ausbessern, zwei- bis dreifacher Anstrich

- einfarbig, hell 33 €/m²
- mehrfarbig 40 €/m²

18.2.2 Sichtmauerwerk reinigen

Fassade einrüsten,

- Fassade abwaschen o.dampfstrahlen 53 €/m²
- Fassade durch Sandstrahlen reinigen 33 €/m²

18.2.2 Oberflächenbehandlung bei Sichtmauerwerk

Fassade einrüsten und abwaschen oder dampfstrahlen,

- farblose Imprägnierung 36 €/m²
- zwei- bis dreifacher Anstrich 47 €/m²

18.2.3 Erneuerungsanstrich für Fensterrahmen

Säubern der Rahmen, kleine Schadstellen beispachteln, anschleifen, Anstrich innen und außen,

- Einfachfenster 87 €/m²
- Verbundfenster 152 €/m²

Mehrpreis bei Fensterteilung und Sprossen bis zu 30 %.

Stichwortverzeichnis

A

Abbeizen 222
Abbeizmittel 230
Abbruch 13
Abbrucharbeiten 157
Abdichten 168
Abdichtung 78, 79
Abdichtungsart 125
Abflämmen 222
Abflussrohre 209
Abgase 195, 205
Abgasleitung 206
Abgastemperaturen 205
Abgehängte Decken 130, 143
Abgeschirmte Leitungen 214
Ablaugen 221
Abluftanlage 4, 186
Abluftkanal 182
Abluftrohre 182
Abluftschächte 182
Abluft-Wärmerückgewinnung 187
Abnahme von Bauleistungen 26
Abortgruben 210
Abriss 81
Absanden 162
Absaugung 186
Abschirmanstrich 214
Absperrbinder 219
Absprießung 88
Abwasser 210
Abwasser-Anschlüsse 179
Abwasserentsorgung 5, 20, 209
Abwasserhebeanlage 210
Abwasserinstallation 206
Abwasserkanal 79
Abwasserleitungen 209
Acryl 178
Akustikplatten 163
Alkohol 224, 228
Allergieerkrankungen 77
Allergien 231
Altanstriche 219, 220, 221
Altdeutsche Deckung 110
Altpapier 68
Ammoniumsulfat 68
Anbau 21
Andruck-Dichtungsschiene 168
Anker 83
Ankopplungsspannung 214
Anlagenwirkungsgrad 196
Anlegeleiter 104
Anschlagschiene 167, 168
Anschlüsse 25, 121
Anschlussleitungen 20
Anstrich 85, 102, 219ff
Anstrichmittel 218, 223, 224, 226
Anstrichtechnik 222
Arbeitsgerüste 104
Arbeitsraum 76, 78, 81
Arbeitssicherheit 105
Arbeitstechniken 156
Architekten 13, 19, 176, 26
Architektenhonorar 13
Architektenleistung 18
Architektur 90
Armaturen 178, 184
Artenschutz 103
Asbest 52, 57, 150, 232
Asphalt 146
Atmungsfähigkeit 228
Aufdoppeln 88, 154
Aufenthaltsräume 83
Auflager 131
Aufmaß 25
Aufschiebling 107
Aufsteigende Feuchtigkeit 133, 148
Aufstocken 22
Auftragsvergabe 13
Ausbau 21
Ausblühungen 59, 77, 79
Ausfachung 86, 91, 93
Ausführungsfrist 25
Ausführungsmängel 184
Ausführungsplanung 18, 24
Ausführungszeichnungen 24
Ausgasen 52
Ausgetretene Treppenstufen 154
Ausgleichsschüttung 136
Ausheben 78
Aushub 83
Auslegergerüste 104
Ausnahmen 24
Ausrichten 90
Ausrichten schiefer Böden 145
Ausschreibung 25
Außenanlage 23
Außenanstriche 218
Außendämmung 95
Außenputz 100, 168
Außentüren 10, 42, 165, 167
Außenwandanschluss 124
Außenwandbekleidungen 10
Außenwände 10, 42, 57, 86
Außenwandputz 59
Aussparungen 208
Ausstattungsgegenstände 184
Aussteifende Wand 157
Aussteifung 129, 141
Austattungsstandard 22
Auswechseln 88
Auswechseln eines Deckenbalkens 134

B

Backkorkplatten 67
Backsteinpflaster 149
Bad 178, 179
Badabdichtung 181
Badeinbau 178, 179
Baderneuerung 178, 182
Badewanne 179, 181
Badezimmer 178
Balken 61, 133
Balkenabstände 131
Balkenauflager 131, 132
Balkendecken 141
Balkenfach 86
Balkenkopf 132
Balkenköpfe 65
Balkenlage 130, 131, 133
Balkenquerschnitt 131
Balkenschuh 89
Balkenstöße 132
Balkenverbindungen 133
Balkon 132
Balkonkraftwerk 217
Balsamterpentin 224
Barock-Steinwand 87
Basalt 53
Bauablauf 115
Bauantrag 23
Bauaufnahmen 20
Baubeginn 16
Baubehörde 16
Bauberufgenossenschaft 26
Baubeschreibung 21, 23
Baubiologie 9
Baudurchführung 25
Bauernhaus 12
Baufreigabe 23
Baufurnierplatte 123
Baugenehmigung 176, 19, 23
Baugesetzbuch 17
Baugesuch 13, 22
Baugrenzen 19
Baugrund 73, 74, 75, 78
Bauhaus 124
Bauherren-Haftpflichtversicherung 27
Bauherren-Pflichten 16
Bauholz 59
Baukleber 149
Baukonstruktion 23
Baukörper 124
Baukosten 236, 22, 21
Bauleiter 16, 26
Bauleitung 13, 18, 26
Baulinien 19
Baumkanten 63
Baumwolle 68, 70
Baunebenkosten 22, 23
Baunutzungsverordnung 17
Baupapier 122
Bauphysik 119
Bauphysiker 158
Bauplatten 158, 162, 163, 179
Baurecht 155
Baurechtsbehörde 19
Bauschnittholz 62
Bauschutt 52
Baustoffe 52
Baustoffwahl 52, 53
Bausubstanz 12, 20
Bauteilanforderungen 39
Bauteilschichten 25
Bauteilzeichnungen 24
Bauvertrag 25
Bauvoranfrage 19
Bauvorbescheid 19
Bauwesenversicherung 27
Bauwünsche 17
Bauzeit 115
Bebauungspläne 17
Beckenarmaturen 179
Befestigungsmittel 102, 109, 143
Befreiungen 19, 24
Behaglichkeit 30, 138
Behelfs- und Kleingerüste 104
Beiholz 88
Bekleidung 64
Belastung 108
Belichtung 12, 22, 21
Belüftung 22
Belüftung des Balkenkopfes 131
Belüftung des Unterdaches 120
Belüftungsebene 122

Benachrichtigung der Angrenzer 23
Benzol 224
Benzpyren 68
Berufshaftpflichtversicherung 27
Beschichtung 222
Beschläge 160, 172
Besonnung 12
Bestandsaufnahme 20
Bestandspläne 13, 20
Bestandsschutz 19
Beton 56
Betonbodenplatte 83
Betondachstein 111
Betondecken 157
Betonringanker 82
Betonsteine 56
Bewehrungsgewebe 163
Bewerteter
Norm-Trittschallpegel 130
Bewitterung 177
Bezirksschornsteinfeger 197, 206
Biberdoppeldeckung 110
Biberschwanz 109ff
Biegefestigkeit 59
Bienenwachs 230
Bims 53
Bimsbeton 158
Bimsbetonsteine 56
Bindefestigkeit 226
Bindemittel 56, 77, 223, 224
Binder 107, 108
Binderbalken 130
Biozide 52
Bitumen 70
Bitumenbahn 122
Bitumenemulsion 80
Bitumenpappe 76, 80, 122, 124, 137
Bitumenverguss 128
Bitumen-Wellplatten 80, 111
Bitumierte Weichfaserplatten 122
bituminöser Dichtungsanstrich 80
Blähkork 68, 146
Blähperlite 68, 70, 146
Blähschiefer 127
Blähton 68, 69, 70, 127, 146
Blähtonsteine 56
Bläuepilz 65
Blauer Engel 224
Blausäure 72
Blechabdichtung 128
Blechverwahrungen 108ff, 125
Blei 111
Blendrahmen 166, 167, 168, 171
Blindboden 132, 135, 136, 145
Blitzschutz 5, 184
Blockrahmen 160
Blowerdoor 38, 40
Blutuntersuchung 67
Bockgerüste 104
Bodenabdichtung 178, 181
Bodenablauf 181
Bodenart 75
Bodenaufbau 83
Bodenbelag 148, 149
Boden-Deckel-Schalung 102
Bodeneinlauf 181
Bodenfeuchtigkeit 77, 85
Bodenfliesen 180
Bodenplatte 75
Bodenversiegelung 74
Bohle 61, 122
Bohlenlaschen 133
Borax 64
Borsalz 64, 70
Borsäuresalzen 68
Böschungswinkel 75, 76
Brandfall 72
Brandgefahr 212
Brandschutz 68, 114, 129, 139, 142, 143, 205
Brandschutzanforderungen 130
Brandwand 20
Brauchwasser-Speicher 204
Brennerlaufzeiten 196
Brennstoff 196
Brennstoffausnutzung 196
Brennwert-Heizkessel 206
Brett 61
Brettlasche 89
Brettschalungen mit Deckleisten 102
Bruchsteinmauerwerk 53
Brustriegel 86
Brüstungen 162
Brüstungshöhe 144
Buche 150
Bug 86, 107
Bundbalken 130
Bundesförderung (BEG) 38, 47f, 191
Buntsandstein 110

C

Celluloseleim 226
Chemische Aufheller 222
Chemischer Holzschutz 64
Chromstahl, Stahlblech-Verfahren 81
CO2-Emissionen 193

D

Dach 10, 105, 118, 120
Dachabdichtung 124, 125, 126, 128
Dachablauf 125
Dachaufbau 120
Dachausbau , 105, 113, 114, 139
Dachbahnen 125
Dachbegrünung 126, 128
Dachbegrünungssysteme 128
Dachbekleidung 118
Dachboden 139
Dachdämmung (Beispiele) 122
Dachdeckerarbeiten 105
Dacheindeckung 12, 105ff
Dacheinschnitt 118
Dachentwässerung 109, 111, 125, 209
Dächer 43
Dachfenster 113, 117
Dachfläche 118
Dachflächenfenster 117, 118
Dachform 19
Dachgaupen 13, 117
Dachgully 127
Dachhaut 105, 109, 117, 125
Dachkonstruktionen 107
Dachneigung , 105, 109
Dachpappe 111
Dachrand 119, 125
Dachraum 105, 109, 113
Dachrinne 111, 128
Dachschalung 123
Dachschrägen 121
Dachständern 108
Dachstuhl 105, 107, 109
Dachterrasse 117f, 124, 128
Dachtragwerk 107
Dachüberstand 105, 119
Dachverglasungen 177
Dachvorsprung 97
Dämmeigenschaft 94
Dämmplatten 138
Dämmqualität 37
Dämmschicht 98, 124, 125
Dämmschichtdicke 138
Dämmstärke 122
Dämmstoff 67f, 97f, 158
Dämmstreifen 135
Dämm- und Dichtungsstreifen 159
Dämmung 67, 68, 98, 119, 120, 122, 137
Dämmwert des Fensters 170
Dämmwerte 41
Dämmwirkung einer Decke 138
Dampfbremse 9, 32, 96ff, 118ff, 138f, 146
dampfdurchlässig 223
Dampfsperre 229
Dampfstrahlen 221
dauerelastischen Kleber 147
Dauerelastische Verbindung 169
dauerelastische Verfugung 147
Deckanstrich 222
Deckelschalung 101
Deckenaufbau 129
Deckenauflager 85
Deckenbalken 107, 130ff, 137, 157
Deckenbekleidung 129, 133, 137, 142
Deckendurchbrüche 142
Deckenlast 131
Deckenmalereien 142
Deckenöffnungen 129
Deckenplatte 141
Deckenputz 142
Deckenverkleidung 143
Deckleiste 164
Deckungsart 109
Dehnungsfugen 128
Denkmalpflege 88
Denkmalschutz 19, 17
Detailzeichnungen 24
Dichtigkeit 110, 124
Dichtungsanstrich 80, 81
Dichtungsbahn 79, 80f, 105, 181
Dichtungsband 168
Dichtungsgummi 160
Dichtungsprofil 168
Dickbett 151
Dielen 131
Dielenboden 130, 144
Dielenfußboden 83, 145
Dispersion 226
Dispersionsanstriche 94
Dispersionsfarben 219, 224, 227
Dispersionskleber 151, 152
Dispersionslacke 228
Dispersionssilikatfarbe 219
Doppelfenster 165
Dorn 160
Dränage 78, 83
Dränleitung 73, 76, 79ff, 210
Dränrohr 81
Dränschicht 80, 126, 128
Drehflügel 172
Dreiecksgaupe 117
Dreikantleisten 93
Druckdifferenzmessung 40
Drücker 160

Druckfestigkeit 53, 56, 58, 59
Druckkräfte 82
Dünnbett 151
Dünnbettkleber 180
Dunstabzug 188
Durchbiegung 108, 129, 131
Durchflussbegrenzer 179, 208
Dusche 179, 181
Duschtrennwände 178
Duschwannen 178

E

E-Auto 44, 216
Edelstahlblech 81
Effizienzhausstandard 48
Effizienzklasse 36, 46f, 204
Eiche 62, 144, 150
Eigengewicht 129
Eigenkapital 13, 16
Eigenleistung 13f, 22, 68, 78, 171
Einbohrbänder 161
Einbruchschutz 174
Eindeckung 108
Einheitspreis 25
Einscheibensicherheitsglas 161
Einscheiben-Verglasung 177
Einsturz 81, 82
Einzelfundament 75
Einzelöfen 194
Elektrischer Strom 211
Elektrische und magnetische Wechselfelder 213
Elektroheizung 4, 200
Elektroinstallation 11, 33, 184, 214
Elektroklima 33
elektromagnetische Strahlung 33
Elektrophysikalische Verfahren 81
Elektro-Schutzbereiche 213
Elektrosmog 32
Elektrostatische Aufladung 152
Emailliertes Stahlblech 178
Energetische Bestandsaufnahme 38
Energetische Schwachstellen 34
Energieaufwand 71
Energieberatung 49
energiebewusste Modernisierung 35
Energiediagnose 39
Energieeffizienz 35ff
Energieeinsparung 9
Energiesparlampen 214
Energieverbrauch 178, 196
Energieverluste 77
Energieversorgung 22
Energievorräte 94
Englische Deckung 110
Entfernen alter Anstriche 222
Entfeuchtung 78
Entkernen 90
Entlüftung 209
Entlüftung über Dach 179
Entwässerung 22
Entwässerungsleitungen 209
Entwürfe 12f, 17, 21
Entwurfsplanung 18
Entwurfsregeln 29
Entwurfszeichnungen 23
EPDM 168
erbgutverändernd 71
Erdberührte Bauteile 42
Erddruck 56, 77
Erdstrahlen 9
Erneuerungsanstriche 219ff
Erneuerungszyklen von Bauteilen 23
Erstanstriche 219, 220
Erweiterungsbauten 22
Esche 62, 150
Estrich 67, 146
Estrichplatten 13
Experten, Energieeffizienz- 49
Extrudierter Polystyrolschaum 72

F

Fachingenieur 196
Fachwerk 90
Fachwerk-Außenwände 86
Fachwerkhaus 169
Fachwerkkonstruktionen 86
Fachwerkverbindungen 88
Fachwerkwand 77, 86, 94, 131
Fallrohr 111, 179
Falz 168
Falzbiber 110
Falzbleche auf Schalung 111
Falzdichtung 167
Falzziegel 111
Fanggerüst 104
Farbe 219
Farbpigmente 219, 224, 225
Farbwirkungen 219
Faserzement-Dachplatten 111
Faserzementplatten 80, 122
Fassade 165, 174
Fassadenanstriche 221
Fassadenbegrünung 103
Fassadenflächen 100
Fassadenschalungen 102
Fäule 59
Fäulnis 86, 87, 133
FCKW 72
Federbügeln 136
Federnder Bodenbelag 130
Federschienen 136
Feinstaub 220
Feldstärke 214
Fenster 10, 12, 13, 42, 62, 118, 165, 166, 167, 170, 172, 174, 176
Fensterabdichtung 167
Fensteranschlüsse 143
Fensterbank 175
Fensterfläche 118
Fensterflügel 168, 170
Fensterformate 171
Fensterläden 174
Fensterlaibungen 85, 161, 169ff
Fensteröffnung 172, 176
Fenstersanierung 170
Fenstersims 166, 169, 171
Fensterstock 166
Fensterteilungen 172
Fertigduschzelle 182
Fertigmontage 184
Fertigparkett 146, 150
Fertigtürblätter 161
Feststehende Verglasung 172
Feuchteaustausch 228
Feuchteschäden 31, 79, 85
Feuchtigkeit 12, 59, 73, 74, 77, 79, 85, 86, 87, 109, 132, 153
Feuchtigkeitsabdichtung 178ff
Feuchtigkeitsgehalt 61
Feuchtigkeitsisolierung 163
Feuchtigkeitsschäden 77
Feuchtigkeitsschutz 59
Feuchtigkeitssperre 76, 83
feuerbeständig 140
feuerhemmend 139
Feuerstätten 205
Feuerstelle 167, 194
Feuerwiderstand 59, 130, 139
Fichte 62, 144, 150, 173
Filterschicht 76, 81
Filtersteine 80, 81
Filtervlies 126
Filz 135, 137
Filzunterlegbahn 136
Finanzierung 16
First 109, 122
Firstbretter 108
Firstpfetten 107
Fixativ 222
Flachdach 118, 124ff
Flachdachabdichtungen 125
Flachdachpfanne 111
Flachdachsanierung 125
Flächengewicht 130, 147
Flachs 68, 70
Fliesen 83, 147, 151, 180, 181
Fliesenbelag 181
Fliesenkleber 181
Fliesenschneider 180
Fliesenzange 180
Fließgeräusche 208
Fluatieren 221
Flügel 167, 172
Flügelrahmen 166
Fördermittel 48
Formaldehyd 33
Formschornstein 205
fotogrametrische Aufnahme 20
Freiflächen 12
Freilegen von Deckenbalken 133
Fremdkapitalbedarf 16
Frequenz 213
Frischluftventile 186
Frischluftzufuhr 167
Frostbereich 76
Frostgefahr 95
Frostschutz 209
Fugen 86, 98
Fugenabdichtung 93
Fugendichtungen 165
Fugenmasse 180
Fugenmörtel 181
Fugen zwischen Ausfachungen und Holzwerk 86
Fundament 73, 75, 76
Fundamentsohle 73, 74, 76, 83
Fußband 86
Fußboden 11, 62, 83, 144
Fußbodenabdichtung 159
Fußbodenanstrich 220
Fußbodenaufbau 83, 129, 138
Fußbodenbelag 133, 150, 168
Fußbodendicke 136
Fußbodenheizung 4, 83, 202
Fußbrett 104
Fußleisten 152
Fußpfetten 107
Futterrahmen 160

G

Garagentor 175
Gartenbewässerung 208
Gasbeton 158
Gasbetonplatten 179
Gasbetonsteine 56

Gasbrenner 125
Gas-Brennwertthermen 197
Gasfeuerstätte 197
Gasinstallationen 184
Gaupen 108, 111
Gaupenformen 117
Gebäudebrandversicherung 27
Gebäudeenergiegesetz 7, 37, 39, 43, 45, 189
Gebäudehülle 38
Gebäudelasten 78
Gebäudesockel 77
Gefache 132
Gefälle 80, 179, 210
Gefälleestrich 181
Geflecht 91
Gegossene Estriche 148
Gehbelag 146
Gehwegplatten 128, 135, 137, 147
Geländekante 80
Geländer 154, 155
gelochte PVC-Schläuche 80
Gemauerte Gewölbe 129
Genehmigungsplanung 18
Geovlies 83
Geradläufige Holztreppe 155
Geruchsbelästigungen 182, 209
Geruchsverschluss 181
Geruchsverschluss 181
Gerüst 104, 105
Geschossdecke 11, 43, 129ff, 141
Geschossflächenzahl 17
Geschossvorsprünge 132
Gestaltungsgrundsätze 171
Gestaltungsmittel 174
Gestülpte horizontale Schalung 101
Gesundheit 9, 29, 52, 207, 214
Gesundheitsverträglichkeit 68, 184
Gewächshausglas 177
Gewährleistung 27
Gewährleistungsfrist 25, 26, 27
Gewebe 142
Gewölbe 73, 82, 141
Gewölbedecken 138
Gewölbekeller 12
Gewölbezwickel 83
Giebelwand 117
Gift 67
Gipsbeton 158
Gipsfaserplatten 99, 121, 136, 146, 158, 163
Gipsputze 143, 162
Gipsspachtel 163
Gitterfolie 123
Glas 111
Glasfasergewebe 96
glasierte Fliesen 85
Glasscheiben 161
Glasur 151
Glaswolle 71
Gleichgewichtsfeuchte 61, 65
Gleichstrom 214
Gleitschicht 128
Granit 53
Granulat 67
Grasdächer 126
Grassoden 127
Gräuschbelästigungen 209
Grenzabstand 19
Gründach 126
Grundanstrich 222
Grundflächenzahl 17
Grundieröl 222
Grundierung 219, 221
Grundlagenermittlung 18
Grundlattung 122
Grundleitung 12, 179, 210
Grundmauern 73
Grundriss 20f, 156
Grundrisse 20, 21
Grundrissgestaltung 9
Grundstück 23
Grundstücksgrenze 20, 176
Grundwasser 80
Grundwasserspiegel 74, 75
Gully 128, 181
Gummi 152
Gummispachtel 180
Gussasphalt 136, 148
Gussestrich 136, 146
Güteklasse 61

H

Haftung 13, 218
Handlauf 62, 155
Handstrichziegel 110
Hängetoiletten 179
Harnstoffharze 71
Hartholz 59
Hartholzfurnier 154
Hartöle 220
Hauptsicherung 211
Hauptzähler 211
Hauptzuleitungen 214
Hausanschlussleitung 210f
Hausbock 66
Hausecken 85
Hausentwässerungsleitung 209
Hauskläranlage 12
Hausschwamm 65
Hausstaub 67
Haustüren 165
Haustürschwelle 168
Hebegeschirr 90
Heißluftbehandlung 66
Heißwachsverfahren 220
Heizanlage 43
Heizungsgesetz 43, 45, 189f
Heizen 40
Heizenergie 138
Heizenergiebedarf 36
Heizenergieverbrauch 9, 31, 94, 165
Heizkörper 203
Heizkörperlacke 221
Heizkörpernischen 161
Heizkosten 94, 122
Heizperiode , 41
Heizquelle 31
Heizsysteme 41
Heizung 4, 11, 184, 189
Heizungsanlage 9
Hellhörigkeit 158
HF-Netzfilter 214
HF-Vorschaltgerät 214
Himmelsrichtung 29
Hinterlüftung 97, 102, 118, 121, 122, 164
Hirnholz , 64
HOAI 13
Hochhydraulischer Kalk 179
Hochspannungsleitungen 33
Höhenlinien 20
Hohlpfanne 111
Hohlraumdämpfung 136
Hohlräume 67
Hohlwanddosenfräser 163
Holtfaserplatte 68
Holz 59
Holzart 61
Holzbalkendecke 129ff, 140, 145
Holzbauteile 59
Holzbohlen 140
Holzdecken 77
Holzdielenböden 144, 146, 149
Holzdübel 89
Hölzer für den Fensterbau 173
Holzfaserplatte 68
Holzfeuchte 61, 65, 63
Holzfüllmasse 170
Holzkonstruktionen 59
Holzlacke 65
Holzlasuren 65
Holzleim 70
Holzpflaster 150, 151
Holzquerschnitte 107, 108
Holzrahmenbauweise 91
Holzrost 128
Holzschädlinge 12, 87, 88, 133
Holzschalung 97, 98, 110, 121, 158
Holzschindeln 105, 110
Holzschindeln, dreilagig 111
Holzschindel-Unterlage 110
Holzschutz 63
Holzschutzmittel 66, 67, 143, 219
Holzspanplatte 135, 137, 146, 163
Holzstaken 91
Holzständerwände 158
Holztreppen 153
Holzverbindungen 86
Holzverkleidung 164
Holzverschalung 99
Holzvertäfelungen 142
Holzwerk 86
Holzwolle-Leichtbauplatten 70, 99, 143
Holzwurm 64
HT-Rohre 209
Hybridheizung 190, 201f
Hydraulischer Kleber 151
Hydrogenfluorid 67
Hydrophobieren 175, 220, 221
Hydrophobierungsmittel 228

I

Imprägnieren 220
Inbenutzungsnahme 26
Industriegips 163
Infrarot-Strahlung 29
Inhaltsstoffe 224
Injektionsverfahren 81
Innenanstriche 218
Innenbekleidung 120, 122
Innendämmung 88, 95
Innendeckenputz 59
Innenliegende Bäder 182
Innenputze 59
Innentüren 11
Innenverglasung 160
Innenverkleidung 121
Innenwände 10, 43, 42, 57, 156, 13
Innenwandputz 59
Insekten 60, 63
Insektenbefall 64, 66, 67
Insektentgitter 120
Installationen 121, 163
Instandsetzung 21

Instandsetzungsmaßnahmen 19
Instandsetzungsrhythmen 23
Irdengut-Fliesen 151
Isocyanate 72
Isoliergrund 228
Isoliermittel 221
Isolierschornsteine 205
Isolierverglasung 170, 172

J

Jahresenergiebedarf 35
Juterücken 152

K

Kabelkanal 212
Kachelöfen 195
Kalk 56, 224
Kalkfarbe 163, 219, 225
Kalkgipsputze 143, 162
Kalk-Kaseinfarbe 221
Kalkmilch 226
Kalkputze 143, 162
Kalksandsteine 56
Kalkschlämme 163, 225
Kalksplitt 56, 136
Kalkstein 53, 110
Kalk-Zement-Farbe 221, 226
Kalkzementputze 162
Kaltdach 125
Kaltwachsen 229
Kalziumnitrat 77
Kamin 108, 122, 205
Kaminanschlüsse 194
Kaminkopf 109
Kaminzug 205
Kämpfer 82, 83, 166
Kanalisation 80
Kanalschächte 20
Kantenschutz 154
Kantholz 61, 122, 123
kapillarbrechenden Unterbau 83
Kappendecke 81, 141
Karat-Ziegel 111
Kaschierung (Pappe, PVC, Aluminium) 70
Kaseinemulsionsfarbe 221
Kaseinfarbe 219
Kaseinleim 224, 226
Kastenschloss 161
Kehlbalken 107
Kehlbalkendach 107, 108
Kehlen 108, 111
Keller 73
Kellerböden 73
Kellerdecke 42, 138
Kellergewölbe 82
Kellermauerwerk 77
Kellerschwamm 65
Kellerwände 77
Kenntnisgabeverfahren 21, 22, 24
Keramischer Terrassenbelag 128
Kern 62
Kesselwirkungsgrad 196
KfW-Förderung 39
Kiefer 62, 144, 150, 173
Kiefernholz 65
Kies 126, 128
Kieselsäure 226
Kiesschicht 124
Kiesschüttung 78, 124
Kippflügel 172
Klappläden 174
Kläranlage 210
Klebeband 98
Klebemörtel 163
Kleber 152
Kleinkläranlage 210
Kleinküchen 178
Kletterhilfen 103
Kletterpflanzen 103
Klimaanlagen 187
Klimaschutzgesetz 48
Klimaverbesserung 126
Klinker 56
Klinkerplatten 151
Kniestange 104
Kohlenmonoxid 72
Kohlenwasserstoffe 224
Kokos 67
Kokosfaser 68, 69
Kokosfilz 146
Kompakttürblätter 161
Komposttoilette 210
Kondensat 206
Kondensation 31, 86
Kondensationswärme 197
Kondenswasser 165, 175, 176
Kondenswasserbildung 170
Konservierungsgifte 164
Konstruktionsholz 62
Kontaktkorrosion 143
Konterlattung 120
Kontrollschacht 179, 210
Konvektion 30
Kopfband 86
Kopfbänder 108
Kopfhöhe 114
Kopfriegel 86
Kork 67, 120, 138, 152
Korkböden 153
Korkment 152
Korkplatten 68
Korkschrot 66, 67, 68, 146
Körnung 58
Korrosion 111, 207
Korrosionsschutz 143, 229
Kostenberechnung 21, 25
Kostengliederung 22
Kostengruppe 23
Kostenrichtwerte 23
krebserregend 71
Kreuzgewölbe 82
Kreuzstrom-Wärmetauscher 187
Kunstharzanstriche 221
Kunstharz-Bindemittel 224
Kunstharzgrundierung 220
Kunstharzlacke 220, 222
Kunstharzputz 58, 94, 97
Künstliche Lüftung 182
Künstliche Steine 56
künstliche Trocknung 61
Kunststoffdispersionen 226
Kunststoff-Dispersionsfarbe 218, 221
Kunststoffe 52
Kunststoffgewebe 162
Kunststoffkleber 151
Kunststofftank 209
Kupfer 111
Kupferrohre 207
Kuppelgewölbe 82
Kurzschlüsse 212
k-Wert 94

L

Lacke 218, 224, 228
Lackfarbe 223
Lackfarben 228
Lackieren 64
Lackierung 220, 222
Lageplan 20, 23
Lagerfugen 157
Lagerholz 135, 144
Laibung 98, 162, 168, 171
Lampenauslässe 212
Landesbauordnung 16, 17, 19
Längenänderungen 128
Längsaussteifung 107
Lärche 62, 144
Lasieren 227
Lasuranstrich 222
Lasuren 218, 224, 228
Lasurfarbe 223
Lasurtechnik 219
Latexfarben 219, 227
Latte 61
Lattenabstand 109
Lattung 109, 120, 121, 122, 131
Laubhölzer 60
Laugen 230
Lava 127
Lebensdauer 21
Lehm 53, 91, 132, 149
Lehmausfachung 92
Lehmbewurf 91
Lehmputz 163
Lehmwickel 131
Leichtbauwand 156
Leichthochlochziegel 56
Leichtmauermörtel 56
Leimfarbe 219, 224, 226
Leinöl 152, 224
Leiste 61
Leistungsverzeichnis 25
Leitungen 212
Leitungsverzweigung 212
Leuchte 212
Lichtschalter 212
Lichtverhältnisse 29
Linoleum 152
Lochkalksandstein 56
Lochziegel 56
Lösungsmittel 81, 218, 223ff
Luft-Abgas-Schornstein 197, 205
Luftaustausch 31
Luftbewegung 30
Luftdichtheit 35, 40
Lüften 31, 40
Lüfterfirst 120
Luftfeuchtigkeit 31, 182
Luftheizungen 187
Luftkanäle 186
Luftporen 56
Luftqualität 31
Luftschicht 98
Lufttemperatur 30
Lufttrocknung 61
Lüftung 184
Lüftungsanlage 178, 188
Lüftungsbedarf 187
Lüftungsgewohnheiten 167
Lüftungswärmebedarf 187
Lüftungswärmeverluste 43
Luftwechsel 31, 185
Luftwechselrate 188

M

Magerbeton 135, 136
Magnesit 70
magnetische Feldstärken 33
Mängel 12, 26
Mängelbeseitigung 26
Mantelleitungen (NYM- oder NYY-Kabel) 213
Marmor 53
Massivdecken 141
Matten 67
Maueranker 132
Maueranschlag 168
Maueraustauschverfahren 80
Mauermörtel 58, 77
Mauersägeverfahren 81
Mauersteine 56
Mauerwerk 57, 77
Mauerwerksausblühungen 12
Mechanische Entlüftung 182
Mehrkammer-Ausfaulgruben 210
Metalle 52
Mindestdachneigung 111
Mindestfensterfläche 29
Mindesthöhe 83
Mindestneigung 117
Mineralfarben 163, 218, 224, 225
Mineralfaser 68
Mineralfaserdämmstoffe 67, 70
Mineralfilz 146
Mineralische Anstriche 219
Mineralische Dichtungsschlämme 80
Mineralische Putze 59
Mineralputz 97, 161
Mineral-Silikatfarbe 226
Mineralwolle 71
Mini-BHKW 200
Mini-Solaranlage 217
Mischmauerwerk 100
Mischsystem 20
Mittelpfetten 107
Modernisierung 12, 21, 22
Monokulturen 70
Montagewände 179
Mörtel 56, 58
Mörtelgruppe 58
Mosaikparkett 150

N

Nachlaufrelais 182
Nächtlicher Wärmeschutz 177
Nachträgliche Verbesserung des Schallschutzes 136
Nadelhölzer 60
Nagelblech 88, 90, 157
Nässestau 86, 87
Nassputz 99, 143, 162
Nassraum-Abdichtung 180
Naturgips 163
Naturharzanstriche 220, 221
Naturharzdispersionen 227
Naturharze 224
Naturharzgrundierung 219f
Naturharzlacke 218, 220, 222
Naturharzlasuren 220
Naturharzprodukte 219, 220
Naturölgrundierung 151
Naturstein 53
Natursteinplatten 83
Netzfreischalter 214
Niederschlagsmenge 209
Niveauausgleich 70, 147
Noppenfolien 80
Normbreiten 161
Normhöhen 161
Nut-Feder-Bretter 144
Nutzungsdauer 21

O

Oberflächenbehandlung 151
Oberflächenbeschichtung 220
Oberflächengestaltung 226
Oberflächentemperaturen 30, 203
Oberflächenvergütung 219
Oberflächenwasser 74, 79
Oberputz 59, 96, 100
Oberste Geschossdecke 138
Offene Fugen 87
Offenporiger Anstrich 218
Öffentliche Kanalisation 210
Ökologische Bewertung 111
Ökologische Gesichtspunkte 146
ökologisches Bauen 8
Ölanstriche 220f
Ölfarben 222, 224
Ölimprägnierung 220
Öllacke 220
Ölpapier 100, 135, 137, 162
Organische Lösungsmittel 218
Organsilikatfarben 226
Ortgang 97, 109, 119
Ortsbausatzung 19
Ortsbild 87, 105

P

Parkett 150
Passive Sonnenenergienutzung 176
PE-Folie 98
Pentachlorphenol (PCP) 33
Perlite 67
Pfettendach 107
Pflanzenfarben 219
Pflanzenfarbpigmenten 219
Pflanzenkläranlagen 210
Pflanzenschutzmittel 70
Pflanzenwachse 230
Pflanzgranulat 126
Pflegeaufwand 149
Pflege der Begrünung 127
Pfosten 86, 107
Phenolharze 71
Photovoltaik 44, 217ff
Pigmente 224
Pilzbefall 65
Pilze 59, 63
Pilzgift (Fungizid) 173
Pilzsporen 77
Planerische Rahmenbedingungen 20
Planung 13, 17, 105, 184
Planungsziele 20
Planverfasser 19
Plastilin 168
Platten 67
Plattenbelag 126
Plattendecken 141
Plattenfundament 75
Plexiglas 170
Podest 155
Pollenfilter 186
Polyäthylen-Rohr 207
Polymerbitumenbahnen 125
Polystyrol 52
Polystyrol-Extruderschaum 68
Polystyrol-Hartschaum 68, 71
Polyurethan-Hartschaum 68, 72
Polyurethan-Ortschäume 72
Porenschwamm 65
Porphyr 53
Pressfugen 82
Preußische Kappendecke 141
Primärenergieeinsatz 36, 41
Primärenergiefaktoren 36
Provisorium 122
PU-Bahnen 122
Punktfundament 75
Putz 131
Putzanwendung 59
Putzfassade 97
Putzmörtel 58
Putzregeln 102
Putzrisse 100
Putzsandkörnungen 59
Putzschäden 162
Putzträger 70, 92, 94, 99, 142
Putztüren 205
PVC 52, 152

Q

Quadrierung 87
Quarzmehl 225
Queraussteifung 107
Querschnitt 20

R

radioaktive Belastung 57
Radioaktivität 53, 57, 151, 163
Radonkonzentration 57
Rähm 86
Rahmen 165
Rahmenbreiten 171
Rahmenhölzer 136
Rahmenmaterial 172
Rahmenproportionen 165
Randanschlüsse 98, 122
Randaufkantung 125
Randausbildungen 109
Randdämmstreifen 146
Ranker 104
Rauhfasertapeten 228
Raumgliederung 157
Raumgrößen 19
Raumklima 29, 30, 77, 95, 96, 119, 161, 165
Raumluft 67
Raumlufttemperaturen 30
Raumprogramm 17, 20
Raumproportionen 143
Raumtemperatur 30, 182
Recyclingmaterial 68
Reet 105, 110
Regeln der Baukunst 86
Regen 80
Regenwasser 79, 210
Regenwasserfallrohr 209
Regenwassernutzung 5, 208, 209
Regenwasserspeicher 209
Reinigungsöffnungen von Schornsteinen 206
Reinigungstüren 205
Relaisschaltung 212
Renaissance-Steinwand 87
Richtscheit 147
Riegel 86, 160
Rieselschutz 135, 137, 147
Ringdränage 78
Ringgurt 75

Rippendecke 141
Rippengewölbe 82
Rissbildung 129
Risse 12, 73, 100, 142, 162
Risse im Mauerwerk 86
Rohbauabnahme 16
Rohdecke 124, 125, 129, 130
Rohdichte 53, 56, 57, 177
Rohmontage 184
Röhrenspantüren 161
Rohrgeflecht 131
Rohrmatten 142
Rohrputzdecke 142
Rohrventilator 182
Rollläden 42, 174
Rollladenkasten 175
Rosette 160, 180
Rostschutzanstrich 223, 229
Rostschutzfarbe 223
Rostschutzmittel 221
Rotbuche 62
Rückstau 80, 210
Rückstauebene 210
Rückstauverschluss 210

S

Sägemehl 70
Sägespäne 70
Salmiakwasser 222
Salpeter 77
Salzausblühungen 12
Salzsäure 152
Sand 56
Sandende Putze 219
Sandfiltergräben 210
Sandkörnung 59
Sandschüttung 135
Sandstein 53, 85
Sandstrahlen 223
Sanierputz 58f, 79, 84
Sanierungsfahrplan 45, 50
Sanierungsmaßnahmen 9
Sanitärinstallation 11, 184
Sanitärobjekte 178, 179
Sauberkeitsschicht 79
Sauerstoffzufuhr 195
Saugfähigkeit 218
Schablonendeckung 110
Schäden 10
Schäden am Dachtragwerk 108
Schäden am Kamin 205
Schäden am Putz 86
Schäden an Ausfachungen 92
Schäden an Fachwerkwänden 86
Schäden an Geschossdecken 129
Schäden an Gewölben 82
Schäden infolge Feuchtigkeit 77
schadhafte Fugen 86
Schädlinge 63
Schädlingsbefall 133
Schädlingsbekämpfung 66, 103
Schadstoffe 52, 228, 229
Schadstoffemission 94, 196
Schadstoffmenge 195
Schafwolle 68, 70, 120
Schallbrücken 208
Schalldämmende Füllung 136
Schalldämmende Verglasungen 174
Schalldämmung 56, 93, 163, 170
Schalldämmung von Leichtbauwänden 158
Schalldämmwerte 130, 158
Schalldämmwerte von Trennwandkonstruktionen 158
Schallschutz , 129, 130, 133, 134, 136, 142, 143, 144, 146, 147, 22
Schallschutz der Wände 158
Schallübertragung 188
Schalter 212
Schaltschrank 211
Schalung 124, 135
Schattenfuge 164
Schattierungsmöglichkeiten 177
Schaumglas 68, 71, 124
Scheibenwirkung 129
Scheibenzwischenraum 170
Scheitel 83
Schellack 222, 228
Scheunenraum 13
Scheunentor 175
Schiebeziegel 111
Schiefer 110
Schiefer-Rechteckplatten 111
Schiefersteildächer 105
Schilfrohr 68, 70
Schimmel 31, 85, 175
Schimmelbildung 9, 167, 182
Schimmelpilzbefall 77, 161
Schlacke 131, 132
Schlagregen 12
Schlagregensicherheit 85, 87, 92
Schlämmanstrich 225
Schlauchwaage 147
Schleifpapier 222
Schleppgaupe 117
Schließanlage 160
Schließblech 160
Schlingpflanzen 104
Schlussabnahme 16
Schlussrechnung 26
Schneelast 107
Schnitte 21
Schnittholz 60
Schnittklasse 61
Schornstein 132, 205
Schornsteinfeger 16
Schornsteinköpfe 111
Schornsteinmündung 113, 206
Schornsteinquerschnitt 205, 206
Schornsteinsanierung 205
Schotter 56, 149
Schrittmaß 154
Schuttrohr 157
Schüttstoffe zum Niveauausgleich 146
Schüttung 136
Schüttungen 67
Schutz- und Filterschicht 80
Schwelle 86, 157
Schwellenauflager 94
Schwerkraftentlüftung 182
Schwimmender Estrich 146
Schwimmender Fußboden 130
Schwimmender Fußbodenaufbau 144
Schwinden 61
Schwitzwasser 170, 208
Schwitzwasserbildung 85, 95
Seitenschutz 104
Senkrechte Sperrschichten 80
Setzstufe 153
Setzungen 73ff, 86
Sicherheit 184
Sicherheit am Bau 26
Sicherheits-Einbehalt 27
Sicherheitsglas 174, 177
Sicherheitsmaßnahmen 104
Sicherheitssteiltreppe 114
Sicherheitsventil 181
Sicherheitsvorschriften 26
Sichtbare Sparren 123
Sichtfachwerk 12, 87, 92
Sichtmauerwerk 56, 98
Sichtschutz 174
Sickergrube 80
Siebschutt 76, 149
Silikatfarbe 221, 226
Silikonprofile 168
Siliziumdioxid 70
Sims 174
Sinterschicht 219
Sockel 86, 97
Sockelabdeckung 102
Sockelmauerwerk 59, 77
Sockelvorsprung 79
Soca 230
Solaranlage 204, 217
Solare Energiegewinne 176
Solarmodul 215ff
Sommerliche Überhitzung 177
Sondermüll 67, 71, 229
Sonnenbahnen 30
Sonneneinstrahlung 221, 226
Sonnenenergienutzung 176
Sonnenkollektoren 37, 45, 176, 204ff
Sonnenlicht 29
Sorptionseigenschaften 162
Sorptionsfähigkeit 32, 59, 179, 229
Sorptionsvermögen 161
Spachtelmasse 220, 222
Spannfilz 152
Spannung 213
Spannweite 131
Sparren 107, 120, 121, 122
Sparrendach 107
Sparrenfeld 122
Sparrenlänge 108
Speichervolumen 209
Sperrgrund 222
Sperrholz 154
Sperrholztüren 161
Sperrschicht 63, 75, 78, 80ff
Splint 62
Splintholzkäfer 66
Splitt 56, 136
Spreizklimmer 104
Spreu 131, 132
Spritzbewurf 59, 162
Spritzschutz 178
Spritzwasser 179, 64
Spritzwasserbereich 163
Spritzwasserschutz 78
Sprosse 166
Sprossenfenster 172
Spülkasten 179, 208
Spülrohr 80
Spülstromunterbrecher 208
Spülwasserregelung 208
Spundschalung 164
Staatliche Förderung 16
Stabparkett 149, 150
Stahlanker 82
Stahlbeton 56, 77
Stahlbetondecke 129, 141
Stahlbetonwand 78
Stahleckzarge 160

Stahl-Konsole 131
Stahlsteindecken 129, 141
Stahlumfassungszarge 160
Staken 131
Stampflehm 136
Ständerbauweise 13
Standfestigkeit 73
Standklosett 179
Standsicherheit 129, 134
Statiker 13, 76, 157
Statische Berechnung 129
Statischer Nachweis 129
Staubabsaugung 220
Staubaufwirbelung 31
Staubfilter 186
Steckdosen 212
Steckersolaranlage 217
Stegleitungen (NYIF) 213
Stehende Gaupe 117
Stehender Stuhl 107
Steifigkeitsgruppen 67
Steigungsverhältnis 154
Steinabsprengungen 82
Steindecken 141
Steine 53
Steingut-Fliesen 151
Steinplatten 105
Steinwolle 71
Steinzeugfliesen 151
Stich 83
Stichbalken 130
Stiel 86
Stielen 107
Stockflecken 31, 77, 85, 182
Stöße 122, 125
Stoßlüftung 85
Strahlenbelastung 214
Strahlungsklima 195
Strahlungswärme 195
Straßenkanal 20
Streben 86, 107
Strebepfeiler 82
Streckmetall 92, 100, 162
Streichbalken 130
Streichbalsame 229
Streifenfundament 75
Stroh 53
Strohlehmwickel 132
Stroh- und Rohrdeckung 111
Stromkreise 211
Stromsparen 211
Stromverbrauch 211
Stuckdecken 142
Studentenlohnvertrag 25
Stufen 153
Stulpblech 160
Stumpf gestoßene Schalung 101
Stützen 157
Stützenfuß 65
Stützenkopf 88
Stützlinie 82, 83
Styrol 71
Südfenster 176

T

Tanne 62, 173
Tapeten 228
Tapetenkleister 229
Tapetenlöser 229
tapezieren 156
Tapeziergrund 229
Tastschalter 212
Tauwasser 63
Tauwasserbildung 133
Technische Anlage 23
Temperatur der Umfassungsflächen 30
Teppichboden 152
Terminüberwachung 13
Terpentin 224
Terrassen 128
Terrassenbelag 128
Terrassentür 128
Testbenzin 224
Textilteppiche 152
Thermographie 40
thermographische Aufnahme 20
Titanzink 111
Toilettenräume 178
Toilettenspülkästen 208
Toluol 224
Tonfliesen 151
Tonkügelchen 70
Tonnengaupe 117
Tonnengewölbe 82, 83
Tonrohre 80
Tonziegel 105, 109
Tragende Wände 156
Trägerschicht 152
Tragfähigkeit 59, 129, 133, 134
Tragwerk 90, 129
Transformatorstationen 33
Transportaufwand 68, 164
Trasskalkmörtel 79, 80
Trasskalkputz 80
Traufe 109, 120, 122
Traufstreifen 80
Trennlage 137
Trennsystem 20
Trennwände 156, 158
Treppen 11, 114, 144, 153
Treppenaustritt 155
Treppengeländer 154
Treppenhausbeleuchtung 212
Treppenloch 130
Treppenschrauben 154
Treppenstufen 62
Treppen überarbeiten 153
Trinkwasser 207, 208
Trinkwassereinsparungen 209
Trinkwasserleitungen 207
Trinkwasserleitungen aus Blei 207
Trittschall 67
Trittschalldämmplatten 136
Trittschall-Dämmstreifen 147
Trittschalldämmung 67, 68, 70, 135, 146, 152
Trittschalldämmwerte TSM 147
Trittschallschutz 66, 67
Trittschallverbesserung 149
Trittstufen 153
Trockenbauweise 13
Trockenestrich 136, 146, 147
Trockenlegung 78, 79, 21
Trockenputz 121, 142f, 163, 180
Trockenrasen 127
Trockenschüttung 147
Trockenzeit 226
Trockenzeit von Putz 163
Tropfkörper 210
Tuff 53
Tuffstein 85
Türbänder 160
Türblatt 160
Türdrücker 161
Türen 11, 62, 160
Türenabdichtung 167
Türen überarbeiten 160
Türfutter 160
Türöffnungen 156, 161, 176
Türpfosten 157
Türrahmen 160
Türriegel 157
Türschlitz 182

U

Überholungsanstrich 222
Überkopfverglasungen 174, 177
Ultraviolett-Strahlung 29
Umbau 12, 21
Umdeckung 110
Umfassungsflächen 30
Umkehrdach 124, 125, 126
Umwehrung 155
Umwelt 122, 224, 211
Umweltbedingungen 29
Umweltbelastung 71, 228
Umweltschädigende Ausdünstungen 152
Umweltschutz 67, 151, 218
Umweltverträglichkeit 52, 54, 68, 69, 156, 184, 230
Undichtigkeiten 108
Unfallverhütungsvorschriften 26
Unfallversicherung 27
Unterbau 83
Unterdach 111, 117, 119, 123, 124
Unterdecken 142
Unterfangen 75, 76
Untergrund 221
Unterhaltungsmaßnahmen 19
Unterkonstruktion 97, 161
Unterputz 59, 96
Unterspannbahn 119, 123
Unterspülungen 73
Unterverteilplätze 211
Unterzug 130
Unterzüge 130f, 157
U-Wert 38

V

Vegetationsschicht 126
Ventilator 182
Verantwortlichkeit 13
Verarbeitbarkeit 156
Verbesserungsmaß VMH 147
Verbindungsmittel 109
Verblattung 88
Verbraucherzentralen 50
Verbrennung 52
Verbrennungsluft 196
Verbundfenster 170, 172
Verbundplatten 121, 162f
Verbundsicherheitsglas 174
Verdrehungen 61
Verfügbarkeit 68
Verfüllen 78
Vergabe 18
Verglasung 173
Verglasung austauschen 170
Verkehrsflächen 155
Verkehrslast 129
Verkieselung 226
Verlegearten von Teppichen 152
Verlegetechniken 149
Verleimqualitäten 63